U0227564

南方沿海流域
治理方略与规划研究

闫大鹏 蔡 明 郭鹏程 等著

黄河水利出版社

·郑州·

内 容 提 要

本书是一部研究南方沿海地区中小流域综合治理方略理论和规划实践的专业著作。本书共分为上下两篇。上篇概述性地介绍了国内外流域治理的发展历程与趋势、新形势与新政策对流域治理工作的要求,分析了南方沿海流域的特点及问题,研究提出南方沿海流域的治理方略理论;下篇以深圳市茅洲河流域为例,研究编制茅洲河流域综合治理规划的实践案例。通过探索深圳市茅洲河流域综合治理方略和规划方案,可为珠海、广州、厦门等南方沿海城市的流域规划编制提供有益的借鉴。

本书可供从事流域规划、水文、水资源、水环境、水生态、给排水、水景观、水文化、水经济等领域的研究、规划、设计、管理工作者使用,也可供高等院校相关专业师生参考。

图书在版编目(CIP)数据

南方沿海流域治理方略与规划研究/闫大鹏等著. —郑
州:黄河水利出版社,2019.12
ISBN 978 - 7 - 5509 - 2456 - 7

Ⅰ.①南…　Ⅱ.①闫…　Ⅲ.①流域环境 - 生态环境
建设 - 研究 - 中国　Ⅳ.①X321.2

中国版本图书馆 CIP 数据核字(2019)第 167827 号

组稿编辑:简群　电话:0371 - 66026749　E-mail:931945687@ qq. com

出　版　社:黄河水利出版社
地址:河南省郑州市顺河路黄委会综合楼14层　邮政编码:450003
发行单位:黄河水利出版社
发行部电话:0371 - 66026940、66020550、66028024、66022620(传真)
E-mail:hhslcbs@ 126. com
承印单位:河南瑞之光印刷股份有限公司
开本:787 mm×1 092 mm　1/16
印张:33　　　　　　　　　　　　　插页:16
字数:1 120 千字　　　　　　　　　印数:1—1 000
版次:2019 年 12 月第 1 版　　　　　印次:2019 年 12 月第 1 次印刷

定价:268. 00 元

序

　　人类社会发展的历史实践表明,水孕育了人类的精神文明与物质文明,世界经济发达地区都在水源富足的大河流域,如欧洲的莱茵河、多瑙河,非洲的尼罗河,北美的密西西比河和南美的亚马孙河流域。我国众多的城市密集地坐落在江河湖海之滨,与水有着不解之缘。如黄河、长江两岸与长江入海处形成的平原三角洲区域,孕育了中华民族灿烂的文明,自古至今都是我国经济发达和城市密集地带。特别是辽、津、冀、鲁、沪、苏、浙、闽、粤、桂、琼等沿海地区仅占全国土地面积的13.6%,却集中了全国35%的城市和42%的城市人口。

　　伴随着城市化进程的加快,城市经济社会得到飞速发展,人类活动对自然河流、湖泊的干扰日趋严重。围湖造田、水资源超量开发利用造成湖泊萎缩、河流干涸;水系空间压缩殆尽,多数历史上浩瀚的大河龟缩在日益狭窄的河道内;江河湖泊水域、滩地、堤防被占用现象十分普遍,严重削弱了水利工程体系的防洪排涝能力和阻碍了水资源的可持续利用;污水的大量产生造成城市河流严重污染和生态系统失衡,湖泊富营养化现象和城镇河道黑臭问题日渐严重;水资源的无序、过度开采情况也在加剧,原本已经不堪重负的水生态环境面临着更为严峻的挑战,表现在适合于各类生物生息的栖息地,特别是自然原生环境的大幅度减少,生物多样性减少,物种灭绝速度加快,人类安居条件恶化,危害了身心健康,制约了社会经济的可持续发展。

　　流域治理问题已经成为各级政府和广大人民群众密切关注的问题。中华人民共和国成立后,我国流域治理过程分为3个阶段,即20世纪50—70年代的初级开发与整治阶段,20世纪八九十年代的防洪排涝与工程治河阶段,以及20世纪90年代末开始的环境保护和综合治理阶段。其中,初级开发与整治阶段以开发水资源、河道航运及建设水库水坝等提高抗灾能力和改善灌溉条件为主;20世纪80年代进入防洪排涝与工程治河阶段,全国各大城市普遍开展了大规模的以工程措施为主、防洪排涝为目的的河道整治。这些措施发挥了其安全功能,提高了河道的防洪排涝能力,但同时对河流生态系统的自然特征造成了一定程度的破坏。20世纪末,国内开始认识到传统的防洪、水资源开发等活动使河流的水文条件和地形地貌特征等发生了较大变化,也使河流的生态系统功能等严重退化。此后，我国开始广泛吸收国外先进的思想和理念，逐步在河流管理中注重对河流生态的保护和恢复。

在我国大力开展生态文明建设的政策下，总体上，流域治理正从传统水利建设向现代水利和民生水利建设转变，从单一功能向综合功能融合，从农村水利向城市水利转移，从工程水利向资源水利转型，从景观水利向生态水利深入。目前，我国流域治理总体上正朝着系统化和协调化、责任化和精细化、信息化和智慧化的趋势发展。

流域在我国区域发展总体格局中的重要地位越来越突出。在中国特色社会主义进入新时代和生态文明建设不断向纵深推进的大背景下，全面贯彻党的十九大和十九届二中、三中全会精神，以习近平新时代中国特色社会主义思想为指导，落实党中央、国务院决策部署，坚持稳中求进工作总基调，坚持新发展理念，按照高质量发展的要求，统筹推进"五位一体"总体布局和协调推进"四个全面"战略布局，以供给侧结构性改革为主线，坚决打好防范化解重大风险、精准脱贫、污染防治三大攻坚战，着力推进绿色发展，改善流域生态环境，实施创新驱动发展战略，深化体制机制改革，构建全方位开放格局，促进区域协调发展，推动经济发展质量变革、效率变革、动力变革，建设现代化经济体系，增进民生福祉，加快建成美丽宜居、充满活力、和谐有序的生态经济带，已经成为我国流域经济社会环境可持续发展的必然选择。

流域是以河流为纽带的带状、多纬度的区域，整体性极强、关联度很高。流域治理是一个系统工程，涉及水利、市政、环境、生态等多个行业。制定科学的治理方略，合理编制流域治理规划，完善总体布局，强化各级河道工程与资源管理，充分发挥水系功能，维护河湖健康生命，保障水资源的可持续利用和水环境的承载能力，已经成为今后一个时期我国水利发展的一项重要基础性工作。

《南方沿海流域治理方略与规划研究》是一部研究南方沿海地区中小流域综合治理方略理论和规划实践的专业著作。作者在分析总结国内外相关研究现状和发展趋势的基础上，结合新形势与新政策对流域治理工作的新要求，针对南方沿海流域的特点及问题，提出了南方沿海流域的治理方略理论，并结合深圳市茅洲河流域综合治理规划编制工作的实践，对流域治理规划建设中的热点问题进行了系统、深入的探讨，提出了很多具有创新性的观点，形成了一套较为完整的规划技术体系。

　　该书理论新颖,案例针对性强,可为珠海、广州、厦门等南方沿海城市的流域规划编制工作提供有益的参考,同时可作为水利、市政、环境、生态等综合规划领域专业技术人员和研究生学习的参考书籍。

中国工程院院士
河海大学教授、博士生导师

2019 年 9 月于南京

前　言

我国南方沿海地区地理位置优越、区位优势明显;人口稠密,经济发达;属于亚热带海洋性气候;地形以山地和丘陵为主,平原面积小;自然资源丰富,孕育的河湖水系流域具有河流水系发育,河流短小急促,独流入海;流域内多独立性雨源型河流,河道流程短小,受降雨影响大;河道比降呈现上陡下缓,且受潮汐影响,河道水动力不足;海岸线曲折,逐年向外推移等特点。南方沿海流域开发治理存在着人均占有水资源量极低,本地水资源开发利用面临一定困难;水资源约束是水务发展面临的重要不利因素;经济社会发展与水的关系不协调;水务投资渠道单一、投入不足且不稳定;水管理体制与运行机制存在一定问题等一系列制约因素。南方沿海流域的治理虽然取得了一定的成效,但是也存在规划滞后于城市快速发展,大量违建缺乏配套的排水设施;治水未按流域统筹,系统性不强;城市开发建设与排水设施建设的衔接不足;雨污混流普遍,污水处理效益不佳;排水管网建设管理多头,未能充分发挥应有效益;城市开发建设中水文条件改变较大,内涝风险增大;内涝应急响应能力不足,处置效果有待提升;水务环境执法监管缺手段、缺人员、缺权威,监管效果不佳等突出问题。这些问题层次深、社会关注度高、治理难度大。

在分析国内外流域治理的发展历程与趋势的基础上,根据新形势与新政策对流域治理工作的要求,针对南方沿海流域的特点及问题,研究提出南方沿海流域的治理方略理论,具有重大的现实意义。

作者根据深圳市六大流域综合治理方案编制的研究,特别是茅洲河流域综合治理规划的实践经验,进行了一些有益的探索和研究,希望能够对今后的南方沿海类似流域规划编制工作的规范化和科学化提供一些有益的支持。

本书共分为上下两篇。上篇论述南方沿海流域的治理方略理论,主要内容包括流域治理的发展历程与趋势、新时代治水新要求、南方沿海流域的特点及问题,以及南方沿海流域治理方略研究等;下篇以深圳市茅洲河流域为例,研究编制茅洲河流域综合治理规划的实践案例,主要内容包括茅洲河流域基本情况、茅洲河流域治理现状调查与评价、茅洲河流域治理方略及治理体系研究、水文分析计算、防洪防潮工程规划研究、排涝工程规划、水环境治理技术研究、水生态修复技术研究、水景观工程规划研究、非工程措施规划、投资估算及实施计划、实施效果与保障措施、研究成果创新性及应用前景等。

　　本书各章撰写分工如下：第1章由蔡明撰写；第2章由刘红平、许武萍撰写；第3章及第5章由乔吉平撰写；第4章由闫大鹏撰写；第6章由杨司嘉、姜晨冰、蔡明撰写；第7章由闫大鹏、乔吉平撰写；第8章由李士辉撰写；第9章由侯晓明、苏妍妹、陈凯撰写；第10章由乔明叶、尚磊撰写；第11章由郭鹏程、陈凯、尚磊撰写；第12章由任金亮、毕黎明、蔡明撰写；第13章由任鹏撰写；第14章及第17章由彭彦铭撰写；第15章由李志涛撰写；第16章及附图由冯赟昀撰写。全书由闫大鹏统稿。

　　我国在流域生态治理方略的理论和规划编制的方法、技术研究方面，需要根据新形势、新政策、新理念，在应用实践中不断更新、完善，持续提高南方沿海流域综合治理规划编制工作的水平。流域综合治理规划是一项基础性、系统性、协调性非常强的工作，涉及城市规划、水利工程、环境工程、生态工程、景观工程等多个专业领域和规划、建设、国土、水务、环保、林业、旅游、文化、道路、园林等多个政府职能部门，一些关键技术问题目前仍处于探索研究阶段，加之作者水平有限，书中难免存在疏漏、错误和不妥之处，恳请读者不吝指正。

　　本书由黄河勘测规划设计研究院有限公司资助出版，在此深表感谢！

作　者
2019 年 7 月

目　录

上篇 理论探索

本篇首先概述性地介绍了国内外流域治理的发展历程与趋势和新形势与新政策对流域治理工作的要求,然后在对南方沿海流域的特点及问题进行分析后,研究并提出了南方沿海流域的治理方略理论。

第1章　流域治理的发展历程与趋势

1.1　流域的概念及特征

1.1.1　流域的概念

流域,狭义上是指河流的干流和支流所流过的整个区域,而广义上是指一个水系的干流和支流所流过的整个地区。

第二种定义是,流域是以分水岭为界线的一个由河流、湖泊或海洋等水系所覆盖的区域,以及由该水系构成的集水区。流域示意见图1.1-1。

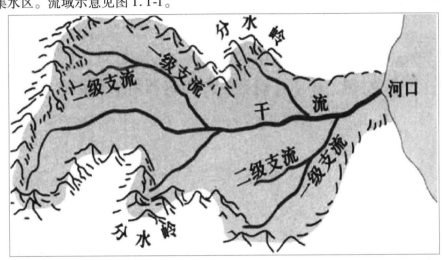

图1.1-1　流域示意

流域内的径流集中于最低点而流出。最低点通常设有水文站量测流量或水位。流域内水文现象与流域特性有密切关系。

按水体是否与海洋连通,可分为外流区和内流区。外流区可按连通的大洋分为太平洋流域、大西洋流域、印度洋流域和北冰洋流域,并可进一步按河流、湖泊甚至一个支流细分,如长江流域。

世界上流域面积最大的河流是亚马孙河。海洋流域中,太平洋流域约占地球上陆地面积的13%,印度洋流域占约13%,而大西洋流域面积最大、约占47%——这其中包括密西西比河、刚果河和亚马孙河等大河流域。

第三种定义是,流域是指由分水线所包围的河流集水区,分为地面集水区和地下集水区两类。如果地表集水区和地下集水区相重合,称为闭合流域;如果不重合,则称为非闭合流域。平常所称的流域,一般都是指地面集水区。

每条河流都有自己的流域,一个大流域可以按照水系等级分成数个小流域,小流域又可以分成更小的流域等。另外,也可以截取河道的一段,单独划分为一个流域。

流域之间的分水地带称为分水岭,分水岭上最高点的连线为分水线,即集水区的边界线。处于分水岭最高处的大气降水,以分水线为界分别流向相邻的河系或水系。例如,中国秦岭以南的地表水流向长江水系,秦岭以北的地表水流向黄河水系。分水岭有的是山岭,有的是高原,也有的是平原或湖泊。山区或丘陵地区的分水岭明显,在地形图上容易勾绘出分水线。平原地区分水岭不显著,仅利用地形图勾绘分水线有困难,有时需要进行实地调查确定。

在水文地理研究中,流域面积是一个极为重要的数据。流域面积也称受水面积或者集水面积。流域周围分水线与河口(或坝、闸址)断面之间所包围的面积,习惯上往往指地表水的集水面积,其单位以 km^2 计。自然条件相似的两个或多个地区,一般是流域面积越大的地区,该地区河流的水量也越丰富。

1.1.2　流域的特征

流域的特征包括流域面积(A)、河网密度(D)、流域形状、流域高度、流域方向或干流方向。

流域面积(A):流域地面分水线和出口断面所包围的面积,在水文上又称为集水面积,单位是平方千米(km^2)。这是河流的重要特征之一,其大小直接影响河流和水量大小及径流的形成过程。流量、尖峰流量、蓄水量多少及集流时间、稽延时间长短皆与流域面积大小成正比。

河网密度(D):流域中干支流总长度和流域面积之比,即单位流域面积内河川分布情形,又称排水密度,单位是千米(km)/平方千米(km^2)。河网密度的大小说明水系发育的疏密程度。其受气候、植被、地貌特征、岩石土壤等因素的影响。D 值大,表示高度河川切割的区域,降水可迅速排出;D 值小,则表示排水不良,降水排出缓慢。由观测可知,D 值大者,其土壤容易被冲蚀或不易渗透,坡度陡,植物覆盖少;D 值小者,其土壤能抗冲蚀或易渗透,坡度小。

流域形状:对河流水量变化有明显影响。

流域高度:主要影响降水形式和流域内的气温,进而影响流域的水量变化。

流域方向或干流方向:对冰雪消融时间有一定的影响。

流域根据其中的河流最终是否入海可分为内流区(或称内流流域)和外流区(或称外流流域)。

1.2　中国的流域分区及管理机构

1.2.1　中国的主要河流

中国的主要河流包括长江、黄河、珠江、海河、淮河、辽河、松花江、黑龙江、鸭绿江、雅鲁藏布江、怒江、澜沧江、塔里木河等。

1.2.2　中国的流域分区

中国大陆地区(不包括港澳台地区)的流域基本上可以划分为长江流域、黄河流域、珠江流域、淮河流域、海河流域、黑龙江流域、辽河流域、太湖流域、东南沿海诸河流域、雅鲁藏布江流域、澜沧江流域、怒江流域、鸭绿江流域、西藏内流区、新疆内流区、青海内流区、甘蒙内流区等。

1.2.2.1　长江流域

长江是中国第一大河,又名扬子江,河流长度仅次于尼罗河与亚马孙河,入海水量仅次于亚马孙河与刚果河,均居世界第三。

长江发源于唐古拉山脉主峰格拉丹东雪山西南侧,干流经青、藏、川、滇、鄂、湘、赣、皖、苏、沪,支流涉及黔、桂、甘、陕、豫、粤、浙、闽,共计 18 个省、自治区、直辖市。干流长 6 300 km,流域面积180.7 万 km^2。较大支流有雅砻江、岷江、嘉陵江、乌江、湘江、沅江、汉江、赣江等 8 条,流域面积均在 80 000 km^2 以上。干流自江源至宜昌为上游,河长 4 510 km,除四川盆地外,多流经高山峡谷,坡陡流急,落差5 360 m,占全江总落差的98.9%。其中,江源至当曲长约 360 km,称沱沱河;当曲至玉树巴塘河口长约 820 km,称通天河;巴塘河口至宜宾长约 2 300 km,称金沙江;宜宾至宜昌长约 1 000 km,称川江。川江下段自奉节至南津关长 209 km,为著名的三峡,宜昌以下进入中下游平原。宜昌至鄱阳湖湖口为中游,长约940 km。湖口以下为下游,长约850 km。中游河段内,自湖北枝城至洞庭湖出口城陵矶长约 340 km,称荆江,河道蜿蜒曲折,两岸地势低洼,是长江防洪形势最为严峻的一段。中下游平原、湖泊星罗棋布,主要通江湖泊有洞庭湖、鄱阳湖、巢湖、太湖等四大淡水湖。

1.2.2.2　黄河流域

黄河为中国第二大河,以河水含沙量高和历史上水灾频繁而举世闻名。

黄河流域西起巴颜喀拉山,东临渤海,南至秦岭,北抵阴山,流域面积 75.2 万 km²。黄河发源于青藏高原巴颜喀拉山北麓,流经青海、四川、甘肃、宁夏、内蒙古、山西、陕西、河南、山东等 9 省、自治区,在山东垦利县注入渤海,干流全长约 5 400 km。从河源到内蒙古托克托为上游,其中兰州以上大部分地区植被覆盖较好;玛多至青铜峡的干流多峡谷,水能资源丰富;青铜峡以下为河套平原,灌溉发达,可通航运。托克托至河南桃花峪为中游,也有丰富的水能资源;两岸为黄土高原,植被少,水土流失严重,是黄河洪水泥沙的主要来源区。桃花峪到河口为下游,两岸绝大部分修建了大堤,泥沙淤积使河床一般高出两岸地面 3 ~ 5 m,多的达 10 m,故称"悬河";沿岸多灌区,干流也可通航。河口附近,黄河入海水道不断淤积、延伸、改道,造陆作用强烈。各河段直接汇入干流的流域面积大于 1 万 km² 的支流有 10 条,以渭河的面积与水量为最大。

1.2.2.3　珠江流域

珠江由西江、北江、东江及珠江三角洲诸河 4 个水系组成,分布于我国的云南、贵州、广西、广东、湖南、江西 6 个省、自治区及越南社会主义共和国的东北部。珠江的主流是西江,发源于云南省境内的马雄山,在广东省珠海市的磨刀门注入南海,全长 2 214 km。全流域面积 45.37 万 km²,其中我国境内面积 44.21 万 km²。

珠江流域地处亚热带,气候温和,水资源丰富,多年平均年径流量 3 360 亿 m³,仅次于长江,居中国第二位。多年平均年降水量为 1 477 mm。汛期降水强度大,汇流速度快,容易形成峰高、量大、历时长的流域性洪水,对经济发达的珠江下游及三角洲造成严重威胁。枯水期也会连续 3 个月无雨或少雨,造成春旱或秋旱。珠江自云贵高原至南海之滨,干流总落差 2 136 m,全流域水能理论蕴藏量 3 348 万 kW,主要集中在西江南盘江下游和红水河及黔江河段,可开发水电装机容量 2 512 万 kW,是我国水电开发建设基地之一。

1.2.2.4　海河流域

海河流域位于中国华北地区,是我国开发较早的流域之一。

海河流域包括海河和滦河两个水系。海河水系由漳卫河、子牙河、大清河、永定河、潮白河、北运河、蓟运河等组成,还包括徒骇河、马颊河等平原排涝河道;滦河水系包括滦河和冀东诸河。1949 年前,除滦河水系和蓟运河、徒骇河、马颊河单独入海外,其余各河均汇集天津流入渤海。天津以下河道称海河,干流长 73 km。海河流域范围包括北京、天津两市和河北省大部分,山西、山东、河南、辽宁 4 省和内蒙古自治区的一部分。流域总面积 31.8 万 km²(其中海河水系流域面积 26.4 万 km²、滦河水系流域面积 5.4 万 km²)。流域内山区、平原面积分别占 60% 和 40%。燕山、太行山由东北至西南呈弧形分布。山脉以西、以北分布着黄土高原;山脉以东、以南是广阔的大平原。山地与平原间的过渡地带短,几乎直接交接。平原地形的总趋势是由西南、西、北向天津附近的渤海湾倾斜。由于历史上黄河多次改道入侵及本流域各支流冲积的影响,平原区内构成缓岗与洼淀相间分布的复杂地形。

1.2.2.5　淮河流域

淮河位于长江、黄河之间,流域面积 27 万 km²,其中淮河水系流域面积 19 万 km²、沂沭泗水系流域面积 8 万 km²。

水系淮河干流发源于河南省桐柏山,由西向东流入洪泽湖。出洪泽湖后分为两支:一支经高邮湖、邵伯湖在江苏省扬州市东南流入长江,称为入江水道,最大泄洪能力为 12 000 m³/s;另一支经苏北灌溉总渠流入黄海,设计泄洪能力为 800 m³/s。此外,还可经黄河泄洪 300 m³/s,在大洪水时经淮沭新河向新沂河相机分洪 3 000 m³/s。干流全长约 1 000 km。南岸主要支流有史灌河、淠河,均发源于大别山。北岸主要支流有洪汝河、沙颍河、涡河、浍河、新汴河、濉河等。淮河流域的东北部为沂沭泗水系,原为发源于沂蒙山流入淮河的支流。12 世纪末到 19 世纪中,黄河改道,占夺徐州以下泗河和淮阴以下淮河河道。在这一时期,由于黄河河床淤积抬高,淮、沂、沭、泗排水受阻,形成了洪泽湖、骆马湖和南四湖(南阳、独山、昭阳和微山湖),使淮河南流入江,沂沭泗河则另找出路,东流入海。经 1949 年以来的整治,沂沭河上游来水有一部分向新沭河分流,其余经新沂河入海;泗河流入南四湖,经运河入骆马湖,并接纳沂河来水,由嶂山闸泄入新沂河。

1.2.2.6　松花江流域和辽河流域

松花江是我国东北地区的主要江河,流经哈尔滨佳木斯,在同江附近注入黑龙江,干流全长 939

km。流域面积54.6万km²，分属内蒙古、吉林和黑龙江3个省、自治区，其中山区占61%、丘陵占15%、平原占24%。流域东西分布有三江平原和松嫩平原，土地肥沃，草原连片。全流域耕地约2亿亩❶，并有3 000万亩荒地可供开垦；大小兴安岭山区森林茂密，为我国著名的林业基地；三江平原煤炭资源丰富；松嫩平原为我国重要的石油基地，建有大庆油田。流域气候冬季严寒漫长，夏季温热多雨。年平均气温为 -3 ~5 ℃，最高达40 ℃、最低达 -50 ℃。年降水量一般为500 mm，东南部山区达800 mm，西南部平原只有400 mm，其年际变化较大，存在明显的丰枯交替变化规律。河川径流量约780亿 m³，地下水资源约370亿 m³，扣除重复水量后，水资源总量约950亿 m²。流域自然灾害主要为洪涝和干旱，东涝西旱。涝灾以东部三江平原最重，平均两年发生一次；旱灾以西部松嫩平原较重，以春旱为主。

辽河位于中国东北地区西南部，源于河北省，流经内蒙古自治区、吉林省、辽宁省，注入渤海。全流域由两个水系组成：一个为东、西辽河，于福德店汇流后为辽河干流，经双台子河由盘山入海，干流长516 km；另一个为浑河、太子河于三岔河汇合后经大辽河由营口入海，大辽河长94 km。辽河干流来水原在六间房附近分流经外辽河汇入大辽河。1958年外辽河上口堵截后，干流与浑河、太子河不再沟通，成为各自独立的水系。流域总面积21.9万 km²。西辽河郑家屯以上为辽河上游，面积13.6万 km²，区内气候干旱，主要支流有老哈河、教来河、西拉木伦河等。其中，老哈河、教来河位于冀北辽西山地和黄土丘陵区，植被覆盖率不到30%，水土流失十分严重。上游耕地现约2 600万亩，主要用于经营旱作农业和畜牧业。流域中下游面积8.3万 km²。辽河干流东侧为石质山区，植被较好，雨量较丰，有东辽河、招苏台河、清河、柴河等主要支流，连同浑河、太子河水系面积共5.26万 km²，仅约占全流域的24%，而年径流量约占全流域径流总量150亿 m³的70%；干流西侧多黄土沙丘，主要支流有秀水河、柳河和绕阳河等，其中柳河水土流失严重，是中下游泥沙主要产区。中下游地区经济发达，有沈阳、抚顺、鞍山等重要工业城市，抚顺、辽源等大型煤矿，辽宁、清河等发电厂，鞍山、本溪等钢铁企业，还有辽河油田及沈山、长大等主要铁路干线和公路网，现有耕地4 300万亩，内有水稻田620万亩，是辽河流域的主要农业区。

1.2.2.7　太湖流域

太湖流域是长江下游以太湖为中心、以黄浦江为主要排水河道的一个支流水系。流域西抵天目山和茅山山脉、北滨长江口、东临东海、南濒杭州湾，总面积36 500 km²。

太湖流域属亚热带季风气候区，降水以春夏（5—7月）的梅雨和夏秋（8—10月）的台风雨为主，年平均降水量约1 100 mm。地形总趋势为由西向东倾斜。流域西部为山区、丘陵，中、东部为平原、洼地，面积分别占全流域的22%和78%，其北、东、南三面均筑有江堤或海塘。山区高程一般为200 ~500 m；丘陵高程一般为10 ~30 m；平原高程一般为4 ~8 m，最低的如太湖的东部和东南部地区，高程仅2.5 ~4 m。区内主要水系有入太湖的苕溪、南溪水系，出太湖的黄浦江水系和连接长江与太湖的沿江水系等。流域平原由长江、钱塘江和太湖水系冲积形成。其特点是：①湖泊众多，全区共分布大小湖泊189个，面积约3 231 km²，其中太湖面积达2 460 km²，为我国第三大淡水湖，湖水深2 ~3 m，容积44.3亿 m³，是调节流域洪、枯水的中枢；②水网密布，河道密度达3 ~4 km/km²，河网纵横交织，与湖泊相互沟通，兼起蓄、泄作用；③河道比降十分平缓，又受潮水顶托，泄水能力小，易形成洪涝灾害，水位的变化对地区治理常有较大影响。1954年，流域内发生20世纪以来最大洪水，嘉兴最高水位达4.38 m，太湖东部淀泖区最高水位达4.2 m，淹没农田785万亩，沿湖城市大部分进水。上海市主要受黄浦江潮位威胁，1949年以来市区曾3次进水。太湖流域加上苏北的南通市，通称长江三角洲经济区。流域内有上海市和江苏省苏州、无锡、常州三市及浙江省的杭州、嘉兴、湖州三市。流域内的上海港是我国最大的港口，内河航道里程长达3 000 km。按单位国土面积的产值、财政收入和水运量等指标算，均居全国之冠，被经济界誉为我国的"金三角"。

1.2.3　我国的流域管理机构

1.2.3.1　机构设置

中国的流域管理机构是指水利部按照河流或湖泊的流域范围设置的水行政主管部门，其代表水利

---

❶　1亩 =1/15 hm² ≈666. 67 m²，下同。

部在所辖流域内行使水行政管理权,为水利部直属派出机构。我国的流域管理机构是长江、黄河、淮河、海河、珠江、松辽水利委员会和太湖流域管理局及其所属管理机构。长江水利委员会(简称长江委)和黄河水利委员会为副部级,淮河水利委员会、海河水利委员会、珠江水利委员会、松辽水利委员会、太湖流域管理局均为正厅级。

长江水利委员会是水利部派出的流域管理机构,按照法律法规和水利部授权,在长江流域和澜沧江以西(含澜沧江)区域内依法行使水行政管理职责,为具有行政职能的事业单位。

黄河水利委员会为水利部派出的流域管理机构,在黄河流域和新疆、青海、甘肃、内蒙古内陆河区域内依法行使水行政管理职责,为具有行政职能的事业单位。

珠江水利委员会为水利部派出的流域管理机构,在珠江流域、韩江流域、澜沧江以东国际河流(不含澜沧江)、粤桂沿海诸河和海南省区域内依法行使水行政管理职责,为具有行政职能的事业单位。

淮河水利委员会是水利部在淮河流域和山东半岛区域内的派出机构,代表水利部行使所在流域内的水行政管理职责,为有行政职能的事业单位。

海河水利委员会是水利部在海河流域、滦河流域和鲁北地区区域内的派出机构,代表水利部行使所在流域内的水行政管理职责,为具有行政职能的事业单位。

松辽水利委员会是水利部在松花江、辽河流域和东北地区国际界河(湖)及独流入海河流区域内的派出机构,代表水利部行使所在流域内的水行政管理职责,为具有行政职能的事业单位。

太湖流域管理局是水利部在太湖流域、钱塘江流域和浙江省、福建省(韩江流域除外)范围内的派出机构,代表水利部行使所在流域内的水行政管理职责,为具有行政职能的事业单位。

1.2.3.2 机构职能

(1)负责保障流域水资源的合理开发利用。受水利部委托组织编制流域或流域内跨省(自治区、直辖市)的江河湖泊的流域综合规划及有关的专业或专项规划并监督实施;制定流域性的水利政策法规。组织开展流域控制性水利项目、跨省(自治区、直辖市)重要水利项目与中央水利项目的前期工作。根据授权,负责流域内有关规划和中央水利项目的审查、审批以及有关水工程项目的合规性审查。对地方大中型水利项目进行技术审核。负责提出流域内中央水利项目、水利前期工作、直属基础设施项目的年度投资计划并组织实施。组织、指导流域内有关水利规划和建设项目的后评估工作。

(2)负责流域水资源的管理和监督,统筹协调流域生活、生产和生态用水。负责水量调度条例的实施并监督检查。受水利部委托组织开展流域水资源调查评价工作,按规定开展流域水能资源调查评价工作。按照规定和授权,组织拟订流域内省际水量分配方案和流域年度水资源调度计划以及旱情紧急情况下的水量调度预案并组织实施,组织开展流域取水许可总量控制工作,组织实施流域取水许可和水资源论证等制度,按规定组织开展流域和流域重要水工程的水资源调度。

(3)负责流域水资源保护工作。组织编制流域水资源保护规划,组织拟订跨省(自治区、直辖市)江河湖泊的水功能区划并监督实施,核定水域纳污能力,提出限制排污总量意见,负责授权范围内入河排污口设置的审查许可;负责省界水体、重要水功能区和重要入河排污口的水质状况监测;指导协调流域饮用水水源保护、地下水开发利用和保护工作。指导流域内地方节约用水和节水型社会建设有关工作。

(4)负责防治流域内的水旱灾害,承担流域防汛抗旱总指挥部的具体工作。组织、协调、监督、指导流域防汛抗旱工作,按照规定和授权对重要的水工程实施防汛抗旱调度和应急水量调度。组织实施流域防洪论证制度。组织制定流域防御洪水方案并监督实施。指导、监督流域内蓄滞洪区的管理和运用补偿工作。按规定组织、协调水利突发公共事件的应急管理工作。

(5)指导流域内水文工作。按照规定和授权,负责流域水文水资源监测和水文站网的建设和管理工作。负责流域重要水域、直管江河湖库及跨流域调水的水量水质监测工作,组织协调流域地下水监测工作。发布流域水文水资源信息、情报预报、流域水资源公报和流域泥沙公报。

(6)指导流域内河流、湖泊及河口、海岸滩涂的治理和开发。按照规定权限,负责流域内水利设施、水域及其岸线的管理与保护以及重要水利工程的建设与运行管理。指导流域内所属水利工程移民管理有关工作。负责授权范围内河道内建设项目的审查许可及监督管理。负责直管河段及授权河段河道采砂管理,指导、监督流域内河道采砂管理有关工作。指导流域内水利建设市场监督管理工作。

（7）指导、协调流域内水土流失防治工作。组织有关重点防治区水土流失预防、监督与管理。按规定负责有关水土保持中央投资建设项目的实施，指导并监督流域内国家重点水土保持建设项目的实施。受水利部委托组织编制流域水土保持规划并监督实施，承担国家立项审批的大中型生产建设项目水土保持方案实施的监督检查。组织开展流域水土流失监测、预报和公告。

（8）负责职权范围内水政监察和水行政执法工作，查处水事违法行为；负责省际水事纠纷的调处工作。指导流域内水利安全生产工作，负责流域管理机构内安全生产工作及其直接管理的水利工程质量和安全监督；根据授权，组织、指导流域内水库、水电站大坝等水工程的安全监管。开展流域内中央投资的水利工程建设项目稽查。

（9）按规定指导流域内农村水利及农村水能资源开发有关工作，负责开展水利科技、外事和质量技术监督工作，承担有关水利统计工作。

（10）按照规定或授权负责流域控制性水利工程、跨省（自治区、直辖市）水利工程等中央水利工程的国有资产的运营或监督管理；研究提出直管工程和流域内跨省（自治区、直辖市）水利工程供水价格及直管工程上网电价核定与调整的建议。

（11）承办水利部交办的其他事项。

1.2.3.3 机构改革和职能的调整

2018年2月28日，中国共产党第十九届中央委员会第三次全体会议通过《中共中央关于深化党和国家机构改革的决定》。

2018年3月，根据第十三届全国人民代表大会第一次会议批准的国务院机构改革方案，将水利部的水资源调查和确权登记管理职责整合，组建中华人民共和国自然资源部；将水利部的编制水功能区划、排污口设置管理、流域水环境保护职责整合，组建中华人民共和国生态环境部；将水利部的有关农业投资项目管理职责整合，组建中华人民共和国农业农村部；将水利部的水旱灾害防治相关职责整合，组建中华人民共和国应急管理部；为优化水利部职责，将国务院三峡工程建设委员会及其办公室、国务院南水北调工程建设委员会及其办公室并入水利部。

2018年9月，中央机构编制委员会下发了水利部职能配置、内设机构和人员编制规定，自2018年7月30日起施行。根据最新规定，长江水利委员会、黄河水利委员会、淮河水利委员会、海河水利委员会、珠江水利委员会、松辽水利委员会、太湖流域管理局为水利部派出的流域管理机构，在所管辖的范围内依法行使水行政管理职责，具体机构设置、职责和编制事项另行规定。

1.3 国内外流域治理的发展历程

1.3.1 美国

1899年，《河川港湾法》的制定，使修建航道、提高河流航运能力成为河道整治的主要目的。此后，基于密西西比河洪灾的再次发生，1928年美国颁布了《防洪法》，提出了河流改善工程、密西西比河及其支流防洪堤的建设，并规定拿出专项资金用于防洪堤的巩固和改善。后于1936年和1944年对《防洪法》进行了两次修正，进一步加强了洪水的控制力度，并引发此后大规模的大坝建设，这一时期的河道整治倾向于防洪工程，即采取工程措施来减少洪水灾害的发生。1948年《水污染控制法》的颁布标志着水污染控制工作在美国的全面开展，基于水污染的日益严重，美国成立了美国环境保护署EPA（U.S. Environmental Protection Agency）并于1977年颁布了《联邦水污染控制法》的修正案，推动美国水污染控制进入一个新的阶段，确立了与自然相协调的可持续的河流管理理念，并进入了大规模反对大坝建设的阶段，但此时相关环境及水资源政策仍过于强调水的化学性质，在很大程度上忽视了河流水资源的生态功能，其结果是水体达到联邦政府要求的水质标准，而河流功能却未得到有效恢复。基于上述教训，20世纪80年代，美国联邦政府、资源质量监测研究委员会提出，水资源的质量必须与其用途相联系，不仅要考虑化学指标，更要考虑生态指标、栖息地质量和生物多样性及完整性等。20世纪90年代后，美国开始了更为广泛的河流生态恢复活动，将城市河流作为公众舒适性的一部分，并在开展河流管理过程中强调公众参与。从 1990 年开始,美国在水资源开发管理工作中开始考虑河流的生态恢复项目。2000 年,在美国环保署颁布的《水生生物资源生态恢复指导性原则》中指出,一个完整的生态系统应该是能适应外部的影响与变化,能自我调节和持续发展的自然系统。自 1984 年开始进行实验性建设的基西米河生态恢复工程是美国迄今为止规模最大的河道恢复工程,于 1998 年正式开工,力求恢复基西米河湿地,改善水质,增加生物数量,目前其生态修复已取得明显效果。

1.3.2　澳大利亚

在 20 世纪 30 年代以前,澳大利亚主要以获取水源、灌溉、防洪及水土保持等作为河流利用与整治的重点。随着洪水灾害及河岸侵蚀等问题的日趋突出,澳大利亚转而寻求防洪堤建设、河岸植被清除、河道渠化等整治工程。为控制河床及河岸侵蚀,1948 年颁布了《河流与海滩整治法》。这一阶段的河道整治以工程措施为主,通过供水工程、防洪工程、灌溉工程以及河床、河岸侵蚀的控制工程等提高河流防洪排涝能力,并采取清除河岸植被、截弯取直等一系列措施以提高水利效率。根据 1986 年全国河流生境条件的调查及 1988 年维多利亚内陆河道的环境状况调查结果,河流环境退化已成为澳大利亚河流的主要问题。基于此,河流生态恢复和修复成为 1996—1999 年澳大利亚河流保护和管理的重点,并于 1999 年出版了《澳洲河流恢复导则》。这一时期,河道整治开始倾向于从利用并结合生态保护的角度进行河流管理,关注河流环境条件和状态,并结合生态条件评价溪流状况,此时的河流环境改善措施主要包括河岸带的植被再植、河流的结构调整、河流自然弯曲形态的重新恢复、河道内生境的恢复等。澳大利亚新南威尔士州成立了政府咨询机构——健康河流委员会,其职责是向政府提供建议,制定河流健康的水质、水量以及与水有关的其他目标;并提出河流的管理战略,以及战略和机制转变后引起的经济、环境的结果。

1.3.3　日本

直至 20 世纪后半叶,日本的城市河道整治目标仍是减少洪涝灾害,而从未考虑河流的自然环境特征以及美学景观价值。自 20 世纪 70 年代开始日本的河流管理政策发生巨变,河流提供的环境完整性及舒适性逐渐成为日本河道整治和管理政策的中心目标。20 世纪 80 年代开始,河流管理者意识到快速城市化和工业化对城市河流水质、生态的损害,并认识到保护景观和生物多样性的重要性,恢复河流的环境特性显得越来越重要;同时对"多自然型河流治理法"进行了广泛研究,强调采用生态工程的方法治理河流环境、恢复水质、维护景观多样性和生物多样性。自 20 世纪 90 年代初日本开始实施"创造多自然型河川计划",提倡凡有条件的河段应尽可能利用木桩、竹笼、卵石等天然材料来修建河堤,并将其命名为"生态河堤"。

1.3.4　国外其他国家的流域生态治理

从 20 世纪 70 年代开始,大多数发达国家专门开展了河道生态修复理论的研究并开发了河流生态修复技术。

德国的 Seifert 最先提出了生态工程措施的概念和近自然河溪治理概念,这一理论是在完成传统河道治理任务的基础上,做到接近自然、经济并且能够保持景观美的一种治理方案。20 世纪 50 年代,德国创立"近自然河道治理工程"学说,提出河道的治理要符合植物化和生命化的原理;70 年代中期,德国进行了"重新自然化"的尝试,开始在全国范围内拆除被渠化的河道,将其恢复到近自然的状态。20 世纪 80 年代,德国对本国境内莱茵河开始进行治理,在 1987 年,莱茵河保护国际委员会提出了莱茵河行动计划,制定莱茵河重现的主要指标是生态系统修复,直到进入 21 世纪,莱茵河在德国境内段已将预定的目标完全实现,沿河的森林极为茂密,湿地发展,鲑鱼等鱼类及鸟类和两栖动物也重新回到了莱茵河。这对世界河流景观近自然化设计提供了经验。

20 世纪 90 年代中期,英国成立了河道修复中心,旨在为河道的生态修复提供咨询和服务。英国河道修复中心制订的"生物多样性计划"体现了两个结合,即可持续的洪泛区保护与生物多样性保护相结合。该中心的工作积极推动了政府对于河流景观近自然化设计的工作,如 2002 年英国政府对部分河道建议堤坝后退,留出洪水与湿地空间;2003年政府的多个部门又联合发表声明,加强"湿地、土地利用和洪水管理"。

新西兰在立足于本国的自然条件和河流情况的前提下,制定了河流生态系统健康标准,更进一步地从生态学角度分析河流的生态系统代谢过程指标。

奥地利在欧盟《栖息地和鸟类指针》及《水框架指针》的指导下,进行了河流修复计划,努力实现从河流治理到河流修复的转变,因为纯天然河流在奥地利的境内已经极少存在了。

停止河流退化和人工干预,维持最小流量和保障水质,被意大利政府确立为河流修复工作的基本政策。在河流的修复中采用面向自然和贴近自然的做法,既应用科技知识,又广泛吸收社会经验,并在法律与制度、财政方面加以保证。

目前,国外河流生态修复技术可被大致总结如下:建设分洪道、降低河漫滩高程,达到"给河流以空间"的洪水管理理念;恢复河流的蜿蜒性和连续性,其中包括河流纵向的连续性和漫滩区横向的连续性,河岸边坡的生态防护,恢复河漫滩的湿地特征,重新创建浅滩和深槽的序列,创建生物栖息地在河道内的结构,修建亲水设施,合理地利用河道疏浚挖泥沙,应用多孔和渗透性护坡材料和结构等。并且运用生态修复技术治理受污染的河水,使其恢复水体的自净能力。

1.3.5 中国

我国流域治理过程也可分为3个阶段,即20世纪50—70年代的初级开发与治理阶段、20世纪八九十年代的防洪排涝与工程治河阶段,以及20世纪90年代末开始的环境保护和综合治理阶段。其中,初期开发与整治阶段以开发水资源、河道航运以及建设水库、水坝等提高抗灾能力和改善灌溉条件为主;20世纪80年代进入防洪排涝工程治河阶段,全国各大城市普遍开展大规模以工程措施为主、防洪排涝为目的的河道整治。这些措施发挥了其安全功能,提高了河道的防洪排涝能力,但同时对河流生态系统的自然特征造成了一定程度的破坏。自20世纪末国内开始认识到传统的防洪、水资源开发等活动使河流的水文条件和地形地貌特征等发生了较大变化,也使河流的生态系统功能等严重退化。此后,我国开始广泛吸收国外先进的思想和理念,逐步在河流管理中注重对河流生态的保护和恢复。我国河流生态恢复研究以容易控制且容易实施的小流域的城市河流为主。国内外流域治理发展历程的比较见表1.3-1。

表 1.3-1 国内外流域治理发展历程的比较

阶段	美国	澳大利亚	日本	中国
初级阶段	19世纪末至20世纪初,修建航道、提高河流航运能力	19世纪50年代至20世纪30年代,以航运、防洪以及水土保持等为主	第二次世界大战前,水源、航运以及防洪工程的兴起	20世纪50年代至70年代,以供水、航运、防洪等基础工程建设为主
工程阶段	20世纪30年代至60年代,以防洪工程、水污染控制为主	20世纪30年代至80年代,以供水、防洪等控制工程为主	20世纪40年代至70年代,以防洪为主,实施了大坝建设、河道渠化等工程措施	20世纪八九十年代,以提高防洪排涝能力为主,利用工程措施控制污染并改善水质
环境阶段	20世纪70年代至今,实行可持续的河流管理理念	20世纪80年代至今,结合生态保护,关注河流环境条件和状态	20世纪80年代至今,恢复河流的环境特性,进行多自然型河道治理	20世纪90年代末至今,以防洪、改善环境为主,进行结合景观、生态的河流综合治理

与发达国家相比,国内的流域治理理念和措施较为滞后,尤其是在河流生态修复方面仍处于起步和技术探索阶段,基本局限于水质改善和景观建设,传统水利与栖息地修复、景观营造等的有机结合相对较弱。

1.4　国内外流域治理的典型案例

1.4.1　泰晤士河治理

　　泰晤士河是英国著名的"母亲"河,全长 402 km,横贯英国首都伦敦与沿河 10 多座城市,流域面积 13 000 km²。18 世纪的泰晤士河是著名的鲑鱼产区,河水清澈见底,水产丰富。

　　从伦敦西部的 Teddington 至 Southend 东部的 Shoebury 为泰晤士河感潮段及河口地区,长约 100 km,河宽从较上游的 100 m 逐渐增加到 7 km,平均深度从 2 m 到 10 m 不等。Teddington 堰是官方确定的潮汐界限,其上为淡水河段,其下为感潮河段,受潮汐影响。从 Teddington 堰溢流的水量一般保持在 800 万 t/d,干旱期则减少至 20 万 t/d。与上、中、下游相比,泰晤士河感潮段及河口地区曾经受到的污染最严重,治理成效最显著。

　　19 世纪,随着英国资本主义工业的发展,泰晤士河的水质趋于恶化。由于水质的严重污染,1832—1886 年的 50 多年里,伦敦共爆发了 4 次流行性霍乱,仅 1849 年一次就有 1 万 ~ 4 万人死亡。20 世纪 20 年代后,英国各大河沿岸工业更加集中,工业废水连同生活污水一起排入泰晤士河,造成河流严重缺氧。特别是 1953 年,河流下游的溶解氧降至历史最低水平,许多河段在夏季出现了严重的黑臭现象。

　　泰晤士河感潮段周边大型污水处理厂出水对其水质影响非常大,污水处理厂处理设施、处理能力及处理深度的提高直接影响感潮段水质。雨污混合水溢流问题一直比较严重,是造成暴雨期间水质恶化的主要原因。为了改变这种状况,英国政府投入了大量资金,采取如下方式进行治理。

1.4.1.1　成立机构加强流域管理

　　20 世纪 60 年代,英国政府成立了泰晤士河水务局,隶属环境部,是泰晤士河流域进行统一规划与管理的权力性机构。值得注意的是,泰晤士河水务局雇员中有 20% 的人员从事研究工作。水务局设有专门研究部门,能随时处置和研究各种紧急问题。

　　1974 年,包括泰晤士水务局在内的 10 个流域水务局成立。1989 年,水务局全部实现了私有化改革。在英国的水务局私有化的同时,英国政府加强了环境署对流域水质污染情况的监督管理,并设立水务署,负责用户投诉,监控水务公司的财务运作及执行服务标准情况。

1.4.1.2　治理措施

　　(1)改扩建污水厂,提高处理深度。在 20 世纪 60 年代和 70 年代期间,对伦敦东南部的 Crossness 和伦敦东部的 Beckton 两个主要污水处理厂进行了改造。除此之外,还将 1936 年以后在泰晤士河流域兴建的 190 多个小型污水处理厂合并成 15 个较大的处理厂,并进行了大规模的改建、扩建和重建。

　　Beckton 污水厂是目前欧洲最大的污水处理厂,主要承担泰晤士河北岸 300 km² 范围内的工业污水和伦敦市 240 万人的生活污水处理。从 1889 年开始用简单的沉淀法处理污水,逐步改建、扩大、完善,目前已实现现代化的三级处理,处理污水能力达 240 万 t/d。Crossness 污水处理厂建于 20 世纪 60 年代初,早期设计处理量为 32 万 t/d,出水 BOD_5 为 20 mg/L、SS 为 30 mg/L,但不去除氨氮。改扩建后处理水量提高到 45 万 t/d,同时增加了硝化反应池,具备脱氮能力。1935 年,为了使污水处理厂的分布更趋合理,新建了 Mogden 污水处理厂,代替泰晤士河感潮段上游 27 座小型污水处理厂,当时设计处理水量为 30 万 t/d,处理后的污水直接排入泰晤士河。经过多年不断改进,目前 Mogden 污水处理厂已成为伦敦第二大污水处理厂,日处理污水量 50 万 t,服务人口 180 万人,出水水质也比过去有了很大提高,特别是枯水季节,氨氮浓度一般都控制在 1 mg/L 以下。

　　1980 年间,由于 Beckton、Crossness、Mogden 等污水处理厂的扩建和更新,排入泰晤士河感潮段及河口地区的污染负荷减少了 90%。可以说,污水处理厂出水水质的提高是泰晤士河水质明显改善的直接原因之一。

　　(2)曝气复氧减轻暴雨污水排放影响。通过综合比较,英国政府最终使用曝气复氧船对河水进行人工曝气复氧来提高暴雨期间水体溶解氧的浓度,减轻暴雨对水质造成的不利影响。这种方法投资运行费用低,充氧效果比较好,能降低污染负荷,恢复水体生态修复功能。

1989年,泰晤士河上第一艘曝气复氧船"Thames Bubbler"下水运行。该船船体长50.5 m,水线面船宽10 m。水质自动监测站每15 min测定1次DO值,根据试验船的数据,可第一时间到达溶解氧下降最大的区域进行充氧。该船充氧能力为30 t/d,建造费用350万英镑,年运行费用25万英镑。1989年,"Thames Bubbler"工作了34 d;1993年,夏季由于较干旱和凉爽,只使用了1次;1994年到1997年平均每年使用6 d。自从1989年"Thames Bubbler"投入使用后,泰晤士河感潮段及沿河13个地区就没有再出现过鱼类大面积死亡现象。

1997年,另一艘与"Thames Bubbler"充氧能力相同的曝气复氧船"Thames Vitality - F"下水试运行。这两艘曝气复氧船构成了泰晤士河上的一道风景线,有效地提高了暴雨期间河口水体溶解氧浓度,避免了鱼类的大面积死亡。

泰晤士河的治理仅仅运用了截流排污、生物氧化、曝气充氧等常规措施就取得了明显效果,而治理成功的关键在于管理上进行了大胆的体制改革及运用了科学的管理方法,被欧洲称为"水工业管理体制上的一次重大革命"。即将全流域200多个管水单位合并建成泰晤士河水务管理局,统一管理各种业务,这保证了对水资源按自然规律进行合理、有效保护和开发利用,杜绝用水浪费和水环境遭到破坏。对泰晤士河流域分区实行不同的环境质量目标,以伦敦桥和Canvey岛为分界点,对水体中DO质量浓度提出不同的要求,泰晤士河的治理目的是保护生物的生存,并以DO为主要控制目标。

经过约150年的治理,英国政府共投入300多亿英镑,1955—1980年总污染负荷减少了90%,枯水季节DO最低点依然保持在饱和状态的40%左右。20世纪80年代,河流水质已恢复到17世纪的原貌,达到饮用水水源水质标准,已有100多种鱼和350多种无脊椎动物重新回到这里繁衍生息。

目前,伦敦的下水道同时承载未处理的污水和雨水,由于它的流量有限,加之伦敦降雨量又大,排污系统无法及时排掉雨水,经常造成挟带生活垃圾的雨水流入泰晤士河,严重威胁泰晤士河生态系统。为此,英国政府宣布将耗资20亿英镑,于2020年前在伦敦地下80 m处修建一条长达32 km的污水水道,这将改变泰晤士河水污染现状,进一步改善泰晤士河水质。

1.4.2　莱茵河治理

莱茵河是欧洲最重要和最著名的河流之一,莱茵河发源于阿尔卑斯山北麓,流经瑞士、奥地利、法国、德国、荷兰等国,是西欧一条主要的国际航道。莱茵河在Basel和Mainz之间河段,有大量来自瑞士、法国、德国的城市和工业区的污水排入该区,水体污染开始加重。从Bonn至位于荷兰边境的Lobith河段,来自Bonn、Koln、Dusseldorf等大城市以及高度发展的鲁尔工业区(Ruhrgebiet)的大量污水排入河道,水体受到严重污染。莱茵河进入荷兰境内后,分成三条支流:Waal、Lek、Ijssel,由于流速降低,大量有毒有害物质的沉积物在此沉积。莱茵河自20世纪50年代起,随着流域人口密集、工业发展、航运频繁等,水质开始恶化;进入60年代,上游的无脊椎动物濒于绝迹。在其污染最严重的20世纪70年代,河水闻上去甚至有一股"苯酚"的味道,被冠以"欧洲下水道""欧洲之厕所"等恶名。为制止上述严重后果的蔓延和发展,恢复和保护自然生态环境,20世纪80年代以来,沿岸各国协调一致,把莱茵河环境保护列为国家的基本国策。

1.4.2.1　污染过程

早期的莱茵河水质很好,自1850年以后,由于莱茵河沿岸人口增长和工业化加速,越来越多的有机物和无机物排入河道,导致氯负荷增加。但是,当时的河水恶化并不明显。

1. 工农业污染使莱茵河变成"欧洲下水道"

第二次世界大战以后,莱茵河流域工业化建设再度加速,污染开始迅速加重。这些污染来自于工业、农业、市政和家庭的废水排放,造成本地物种消失、水质和沉积物污染恶化。到20世纪60年代末,莱茵河已经是名副其实的"欧洲下水道";60年代以后,水质进一步恶化,所有水生生物均从被污染的德荷边界附近河段绝迹。1971年,河道污染的严重状况使沿岸各国政府和公众舆论震惊。

2. 河道改线、修建水坝酿成恶果

在 19 世纪和 20 世纪,为了改善航行条件,并使河床地区更利于农业耕作,莱茵河的河道被彻底改变。原本蜿蜒的河床和冲积平原被切断,引起水生态系统发生巨大变化。而河水流速的增加,使得河床被进一步侵蚀,地下水位进一步下降;同时,人们在莱茵河及其支流中建造了许多用于水力发电的水坝和围坝。这些设施导致莱茵河中的鲑鱼及其他迁徙物种无法到达产卵场。莱茵河水生鱼类的捕捞量从 1870 年的 28 万 t 显著下降到 1950 年的 0 t。

3. 拐点事件

1986 年 11 月 1 日,位于瑞士巴塞尔附近的 Sandoz 股份公司仓库发生火灾。在救火过程中,约有 1 万 m³ 被有毒物料污染的消防水流入莱茵河。这些污水顺河而下,11 月 1 日清晨抵达法国边界,11 月 9 日抵达荷兰边界。本次污染严重破坏了莱茵河生态系统,数以吨计的死鱼和其他动物尸体被从河中捞出,沿河 40 座水利工程被迫停止从河中取水。

莱茵河渔业兴旺,尤其鲑鱼(Salmon)供应充足,1885 年捕捞量曾达 25 万条。但在 18 世纪与 19 世纪之交,由于水力发电、航运发展和河道渠化,鱼类大量减少。荷兰三角洲工程的建设更阻止了鱼类洄游,至 1940 年鲑鱼几乎从全莱茵河流域绝迹。

1.4.2.2　治理方案和措施

1. 国际协调与管理

1)莱茵河国际保护委员会

莱茵河流域的管理开始于 19 世纪中叶,当时主要针对航运而设立航运管理机构。1950 年 7 月由荷兰提议,瑞士、法国、卢森堡和德国等国参与,在瑞士巴塞尔成立了"莱茵河国际保护委员会"(ICPR),旨在全面处理莱茵河流域保护问题并寻求解决方案。

1963 年,在瑞士首都伯尔尼签署了 ICPR 的框架性协议,即伯尔尼公约,该公约奠定了莱茵河流域管理国际协调和发展的基础。1976 年,欧洲共同体委员会作为缔约方加入该委员会。

2)各国的跨州协调委员会

莱茵河流域的管理除了成立 ICPR,还在德国科布伦茨设立了对莱茵河水环境综合监测和洪水预报的德国水文研究所(BFG,相当于流域管理机构),在各国内部还有跨州的协调委员会。如德国境内莱茵河流经 4 个州,流域管理协调工作则由莱茵河上游的巴登符腾堡州主持,各州相关部门配合。

2. 治理计划

CPR 成立之后,制订了联合监测方案,但是真正的保护河流免受有机污染影响的第一个措施直到 1970 年之后才正式实施。在 1970—1985 年,委员会制订了一系列方案,减少城市和工业废水的直接排放。在这一时期,主要治污措施都集中在"管末端",即废水处理方面。在此期间,委员会商定了三大公约作为具有法律约束力的文书。

1)商定三大公约

控制化学污染公约,该公约于 1976 年签署。公约要求各成员国建立监测系统,制订监测计划,建立水质预警系统。

控制氯化物污染公约,该公约于 1976 年签署。公约确定的治理目标是减少德国与荷兰跨国边界的水体盐含量,使河水盐浓度不超过 200 mg/L。

防治热污染公约,该公约虽未签署,但已执行。20 世纪七八十年代,公约要求莱茵河沿岸的电站和工厂必须修建冷却塔,确保进入莱茵河的水温低于规定值。

2)莱茵河 2000 年行动计划(RAP)

1986 年 11 月 12 日(Sandoz 事件发生 10 d 后),沿岸各国有关部长紧急开会讨论。会议制订了莱茵河 2000 年行动计划(RAP),明确提出了治理莱茵河的长期目标。RAP 计划内容包括:

(1)在 2000 年底之前,高等物种鱼类(例如鲑鱼)应在莱茵河重现(因此又称"Salmon2000"计划)。

(2)改善水质,使莱茵河重新成为饮用水水源。

(3)减少对河流沉积物的污染,使淤泥达到能够用于造地或填海的程度。

（4）改善北海及沿岸湿地动植物的生存环境。

RAP 计划分三个阶段实施：第一阶段首先确定"优先治理的污染物质的清单"，分析这些污染物的来源、排放量；第二阶段是决定性阶段，即所有措施必须在 1995 年以前实施，所有污染物质必须在 1995 年达到 50% 的削减率；第三阶段是强化阶段（1995—2000 年），即采取必要的补充措施，全面实现莱茵河流域生态系统管理目标。

3）Rhine2020——莱茵河可持续发展计划

2001 年 1 月在法国斯特拉斯堡举行的莱茵河流域国家部长会议上，批准实施以莱茵河未来环境保护政策为核心的"Rhine2020——莱茵河可持续发展计划"。这项计划的实施将进一步改善莱茵河流域生态系统，改善洪水防护系统，改善地表水质和保护地下水。

3. 具体治理措施

20 世纪 60 年代以来，德国在莱茵河沿岸城市和工矿企业陆续修建了 100 多个污水处理厂，排入莱茵河的工业废水和生活污水的 60% 以上得到处理；此外，德国政府还成立了一个"黄金舰队"，负责处理压舱水等含油污水。在污染较为严重的河段，直接采取人工充氧的措施；对水量较小、河水温度较高且接纳大量污水的河段，则在水中安装增氧机。

在 RAP 计划实施过程中，莱茵河保护国际委员会发起了一系列行动，包括拆除不合理的通航、灌溉及防洪工程，用草木绿化河岸，在部分改弯取直的人工河段恢复其自然河道等。与此同时，各国还制定相关司法措施，限期和分期推行清洁生产工艺，安装废污水生物净化装置，提高生活污水处理率，加强对工业、农业和居民废水、污水的管理，征收排污费等。

莱茵河的治理非常成功。经过多年治理，莱茵河的水质已有很大程度的改善，生物多样性基本恢复到了第二次世界大战前的水平。

在 1994 年，ICPR 的报告就指出大多数减排目标已经达到。在工业资源领域，几乎已经实现 50% 的减排目标。特别是市政和工业对有害物质的排放已明显下降，其中，70% ~ 100% 的污染物种类已经检测不到。1985—2000 年，莱茵河中的有毒物质减少了 90%，生态功能得到恢复，水体微生物种群上升到正常水平，鱼类品种不断增加，其中包括鲑鱼等名贵鱼种，流域的社会经济得到健康和持续的发展。2000 年，在执行进程结束时，几乎所有减排目标都已实现，并已有 200 条成年鲑鱼洄游到莱茵河中，实现了"莱茵河 2000 年行动计划"确立的生态建设目标。

1.4.3　塞纳河治理

塞纳河发源于法国东部的郎格勒高原，全长 776 km，可通航段 534 km，是法国第四大河。它从巴黎的东南方向流入巴黎市中心区，由西南方向出海，途经巴黎地区河段 280 km。塞纳河早在 1830 年就开始整治，主要以通航和水资源利用为目的，整治项目包括清疏河床、修筑堤坝、修建桥梁、整治两岸的绿化带和建筑、配置截污及水面清捞垃圾设施等。经过整治，塞纳河巴黎段河深平稳，不再受潮汐和洪涝干旱影响，为以后的河道治理奠定了基础。进入 20 世纪，塞纳河沿岸水环境污染进一步加重，到 60 年代，巴黎下游 100 km 范围内水体厌氧或近似厌氧，特别是 Acheres 污水厂排水口附近由于水体缺氧，水生生物灭绝。

1.4.3.1　塞纳河水污染成因分析

塞纳河水质受到多种因素的影响，概括起来主要有农业污染、生活污染、工业污染以及雨污水溢流等。整个塞纳河流域 60% 的地区发展农业，尤其是巴黎上游段主要为高产农作物的农业用地，小麦、甜菜、大麦产量分别占法国总产量的 50%、67%、35%，肥料和杀虫剂的使用量非常大。塞纳河及其支流流域内地下水有近 25% 采样点的硝酸盐浓度超过 40 mg/L。塞纳河沿岸有 9 座城市，容纳了法国人口的 30%，人口相当密集，同时拥有大量重要的工业企业，法国 40% 的工业活动都聚集于此，因此产生大量生活污水和工业污水，水体内含有的有机污染物、重金属、氨氮等浓度都非常高。流域内大部分地区都有污水收集系统，由于该地区多为合流制下水道系统，也存在雨污水溢流问题。特别是 Clichy 和 LaBriche 两大污水收集口，暴雨时排入塞纳河的雨污混合水流量有时高达 50 t/s，对河流水体造成的冲击负荷非常大。

1.4.3.2　塞纳河水污染治理措施

20 世纪 60 年代初,塞纳河由于严重污染,生态系统全面崩溃,河中曾有的 32 种鱼类只有两三种鱼类勉强存活了下来。

1964 年,塞纳河诺曼底水务局开始治理塞纳河。具体治理方案如下所述。

1. 完善污水处理设施

1991—2001 年,投资 56 亿欧元新建污水处理设施,污水处理率提高了 30%。塞纳河水质的改善主要归功于沿岸污水处理厂的建造。从 20 世纪 60 年代末到 70 年代初污水处理率显著提高,从不到 30% 提高到 70% 左右,并一直保持高于该值的处理率,到 2000 年污水处理率已达到 80%。同时,处理深度也在不断提高,以 1998 年建成并运行的 Colombes 污水厂为例,各种污染物的去除率除总氮和氨氮外,都已超过 90%。

2. 完善城市下水道

巴黎下水道总长 2 400 km,地下还有 6 000 座蓄水池,每年从污水中回收的固体垃圾达 1.5 万 m³。巴黎下水道共有 1 300 多名维护工,负责清扫坑道、修理管道、监管污水处理设施等工作,配备了清砂船及卡车、虹吸管、高压水枪等专业设备,并使用地理信息系统等现代技术进行管理、维护。

3. 削减农业面源及点源污染

河流 66% 的营养物质来源于化肥施用,主要通过地下水渗透入河。巴黎一方面从源头加强化肥、农药等面源控制;另一方面对 50% 以上的污水处理厂实施脱氮除磷改造,污水不得直排入河,要求搬迁废水直排的工厂,难以搬迁的要严格治理。

4. 河道蓄水补水

为调节河道水量,建设了 4 座大型蓄水湖,蓄水总量达 8 亿 m³;同时修建了 19 个水闸船闸,使河道水位从不足 1 m 升至 3.4 ~ 5.7 m,改善了航运条件与河岸带景观。此外,还进行了河岸河堤整治,采用石砌河岸,避免冲刷造成泥沙流入;建设二级河堤,高层河堤抵御洪涝,低层河堤改造为景观车道。

自 1964 年起,塞纳河诺曼底水务局开始对塞纳河开展以水质改善为目的的治理,投入大量资金用于污水截流和污水处理设施的建造。通过整治,水体溶解氧在过去几十年里不断提高,2003 年 3 月测得淡水河段溶解氧浓度提高到 7 ~ 9 mg/L。同时,水生生态系统逐步恢复,到目前为止,在河中共发现过 46 种鱼类,其中有 23 种已在巴黎市区河段栖身。其中,包括鳟鱼、鲈鱼、白斑狗鱼和河鳗等,还有红眼鱼、冬穴鱼等较为稀有的鱼种,1980 年引进了六须鲇等外来品种。经过综合治理,塞纳河水生态状况大幅改善,生物种类显著增加。

1.4.4　苏州河治理

苏州河发源于东太湖的瓜泾口,自青浦区赵屯入上海境,至外白渡桥入黄浦江,全长 125 km,在上海境内有 53.1 km,流经青浦、嘉定、闵行、长宁、普陀、静安、黄浦、虹口 8 个区,是横贯上海中心城区的骨干河道,也是上海的"母亲河",最后经黄浦江流至长江汇入东海。苏州河的平均宽度是 70 ~ 80 m,在上海境内宽度只有 40 ~ 50 m。以北新泾为界,北新泾以西叫吴淞江,北新泾以东叫苏州河。

1.4.4.1　污染过程

苏州河古时水质非常清澈,是一条风光秀丽的水道。1911 年,与法国的塞纳河、英国的泰晤士河不相上下。苏州河的污染始于 20 世纪初,1920 年苏州河部分河段第一次出现黑臭现象。第一次世界大战期间,因地理位置非常好,苏州河两岸迅速建起了大量的工厂。工厂的建立,吸引了一大批难民在苏州河两岸搭起危棚、简屋生活。工业污水、生活污水和农业污水、畜禽污水等随意排放,超出了河流本身的自净能力。河道自净能力不断减退,严重的有机污染、底泥对水质的污染、支流对干流的污染、不利的水动力条件加剧了对苏州河水质的污染和水上航运的影响。

中华人民共和国成立后,上海工业进入一个高速发展期,苏州河两岸建起了更多的工厂,也容纳了更多的居民。污水被大量地排放到苏州河里,到了 1956 年,苏州河黑臭到北新泾;1964 年,黑臭延伸到闵行区的华漕;到了1978年,苏州河全线黑臭,当时老百姓用6个字来形容它——"黑如墨、臭如粪"。污染负荷重、属感潮河段、地处繁华地段是苏州河治理难度极大的主要原因。

1.4.4.2 治理历程及方案

从1998~2011年,苏州河先后实施了三期以水污染治理为核心的环境综合整治工程,投入了140亿元。通过实施完善污水收集处理、闸门调度综合调水、底泥疏浚等措施,经过10多年治理,苏州河干流全部消除黑臭。但苏州河干支流水质尚未达到国家要求的V类水标准,干流(上、中段)还存在防汛安全隐患,两岸仍存在脏、乱、差现象,目前进入第四期环境综合治理阶段。《苏州河环境综合整治四期工程总体方案》具体如下。

1.整治范围和目标

(1)整治范围。西自江苏省界、东至黄浦江、北起蕴藻浜、南到淀浦河,共855 km²,涉及苏州河水系内12个区。

(2)整治目标。到2020年,苏州河干流消除劣V类水体,支流基本消除劣V类水体,水功能区水质达标率不低于78%;到2021年,支流全面消除劣V类水体。干流堤防工程全面达标,航运功能得到优化,生态景观廊道基本建成。形成大都市的滨水空间示范区、水文化和海派文化的开放展示区、人文休闲的自由活动区,为最终实现"安全之河、生态之河、景观之河、人文之河"的愿景奠定基础。

2.主要措施

以"市区联动、水岸联动、上下游联动、干支流联动、水安全水环境水生态联动"为原则,通过点源和面源污染综合治理、防汛设施提标改造、水资源优化调度,以及生态、景观、游览、慢行的多功能公共空间集成策划和建设等综合措施,满足水功能区划要求,留足滨水空间,促进城市可持续发展。

1)点面结合,标本兼治,提升河道水质

以水质达标为重点,以污染控制为抓手,坚持"水岸联动、点面结合,标本兼治、综合施策"。结合"五违四必"区域环境综合整治,采取支流专项整治、污水处理厂提标改造、初期雨水拦蓄处理、雨污混接改造等措施,同步实施支流及周边环境整治,实现区域污染全面治理。

(1)支流专项整治。对苏州河两翼2012条(段)中小河道(含36条主要支流)进行专项整治,在各区"一河一策"支流整治方案基础上,形成苏州河水系内12个区"一区一本""全市一本"的支流整治方案,做到整治全覆盖。具体措施为环境整治、截污纳管、排污口治理、农村生活污水处理、水系沟通及生态修复。

(2)提升污水处理水平。加快推进虹桥污水处理厂新建工程;加快完成尾水排入苏州河支流的安亭、华新、白鹤和青浦第二污水厂的升级改造及扩建工程,提高污水处理厂尾水排放标准。

(3)治理初期雨水污染。通过截流、调蓄、输送、处理等措施,减少泵站抽排入河水量,进一步降低初期雨水污染对苏州河水质影响。实施苏州河段深层排水调蓄管道系统工程、市政泵站污水截流设施建设与技术改造,推进天山、桃浦、曲阳、龙华、长桥和泗塘等6座污水处理厂功能调整,转变为初期雨水调蓄设施。启动竹园初期雨水处理厂的建设。

(4)雨污混接改造。在全面完成调查的基础上,完成混接改造方案的编制,同步推进改造工作并建立完善长效监管机制。一是完成市政排水管道混接整治;二是基本完成企事业单位及沿街商户混接整治;三是有序推进住宅小区雨污混接整治;四是进一步加大市政雨水排水口整治力度。

2)蓄排结合,统筹兼顾,提升防汛能力

(1)健全防洪体系。依托吴淞江工程,疏拓苏州河蕴藻浜以西段河道,建设两岸堤防;完成苏州河蕴藻浜—真北路段的堤防达标建设及底泥疏浚,使苏州河全线形成完整的防洪体系,有效降低苏州河两侧区域的涝灾风险。

(2)提升排水能力。实施苏州河段深层排水调蓄管道系统工程,提高苏州河沿线25个排水系统的排水能力,将设计暴雨标准提高到5年一遇,并有效应对100年一遇强降雨。

3)注重生态,水岸联动,提升综合功能

贯彻"绿色、开放、共享"的整治理念,多部门联合,积极推进苏州河两岸城市更新及用地转型,建设生态廊道、打通滨水通道、增加滨水空间、营造水陆景观、提升生态质量,打造世界级滨水区。

(1)建设生态景观。制定苏州河两岸功能性规划,结合吴淞江生态廊道工程,基本完成苏州河青浦段 101 hm²、嘉定段 86 hm²、闵行段 84 hm²生态景观廊道,基本完成长宁段 10 km 慢行步道(江苏路桥桥墩东侧—外环线)、普陀段 1.39 km 贯通工程(真北路—千阳路)、静安段 4.7 km 两岸贯通改造工程。因地制宜对苏州河堤防进行生态改造,修复生态岸线。水绿结合,改善环境品质,提升景观质量,促进生态廊道与生活功能的有机融合。

(2)开放公共空间。制订苏州河贯通方案,推进绿化、生态、景观、游览、慢行等多功能公共空间集成,形成连续畅通的公共岸线和功能复合的滨水空间,促进苏州河两岸开发有效联动,营造自然景观与历史人文景观新亮点,提升滨河区域的公共服务功能,打造苏州河两岸"生态、休闲、运动、文化"品牌,满足市民的健康生活和精神文化需求。

(3)提升综合功能。研究苏州河对于城市功能的整体作用;合理布局沿河码头等设施,打造绿色航运;提升苏州河防汛、航运、景观、人文、公务等综合功能。

1.5　我国流域治理的发展趋势

目前,我国流域治理的总体发展趋势有三个:系统化和协调化、责任化和精细化、信息化和智慧化。

1.5.1　系统化和协调化

流域是一类特殊的自然区域,即以河流为纽带的带状、多纬度的区域,整体性极强,关联度很高。流域治理是一个系统工程,涉及水利、市政、环境、生态等多个行业。

在我国大力开展生态文明建设的政策下,总体上,流域治理正从传统水利建设向现代水利和民生水利建设转变,从单一功能向综合功能融合,从农村水利向城市水利转移,从工程水利向资源水利转型,从景观水利向生态水利深入。

流域在我国区域发展总体格局中的重要地位越来越突出。在中国特色社会主义进入新时代和生态文明建设不断向纵深推进的大背景下,全面贯彻党的十九大和十九届二中、三中全会精神,以习近平新时代中国特色社会主义思想为指导,落实党中央、国务院决策部署,坚持稳中求进工作总基调,坚持新发展理念,按照高质量发展的要求,统筹推进"五位一体"总体布局和协调推进"四个全面"战略布局,以供给侧结构性改革为主线,坚决打好防范化解重大风险、精准脱贫、污染防治三大攻坚战,着力推进绿色发展,改善流域生态环境,实施创新驱动发展战略,深化体制机制改革,构建全方位开放格局,促进区域协调发展,推动经济发展质量变革、效率变革、动力变革,建设现代化经济体系,增进民生福祉,加快建成美丽宜居、充满活力、和谐有序的生态经济带,已经成为我国流域经济社会环境可持续发展的必然选择。

2016 年 9 月 12 日,《长江经济带发展规划纲要》正式印发。

2018 年 10 月 18 日,国务院以国函〔2018〕127 号文批复《汉江生态经济带发展规划》。

2018 年 11 月 2 日,国家发展改革委以发改地区〔2018〕1588 号文发布了《国家发展改革委关于印发〈淮河生态经济带发展规划〉的通知》"。

在长江、汉江、淮河三个生态经济带发展规划中均提出要打造流域绿色生态廊道。因此,以习近平新时代中国特色社会主义思想和生态文明思想为指导,贯彻执行流域生态经济带发展规划,进行系统化和协调化的流域治理,建设绿色生态廊道,将成为今后我国流域治理的新趋势。

1.5.2　责任化和精细化

2012 年 1 月,国务院发布了《关于实行最严格水资源管理制度的意见》,这是继 2011 年中央 1 号文件和中央水利工作会议明确要求实行最严格水资源管理制度以来,国务院对实行该制度作出的全面部署和具体安排,是指导当前和今后一个时期我国水资源工作的纲领性文件。对于解决我国复杂的水资源水环境问题,实现经济社会的可持续发展具有深远意义和重要影响。2013 年 1 月 2 日,国务院办公厅发布《实行最严格水资源管理制度考核办法》，自发布之日起施行。

2015年4月2日，国务院以国发〔2015〕17号文发布了《关于印发水污染防治行动计划的通知》。总体要求：大力推进生态文明建设，以改善水环境质量为核心，按照"节水优先、空间均衡、系统治理、两手发力"原则，贯彻"安全、清洁、健康"方针，强化源头控制，水陆统筹、河海兼顾，对江河湖海实施分流域、分区域、分阶段科学治理，系统推进水污染防治、水生态保护和水资源管理。坚持政府市场协同，注重改革创新；坚持全面依法推进，实行最严格环保制度；坚持落实各方责任，严格考核问责；坚持全民参与，推动节水洁水人人有责，形成"政府统领、企业施治、市场驱动、公众参与"的水污染防治新机制，实现环境效益、经济效益与社会效益多赢，为建设"蓝天常在、青山常在、绿水常在"的美丽中国而奋斗。到2020年，全国水环境质量得到阶段性改善，污染严重水体较大幅度减少，饮用水安全保障水平持续提升，地下水超采得到严格控制，地下水污染加剧趋势得到初步遏制，近岸海域环境质量稳中趋好，京津冀、长三角、珠三角等区域水生态环境状况有所好转。到2030年，力争全国水环境质量总体改善，水生态系统功能初步恢复。到本世纪中叶，生态环境质量全面改善，生态系统实现良性循环。

2015年4月25日，中共中央、国务院发布了《关于加快推进生态文明建设的意见》。意见指出，加快推进生态文明建设是加快转变经济发展方式、提高发展质量和效益的内在要求，是坚持以人为本、促进社会和谐的必然选择，是全面建成小康社会、实现中华民族伟大复兴中国梦的时代抉择，是积极应对气候变化、维护全球生态安全的重大举措。要充分认识加快推进生态文明建设的极端重要性和紧迫性，切实增强责任感和使命感，牢固树立尊重自然、顺应自然、保护自然的理念，坚持绿水青山就是金山银山，动员全党、全社会积极行动，深入持久地推进生态文明建设，加快形成人与自然和谐发展的现代化建设新格局，开创社会主义生态文明新时代。

2016年12月，中共中央办公厅、国务院办公厅印发了《关于全面推行河长制的意见》。意见要求：各级河长要加强水资源保护，加强河湖水域岸线管理保护，加强水污染防治，加强水环境治理，加强水生态修复，加强执法监管。

2018年1月，中共中央办公厅、国务院办公厅印发了《关于在湖泊实施湖长制的指导意见》。意见要求：各级湖长要严格湖泊空间管控，强化湖泊岸线管理保护，加强湖泊水资源保护和水污染防治，加大湖泊水环境综合整治力度，开展湖泊水生态治理与修复，健全湖泊执法监管机制。

上述关于流域治理的政策、方针和意见，明确了各级政府和各级河（湖）长的监管责任，制定了详细的考核指标，强化了对责任主体的不作为和乱作为的问责机制，体现了流域治理的责任化发展趋势。

当前，我国许多中小河流治理相对滞后，存在防洪基础设施薄弱、河道淤积萎缩严重、治理投入不足等突出问题，导致中小河流洪涝灾害频发，特别是近年来极端天气事件增多，集中暴雨使中小河流常形成较大洪水，对我国城乡，尤其是重要城镇和农田保护区防洪安全构成了严重威胁，加快重点地区中小河流治理十分必要和紧迫。

生态型清洁小流域主要位于水库、河道周边的水源保护区、生态敏感区、旅游景点和村镇等区域，以小流域为单元（流域面积原则上在200 km²以下），在开展传统水土保持工作的基础上，引进小型污水处理设施建设、垃圾填埋设施建设、湿地建设与保护、生态村建设、限制农药化肥的施用、退稻三禁、库滨区水土保持生态缓冲带建设等措施，大大改善了生态，有效保护了水源，营造了优美的人居环境，提高了百姓的生产生活质量。

我国已经从大江大河的流域治理，逐步转向中小河流和水库以及"五小"水利工程等小流域的治理，治理工程的分布密度越来越大，治理管理的精细化程度也越来越高。

《洞庭湖水环境综合治理规划》采取空间管控、分区施策的原则，针对洞庭湖区以及部分上游地区水质未达标或未稳定达标、总磷浓度高、环境风险较高等问题，将规划区划分为72个水环境控制单元。从全流域着手，根据不同空间格局生态环境特点，以国土空间规划为指导，明确供水安全保障、水污染防治、水生态保护与修复重点治理区域，制定差别化的保护策略与管理措施，实施分区分类精准治理。

《沱江流域水污染防治规划》实施以控制单元为基础的水环境质量管理，综合考虑水系结构、行政区划，按照水陆统筹、完整唯一、精细化原则，沱江流域划分为15个控制单元、其中干流5个控制单元、支流 10 个控制单元,以加快改善沱江水环境质量为核心,以控制单元为管理基础,实施差异化的防治策略,实施重大工程项目,系统推进流域多源统筹治理、科学治理,大力推进污染减排和生态修复,建立健全"政府统领、企业施治、市场驱动、公众参与"的水污染防治新机制,确保水环境治理与保护目标如期实现,为沱江流域经济社会发展提供有力保障,为全省流域治理提供有益经验。落实"河长制"与"一河一策",实施流域分区管理,针对各控制单元突出问题,统一部署污染防治工作,对现状水质超标、具有饮用水水源功能、经济社会发展压力大的控制单元,优先落实防治措施。

在流域治理中,实施以控制单元为空间基础、以断面水质为管理目标、以排污许可制为核心的流域水环境质量目标管理,优化控制单元水质断面监测网络,建立控制单元产排污与断面水质响应反馈机制,明确划分控制单元水环境质量责任,从严控制污染物排放量,已经成为必然的发展趋势。

1.5.3　信息化和智慧化

信息化是水利现代化的重要手段和目标。目前,水利工作正面临从传统水利向现代水利转变,以水利信息化促进水利现代化,是智慧水利的重要手段,也是实现"数字治水"的重要途径。

近年来,随着物联网、云计算、大数据等新兴技术的飞速发展,信息化发展进入全新阶段。党的十八大将信息化与工业化、城镇化和农业现代化同列为中国特色社会主义现代化新要求。水利部始终将水利信息化作为水利发展的优先领域,强调要以水利信息化提高和改造传统水利、发展民生水利。为了深入贯彻习近平总书记提出的新时期治水思路,落实国家网络强国战略、"互联网+"行动计划及大数据战略,水利部于 2016 年 5 月编制了《水利信息化发展"十三五"规划》,明确了"十三五"水利信息化发展的思路、原则、目标、主要任务和重点工程,对全国水利信息化建设提出了指导性的要求。

智慧水利是智慧城市发展的必然产物,是体现城市管理现代化水平的标志之一,也是保障国计民生的重要技术手段。"智慧水利"的实施,能够推动水利系统的信息化建设,提高水利信息化水平,实现水利部门对水资源的实时监测和管理,实现水资源的合理开发、优化配置、有效保护和高效利用;同时也能有效地提高水利部门的管理效率和社会服务水平。

智慧水利是在水利信息化的基础上,高度整合水利信息资源并加以开发利用,通过物联网技术、无线宽带、云计算等新兴技术与水利信息系统的结合,实现水利信息共享和智能管理,有效提升水利工程运用和管理的效率和效能。智慧水利涵盖了水文、水质、水资源、供水、排水、防汛防涝等各个方面,通过各种信息传感设备,测量雨量、水位、水量、水质等水利要素,并通过无线终端设备和互联网进行信息传递,以实现信息智能化识别、定位、跟踪、监控、计算、管理、模拟、预测和管理。

智慧水利的建设,是在物联网、无线宽带、云计算等新兴技术的支持下,充分利用现有的信息技术,协助水利管理达到"智慧"状态,使管理水利的管理、服务、决策工作更加精细、动态、智能。可以从三个维度来理解"智慧水利"。首先,"智慧水利"是将物联网和互联网结合形成的水联网,从而成功地应用到水利事业当中。其次,"智慧水利"还是基础架构应用平台,应用集成平台构建了智慧水利各个业务系统的互联互通渠道,使其能够很好地融合。另外,智慧水利强调智慧应用,智慧应用实际上就是运用智能融合技术,通过数据来进行分析、计算和存储,为水利事业提供决策和咨询,使其流程得到优化。

智慧水利的总体建设目标是:依托现代化技术手段,建成水利信息基础感知体系,健全保障支撑环境,推动水利综合业务精细化管理,提升科学化决策调度管理水平,终形成"更透彻的感知、更灵活的互联互通、更科学的决策、更智能的管理"的智慧水利管理体系,推动"智慧城市"的发展。

智慧水利涉及的关键技术主要集中在五个方面:一是基于水联网和"3S"技术的智能感知体系;二是高带宽的无线通信技术;三是异源异构数据集成分析技术;四基于互联网分布式计算机的云计算技术;五是具备一定的智能行为智能控制系统。概括而言,智慧水利就是使用了能自动采集信息的前端传感器,对雨量、水位、水量、水质等信息进行实时的采集,实现"实时感知";通过先进的网络技术实现经济高效的综合信号传输;基于云计算功能,实现"智能处理"各类水务事件。

近年来,水利部陆续实施了一系列水利信息化建设战略。2012 年全国首个"水利部物联网技术应用示范基地"成立后,我国水利信息化建设正在以一个飞快的速度进行发展,江苏、浙江、福建、广东等地智慧水利项目纷纷上马。2013 年 10 月,广东省水利厅与广东联通签署战略合作协议,双方共建"智慧水利"无线应用平台。通过组建全省水利三防联通集群网,将水利门户、综合办公、"三防"决策、视频监控、会商调度、小水库监管等重点水利信息系统部署于智能手机终端上,实现水利业务信息随时随地移动查询处理和"三防"应急视频会商调度。"智慧水利"项目加速发展,有效地提高防汛抗旱、水资源优化配置、水利工程建设管理、水质监测等水利业务中信息技术应用的整体水平,带动水利现代化,更好地为社会经济发展提供保障。

智慧水利是水利现代化的重要内容,是实现水资源和水工程科学利用、高效管理和有效保护的基础和前提,也是体现水利现代化水平的重要标志,更是实现水利现代化的重要手段和目标。我们必须继续深入推进智慧水利建设,把高新技术应用于"智能"灌溉、水资源自动监测、工程远程控制、业务监管等水利工作各领域,通过采取加大资金投入、壮大技术力量、优化信息化工作体制等具体措施,全面提升水利部门的管理效率和社会服务水平。

为贯彻落实鄂竟平部长提出的"安全、实用"总要求和积极开展水利业务需求分析、力争水利网信水平短时间内明显提升的指示精神,水利部网信办会同有关司局、直属单位从 2018 年 6 月开始启动了水利业务需求分析和智慧水利总体设计工作。2019 年 7 月,《水利业务需求分析报告》(以下简称《需求分析》)、《加快推进智慧水利指导意见》(以下简称《指导意见》)、《智慧水利总体方案》(以下简称《总体方案》)、《水利网信水平提升三年行动方案(2019—2021 年)》(以下简称《三年行动方案》)四项重要成果陆续以水利部文件印发。这四项成果在编制过程中,均坚持问题导向,运用"五个什么"工作思路,形成一个有机整体,即通过《需求分析》梳理了"是什么""差什么""为什么",通过《总体方案》设计明确了"抓什么",并通过《三年行动方案》部署了"近期抓什么",通过《指导意见》确定了"靠什么"。

《需求分析》围绕洪水、干旱、水利工程安全运行、水利工程建设、水资源开发利用、城乡供水、节水、江河湖泊、水土流失、水利监督等业务,全面梳理了职能、用户、功能、性能和安全等需求,统筹提出了采集感知、网络通信、数据资源、应用支撑、业务应用、性能和安全等 7 个方面的建设需求,是当前和今后一段时期水利网信建设的出发点和落脚点。

《总体方案》在需求分析的基础上,深度融合遥感、云计算、物联网、大数据、人工智能等新技术,设计了智慧水利总体架构,确定了天空地一体化水利感知网、高速互联的水利信息网、智慧水利大脑、创新协同的智能应用、网络安全体系、保障体系等六项重要任务,明确了应用、数据、网络与安全、感知等 4 类 10 项重点工程,是智慧水利推进的顶层设计。

《三年行动方案》针对差距大、风险高的重点薄弱环节,提出了实施网络安全防护提升行动、水利网络畅通行动、水利大数据治理服务行动、水文监测能力提升行动、水旱灾害防御联合调度行动、水利工程管理水平提升行动、节约用水与水资源监控能力提升行动、河湖和水土保持遥感监测行动、水利监督执法能力提升行动、互联网 + 政务服务能力提升行动等 10 项行动 25 项具体任务。通过这 10 项行动的实施,促进水利网信能力建设提档升级,以期达到水利网信水平短时间明显提升的目标。

《指导意见》在《总体方案》框架下,重点细化实化了推进智慧水利的保障措施,包括强化组织领导、健全制度体系、加大资金投入、完善标准体系、促进技术创新、加强队伍建设、开展先行先试等 7 个方面,是面向统筹推进智慧水利的指导性文件。

四项重要成果文件的印发,系统谋划了水利网信发展的时间表、路线图、任务书,为当前和今后一段时期水利网信规划、设计、建设和应用奠定了坚实基础。

第 2 章　新时代治水新要求

2.1　国家层面

2.1.1　习近平新时代社会主义新思想的要求

我们党坚持以马克思列宁主义、毛泽东思想、邓小平理论、"三个代表"重要思想、科学发展观为指导,坚持解放思想、实事求是、与时俱进、求真务实,坚持辩证唯物主义和历史唯物主义,紧密结合新的时代条件和实践要求,以全新的视野深化对共产党执政规律、社会主义建设规律、人类社会发展规律的认识,进行艰辛理论探索,取得重大理论创新成果,形成了新时代中国特色社会主义思想。

新时代中国特色社会主义思想,明确坚持和发展中国特色社会主义,总任务是实现社会主义现代化和中华民族伟大复兴,在全面建成小康社会的基础上,分两步走,在本世纪中叶建成富强民主文明和谐美丽的社会主义现代化强国;明确新时代我国社会主要矛盾是人民日益增长的美好生活需要和不平衡不充分的发展之间的矛盾,必须坚持以人民为中心的发展思想,不断促进人的全面发展、全体人民共同富裕;明确中国特色社会主义事业总体布局是"五位一体"、战略布局是"四个全面",强调坚定道路自信、理论自信、制度自信、文化自信;明确全面深化改革总目标是完善和发展中国特色社会主义制度、推进国家治理体系和治理能力现代化;明确全面推进依法治国总目标是建设中国特色社会主义法治体系、建设社会主义法治国家;明确党在新时代的强军目标是建设一支听党指挥、能打胜仗、作风优良的人民军队,把人民军队建设成为世界一流军队;明确中国特色大国外交要推动构建新型国际关系,推动构建人类命运共同体;明确中国特色社会主义最本质的特征是中国共产党领导,中国特色社会主义制度的最大优势是中国共产党领导,党是最高政治领导力量,提出新时代党的建设总要求,突出政治建设在党的建设中的重要地位。

新时代中国特色社会主义思想,是对马克思列宁主义、毛泽东思想、邓小平理论、"三个代表"重要思想、科学发展观的继承和发展,是马克思主义中国化最新成果,是党和人民实践经验和集体智慧的结晶,是中国特色社会主义理论体系的重要组成部分,是全党全国人民为实现中华民族伟大复兴而奋斗的行动指南,必须长期坚持并不断发展。

全党要深刻领会新时代中国特色社会主义思想的精神实质和丰富内涵,在各项工作中全面准确贯彻落实。新时代坚持和发展中国特色社会主义的基本方略包括十四条:坚持党对一切工作的领导;坚持以人民为中心;坚持全面深化改革;坚持新发展理念;坚持人民当家作主;坚持全面依法治国;坚持社会主义核心价值体系;坚持在发展中保障和改善民生;坚持人与自然和谐共生;坚持总体国家安全观;坚持党对人民军队的绝对领导;坚持"一国两制"和推进祖国统一;坚持推动构建人类命运共同体;坚持全面从严治党。

以习近平新时代中国特色社会主义思想为指导,全面贯彻党的十九大精神,紧紧围绕统筹推进"五位一体"总体布局和协调推进"四个全面"战略布局,深入落实"节水优先、空间均衡、系统治理、两手发力"的治水方针和水资源、水生态、水环境、水灾害统筹治理的治水新思路,以着力解决水资源保护开发利用不平衡不充分问题为主线,以全面保障水安全为目标,以水资源均衡配置为总体布局,以全面深化改革和科技创新为动力,扎实推进河长制湖长制落实,实行最严格水资源管理制度,实施国家节水行动,加快重大水利工程建设,持续提升水资源配置、水生态修复、水环境治理、水灾害防治能力,以水资源的可持续高效利用助推经济高质量发展。

2.1.2　习近平生态文明思想的要求

2018 年 5 月 18 日至 19 日,全国生态环境保护大会在北京召开,习近平总书记出席会议并发表重要讲话,李克强总理在会上作报告,韩正副总理作会议总结。这次大会是我国生态文明建设和生态环境保护发展历程中规格最高、规模最大、影响最广、意义最深的历史性盛会,在中国生态文明建设史上和生态环境保护历程中留下了浓墨重彩的一笔。大会实现了“四个第一次”和取得了“一个标志性成果”。“四个第一次”:党中央决定召开,是第一次;总书记出席大会并发表重要讲话,是第一次;经会议讨论,会后以中共中央、国务院名义印发加强生态环境保护的重大政策性文件——《中共中央 国务院关于全面加强生态环境保护　坚决打好污染防治攻坚战的意见》(简称《意见》),是第一次;会议名称改为全国生态环境保护大会,是第一次。“一个标志性成果”,就是大会确立了习近平生态文明思想,这是大会最大的亮点,是标志性、创新性、战略性的重大理论成果。

习近平总书记传承中华民族传统文化、顺应时代潮流和人民意愿,站在坚持和发展中国特色社会主义、实现中华民族伟大复兴中国梦的战略高度,深刻回答了为什么建设生态文明、建设什么样的生态文明、怎样建设生态文明等重大理论和实践问题,系统形成了习近平生态文明思想,有力指导生态文明建设和生态环境保护取得历史性成就、发生历史性变革。

坚持生态兴则文明兴。建设生态文明是关系中华民族永续发展的根本大计,功在当代、利在千秋,关系人民福祉,关乎民族未来。

坚持人与自然和谐共生。保护自然就是保护人类,建设生态文明就是造福人类。必须尊重自然、顺应自然、保护自然,像保护眼睛一样保护生态环境,像对待生命一样对待生态环境,推动形成人与自然和谐发展现代化建设新格局,还自然以宁静、和谐、美丽。

坚持绿水青山就是金山银山。绿水青山既是自然财富、生态财富,又是社会财富、经济财富。保护生态环境就是保护生产力,改善生态环境就是发展生产力。必须坚持和贯彻绿色发展理念,平衡和处理好发展与保护的关系,推动形成绿色发展方式和生活方式,坚定不移走生产发展、生活富裕、生态良好的文明发展道路。

坚持良好生态环境是最普惠的民生福祉。生态文明建设同每个人息息相关。环境就是民生,青山就是美丽,蓝天也是幸福。必须坚持以人民为中心,重点解决损害群众健康的突出环境问题,提供更多优质生态产品。

坚持山水林田湖草是生命共同体。生态环境是统一的有机整体。必须按照系统工程的思路,构建生态环境治理体系,着力扩大环境容量和生态空间,全方位、全地域、全过程开展生态环境保护。

坚持用最严格制度最严密法治保护生态环境。保护生态环境必须依靠制度、依靠法治。必须构建产权清晰、多元参与、激励约束并重、系统完整的生态文明制度体系,让制度成为刚性约束和不可触碰的高压线。

坚持建设美丽中国全民行动。美丽中国是人民群众共同参与共同建设共同享有的事业。必须加强生态文明宣传教育,牢固树立生态文明价值观念和行为准则,把建设美丽中国化为全民自觉行动。

坚持共谋全球生态文明建设。生态文明建设是构建人类命运共同体的重要内容。必须同舟共济、共同努力,构筑尊崇自然、绿色发展的生态体系,推动全球生态环境治理,建设清洁美丽世界。

习近平生态文明思想为推进美丽中国建设、实现人与自然和谐共生的现代化提供了方向指引和根本遵循,必须用以武装头脑、指导实践、推动工作。要教育广大干部增强“四个意识”,树立正确政绩观,把生态文明建设重大部署和重要任务落到实处,让良好生态环境成为人民幸福生活的增长点、成为经济社会持续健康发展的支撑点、成为展现我国良好形象的发力点。

2.1.3　“美丽中国”建设的要求

2012 年 11 月 8 日,中共十八大报告首提“美丽中国”概念,并提出一系列要求,包括“大力推进生态文明建设”“加大自然生态系统和环境保护力度”。

十九大报告提出要加快生态文明体制改革,建设美丽中国。

人与自然是生命共同体,人类必须尊重自然、顺应自然、保护自然。人类只有遵循自然规律才能有效防止在开发利用自然上走弯路,人类对大自然的伤害最终会伤及人类自身,这是无法抗拒的规律。

我们要建设的现代化是人与自然和谐共生的现代化,既要创造更多物质财富和精神财富以满足人民日益增长的美好生活需要,也要提供更多优质生态产品以满足人民日益增长的优美生态环境需要。必须坚持节约优先、保护优先、自然恢复为主的方针,形成节约资源和保护环境的空间格局、产业结构、生产方式、生活方式,还自然以宁静、和谐、美丽。

(1)推进绿色发展。加快建立绿色生产和消费的法律制度和政策导向,建立健全绿色低碳循环发展的经济体系。构建市场导向的绿色技术创新体系,发展绿色金融,壮大节能环保产业、清洁生产产业、清洁能源产业。推进能源生产和消费革命,构建清洁低碳、安全高效的能源体系。推进资源全面节约和循环利用,实施国家节水行动,降低能耗、物耗,实现生产系统和生活系统循环链接。倡导简约适度、绿色低碳的生活方式,反对奢侈浪费和不合理消费,开展创建节约型机关、绿色家庭、绿色学校、绿色社区和绿色出行等行动。

(2)着力解决突出环境问题。坚持全民共治、源头防治,持续实施大气污染防治行动,打赢蓝天保卫战。加快水污染防治,实施流域环境和近岸海域综合治理。强化土壤污染管控和修复,加强农业面源污染防治,开展农村人居环境整治行动。加强固体废弃物和垃圾处置。提高污染排放标准,强化排污者责任,健全环保信用评价、信息强制性披露、严惩重罚等制度。构建政府为主导、企业为主体、社会组织和公众共同参与的环境治理体系。积极参与全球环境治理,落实减排承诺。

(3)加大生态系统保护力度。实施重要生态系统保护和修复重大工程,优化生态安全屏障体系,构建生态廊道和生物多样性保护网络,提升生态系统质量和稳定性。完成生态保护红线、永久基本农田、城镇开发边界三条控制线划定工作。开展国土绿化行动,推进荒漠化、石漠化、水土流失综合治理,强化湿地保护和恢复,加强地质灾害防治。完善天然林保护制度,扩大退耕还林还草。严格保护耕地,扩大轮作休耕试点,健全耕地草原森林河流湖泊休养生息制度,建立市场化、多元化生态补偿机制。

(4)改革生态环境监管体制。加强对生态文明建设的总体设计和组织领导,设立国有自然资源资产管理和自然生态监管机构,完善生态环境管理制度,统一行使全民所有自然资源资产所有者职责,统一行使所有国土空间用途管制和生态保护修复职责,统一行使监管城乡各类污染排放和行政执法职责。构建国土空间开发保护制度,完善主体功能区配套政策,建立以国家公园为主体的自然保护地体系。坚决制止和惩处破坏生态环境行为。

生态文明建设功在当代、利在千秋。我们要牢固树立社会主义生态文明观,推动形成人与自然和谐发展现代化建设新格局,为保护生态环境作出充分的努力。

在"美丽中国"概念的基础上,延伸提出了"美丽省区""美丽城市""美丽乡村""美丽河流"等一系列概念,这对流域治理提出了美丽和生态的要求,力争实现"山清水秀、天高云淡、人杰地灵、物华天宝"的梦想,体现"山青青,水碧碧,高山流水韵依依"的韵味。

2.1.4　新型城镇化建设的要求

2014年3月,中共中央、国务院印发《国家新型城镇化规划(2014—2020年)》,指出城镇化是现代化的必由之路,是保持经济持续健康发展的强大引擎,是加快产业结构转型升级的重要抓手,是解决农业农村农民问题的重要途径,是推动区域协调发展的有力支撑,是促进社会全面进步的必然要求,要努力走出一条以人为本、四化同步、优化布局、生态文明、文化传承的中国特色新型城镇化道路。按照走中国特色新型城镇化道路、全面提高城镇化质量的新要求,明确了未来城镇化的发展路径、主要目标和战略任务,统筹相关领域制度和政策创新,是指导全国城镇化健康发展的宏观性、战略性、基础性规划。规划提出要适应新型城镇化发展要求,提高城市规划科学性,加强空间开发管制,健全规划管理体制机制,严格建筑规范和质量管理,强化实施监督,提高城市规划管理水平和建筑质量。规划提出要顺应现代城市发展新理念新趋势,推动城市绿色发展,提高智能化水平,增强历史文化魅力,全面提升城市内在品质。

随着我国城市化进程的快速推进,水利在城市建设与发展中的基础性地位不断凸显,快速城市化所带来的水资源、水安全、水环境等一系列城市水利问题也越来越引起社会的广泛关注。新型城镇化建设提出要加快绿色城市建设、推进智慧城市建设、注重人文城市建设,这对流域治理提出了更高的要求,必须充分发挥其基础性作用。

2.1.5　乡村振兴战略的要求

2018 年 9 月,中共中央、国务院印发《乡村振兴战略规划(2018—2022 年)》。

党的十九大提出实施乡村振兴战略,是以习近平同志为核心的党中央着眼党和国家事业全局,深刻把握现代化建设规律和城乡关系变化特征,顺应亿万农民对美好生活的向往,对"三农"工作作出的重大决策部署,是决胜全面建成小康社会、全面建设社会主义现代化国家的重大历史任务,是新时代做好"三农"工作的总抓手。为贯彻落实党的十九大、中央经济工作会议、中央农村工作会议精神和政府工作报告要求,描绘好战略蓝图,强化规划引领,科学有序推动乡村产业、人才、文化、生态和组织振兴,根据《中共中央、国务院关于实施乡村振兴战略的意见》(中发〔2018〕1 号),特编制《乡村振兴战略规划(2018—2022 年)》。

规划以习近平总书记关于"三农"工作的重要论述为指导,按照产业兴旺、生态宜居、乡风文明、治理有效、生活富裕的总要求,对实施乡村振兴战略作出阶段性谋划,分别明确至 2020 年全面建成小康社会和 2022 年召开党的二十大时的目标任务,细化实化工作重点和政策措施,部署重大工程、重大计划、重大行动,确保乡村振兴战略落实落地,是指导各地区各部门分类有序推进乡村振兴的重要依据。

2.1.6　生态文明建设的要求

2015 年 4 月 25 日,《中共中央　国务院关于加快推进生态文明建设的意见》发布。意见指出,加快推进生态文明建设是加快转变经济发展方式、提高发展质量和效益的内在要求,是坚持以人为本、促进社会和谐的必然选择,是全面建成小康社会、实现中华民族伟大复兴中国梦的时代抉择,是积极应对气候变化、维护全球生态安全的重大举措。要充分认识加快推进生态文明建设的极端重要性和紧迫性,切实增强责任感和使命感,牢固树立尊重自然、顺应自然、保护自然的理念,坚持绿水青山就是金山银山,动员全党、全社会积极行动,深入持久地推进生态文明建设,加快形成人与自然和谐发展的现代化建设新格局,开创社会主义生态文明新时代。

坚持把节约优先、保护优先、自然恢复为主作为基本方针。在资源开发与节约中,把节约放在优先位置,以最少的资源消耗支撑经济社会持续发展;在环境保护与发展中,把保护放在优先位置,在发展中保护、在保护中发展;在生态建设与修复中,以自然恢复为主,与人工修复相结合。

坚持把绿色发展、循环发展、低碳发展作为基本途径。经济社会发展必须建立在资源得到高效循环利用、生态环境受到严格保护的基础上,与生态文明建设相协调,形成节约资源和保护环境的空间格局、产业结构、生产方式。

坚持把深化改革和创新驱动作为基本动力。充分发挥市场配置资源的决定性作用和更好发挥政府作用,不断深化制度改革和科技创新,建立系统完整的生态文明制度体系,强化科技创新引领作用,为生态文明建设注入强大动力。

坚持把培育生态文化作为重要支撑。将生态文明纳入社会主义核心价值体系,加强生态文化的宣传教育,倡导勤俭节约、绿色低碳、文明健康的生活方式和消费模式,提高全社会生态文明意识。

坚持把重点突破和整体推进作为工作方式。既立足当前,着力解决对经济社会可持续发展制约性强、群众反映强烈的突出问题,打好生态文明建设攻坚战;又着眼长远,加强顶层设计与鼓励基层探索相结合,持之以恒全面推进生态文明建设。

到 2020 年,资源节约型和环境友好型社会建设取得重大进展,主体功能区布局基本形成,经济发展质量和效益显著提高,生态文明主流价值观在全社会得到推行,生态文明建设水平与全面建成小康社会目标相适应。

国土空间开发格局进一步优化。经济、人口布局向均衡方向发展,陆海空间开发强度、城市空间规模得到有效控制,城乡结构和空间布局明显优化。

资源利用更加高效。单位国内生产总值二氧化碳排放强度比 2005 年下降 40% ~ 45%,能源消耗强度持续下降,资源产出率大幅提高,用水总量力争控制在 6 700 亿 m^3 以内,万元工业增加值用水量降低到 65 m^3 以下,农田灌溉水有效利用系数提高到 0.55 以上,非化石能源占一次能源消费比重达到 15% 左右。

生态环境质量总体改善。主要污染物排放总量继续减少,大气环境质量、重点流域和近岸海域水环境质量得到改善,重要江河湖泊水功能区水质达标率提高到 80% 以上,饮用水安全保障水平持续提升,土壤环境质量总体保持稳定,环境风险得到有效控制。森林覆盖率达到 23% 以上,草原综合植被覆盖度达到 56%,湿地面积不低于 8 亿亩,50% 以上可治理沙化土地得到治理,自然岸线保有率不低于 35%,生物多样性丧失速度得到基本控制,全国生态系统稳定性明显增强。

生态文明重大制度基本确立。基本形成源头预防、过程控制、损害赔偿、责任追究的生态文明制度体系,自然资源资产产权和用途管制、生态保护红线、生态保护补偿、生态环境保护管理体制等关键制度建设取得决定性成果。

意见提出,要强化主体功能定位,优化国土空间开发格局;推动技术创新和结构调整,提高发展质量和效益;全面促进资源节约循环高效使用,推动利用方式根本转变;加大自然生态系统和环境保护力度,切实改善生态环境质量;健全生态文明制度体系;加强生态文明建设统计监测和执法监督;加快形成推进生态文明建设的良好社会风尚;切实加强组织领导。

2.1.7　水利改革发展的要求

2011 年,中央一号文件《中共中央　国务院关于加快水利改革发展的决定》指出,在加快水利基础设施建设的同时,突出加强民生水利薄弱环节的建设。把继续推进主要江河河道整治和堤防建设,加大中小河流治理力度,加快小型病险水库除险加固步伐,全面提高城市防洪排涝能力;把建设水资源配置工程,实现江河湖库水系连通,全面提高水资源调控水平和供水保障能力,加快实施农村饮水安全工程,确保城乡居民饮水安全;把推进水生态保护和水环境治理,坚持保护优先和自然恢复为主,维护河湖健康生态,改善城乡人居环境;把提高水利科技创新能力,力争在水利重点领域、关键环节、核心技术上实现新突破,加快水利科技成果推广转化等,作为未来 5 到 10 年水利工作的重点内容。

中央一号文件聚焦水利行业,为城市水利事业带来了千载难逢的发展机遇,流域规划应该迎头而上,充分发挥其宏观、长远、系统的建设指导作用。

2014 年,习近平同志就保障国家水安全问题发表重要讲话,提出了"节水优先、空间均衡、系统治理、两手发力"治水新思路,积极顺应自然规律、经济规律和社会发展规律,努力构建中国特色水安全保障体系。

"节水优先、空间均衡、系统治理、两手发力"治水思路,既是实践经验的总结,也是思想理论的发展,对推进中华民族治水兴水大业具有重大而深远的意义。节水优先,是倡导全社会节约每一滴水,营造亲水惜水节水的良好氛围,努力以最小的水资源消耗获取最大的经济社会生态效益;空间均衡,是坚持量水而行、因水制宜,以水定城、以水定产,从生态文明建设的高度审视人口、经济与资源环境的关系,强化水资源环境刚性约束;系统治理,是统筹自然生态各种要素,把治水与治山、治林、治田有机结合起来,协调解决水资源问题;两手发力,是政府和市场协同发挥作用,既使市场在水资源配置中发挥好作用,也更好发挥政府在保障水安全方面的统筹规划、政策引导、制度保障作用。当前,我国水安全形势严峻,我们一定要把习近平同志治水兴水的新思想、新思路、新要求落到实处,坚持统筹规划,科学指导水资源保护开发利用;坚持节约优先,着力提高水资源综合利用水平;坚持标本兼治,不断加强水生态建设和保护;坚持确有需要、生态安全、可以持续的原则,搞好重点水利工程建设;坚持两手发力,不断完善水资源管理体制机制;加快推进治水兴水新跨越,为实现中华民族伟大复兴的中国梦提供更加坚实的水安全保障,为子孙后代留下生存发展的资源和空间。

2.1.8 全面加强生态环境保护,坚决打好污染防治攻坚战的要求

为深入学习贯彻习近平新时代中国特色社会主义思想和党的十九大精神,决胜全面建成小康社会,全面加强生态环境保护,打好污染防治攻坚战,提升生态文明,建设美丽中国,2018 年 6 月《中共中央　国务院关于全面加强生态环境保护　坚决打好污染防治攻坚战的意见》发布。

良好生态环境是实现中华民族永续发展的内在要求,是增进民生福祉的优先领域。加强生态环境保护、坚决打好污染防治攻坚战是党和国家的重大决策部署,各级党委和政府要强化对生态文明建设和生态环境保护的总体设计和组织领导,统筹协调处理重大问题,指导、推动、督促各地区各部门落实党中央、国务院重大政策措施。

2.1.8.1 坚决打赢蓝天保卫战

编制实施打赢蓝天保卫战三年作战计划,以京津冀及周边、长三角、汾渭平原等重点区域为主战场,调整优化产业结构、能源结构、运输结构、用地结构,强化区域联防联控和重污染天气应对,进一步明显降低 PM2.5 浓度,明显减少重污染天数,明显改善大气环境质量,明显增强人民的蓝天幸福感。加强工业企业大气污染综合治理;大力推进散煤治理和煤炭消费减量替代;打好柴油货车污染治理攻坚战;强化国土绿化和扬尘管控;有效应对重污染天气。

2.1.8.2 着力打好碧水保卫战

深入实施水污染防治行动计划,扎实推进河长制湖长制,坚持污染减排和生态扩容两手发力,加快工业、农业、生活污染源和水生态系统整治,保障饮用水安全,消除城市黑臭水体,减少污染严重水体和不达标水体。打好水源地保护攻坚战;打好城市黑臭水体治理攻坚战;打好长江保护修复攻坚战;打好渤海综合治理攻坚战;打好农业农村污染治理攻坚战。

2.1.8.3 扎实推进净土保卫战

全面实施土壤污染防治行动计划,突出重点区域、行业和污染物,有效管控农用地和城市建设用地土壤环境风险。强化土壤污染管控和修复,加快推进垃圾分类处理,强化固体废物污染防治。

2.1.8.4 加快生态保护与修复

坚持自然恢复为主,统筹开展全国生态保护与修复,全面划定并严守生态保护红线,提升生态系统质量和稳定性。划定并严守生态保护红线,坚决查处生态破坏行为,建立以国家公园为主体的自然保护地体系。

2.1.8.5 改革完善生态环境治理体系

深化生态环境保护管理体制改革,完善生态环境管理制度,加快构建生态环境治理体系,健全保障举措,增强系统性和完整性,大幅提升治理能力。

2.1.9 贯彻 2019 年全国"两会"会议精神

2019 年 3 月 5 日,第十三届全国人民代表大会第二次会议开幕,国务院总理李克强作《政府工作报告》,习近平参加内蒙古代表团审议时发表重要讲话。

在内蒙古代表团,习近平总书记强调,党的十八大以来,我们党关于生态文明建设的思想不断丰富和完善。在"五位一体"总体布局中,生态文明建设是其中一位,在新时代坚持和发展中国特色社会主义基本方略中,坚持人与自然和谐共生是其中一条基本方略,在新发展理念中,绿色是其中一大理念,在三大攻坚战中,污染防治是其中一大攻坚战。这"四个一"体现了我们党对生态文明建设规律的把握,体现了生态文明建设在新时代党和国家事业发展中的地位,体现了党对建设生态文明的部署和要求。要保持加强生态文明建设的战略定力。不能因为经济发展遇到一点困难,就开始动铺摊子上项目、以牺牲环境换取经济增长的念头,甚至想方设法突破生态保护红线。要探索以生态优先、绿色发展为导向的高质量发展新路子。要加大生态系统保护力度。要打好污染防治攻坚战。解决好人民群众反映强烈的突出环境问题,既是改善环境民生的迫切需要,也是加强生态文明建设的当务之急。

《2019 年国务院政府工作报告》中政府工作任务涉及的水利行业内容包括:再开工一批重大水利工

程。长江经济带发展要坚持上中下游协同,加强生态保护修复和综合交通运输体系建设,打造高质量发展经济带。加快治理黑臭水体,防治农业面源污染,推进重点流域和近岸海域综合整治。加强固体废弃物和城市垃圾分类处置。加大城市污水管网和处理设施建设力度。加强生态系统保护修复,推进山水林田湖草生态保护修复工程试点,持续抓好国土绿化,加强荒漠化、石漠化、水土流失治理,加大生物多样性保护力度,继续开展退耕还林还草还湿。加快实施农村饮水安全巩固提升工程,今明两年要解决好饮水困难人口的饮水安全问题,提高 6 000 万农村人口供水保障水平。因地制宜开展农村人居环境整治,推进"厕所革命"、垃圾污水治理,建设美丽乡村。

要把学习习近平总书记关于生态文明建设等重要讲话精神和李克强总理所作《政府工作报告》有关水利工作的部署要求作为重点,切实理出工作思路,悟出工作方法,真正学懂弄通做实,融会贯通于实践。要紧密结合新的形势和任务,牢牢把握中央治水方针和水利工程补短板、水利行业强监管的水利改革发展总基调,做好流域治理工作。

2.2　行业(部门)层面

2.2.1　江河湖库水系连通的要求

2013 年 11 月 11 日,《水利部关于印发推进江河湖库水系连通工作的指导意见》(水规计〔2013〕393号)发布。河湖水系是水资源的载体,是生态环境的重要组成部分,也是经济社会发展的基础。江河湖库水系连通(简称河湖水系连通)是优化水资源配置战略格局、提高水利保障能力、促进水生态文明建设的有效举措。2011 年中央一号文件和中央水利工作会议明确提出,尽快建设一批河湖水系连通工程,提高水资源调控水平和供水保障能力。河湖水系连通是以江河、湖泊、水库等为基础,采取合理的疏导、沟通、引排、调度等工程和非工程措施,建立或改善江河湖库水体之间的水力联系。经过长期的治水实践,特别是中华人民共和国成立以来大规模的水利建设,目前部分流域和区域已初步形成了以自然水系为主、人工水系为辅,具有一定调控能力的江河湖库水系及其连通格局,为促进经济社会发展发挥了重要作用。河湖水系连通的指导思想以提高水资源调控水平和供水保障能力、增强防御水旱灾害能力、促进水生态文明建设为目标,以自然河湖水系、调蓄工程和引排工程为依托,努力构建"格局合理、功能完备,蓄泄兼筹、引排得当,多源互补、丰枯调剂,水流通畅、环境优美"的江河湖库连通体系,为实现以水资源可持续利用支撑经济社会可持续发展提供基础保障。

指导意见建议要将全国水生态文明城市建设试点地区河湖连通工作列入优先领域,加大支持力度,切实发挥好示范作用。城市层面应以城市水源调配、防洪排涝、水环境改善为重点,结合城市总体规划,合理连通城市河湖水系,完善城市防洪排涝体系,提高防洪排涝能力,加强备用水源工程建设,保障城市供水安全,保护恢复河流生态廊道,提高水体流动性,适度构建亲水平台,提升城市品位。

指导意见从流域层面和区域层面上提出了江河湖库水系连通的要求,流域规划应该从城市层面上科学合理的布局水系网络,积极落实江河湖库水系连通的要求。

2.2.2　中小河流治理和生态型清洁小流域治理的要求

中小河流治理项目是指为提高中小河流重点河段的防洪减灾能力,保障区域防洪安全和粮食安全,兼顾河流生态环境而开展的以堤防加固和新建、河道清淤疏浚、护岸护坡等为主要内容的综合性治理项目。为贯彻落实中央一号文件精神,加快重点地区中小河流治理,水利部、财政部 2009 年组织开展了《全国重点地区中小河流近期治理建设规划》编制工作。

规划以科学发展观为指导,重点针对 200 ~ 3 000 km² 中小河流防洪突出问题,按照以人为本、突出重点、统筹蒙顾、注重实效、分级负责的原则,以保障人民群众生命财产安全为根本,以中小河流防洪保安为重点,统筹考虑水资源利用和水生态保护,工程措施和非工程措施相结合,治理与管理并重,使洪水威胁严重、影响区域经济社会发展的中小河流重点河段防洪能力得到增强,所涉及的主要被镇、农田保护区等防洪保护对象的防洪标准有较大提高,治理河段的水生态环绕状况得到改善,保障区域防洪安全和粮食安全,促进区域经济社会可持续发展。各地要把重点地区中小河流治理作为学习实践科学发展观的重要举措,作为民生水利的重要内容,按照规划确定的目标、任务和主要内容,加强组织领导,加快重点地区中小河流治理步伐,促进绒乡统筹发展和社会主义新农村建设。

生态型清洁小流域主要位于水库、河道周边的水源保护区、生态敏感区、旅游景点和村镇等区域,以小流域为单元(流域面积原则上在 200 km^2 以下),在传统水土保持工作开展的基础上,引进小型污水处理设施建设、垃圾填埋设施建设、湿地建设与保护、生态村建设、限制农药化肥的施用、退稻三禁、库滨区水土保持生态缓冲带建设等措施,大大改善了生态,有效保护了水源,营造了优美的人居环境,提高了百姓的生产生活质量。

流域规划的编制要与省市县区的中小河流治理规划和生态型清洁小流域治理规划相衔接,必须保证工程总体布局安排协调一致。为了更好地指导中小河流的规划设计工作,各省市水政部门编制出台了相关的地方标准,浙江省水利厅 2007 年发布了《浙江省水域保护规划编制技术导则》,广东省水利厅2008 年发布了《广东省小流域综合治理规划编制导则(试行)》,北京市水务局 2009 年出台了《北京市中小河道综合治理规划导则》,上海市水务局 2017 年制定了《上海市中小河道综合整治与长效管理导则(试行)》。

2.2.3　水生态保护和修复的要求

随着我国人口的快速增长和经济社会的高速发展,生态系统尤其是水生态系统承受越来越大的压力,出现了水源枯竭、水体污染和富营养化等问题,河道断流、湿地萎缩消亡、地下水超采、绿洲退化等现象也在很多地方发生。水利部以水资源〔2004〕316 号文颁布了《关于水生态系统保护与修复的若干意见》,提出通过水资源的合理配置和水生态系统的有效保护,维护河流、湖泊等水生态系统的健康,积极开展水生态系统的修复工作,逐步实现水功能区的保护目标和水生态系统的良性循环,支撑经济社会的可持续发展。水生态系统保护与修复工作既有特殊性又有普遍性,开展保护与修复工作不仅要建设一些工程,更要将保护措施融合在各项水利工作中。要转变观念,按照水利不仅为经济发展,而且为良好生态系统建设提供支撑的要求,提出和实施水生态系统保护和修复工作的综合措施。通过建设或利用已有工程措施保护或修复水生态系统。除水土保持、节水及节水灌溉和水污染防治等工程措施外,生态补水工程、生物护坡护岸工程、生态清淤与内源治理工程、环湖生态隔离带工程、河道曝气、前置库、河滨生态湿地等都是水生态系统保护和修复工程。

根据若干意见,水利部以水资源〔2007〕150 号文发布了《关于做好水生态系统保护与修复试点工作的通知》,批准了一批城市启动水生态系统保护与修复试点工作。通过试点,探索和总结经验,形成系统的技术方法体系,以点带面,逐步推进。从 2005 年到 2008 年,水利部先后确定了江苏省无锡市、湖北省武汉市、广西壮族自治区桂林市、山东省莱州市、浙江省丽水市、辽宁省新宾县、湖南省凤凰县、吉林省松原市、河北省邢台市、陕西省西安市、安徽省合肥市等 11 个城市作为全国水生态系统保护和修复试点城市。山西省为首个示范省。

流域规划的编制要与河湖的水生态系统保护与修复规划相衔接,突出生态优先的理念。

2.2.4　海绵城市建设的要求

建设具有自然积存、自然渗透、自然净化功能的海绵城市是生态文明建设的重要内容,是实现城镇化和环境资源协调发展的重要体现,也是今后我国城市建设的重大任务。

顾名思义,海绵城市是指城市能够像海绵一样,在适应环境变化和应对自然灾害等方面具有良好的"弹性",下雨时吸水、蓄水、渗水、净水,需要时将蓄存的水"释放"并加以利用。海绵城市建设遵循生态优先等原则,将自然途径与人工措施相结合,在确保城市排水防涝安全的前提下,最大限度地实现雨水在城市区域的积存、渗透和净化,促进雨水资源的利用和生态环境保护。在海绵城市建设过程中,应统筹自然降水、地表水和地下水的系统性,协调给水、排水等水循环利用各环节,并考虑其复杂性和长期性。

海绵城市的建设途径主要有以下几方面：一是对城市原有生态系统的保护。最大限度地保护原有的河流、湖泊、湿地、坑塘、沟渠等水生态敏感区，留有足够涵养水源、应对较大强度降雨的林地、草地、湖泊、湿地，维持城市开发前的自然水文特征，这是海绵城市建设的基本要求。二是生态恢复和修复。对传统粗放式城市建设模式下，已经受到破坏的水体和其他自然环境，运用生态的手段进行恢复和修复，并维持一定比例的生态空间。三是低影响开发。按照对城市生态环境影响最低的开发建设理念，合理控制开发强度，在城市中保留足够的生态用地，控制城市不透水面积比例，最大限度地减少对城市原有水生态环境的破坏，同时，根据需求适当开挖河湖沟渠、增加水域面积，促进雨水的积存、渗透和净化。海绵城市建设应统筹低影响开发雨水系统、城市雨水管渠系统及超标雨水径流排放系统。低影响开发雨水系统可以通过对雨水的渗透、储存、调节、转输与截污净化等功能，有效控制径流总量、径流峰值和径流污染；城市雨水管渠系统即传统排水系统，应与低影响开发雨水系统共同组织径流雨水的收集、转输与排放。超标雨水径流排放系统，用来应对超过雨水管渠系统设计标准的雨水径流，一般通过综合选择自然水体、多功能调蓄水体、行泄通道、调蓄池、深层隧道等自然途径或人工设施构建。以上三个系统并不是孤立的，也没有严格的界限，三者相互补充、相互依存，是海绵城市建设的重要基础元素。

海绵城市—低影响开发雨水系统构建需统筹协调城市开发建设各个环节。在城市各层级、各相关规划中均应遵循低影响开发理念，明确低影响开发控制目标，结合城市开发区域或项目特点确定相应的规划控制指标，落实低影响开发设施建设的主要内容。设计阶段应对不同低影响开发设施及其组合进行科学合理的平面与竖向设计，在建筑与小区、城市道路、绿地与广场、水系等规划建设中，应统筹考虑景观水体、滨水带等开放空间，建设低影响开发设施，构建低影响开发雨水系统。

城市总体规划应创新规划理念与方法，将低影响开发雨水系统作为新型城镇化和生态文明建设的重要手段。应开展低影响开发专题研究，结合城市生态保护、土地利用、水系、绿地系统、市政基础设施、环境保护等相关内容，因地制宜地确定城市年径流总量控制率及其对应的设计降雨量目标，制定城市低影响开发雨水系统的实施策略、原则和重点实施区域，并将有关要求和内容纳入城市水系、排水防涝、绿地系统、道路交通等相关专项（专业）规划。

为贯彻落实习近平总书记讲话及中央城镇化工作会议精神，大力推进建设自然积存、自然渗透、自然净化的"海绵城市"，节约水资源，保护和改善城市生态环境，促进生态文明建设，2014 年 10 月，住房城乡建设部发布《海绵城市建设技术指南——低影响开发雨水系统构建（试行）》，旨在指导各地新型城镇化建设过程中，推广和应用低影响开发建设模式，加大城市径流雨水源头减排的刚性约束，优先利用自然排水系统，建设生态排水设施，充分发挥城市绿地、道路、水系等对雨水的吸纳、蓄渗和缓释作用，使城市开发建设后的水文特征接近开发前，有效缓解城市内涝、削减城市径流污染负荷、节约水资源、保护和改善城市生态环境，为建设具有自然积存、自然渗透、自然净化功能的海绵城市提供重要保障。2015年 1 月 20 日，根据《财政部、住房城乡建设部、水利部关于开展中央财政支持海绵城市建设试点工作的通知》（财建〔2014〕838 号），财政部、住房城乡建设部和水利部决定启动 2015 年中央财政支持海绵城市建设试点城市申报工作，经过评审，迁安、白城、镇江、嘉兴、池州、厦门、萍乡、济南、鹤壁、武汉、常德、南宁、重庆、遂宁、贵安新区和西咸新区等 16 个城区成为首批海绵城市建设试点城市。

城市水系是城市生态环境的重要组成部分，也是城市径流雨水自然排放的重要通道、受纳体及调蓄空间，与低影响开发雨水系统联系紧密，在城市水系规划编制中应做到如下三点：

（1）依据城市总体规划划定城市水域、岸线、滨水区，明确水系保护范围。城市开发建设过程中应落实城市总体规划明确的水生态敏感区保护要求，划定水生态敏感区范围并加强保护，确保开发建设后的水域面积应不小于开发前，已破坏的水系应逐步恢复。

（2）保持城市水系结构的完整性，优化城市河湖水系布局，实现自然、有序排放与调蓄。城市水系规划应尽量保护与强化其对径流雨水的自然渗透、净化与调蓄功能，优化城市河道（自然排放通道）、湿地（自然净化区域）、湖泊（调蓄空间）布局与衔接，并与城市总体规划、排水防涝规划同步协调。

（3）优化水域、岸线、滨水区及周边绿地布局，明确低影响开发控制指标。城市水系规划应根据河湖水系汇水范围，同步优化、调整蓝线周边绿地系统布局及空间规模，并衔接控制性详细规划，明确水系及周边地块低影响开发控制指标。

2015 年 8 月 12 日,《水利部关于印发推进海绵城市建设水利工作的指导意见的通知》(水规计〔2015〕321 号)发布。指导意见指出,河湖水系和地下水系统是海绵城市建设的重要组成部分,水灾害防治、水资源利用、水环境治理和水生态保护是海绵城市建设的重要内容。为指导和推进海绵城市建设水利工作,提出以下意见:

(1)海绵城市是以低影响开发建设模式为基础,以防洪排涝体系为支撑,充分发挥绿地、土壤、河湖水系等对雨水径流的自然积存、渗透、净化和缓释作用,实现城市雨水径流源头减排、分散蓄滞、缓释慢排和合理利用,使城市像海绵一样,能够减缓或降低自然灾害和环境变化的影响,保护和改善水生态环境。海绵城市建设以水为主线,以城市规划建设和管理为载体,构建城市良性水循环系统,增强城市水安全保障能力和水资源水环境承载能力。

(2)目前,城市水资源短缺、水环境污染、水生态恶化、水灾害加剧等水安全问题日益凸显。一些城市洪涝水宣泄不畅,河湖、湿地萎缩严重,河湖水生态空间被严重挤占,不透水面积不断增加,水体黑臭现象频繁发生,雨洪资源利用程度低,地下水超采和水土流失问题严重,应对干旱和突发水事件能力低。开展海绵城市建设是有效解决城市水安全问题,加快推进生态文明建设的重要举措。

(3)城市河湖水系和地下水系统是蓄积、调节和净化雨洪径流的主要场所,是保障海绵城市建设"渗、滞、蓄、净、用、排"各项措施发挥系统治理效益的重要基础。完善城市防洪排涝体系,统筹调控流域上下游、城市建成区内外洪涝水,合理安排洪涝水出路,是提高城市防洪排涝标准的重要措施。加强城市河湖综合整治和水系连通,保护地下水系统,实施水生态修复,是改善城市生态环境的重要支撑。强化节约用水,优化配置水资源,加强雨水、再生水等水源利用,是提高城市水资源承载力的重要举措。提高城市水管理能力,规范城市水资源管理和河湖水域管控,是建设海绵城市的重要保障。

(4)指导思想。深入贯彻落实党的十八大和十八届三中、四中全会精神,遵循"节水优先、空间均衡、系统治理、两手发力"的新时期水利工作方针,以提升城市防洪排涝、供水保障能力和改善水生态环境为目标,以城市河湖水系和水利工程体系为依托,以加强城市水管理为保障,协同海绵城市建设其他措施,共同构建自净自渗、蓄泄得当、排用结合的城市良性水循环系统,为促进城市水生态文明建设和城镇化健康发展提供基础支撑。

(5)基本原则。

①尊重规律,因地制宜。综合考虑城市地形地貌、降水径流、水资源、洪涝灾害、河湖水系分布等自然地理特点,以及城市功能定位、发展建设布局、水利基础设施等因素,坚持问题导向,合理确定海绵城市建设水利工作的目标、指标和对策措施,推动城市发展与水资源水环境承载力相协调。

②科学规划,系统布局。将海绵城市建设水利措施和要求,统一纳入城市规划蓝图,强化与流域和区域综合规划、防洪排涝规划等的衔接,发挥规划的约束和引领作用。统筹协调流域上下游、城市建成区内外、地表水与地下水、防洪排涝与雨水利用的关系,科学布局海绵城市建设,确保发挥系统治理效益。

③保护优先,综合施策。树立山水林田湖是一个生命共同体的理念,加强城市河湖水域和地下水保护,维持城市良性水循环所必要的空间,促进绿色生态城市发展。统筹各类治理措施,自然和人工措施相结合,注重措施的实用性、经济性和创新性,综合治理,发挥连片效应。

④依法管理,创新机制。坚持依法行政,严格贯彻执行《水法》《防洪法》《水土保持法》《河道管理条例》等法律法规,加强城市水管理,创新水管理机制,完善海绵城市建设体制机制。加强城市水资源、河湖水域及岸线、水利工程管理和洪水及供水风险管理,提高城市水管理能力和水平,强化水资源水环境承载力的刚性约束。推行政府和社会资本合作的建设运营模式,激发市场活力。

(6)总体目标。以城市河湖水域及岸线管控和综合整治、防洪排涝体系建设、水资源优化配置和高效利用、水资源保护与水生态修复、水土保持、水管理能力建设为重点,逐步构建"格局合理、蓄泄兼筹、水流通畅、环境优美、管理科学"的海绵城市建设水利保障体系,增强城市防洪排涝、水资源保障、水生态环境等水安全保障能力,与其他海绵城市建设项目和措施统筹衔接,提升城市生态文明建设水平。

(7)水利主要指标。各地应结合当地实际,合理确定海绵城市建设水利工作的目标指标,促进各项水利工作协同推进。水利主要指标如下：防洪标准、降雨滞蓄率、水域面积率、地表水体水质达标率、雨水资源利用率、再生水利用率、防洪堤达标率、排涝达标率、河湖水系生态防护比例、地下水埋深、新增水土流失治理率。

（8）制定海绵城市建设实施方案。加强与财政、住建等相关部门的协调衔接，科学确定海绵城市建设总体布局和目标指标，因地制宜制定海绵城市建设实施方案。研究提出重点水利措施和项目，构建海绵城市建设水利保障体系。加强海绵城市建设的水利技术支撑，提出城市河湖水系重要控制节点的水位、流量、水质等关键技术指标。加强各项水利措施与城市管网设施及其他各类措施的衔接，发挥系统治理效益。

（9）严格城市河湖水域空间管控。严格城市河湖、湿地、沟渠、蓄洪洼淀等自然河湖水域岸线的用途管制，划定河湖管理范围和水利工程管理与保护范围，推进确权划界，设置必要的界桩、界碑和警示设施，依法依规确定水利工程管理范围内的土地使用权属，禁止侵占河湖水域岸线，维持城市水循环所必要的生态空间，保持其滞留、集蓄、净化洪涝水的功能。水资源条件好的城市，可适当恢复和增加一定比例的水域面积，改善城市水循环条件；水资源短缺城市，可利用雨水、再生水等水源，适当构建有限的水域载体，严控人造水景观工程。

（10）因地制宜地做好河湖水系连通。根据城市水系格局和水资源条件，通过清淤疏浚、连通工程、涵闸调控、水系调度等措施，恢复河流、湖泊、洼地、湿地等自然水系互通，提高雨洪径流的调蓄容量和调配灵活性，完善城市防洪排涝体系，保护恢复河流绿色生态廊道，提高水体流动性。把握河湖水系演变规律，统筹考虑连通的需求和可行性，坚持恢复自然连通与人工连通相结合，合理有序开展城市河湖水系连通，逐步构建"格局合理、功能完备，蓄泄兼筹、引排得当，多源互补、丰枯调剂，水流通畅、环境优美"的河湖水系连通格局。

（11）推进城市水生态治理与修复。统筹考虑防洪、供水、生态环境保护等目标要求，完善城市河湖生态调度，保障河湖生态用水，保护和修复水生态系统。推进城市河湖生态化治理，尽量维持河道自然形态，避免盲目裁弯取直；护岸护坡尽量采用生态措施，避免河道过度"硬化、白化、渠化"；修复河滩及滨水带生态功能，合理设置人工湿地、生态浮岛等生态修复措施，发挥其自然渗透、涵养水源、净化水体的作用。采取控源截污、清淤疏浚、生态修复等措施，加大城市黑臭水体治理力度。要严格控制地下水开采，依法划定禁止开采区和限制开采区，恢复地下水水位，防止地面沉降。

（12）建设雨水径流调蓄和承泄设施。根据城市地形地貌特点、河湖水系分布、岸坡地质条件及雨洪蓄泄关系，在满足防洪排涝安全的前提下，在城市河湖水系沿岸适当位置，因地制宜布设旁侧湖、滞水塘、调蓄池、蓄水池等雨水径流调蓄设施，有条件的可建设地下蓄水储水设施、排洪通道，增加对雨洪径流的滞蓄和承泄能力。

（13）完善城市防洪排涝体系。与流域、区域防洪规划相衔接，妥善安排城市洪涝水滞蓄和外排出路，统筹布局泄洪通道和蓄滞场所，合理确定城市防洪排涝分区和建设标准。科学谋划城市建成区内外的防洪排涝工程体系，综合考虑河湖调节、滞蓄、外排等措施，完善堤防、涵闸、泵站、蓄滞场所等水利设施，提高城市防洪排涝能力。加强城市水文监测，健全监测站网，加强城市易涝区、城市河湖等洪涝水文信息监测和预警系统建设。处理好城市防洪排涝体系与海绵城市建设各项措施的衔接关系，增强雨洪径流调控能力。加强城市防洪减灾社会管理和应急管理能力建设，完善防洪排涝应急预案，建立应急抢险队伍和应急储备机制，健全预警预报和响应制度，增强群众防洪避险及自救意识，纳入城市安全运行体系。

（14）强化城市水资源管理与保护。落实最严格水资源管理制度，强化"三条红线"管理和考核。推进规划水资源论证工作，坚持以水定城、以水定地、以水定人、以水定产，切实把水资源作为城市发展、人口规模、土地利用、产业布局的刚性约束。加强城市水资源供需平衡分析，大力推进城乡水资源统一规划、统一配置和统一调度。加强节水型社会建设，全面落实计划用水和节水"三同时"制度，强化用水计量管理和水资源监控能力建设，对工业用水户及其他规模以上用水户进行全面监控。建立水功能区分级分类监管体系，严格按照水功能区进行水资源开发利用、水生态保护和用途管制。规范入河排污口设置，优化入河排污布局，对入河排污口开展监督性监测，清理和整治设置不合理的入河排污口。制定严重干旱供水应急预案和调度方案,确保供水安全。

(15)加强城市水源保障和雨洪利用。强化城市水源地保护和安全保障达标建设,加强应急备用水源建设,完善城市多水源供水系统和联合调度机制,增强城市供水保障能力和应急能力。加强雨洪、再生水等水源利用,纳入城市水资源统一配置。充分利用河道、沟渠、湿地、洼淀等蓄水功能,完善雨水收集、调蓄、利用设施,推进雨洪资源化。

(16)做好城市水土保持与生态清洁小流域治理。加强城市开发建设过程中水土流失预防监督管理工作,执行水土保持设施"三同时"制度,减少新增人为水土流失,促进雨水径流源头减排。对城市侵蚀劣地、闲置开发区、裸露土地、坡地及岸坡等采取水土保持措施,提高城市植被覆盖率和雨水下渗能力。根据城市雨水汇流特征,以小流域为单元开展清洁化治理,通过雨水收集存储、雨水花园建设等综合治理措施,削减城市面源污染,提升城市生态品质。

(17)加强组织领导。各地区、各单位要高度重视海绵城市建设工作,加强组织领导,明确各项工作责任。各城市水利(水务)部门要在城市人民政府统一领导下,加强与财政、住建等部门沟通协调,按照职责分工,积极主动做好水利相关工作,协同推进海绵城市建设。省级水行政主管部门要加强对海绵城市建设水利工作的指导,做好与水生态文明建设工作的衔接,同时加强与省级相关部门的协调与合作。

(18)抓好项目实施。根据海绵城市建设实施方案和目标任务,城市水利(水务)部门要与有关部门共同细化制订实施计划,优化项目安排,合理确定项目实施进度。认真做好相关项目前期工作,抓好项目组织实施,严格执行建设程序,加强工程质量与安全管理。加强新技术推广运用,做好技术培训。充分发挥市场机制作用,创新投融资机制,多渠道筹集资金,加强资金整合,积极吸引社会资本投入。

(19)强化项目运行管理。做好水利项目运行管理和优化调度,利用现代科技和信息化等手段,加强海绵城市各类措施的协同调度,充分发挥综合效益。创新水利项目运行管护机制,落实工程运行管护经费,明确运行管护机构和责任,建立工程良性运行机制。

(20)做好跟踪监测和评估考核。完善城市水文水资源监测体系,加强对城市水循环系统的跟踪监测。根据海绵城市建设的考核目标和城市水循环系统监测成果,加强水利措施的效果评估工作,对水利措施提出调整和完善建议。与有关部门共同对海绵城市建设的实施效果进行考核评估,对相关技术的适用性进行分析评价。做好海绵城市建设经验总结,完善相关政策法规和技术规范。

2.2.5 "城市双修"建设的要求

"城市双修"是指生态修复、城市修补。其中,生态修复旨在有计划、有步骤地修复被破坏的山体、河流、植被,重点是通过一系列手段恢复城市生态系统的自我调节功能;城市修补重点是不断改善城市公共服务质量,改进市政基础设施条件,发掘和保护城市历史文化和社会网络,使城市功能体系及其承载的空间场所得到全面系统的修复、弥补和完善。

为贯彻落实中央城市工作会议和习近平总书记系列重要讲话精神,在全面总结三亚"城市双修"试点工作经验基础上,2017年3月,住房城乡建设部印发了《关于加强生态修复城市修补工作的指导意见》(建规〔2017〕59号),安排部署在全国全面开展生态修复、城市修补工作,明确了指导思想、基本原则、主要任务目标,提出了具体工作要求。

指导意见指出,生态修复城市修补是治理"城市病"、改善人居环境的重要行动,是推动供给侧结构性改革、补足城市短板的客观需要,是城市转变发展方式的重要标志。

指导意见要求,各地将"城市双修"作为推动供给侧结构性改革的重要任务,以改善生态环境质量、补足城市基础设施短板、提高公共服务水平为重点,转变城市发展方式,治理"城市病",提升城市治理能力,打造和谐宜居、富有活力、各具特色的现代化城市,让群众在"城市双修"中有更多获得感。

指导意见明确了开展"城市双修"的基本原则和目标,要求以政府主导,协同推进;统筹规划,系统推进;因地制宜,分类推进;保护优先,科学推进。要求2017年,各城市制订"城市双修"实施计划,完成一批有成效、有影响的"城市双修"示范项目;2020年,"城市双修"工作初见成效,"城市病"得到有效治理。

指导意见从四个方面对推动"城市双修"工作提出了具体指导意见:

一是完善基础工作,统筹谋划"城市双修"。要求开展城市生态环境和城市建设调查评估,编制城市生态修复和城市修补专项规划,制订"城市双修"实施计划,统筹谋划,有序推进"城市双修"。

二是修复城市生态,改善生态功能。要求尊重自然生态环境规律,落实海绵城市建设理念,采取多种方式、适宜的技术,系统地修复山体、水体和废弃地,构建完整连贯的城乡绿地系统。

三是修补城市功能,提升环境品质。要求填补城市设施欠账,增加公共空间,改善出行条件,改造老旧小区。在此基础上,保护城市历史风貌,塑造城市时代风貌。

四是健全保障制度,完善政策措施。要求强化组织领导,创新管理制度,积极筹措资金,加强监督考核,鼓励公众参与。住房和城乡建设、规划部门要争取城市主要领导的支持,将"城市双修"工作列入城市人民政府的主要议事议程。

"城市双修"试点城市可以在组织模式、规划设计理念、工程技术、资金筹措、机制体质以及评价标准等方面进行探索或先行先试。"城市双修"试点工作任务包括:一是探索推动"城市双修"的组织模式;二是践行规划设计的新理念、新方法;三是先行先试"城市双修"的适宜技术;四是探索"城市双修"的资金筹措和使用方式;五是研究建立推动"城市双修"的长效机制;六是研究建立"城市双修"成效的评价标准。

2.2.6 水污染防治行动计划和河流清洁行动计划的要求

2.2.6.1 水污染防治行动计划(国务院)

水环境保护事关人民群众切身利益,事关全面建成小康社会,事关实现中华民族伟大复兴中国梦。当前,我国一些地区水环境质量差、水生态受损重、环境隐患多等问题十分突出,影响和损害群众健康,不利于经济社会持续发展。为切实加大水污染防治力度,保障国家水安全,2015年4月2日,《国务院关于印发〈水污染防治行动计划〉的通知》(国发〔2015〕17号)发布。

总体要求:全面贯彻党的十八大和十八届二中、三中、四中全会精神,大力推进生态文明建设,以改善水环境质量为核心,按照"节水优先、空间均衡、系统治理、两手发力"原则,贯彻"安全、清洁、健康"方针,强化源头控制,水陆统筹、河海兼顾,对江河湖海实施分流域、分区域、分阶段科学治理,系统推进水污染防治、水生态保护和水资源管理。坚持政府市场协同,注重改革创新;坚持全面依法推进,实行最严格环保制度;坚持落实各方责任,严格考核问责;坚持全民参与,推动节水洁水人人有责,形成"政府统领、企业施治、市场驱动、公众参与"的水污染防治新机制,实现环境效益、经济效益与社会效益多赢,为建设"蓝天常在、青山常在、绿水常在"的美丽中国而奋斗。

工作目标:到2020年,全国水环境质量得到阶段性改善,污染严重水体较大幅度减少,饮用水安全保障水平持续提升,地下水超采得到严格控制,地下水污染加剧趋势得到初步遏制,近岸海域环境质量稳中趋好,京津冀、长三角、珠三角等区域水生态环境状况有所好转。到2030年,力争全国水环境质量总体改善,水生态系统功能初步恢复。到本世纪中叶,生态环境质量全面改善,生态系统实现良性循环。

主要指标:到2020年,长江、黄河、珠江、松花江、淮河、海河、辽河等七大重点流域水质优良(达到或优于Ⅲ类)比例总体达到70%以上,地级及以上城市建成区黑臭水体均控制在10%以内,地级及以上城市集中式饮用水水源水质达到或优于Ⅲ类比例总体高于93%,全国地下水质量极差的比例控制在15%左右,近岸海域水质优良(Ⅰ、Ⅱ类)比例达到70%左右。京津冀区域丧失使用功能(劣于Ⅴ类)的水体断面比例下降15个百分点左右,长三角、珠三角区域力争消除丧失使用功能的水体。到2030年,全国七大重点流域水质优良比例总体达到75%以上,城市建成区黑臭水体总体得到消除,城市集中式饮用水水源水质达到或优于Ⅲ类比例总体为95%左右。

计划措施:①狠抓工业污染防治。取缔"十小"企业,专项整治十大重点行业,集中治理工业集聚区水污染。②强化城镇生活污染治理。加快城镇污水处理设施建设与改造,全面加强配套管网建设,推进污泥处理处置。③推进农业农村污染防治。防治畜禽养殖污染,控制农业面源污染,调整种植业结构与布局,加快农村环境综合整治。④加强船舶港口污染控制。积极治理船舶污染,增强港口码头污染防治能力。⑤调整产业结构。依法淘汰落后产能,严格环境准入。⑥优化空间布局。合理确定发展布局、结构和规模,推动污染企业退出,积极保护生态空间。⑦推进循环发展。加强工业水循环利用,推进矿井水综合利用,促进再生水利用,推动海水利用。⑧控制用水总量。实施最严格水资源管理,健全取用水总量控制指标体系,严控地下水超采。⑨提高用水效率。建立万元国内生产总值水耗指标等用水效率评估体系,把节水目标任务完成情况纳入地方政府政绩考核,抓好工业节水,加强城镇节水,发展农业节水。⑩科学保护水资源。完善水资源保护考核评价体系,加强水功能区监督管理,从严核定水域纳污能力,加强江河湖库水量调度管理,科学确定生态流量。⑪推广示范适用技术。加快技术成果推广应用,重点推广饮用水净化、节水、水污染治理及循环利用、城市雨水收集利用、再生水安全回用、水生态修复、畜禽养殖污染防治等适用技术。⑫关研发前瞻技术。加快研发重点行业废水深度处理、生活污水低成本高标准处理、海水淡化和工业高盐废水脱盐、饮用水微量有毒污染物处理、地下水污染修复、危险化学品事故和水上溢油应急处置等技术。⑬大力发展环保产业。规范环保产业市场,加快发展环保服务业。⑭理顺价格税费。加快水价改革,完善收费政策,健全税收政策。⑮促进多元融资。引导社会资本投入,增加政府资金投入。⑯建立激励机制。健全节水环保"领跑者"制度,推行绿色信贷,实施跨界水环境补偿。⑰完善法规标准。健全法律法规,完善标准体系。⑱加大执法力度。所有排污单位必须依法实现全面达标排放,完善国家督查、省级巡查、地市检查的环境监督执法机制,严厉打击环境违法行为。⑲提升监管水平。完善流域协作机制,完善水环境监测网络,提高环境监管能力。⑳强化环境质量目标管理。明确各类水体水质保护目标,逐一排查达标状况。㉑深化污染物排放总量控制。完善污染物统计监测体系,将工业、城镇生活、农业、移动源等各类污染源纳入调查范围。㉒严格环境风险控制。防范环境风险,稳妥处置突发水环境污染事件。㉓全面推行排污许可。依法核发排污许可证,加强许可证管理。㉔保障饮用水水源安全。从水源到水龙头全过程监管饮用水安全,强化饮用水水源环境保护,防治地下水污染。㉕深化重点流域污染防治。编制实施七大重点流域水污染防治规划,加强良好水体保护。㉖加强近岸海域环境保护。实施近岸海域污染防治方案,推进生态健康养殖,严格控制环境激素类化学品污染。㉗整治城市黑臭水体。采取控源截污、垃圾清理、清淤疏浚、生态修复等措施,加大黑臭水体治理力度,每半年向社会公布治理情况。㉘保护水和湿地生态系统。加强河湖水生态保护,科学划定生态保护红线,保护海洋生态。㉙强化地方政府水环境保护责任。各级地方人民政府是实施本行动计划的主体,要于2015年底前分别制定并公布水污染防治工作方案,逐年确定分流域、分区域、分行业的重点任务和年度目标。㉚加强部门协调联动。建立全国水污染防治工作协作机制,定期研究解决重大问题。㉛落实排污单位主体责任。各类排污单位要严格执行环保法律法规和制度,加强污染治理设施建设和运行管理,开展自行监测,落实治污减排、环境风险防范等责任。㉜严格目标任务考核。国务院与各省(区、市)人民政府签订水污染防治目标责任书,分解落实目标任务,切实落实"一岗双责"。㉝依法公开环境信息。综合考虑水环境质量及达标情况等因素,国家每年公布最差、最好的10个城市名单和各省(区、市)水环境状况。㉞加强社会监督。为公众、社会组织提供水污染防治法规培训和咨询,邀请其全程参与重要环保执法行动和重大水污染事件调查。㉟构建全民行动格局。树立"节水洁水,人人有责"的行为准则,加强宣传教育,把水资源、水环境保护和水情知识纳入国民教育体系,提高公众对经济社会发展和环境保护客观规律的认识。

2.2.6.2　河南省城市河流清洁行动计划(河南省人民政府)

以豫政〔2014〕53号文发布了《关于印发河南省城市河流清洁行动计划的通知》,加快城市河流综合整治,持续改善水环境质量,建设环境良好、人水和谐的生态宜居城市。城市河流是城市生态系统的重要组成部分,是防洪排涝的重要通道、水资源的主要载体、生态环境的关键要素,是经济社会可持续发展的基础性资源。实施城市河流清洁行动计划,是贯彻落实科学发展观、倒逼经济转型升级的重要抓手,是提升城市品质、增强综合竞争力的重大举措,是顺应广大群众热切期盼、保障人民群众健康的必然选择,是建设美丽河南、促进经济社会可持续发展的重要内容。以邓小平理论、"三个代表"重要思想、科学发展观为指导,认真贯彻落实省委、省政府关于建设美丽河南的战略部署,以改善城市生态环境、提高人民生活质量为目标,以截污治污和河流生态建设为重点,坚持"科学规划、标本兼治、突出重点、整体推进、齐抓共管、综合整治"的基本原则,优先实施污染源头治理,着力推进垃圾河清理整治、河流截污整治、工业污染源整治三大治理工程;注重提升河流生态建设水平,着力推进污水处理设施、河道生态修复、河流沿岸景观三大建设工程,推动县级以上城市规划区内的河道及沿岸环境质量和面貌持续改善,努力把城市河道打造成为集绿色、生态、环保、休闲于一体,人工景观与自然生态景观和谐共生的生态廊道,提升城市品位,建设亲水型宜居城市。按照"一年新变化、三年见成效、五年水更清"的总体目标,争取经过 3~5 年的努力,全省县级以上城市规划区内河流水环境质量明显好转,基本建立河道长效保洁机制,形成河网"水清、流畅、岸绿、安全"的生态新格局。力争在 2014~2016 年的 3 年内,基本完成省辖市和县城规划区内河流综合治理任务。现状水质较差的河流消除黑臭现象,城市规划区内河流达到一般景观用水标准,城市规划区过境河流达到国家和省政府规定的达标要求;现状较好的河流达到地表水环境质量Ⅳ类水标准,满足娱乐性景观用水标准。再经过 2 年左右的努力,到 2018 年,生态河流建设取得明显成效,城市河流干流及主要支流生态基本恢复,城市水环境质量明显提升,河畅水清、岸洁景美、人水和谐的城市河网水系基本形成。

随着城镇化的快速发展,全国各省市都加快了城市河流的综合整治。2005 年 1 月,山东省人民政府发布了《关于实施"两湖一河"碧水行动计划的意见》。2013 年 6 月,嘉兴市人民政府发布了《嘉兴市河道清洁专项行动方案》。2013 年 7 月,许昌市人民政府制订了《许昌市清潩河流域水环境综合整治行动计划》。

在编制流域规划时,必须满足水污染防治行动计划和河流清洁行动计划的要求。

2.2.7 最严格水资源管理制度的要求

2012 年 1 月,国务院发布《关于实行最严格水资源管理制度的意见》,这是继 2011 年中央一号文件和中央水利工作会议明确要求实行最严格水资源管理制度以来,国务院对实行该制度作出的全面部署和具体安排,是指导当前和今后一个时期我国水资源工作的纲领性文件。对于解决我国复杂的水资源水环境问题,实现经济社会的可持续发展具有深远意义和重要影响。2013 年 1 月 2 日,国务院办公厅发布《实行最严格水资源管理制度考核办法》,自发布之日起施行。

水是生命之源、生产之要、生态之基。中华人民共和国成立以来,特别是改革开放以来,水资源开发、利用、配置、节约、保护和管理工作取得显著成绩,为经济社会发展、人民安居乐业作出了突出贡献。但必须清醒地看到,人多水少、水资源时空分布不均是我国的基本国情和水情,水资源短缺、水污染严重、水生态恶化等问题十分突出,已成为制约经济社会可持续发展的主要瓶颈。具体表现在五个方面:一是我国人均水资源量只有 2 100 m^3,仅为世界人均水平的 28%,比人均耕地占比还要低 12 个百分点;二是水资源供需矛盾突出,全国年平均缺水量 500 多亿 m^3,2/3 的城市缺水,农村有近 3 亿人口饮水不安全;三是水资源利用方式比较粗放,农田灌溉水有效利用系数仅为 0.50,与世界先进水平 0.7~0.8 有较大差距;四是不少地方水资源过度开发,像黄河流域开发利用程度已经达到 76%,淮河流域也达到了 53%,海河流域更是超过了 100%,已经超过承载能力,引发一系列生态环境问题;五是水体污染严重,水功能区水质达标率仅为 46%,2010 年 38.6% 的河长劣于Ⅲ类水,2/3 的湖泊富营养化。随着工业化、城镇化的深入发展,水资源需求将在较长一段时期内持续增长,水资源供需矛盾将更加尖锐,我国水资源面临的形势将更为严峻。

解决我国日益复杂的水资源问题,实现水资源高效利用和有效保护,根本上要靠制度、靠政策、靠改革。根据水利改革发展的新形势新要求,在系统总结我国水资源管理实践经验的基础上,2011 年中央一号文件和中央水利工作会议明确要求实行最严格水资源管理制度,确立水资源开发利用控制、用水效率控制和水功能区限制纳污"三条红线",从制度上推动经济社会发展与水资源水环境承载能力相适应。针对中央关于水资源管理的战略决策,国务院发布了《关于实行最严格水资源管理制度的意见》,对实行最严格水资源管理制度工作进行全面部署和具体安排,进一步明确水资源管理"三条红线"的主要目标,提出具体管理措施,全面部署工作任务,落实有关责任,全面推动最严格水资源管理制度贯彻落实,促进水资源合理开发利用和节约保护,保障经济社会可持续发展。

"三条红线":一是确立水资源开发利用控制红线,到 2030 年全国用水总量控制在 7 000 亿 m^3 以内;二是确立用水效率控制红线,到 2030 年用水效率达到或接近世界先进水平,万元工业增加值用水量降低到 40 m³ 以下,农田灌溉水有效利用系数提高到 0.6 以上;三是确立水功能区限制纳污红线,到 2030 年主要污染物入河湖总量控制在水功能区纳污能力范围之内,水功能区水质达标率提高到 95% 以上。为实现上述红线目标,进一步明确了 2015 年和 2020 年水资源管理的阶段性目标。

"四项制度":一是用水总量控制制度。加强水资源开发利用控制红线管理,严格实行用水总量控制,包括严格规划管理和水资源论证,严格控制流域和区域取用水总量,严格实施取水许可,严格水资源有偿使用,严格地下水管理和保护,强化水资源统一调度。二是用水效率控制制度。加强用水效率控制红线管理,全面推进节水型社会建设,包括全面加强节约用水管理,把节约用水贯穿于经济社会发展和群众生活生产全过程,强化用水定额管理,加快推进节水技术改造。三是水功能区限制纳污制度。加强水功能区限制纳污红线管理,严格控制入河湖排污总量,包括严格水功能区监督管理,加强饮用水水源地保护,推进水生态系统保护与修复。四是水资源管理责任和考核制度。将水资源开发利用、节约和保护的主要指标纳入地方经济社会发展综合评价体系,县级以上人民政府主要负责人对本行政区域水资源管理和保护工作负总责。

根据国务院发布的《关于实行最严格水资源管理制度的意见》和《实行最严格水资源管理制度考核办法》,各省城市人民政府都制定并发布了关于实行最严格水资源管理制度的实施意见,在编制城市水系规划时应高度凸显节水和净水的理念,充分论证水系供水水源的可行性,积极开发利用雨水、再生水、煤矿疏干水、微咸水等非常规水资源,在规划中主动落实最严格水资源管理制度的要求。

2.2.8　节水型社会建设的要求

《中华人民共和国水法》明确提出,国家厉行节约用水,大力推行节约用水措施,推广节约用水新技术、新工艺,发展节水型工业、农业和服务业,建立节水型社会。节水型社会建设是我国社会主义建设的一项长期任务,是解决我国水资源问题的一项战略性和根本性举措。

2001 年全国节约用水办公室批复了天津节水试点工作实施计划,具备节水型社会的雏形。2002 年 2 月,水利部印发《关于开展节水型社会建设试点工作指导意见的通知》,通知指出,为贯彻落实《水法》,加强水资源管理,提高水的利用效率,建设节水型社会,水利部决定开展节水型社会建设试点工作。通过试点建设,取得经验,逐步推广,力争用 10 年左右的时间,初步建立起我国节水型社会的法律法规、行政管理、经济技术政策和宣传教育体系。强调了试点工作的重要性。同年 3 月,甘肃省张掖市被确定为全国第一个节水型社会建设试点。之后水利部和地方省政府联合批复绵阳、大连和西安节水型社会建设试点。2004 年 11 月,水利部正式启动了"南水北调东中线受水区节水型社会建设试点工作";2006 年 5 月,国家发展改革委和水利部联合批复了《宁夏节水型社会建设规划》;2006 年,水利部启动实施了全国第二批 30 个国家级节水型社会建设试点,这些不同类型的新试点建设内容各有侧重,通过示范和带动,深入推动了全国节水型社会建设工作;2008 年 6 月,启动实施了全国第三批 40 个国家级节水型社会建设试点;2010 年 7 月,启动实施了全国第四批 18 个国家级节水型社会建设试点。仅 8 年的时间里,节水型社会试点建设工作在全国范围内大规模开展起来,并取得了良好效果。目前,第一批全国节水型社会建设试点,较为圆满地完成了试点建设任务,实现了既定目标,除宁夏回族自治区外,均已相继通过验收,获得全国节水型社会建设示范区的称号。

根据《国务院关于做好建设节约型社会近期重点工作的通知》(国发〔2005〕21 号)、《国务院办公厅关于节水型社会建设有关问题的复函》(国办函〔2005〕24 号)、《国家发展改革委办公厅、水利部办公厅关于组织编制"十一五"节水型社会建设规划的通知》(发改办环资〔2005〕2120 号)精神,国家发展改革委与水利部在全国范围内部署开展了《节水型社会建设"十一五"规划》的编制工作。2007 年 1 月,国家发展改革委、水利部和建设部联合批复了《节水型社会建设"十一五"规划》。规划确定节水型社会建设的重点领域为农业节水、工业节水、城镇生活节水和非常规水源利用四大领域。"十一五"期间,全国各地在节水型社会建设试点工作的推动下,从提高水资源利用效率入手,注重制度和基础能力建设,开展节水工程建设,加强监督考核,初步构建了以水资源总量控制与定额管理为核心的水资源管理体系、与水资源承载能力相适应的经济结构体系、水资源合理配置和高效利用的工程技术体系以及自觉节水的社会行为规范体系等"四大体系",全国节水型社会建设取得重要进展和明显成效。

为了全面提高水资源利用效率和效益,全面落实最严格的水资源管理制度,水利部办公厅印发了《关于印发节水型社会建设"十二五"规划工作方案和技术大纲的通知》(办资源〔2010〕282 号),并于 2010 年 7 月 28 日在北京召开了全国节水型社会建设"十二五"规划编制工作会议,全面启动了全国节水型社会建设"十二五"规划编制工作。2012 年 3 月,国家发展改革委、水利部和建设部联合批复了《节水型社会建设"十二五"规划》。"十二五"时期,我国经济社会进入了以转型促发展的新阶段,经济社会发展面临着更为严峻的资源环境约束,节水型社会建设既面临机遇也面临挑战。建设资源节约型和环境友好型社会,要求实行最严格水资源管理制度,加强需水管理,强化节水减排,进一步深化节水型社会建设;加快经济发展方式转变,要求产业结构和布局与水资源条件相匹配,进一步加强用水方式转变,优化用水结构,在提高用水效率和效益的前提下,提高区域水资源和水环境承载能力,为国家能源安全、粮食安全、城市供水安全、生态安全以及区域协调发展提供水资源保障;全面实行最严格的水资源管理制度,作为促进经济发展方式转变的重要手段,要求突破试点模式的局限性,整合各类资源,各部门和全社会合力推进节水型社会建设,在划定的"建立用水总量控制、用水效率控制、水功能区限制纳污指标体系"三条红线的基础上,全面建设节水型农业、节水型工业和节水型生活、服务业。

在流域规划中,要统筹协调好生产、生活、生态环境用水,尽量加大非常规水源的开发利用力度,实现水资源的循环利用,提供利用效率,在流域规划中推进节水型社会建设。

2.2.9 水利风景区建设的要求

中国的国家级水利风景区,是指以水域(水体)或水利工程为依托,按照水利风景资源即水域(水体)及相关联的岸地、岛屿、林草、建筑等能对人产生吸引力的自然景观和人文景观的观赏、文化、科学价值和水资源生态环境保护质量及景区利用、管理条件分级,经水利部水利风景区评审委员会评定,由水利部公布的可以开展观光、娱乐、休闲、度假或科学、文化、教育活动的区域。国家级水利风景区有水库型、湿地型、自然河湖型、城市河湖型、灌区型、水土保持型等类型。水利风景区规划是保护培育、开发利用和经营管理风景区,并发挥其多种功能作用的统筹部署和具体安排。经相应的主管部门审查批准后的风景区规划,具有法律权威,必须严格执行。不同类型的景区有不同的条件和情况,在规划建设中应因地制宜,注意突出特点,形成特色。

(1)水库型。水工程建筑气势恢宏,泄流磅礴,科技含量高,人文景观丰富,观赏性强。景区建设可以结合工程建设和改造,绿化、美化工程设施,改善交通、通信、供水、供电、供气等基础设施条件。核心景区建设应重点加强景区的水土保持和生态修复。同时,结合水利工程管理,突出对水科技、水文化的宣传展示。

(2)湿地型。湿地型水利风景区建设应以保护水生态环境为主要内容,重点进行水源、水环境的综合治理,增加水流的延长线,并注意以生态技术手段丰富物种,增强生物多样性。

(3)自然河湖型。自然河湖型水利风景区的建设应慎之又慎,尽可能维护河湖的自然特点,可以在有效保护的前提下,配置以必要的交通、通信设施,改善景区的可进入性。

(4)城市河湖型。城市河湖除具防洪、除涝、供水等功能外,水景观、水文化、水生态的功能作用越来越人们所重视。应将城市河湖景观建设纳入城市建设和发展的统一规划,综合治理,进行河湖清淤、生态护岸、加固美化堤防、增强亲水性,使城市河湖成为水清岸绿、环境优美、风景秀丽、文化特色鲜明、景色宜人的休闲、观光、娱乐区。

(5)灌区型。灌区水渠纵横,阡陌桑图,绿树成荫,鸟啼蛙鸣,环境幽雅,是典型的工程、自然、渠网、田园、水文化等景观的综合体。景区可结合生态农业、观光农业、现代农业和兴起的服务农业进行建设,辅建以必要的基础设施和服务设施。

(6)水土保持型。可以在国家水土流失重点防治区内的预防保护、重点监督和重点治理等修复范围内进行,也可与水土保持大示范区和科技示范园区结合开展。

2013 年,水利部以水综合〔2013〕455 号文发布了《水利部关于进一步做好水利风景区工作的若干意见》,意见指出,水利风景区是水生态文明建设的重要内容。水利风景区秉承尊重自然、顺应自然、保护自然的理念,坚持人水和谐发展,以优化水资源配置、保护水环境,修直水生态、营造水景观、弘扬水文化为内涵,成为水生态文明建设的重要内容。水利风景区建设是民生水利的重要体现。水利风景区依托水域(水体)或水利工程而建,集水利功能提升、水利文化弘扬、水利科技知识普及于一体,使人们在享受优美水环境的同时,了解我国悠久的治水历史和丰富的水利知识,感受当代水利事业的巨大成就,达到热爱水利、关心水利、支持水利、弘扬水利精神和水文化的目的,是民生水利的重要举措。水利风景区建设是水利改革发展的必然要求。水利风景区建设,促进了工程效益与社会效益、环境效益和经济效益的有机统一,成为地方党委政府推动当地经济社会发展的重要手段。水利的社会服务功能和经济支撑作用进一步得到强化。

水利风景区的发展目标是密切结合江河湖库水系连通、中小河流治理、水资源保护水土保持、河湖生态修复、灌区改造等重点水利工作,兴建一批生态环境效益显著、水利科普文化特色鲜明的水利风景区,重点推进城市河湖型水利风景区建设,为水生态文明城市创建提供支撑。到 2020 年,形成覆盖全国主要河流、湖泊和大中型水利工程,以国家级水利风景区为重点,带动省级及以下水利风景区发展的水利风景区整体布局。

截至 2014 年 10 月 15 日,全国已公布 14 批共计 658 家国家级水利风景区。

2.2.10　国土江河综合整治的要求

为贯彻落实党的十八大,十八届三中、四中全会精神和习近平总书记系列重要讲话精神,按照全面深化改革的总体部署,为大力推进生态文明建设、优化国土空间开发格局,2014 年 9 月,财政部、环保部、水利部联合印发了《关于启动国土江河综合整治试点实施方案编制工作的通知》(财建便函〔2014〕90 号),决定以流域为单元,开展国土江河综合整治试点工作。综合考虑流域重要性、问题代表性、目标可达性和地方工作基础等因素,选择少数跨省界的流域开展试点,第一批启动东江流域和滦河流域试点,其他具备条件且有积极性的省份可在做好前期工作的情况下申请开展综合整治工作。对纳入试点的流域,依据印发的试点流域总体实施方案,三部联合与相关省份人民政府签署协议,明确目标任务,落实责任。对于试点流域总体实施方案明确开展省际横向生态补偿的,相关省份签署横向生态补偿协议。2015 年 5 月,财政部、环保部、水利部联合印发《关于开展国土江河综合整治试点工作的指导意见》,明确了试点工作的总体要求、主要内容、实施步骤和保障措施。

2.2.10.1　指导思想

认真贯彻落实党的十八大,十八届三中、四中全会精神和习近平总书记系列重要讲话精神,遵循"节水优先、空间均衡、系统治理、两手发力"的新时期治水方针,以流域为单元,统筹解决流域水资源、水环境、水生态、水灾害等问题,搭建国土江河综合整治平台,推进流域资源环境的综合治理与协同保护,实现河畅水清、一江安澜、人水和谐和永续发展。

2.2.10.2　**基本原则**

(1)问题导向。科学评估流域资源环境承载能力和生态安全状况,深入分析流域水资源、水环境、水生态和水灾害等方面存在的问题,抓住关键症结,有针对性地设计目标和综合整治路径,部署治理任务。

(2)系统治理。提高对"山水林田湖生命共同体"的认识,统筹流域内各种自然生态要素,发挥规划的控制和引领作用,综合考虑上下游、左右岸、干支流、地表地下、城市乡村、工程措施与非工程措施,系统解决水问题。

(3)多元共治。贯彻执行涉水相关法律法规,建立区域联动、上下联动、部门联动的协作体系,形成政府统领、企业施治、市场驱动、公众参与的协同共治格局,提高治理能力和治理水平。

(4)创新机制。加强监测、调度、预警平台建设和信息共享,推动实施流域生态补偿,完善国土江河综合整治长效机制。加强财政政策整合统筹,集中安排,形成合力。推行政府和社会资本合作模式,建立稳定、多元的投入机制。

2.2.10.3　主要内容

（1）调查评估与能力建设。开展流域资源、环境、生态状况等调查评估,对流域内的相关问题进行梳理。完善流域监控体系,搭建流域内综合监测预警与调度管理信息化共享平台,加强对流域资源环境的动态监控,落实最严格水资源管理制度,建立健全综合整治制度体系。

（2）水资源节约与集约利用。全面强化水资源节约集约利用,统筹安排农业、工业和生态用水,推广节水设施和节水技术,大力发展节水灌溉。优化用水结构,淘汰高耗水的落后产能,提高水资源利用效率与效益。实施节水灌溉、引调水、水系连通工程和重点水源工程(含中水回用以及雨洪利用工程)等项目。

（3）水土污染源综合治理。加强饮用水源保护,优先削减和消除现存及潜在的污染源和风险源,保障公众饮水和用水安全;加大产业结构调整和污染源治理力度,严格控制入河湖污染负荷,促进河湖水质改善。实施点源、面源、内源、移动源等污染治理,饮用水水源地达标和规范化建设等项目。

（4）流域生态保护与修复。恢复和保障流域生态健康,维护流域生态系统的完整性和生态结构的稳定性,保障河流生态流量和湖泊生态水位。加强河湖用途管制,强化岸线保护。实施水体生境改善、河湖滨岸缓冲带生态整治、河流生态保育、流域湿地生态修复、流域水源涵养与水土保持、污染场地修复、入河排污口综合整治、地下水治理与修复等工程。

（5）河湖防洪减灾。加强江河湖泊防洪薄弱环节建设和山洪灾害防治,完善防洪减灾体系,提高流域和区域防洪减灾整体能力,保障人民生命财产安全。实施河道综合整治、防洪枢纽建设、河口整治、山洪灾害防治和应急抗旱水源建设等工程。

2.2.11　山水林田湖草生态保护修复的要求

为贯彻落实党中央、国务院关于开展山水林田湖草生态保护的部署要求,2016年9月财政部、国土资源部、环境保护部联合印发了《关于推进山水林田湖生态保护修复工作的通知》,分三批次开展山水林田湖草生态保护修复工程试点。工程区域主要是关系国家生态安全格局和永续发展的核心区域,如黄土高原、青藏高原、川滇生态屏障、京津冀水源涵养区、东北森林带、北方防沙带、南方丘陵山地带等,与国家"两屏三带"生态安全战略格局和国家重点生态功能区分布相契合,体现了保障国家生态安全的基本要求。工程项目内容涵盖了矿山生态系统修复治理、水环境综合治理、农田整治、退化污染土地修复治理、森林草原生态系统修复治理、湖泊湿地近海海域生态修复、生物多样性保护等类型,目的在于解决环境污染、水土流失、生物多样性减少、农田质量低、人居环境恶化等突出生态环境问题。

生态保护修复工程是维护和提升生态系统功能和环境质量的重要手段,必须长期坚持,持续实施。今后生态保护修复工程实施,需要深入贯彻落实"山水林田湖草是一个生命共同体"重要理念,推广试点工程成功经验和实践模式,全方位推进国土空间的生态保护修复。

2.2.11.1　深入落实"山水林田湖草是一个生命共同体"理念

要将"山水林田湖草是一个生命共同体"理念贯穿到生态保护修复工程的方案设计、实施监管、成效评价等各环节。

一是以调整和优化生态系统结构为手段统筹各要素保护修复。一个区域的生态系统包括森林、草原、湿地、河流、湖泊、滩涂、荒漠等各要素,是多要素的复合生态系统。因此,生态保护修复工程的设计和实施,首先需要摸清各类生态要素在区域复合系统中的作用,进而按照生态学的基本原理,强调格局与过程集成,通过优化各类生态要素、生态系统的格局,构建合理的斑块、基质、廊道,在流域、区域范围内进行集成,发挥最大的生态保护效应。

二是以提升生态系统服务功能和环境质量为目标谋划工程内容。生态系统服务是人类从生态系统中所获得的各种惠益,是联系生态系统过程与社会福祉的重要纽带。生态保护修复工程要优先解决影响人民群众生产、生活的突出生态环境问题,将良好生态环境提升到事关重大公共服务、重要民生福祉的高度,通过工程的实施,提供更多优质生态产品,不断满足人民群众日益增长的优美生态环境需要。

三是以自然规律为准则开展保护修复。山水林田湖草各自然要素之间通过物质运动及能量转移,形成互为依存、互相作用的复杂关系,使之有机地构成一个生命共同体。对某一要素的破坏常常引起其他要素的连锁式反应。生态系统本身具有抗干扰能力、自我恢复能力,但是如果人类社会对生态系统的破坏和干扰超出这一能力,生态系统将发生不可逆转的退化。生态保护修复要在研究判别生态系统关系的基础上,顺应自然规律,发挥自然力量,辅以限制人为开发、人工修复措施,实现良好生态系统的保护和受损生态系统的修复。

四是以实现人与自然和谐共生可持续发展为标准评定工程成效。山水林田湖草是一个生命共同体,人与自然也是一个生命共同体。生态环境具有生态价值和经济价值双重属性,人类社会的发展必须尊重自然、保护自然,并最终依赖自然实现发展。生态保护修复工程的实施,要协调生态环境保护修复与经济社会发展的关系,按照绿色发展理念,破解发展难题,不断探索绿水青山转化成金山银山的路径方法,走出一条生产发展、生活富裕、生态良好的生态文明之路。

2.2.11.2 试点地区的成功探索

从 2016 年开展第一批试点以来,各地区深入贯彻落实"山水林田湖草是一个生命共同体"的理念,精心设计本区域生态保护修复工程项目,制定了可量化、可考核的目标指标,并且在体制、机制方面大力探索创新,为山水林田湖草生态保护修复工程的全面开展提供了可以借鉴的经验。

一是按照山水林田湖草各类生态要素之间的密切联系,按照"从山岭到河湖"的区域单元实施工程。依据生态系统的空间差异性,采用空间分析技术方法,识别"生命共同体"生态保护修复的重点区域空间分布和主要结构特征,对山水林田湖草生态保护修复工程实施范围进行区域划分,制定不同单元的工程实施方案,明确具体项目布局、优先示范区片、主要建设内容、实施计划安排等,科学确定保护修复的布局、任务与时序。云南抚仙湖生态保护修复工程是以抚仙湖为核心,构建"一湖三圈五区"流域生态保护修复推进格局,实现山上山下、流域上下游联动的整体性和系统性。河北雄安新区生态保护修复工程以白洋淀水质提升和生态功能恢复为核心,划分为以内生污染源治理为主的白洋淀片区、以白洋淀外部污染源控制为主的南部片区和以白洋淀周边绿色空间生态功能提升为主的北部工程片区,将淀、水、田、城等要素有机串联,构建"生态带—绿色廊道—淀泊"的生态保护修复工程格局。

二是全面查清突出问题及其主导因素,针对问题设计工程。按照"聚焦核心区域、聚焦核心问题,理清核心问题,进一步增强区域主要生态功能"的原则和"一块区域、一个问题、一种技术、一项工程"的思路,形成生态保护修复关键技术整体解决方案。广西南宁市左右江流域山水林田湖草生态保护与修复工程涉及水环境保护与整治、土地整治与土壤改良、矿山环境治理与修复等三个方面工程项目。在水环境保护与整治项目中,针对农业面源污染、部分河段水质较差、城镇污水处理设施不完善、水库水源污染等突出环境问题,设计了生活污染控制、清水产流机制修复等工程;在土地整治与土壤改良项目中,针对土壤保肥能力较差、中低产田和坡耕地面积分布广、部分现状田块布局零乱、田间道路和水利设施不配套等问题,设计了耕地提质改造、土地整治等工程;在矿山环境治理与修复项目中,针对矿山开采造成的地形地貌破坏、植被覆盖破坏、水土流失、尾矿废石废渣堆放等问题,设计了废弃矿山修复、水环境整治、植被恢复等工程。

三是统筹使用各类财政资金,重在探索市场化资金筹措机制,有力保障工程实施。山水林田湖草生态保护修复工程要求试点地区立足现有资金渠道,盘活存量资金,整合财政资金,形成资金合力,避免交叉重复,做到"预算一个盘子,支出一个口子"。项目的资金来源主要有中央和省级单位的各类专项补助、地方财政预算以及社会资金,政府资金来源涵盖财政、环保、国土、水利、农业、林业、畜牧、渔业、城建等多部门的专项资金,项目包括高标准基本农田建设、退耕还林、湖泊生态环境保护、农业综合开发、中小流域治理、生态林建设、大气污染治理、水污染治理、土壤污染治理、农村环境综合整治等,需要按照"职责不变、渠道不乱、资金整合、打捆使用"的原则,优先支持山水林田湖草生态修复项目。对于社会资金,探索资金筹措机制,建立绿色融资平台,发展社会资本合作(PPP)模式,并不断创新支持方式和利益分配机制,以吸引更多的资本参与其中,最终做到"各炒一盘菜、共办一桌席",发挥协同效应,合力推进工程实施。赣州市借助赣江新区国家绿色金融改革创新试验区机遇,经过不断探索,充分运用市场机制,拓宽融资渠道,采取建设—经营—转让(BOT)、建设—租赁—转让(BLT)、PPP 等模式用于废弃矿山生态修复与公园建设、污水处理厂、生活垃圾处理系统等基础设施。

四是创新管理体制机制,实现山水林田湖草生态保护修复统一管理。要建立与"山水林田湖草是一个生命共同体"理念相适应的创新体制机制,打破"各自为战"的工作模式,建立统一协调机制,加强部门联动,实行长效管理,为工程顺利实施提供保障。各地应制定出台一系列制度政策,包括责任落实与考核、资金使用管理、工程实施监督等。例如在云南,省委书记任抚仙湖总湖长,并组建了在抚仙湖管委会领导下以抚仙湖管理局为主体的综合执法体系。河北雄安新区则充分发挥智慧城市的技术平台优势,创新技术模式,构建一体化生态环境监测预警体系和智能管控体系,利用大数据分析技术,提升信息化服务能力。

2.2.11.3 加强生态保护修复工程顶层设计

生态保护与修复是一项长期而复杂的系统工程,需要国家加强顶层设计,进行跟踪监督,完善体制机制,从而保障工程顺利实施,取得实效。

一是科学谋划国土空间生态保护修复工程布局,制订全面推进工程实施的整体格局。生态保护与修复尚处于历史欠账多、基础能力差的阶段,单靠国家试点工程难以达到预期成效,应建立多层次、大范围的立体推进格局,加快恢复和提升我国生态环境安全水平,按照国家和省级两个层级,制订生态保护修复工程推进格局和计划。国家应进一步聚焦跨区域性、重要性、综合性较突出的生态问题,加大"两屏三带"等事关国家生态安全的区域和长江经济带大保护、京津冀协调发展、"一带一路"等国家区域战略和倡议的山水林田湖草生态保护修复力度,特别是对于跨省重大区域的保护修复工程,进行统一部署。各省(自治区、直辖市)也应尽快建立省级层面的山水林田湖草生态保护修复工程试点区域,优先开展生态保护红线和自然保护地区域生态保护修复。

二是加快制定出台山水林田湖草生态保护修复相关标准规范,确保工程设计实施科学规范。尽管我国已经在植树造林、水土流失治理、防风固沙、水源地建设、矿山修复治理等方面制定了相关的工程实施标准规范,但是这些标准规范主要是针对具体的工程措施提出了实施步骤、技术要求等,还不能体现山水林田湖草系统性保护修复的要求。将各类生态要素、各项生态措施统筹考虑,按照维护和提升区域整体生态系统功能的角度,研究制定区域山水林田湖草生态保护修复技术指南和标准规范,明确在区域、流域范围内实施山水林田湖草生态保护修复的技术路线、主要内容、标准方法等,能够推动山水林田湖草生态保护修复的科学性、针对性和有效性。还需要研究出台工程动态监测、成效评估、绩效考核的相关规范标准,推动山水林田湖草生态保护修复监督管理走向制度化、规范化。

三是进一步构建监测监控体系,切实加强工程实施监管。依托现有生态环境监测网络体系,并结合天地一体化生态环境监测体系,根据山水林田湖草生态保护修复工程的布局,优化监测体系布局。研究布设山水林田湖草生态保护修复工程监测点位,在现有资源保护和生态环境监测内容体系中增加山水林田湖草生态保护修复监测,最终搭建形成山水林田湖草生态保护修复监测预警大数据平台。对山水林田湖草生态保护修复工程实施进行全过程跟踪监督,及时发现工程实施成效,将山水林田湖草生态保护修复纳入中央环保督察,适时开展山水林田湖草生态保护修复专项督查,落实生态环境保护的党政主体责任。

四是完善体制机制,形成山水林田湖草生态保护修复长效机制。稳步推动机构改革,及时调整、落实相应职责定位,加快建立分工明确、统一协同的国土空间生态保护修复工作格局,避免政出多门、责任不明,导致新的职责交叉和碎片化管理。加强部门联动,形成管理合力,建立山水林田湖草生态保护修复协调机制和统一监管机制,落实生态保护与修复责任主体,建立"源头预防、过程控制、损害赔偿和责任追究"一体化机制。进一步统筹整合原有的财政资金来源渠道,并鼓励探索全社会资金筹措机制。更好发挥政府引导作用,让市场在资源配置中起决定性作用,加强与金融资本合作,吸引社会资本积极参与。

五是加强生态保护修复技术模式的研发和应用,强化科技支撑作用。需要在以往技术实践的基础上,进一步引进国际上成熟的生态保护修复技术,加大对难点问题、生态环境新问题的研究,提出技术解决路径。将生态修复技术纳入国家科技重点领域,组建稳定的技术团队,加大对生态保护修复关键技术攻关活动的支持力度,加快攻克一批关键共性技术,尽力解决技术瓶颈。

2.2.12　河长制和湖长制的要求

河湖管理保护是一项复杂的系统工程,涉及上下游、左右岸、不同行政区域和行业。近年来,一些地区积极探索河长制,由党政领导担任河长,依法依规落实地方主体责任,协调整合各方力量,有力促进了水资源保护、水域岸线管理、水污染防治、水环境治理等工作。全面推行河长制是落实绿色发展理念、推进生态文明建设的内在要求,是解决我国复杂水问题、维护河湖健康生命的有效举措,是完善水治理体系、保障国家水安全的制度创新。

2016 年 12 月,中共中央办公厅、国务院办公厅印发了《关于全面推行河长制的意见》。全面建立省、市、县、乡四级河长体系。各省(自治区、直辖市)设立总河长,由党委或政府主要负责同志担任;各省(自治区、直辖市)行政区域内主要河湖设立河长,由省级负责同志担任;各河湖所在市、县、乡均分级分段设立河长,由同级负责同志担任。县级及以上河长设置相应的河长制办公室,具体组成由各地根据实际确定。各级河长负责组织领导相应河湖的管理和保护工作,包括水资源保护、水域岸线管理、水污染防治、水环境治理等,牵头组织对侵占河道、围垦湖泊、超标排污、非法采砂、破坏航道、电毒炸鱼等突出问题依法进行清理整治,协调解决重大问题;对跨行政区域的河湖明晰管理责任,协调上下游、左右岸实行联防联控;对相关部门和下一级河长履职情况进行督导,对目标任务完成情况进行考核,强化激励问责。河长制办公室承担河长制组织实施具体工作,落实河长确定的事项。各有关部门和单位按照职责分工,协同推进各项工作。全面落实河长制的主要任务包括:加强水资源保护,加强河湖水域岸线管理保护,加强水污染防治,加强水环境治理,加强水生态修复,加强执法监管。

2018 年 1 月,中共中央办公厅、国务院办公厅印发了《关于在湖泊实施湖长制的指导意见》。各省(自治区、直辖市)要将本行政区域内所有湖泊纳入全面推行湖长制工作范围,到 2018 年年底前在湖泊全面建立湖长制,建立健全以党政领导负责制为核心的责任体系,落实属地管理责任。全面建立省、市、县、乡四级湖长体系。各省(自治区、直辖市)行政区域内主要湖泊,跨省级行政区域且在本辖区地位和作用重要的湖泊,由省级负责同志担任湖长;跨市地级行政区域的湖泊,原则上由省级负责同志担任湖长;跨县级行政区域的湖泊,原则上由市地级负责同志担任湖长。同时,湖泊所在市、县、乡要按照行政区域分级分区设立湖长,实行网格化管理,确保湖区所有水域都有明确的责任主体。全面落实湖长制的主要任务包括:严格湖泊空间管控,强化湖泊岸线管理保护,加强湖泊水资源保护和水污染防治,加大湖泊水环境综合整治力度,开展湖泊水生态治理与修复,健全湖泊执法监管机制。

2.2.13　严守生态保护红线的要求

2017 年 2 月,中共中央办公厅、国务院办公厅印发《关于划定并严守生态保护红线的若干意见》(厅字〔2017〕2 号),并发出通知,要求各地区各部门结合实际认真贯彻落实。

全面贯彻党的十八大和十八届三中、四中、五中、六中全会精神,深入贯彻习近平总书记系列重要讲话精神和治国理政新理念新思想新战略,紧紧围绕统筹推进"五位一体"总体布局和协调推进"四个全面"战略布局,牢固树立新发展理念,认真落实党中央、国务院决策部署,以改善生态环境质量为核心,以保障和维护生态功能为主线,按照山水林田湖系统保护的要求,划定并严守生态保护红线,实现一条红线管控重要生态空间,确保生态功能不降低、面积不减少、性质不改变,维护国家生态安全,促进经济社会可持续发展。

2017 年年底前,京津冀区域、长江经济带沿线各省(直辖市)划定生态保护红线;2018 年年底前,其他省(自治区、直辖市)划定生态保护红线;2020 年年底前,全面完成全国生态保护红线划定,勘界定标,基本建立生态保护红线制度,国土生态空间得到优化和有效保护,生态功能保持稳定,国家生态安全格局更加完善。到 2030 年,生态保护红线布局进一步优化,生态保护红线制度有效实施,生态功能显著提升,国家生态安全得到全面保障。

依托"两屏三带"为主体的陆地生态安全格局和"一带一链多点"的海洋生态安全格局,采取国家指导、地方组织,自上而下和自下而上相结合,科学划定生态保护红线。

落实地方各级党委和政府主体责任,强化生态保护红线刚性约束,形成一整套生态保护红线管控和激励措施。

为贯彻《中华人民共和国环境保护法》《中共中央关于全面深化改革若干重大问题的决定》,落实《关于划定并严守生态保护红线的若干意见》,指导全国生态保护红线划定工作,保障国家生态安全,2017年5月,环境保护部和国家发展改革委联合制定了《生态保护红线划定指南》。

生态保护红线:指在生态空间范围内具有特殊重要生态功能、必须强制性严格保护的区域,是保障和维护国家生态安全的底线和生命线,通常包括具有重要水源涵养、生物多样性维护、水土保持、防风固沙、海岸生态稳定等功能的生态功能重要区域,以及水土流失、土地沙化、石漠化、盐渍化等生态环境敏感脆弱区域。

以构建国家生态安全格局为目标,采取定量评估与定性判定相结合的方法划定生态保护红线。在资源环境承载能力和国土空间开发适宜性评价的基础上,按生态系统服务功能(简称生态功能)重要性、生态环境敏感性识别生态保护红线范围,并落实到国土空间,确保生态保护红线布局合理、落地准确、边界清晰。

统筹考虑自然生态整体性和系统性,结合山脉、河流、地貌单元、植被等自然边界以及生态廊道的连通性,合理划定生态保护红线,应划尽划,避免生境破碎化,加强跨区域间生态保护红线的有序衔接。

建立协调有序的生态保护红线划定工作机制,强化部门联动,上下结合,充分与主体功能区规划、生态功能区划、水功能区划及土地利用现状、城乡发展布局、国家应对气候变化规划等相衔接,与永久基本农田保护红线和城镇开发边界相协调,与经济社会发展需求和当前监管能力相适应,统筹划定生态保护红线。

根据构建国家和区域生态安全格局,提升生态保护能力和生态系统完整性的需要,生态保护红线布局应不断优化和完善,面积只增不减。

生态保护红线原则上按禁止开发区域的要求进行管理。严禁不符合主体功能定位的各类开发活动,严禁任意改变用途,确保生态功能不降低、面积不减少、性质不改变。因国家重大基础设施、重大民生保障项目建设等需要调整的,由省级政府组织论证,提出调整方案,经环境保护部、国家发展改革委会同有关部门提出审核意见后,报国务院批准。

采取自上而下和自下而上相结合的方式划定全国和各省(区、市)生态保护红线。

2.2.14 "三线一单"的要求

"三线一单",指的是生态保护红线、环境质量底线、资源利用上线和环境准入清单。国家环境保护部2017年12月印发《"生态保护红线、环境质量底线、资源利用上线和环境准入负面清单"编制技术指南(试行)》(环办环评〔2017〕99号),对"三线一单"进行了具体解释,如下所述。

(1)生态保护红线:指在生态空间范围内具有特殊重要生态功能、必须强制性严格保护的区域,是保障和维护国家生态安全的底线和生命线,通常包括具有重要水源涵养、生物多样性维护、水土保持、防风固沙、海岸生态稳定等功能的生态功能重要区域,以及水土流失、土地沙化、石漠化、盐渍化等生态环境敏感脆弱区域。按照"生态功能不降低、面积不减少、性质不改变"的基本要求,实施严格管控。

(2)环境质量底线:指按照水、大气、土壤环境质量不断优化的原则,结合环境质量现状和相关规划、功能区划要求,考虑环境质量改善潜力,确定的分区域分阶段环境质量目标及相应的环境管控、污染物排放控制等要求。

(3)资源利用上线:指按照自然资源资产"只能增值、不能贬值"的原则,以保障生态安全和改善环境质量为目的,利用自然资源资产负债表,结合自然资源开发管控,提出的分区域分阶段的资源开发利用总量、强度、效率等上线管控要求。

(4)环境准入负面清单:指基于环境管控单元,统筹考虑生态保护红线、环境质量底线、资源利用上线的管控要求,提出的空间布局、污染物排放、环境风险、资源开发利用等方面禁止和限制的环境准入要求。

(5)加强统筹衔接。衔接生态保护红线划定、相关污染防治规划和行动计划的实施以及环境质量目标管理、环境承载能力监测预警、空间规划、战略和规划环评等工作,统筹实施分区环境管控。

为了严格落实"三线一单",必须采取如下几项措施:

(1)强化空间管控。集成生态保护红线及生态空间、环境质量底线、资源利用上线的环境管控要求,形成以环境管控单元为基础的空间管控体系。

(2)突出差别准入。针对不同的环境管控单元,从空间布局约束、污染物排放管控、环境风险防控、资源利用效率等方面制定差异化的环境准入要求,促进精细化管理。

(3)实施动态更新。随着绿色发展理念深化、生态文明建设推进、环境保护要求提升、社会经济技术进步等因素变化,"三线一单"相关管理要求逐步完善、动态更新,原则上更新周期为5年。

(4)坚持因地制宜。各地区自然条件、城市建设和经济发展情况不一,生态环境管理基础和能力存在差异,各地区应在落实国家相关要求的前提下,因地制宜选择科学可行的技术方法,合理确定管控单元的空间尺度,制定符合地方实际情况的"三线一单"。

(5)以社会主义生态文明观为指导,坚持绿色发展理念,以改善环境质量为核心,以生态保护红线、环境质量底线、资源利用上线为基础,将行政区域划分为若干环境管控单元,在一张图上落实生态保护、环境质量目标管理、资源利用管控要求,按照环境管控单元编制环境准入负面清单,构建环境分区管控体系。通过编制"三线一单",为战略和规划环评落地、项目环评审批提供硬约束,为其他环境管理工作提供空间管控依据,促进形成绿色发展方式和生产生活方式。

2.2.15　水利信息化的要求

"十三五"水利信息化的发展思路:"十三五"是深入推进水利现代化进程,促进传统水利向现代水利转型的至关重要的5年,水利信息的采集要多元化,打造"泛在感知能力";资源要云化,打造"资源集约化服务能力";数据要知识化,打造"创新应用能力";管理要智能化,打造"智慧水利"。即要从"数字"向"智慧"转变。

"十三五"水利信息化的发展目标:坚持统筹规划,实施顶层设计,强化资源整合,促进协同共享,加快信息技术创新,深化资源开发利用,健全保障体系,加强管控力度,全面渗透,深度融合,加快形成泛在智能的水利基础设施体系,加紧形成全方位共享的水利信息资源体系,推进纵横联动的水利业务应用体系建设,健全全面优化的水利信息化保障体系,全面提升信息能力,推动"数字水利"向"智慧水利"转变,为水治理和水管理能力现代化提供有力支撑。

"十三五"水利信息化的主要任务应包括以下6个方面:

(1)充分利用物联网和移动终端技术,科学规划,优化布局,查漏补缺,建设水利信息采集体系。统筹空间、时间分布,整合已有资源,新增必要的监测点,加强完整性建设;结合固定点监测布局,适宜增补移动监测,加强采集灵活性和随时性;以重点工程监控为核心,加大工情信息采集;以水文、水资源、水环境监测为主,整合建设多元信息采集系统。具体目标是逐步形成智能感知信息采集综合体系,提高信息的完备性、真实性和时效性,满足精细化业务管理要求。

(2)进一步优化网络架构、完善通信布局,加强水利移动互联网络建设,适度超前部署网络能力,建设水利通信网络体系。促进区域协调,依托国家电子政务内外网,扩大水利电子政务内外网的覆盖范围,增加网络带宽,有力支撑水利业务应用;加强未来网络演进技术储备,平滑进行网络升级改造;建设公网无法满足水利特殊需求的水利通信工程,并推动卫星通信与地面通信设施融合发展,提升水利应急通信能力;加强移动互联网在水利行业的应用,拓展水利应用和服务能力。具体目标是逐步形成结构优化、灵活接入、安全可靠的泛在先进水利通信网络体系。

(3)加大资源整合力度,深化虚拟化应用,建设云化资源环境。按照1个局域网分别设置1个涉密机房和1个业务网机房,形成水利部、流域机构、省级水利部门三级涉密和业务网机房;按照"云平台"理念,以建设水利基础设施云为主,以公共资源云为补充,通过对计算、存储资源的整合,实现统一调度、管理和服务,提供集约化的基础设施服务;对各单位独立的存储、备份系统进行整合,构建统一的存储备份体系。具体目标是初步形成功能互补、资源共享的基础设施云,促进集约化利用资源设施。

（4）丰富信息源，强化数据整合，促进信息共享，建设水利信息资源体系。进行信息资源梳理，开展重点业务领域信息资源规划；采用面向对象的统一水利数据模型，对基础、业务和政务等数据进行整合，丰富信息资源，构建面向对象的基础数据库、面向事件和过程的数据库；建立三级统一的水利数据交换平台和信息资源服务体系，向各类水利业务应用提供权威、全面、完整、一致的数据交换通道和资源服务；开展大数据分析平台试点建设，加强数据知识化处理能力建设。具体目标是逐步形成多元化采集、主体化汇聚和知识化分析的大数据能力。

（5）深度融合，强化应用整合，促进业务协同，建设水利业务应用体系。从服务型政府出发，建设全周期的公共服务系统，增强社会治理和公共服务能力；以民生水利为重点，通过信息化手段加强农业、工业和生活用水的全过程管理，加强水利工程建设、安全鉴定、运行的全过程管理，增强水利行业监管能力；从水利管理全域出发，深化信息化管理、监督、评价、绩效考核功能，增强分析预警、应急处置、综合决策等能力。具体目标是使水利管理从粗放向精细转变，从被动响应到主动预警转变，从经验判断向大数据决策转变，增强水利管理能力，提高公共服务水平。

（6）建设水利信息化保障体系。在制度体系建设方面，重点完善信息化工程协同建设、资源整合共享方面的管理办法；在安全保障体系建设方面，统一安全策略、管理及防御，提高安全防护能力；在运行维护体系建设方面，健全运行维护机构，落实运行维护经费，完善运行维护技术手段；在标准规范体系建设方面，重点加快推进资源整合共享相关标准规范的编制、修编。具体以保障水利信息化健康良性发展为目标，最大限度地释放信息化在水利管理全局中的巨大能量。

"十三五"水利信息化的重点项目包括：

（1）水利业务应用领域。围绕防洪抗旱减灾体系建设，加强监测预警预报能力、应急抢险救援队伍和物资储备体系建设，提高防汛抗旱应急能力；围绕水资源合理配置和高效利用体系建设，加强水资源优化配置，提高水资源利用效率和效益；围绕水生态文明建设，加强水环境、水生态监控能力建设，为建设山青水秀、河畅湖美的美好家园提供支撑；围绕民生水利，在灌区信息化试点、农村水利项目管理的基础上，加强饮水安全监控和管理能力建设，对农村饮水安全工程进行配套改造和联网提升，为解决农村饮水安全问题提供支撑；围绕水利综合管理，在行政资源管理的基础上，加强工程建设、运行和维护的动态监控管理能力建设，不断提高水利社会管理和公共服务水平。

（2）水利信息化支撑能力。加强数据资源整合，建设国家水信息基础平台，促进信息共享；加强基础设施整合，建设水利基础设施云，促进集约化利用资源设施；加强保障体系建设，建立两地三中心的灾备布局，为全国水利系统提供安全备份；加强安全体系整合，构建统一安全防护体系，达到等级保护和分级保护防护要求。

2.2.16　加快推进新时代水利现代化的要求

2018 年 2 月水利部以水规计〔2018〕39 号文印发了《加快推进新时代水利现代化的指导意见》。全面贯彻落实党的十九大精神，推进新时代水利现代化，是今后一个时期水利工作的主要目标和努力方向。要立足当前、着眼长远，抓紧谋划、统筹安排，突出抓重点、补短板、强弱项、夯基础，切实把中央治水兴水决策部署落到实处。

第一，大力实施国家节水行动。抓紧制定并推动出台国家节水行动方案，全面推进节水型社会建设，使节水成为国家意志和全社会自觉行动。加快健全节水制度体系，深入落实最严格水资源管理制度，强化水资源消耗总量和强度双控，严格执行取水许可、用水定额和计划管理等制度，强化节水考核。建立水资源承载能力监测预警机制。大力推进重点领域节水。继续把农业节水作为主攻方向，大规模实施农业节水工程。深入开展工业和城镇节水，鼓励再生水、雨水集蓄、微咸水和海水淡化等非常规水源利用。加强用水计量监测。加大节水技术、产品研发和推广。建立健全节水激励机制。健全节水财税、价格、投融资等政策，积极推进水效领跑者引领行动，大力推行合同节水管理。加快节水载体建设。推进节水型机关、企业、学校、居民小区和节水型灌区、乡村等节水载体建设。开展县域节水型社会达标建设。培育全社会节水意识，大力加强节水宣传教育，引导公民树立节水、洁水意识，推动形成全社会自觉节水的良好氛围。

第二，加快推进水利基础设施现代化。以重大水利工程和民生水利建设为着力点，完善大中小微相结合的水利工程体系，推动水利设施提质升级，构建系统完善、安全可靠的现代水利基础设施网络。全力加快水利工程建设，加快推进节水供水重大水利工程建设，集中力量建成一批战略性、全局性重大水利工程，完善防洪排涝减灾体系，优化水资源配置格局，增强水安全保障能力。科学实施江河湖库水系连通，充分发挥河湖水系和水利工程作用，实现丰枯调剂多源互补，打造河湖生态廊道，构建现代水网体系。加快补齐水利薄弱环节短板，抓紧实施中小河流治理、小型病险水库除险加固、重点区域排涝能力建设、农村基层防汛预报预警体系建设，加快病险水闸更新改造、重点流域蓄滞洪区建设、山洪灾害防治、海堤加固等工程建设。大力推进工程提质升级，坚持新建与升级改造并重，对已建水利工程特别是面广量大的中小型水利工程进行科学评估，重点对工程作用重要但建设标准不高、配套不全、功能退化、效益发挥不充分的项目，逐步开展达标改造和提质升级。加强工程建设与管理，抓好在建工程建设，全面落实工程质量和安全责任制，强化全过程监管，重视解决工程建设中生态环境、移民征地、区域协调等问题。对已建水利工程，大力推行管养分离，提高智能化、自动化运行水平，推进水利工程管理现代化。同时，根据经济社会发展的需要，及早谋划"十三五"及今后一个时期推进水利基础设施网络建设的措施方案。

第三，强化乡村振兴战略水利保障。围绕实施乡村振兴战略，按照产业兴旺、生态宜居、乡风文明、治理有效、生活富裕的总要求，着力解决好乡村水问题，为建设美丽乡村提供水利保障。夯实农业发展水利基础，加快实施大中型灌区续建配套和节水改造，大力发展区域规模化高效节水灌溉，加强灌区用水计量设施配套，积极推进灌区现代化建设和改造。完善县级农田水利规划，推进农田水利设施达标提质，着力构建配套完善、节水高效、运行可靠的农田灌排体系。建设优美乡村水环境，加强农村河湖管理保护，落实乡级河长湖长责任，充分发挥村级河长和民间河长作用，推动村民共治，解决好乡村河湖管护问题。开展生态清洁小流域建设，加强乡村水生态系统综合整治，改善农村人居环境。加强农村河塘清淤整治，构建循环通畅的河湖水网体系。提升水利富民惠民水平，支持革命老区、民族地区、边疆地区、贫困地区水利建设，健全水利精准扶贫机制，精准对接贫困地区水利需求，加强深度贫困地区水利建设，带动群众脱贫致富。加强农村饮水安全巩固提升，实施农村供水工程升级改造，加强农村饮用水水源保护。抓好绿色小水电创建和农村水电增效扩容改造，实施农村小水电扶贫工程建设。健全农村水治理体系，深化农村水利改革，推进农村水利设施产权制度改革，鼓励农民、农村集体经济组织、用水合作组织和新型农业经营主体参与农村水利建设管理。

第四，大力推进水生态文明建设。坚持节约优先、保护优先、自然恢复为主，全面推进水生态保护和修复，建设和谐优美的水环境。加大河湖保护和监管力度，加强水功能区监督管理，严格入河湖排污口监管，严控入河湖污染物总量，加快实施水污染防治行动计划，全面建设清洁型、生态型河湖。开展河湖保护专项整治行动，坚决整治非法排污、非法采砂、非法捕捞、侵占河湖水域岸线等问题。实施水生态保护和修复重大工程，推进重点流域和区域生态综合治理，加快实施京津冀"六河五湖"综合治理和生态修复，推动长江大保护工作，加强饮用水水源地安全保障达标建设，强化地下水超采区治理与修复。推进河流湖泊休养生息，加强水生态空间保护，强化生态保护红线管控，积极推进退田还湖、退渔还湿。在水资源过度开发地区，优化调整经济结构，促进产业转型升级，逐步降低水资源开发强度。加强水资源科学调度和管理，合理调配水资源，在满足生活用水的前提下，优先保障河湖基本生态用水，合理配置生产用水。加强水土流失综合防治，持续推进重点区域水土保持生态建设，加大坡耕地水土流失综合整治力度，坚决防控人为水土流失和生态破坏。积极推进水文化建设，加强水利遗产保护与利用，保护、传承、弘扬好传统水文化，丰富水生态文明建设内涵。开展城乡水生态文明创建，加强水利风景区建设与管理，提升水文化品位。

第五，全面深化水利改革。坚持不懈深化水利改革，全面推进水利体制机制创新，着力增强水利改革的系统性、整体性、协同性，加快构建系统完备、科学规范、运行有效的水治理制度体系。不断创新水治理体制，全面推行河长制湖长制，落实各级河长湖长责任，强化监督检查问责，健全河湖管理保护的长效机制。加强流域综合管理,强化全流域统一监管。因地制宜推进城乡水务一体化管理。推进水价和水资源税改革,深入推进农业水价综合改革,完善水价形成、精准补贴、节水奖励等机制,实行分类分档水价,总体上不增加农民负担。实行城镇居民用水阶梯价格制度、非居民用水超定额累进加价制度,建立鼓励非常规水源利用的价格激励机制。推进水资源税改革,完善水资源税制度。推动建立流域、区域水流生态保护补偿机制。推进水权水市场改革,建立健全水权初始分配制度,抓紧制定主要江河水量分配方案,完善流域和区域用水总量控制指标体系,确定区域取用水总量。加快培育和发展水市场,健全水权交易制度,开展形式多样的水权交易,发挥水权交易平台作用。积极探索水流产权确权方式,着力构建归属清晰、权责明确、监管有效的水流产权制度。创新水利工程建设管理机制,积极推行水利工程项目代建制、设计施工总承包等模式,加强水利工程建设督导和市场监管,推行水利工程专业化、市场化建管模式。深化水利投融资机制改革,落实好加大各级财政水利投入和金融支持相关政策,积极引导和规范社会资本参与水利建设运营。优化水利投资结构,强化资金使用监管。完善水利安全生产责任体系,强化水利安全生产监管,建立水利安全生产风险与隐患排查治理双预防机制,大力推进水利安全生产标准化和信息化。

第六,提升水利管理现代化水平。运用现代管理理念和技术,借鉴先进经验,全面提升水利管理精准化、高效化、智能化水平,加快推进水利管理现代化。强化依法治水管水,适应水利发展新要求,加快《长江保护法》立法进程,推进《地下水管理条例》《节约用水条例》制定出台,逐步构建现代化的水法律休系。加强水利综合执法,强化执法能力建设,构建智能化水行政执法体系。依法完善水利规划体系,充分发挥规划引导和约束作用。提升防汛抗旱减灾能力,全面落实责任体系,完善各项防御预案,加强水文监测预报,科学调度运用水利工程,强化灾害风险防控,最大程度减轻灾害损失。创新水利工程管理方式,鼓励水管单位承担新建项目管理职责,探索"以大带小、小小联合"的水利工程集中管理模式,推行水利工程标准化、物业化管理。优化水利工程运行调度,加强大坝安全监测、水情测报、通信预警和远程控制系统建设,提高水利工程管理信息化、自动化水平。积极推进管养分离,落实水利工程管护经费,鼓励通过政府购买服务、委托经营等方式,由专业化队伍承担工程维修养护、河湖管护,提高水利公共服务市场化水平。加强基层水利行业能力建设,完善基层水利管理体系,建立健全基层防汛抗旱、灌溉排水、农村供水、水资源管理、水土保持等专业化服务组织,构建基层水利专业化服务体系。加强水文基础设施建设,推进水文监测改革,加快水文现代化发展步伐,大力提升水文监测和服务水平。

第七,大力推进水利科技创新。创新是引领水利发展的动力,是实现水利现代化的战略支撑。要按照建设科技强国的总要求,瞄准世界科技前沿,大幅提高水利科技创新实力。强化水利先进技术和产品研发,加强政府引导、推动和支持,建立以企业为主体、市场为导向、产学研深度融合的水利技术创新体系,突出关键技术、前沿技术、现代工程技术、实用技术创新,促进水利科技成果转化和推广。加强水利基础研究,重点在水资源节约保护利用、水生态保护与修复、水旱灾害防治与风险管理、应对气候变化等方面,深入开展水利科学研究,有针对性地长期动态跟踪研究全国、重点流域和区域水文水资源和生态环境演变等情况。适应水利现代化发展要求,完善水利技术标准体系。加强水利科技创新平台建设,加强重点实验室、工程技术研究中心建设。推动中国水利走出去,深入贯彻"一带一路"倡议,在治水理念、水利科技、勘测设计、建设施工、运行管理、投资融资等方面,加强水利对外交流合作,推动水利多边双边合作,积极参与全球水治理,不断扩大中国水利影响力。加强水利创新人才队伍建设,实施水利人才创新行动计划,面向全国建立部级统一的水利创新人才库,以研究国家重大战略、重大工程涉水重大科技问题为导向,精准开展水利创新团队建设,培养具有国际水平的水利科技创新人才和创新团队,为推进水利现代化提供人才保障。

第八,全方位推进智慧水利建设。把智慧水利建设作为推进水利现代化的着力点和突破口,抓紧研究制定智慧水利建设总体方案,加快推进智慧水利建设,大幅提升水利信息化水平。建设全要素动态感知的水利监测体系,充分利用物联网、卫星遥感、无人机、视频监控等手段,构建天地一体化水利监测体系,实现对水资源、河湖水域岸线、各类水利工程、水生态环境等涉水信息动态监测和全面感知。建设高速泛在的水利信息网络,利用互联网、云计算、大数据等先进技术,充分整合利用各类水利信息管理平台,实现水利所有感知对象以及各级水行政主管部门、有关水利企事业单位的网络覆盖和互联互通。进一步加强计算和存储能力建设,建成国家、流域、省三级水利基础设施云。建设高度集成的水利大数据中心,集中存储管理各要素信息、各层级数据,及时进行汇集、处理和分析,实现共享共用,提高水利智能化管理和决策能力、水平和效率。加强信息安全管理和信息灾备系统建设,保障网络信息安全。加快推进智慧水利实施,在重点领域、流域和区域率先突破,辐射带动智慧水利全面发展。依托现有水利信息化建设项目,优先推进防汛抗旱、水资源管理、农村水利、水土保持、大坝安全监测、河湖管理等智慧建设。新建水利工程要把智慧水利建设内容纳入设计方案和投资概算,同步实施,同步发挥效益。已建水利工程要加快智慧化升级改造,大幅提升水利智慧化管理和服务水平。

2.2.17　水利部 2019 年工作会议

2019 年 1 月,水利部部长鄂竟平在 2019 年全国水利工作会议上发表了《工程补短板　行业强监管　奋力开创新时代水利事业新局面》的讲话。

2.2.17.1　当前和今后一个时期水利改革发展的总基调

推进新时代水利改革发展,必须坚持以习近平新时代中国特色社会主义思想为指导,全面贯彻党的十九大和十九届二中、三中全会精神,积极践行"节水优先、空间均衡、系统治理、两手发力"的治水方针,准确把握当前水利改革发展所处的历史方位,清醒认识治水主要矛盾的深刻变化,加快转变治水思路和方式,将工作重心转到水利工程补短板、水利行业强监管上来。这是当前和今后一个时期水利改革发展的总基调。

2.2.17.2　关于水利工程补短板

要坚持问题导向,因地制宜补齐当前水利工程体系的突出短板。整体而言,重点要补好以下几个方面的短板:

一是防洪工程。全面贯彻落实中央财经委员会第三次会议关于提高我国自然灾害防治能力的重大决策部署,加强病险水库除险加固、中小河流治理和山洪灾害防治,推进大江大河河势控制,开展堤防加固、河道治理、控制性工程、蓄滞洪区等建设,提升水文监测预警能力,完善城市防洪排涝基础设施,全面提升水旱灾害综合防治能力。

二是供水工程。大力推进城乡供水一体化、农村供水规模化标准化建设,尤其要把保障农村饮水安全作为脱贫攻坚的底线任务。加快实施《全国大中型灌区续建配套节水改造实施方案(2016—2020年)》,确保按期完成大型和重点中型灌区配套改造任务,积极推进灌区现代化改造前期工作,加快补齐灌排设施短板。深入开展南水北调东中线二期和西线一期等重大项目前期论证,在满足节水优先的基础上开工一批引调水、重点水源、大型灌区等重大节水供水工程,加快推进水系连通工程建设,提高水资源供给和配置能力。

三是生态修复工程。深入开展水土保持生态建设,以长江、黄河上中游和东北黑土区为重点,加快推进坡耕地整治、侵蚀沟治理、生态清洁小流域建设和贫困地区小流域综合治理。加强重要生态保护区、水源涵养区、江河源头区生态保护,推进生态脆弱河流和洞庭湖、鄱阳湖等重点湖泊生态修复,实施好长江等流域重大生态修复工程。在总结试点经验基础上推进水生态文明城市建设,科学实施清淤疏浚,打好城市黑臭水体攻坚战。推进小水电绿色改造,修复河流生态。逐步恢复北方河流基本形态和行洪功能,扩大河湖生态空间。综合采取"一减""一增"措施,大力实施华北地区地下水超采区综合治理,有效压减超采量,逐步实现采补平衡,示范推动全国地下水超采区治理工作。

四是信息化工程。加强水文监测站网、水资源监控管理系统、水库大坝安全监测监督平台、山洪灾害监测预警系统、水利信息网络安全建设,推动建立水利遥感和视频综合监测网,提升监测、监视、监控覆盖率和精准度,建设水利大数据中心,整合提升各类应用系统,增强水利信息感知、分析、处理和智慧应用的能力,以水利信息化驱动水利现代化。

2.2.17.3　关于水利行业强监管

加强行业监管,是新形势新任务赋予水利工作的历史使命,也是一项涉及面广、触及矛盾深、工作量大、政策性强的系统工程。

1. 关于"监管什么"

推动水利行业监管从"整体弱"到"全面强",既要对水利工作进行全链条的监管,也要突出抓好关键环节的监管;既要对人们涉水行为进行全方位的监管,也要集中用于重点领域的监管。

一是对江河湖泊的监管。要以河长制湖长制为抓手,以推动河长制从"有名"到"有实"为目标,全面监管"盛水的盆"和"盆里的水"。在对"盆"的监管上,以"清四乱"为重点,集中力量解决乱占、乱采、乱堆、乱建等问题,打造基本干净、整洁的河湖。在对"水"的监管上,压实河长湖长主体责任,建章立制、科学施策、靶向治理,统筹解决水多、水少、水脏、水浑等问题,维护河湖健康生命。

二是对水资源的监管。全面监管水资源的节约、开发、利用、保护、配置、调度等各环节工作。要抓紧制定完善水资源监管标准,推进跨省和跨地市重要江河流域水量分配,明确区域用水总量控制指标、江河流域水量分配指标、生态流量管控指标、水资源开发利用和地下水监管指标,建立节水标准定额管理体系,加强水文水资源监测,强化水资源开发利用监控,整治水资源过度开发、无序开发、低水平开发等各种现象。

三是对水利工程的监管。要在抓好水利工程建设进度、质量、安全生产等方面监管的同时,以点多面广的中小水库、农村饮水等工程为重点,加大对工程安全规范运行的监管。抓好水利工程建设监管,健全水利市场监管机制。抓好水利工程运行管理监管,全面开展水利工程安全鉴定,加强对工程管护主体、管护人员和管护经费落实情况的监管。

四是对水土保持的监管。要全面监管水土流失状况,全面监管生产建设活动造成的人为水土流失情况。要建立完备的水土保持监管制度体系,完善相关技术标准。充分运用高新技术手段开展监测,实现年度水土流失动态监测全覆盖和人为水土流失监管全覆盖,及时掌握并发布全国及重点区域水土流失状况和治理成效,及时发现并查处水土保持违法违规行为,有效遏制人为水土流失。

五是对水利资金的监管。以资金流向为主线,实行对水利资金分配、拨付、使用的全过程监管。要加大财务专项监督检查力度,跟踪掌握水利建设资金拨付、使用等情况。通过监管,督促各相关单位完善内控制度,确保各项支出有制度、有标准、有程序。扩大引入第三方、运用信息化手段等,及时发现并查处问题,严厉打击截留、挤占、挪用水利资金等行为,确保资金得到安全高效利用。

六是对行政事务工作的监管。将需要贯彻落实的重要工作全面纳入监管范围,逐一细化任务分工,明晰责任边界,强化压力传导,建立完善约束激励机制,引导广大水利干部职工想担当、敢担当、会担当,对责任不落实、履职不到位,不作为、慢作为、乱作为的严肃追责问责。

2. 关于"如何监管"

以问题为导向,以整改为目标,以问责为抓手,从法制、体制、机制入手,建立一整套务实高效管用的监管体系,从根本上改变水利行业不敢管不会管、管不了管不好的被动局面。

从法制入手,建立完善水利监管制度体系,明确监管内容、监管人员、监管方式、监管责任、处置措施等,使水利监管工作有法可依、有章可循。同时,要根据实践发展对相应规章制度进行修改完善,条件成熟时启动立法程序,使水利监管实践中行之有效的经验及时上升为法律。

从体制入手,明确水利监管的职责机构和人员编制,建立统一领导、全面覆盖、分级负责、协调联动的监管队伍。水利部成立了水利督查工作领导小组,对督查工作实行统一领导。在各流域机构设立监督局(处),组建督查队伍,按照水利部统一部署,承担片区内的监督检查具体工作。各省(区、市)也要建立相应的督查队伍,形成完整统一、上下联动的督查体系。

从机制入手,建立内部运行规章制度,确保监管队伍能够认真履职尽责,顺利开展工作。要搭建一个覆盖水利各业务领域的信息互通平台。要为监管部门提供必要的办公条件和设备、经费保障。要注重选拔勤勉敬业、高度负责、能力突出、作风过硬的同志参与监管工作。要加强正面宣传、舆论引导和负面警示。

2.2.17.4　准确把握水利改革发展总基调

作为当前和今后一个时期水利工作改革发展的总基调,水利工程补短板、水利行业强监管是管总的,具体到不同地方,情况可能会有所不同。但万变不离其宗,补短板、强监管始终是水利工作的主要脉络。各级水利部门要准确理解和把握水利改革发展总基调,确保补短板到位、强监管有力。

1. 处理好"补"与"强"的关系

水利工程补短板、水利行业强监管,是解决新老水问题的"两翼",相互联系,相互支撑,相互补充。没有必要的工程措施和有效的科技手段,监管就强不起来;没有强有力的监管,补短板的任务也不可能完成,已经补齐的短板还会坏掉。这里强调两点:

一是不能因为一些地方的补短板任务重,就忽视强监管。强监管是针对当前治水主要矛盾和矛盾的主要方面提出来的,是总基调里的主旋律,必须在补短板的同时更加重视强监管,把强监管作为首要任务,下大气力抓实抓好,尽快扭转行业监管薄弱的被动局面。

二是不能因为一些地方水资源水生态水环境的问题尚不突出,就忽视强监管。水资源水生态水环境的问题具有潜藏性、累积性、转化性,发展演变需要一定时间,但如果现在听之任之,一旦问题表现出来,就会积重难返,治理起来付出的代价就会大得多。无论南方北方,都要从现在开始就把监管强起来,不能走先破坏后治理的老路。

2. 处理好"上"与"下"的关系

水利行业强监管,其目的是要调整人的行为,纠正人的错误行为,因此监管的对象就是人的涉水涉河涉湖行为。各级水利部门都肩负着强监管的责任,需要全行业上下一心、共同努力。地方特别是基层水利部门守着水源、守着河湖、守着工程,依法履行管理保护职责,必须挺起腰杆、瞪大眼睛,决不能对眼皮底下的各种问题不闻不问甚至绿灯放行。水利部、各流域机构的监管,既是对涉水涉河涉湖行为的监管,也是对基层水利部门监管工作的再监管。基层依法监管,水利部就是坚强后盾;基层监管不力,水利部就会对其追责问责。

水利部开展监管,主要采取暗访、"四不两直"、"双随机一公开"等形式,绝不给基层增加负担,完全符合中央精神。各级各部门也要坚决贯彻中央关于统筹规范督查检查考核工作的要求,确保水利监管务实管用。

3. 处理好"总"与"分"的关系

总基调就要牵头管总,并不是只关系到监督部门和相关业务部门,各部门、各领域工作都要聚焦聚力,按照总基调来调整思路、安排工作。

如水文监测站网体系建设,要从水文在水利和经济社会发展中的基础性作用出发,考虑水文行业体系的整体性特点,理顺水文管理体制,优化水文队伍力量,保证水文职能只能加强不能削弱。规划设计、投资安排、人才培养等基础工作中,也要适应强监管的形势需要,拿出实实在在的措施。

4. 处理好"标"与"本"的关系

水利行业强监管,必须坚持问题导向,既治标也治本。

治标,就是要着眼纠正人的错误行为,对非法取水、无序用水、河湖"四乱"等问题全面宣战,发现一起处理一起。

治本,就是要着眼调整人的行为,通过严格的制度体系、有力的监管手段,让节约用水、保护河湖成为人们的自觉行动。

水利行业强监管,既要打攻坚战,又要打持久战,真正把强监管当成水利行业的重点内容,落实在日常工作之中,建立起促进人水和谐的长效机制,实现水问题的标本兼治。

2.2.17.5　2019 年水利工作

2019 年水利工作要打好节约用水攻坚战、河湖管理攻坚战、水生态环境保护攻坚战、农村饮水安全巩固提升和运行管护攻坚战、水利脱贫攻坚战等五大水利工作攻坚战,狠抓在工程建设水平上提档升级、在依法治水管水上提档升级、在水利信息化建设上提档升级、在行业基础支撑能力上提档升级、在三峡工程管理上提档升级、在南水北调建设运行上提档升级等六大重点领域提档升级,守住水利工程安全底线、水旱灾害防御底线等两大水利发展底线任务,做好深化水利"放管服"改革、继续推进农业水价综合改革、统筹推进其他领域改革等三大水利重点领域改革创新。

2.2.18 生态环境部 2019 年工作会议

生态环境部部长李干杰在 2019 年全国生态环境保护工作会议上发表了《深入贯彻习近平生态文明思想　以生态环境保护优异成绩迎接新中国成立 70 周年》的讲话。2019 年是新中国成立 70 周年,是打好污染防治攻坚战、决胜全面建成小康社会的关键一年,也是深化党和国家机构改革、组建生态环境机构运转的第一年。做好 2019 年工作的总体要求是,以习近平新时代中国特色社会主义思想为指导,全面贯彻党的十九大和十九届二中、三中全会精神,深入落实习近平生态文明思想和全国生态环境保护大会、中央经济工作会议部署要求,坚守阵地、巩固成果,不能放宽放松,更不能走"回头路",保持方向、决心和定力不动摇,聚焦打好标志性战役,加大工作和投入力度,进一步改善生态环境质量,协同推进经济高质量发展和生态环境高水平保护,以优异成绩庆祝新中国成立 70 周年。

会议着重强调了 2019 年需要做好的重点工作。

(1)积极推动经济高质量发展。要深入领会和贯彻习近平总书记重要指示批示精神,贯彻落实好《党中央、国务院关于推动高质量发展的意见》。支持和服务京津冀协同发展、长江经济带、粤港澳大湾区、"一带一路"等国家重大战略或倡议实施。继续推进全国"三线一单"编制和落地并制定指导意见,深化重点区域、重点流域、重点行业产业园区规划环评。继续推动重大项目环境影响评价工作。实施重污染行业达标排放改造,推进强制性清洁生产审核,大力发展生态环保产业。制定实施支持民营企业绿色发展的环境政策举措。加大对全国深度贫困地区支持力度,建立健全生态环保扶贫长效机制。

(2)加强重大战略规划政策研究制定。要推进"十四五"生态环境保护规划和迈向美丽中国生态环境保护战略等前瞻性研究,结合生态环境职责的"五个打通",完善顶层设计,谋划好中长期生态环境保护工作。深化生态环境形势分析和计划调度,加强典型区域、重点行业跟踪研究。加强绿色税收、绿色信贷、绿色金融等政策研究,加强生态补偿、行政村环境整治、城镇农村污水治理、地下水污染防治等重大政策和补短板关键问题对策研究。

(3)坚决打赢蓝天保卫战。要认真落实《打赢蓝天保卫战三年行动计划》,进一步强化区域联防联控,继续实施重点区域秋冬季攻坚行动。将京津冀及周边地区作为大气污染防治重中之重,理顺区域大气污染防治工作机制,推动落实规划、环评等"五统一"要求。稳妥推进散煤治理,深入推进钢铁等行业超低排放改造、"散乱污"企业及集群综合整治、工业炉窑综合整治、重点行业挥发性有机物污染治理等工作。全面统筹"油路车",实施《柴油货车污染治理攻坚战行动计划》。积极推广新能源车,严厉打击黑加油站点。完善重污染天气应急减排清单,有效应对重污染天气。做好消耗臭氧层物质淘汰管理工作。

(4)全力打好碧水保卫战。要深入落实《水污染防治行动计划》,全面实施长江保护修复、城市黑臭水体治理、渤海综合治理、农业农村污染治理等攻坚战行动计划或实施方案。组织开展"千吨万人"(日供水千吨或服务万人)以上农村饮用水源调查评估和保护工作。开展长江流域国控劣 V 类断面整治、三磷(磷矿、磷化工企业、磷石膏库)综合整治。规范长江经济带工业园区环境管理,配合推动长江岸线修复、非法码头整治、小水电清理整改等工作。重点推进未达治理目标的重点城市,以及长江经济带地级以上城市黑臭水体整治,制定农村生活污水和黑臭水体治理实施方案及指南。开展环渤海区域陆源污染治理、海域污染治理、生态保护修复和环境风险防范等重点攻坚行动。完成 2.5 万个建制村的环境综合整治任务。

(5)扎实推进净土保卫战。2019 年是《土壤污染防治法》实施的第一年,要认真抓好落实。持续实施《土壤污染防治行动计划》。认真做好农用地详查成果集成并向国务院报告详查结果,积极稳妥推进企业用地调查。建立建设用地土壤污染风险管控和修复名录。深入推进涉镉等重金属行业企业排查整治,推进土壤污染综合防治先行区建设和试点工作。制定地下水污染防治实施方案,开展试点示范。继续做好禁止洋垃圾入境推进固体废物进口管理制度改革工作,进一步削减进口固体废物种类和数量。组织实施"无废城市"建设试点工作方案和废铅蓄电池污染防治行动方案。加快推进地方危险废物集中处置设施建设。加强重金属污染防治。开展化学品环境风险评估,严格淘汰或限制公约管控化学品的生产和使用。

（6）加强生态保护修复与监管。要全面开展生态保护红线勘界定标,推进生态保护红线监管平台建设。制定自然保护地生态环境监管办法,开展自然保护地人类活动遥感监测和实地核查。实施生物多样性保护重大工程,做好《生物多样性公约》第 15 次缔约方大会筹备工作。适时启动第三批国家生态文明建设示范市县创建工作、"绿水青山就是金山银山"实践创新基地评选工作,开展第二届"中国生态文明奖"评选。

2.2.19　水生态文明建设的要求

2.2.19.1　生态文明建设的提出背景和经过

2005 年 3 月 12 日,在中央人口资源环境工作座谈会上,胡锦涛总书记指出"要加强生态保护和建设工作"。

2007 年 10 月 15 日,党的十七大把"建设生态文明"列为全面建设小康社会目标之一,作为一项战略任务,首次把"生态文明"概念写入党代会的报告中。报告指出,建设生态文明,基本形成节约能源资源和保护生态环境的产业结构、增长方式、消费模式,生态文明观念在全社会牢固树立。

2009 年 9 月 18 日,党的十七届四中全会把"生态文明建设"提升到与经济建设、政治建设、文化建设、社会建设并列的战略高度。报告指出:"全面推进社会主义经济建设、政治建设、文化建设、社会建设以及生态文明建设,全面推进党的建设新的伟大工程"。

2010 年 10 月 18 日,党的十七届五中全会提出,"提高生态文明水平"作为"十二五"时期的重要战略任务。报告指出:"社会主义经济建设、政治建设、文化建设、社会建设以及生态文明建设和党的建设取得重大进展"。

2011 年 3 月,我国《国民经济和社会发展"十二五"规划纲要》指出,面对日趋强化的资源环境约束,必须增强危机意识,树立绿色、低碳发展理念,提高生态文明水平。

2012 年 7 月 23 日,胡锦涛总书记在省部级主要领导干部专题研讨班上指出:"推进生态文明建设,是涉及生产方式和生活方式根本性变革的战略任务,必须把生态文明建设的理念、原则、目标等深刻融入和全面贯穿到我国经济、政治、文化、社会建设的各方面和全过程"。

2012 年 10 月,山东水生态文明建设暨济南市创建全国水生态文明市工作座谈会上的,陈雷部长讲话指出,在发展现代水利过程中,必须把水生态文明建设放在更加突出的位置,推动水利发展方式加快转变。

2012 年 11 月 8 日,十八大报告提出,生态文明是五位一体的国家战略目标的重要内容,是实现人与自然和谐共处的核心。建设生态文明,是关系人民福祉、关乎民族未来的长远大计。

2013 年,水利部先后出台了一系列关于水生态文明建设的意见要求及纲要,提出水生态文明建设的重要意义、目标原则及主要工作内容,强调了水生态文明建设试点工作的总体要求及组织实施方案,为进一步加快开展全国水生态文明城市建设试点工作提供了基础支撑。2013 年确定了首批 46 家试点城市,2014 年确定了第二批 59 家试点城市。

2015 年 4 月 25 日,《中共中央　国务院关于加快推进生态文明建设的意见》发布。

2017 年 10 月 18 日,习近平在中国共产党第十九次全国代表大会上的报告中提出,新时代坚持和发展中国特色社会主义的基本方略之一就是要坚持人与自然和谐共生,建设生态文明是中华民族永续发展的千年大计。

2018 年 12 月,中国水利水电勘测设计协会发布《生态文明建设水治理规划编制导则（试行）》(T/CWHIDA 0003—2018)。

2.2.19.2　水生态文明建设的意义重大

水生态文明是生态文明的重要组成部分,是解决目前我国水问题的根本途径,是实现经济社会与生态环境和谐发展的基本要求,是保障和改善民生、提高人民福祉的必然选择,是促进城市可持续健康发展的重要支撑,加快推进水生态文明建设意义重大。

2.2.19.3　水生态文明建设的重点

水生态文明建设要以落实最严格水资源管理制度为重要抓手,突出制度建设。

党的十八大要求,建设生态文明必须突出抓好四个方面重点工作:一是要优化国土空间开发格局;二是要全面促进资源节约;三是要加大自然生态系统和环境保护力度;四是要加强生态文明制度建设。这是对生态文明建设的具体部署,特别强调加强制度建设,指出保护生态环境必须依靠制度,要把资源消耗、环境损害、生态效益纳入经济社会发展评价体系,建立体现生态文明要求的目标体系、考核办法、奖惩机制;要完善最严格的耕地保护制度、水资源管理制度和环境保护制度。

水生态文明建设涉及管水、用水、治水、护水的方方面面,内容多,范围广,因此在推进过程中,必须把握核心,突出重点。要把全面落实最严格水资源管理制度作为水生态文明建设的核心内容;把推进江河湖库水系连通作为水生态文明建设的重要举措;要把加强水域保护和生态修复作为水生态文明建设的基本要求。

2.2.19.4　水生态文明建设的要求

水生态文明建设是一项复杂的系统工程,没有成熟的经验可供借鉴,在推进过程中,必须做好顶层设计,明确技术路线,扎实稳步推进。

在战略定位上,要适应小康社会建设需要,体现水利发展的时代特色。

在价值取向上,要形成水生态伦理价值观。

在具体目标上,要突出水生态文明建设的重点领域。

在指标制定上,既要体现功能的完整性,又要具有可操作性。

在保障措施上,要建立完善的制度和技术支撑体系。

在推进路线上,要因地制宜,分类指导,试点示范,全面推进。

在具体操作上,要处理好开发与保护的关系。

2.2.19.5　存在问题

全国水生态文明建设取得了巨大的成就,各地也积累了丰富的经验,但是存在问题也不少,下一步应该好好总结,进一步提高建设水平。

(1)要统筹山水林田湖草系统治理,突出规划衔接协调。生态建设专项规划编制主要包括森林生态系统、湿地生态系统、流域生态系统和农田生态系统生态建设专项规划。要按照专项规划服从总体规划、专项规划相互衔接的要求,加强各项规划之间的衔接协调,使各项规划的发展目标、建设重点、项目布局、投资安排、政策措施等有机对接,形成规划整体合力。

(2)坚决克服各种不良倾向,要在水生态文明建设过程中,应避免片面追求区域水生态环境的表面改造,人为导致水生态环境的恶化以及过度建设水生态景观,大搞人工生态湖、人工水系、人工湿地、大搞形象工程。必须树立尊重自然、顺应自然、保护自然的生态文明理念,把水生态文明建设放在突出位置,融入经济建设、政治建设、文化建设、社会建设各方面和全过程,在水资源开发利用中坚持科学的水生态发展意识,健康有序的水生态运行机制,和谐的水生态发展机制,全面协调可持续发展的态势,实现经济、社会、生态的良性循环与发展,保障人和社会的全面发展。

(3)因地制宜、突出重点,建设特色水生态文明。不同的地区和城市有着不同的自然条件、不同的经济社会发展水平、不同的发展要求和规划、不同的水情和水问题、不同的文化和地域特色,因此水生态文明建设,要根据当地的发展要求和规划,充分分析面临的水问题,充分分析当地水生态系统在水患调节、资源供给、经济支撑、生态维系、景观娱乐和文化载体功能等方面功能的退化、残缺和丧失情况,科学编制水生态文明建设规划和实施方案,突出地域特色,坚持当前与长远相结合,突出阶段性建设重点,稳步推动水生态文明建设。

(4)深入分析、实事求是、科学制定指标体系。我国水生态文明建设评估指标应立足于中国国情,既要反映水生态自然属性,又要考虑水生态的服务功能;既要立足于水生态的现状,又要考虑发展趋势。所选指标要考虑共性及个性,还要考虑指标的层次性、科学性、可操作性以及代表性。

(5)水生态文明建设不仅需要先进的理念引导、完善的制度保障,具体实施中更需要科技的支撑。

深入开展水生态文明建设重大基础问题研究,加强水生态监测、修复与保护的关键技术或工艺设备的研发推广应用,全面提高水生态文明建设的科技支撑能力和创新水平。当前,水生态文明考核指标体系、生态环境价值理论、生态补偿机制等涉及全局性的问题亟须开展研究。

(6)高度认识水生态文明建设的公益性、基础性和长期性。从水生态文明建设的内涵和内容看,防汛抗旱减灾、水资源保障(特别是生态用水和农业、生活用水的保障)、水文化的继承和培育等主要任务具有鲜明的公益性和基础性,因此政府应该是水生态文明建设、管理和投资的主体,应该进一步增加投入。同时,要创新机制,充分发挥市场的调节作用。我们要认识到,不同的地区对水生态文明的要求是不一样的。此外,水生态文明建设的水平与当地当时的经济社会的发展阶段紧密相关,同一地区在不同的时期,水生态文明建设的要求是不同的。因此,水生态文明建设具有显著的阶段性、区域性和长期性,是一个长期复杂的系统工程,关系到全局长期的可持续发展,不能用短期的经济指标来衡量。

2.3　流域层面

2.3.1　流域生态经济带建设

2.3.1.1　长江经济带发展规划纲要

《长江经济带发展规划纲要》从规划背景、总体要求、大力保护长江生态环境、加快构建综合立体交通走廊、创新驱动产业转型升级、积极推进新型城镇化、努力构建全方位开放新格局、创新区域协调发展体制机制、保障措施等方面描绘了长江经济带发展的宏伟蓝图,是推动长江经济带发展重大国家战略的纲领性文件。

1. 规划范围

长江经济带覆盖上海、江苏、浙江、安徽、江西、湖北、湖南、重庆、四川、云南、贵州等11个省(直辖市),面积约205万 km^2,占全国的21%,人口和经济总量均超过全国的40%,生态地位重要、综合实力较强、发展潜力巨大。目前,长江经济带发展面临诸多亟待解决的困难和问题,主要是生态环境状况形势严峻、长江水道存在瓶颈制约、区域发展不平衡问题突出、产业转型升级任务艰巨、区域合作机制尚不健全等。

2. 重要意义

推动长江经济带发展,有利于走出一条生态优先、绿色发展之路,让中华民族母亲河永葆生机活力,真正使黄金水道产生黄金效益;有利于挖掘中上游广阔腹地蕴含的巨大内需潜力,促进经济增长空间从沿海向沿江内陆拓展,形成上中下游优势互补、协作互动格局,缩小东中西部发展差距;有利于打破行政分割和市场壁垒,推动经济要素有序自由流动、资源高效配置、市场统一融合,促进区域经济协同发展;有利于优化沿江产业结构和城镇化布局,建设陆海双向对外开放新走廊,培育国际经济合作竞争新优势,促进经济提质增效升级,对于实现"两个一百年"奋斗目标和中华民族伟大复兴的中国梦,具有重大现实意义和深远历史意义。

3. 发展原则

推动长江经济带发展,要遵循以下五条基本原则:

一是江湖和谐、生态文明。建立健全最严格的生态环境保护和水资源管理制度,强化长江全流域生态修复,尊重自然规律及河流演变规律,协调处理好江河湖泊、上中下游、干流支流等关系,保护和改善流域生态服务功能。在保护生态的条件下推进发展,实现经济发展与资源环境相适应,走出一条绿色低碳循环发展的道路。

二是改革引领、创新驱动。坚持制度创新、科技创新,推动重点领域和关键环节改革先行先试。健全技术创新市场导向机制,增强市场主体创新能力,促进创新资源综合集成。建设统一开放、竞争有序的现代市场体系,不搞"政策洼地",不搞"拉郎配"。

三是通道支撑、协同发展。充分发挥各地区比较优势,以沿江综合立体交通走廊为支撑,推动各类要素跨区域有序自由流动和优化配置。建立区域联动合作机制,促进产业分工协作和有序转移,防止低水平重复建设。

四是陆海统筹、双向开放。深化向东开放,加快向西开放,统筹沿海内陆开放,扩大沿边开放。更好推动"引进来"和"走出去"相结合,更好利用国际国内两个市场、两种资源,构建开放型经济新体制,形成全方位开放新格局。

五是统筹规划、整体联动。着眼长远发展,做好顶层设计,加强规划引导,既要有"快思维",也要有"慢思维",既要做加法,也要做减法,统筹推进各地区各领域改革和发展。统筹好、引导好、发挥好沿江各地积极性,形成统分结合、整体联动的工作机制。

4. 战略定位

战略定位是科学有序推动长江经济带发展的重要前提和基本遵循。长江经济带横跨我国地理三大阶梯,资源、环境、交通、产业基础等发展条件差异较大,地区间发展差距明显。围绕生态优先、绿色发展的理念,依托长江黄金水道的独特作用,发挥上中下游地区的比较优势,用好海陆东西双向开放的区位资源,统筹江河湖泊丰富多样的生态要素,提出长江经济带的四大战略定位:生态文明建设的先行示范带、引领全国转型发展的创新驱动带、具有全球影响力的内河经济带、东中西互动合作的协调发展带。

5. 发展目标

到2020年,生态环境明显改善,水资源得到有效保护和合理利用,河湖、湿地生态功能基本恢复,水质优良(达到或优于Ⅲ类)比例达到75%以上,森林覆盖率达到43%,生态环境保护体制机制进一步完善;长江黄金水道瓶颈制约有效疏畅、功能显著提升,基本建成衔接高效、安全便捷、绿色低碳的综合立体交通走廊;创新驱动取得重大进展,研究与试验发展经费投入强度达到2.5%以上,战略性新兴产业形成规模,培育形成一批世界级的企业和产业集群,参与国际竞争的能力显著增强;基本形成陆海统筹、双向开放,与"一带一路"建设深度融合的全方位对外开放新格局;发展的统筹度和整体性、协调性、可持续性进一步增强,基本建立以城市群为主体形态的城镇化战略格局,城镇化率达到60%以上,人民生活水平显著提升,现行标准下农村贫困人口实现脱贫;重点领域和关键环节改革取得重要进展,协调统一、运行高效的长江流域管理体制全面建立,统一开放的现代市场体系基本建立;经济发展质量和效益大幅提升,基本形成引领全国经济社会发展的战略支撑带。到2030年,水环境和水生态质量全面改善,生态系统功能显著增强,水脉畅通、功能完备的长江全流域黄金水道全面建成,创新型现代产业体系全面建立,上中下游一体化发展格局全面形成,生态环境更加美好、经济发展更具活力、人民生活更加殷实,在全国经济社会发展中发挥更加重要的示范引领和战略支撑作用。

6. 空间布局

空间布局是落实长江经济带功能定位及各项任务的载体,也是长江经济带规划的重点,经反复研究论证,形成了"生态优先、流域互动、集约发展"的思路,提出了"一轴、两翼、三极、多点"的格局。

"一轴"是指以长江黄金水道为依托,发挥上海、武汉、重庆的核心作用,以沿江主要城镇为节点,构建沿江绿色发展轴。突出生态环境保护,统筹推进综合立体交通走廊建设、产业和城镇布局优化、对内对外开放合作,引导人口经济要素向资源环境承载能力较强的地区集聚,推动经济由沿海溯江而上梯度发展,实现上中下游协调发展。

"两翼"是指发挥长江主轴线的辐射带动作用,向南北两侧腹地延伸拓展,提升南北两翼支撑力。南翼以沪瑞运输通道为依托,北翼以沪蓉运输通道为依托,促进交通互联互通,加强长江重要支流保护,增强省会城市、重要节点城市人口和产业集聚能力,夯实长江经济带的发展基础。

"三极"是指以长江三角洲城市群、长江中游城市群、成渝城市群为主体,发挥辐射带动作用,打造长江经济带三大增长极。长江三角洲城市群,充分发挥上海国际大都市龙头作用,提升南京、杭州、合肥都市区国际化水平,以建设世界级城市群为目标,在科技进步、制度创新、产业升级、绿色发展等方面发挥引领作用,加快形成国际竞争新优势。长江中游城市群,增强武汉、长沙、南昌中心城市功能,促进三大城市组团之间的资源优势互补、产业分工协作、城市互动合作,加强湖泊、湿地和耕地保护,提升城市群综合竞争力和对外开放水平。成渝城市群,提升重庆、成都中心城市功能和国际化水平,发挥双引擎带动和支撑作用,推进资源整合与一体发展,推进经济发展与生态环境相协调。

"多点"是指发挥三大城市群以外地级城市的支撑作用,以资源环境承载力为基础,不断完善城市功能,发展优势产业,建设特色城市,加强与中心城市的经济联系与互动,带动地区经济发展。

7. 打造绿色生态廊道

规划纲要明确提出,把保护和修复长江生态环境摆在首要位置,共抓大保护,不搞大开发,全面落实主体功能区规划,明确生态功能分区,划定生态保护红线、水资源开发利用红线和水功能区限制纳污红线,强化水质跨界断面考核,推动协同治理,严格保护一江清水,努力建成上中下游相协调、人与自然相和谐的绿色生态廊道。重点要做好四方面工作:一是保护和改善水环境,重点是严格治理工业污染、严格处置城镇污水垃圾、严格控制农业面源污染、严格防控船舶污染。二是保护和修复水生态,重点是妥善处理江河湖泊关系、强化水生生物多样性保护、加强沿江森林保护和生态修复。三是有效保护和合理利用水资源,重点是加强水源地特别是饮用水源地保护、优化水资源配置、建设节水型社会、建立健全防洪减灾体系。四是有序利用长江岸线资源,重点是合理划分岸线功能、有序利用岸线资源。

长江生态环境保护是一项系统工程,涉及面广,必须打破行政区划界限和壁垒,有效利用市场机制,更好发挥政府作用,加强环境污染联防联控,推动建立地区间、上下游生态补偿机制,加快形成生态环境联防联治、流域管理统筹协调的区域协调发展新机制。一是建立负面清单管理制度。按照全国主体功能区规划要求,建立生态环境硬约束机制,明确各地区环境容量,制定负面清单,强化日常监测和监管,严格落实党政领导干部生态环境损害责任追究问责制度。对不符合要求占用的岸线、河段、土地和布局的产业,必须无条件退出。二是加强环境污染联防联控。完善长江环境污染联防联控机制和预警应急体系,推行环境信息共享,建立健全跨部门、跨区域、跨流域突发环境事件应急响应机制。建立环评会商、联合执法、信息共享、预警应急的区域联动机制,研究建立生态修复、环境保护、绿色发展的指标体系。三是建立长江生态保护补偿机制。通过生态补偿机制等方式,激发沿江省市保护生态环境的内在动力。依托重点生态功能区开展生态补偿示范区建设,实行分类分级的补偿政策。按照"谁受益谁补偿"的原则,探索上中下游开发地区、受益地区与生态保护地区进行横向生态补偿。四是开展生态文明先行示范区建设。全面贯彻大力推进生态文明建设要求,以制度建设为核心任务、以可复制可推广为基本要求,全面推动资源节约、环境保护和生态治理工作,探索人与自然和谐发展有效模式。

8. 长江保护修复攻坚战行动计划

2018 年 12 月 31 日,生态环境部和国家发展改革委联合发布《关于印发〈长江保护修复攻坚战行动计划〉的通知》(环水体〔2018〕181 号)。以习近平新时代中国特色社会主义思想为指导,全面贯彻党的十九大和十九届二中、三中全会精神,深入贯彻习近平生态文明思想和习近平总书记关于长江经济带发展重要讲话精神,认真落实党中央、国务院决策部署,以改善长江生态环境质量为核心,以长江干流、主要支流及重点湖库为突破口,统筹山水林田湖草系统治理,坚持污染防治和生态保护"两手发力",推进水污染治理、水生态修复、水资源保护"三水共治",突出工业、农业、生活、航运污染"四源齐控",深化和谐长江、健康长江、清洁长江、安全长江、优美长江"五江共建",创新体制机制,强化监督执法,落实各方责任,着力解决突出生态环境问题,确保长江生态功能逐步恢复,环境质量持续改善,为中华民族的母亲河永葆生机活力奠定坚实基础。长江保护修复攻坚战行动计划的主要任务包括以下几项:

(1)完善生态环境空间管控体系。编制实施长江经济带国土空间规划,划定管制范围,严格管控空间开发利用。根据流域生态环境功能需要,明确生态环境保护要求,加快确定"三线一单"。原则上在长江干流、主要支流及重点湖库周边一定范围划定生态缓冲带。

(2)实施流域控制单元精细化管理。坚持山水林田湖草系统治理,按流域整体推进水生态环境保护,强化水功能区水质目标管理,细化控制单元,明确考核断面,将流域生态环境保护责任层层分解到各级行政区域,结合实施河长制湖长制,构建以改善生态环境质量为核心的流域控制单元管理体系。

(3)整治劣 Ⅴ 类水体。

(4)按照水陆统筹、以水定岸的原则,有效管控各类入河排污口。统筹衔接前期长江入河排污口专项检查和整改提升工作安排,对于已查明的问题,加快推进整改工作。及时总结整改提升经验,为进一步深入排查奠定基础。选择有代表性的地级城市深入开展各类排污口排查整治试点,综合利用卫星遥感、无人机航拍、无人船和智能机器人探测等先进技术,全面查清各类排污口情况和存在的问题,实施分类管理,落实整治措施。通过试点工作,探索出排污口排查和整治经验,建立健全一整套排污口排查整治标准规范体系。

(5)加强工业污染治理,有效防范生态环境风险。优化产业结构布局。规范工业园区环境管理。强化工业企业达标排放。推进"三磷"综合整治。加强固体废物规范化管理。严格环境风险源头防控。

(6)持续改善农村人居环境,遏制农业面源污染。加快推进美丽宜居村庄建设。实施化肥、农药施用量负增长行动。着力解决养殖业污染。

(7)补齐环境基础设施短板,保障饮用水水源水质安全。加强饮用水水源保护。推动城镇污水收集处理。全力推进垃圾收集转运及处理处置。

(8)加强航运污染防治,防范船舶港口环境风险。深入推进非法码头整治。完善港口码头环境基础设施。加强船舶污染防治及风险管控。

(9)优化水资源配置,有效保障生态用水需求。实行水资源消耗总量和强度双控。严格控制小水电开发。切实保障生态流量。

(10)实施生态保护修复。从生态系统整体性和长江流域系统性出发,开展长江生态环境大普查,摸清资源环境本底情况,系统梳理和掌握各类生态环境风险隐患。开展退耕还林还草还湿、天然林资源保护、河湖与湿地保护恢复、矿山生态修复、水土流失和石漠化综合治理、森林质量精准提升、长江防护林体系建设、野生动植物保护及自然保护区建设、生物多样性保护等生态保护修复工程。

2.3.1.2　汉江生态经济带发展规划

1.规划范围

汉江全长 1 577 km,为长江第一大支流。汉江通道自古以来就是连接西北与华中的重要纽带,汉江上游是南水北调中线工程的水源,在区域发展总体格局中具有重要地位。汉江生态经济带规划范围包括河南省南阳市全境及洛阳市、三门峡市、驻马店市的部分地区,湖北省十堰市、神农架林区、襄阳市、荆门市、天门市、潜江市、仙桃市全境及随州市、孝感市、武汉市的部分地区,陕西省汉中、安康市、商洛市全境。规划面积 19.16 万 km^2,2017 年底常住人口 4 444 万人,地区生产总值 2.24 万亿元。

2.重要意义

推动汉江生态经济带发展,有利于保护丹江口水库生态环境,确保南水北调中线工程水源地安全;有利于加快转变发展方式,保护汉江流域生态环境,促进经济社会可持续发展;有利于加快产业结构优化升级,增强整体经济实力和竞争力,促进经济提质增效;有利于推动经济要素有序自由流动、市场统一融合,形成上下游优势互补、协作互动新格局;有利于发挥区位、生态优势,推动中部地区崛起;有利于实现推进"一带一路"建设与长江经济带发展联动,促进东中西区域良性互动协调发展。

3.战略定位

汉江生态经济带的战略定位:国家战略水资源保障区、内河流域保护开发示范区、中西部联动发展试验区、长江流域绿色发展先行区。打造美丽、畅通、创新、幸福、开放、活力的生态经济带。

4.空间布局

坚定不移实施主体功能区制度,根据自然条件和资源环境承载能力,依托综合运输通道,着力完善城镇体系,优化产业布局,推动形成"两区、四轴"的空间开发格局。

"两区":以丹江口水库大坝为界,划分为丹江口库区及上游地区、汉江中下游地区。丹江口库区及上游地区按照生态优先、绿色发展的思路,坚持"以水定产""以水定城",强化主体功能区空间管控,加强生态保护和水源涵养,依托节点城市和产业集聚区推进产业向生态化、绿色化升级,维护丹江口库区及上游地区生态安全。汉江中下游地区积极开展生态修复和建设,大力发展高效生态农业、先进制造业和现代服务业,加快产业和人口集聚,强化与丹江口库区及上游地区联动,提升汉江流域整体发展水平。

"四轴":依托主要运输通道和重要节点城市,构建"丰"字形的重点发展轴线。

(1)沿汉江发展轴。依托汉江水道,发挥武汉建设国家中心城市和襄阳打造区域中心城市的带动作用,协同利用岸线资源,加快滨水生态宜居城镇建设,有序发展临港产业,推动经济溯江而上梯度发展,构建沿江绿色发展轴线。

（2）沿武西高铁发展轴。依托武西客专,加强沿线武汉、孝感、随州、襄阳、十堰、商洛等城市的联动发展,培育壮大装备制造、电子信息、生物医药等产业,加强旅游业的合作发展,打造汉江生态经济带发展主轴线。

（3）沿沪陕高速发展轴。依托沪陕高速,发展壮大南阳、商洛两个区域中心城市,积极推动沿线中小城市发展,增强产业和人口集聚能力,打造支撑汉江生态经济带发展的新轴线。

（4）沿二广高速发展轴。依托二广高速,积极发展装备制造、纺织服装、汽车及零部件、航空航天、绿色食品等产业,打造汉江生态经济带南北联动的纵向轴线。

5. 发展目标

到2020年,与全国同步全面建成小康社会,打好防范化解重大风险、精准脱贫、污染防治三大攻坚战。乡村振兴取得重要进展,城乡融合发展的体制机制和政策体系基本形成,现行标准下农村贫困人口全部脱贫、贫困县全部摘帽;主要污染物排放总量大幅减少,生态环境质量总体改善,打赢蓝天保卫战。

到2025年,生态环境质量更加优化,丹江口水库水质优于Ⅱ类标准,汉江干流稳定达到Ⅱ类水质标准,部分河段达到国家Ⅰ类水质标准,支流及重要湖库水质满足水功能区管理目标;经济转型成效显著,农业现代化水平大幅提升,战略性新兴产业形成一定规模,第三产业占地区生产总值的比重达到50%;文化软实力增强,打造出一批具有影响力的文化品牌;城乡居民收入达到全国平均水平,公共服务体系更加健全,人民群众幸福感明显增强。

到2035年,生态环境根本好转,宜居宜业的生态经济带全面建成;战略性新兴产业对经济的支撑作用明显提升,经济实力、科技实力大幅提升;社会文明达到新的高度,文化软实力显著增强;人民生活更为富裕,乡村振兴取得决定性进展,农业农村现代化基本实现,城乡区域发展差距和居民生活水平差距显著缩小,基本公共服务均等化基本实现。

6. 打造绿色生态廊道

把生态文明建设摆在首要位置,重点保护和修复汉江生态环境,深入实施《水污染防治行动计划》,划定并严守生态保护红线,扎实推进水环境综合治理,加强水生态修复,科学利用和有效管理水资源,努力建成人与自然和谐共生的绿色生态走廊。

通过建设沿江绿色保护带、秦巴山生物多样性生态功能区、大洪山和桐柏山水土保持生态功能区,构筑生态安全格局。

通过加强湖库与湿地生态修复、加强水土保持、加强森林植被保护和建设、有序利用岸线资源,推进生态保护与修复。

通过严格防治工业点源污染、加强农业面源污染防治、严格防控船舶港口污染、加强城乡生活污水垃圾治理、加强水质监测,严格保护一江清水。

通过加强水源地保护、实施水资源总量控制、优化水资源配置、建设节水型社会、提升防洪排涝抗旱减灾能力,有效保护和利用水资源。

加强大气污染防治和污染土壤修复,加快清洁能源开发利用。

2.3.1.3　淮河生态经济带发展规划

1. 规划范围

淮河流经我国中东部地区,全长约1 000 km,是南北方的重要分界线。淮河流域地处南北气候过渡带,在我国经济社会发展全局中占有重要地位。淮河生态经济带以淮河干流、一级支流以及下游沂沭泗水系流经的地区为规划范围,包括江苏省淮安市、盐城市、宿迁市、徐州市、连云港市、扬州市、泰州市,山东省枣庄市、济宁市、临沂市、菏泽市,安徽省蚌埠市、淮南市、阜阳市、六安市、亳州市、宿州市、淮北市、滁州市,河南省信阳市、驻马店市、周口市、漯河市、商丘市、平顶山市和南阳市桐柏县,湖北省随州市随县、广水市和孝感市大悟县,规划面积24.3万 km²,2017年末常住人口1.46亿人,地区生产总值6.75万亿元。

2. 重要意义

在中国特色社会主义进入新时代和生态文明建设不断向纵深推进的大背景下,加快淮河生态经济带发展,对于推进生态文明建设、促进经济社会持续健康发展、推动区域协调发展、全面建成小康社会具有重要意义,有利于推动全流域综合治理,打好污染防治攻坚战,探索大河流域生态文明建设新模式;有利于打造我国新的出海水道,全面融入"一带一路"建设,打造中东部地区开放发展新的战略支点,完善我国对外开放新格局;有利于推进产业转型升级和新旧动能转换,确保国家粮食安全,培育我国经济发展新支撑带;有利于优化城镇格局,发挥优势,推动中部地区崛起和东部地区优化发展,打赢精准脱贫攻坚战,推动形成区域协调发展新局面。

3. 战略定位

淮河生态经济带的战略定位:流域生态文明建设示范带、特色产业创新发展带、新型城镇化示范带、中东部合作发展先行区。打造美丽宜居、充满活力、和谐有序的生态经济带。

4. 空间布局

淮河生态经济带的空间布局,据主体功能分区,优化生态安全屏障体系,坚持以资源环境承载能力为基础,发挥各地比较优势,促进沿淮集聚发展、流域互动协作,明确空间开发重点和方向,构建"一带、三区、四轴、多点"的总体格局。

"一带":指淮河干流绿色发展带。加强淮河干流及沿线地区生态系统保护和修复提升生态系统质量和稳定性,构筑具有防洪、水土保持、水源涵养等复合功能的沿淮综合植被防护体系。充分发挥淮河干流水道的作用,加快推进淮河出海通道建设和中下游航道疏浚,增强干流航运能力,大力发展多式联运,加快沿淮铁路、高速公路和集疏运体系建设,合理推进岸线开发和港口建设,构建综合立体交通走廊。增强淮安、盐城、蚌埠、信阳辐射带动能力,建立健全绿色低碳循环发展的经济体系,推进资源全面节约和循环利用,形成特色鲜明、布局合理、生态良好的现代特色产业和城镇密集带。

"三区":指东部海江河湖联动区、北部淮海经济区、中西部内陆崛起区。东部海江河湖联动区包括淮安、盐城、扬州、泰州、滁州等市,发挥淮安、盐城区域中心城市的引领作用,依托洪泽湖、高邮湖、南四湖等重要湖泊水体统筹海江河湖生态文明建设,强化与长江三角洲、皖江城市带等周边区域对接互动。北部淮海经济区包括徐州、连云港、宿迁、宿州、淮北、商丘、枣庄、济宁、临沂、菏泽等市,着力提升徐州区域中心城市辐射带动能力,发挥连云港新亚欧大陆桥经济走廊东方起点和陆海交汇枢纽作用,推动淮海经济区协同发展。中西部内陆崛起区包括蚌埠、信阳、淮南、阜阳、六安、亳州、驻马店、周口、漯河、平顶山、桐柏、随县、广水、大悟等市(县),发挥蚌埠、信阳、阜阳区域中心城市的辐射带动作用,积极承接产业转移,推动资源型城市转型发展,因地制宜发展生态经济,加快新型城镇化和农业现代化进程。

"四轴":依托新(沂)长(兴)铁路、京沪高速公路、京杭运河以及在建的连淮扬镇高铁、规划建设的京沪高铁二通道,建设临沂—连云港—宿迁—淮安—盐城—扬州—泰州发展轴;依托京广线,建设漯河—驻马店—信阳发展轴;依托京九线,建设菏泽—商丘—亳州—阜阳—六安发展轴;依托京沪铁路与高铁,建设济宁—枣庄—徐州—淮北—宿州—蚌埠—淮南—滁州发展轴。依托四条发展轴,向南对接长三角城市群、长江中游城市群、皖江城市带,向北对接京津冀地区、中原城市群,着力吸引人口、产业聚集,辐射带动苏北、皖北、豫东、鲁南、鄂东北等区域发展。

"多点":指区域中心城市之外的其他城市。壮大城市规模和综合实力,完善城市功能,因地制宜发展特色优势产业,提升基础设施和公共服务供给能力,吸引农业转移人口加快集聚,加强与区域中心城市的经济联系与互动,发挥对淮河生态经济带发展的多点支撑作用,增强对周边地区发展的辐射带动能力。

5. 发展目标

到2020年与全国同步全面建成小康社会,打好防范化解重大风险、精准脱贫、污染防治三大攻坚战。乡村振兴取得重要进展,保证现行标准下农村贫困人口全部脱贫、贫困县全部摘帽;主要污染物排放总量大幅减少,生态环境质量总体改善,打赢蓝天保卫战。

到2025年,生态环境质量总体显著改善,沿淮干支流区域生态涵养能力大幅度提高,水资源配置能力和用水效率进一步提高,水功能区水质达标率提高到95%以上,形成合理开发、高效利用的水资源开发利用和保护体系;淮河水道基本建成,现代化综合交通运输体系更加完善,基础设施互联互通水平显著提升;现代化经济体系初步形成,优势产业集群不断发展壮大,综合实力和科技创新能力显著增强;以城市群为主体、大中小城市和小城镇协调发展的城镇格局进一步优化,城镇化水平稳步提高;"淮河文化"品牌初步打响,基本公共服务均等化和人民生活水平显著提升;协调统一、运行高效的流域、区域管理体制全面建立,各类要素流动更加通畅,对外开放进一步扩大,内外联动、陆海协同的开放格局初步形成,区域综合实力和竞争力明显提高。

到2035年,生态环境根本好转,美丽淮河目标基本实现,经济实力、科技实力大幅提升,人民生活更加宽裕,乡村振兴取得决定性进展,农业农村现代化基本实现,城乡区域发展差距和居民生活水平差距显著缩小,产业分工协作格局不断巩固,基本公共服务均等化基本实现,现代社会治理格局基本形成,建成美丽宜居、充满活力、和谐有序的生态经济带,基本实现社会主义现代化。

6. 打造绿色生态廊道

把协同推进生态文明建设摆在首要位置,统筹山水林田湖草系统治理,划定并严守生态保护红线,实行最严格的生态环境保护制度,探索流域综合治理新模式,打好污染防治攻坚战,促进人与自然和谐共生,构建我国南北气候过渡带重要生态廊道,维护国家生态安全。

通过建设江淮生态大走廊和沂沭泗河生态走廊、打造沿海滩涂湿地生态走廊、提升伏牛山—桐柏山—大别山生态保育功能,建设沿淮生态屏障。

通过完善水资源保护体系、严守水体水质目标红线、创建节水型社会、完善水资源综合管理、科学合理利用河湖岸线资源,节约保护水资源。

通过强化湿地生态系统保护、推进森林生态系统建设、保护生物多样性、推进矿山生态恢复治理,推进生态保护修复。

通过加快水污染防治、推进大气污染防治、加强土壤污染管控和修复、加强农村面源污染防治、强化城乡生活污水垃圾治理、加强固体废物污染防治,加强环境污染综合治理。

实施环境监管联动,建立健全生态保护补偿机制,共建跨区域环境保护机制。

2.3.2　流域生态廊道建设

2.3.2.1　生态廊道

生态廊道是指与相邻两边环境不同的线性或带状结构景观,一个异于周遭基质环境的狭长地带并且遍及地表,能够将当地的小种群连接起来,使特定物种在斑块间迁移的地区。生态廊道能增加种群间的基因交流,降低种群灭绝的风险。

在景观生态学基础上发展起来的生态廊道理论,是在生态廊道的定义、分类、功能和影响因素等基础上对生态廊道进行分类的。

(1)根据起源和形成原因不同,生态廊道可分为干扰型、残留型、环境资源型、再生型和人为引入型5种。

(2)根据组成内容或生态类型不同,生态廊道可分为森林廊道、河流廊道、道路廊道。

(3)根据功能侧重点不同,生态廊道可分为生态环保廊道和游憩观光廊道。

(4)根据结构变动影响因素不同,生态廊道可分为线状廊道、带状廊道、河流廊道。

(5)根据研究尺度不同,生态廊道可分为区域层级生态廊道、都市(都会)层级生态廊道、小区层级生态廊道、基地层级生态廊道。

(6)根据形成性质不同,生态廊道可分为人工廊道和自然廊道。

生态廊道类型的多样性反映了其基本结构和功能的多样性。

一般来说,生态廊道是野生动物移动、生物信息传递的通道。在动物个体水平上,它是动物日常活动及其随季节移动的通道;在种群水平上,它是种群扩散、基因交流,乃至气候变动时物种在分布区域间迁移的通路。生态廊道能为物种提供特殊生境或栖息地,增加斑块的连接度,有利于物种的空间运动和基因交换,使孤立斑块内的物种得以生存和延续。

生态廊道的主要功能可归纳为 4 类:①栖息地或生境功能;②物质传输功能;③过滤或阻抑功能;④物质、能量和生物的供给源或汇功能。

2.3.2.2　河流廊道

目前,来自于景观生态学的河流廊道概念,已经成为河流保护与管理的重要理念。如英国国家河务局把河流廊道作为流域规划的重要部分加以强调,强调通过对土地利用的界定,对河流沿岸有重要价值的土地加以保护,并通过其形成一个遍及城乡、从源头到大海的生态系统的"绿带"网络。

河流廊道是指沿河流分布而不同于基质的植被带,通常可由河道、河滩、边坡、河堤和部分高地 5 个部分组成。在生态学中,沿河流分布的滨水地带是陆地生态系统和水生生态系统的交错区,属于典型的生态交错带。它与河流有着密切的生态联系,河流的水文变化、泥沙运动和地貌过程、养分流动以及地下潜流对其影响极大,形成了与周围明显不同的独特的生态环境和植被区域,它与河流一起构成了一个独特的空间单元。河流廊道中关键性的自然过程包括水文变动、泥沙和溶解性养分的运动、动物活动及人类活动;重要的生态功能包括控制水文变化、控制泥沙和溶解性养分流失、为多种水生和陆地动植物提供栖息地和迁徙通道。

河流廊道在生态保护、水资源保护、遗产保护等方面具有独特作用,是生态基础设施的重要组成部分。河流廊道作为来自景观生态学的一个重要概念,目前广泛应用于河流保护与管理、开放空间规划等领域,同时各学科在河流廊道方面的发展逐渐融合。

河流廊道几乎是生态景观中最为动态的区域,各种自然力量、人类活动在此激烈竞争。其中,人类活动强烈地干扰着河流廊道,造成景观的改变和生态功能的退化。对于人类,河流廊道有着多种功能和价值,如何协调人与自然的功能和需求,使河流发挥其应有的社会价值,也引起相关规划和管理人员的极大关注。

2.3.2.3　河流廊道规划

河流廊道规划旨在沿河流创建包含生态保护、水资源保护、休闲、历史文化等多功能的、连续的线性开放空间,为河流保护和生态恢复、城市滨水区的复兴提供基础和更进一步的整合,是具有综合性和战略性的规划行动。

河流廊道具有多重功能,主要包括水资源保护与管理、生物及其栖息地保护、多种社会文化功能及其他经济功能。因此,河流廊道规划的内容极为复杂和综合,包括多个方面,如洪水控制、水质改善、河流恢复与生态整治、历史文化保护、休闲游憩活动安排、视觉景观、绿色交通系统、环境监测系统、公众参与,等等。

以河流生态系统的保护和恢复为基础,涉及多个层次的内容和多个目标,强调河流的连续性与整体保护,是河流廊道规划的基本原则。在河流廊道规划中,对于多目标和整体保护的强调及把河流的生态保护和生态恢复放在首位是一个共同的特点。

河流廊道的规划的基本目标及其他可能涉及的目标主要有:

(1)河流生态系统及其生态功能的保护和恢复。它是河流廊道规划的基本目标。

(2)水资源的保护与管理,包括洪水控制、城市暴雨雨水管理、保护水质等。

(3)生物及其栖息地保护与恢复,包括各种水生、滨水和陆地动植物的保护,以及建立宏观自然系统之间的连接等。

(4)实现多种社会文化功能,包括休闲审美、历史文化资源保护、绿色交通、环境教育、公众参与等。

河流廊道规划的多层次目标如表 2.3-1 所示。

河流廊道规划由于关注多个目标、涉及多个学科、跨越多个尺度,涉及从概念规划到详细设计等多个层次,需要多学科的配合与循序渐进的工作。

强调多目标与多学科的河流廊道概念,可以整合多个领域的力量,从而改善目前我国的河道管理仅由水利部门参与、只强调单一目标的弊病,促进有关学科和社会各界共同关心、共同参与河流的保护,实现水资源管理、生态保护、休闲、审美、历史文化等多目标综合的规划管理,增加保护力量、扩大保护范围,更重要的是促进河流保护与土地利用规划的结合,从而实现更为有效的空间管理。

表2.3-1　河流廊道规划的多层次目标

一级目标	二级目标
水资源保护与管理	洪水控制,城市的暴雨雨水管理
	污染和水土流失控制,保护水质
生物及其栖息地 保护与恢复	水生生物及栖息地保护,如鱼类
	湿地及湿地生物保护和恢复,如鸟类和其他动植物
	陆地动物栖息地和迁徙通道的保护
	确保更大尺度生态系统健康和可持续的连接网络
社会文化功能	休闲和游憩功能
	审美价值
	历史文化保护
	促进社会公平与社会融合
	非机动车的新型交通方式
	环境教育
	促进滨水区的复兴
其他经济功能	航运
	输水、灌溉、排水
	渔业

作者认为,黄河下游生态廊道建设规划应在黄河下游打造八大廊道,具体如下所述:

(1)防洪输沙廊道:按防洪标准建设防洪工程体系,保证水安全,以人为本,给洪水充分的空间,人水和谐,生生不息。按照黄河水沙调控体系建设的要求,通过各种手段,输沙入海,控制"二级悬河"的发展,保证黄河下游河道不抬高。

(2)生态保护廊道:保护和修复河道生态系统,维护生物多样性。

(3)输水供水廊道:通过科学调度,使河道水量满足两岸引水及调水要求,保证黄河下游生态、生活、生产用水的需求。

(4)水源保护廊道:通过区域减源、系统截留、水系调控、水域净化、生态修复等措施,使水质达到《地表水环境质量标准》(GB 3838—2002)Ⅲ类水标准。

(5)旅游景观廊道:打造"一河清波,两岸绿色,鱼翔浅底,鸟语花香"的沿河滨水景观带,串联周边旅游景点,打造生态景观旅游长廊。

(6)文化传承廊道:以水为载体,以文化为灵魂,彰显地方特色,保护好、利用好、传承好黄河历史文化,实现水城交融。

(7)经济发展廊道:通过城市水利、生态水利和民生水利建设,发展水土经济,实现黄河两岸的经济可持续发展。

(8)智慧管理廊道:落实河长制和湖长制,积极推进信息化管理,建设智慧水务,提高管理水平。

2.3.2.4　典型案例——浙中生态廊道建设规划

浙中生态廊道以金华市域江河干支流为脉络,辐射金华全域。其中,主廊道包括金华市行政区域内的衢江、兰江、金华江、武义江、东阳江、南江、文溪和浦阳江八条主要河流及其两岸陆域一定范围,河道总长约396 km。初步划定浙中生态廊道规划范围总面积约830 km²,约占市域总面积的8%。同时,各县(市、区)还要同步实施以县级以上河道为主体的各条支廊道。

浙中生态廊道,就是依托现有山水脉络,优化城镇空间布局形态,深入推进金华江流域治理,打通水系、贯通水脉,全面激活生态涵养功能,将田园、林带、湿地、绿洲等生态单元纳入绿色网络,打造山水林田湖生命共同体的金华样板。

1. 提出背景

2017 年,中国共产党金华市委员会第七次代表大会为金华未来 5 年发展勾勒出宏伟蓝图,提出要围绕"全面小康、浙中崛起"目标,按照"走在前列、共建金华"要求,积极实施都市区带动战略,打造综合交通廊道、金义科创廊道、浙中生态廊道等"三条廊道"。

浙中生态廊道是金华市践行"两山"理论、"八八"战略的新探索,是贯彻浙江省第十四次党代会提出的建设"绿道网、景观带、致富线"的具体实践,是提高环境承载力和区域竞争力的新载体,对加快实现"全面小康,浙中崛起"战略目标具有重要意义。

2. 实施范围

浙中生态廊道以金华市域江河干支流为脉络,辐射金华全域。其中,主廊道包括金华市行政区域内的衢江、兰江、金华江、武义江、东阳江、南江、文溪和浦阳江八条主要河流及其两岸陆域一定范围,河道总长约 396 km。初步划定浙中生态廊道规划范围总面积约 830 km²,约占市域总面积的 8%,涉及 35 个街道、38 个乡(镇)、478 个行政村,直接辐射、服务全市 80% 以上的人口。同时,各县(市、区)还要同步实施以县级以上河道为主体的各条支廊道。

3. 目标要求

按照"一年打基础、三年见成效、五年成廊道"的总体要求,围绕"生态秀美、产业绿美、生活和美"的目标导向,扎实推进江河流域治理,串联散落的山水林田湖,融合生态、人文、产业立体式发展,打造"市级统筹、市县联动、共建共融、共享共赢"的开放创新廊道、"水清流畅、岸绿景美、碧波映城、山水相依"的自然生态廊道、集"历史文化、健康体验、休闲观光、和谐人居"一体的人文景观廊道、"生态优先、绿色低碳、创新引领、集聚集群"的生态经济廊道,推动县域经济向都市区经济转型,加快形成全省高质量发展的重要增长极。

到 2017 年年底,生态廊道建设各项基础性工作扎实开展,初步建立全市统一的规划体系、工作规范和标准要求,初步完成生态廊道概念性规划、重点区域控制性详细规划、专项子规划编制,各县(市、区)开工一批标杆性项目,若干项目基本建成,全面完成劣Ⅴ类水剿灭任务,全流域水质达到优良,生态环境质量有效改善,生态廊道项目建设有序推进,沿线产业结构持续优化。

到 2019 年年底,生态廊道建设初见成效,一大批项目建成,城乡生态环境质量不断提升,"美丽城防"工程基本完成,干流沿线绿道贯通成型,彩色林带、文化长廊、休闲广场、田园综合体、自然保护区、湿地公园、森林公园、乡村风景线等有机串联,公共配套服务设施基本健全,低消耗、低排放、高附加值的产业结构加快形成,生态经济成为金华市经济增长新亮点,生态廊道共建共享机制初步建立,市场化运作体系基本成型。

到 2021 年年底,生态廊道框架结构总体形成,贯穿全域的网状生态系统基本建立,流域生态红利充分释放,生态廊道八婺文化特色鲜明,水旅、林旅、农旅、文旅、休旅快速发展,生态廊道经济和生态产业链基本形成,成为推动"浙中崛起"的新动能,生态文明建设主要指标和各项工作走在全省前列,群众获得感幸福感持续增强。

4. 具体内容

重点实施"四大行动",即生态环境优化行动、基础设施建设行动、人居文化提升行动、绿色经济发展行动,着力构建水清景美的自然生态体系、功能完备的基础设施体系、八婺特色的人居文化体系和创新引领的生态经济体系。

1)生态环境优化行动

(1)全方位推进水环境综合治理:实施水质提升工程,实施截污纳管工程,提升污水处理能力,开展"污水零直排区"建设。

(2)全面提升流域生态质量:实施河流生态修复工程,推进"一区两园"建设,开展森林城市群创建。

(3)全力打造滨水景观带:推进彩色林带建设,开展美丽田园建设,开展园林城市创建。

2）基础设施建设行动

（1）加快实施"美丽城防"工程：加快干流堤防达标提档，实施中小流域综合整治。

（2）加快实施水系连通工程。

（3）加快实施城市排涝工程。

（4）加快建设生态绿道网。

（5）加快建设综合服务场所。

（6）加快建设配套交通设施。

（7）加快构建现代智能服务网络。

3）人居文化提升行动

（1）量身打造公共健身休闲空间：拓展休闲健身场所，增设休闲健身设施，创建休闲运动品牌项目。

（2）大力弘扬八婺历史文化：加强文化设施建设，加大文化保护开发。

（3）积极实施生态人居创建工程：加快都市区建设，深入开展小城镇环境综合整治，深化美丽乡村建设。

（4）加快推动重要节点区块建设。

4）绿色经济发展行动

（1）积极打造现代田园综合体：开展精品农业示范基地建设，开展现代休闲农业观光园建设。

（2）着力发展绿色生态工业：深化"低小散"块状行业规范整治，发展生态循环经济，推进产业转型提升。

（3）推动建设"大花园""大景区"：发展生态休闲旅游业，加快品牌民宿建设，打造品牌精品旅游线路。

（4）高标准建设特色小镇。

（5）开展土地连片整治工作。

5. 规划编制

按照"规划法制化、设计个性化、管理全程化、建设精品化、全域生态化"要求，市县联动，统分结合，科学编制浙中生态廊道建设规划及专项规划。2017 年 7 月完成全市生态廊道概念规划编制；9 月完成浙中生态廊道——水利建设、农业建设、林业建设、绿道网建设、文化建设等 5 个专项规划编制，出台美丽乡村建设工作方案、沿线小城镇综合整治工作方案、健身休闲空间建设工作方案，完成旅游发展研究课题；10 月各县（市、区）、金华开发区、金义都市新区、金华山旅游经济区完成生态廊道建设规划编制。

6. 重点工程

根据《浙中生态廊道建设三年行动计划》，确定 2017 年度建设项目 425 个，总投资 1 842.8 亿元。在此基础上，坚持"示范先行，整体推进"原则，按照"生态型、示范性、区域性、代表性"的标准，确定生态廊道建设示范项目 30 个。具体分布如下。

市本级：梅溪河流综合治理、金华之光文化广场、湖海塘公园景观公园、苏孟乡小城镇综合整治、孝顺溪流域综合治理工程、"水香低田、渔歌小镇"项目、金华山景中村改善项目。

兰溪市：兰溪市扬子江海绵城市生态综合整治工程、兰溪市钱塘江堤防加固工程、浙江兰湖（赤山湖）旅游度假区项目。

东阳市：东阳江江滨景观带工程、横店万花园·秋园、江东污水处理厂扩建工程。

义乌市：绿色动力小镇、光源科技小镇。

永康市：南溪湾生态湿地景观公园、南溪源田园度假区；

浦江县：金狮湖保护开发工程、虞宅乡茜溪悠谷轻度假区、江南第一家保护与开发工程。

武义县：熟溪滨水景观步道系统工程、武义花田小镇。

磐安县：磐安"樱花谷"建设、老城区改造。

7. 组织架构

成立浙中生态廊道建设领导小组，市长任组长。领导小组下设办公室，市委副书记任办公室主任。办公室下设综合部、生态廊道建设部、项目一部、项目二部、项目三部、项目四部、宣传部、督查部等 8 个部。市生态廊道办与市治水办、河长办合署办公。

2.4　区域层面

2.4.1　区域发展战略规划

2.4.1.1　区域协调发展战略

十九大报告提出要实施区域协调发展战略。加大力度支持革命老区、民族地区、边疆地区、贫困地区加快发展,强化举措推进西部大开发形成新格局,深化改革加快东北等老工业基地振兴,发挥优势推动中部地区崛起,创新引领率先实现东部地区优化发展,建立更加有效的区域协调发展新机制。以城市群为主体构建大中小城市和小城镇协调发展的城镇格局,加快农业转移人口市民化。以疏解北京非首都功能为"牛鼻子"推动京津冀协同发展,高起点规划、高标准建设雄安新区。以共抓大保护、不搞大开发为导向推动长江经济带发展。支持资源型地区经济转型发展。加快边疆发展,确保边疆巩固、边境安全。坚持陆海统筹,加快建设海洋强国。

2.4.1.2　《促进中部地区崛起规划》

《促进中部地区崛起规划》是促进包括山西、安徽、江西、河南、湖北和湖南六省在内的中部地区的经济社会发展的整体规划,2009 年 9 月 23 日国务院总理温家宝主持召开国务院常务会议,讨论并原则通过《促进中部地区崛起规划》。

中部地区位于我国内陆腹地,具有承东启西、连南通北的区位优势。区域内人口众多,自然、文化资源丰富,科教基础较好,便捷通达的水陆空交通网络初步形成,农业特别是粮食生产优势明显,工业基础比较雄厚,产业门类齐全,生态环境容量较大,集聚和承载产业、人口的能力较强,具有加快经济社会发展的良好条件。

实施促进中部地区崛起战略以来,国家加大政策支持力度,中部六省抢抓机遇加快发展,促进中部地区崛起工作取得了积极成效:发展速度明显加快,经济运行质量不断提高,总体实力进一步增强;一批重大建设项目陆续开工,粮食生产基地、能源原材料基地、现代装备制造及高技术产业基地和综合交通运输枢纽建设取得积极进展;体制机制创新稳步推进,对外开放水平不断提高,武汉城市圈、长株潭城市群资源节约型和环境友好型社会建设试点开局良好;政府提供基本公共服务能力日益增强,城乡人民生活水平稳步提高,社会事业全面发展。

今后 5 到 10 年是中部地区发挥优势、实现突破、加快崛起的关键时期,机遇与挑战并存。在我国积极应对国际金融危机冲击,全面实施保持经济平稳较快发展一揽子计划的大环境下,中部地区加快发展面临着诸多有利条件:促进科学发展、加强和改善宏观调控、扩大国内需求的政策,使得中部地区可以更好地发挥人口众多、市场广阔的优势,开拓发展空间,培育新的经济增长点;国际国内产业调整和跨区域重组不断深化,使得中部地区可以乘势加快承接沿海地区和国际产业转移,促进产业结构优化升级;我国经济保持平稳较快发展,对资源、能源和劳动力的需求不断增长,使得中部地区可以进一步发挥比较优势,集聚人口和产业,加速推进工业化和城镇化;国家区域发展总体战略深入实施,对中部地区的政策支持力度持续加大,使得中部地区的发展基础、体制机制、政策环境更加完善,经济社会自我发展能力进一步增强。

同时,中部地区也面临诸多制约长远发展的矛盾和问题:①"三农"问题突出,农业稳定发展和农民持续增收难度增大,统筹城乡发展任务繁重;②工业化水平不高,发展方式依然粗放,产业亟待调整和振兴;③城镇化水平较低,中心城市的辐射带动能力不强,农村富余劳动力转移和城镇就业压力较大;④地区发展不平衡,革命老区、民族地区、贫困地区发展相对滞后,扶贫开发任务艰巨;⑤制度性约束因素多,体制改革尚需深化,开放合作机制有待完善;⑥生态保护和环境治理任务较重,防灾减灾能力亟待加强,促进人与自然和谐发展任重道远。解决这些问题,需要付出长期艰苦的努力。

加快中部地区崛起,有利于发挥中部地区综合优势,优化人口和产业布局,扩大对内对外开放,挖掘发展潜力,增强整体竞争力,克服国际金融危机带来的不利影响,实现经济社会又好又快发展;有利于进一步完善促进中部地区崛起的政策体系,切实加大支持力度,加快推进中部地区"三个基地、一个枢纽"建设,更好地发挥承东启西的重要作用,不断增强对全国发展的支撑能力;有利于完善我国区域发展分工,优化区域开发结构,加快形成区域协调发展新格局,确保实现全面建设小康社会的宏伟目标。

2.4.2　省(市)国土空间规划

建立国土空间规划体系是党中央、国务院做出的重大部署,是推进生态文明建设、构建美丽国土的关键举措,是促进国家治理体系和治理能力现代化的重要举措。自 2018 年 3 月国务院机构改革后,从全国到各地方围绕国土空间规划编制实施开展了广泛研讨和深入探索。

2017 年年底,广州开展了新一轮土地利用总体规划和城市总体规划试点。2018 年 9 月,广州依托"三规合一"、"多规合一"以及"两规"试点工作基础,在全国较早地开展了国土空间规划编制,探索新时代国土空间规划编制技术方法和成果体例。

广州市国土空间规划是广州面向 2035 年的总体性、纲领性的空间战略谋划,是广州落实国家和省空间发展战略意图,推动实现老城市新活力,引领城市绿色发展和高质量发展,建设美好城市人居环境,促进城市治理能力现代化的政策总纲。广州以"实现老城市新活力、在四个方面出新出彩"为统领,重点从底数底图、战略目标、空间格局、资源统筹、要素配置、实施保障等方面进行了相关探索实践。

2.4.2.1　结合"三调"(第三次全国国土调查)进一步摸清国土空间规划的底数底图

(1)面向资源统筹,结合"三调"核实自然资源家底。统一技术标准,在"三调"基础上理清森林、水、湿地等重要资源数量和分布,初步摸查了各类自然资源现状情况。以广东海珠国家湿地公园和流溪河国家森林公园等为试点,探索三维登记技术,开展自然资源确权登记试点。

(2)面向用地精细化管理,进一步细化优化建设用地内部调查。广州在"三调"工作分类的基础上,结合下层次国土空间规划和详细规划编制实施需要,细化各类公共服务、工业仓储、基础设施等建设用地调查,优化细化增加 65 个建设用地细化地类。调查精度实现最小上图面积由 200 m^2 提高至 80 m^2。

(3)面向资源精准配置,摸清人—地—房—设施基础数据。全面摸查人口、用地、房屋、道路和设施现状,科学评估人口需求与空间资源配置、设施承载能力等匹配程度与变化规律。

(4)面向城市发展,摸清经济社会和城市运行相关数据。通过经济普查、交通调查、手机信令、POI等社会经济数据,评估分析城市社会经济、交通、公共服务、职住关系等情况。

通过"四个面向",从土地到空间资源,应形成统一的国土空间规划编制底数底图。

2.4.2.2　落实粤港澳大湾区建设等国家和区域战略,建立了战略—定位—目标—指标传导路径

(1)落实国家和区域发展战略,确定广州城市定位与目标。贯彻党中央、国务院精神,突出全球视野、国家责任、广州特色和历史传承,承接和传导"一带一路"倡议、粤港澳大湾区建设等国家战略,对标学习国际国内先进城市经验,科学谋划制定广州城市定位、目标愿景和分阶段发展目标,彰显广州作用,切实体现广州担当,作出广州贡献。

(2)制定国土空间规划指标体系,建立战略—定位—目标—指标传导路。量化城市战略目标,建立了战略—定位—目标—指标传导路径,制定空间规划核心指标和城市发展体征监测指标两类指标体系,并建立了与之匹配的实施管理机制。规划核心指标重点管控空间和资源等空间要素,对国土空间规划实施情况进行监管;城市发展体征监测指标重点管控各类经济社会要素,对城市发展运行情况进行监控。

2.4.2.3　深刻认识广州自然禀赋和历史文脉,构建美丽国土空间格局

(1)以"双评价"为基础评估市域国土空间自然本底。按照陆海统筹的原则,广州从生态功能、农业功能、城镇功能三方面,开展全域国土空间开发适宜性评价。从土地资源、水资源、环境质量、生态条件等方面开展资源环境承载能力评价,识别城市发展短板,明确资源调控方向。依据"双评价"结果,综合核定市域国土空间保护开发结构,构建生态空间、农业空间和城镇空间"三类空间"。目前,广州正根据自然资源部国土空间规划局的相关要求,积极配合开展广州市试评价后续相关工作,支撑"双评价"技术指南的优化完善。

(2)突出底线思维,统筹划定三条控制底线。优先划定生态保护红线,明确禁止开发区、重要生态功能

区、生态环境敏感区以及其他各类保护地范围。严格保护永久基本农田,结合"三调",摸清耕地和已划定基本农田现状,进一步严格落实保护任务,提升耕作质量,发挥基本农田生态、景观、文化作用,实现对永久基本农田全方位保护。按照规模刚性、布局微弹、集中集约、形态规整的要求,合理划定城镇开发边界。城镇开发边界内划分城镇集中建设区、城镇有条件建设区和特定功能区,实行不同的管控政策。

(3)创新用地管控方式,完善全域用地管控。建立"功能分区 + 用地分类"的分级管控机制。在市域层面划分主导功能分区,将主导功能划分为 13 类(其中城镇类 8 类、生态类 1 类、农业农村类 3 类、海洋类 1 类),并根据城市发展战略和国土空间结构引导要求,制定主导功能分区管控规则,明确功能引导方向和相关管控要求。在片区规划和详细规划层面,采用规划用地管理。用地分类按照"一级并列、事权化、传导性"的原则形成两级分类体系。一级类按照资源类型和管理权限,将用地划分为 14 个类型;二级类对应于地方资源保护与城市建设事权,进一步细化为 66 个。

2.4.2.4　制定面向高质量发展的城市转型路径,倒逼城市内涵式发展

(1)落实发展新理念,从六个方面制定城市转型发展战略路径。突出抓重点、补短板、强弱项,制定从外延扩张到绿色发展、从经济实力到综合魅力、从传统制造到智慧创新、从住有所居到美丽宜居、从二元失衡到包容均衡、从被动防治到生态韧性的城市转型发展路径。

(2)深化土地供给侧改革,引导土地利用方式转变。制定"锁定总量、盘活存量、精准调控、提质增效"的土地利用策略,以"三调"为基础,摸清土地利用现状,严格设定土地资源消耗上线,锚固市域国土空间格局,加大低效存量用地盘活,激活发展新空间,增加优质空间有效供给,将适度增量定向用于粤港澳大湾区基础设施、重大项目平台和民生发展,促进土地利用方式向存量发展转变。

(3)加大低效存量用地盘活,拓展发展新空间。结合产业结构调整、环境综合治理、土地综合整治等措施,整合低效分散存量用地资源,拓宽盘活路径和资金来源。加强存量用地改造功能分区引导,推进重点地区连片改造,完善城市功能和提升空间品质。以"三旧"用地、传统批发市场、低效物流园、村级工业园等为重点,分类盘活存量用地,释放存量用地资源,拓展发展新空间。

2.4.2.5　强化系统思维,统筹自然资源保护利用和治理

(1)统筹自然资源规划管控要求。强化山水林田湖海"生命共同体"意识,以珠江水系为脉络,以流域空间为载体,统筹森林、河涌、湖库、湿地、农田等自然资源系统保护。适应自然资源统一管理要求,明确森林、水、耕地、湿地、海域等重要资源的核心指标、空间布局、管控保护内容。

(2)明确生态修复和环境治理目标任务。强调生态保护与修复的系统性思维,综合开展山水林田湖海治理,重点解决黑臭水体、固废垃圾、土壤污染等环境问题,明确生态修复与环境治理的目标和任务。

2.4.2.6　坚持以人民为中心,做有温度的规划,科学配置全域全要素空间资源

(1)建设宜居宜业优质生活圈,合理布局"三生"空间。落实"老城市新活力,四个出新出彩"的要求,积极回应群众关切。围绕人的需要,合理布局"三生"空间,注重人居环境改善,高度重视历史文化保护,提升城市特色与空间品质。制定差异化的分区配置策略,优化居住空间布局和住房供应,塑造对人才具有吸引力的就业创业环境,完善全覆盖与均衡发展的公共服务体系,完善城乡公园体系建设,建设宜游特色游憩空间。

(2)以 15 min 社区生活圈为载体,统筹配置基本公共设施。按照 15 min 步行可达范围,合理布局教育、医疗、文化、体育等 8 大类社区公共服务设施,打造宜居宜业优质生活圈,在发展中补齐民生短板,增强人民群众获得感。

(3)建立"结构管控 + 边界管控 + 指标管控"传导机制,引导重大要素分级配置。建设绿色智慧交通体系,升级轨道都市,完善道路网络。按照事权对应的原则,制定机场、港口、铁路、水资源、能源、综合防灾等各类重大设施的配置与管控要求,引导交通、市政、安全等基础设施合理配置。

2.4.2.7　建立规划纵横向传导体系,强化实施保障

(1)建立"市域—片区—单元"三级规划。落实国家空间规划体系要求,在全市建立市域—片区—单元三个规划层级,从总体要求(包括发展目标、策略和规模)、底线约束(包括三线管控和各类资源)、用地布局、专项设施(包括公服、市政和交通设施)四大板块,明确市级国土空间总体规划对下层次国土

空间规划和详细规划管控引导要求。

（2）建立"一年一体检，五年一评估"的定期评估制度。通过"一年一体检"，对城市发展运行和规划实施总体情况进行全面体检监测，对违反规划管控要求的行为进行及时预警。通过"五年一评估"，重点对规划阶段性实施情况进行综合评估，作为规划调整的重要依据。

（3）建立上下贯通、横向连通的信息平台。通过完善规划全流程的平台功能，汇集各类空间性规划数据，与全市各类系统平台建立广泛深入的互联互通和业务协同，实现对规划实施的定期监测和动态监管。

2.4.3　省（市）城乡总体规划

2.4.3.1　《中原经济区规划》

2011年9月，《国务院关于支持河南省加快建设中原经济区的指导意见》颁布，标志着中原经济区正式上升为国家战略。2012年1月14日河南省第十一届人民代表大会第五次会议批准《河南省建设中原经济区纲要》。2012年8月7日，《中原经济区规划》编制工作正式启动。

中原经济区规划区域以河南省为主体，包括与河南毗邻的晋东南、鲁西南、冀南、皖北的部分区域。具体范围包括：河南全省18个省辖市；山西省的晋城市、长治市和运城市；河北省的邯郸市和邢台市；山东省的聊城市、菏泽市和泰安市东平县；安徽省的淮北市、亳州市、宿州市、阜阳市、蚌埠市和淮南市凤台县，共涵盖30个市和2个县。区域人口约1.7亿人，相当于巴西的总人口。

不以牺牲农业和粮食、生态和环境的"三化"协调发展道路，是河南省建设中原经济区的指导思想。促进"三化"协调发展——把发展粮食生产放在突出位置，走具有中原特点的农业现代化道路；抢抓产业转移机遇，充分发挥新型工业化的引领带动作用；积极推进新型城镇化，形成"三化"协调发展的重要支撑，推动中原经济区实现跨越式发展，并为全国同类地区创造经验。中原经济区的五大战略定位为：国家重要粮食生产和现代农业基地，全国工业化、城镇化和农业现代化协调发展示范区，全国重要经济增长板块，全国区域协调发展的战略支点和重要的现代综合交通枢纽，华夏历史文明传承创新区。同时强调强化区域联动发展，处理好河南省与周边毗邻地区的关系，充分调动各方面的积极性和能动性，推动形成中原经济区建设合力；按照各地区功能定位，合理确定开发重点和发展格局，进一步加强区域间的交流合作，推动区域经济一体化发展。

2.4.3.2　《郑州建设国家中心城市行动纲要（2017—2035年）》

支持郑州建设国家中心城市，是国家深刻把握全国发展大局、实施区域协同发展战略作出的重大战略部署。为全面贯彻落实党的十九大精神，根据《促进中部地区崛起"十三五"规划》、《中原城市群发展规划》和《国家发展改革委关于支持郑州建设国家中心城市的指导意见》（发改规划〔2017〕154号）及《河南省建设中原城市群实施方案》（豫发〔2017〕17号）要求，特制定《郑州建设国家中心城市行动纲要》。本行动纲要旨在阐明市委、市政府战略意图，明确郑州建设国家中心城市的发展目标、发展思路、发展任务、发展重点、发展举措，是统筹指导全市各类规划编制的重要依据和带领全市人民团结奋进的行动总纲领。行动纲要规划期为2017～2035年，远期展望至2050年。

2018年2月7日，郑州市政府正式公布《郑州建设国家中心城市行动纲要（2017—2035年）》，行动纲要要求，在2035年，郑州GDP总量达到3万亿元，人均GDP达到22万元，人口规模达到1350万人，城镇人口比例达到90%，城镇人口比2016年增加约550万人。

行动纲要提出，近期（2017—2020年），开启郑州全面建设国家中心城市新征程，全面建成人民群众认可、经得起历史检验的高质量、高水平小康社会；中期（2021—2035年），郑州国家中心城市的地位更加突出，跻身国家创新型城市前列，建成国际综合枢纽、国际物流中心、国家重要的经济增长中心等；远期（2036—2050年），建成富强民主文明和谐美丽的社会主义现代化强市，成为具有全球影响力的城市。

2.4.4　省（市）水利综合规划及专业规划

2.4.4.1　《河南省四水同治建设规划纲要》及实施意见

为深入贯彻落实习近平新时代中国特色社会主义思想和党的十九大精神，加快实施水资源、水生态、水环境、水灾害统筹治理,全面开启新时代河南省水利现代化建设新征程,2018年11月15日,河南省人民政府以豫政〔2018〕31号文发布了《关于实施四水同治加快推进新时代水利现代化的意见》。

意见提出,以雨水洪水中水资源化、南水北调配水科学化、黄河引水调蓄系统化、水库供水最优化、水资源配置均衡化为重点,加快形成四大流域调水、全省配水、分市供水的复合型调配供水格局。

(1)实施国家节水行动。强化水资源刚性约束,加强节水宣传教育和健全节水奖惩机制,开展农业节水行动,开展城镇和工业节水行动。

(2)扎实推进河湖管理与保护。严格河湖水域岸线管理保护,加强水环境治理,加快水生态修复。

(3)充分发挥南水北调中线工程综合效益。优化受水区水资源配置,合理扩大供水范围,着力提高供水保障能力,加大生态补水力度。

(4)全面提升引黄供配水能力。加快引黄工程建设,完善引黄管理机制。

(5)加快推进重大水利工程建设。加快重大骨干工程建设,加快水系连通工程建设。

(6)实施地下水超采区综合治理。压减地下水开采总量,加快水源置换工程建设,严格地下水监管。

(7)加强水灾害防治。强化防洪薄弱环节建设,强化防汛抗旱能力建设。

(8)强化乡村水利基础设施建设。实施农村人居环境整治三年行动,有序发展规模化集中供水,持续加强农田水利建设管理。

(9)科学调配水资源。完善水资源调度体系,雨水洪水中水资源化。

(10)加快智慧水利建设。利用物联网、卫星遥感、无人机、视频监控等技术和手段,持续完善监测网络,构建水文水资源、河湖水域岸线、水土流失、水工程、水生态、水环境等涉水信息全要素动态感知的监测监控体系。利用互联网、云计算、大数据等先进技术,整合各类涉水信息管理平台,建设高速、泛在的水利信息网络。优先推进防汛抗旱、水资源管理、农村水利、水土保持、河湖管理、大坝安全监测等智慧水利建设。新建水利工程要把智慧水利建设内容纳入设计方案和投资概算,已建水利工程要加快智慧化升级改造。

(11)河南省"四水同治"十大水利工程:宿鸭湖清淤扩容工程、引江济淮工程(河南段)、小浪底南岸灌区工程、小浪底北岸灌区工程、洪汝河治理工程、卫河共产主义渠治理工程、大别山革命老区引淮供水灌溉工程、西霞院水利枢纽输水及灌区工程、赵口引黄灌区二期工程、黄河下游贯孟堤扩建工程。十大水利工程总投资343亿元,治理河道及堤防890 km,建设渠道或管道1 400多 km。

2.4.4.2 《郑州国家中心城市生态建设规划(2016—2025)》

坚持"绿水青山就是金山银山",围绕建设"森林、湿地、流域、农田、城市"五大生态系统,按照"大生态、大环保、大格局、大统筹"原则,以生态建设引领城市发展模式转变,建成天蓝、地绿、水清、生态宜居的美丽中国示范城市。

1. 优化生态功能布局

统筹考虑人口资源环境承载能力,科学划定"三区三线",加快推进"城市双修",加强通风廊道建设,构建"三圈、一带、九水、三十一廊"网络化的生态空间格局,让居民望得见山、看得见水、记得住乡愁。

主城区通过腾退盘活存量建园、提高绿地景观品质增绿、加强河道综合治理扩水、城市美化香化添彩,实现绿不断线、景不断链、四季有绿、三季有花、生态循环,建成路在林中、林在城中、蓝绿交织、河湖连通、湿地环绕的生态城区。

主城区周边加快种植结构调整,加大植树造林和山体植被恢复力度,通过生态隔离、立体交通连接,防止城市建设的无序蔓延,建成以绿色圈层、生态廊道、河渠绿化为依托的绿色环廊、绿色走廊、绿色网格,为中心城区提供绿色生态屏障。

市域外围生态合作共建区,按照"生态无边界"理念,加大投入,完善政策,加强与周边地区的生态合作,实现生态建设共建共享,打造周边生态合作共建区。规划建设黄河国家公园和嵩山国家公园。

2. 加快生态系统建设

1)森林生态系统

以"三圈一带"为重点,以"增绿、增质、增效"为基本要求,以植树增绿、提质增效、生态网络、森林公园建设为抓手,着力构建总量适宜、分布合理、特色鲜明、景观优美、功能齐全、稳定安全的城市森林生态格局。到 2020 年,实现"300 米见绿,500 米见园"。

2)湿地生态系统

整合黄河流域、城市生态水系、河流湖泊、鱼塘和农田等湿地资源,发挥湿地涵养水源、净化水质、调节气候等多种功能,打造城市湿地景观,着力构建自我修复、生物多样、独具特色的湿地生态系统。到 2020 年,黄河自然保护区保护率达到 50%,新增湿地面积 16 万亩。

3)流域生态系统

坚持节约优先、保护优先、自然恢复为主的方针,以"扩充水源、提升水量、改善水质、扩大水面"为目标,围绕加强水资源保护、加强河湖(库)水域岸线管理保护、加强水污染防治、加强水环境治理、加强水生态恢复、加强执法监管等主要任务,统筹谋划水生态综合整治。重点加快以贾鲁河治理、环城生态循环水系、牛口峪引黄调蓄等工程为重点的生态水系建设,推进河湖库水系连通,加强智慧水务管理,着力构建水清河美、循环通畅、丰枯调剂、蓄泄兼筹、多源互补、人水和谐的水生态文明城市。到 2020 年,流域水面达到 212 km²,新增生态引水能力 10 亿 m³。

4)农田生态系统

以"服务都市、优化生态"为导向,以创建"国家农业可持续发展试验示范区"为目标,加强资源保护,改善生态环境,优化结构布局,拓展农业功能,构建生态系统稳定、农民生活富裕、田园风光优美的可持续发展新格局,着力打造魅力田园、美丽乡村。到 2020 年,新发展特色林果生产基地 20 万亩,建成 25 个美丽乡村。

5)环城都市生态农业圈

在城市外围 2 400 km² 区域范围内,重点发展苗木、花卉、林果、蔬菜等产业,实施农业结构调整工程,积极推进都市生态农业示范园、蔬菜标准园、工厂化育苗、设施蔬菜生产基地、景观农田建设,提升农业生态服务和景观服务功能。

6)山区丘陵特色林果区

在登封、新密、荥阳等西部山区丘陵区域,重点发展林果、杂粮、饲草等耐旱作物,实施水果标准园和生态涵养林、生态保育工程建设,提升农业生态保育功能。

7)沿黄绿色生态涵养带

在黄河沿线区域,重点发展水稻、莲藕、水产等产业,扩大生态水域面积,推广稻 - 鱼、稻 - 虾、稻 - 蟹、莲 - 鱼等生态种养模式,建设农业湿地,提升湿地农业的生态涵养功能。

8)城市生态系统

城市生态系统:"三环、四楔、九脉、多廊"。建设国家生态园林城市,大力推进绿色生态城区、海绵城市建设,积极推广绿色建筑,全面提升城市基础承载能力,实施精细化智慧城管,构建城乡高度融合、互为一体的生态城市。到 2020 年,全市建成区新建建筑全面执行绿色建筑标准,海绵城市建设面积达到 360 km²。

9)多级公园体系

规划建设郊野公园体系和专类公园体系:在中心城区周边建设系列郊野公园、系列植物园、第二动物园,让市民有充分与自然界亲近互动的空间。

2019 年 1 月,郑州市水务局启动《郑州国家中心城市生态水系专项规划》编制工作。2019 年 2 月,郑州市林业局启动《森林郑州生态建设规划设计》工作。

第 3 章　南方沿海流域的特点及问题

东南沿海诸河是我国东南部除长江和珠江外的独立入海的中小河流总称,这些河流所在的流域统称为东南沿海诸河流域。我国东南部地形以山地和丘陵为主,缺少孕育大江大河的条件,所以该地区的河流短小急促,以中小河流为主。从南到北包括浙江、福建、台湾、广东、广西、海南东南沿海六省的河流。东南沿海诸河中较大的河流(干流长度超过 100 km)有:浙江省的钱塘江、瓯江、飞云江、灵江、曹娥江、甬江,福建省的闽江、九龙江、晋江、交溪、岱江、霍童溪、木兰溪,台湾省的浊水溪、高屏溪、淡水河,广东省的韩江、榕江、潭江、漠阳江、鉴江、九洲江,广西壮族自治区的南流江、钦江、茅岭江、北仑河,海南省的南渡江、昌化江、万泉河。鉴于深圳市河流在南部沿海地区具有较好的典型性和代表性,因此以下关于南方沿海流域的特点及问题均以深圳市的河流为例进行阐述。

3.1　南方沿海流域的特点

3.1.1　区域特点

3.1.1.1　**地理位置优越,区位优势明显**

深圳市是我国南部海滨城市,毗邻香港。位于北回归线以南,东经 113°43′ ~ 114°38′,北纬 22°24′ ~ 22°52′。地处广东省南部,珠江口东岸,东临大亚湾和大鹏湾;西濒珠江口和伶仃洋;南边深圳河与香港相连;北部与东莞、惠州两城市接壤。全市面积 1 997.47 km^2。

深圳简称深,别称鹏城,是广东省下辖的副省级市、计划单列市、超大城市,国务院批复确定的我国经济特区、全国性经济中心城市和国际化都市。截至 2018 年,全市下辖 9 个区,总面积 1 997.47 km^2,建成区面积 927.96 km^2,常住人口 1 302.66 万人,城镇人口 1 302.66 万人,城镇化率 100%,是我国第一个全部城镇化的城市。

深圳是连接香港和我国内地的纽带与桥梁,也是国家定位的粤港澳大湾区四大中心城市之一、国际性综合交通枢纽、国际科技产业创新中心、我国三大全国性金融中心之一,并全力建设全球海洋中心城市。深圳水、陆、空、铁、口岸俱全,是我国拥有口岸数量最多、出入境人员最多、车流量最大的口岸城市。

深圳之名始见史籍于明代永乐八年(1410 年),清代初年建墟,1979 年成立深圳市,1980 年设置经济特区,这是我国设立的第一个经济特区,是我国改革开放的窗口和新兴移民城市,创造了举世瞩目的"深圳速度",享有"设计之都""时尚之城""创客之城""志愿者之城"等美誉。深圳在我国高新技术产业、金融服务、外贸出口、海洋运输、创意文化等多方面占有重要地位,也在我国的制度创新、扩大开放等方面肩负着试验和示范的重要使命。

深圳"国家中心城市指数"居我国第四位,并被 GaWC 评为世界一线城市。2019 年 6 月,未来网络试验设施开通运行。

3.1.1.2　**人口稠密,经济发达**

截至 2018 年年末,深圳常住人口 1 302.67 万人,比 2017 年年末增加 49.83 万人。其中,常住户籍人口 454.70 万人,增长 4.6%,占常住人口比重 34.9%;常住非户籍人口 847.97 万人,增长 3.6%,占比重 65.1%。

深圳市自改革开放以来,从单一的民族成分,发展到 2002 年已拥有 55 个少数民族,是继北京之后全国第二座汇聚齐 56 个民族成分的大城市,被国家列为全国 12 个少数民族流动人口服务管理体系建设工作试点城市之一。2013 年,全市少数民族人口 109 万人,超过上海、北京、广州,成为全国少数民族人口聚居最大的城市;深圳市 1 万人以上的少数民族有 12 个,常住人口中少数民族人口最多的是壮族,其次是土家族、苗族、侗族、瑶族、回族、布依族、满族、彝族、朝鲜族、蒙古族、黎族。

改革开放政策加之特殊的地缘环境,造就了深圳文化的开放性、包容性、创新性,使其成为新兴的移民城市,形成独特的移民文化。

深圳是我国经济中心城市之一,经济总量长期位列我国大陆城市第四,是我国大陆经济效益最好的城市之一。英国《经济学人》2012 年"全球最具经济竞争力城市"榜单上,深圳位居第二。

2018 年,深圳地区生产总值 24 221.98 亿元,比上年增长 7.6%。其中,第一产业增加值 22.09 亿元,增长 3.9%;第二产业增加值 9 961.95 亿元,增长 9.3%;第三产业增加值 14 237.94 亿元,增长 6.4%。第一产业增加值占全市地区生产总值的比重为 0.1%,第二产业增加值比重为 41.1%,第三产业增加值比重为 58.8%。在现代产业中,现代服务业增加值 10 090.59 亿元,增长 7.1%;先进制造业增加值 6 564.83 亿元,增长 12.0%;高技术制造业增加值 6 131.20 亿元,增长 13.3%。人均地区生产总值 189 568 元,增长 3.2%,按 2018 年平均汇率折算为 28 647 美元。

1. 第一产业

2018 年,深圳市农作物播种面积 18.93 万亩,比上年增长 5.6%,其中,蔬菜播种面积 14.74 万亩、增长 7.1%,水果播种面积 6.50 万亩、下降 31.6%。全年蔬菜产量 15.87 万 t,增长 6.2%;水果产量 4.15 万 t,增长 0.5%。全年水产品总产量 7.85 万 t,比上年下降 5.3%,其中,海产品 7.57 万 t、下降 5.6%;淡水产品 0.28 万 t、增长 3.7%。

2. 第二产业

2018 年,规模以上工业增加值增长 9.5%。在规模以上工业中,国有企业增加值下降 21.4%;集体企业下降 5.6%;股份制企业增长 12.8%;外商及港澳台商投资企业增长 3.8%。分轻重工业看,轻工业增加值增长 6.2%,重工业增加值增长 10.2%。全年规模以上工业销售产值比上年增长 8.8%。其中,出口交货值增长 13.2%,出口交货值占规模以上工业销售产值比重 43.2%。工业产品销售率 96.7%,比上年下降 0.5 个百分点。

3. 第三产业

深圳是我国经济改革和对外开放的"试验场",率先建立起比较完善的社会主义市场经济体制,创造了世界工业化、城市化、现代化史上的奇迹,是我国改革开放 30 多年辉煌成就的精彩缩影。2018 年,深圳社会消费品零售总额 6 168.87 亿元,比上年增长 7.6%。按消费类型分,商品零售额 5 424.38 亿元,增长 7.4%;餐饮收入额 744.49 亿元,增长 8.4%。金融机构(含外资)本外币存款余额 72 550.36 亿元,比上年末增长 4.1%;金融机构(含外资)本外币贷款余额 52 539.79 亿元,增长 13.4%。全年证券市场总成交金额 735 738.87 亿元,比上年下降 9.7%。其中,股票成交金额 499 774.39 亿元,下降 19.0%,A 股总成交金额 499 527.90 亿元,下降 19.0%,B 股总成交金额 246.49 亿元,下降 41.6%;债券成交金额 204 911.35 亿元,增长 15.4%。总成交股数 44 802.60 亿股,增长 1.9%。年末上市公司市价总值 165 409.02 亿元,下降 29.8%。上市公司流通市值 121 095.45 亿元,下降 27.9%。年末深圳证券交易所上市公司 2 134 家,比上年增加 45 家。上市股票 2 172 只,增加 45 只。其中,A 股 2 124 只,增加 46 只;B 股 48 只。总发行股本 19 872.07 亿股,增长 7.7%;总流通股本 15 550.33 亿股,增长 11.7%。

3.1.1.3　属于亚热带海洋性气候

深圳位于广东省中南沿海地区,珠江入海口的东偏北,所处纬度较低,属亚热带海洋性气候。由于深受季风的影响,夏季盛行偏东南风,时有季风低压、热带气旋光顾,高温多雨;其余季节盛行东北季风,天气较为干燥,气候温和,年平均气温 22.4 ℃,最高气温 38.7 ℃(1980 年 7 月 10 日)、最低气温 0.2 ℃(1957 年 2 月 11 日)。深圳市雨量充沛,多年平均降水量 1 830 mm,年降水量最多纪录 2 662 mm(1957 年),年降水量最少纪录 913 mm(1963 年)。雨量空间分布不均,东南多、西北少,呈自东向西递减现象、降水量空间分布为:东部地区约为 2 000 mm,中部地区为 1 700 ~ 2 000 mm,西部地区约为 1 700 mm。全市降雨时间分布也不均匀,雨量主要集中在汛期 4 ~ 9 月,约占全年雨量的 85%。由于降雨时空分布不均,干旱和洪涝常交替出现。

全年平均气温高,湿度大,多年平均气温 22.4 ℃,多年平均蒸发量 1 330 mm。日照时间长,平均年日照时数 2 120.5 h,太阳年辐射量 5 225 MJ /m²。

常年主导风向为东南偏东风,平均每年受热带气旋(台风)影响 4~5 次。春季影响深圳的冷空气势力开始减弱,天气多变,常出现"乍暖乍冷"的天气。初春仍有较强的冷空气影响,少数年份在 2 月下旬仍可出现寒潮天气,且雨水较少,多数年份会出现不同程度的干旱。夏季在副热带高压的稳定控制下,常出现炎热天气,是极端最高气温出现的时期;同时,夏季也是深圳降水最为丰沛的季节,深圳的降水各地区差异很大,容易出现局地性的洪涝灾害和短时雷雨大风天气。秋季是深圳的少雨干旱时期,多秋高气爽的晴好天气。由于雨水少、蒸发大,因而秋旱容易发生且发展迅速,深圳几乎每年都有不同程度的秋旱发生。冬季是深圳最冷的季节,经常处于干冷气流的控制之下,气温为全年最低,降水稀少。

3.1.1.4　地形以山地和丘陵为主,平原面积小

深圳市地势东南高、西北低,主要山脉走向由东向西,贯穿中部,形成天然屏障,成为主要河流发源地和分水岭。东西部地貌差异较显著。依托地势特征,全市分布着三个地貌带,即东南半岛海湾地貌带、中部海岸山脉地貌带、西北部丘陵谷地地貌带。在地貌平面形态、构造以及水系、雨量分布等方面,东、西部均有较大的差别。按地貌类型分布,全市丘陵面积约占总面积的 44%、台地占 22%、低山占 10%、平原占 24% 左右。

境内梧桐山、七娘山、羊台山、大南山等岭脉绵延、风景秀丽,最高峰梧桐山海拔 943.7 m。沿海河谷平原区地面高程为 5 m 左右。地面坡度大于 12°的面积占全市面积的 44%,地面坡度大于 3°的面积占全市面积的 62%。坡地组成物质以红壤型风化壳为主,占全市面积的 53%。

深圳市西部和西南部是珠江口、伶仃洋,东部和东南部是大亚湾、大鹏湾,海洋水域总面积 1 145 km²,海岸线全长 230 km,海洋资源丰富,有优良的海湾港口,通海条件优越。

3.1.1.5　自然资源丰富

截至 2017 年底,深圳耕地总资源 2 446.7 hm²、水果种植面积 9 946.7 hm²、林业用地 7.97 万 hm²。深圳盛产龙岗鸡、南头荔枝、南山桃、石岩沙梨、金龟橘和龙华方柿等农副产品。沙井蚝是深圳的另一大特产。栖息、繁衍的国家级野生保护动物有虎纹蛙、蟒蛇、猕猴、大灵猫、金钱豹和穿山甲等;经济价值较大的两栖类动物 5 种、爬行类动物 23 种、鸟类 30 种、兽类 33 种。

3.1.2　流域特点

3.1.2.1　河流水系发育,河流短小急促,独流入海

根据 2002 年河道堤防普查统计,深圳市共有流域面积大于 1 km²的干流及一、二、三级支流 310 条,其中直接入海河流有 90 条。流域面积大于 100 km²的河流有 5 条,即茅洲河、龙岗河、观澜河、深圳河和坪山河。

深圳市地形地貌的特点决定了河流水系的分布和走向。小河沟数目多、分布广、干流短是深圳市水系的一个特点。以海岸山脉和羊台山为主要分水岭,深圳市河流划分为珠江三角洲水系、东江中下游水系和粤东沿海水系 3 个水系。

珠江三角洲水系:西部和西南地区诸河流,流入珠江口伶仃洋,主要河流有深圳河、大沙河、西乡河和茅洲河。

东江中下游水系:主要为东北部河流,发源于海岸山脉北麓,由中部往北或东北流,流入东江中下游,主要河流有龙岗河、坪山河和观澜河。

粤东沿海水系:河流发源于海岸山脉南麓,流入大鹏湾和大亚湾,主要河流有盐田河、葵涌河、王母河、东涌河等。

以各水系分区划分,全市共划分为深圳河流域、深圳湾水系、茅洲河流域、观澜河流域、龙岗河流域、坪山河流域、珠江口水系、大鹏湾水系、大亚湾水系等 9 个水系片区。

全市流域面积大于 100 km²的 5 条河流中,深圳河为扇形水系,河道弯曲系数大;坪山河为扇形水系,水系不均衡系数约为 0.05,河道弯曲系数较大;观澜河为羽毛状水系,水系不均衡系数为 1.5,河道

相对顺直;茅洲河为混合形水系,河道弯曲系数较大;龙岗河为混合型水系,河道弯曲系数较大。各水系河网密度为 0.94 ~ 1.62 km/km²。

3.1.2.2 流域内多独立性雨源型河流,河道流程短小,受降雨影响大

河道径流季节化丰枯明显,汛期防洪压力大,旱季缺水且水质差,是河流特性决定的关键问题。

3.1.2.3 河道比降呈现上陡下缓,且受感潮影响,河道水动力不足

深圳市大部分河道属于山溪性河道,河床纵比降较大。如平均比降茅洲河、西乡河上游达 5‰,龙岗河、坪山河上游达 10‰ ~ 20‰,盐田河则高达 30‰,观澜河中上游为 3‰ ~ 5‰,深圳河上游及各支流为 3‰ ~ 10‰。5 条主要河流中下游比降相对较小,深圳河为 0.35‰、茅洲河为 0.5‰。

进入 107 国道下游,河道比降明显变缓,流速降低。珠江口水系干流全部进入珠江口入海口,河涌下段普遍受海潮影响,感潮段约占总长的 60%,受感潮河段水流顶托影响,水动力及水质特性复杂,水动力条件变差。

3.1.2.4 海岸线曲折,逐年向外推移

深圳市海岸线全长约 230 km,香港半岛将其分成东、西两部分。东部海岸线长 156 km,分布在大亚湾、大鹏湾,属山地海岸,呈海湾半岛相间,岸线曲折。大亚湾、大鹏湾平面形态和湾底地形是断陷而成的嵌入式陆地的凹槽形,沿岸有许多两侧山甲角拱卫的水深岸陡的港湾和 7 个优良的倚山面海、沙滩广阔的天然海滩,为优良港口及旅游胜地。西部海岸线向长 74 km,属冲积、海积平原海岸,其中南头湾、深圳湾沿岸海岸线相对平顺,海岸泥沙淤积,海岸线向外推移,有泥滩、红树林滩。前海湾海岸变迁较大,据 1985 年航空遥感图像与 1962 年测绘的地形图中低潮时的海滩界线对比,自 1962 年以来,海岸线已普遍向外推移,海岸外移速度为 17.4 ~ 56.5 m/a。加之城市开发建设用地的需求,海岸线平均外推约 2 km。

3.2 南方沿海流域开发治理的制约因素

3.2.1 人均占有水资源量极低,本地水资源开发利用面临一定困难

深圳市多年平均水资源总量 20.51 亿 m³。人均占有水资源量由 1979 年约 6 000 m³ 迅速下降至 2000 年的 475 m³(未计境外用水量)和 2005 年的 250 m³,仅为全国的 1/9、全省的 1/6。按照国际标准,人均水资源量 2 000 m³ 就处于严重缺水边缘,人均水资源量 1 000 m³ 为维持社会、经济发展的最低需求,人均 500 m³ 为水资源危机线。以这个标准来衡量,深圳从原富水地区变为严重缺水城市,离最低的水资源危机线都相差甚远。

深圳市多年平均降水量 1 830 mm,多年平均径流量 19.20 亿 m³。虽然雨量充沛,但降雨时空分布不均且年际变化大,暴雨集中;加之河流细小、众多,源短流急,地表径流滞留时间短,雨水大多直流入海;同时所辖地域狭小,境内无客水经过,又缺少修建大型水库的地形条件,水库众多但库容小,调蓄能力有限。本地自然条件和淡水资源的特点,决定了进一步加大本地水资源的开发利用程度面临一定困难。目前,已有小(2)型以上水库 172 座,控制流域面积达到 572.31 km²,占深圳市陆域总面积的 29.3%,社会发展需要进一步开发本地水资源,但建库选址困难,尤其是深圳市土地紧缺情况下形成的河岸平原区及缓坡地带高强度的城市建设土地开发,导致新建水库的难度和代价越来越大。

3.2.2 水资源约束是水务发展面临的重要不利因素

广东省珠江三角洲地区中,东江流域的人均水资源占有量仅为西江流域的 9%,单位 GDP 用水量仅为西江流域的 2%,全省经济社会的发展布局与水资源分布不相匹配,增加了水资源配置的难度和成本。由于深圳市供水主要依靠境外东江调水,随着东江流域社会经济发展,其水资源需求不断提高,深圳市东江取水的量与质均会受到进一步的影响,东江水资源约束是深圳市水务发展长期面临的重要不利因素。

3.2.3 经济社会发展与水的关系不协调

深圳经济特区自成立以来,经济飞速发展,人口急剧增加,城市化不断推进,建设用地不断增加,但在追求经济增长和城市建设过程中,一定程度上忽视了城市河道的多功能保护要求和水资源的承载能力:有些地区土地开发侵占洪水行泄和调蓄空间,一些区域缺水与用水浪费、污染水源现象并存。经济社会发展与水的关系不协调,导致洪水风险增加、水资源短缺、水环境恶化等问题突出,加大了治水任务的艰巨性和复杂性。据最新河道普查结果,由于工业废水、生活污水的排放和雨污混流,全市 310 条大小河流中有 200 多条存在不同程度的污染,绝大部分达不到水功能、水质的要求,海湾水系、东江水系河流约 80% 河段水质超过 V 类标准,珠江水系河流几乎全部河段水质超过 V 类标准。特区内深圳河、布吉河、大沙河有机污染严重,不能作为饮用水水源;特区外茅洲河、观澜河、龙岗河、坪山河水质也受到严重污染。城市开发建设不断造成新的水土流失。目前,深圳动态水土流失面积已达 90 多 km²,使水资源生态环境效益得不到充分发挥。水污染处理设施建设严重滞后,排水管理还存在许多薄弱环节。水环境的恶化,不仅严重影响城市景观和人居环境质量,也进一步加剧了水资源的短缺。

3.2.4 水务投资渠道单一、投入不足且不稳定

未来治水与水源开发工程的难度和成本将越来越高,所涉及的社会、经济、技术、环境等问题也将越来越复杂。虽然政府不断加大水务投资力度,但由于稳定的投融资体制尚未健全,投资渠道相对单一,水务资金不足,投资约束将会影响水务对经济社会的有力支撑。

3.2.5 水管理体制与运行机制存在一定问题

水务一体化管理模式初步建立,水资源的统一管理还处于较低水平,水务分级管理体制尚未有职责明确的机构载体和运行标准。与此同时,由于涉水事务跨境特点,加大了深圳市水资源管理的难度,深圳市 5 大主要河流均为界河或跨界河流,河流的水环境治理与管理需要进行界河双方的协调,由于不同的行政区之间经济和社会的不平衡及管理体制和利益的不同,可能导致协调困难的局面。

3.3 南方沿海流域的治理成效和突出问题

3.3.1 治理成效

近年来,深圳市委、市政府坚持质量引领、生态先行,把水环境治理作为打造美丽深圳、宜居城市的重要内容,以文明城市创建、迎大运(2011 年深圳第 26 届世界大学生夏季运动会)、迎国家环保模范城市复核、省人大跨市河流水质达标考核等活动为抓手,坚持综合治理原则,系统实施水环境综合整治,大力开展治水基础设施建设,不断加强涉水管理,制订实施鹏城水更清行动计划和防洪排涝近期计划,取得了阶段性成效。

截至目前,全市共建成运行集中式污水处理厂 31 座,污水处理能力达到 479.5 万 t/d,基本完成污水处理厂规划布局;建成排水管渠 11 634 km(其中污水管渠 4 354 km、雨水管渠 7 280 km),形成以市政污水管网为主、沿河截污管涵为辅的污水收集骨干体系;整治河道 807 km,防洪达标率逐年提升。

在经济社会快速发展的同时,全市主要河流水质总体呈好转趋势,重污染河流断面比例持续下降。观澜河、龙岗河和坪山河等跨市河流全河段平均综合污染指数比省人大挂牌督办前分别下降 70%、74% 和 46%,茅洲河全河段平均综合污染指数比省环保厅、监察厅挂牌督办前下降 32%。观澜河、龙岗河、坪山河治理取得明显成效,顺利通过了省组织的考核验收,福田河、新洲河等重点河流重现"河畅、水清、岸绿、景美"景象。2009 年以来,全市重点饮用水水源水质达标率稳定达到 100%。

基本建成以水库、河道、堤防、滞洪区、闸站等设施为主体的防洪排涝工程体系,以及市区联动、防抢结合、应急处置、全民参与的三防应急指挥管理体系,城市综合防洪减灾体系不断健全,中心城区综合防

洪减灾能力达到 50～100 年一遇。

3.3.2 突出问题

但是,历经多年的大规模治水,建成区水体黑臭现象仍非常普遍,内涝积水现象多发频发,暴露了治水工作中存在的突出问题和薄弱环节。具体主要体现在以下八个方面。

3.3.2.1 规划滞后于城市快速发展,大量违建缺乏配套的排水设施

全市违建面积占总建筑面积近半,排水设施规划难以配套。城市快速发展、规划边界条件的变化导致规划滞后或指导建设失效。已建的防涝设施的治涝标准为 10～20 年,低于国家现行 50 年的标准;现状雨水管网的建设标准为 1～5 年,低于国家现行 3～10 年及以上的标准,更远低于国外发达地区 10～100 年的标准。且原特区内、外的标准不统一,现有规划范围覆盖不全。没有专门的城市水文机构和科研队伍,实测数据极其不足。

3.3.2.2 治水未按流域统筹,系统性不强

污水收集处理设施和防洪排涝设施众多,但规划、建设和管理的各环节未按流域统筹,使得工程效益未充分发挥。污水管网建设未成片推进,原特区外大部分区域仅建成主干管,片区污水无法全面有效收集。多头治水,部门之间,市、区、街道、社区之间协作联动不足。

3.3.2.3 城市开发建设与排水设施建设的衔接不足,重地上、轻地下

部分片区排水设施建设落后于开发项目建设,开发项目建成后污水无出路,溢流到雨水系统。部分开发项目未取得排水许可即开工建设并投入使用,片区污水无序排放。轨道交通等市政建设排水管理不到位,原有排水系统被破坏,新增了大量的内涝积水点。

3.3.2.4 雨污混流普遍,污水处理效益不佳,原特区外问题尤为突出

雨污水收集系统未同步推进,规划雨污分流体制与实际雨污混流体制并存。污水处理系统按纯污水设计建设,雨季雨水冲击造成处理失效或低效。

3.3.2.5 排水管网建设管理多头,未能充分发挥应有效益

投资建设主体众多,有市、区、街道、社区、工业区,还有水务、交通、工务等部门,缺乏有效衔接。排水管网建设过分依赖于路网建设,在路网不完善的区域,排水管网往往不成系统。部分已建污水管网管材由施工单位采购,质量参差不齐,爆管等现象时有发生,一些污水管道还出现建成后未投入使用即损坏的情况。建设与管理脱节,部分排水管网处于"三不管"状态。

3.3.2.6 城市开发建设中水文条件改变较大,增大了内涝风险

随着城市的建设发展,市区的地面硬化占比不断提高,与 1980 年相比,2013 年城市综合径流系数增加 24%,地表径流量增加约 40%,汇流时间缩短,峰值流量增大。雨洪调蓄空间萎缩,与 1980 年相比,水面率从 13% 下降到 2013 年的 4.61%,减少 65%,远低于规范要求的城市适宜水面率下限值 8% 和《广东省人民政府关于加快推进城市基础设施建设的实施意见》(粤府〔2015〕56 号)要求的 10%。

3.3.2.7 内涝应急响应能力不足,处置效果有待提升

内涝应急响应机制未落实到位,道路积水警示有待完善,联合处置能力有待加强。城中村、旧村等的排水设施维护管理往往不到位,管道淤堵、雨水篦等收集设施缺失较为普遍。西部沿海片区地势低洼,且受潮位顶托影响,泵站抽排能力严重不够。

3.3.2.8 水务环境执法监管缺手段、缺人员、缺权威,监管效果不佳

市、区排水管理机构不健全,力量薄弱,基层排水管理人员严重不足。水政执法不到位,非法排污、偷排泥浆等现象屡禁不止,河道被违法挤占、违规覆盖问题严重。清理饮用水水源保护区、河道流域内的非法养殖种植、违建的力度也还不够。

3.3.3 问题分析

上述治理过程中的突出问题有三个主要特点:层次深、社会关注度高及治理难度大。

3.3.3.1　层次深

水问题是快速城市化引起的一个根本性的、结构性的问题。城市化导致人口结构、产业结构、土地利用结构的巨大变化,从而导致水资源结构失调,进而导致污水问题。

3.3.3.2　社会关注度高

洪涝防治、水质改善、生态恢复这些与民生相关的问题在深圳市流域表现得非常突出,如水源区的水源保护问题、流域的水土流失问题、洪涝风险问题,尤其是黑臭水体问题,以及河口的湿地生态问题和整体上的文化融合问题等。

3.3.3.3　治理难度大

水资源、水生态、水环境、水灾害和社会之间的矛盾问题相互交织,可以归结为五大矛盾问题:①人口增长和社会经济发展与深圳市有效水资源的矛盾问题;②污水排放量大与流域水环境容量有限的矛盾问题;③不断增加的安全需求与流域洪涝灾害防治标准偏低的矛盾问题;④既定的水质目标与黑臭水体远远不能够达标的矛盾问题;⑤预期的生态系统健康目标与河口湿地严峻的生态问题之间的矛盾问题。诸矛盾在雨季表现尤为突出,暴雨期洪涝灾害、水土流失、面源—内源污染、污水溢流伴随出现,矛盾交织,解决难度大。

第 4 章　南方沿海流域治理方略研究

4.1　南方沿海流域治理的总体指导思想

以习近平新时代中国特色社会主义思想和生态文明思想为指导,全面贯彻党的十九大精神,紧紧围绕统筹推进"五位一体"总体布局和协调推进"四个全面"战略布局,深入落实"节水优先、空间均衡、系统治理、两手发力"的治水方针和水资源、水生态、水环境、水灾害统筹治理的治水新思路,将工作重心转到水利工程补短板、水利行业强监管上来,以着力解决水资源保护开发利用不平衡不充分问题为主线,以全面保障水安全为目标,以水资源均衡配置为总体布局,以全面深化改革和科技创新为动力,扎实推进河长制湖长制落实,实行最严格水资源管理制度,实施国家节水行动,加快重大水利工程建设,持续提升水资源配置、水生态修复、水环境治理、水灾害防治能力,以水资源的可持续高效利用助推经济高质量发展。

针对南方沿海流域治理,严格按照国家城镇化战略和省市生态文明建设部署,围绕"优化城市功能、打造一流城区,优化岸线资源、打造滨河城区,优化产业布局、打造经济强区,优化生态环境、打造宜居城市"的总体要求,坚持"系统治水、柔性治水,保护优先、生态修复,因河施策、节流补源,政府引导、两手发力,产业融合、城乡统筹"的原则,充实提升流域治理体系和工程总体布局,把水利基础设施建设作为支撑经济社会可持续发展的主要任务和先行领域,把水生态环境治理与保护作为提升城市形象的重要保障,紧密结合沿河城镇乡村的历史文化、产业布局特色,全面推进流域生态修复、开发利用和管理保护等工作,努力营造城水共生共荣的城市生态格局和以水为自然分隔的城市空间组团结构,为城市建设河流更美更清,岸线更加具有活力,多元文化更加凸显,城市环境更加宜居的国际化现代化城区提供支撑和保障,促进城市人口、资源、环境和经济的协调发展。

生态系统是现代社会存在和发展的基础;生态文明是人类遵循人、自然、社会和谐发展这一客观规律而取得的物质与精神成果总和;水是生态系统的基本要素,水生态文明是生态文明的基础。水生态文明建设是水利现代化建设的重要抓手,涉及水利工作的诸多方面,是当前和今后一个时期的工作重点,要做好规划、抓好试点并扎实推进。

水生态文明建设是将生态文明的理念融入水资源开发、利用、治理、配置、节约、保护的各个方面和各个环节,坚持节约与保护优先和自然恢复为主的方针,以落实最严格水资源管理制度为核心,通过优化水资源配置、加强水资源节约保护、实施水生态综合治理、加强制度建设等措施,实现水资源的高效持续利用,促进人、水、社会和谐发展和可持续发展。水生态文明建设的基本目标是要实现山青、水净、河畅、湖美、岸绿的水生态修复和保护。坚持以"人水和谐、科学发展、保护为主、防治结合、统筹兼顾、合理安排、因地制宜、以点带面"为基本原则。

4.2　新时代治水方针和总基调

习近平总书记明确了水利"节水优先、空间均衡、系统治理、两手发力"新时代治水方针。

2014 年,习近平就保障国家水安全问题发表重要讲话,提出了"节水优先、空间均衡、系统治理、两手发力"治水新思路,积极顺应自然规律、经济规律和社会发展规律,努力构建中国特色水安全保障体系。习近平同志提出的 16 字治水思路,既是实践经验的总结,也是思想理论的发展,对推进中华民族治水兴水大业具有重大而深远的意义。节水优先,是倡导全社会节约每一滴水,营造亲水惜水节水的良好氛围,努力以最小的水资源消耗获取最大的经济社会生态效益;空间均衡,是坚持量水而行、因水制宜,以水定城、以水定产,从生态文明建设的高度审视人口、经济与资源环境的关系,强化水资源环境刚性约束;系统治理,是统筹自然生态各种要素,把治水与治山、治林、治田有机结合起来,协调解决水资源问题;两手发力,是政府和市场协同发挥作用,既使市场在水资源配置中发挥好作用,也更好发挥政府在保障水安全方面的统筹规划、政策引导、制度保障作用。当前,我国水安全形势严峻,我们一定要把习近平同志治水兴水的新思想、新思路、新要求落到实处,加快推进治水兴水新跨越,为实现中华民族伟大复兴的中国梦提供更加坚实的水安全保障,为子孙后代留下生存发展的资源和空间。

2019 年 1 月,水利部部长鄂竟平在 2019 年全国水利工作会议上发表了《工程补短板　行业强监管　奋力开创新时代水利事业新局面》的讲话。积极践行"节水优先、空间均衡、系统治理、两手发力"的治水方针,准确把握当前水利改革发展所处的历史方位,清醒认识治水主要矛盾的深刻变化,加快转变治水思路和方式,将工作重心转到水利工程补短板、水利行业强监管上来。

要坚持问题导向,因地制宜补齐当前水利工程体系突出存在的四大短板:一是防洪工程;二是供水工程;三是生态修复工程;四是信息化工程。

加强行业监管,是新形势、新任务赋予水利工作的历史使命,也是一项涉及面广、触及矛盾深、工作量大、政策性强的系统工程。重点监管的六大领域:一是对江河湖泊的监管;二是对水资源的监管;三是对水利工程的监管;四是对水土保持的监管;五是对水利资金的监管;六是对行政事务工作的监管。

4.3　南方沿海流域治理的理念

4.3.1　宏观理念

南方沿海流域治理在宏观上应该遵循自然、发展、和谐的理念。

(1)自然的理念:流域治理要尊重自然、顺应自然、保护自然。

(2)发展的理念:流域治理要破解发展难题,厚植发展优势,必须牢固树立并切实贯彻创新、协调、绿色、开放、共享的发展理念。

①创新发展:结合流域自身特点,考虑水文、气象、地形、地貌、社会、经济和资源禀赋,打造有特色的水生态文明。

②协调发展:协调上位规划和专项规划,协调生态水系与经济发展、民生建设、产业转型的关系。

③绿色发展:协调流域水系与自然资源、生态环境的关系,打造可持续发展的河湖水系。

④开放发展:鼓励公众参与,引入社会资本,创新流域治理模式。

⑤共享发展:让社会各界充分共享流域治理带来的社会效益、生态效益和经济效益。

(3)和谐的理念:流域治理要坚持人水和谐的科学理念,注重生态优先和生态措施,强调自然修复和天然保护。

4.3.2　中观理念

4.3.2.1　"多规合一,协调一致"的理念

"多规合一"是以生态文明理念统领的"多规融合"。

城市规划主要包括城市总体规划、城市排水除涝专项规划、城市污水系统规划、城市绿地系统规划、城市道路系统规划、蓝线规划、生态建设规划、环境保护规划。

流域规划主要包括水务发展规划、防洪潮规划及河道整治规划、水环境综合整治规划、水资源规划、生态保护与修复规划、水景观规划。

上述多项规划由不同的主管部门编制,内容和侧重点各不相同,必须在流域综合规划时统筹兼顾、协调一致,做到全流域一个规划文本、一张规划蓝图,保证工程建设和运行管理的顺利实施。

一言以蔽之,城市发展不能突破水资源、水环境、水生态三大红线的约束。

4.3.2.2 "八水共治、城水共荣(融)"的理念

1."八水共治"

"八水共治",突出系统治理和全面治理的理念,通过水安全、水资源、水环境、水生态、水景观、水文化、水经济和水管理等方面的共同打造,使得流域治理发挥多重效益。

1)水安全

这里的水安全是指狭义上的概念,即防洪水、排涝水。保护与恢复河道的过流断面,给洪水以充分的出路,达到人水和谐、生生不息。水安全体系是构成城市河流生态系统的基础条件,因此是河流生态系统建设的关键内容。《水利单位管理体系要求》(SL/Z 503—2016)中对水安全做出了广义上的定义,即水安全是指免除了不可接受的水资源短缺、水环境污染、水生态和水灾害损坏风险的状态。水安全因素包括与水资源安全有关的水资源因素,与水环境安全有关的环境因素,与水生态安全有关的水生态危险源,与水灾害防治安全有关的水灾害危险源,与相关人员健康安全和工程安全有关的危险源。

2)水资源

世界气象组织和联合国教科文组织关于水资源的定义为,可资利用或有可能被利用的水源,这个水源应具有足够的数量和合适的质量,并满足某一地方在一段时间内具体利用的需求。这里主要突出保供水,通过"截住天上水、引调外来水、用好过境水、保护地下水、开发再生水"几种途径来提高供水保障率。

3)水环境

水环境是指自然界中水的形成、分布和转化所处空间的环境,是指围绕人群空间及可直接或间接地影响人类生活和发展的水体,其正常功能的各种自然因素和有关社会因素的总体;也有的指相对稳定的、以陆地为边界的天然水域所处空间的环境。水环境主要由地表水环境和地下水环境两部分组成。地表水环境包括河流、湖泊、水库、海洋、池塘、沼泽、冰川等,地下水环境包括泉水、浅层地下水、深层地下水等。水环境是构成环境的基本要素之一,是人类社会赖以生存和发展的重要场所,也是受人类干扰和破坏最严重的领域。水环境的污染和破坏已成为当今世界主要的环境问题之一。这里主要突出治污水,通过区域减源、系统截留、水系调控、水域净化、生态修复等措施治理和改善水环境质量。

4)水生态

水生态是指环境水因子对生物的影响和生物对各种水分条件的适应。生命起源于水中,水又是一切生物的重要组分。生物体不断地与环境进行水分交换,环境中水的质(盐度)和量是决定生物分布、种的组成和数量,以及生活方式的重要因素。水生态系统是指水生生物群落与水环境相互作用、相互制约,通过物质循环和能量流动,共同构成具有一定结构和功能的动态平衡系统。在充分发挥生态系统自组织功能的基础上,采取工程和非工程措施,促使河流(湖泊)生态系统恢复到较为自然的状态,改善其生态完整性和可持续性。这里主要突出护净水,秉承"师法自然、大道无痕"的理念,以自然手法修复和重建水生态系统,维护生物多样性。

5)水景观

水景观是指特定水域与周边相关陆域、水际线等所形成景观存在的总称,水域包括海洋水域、湖泊水域、江河水域、湿地水域等。陆域指与陆地紧密相连的植物群落、生物群落、建筑物或其他人文行为结果等要素;水际线是水域与陆域划分的边界,连接着水陆上的各种要素,水际线的景观轮廓将处于水天之间的陆地及陆上景观汇于一体,是滨水景观中最具魅力的区域。通过城市河流水域沿岸带及水域范围内的景观建设,融合城市现状、发展规划并力求体现城市的品位和特色,创造从视觉上对城市的景观美化作用,协调水景观与土地利用及其他景观布置的关系。这里主要突出赏碧水,打造一河清波、两岸绿色、鱼翔浅底、鸟语花香的和谐人居环境。

6)水文化

水文化有广义和狭义之分。广义的水文化是大文化概念,即城市水利在形成和发展过程中创造的精神财富和物质财富的总和;狭义的水文化是指河湖等水景观以及河湖等所发生的各种现象对人的感官发生刺激,人们对这种刺激会产生感受和联想,通过各种文化载体所表现出来的作品和活动。水文化

建设要与城市景观相结合,创造以水为载体的各种文化现象,体现以水为轴心的历史水文化和现代水文化。这里主要指赞美水的作品和活动,以水为载体,以文化为灵魂,彰显水城交融的地域特色,赞美水为人类带来的精神享受。现代水文化创立的基本原则是满足现代人对水文化的基本需求、反映现代人与水的关系、体现现代科技进步。

7）水经济

早期关于城市中的水经济主要是指因"水"的存在产生的与经济有关的事务,一般涉及城市取水、供水、用水及由于水生态系统的参与带来的经济变化等。最近的研究认为,水经济就是建立在可持续发展基础上,依托水资源,将治水、护水与开发水相协调而发展起来的经济。它包括水产业、水相关产业、水保护产业等。这里主要是指通过城市水利、生态水利和民生水利的建设,使人们更方便地开展亲近水的活动,发展水经济,为区域创造经济价值,实现可持续发展。

8）水管理

水管理是指在水文政策与法律之下,对水源的规划、开发、分配及有效使用的管理。可以将水管理分为三个层次:一是水资源的管理,由国家及政府部门、流域机构制定法律法规,对水资源进行管理、配置、保护、调整;二是供水系统的管理,由特定的部门或机构对水利设施进行管理运用,向用水部门供水;三是用水部门的管理,由用水部门对获得的水进行有效的管理使用。这里主要突出管好水,落实河长制和湖长制,建设智慧水务,提高管理水平。

2.“城水共荣（融）”

"城水共荣（融）"是要实现河流和城市的融汇,通过大自然、大河流、大格局的构建和发展,来实现大流域的健康发展,最终促进城市的发展。通过生态治理,建设安全健康、水活水清、水城交融、人水和谐的流域生态水系,水系景观环境与人文环境协调共生,以人为本,水景天成,景色迷人,人水和谐,实现人、水、景三元素的融通,为构建"海绵城市、生态城市、山水城市、宜居城市、活力城市、智慧城市、和谐城市"提供有力的支撑。

积极开展低影响开发建设模式,有效削减地表径流量和污染物量,建设海绵城市。

通过雨洪资源和再生水资源的开发利用,保障河道的生态基流供水,保护与修复河道水生态系统,构建城市生态廊道,维持生态栖息地和生物多样性,建设生态城市。

贯彻落实国务院水行动计划和省市治水提质工作计划,采取综合整治措施,实现水质变清,消除黑臭,建设山水城市。

打造水清、暗绿、景美、游畅的景观系统,提高城市品位,建设宜居城市。

彰显科普、体验、互动、参观等功能,建设活力城市。

积极研究各种工程建设模式和运行管理政策,提高涉水事务的管理水平,发展智慧水务,建设智慧城市。

保护与恢复河道的过流断面,给洪水以充分的出路,建设人水和谐城市。

4.3.3 微观理念

4.3.3.1 营造河—湖—城功能融合的生态空间

应用景观生态学原理,结合区域自然条件、社会经济发展现状、区域景观空间格局分布,按照斑块—廊道—基质模式,进行河道的景观格局分析,根据景观格局指数计算结果,调整各斑块、廊道的数量、面积及组合方式,优化区域整体景观结构,恢复以水体、滩岸为基质,以绿地为主要斑块,蓝、绿、灰交融的城市河湖生态空间格局。

4.3.3.2 多维平衡,科学论证河湖规模,使其成为新的生态增长极

在城市总体规划布局的基础上,进行河湖水系连通和水系改造,进行低影响开发,通过河湖生态保护与修复,构建健康的河湖水系生态安全格局,通过打造生态廊道和生态斑块营造新的增长极,促进周边区域水土经济的发展,建设生态文明城市。河湖规模论证采用多维平衡法,重点从适宜的水面面积率、水资源以供定需、控制河湖运行水位符合综合利用的要求等方面进行考虑。

4.3.3.3　综合考虑多因子,合理划定绿线

从滨水绿线划定过程中的内在机制和控制过程入手,揭示控制绿线宽度的深层因素,通过将规划和实践中可能影响绿线划定宽度的各种因素进行分类整合,建立绿线划定控制因子层级结构,构建了涵盖生态、景观视觉、休闲游憩、历史人文4类12项绿线划定控制因子指标体系,采用层次分析法结合专家打分对控制因子的重要性指标进行量化处理,提出绿线宽度推导公式,指导绿线划定。

4.3.3.4　采用多维时空综合分析的方法构建"五线三区"蓝线格局

基于河流廊道结构理论,采用多维时空综合分析的方法,分别从纵向、横向、垂向三个空间维度及时间维度构建四维蓝线。在纵向维度上,提出河流蓝线规划应针对河道各河段不同功能定位,分区、分段划定;在横向维度和垂向维度上,提出构建"五线三区"蓝线格局,划定蓝线的水域保护区、陆域控制区,明确水域保护、陆域控制的范围;在时间维度上,提出蓝线划定应有计划地进行更新与完善。

4.3.3.5　应用优化模拟技术构建多生境河湖

在河流形态设计中,师法自然,采用微弯整治的治理原则,使直槽河道蜿蜒化,构建多自然、近自然的河川。适度蜿蜒的河道平面形状,边滩、浅滩和深潭相交互的河床形态相对比较稳定,有利于护岸工程的布设和确保防洪安全。另外,还可以在河流的凸岸滨水区布置一些亲水景观和设施。设计主槽与滩地相结合的断面形式。城市季节性河流平时是排泄经处理的城市污水,流量很小,只有汛期才可能发生较大流量的洪水,平时和汛期对河道断面的需求差别很大。因此,可以在河中修建子槽,平时使少量水体在子槽内流动,在滩地修建类自然的小型条带状湿地或进行绿化,甚至可以提供人们休憩的场所,充分发挥河道的各项功能。为不阻断鱼类的溯源行进线路,在小的拦河砌石坝下还可以同时布设类似鱼道性质的缓流河床,有跌水、有缓流。

河流滩地的高低、宽窄、大小,都是生态设计的要素,富于变化的滩地是好的河道设计。滩地是城市河道展示景观的大舞台,它可以做成休闲广场、水上舞台、卵石步道、林荫小径、露天茶座、临水长廊、嬉水乐园、灯光喷泉、涉水台阶、停车场等。

河流堤防和护岸是水系重要的高程措施,传统的单一断面不符合城市景观的美化与协调,应采用多自然型堤防、护岸。对于堤防,要根据堤线的走向,充分考虑土方的挖填平衡,建设成适合景观布置要求、断面形态多变、随地形起伏的自然型堤防,在满足防洪功能的前提下,充分与城市周边的景观相融合。修建自然河岸或具有自然河岸"可渗透性"的人工护岸,可以充分保证河岸与河流水体之间的水交换和调节功能,同时具有防御洪水的基础功能。

研究中提出多生境河湖构建法,采用生境模拟技术对河湖形态进行验证和优化,解决了城市河湖生境单调、功能单一的问题,提高河湖生态构建水平。在河湖治理实践中,在保证安全前提下,注重流场塑造和生物栖息地的构建与保护,并应用 DHI MIKE HYDRORIVER 以及 DHI MIKE 21 软件作为基础平台,二次开发 ECO Lab 水生态系统模块,模拟目标水域水动力及水质变化趋势,从水质改善和生态系统演进角度完善工程设计方法,实现河湖的生态化设计。

4.3.3.6　建设河湖—"森林"耦合生态系统

水下森林以沉水植物、浮水植物为主营造鱼类生境,水陆过渡带森林以挺水植物、湿生植物、岸边乔木为主营造两栖类生境,陆上森林以岸上乔、灌、草系统为主营造鸟类生境。

4.3.3.7　通过精细化设计,构建多层次的自然驳岸

在设计河道平面后,通过水力模型计算,得出整体流速分布,根据不同流速和生态景观的需求,对驳岸进行精细化设计,对驳岸类型进行优化组合,可将河流沿线打造成一个多姿多彩的滨水景观体验带。河道设计采用"生态工法"技术(植被、天然材料和土木工程技术的组合)来巩固河岸和防止土壤被侵蚀,使河湖同时具有生态的基础设施和雨洪管理的功能。

4.3.3.8　塑造河流品牌

每条河流都有其存在的意义,它可能是一个村庄的水源、也可能是一个国家的命脉。通过分析场地现状,充分挖掘河流自身文化,提炼品牌故事,设计品牌名字和品牌 LOGO,可以将每一条河流都塑造成这个区域的特色品牌。在文化景观节点的基础上,通过园林造景的各大要素,分别从各个方面来强化文

化内涵,设计河流品牌。在官方网站、公众微信号、客服中心、旅游产品、导览系统等方面以统一的口径和视觉形象对外宣传,加强品牌效应。

4.4　南方沿海流域治理的策略和措施

深圳市水务局在《深圳市治水提质工作计划(2015—2020年)》中提出了"治水十策"和"十大行动",对南方沿海流域治理具有重要参考和借鉴意义。

4.4.1　治水十策

4.4.1.1　流域统筹,系统治理

尊重水的自然规律,打破现有分块、分级组织方式,以流域为单元系统规划治水提质工作。根据流域水系的特点,强化治理的系统性,统筹"五位一体"各项任务,有效衔接地下综合管廊等城市基础设施建设规划,全面开展治水提质工作。

4.4.1.2　统一标准,一体推进

统一原特区内、外的水务规划、建设和管理标准;以国际发达城市为标杆,提高防洪排涝标准;制定一批与现代化、国际化城市匹配的技术标准,健全标准体系,高起点推进水务特区一体化。

4.4.1.3　雨污分流,正本清源

严格排水许可制度,新建片区、城市更新区严格执行分流制。以立法和创新制度为保障,发动社会力量,启动新一轮排水管网正本清源行动。优先实施水源保护区、城中村、重点旧城区的雨污分流改造,其他区域逐渐推进。实施过程中,优先选用对周边干扰小的施工方案,避免全面开挖,减少对城市的影响。

4.4.1.4　分片实施,联网提效

针对原特区外污水管网建设严重滞后、历史欠账多的突出问题,按照"分片建设,建设一片,见效一片"的思路和"偿还历史欠账与杜绝新增错接乱排同步推进"的要求,盘活存量,建好增量。

4.4.1.5　集散结合,提标扩容

为达到国家"水十条"要求,实现污水全收集全处理,针对偏远、分散区域和近期污水漏排问题,因地制宜建设一体化模块化污水净化装置、人工湿地等分散处理设施,加大污水直排整治力度。针对污水处理系统布局存在区域性不平衡的问题,加快完善污水处理厂布局,新、扩建污水处理厂。推进现有污水处理厂提标改造,出水标准达到一级A及以上,观澜河等跨市河流流域内污水处理厂优先实施。开展厂网匹配性研究,适应性调整污水处理工艺。

4.4.1.6　海绵城市,立体治水

积极推行低影响开发建设(LID)模式,加大城市雨水径流源头减量的刚性约束,实现"五位一体"系统治水。充分利用公园、绿地等地上、地下空间,建设雨水收集利用设施和大型排水设施,打造"渗、滞、蓄、净、用、排"有机结合的水系统,缓解城市内涝。通过水系连通,保留和扩大景观水面,保护和改善水生态环境。

4.4.1.7　以水定地,控污增容

城市规划建设要以水资源、水环境承载力为约束,保障治污设施、河道整治用地。饮用水水源保护区内严控人口和建设规模增长,杜绝新建污染项目。注重城市开发、市政设施建设的科学性和生态化,提升城市水环境容量。

4.4.1.8　引智借力,开放创新

市政府和中国科学院、中国工程院签订战略合作协议,聘请两院院士作为技术顾问。全面开放水务市场,引进国家级科研院所、央企、大企业、上市公司,全面提升治水质量。高标准规划建设信息化、智能化、标准化的水务综合管理信息平台,实现"智慧水务",提高水务综合管理水平。孵化一批新技术,培育一批水务产业,增强治水活力。大力推进市场化改革,创新投融资方式,以流域为试点项目,打包实施

PPP 模式。

4.4.1.9　清淤治违,畅通河渠

专项治理挤占、覆盖河道的违法行为,有序推进暗涵化河道"复明";严厉打击偷排泥浆、非法养殖等涉水违法行为,强化水环境管理;严格水土流失监管,实施河道、海湾、水库、管网清淤。

4.4.1.10　防抢结合,公众参与

加快河道综合整治,解决防洪达标、水质提升、生态修复等问题。加大以河流为重点的黑臭水体治理力度,消除黑臭水体。加快完善水库、河道堤防、水闸泵站工程体系。进一步健全完善应急指挥救援机制,加强抢险物资储备和队伍建设,提高应急响应和处置能力。充分发挥人大代表、政协委员、媒体的监督作用,发动社会力量,形成治水合力,兴起全民治水的新氛围。

4.4.2　十大行动

结合实际,围绕治水目标和"治水十策",提出"十大行动",制订进度计划,确定资金安排,明确责任主体,以深圳河湾和茅洲河为重点,全面带动"四湾五河"治水提质工作;以深圳河湾雨污分流改造为突破,全面提速全市管网建设;以一区一示范为抓手,开创合力治水新局面,打一场治水提质的攻坚战。

4.4.2.1　"织网"行动:完善排水管网、提高雨污分流率

加快排水管网建设完善。厘清现状、科学规划、突出重点、合理安排,强化评估、奖励先进,理顺机制、加大投入,简化流程、强化监管,进一步提高管网规划建设系统性,提升市区污水管网建设与管理水平。按"用户与支管相连、支管与干管相通、干管与污水处理厂相配套"的要求,原特区内重点是污水管网完善建设及优化调度,重点片区开发建设和城市更新项目周边配套管网改造,原特区外循序推进污水管网建设,建成"用户—支管—干管—污水处理厂"的路径完整、接驳顺畅、运转高效的污水收集系统。优先实施水源保护区、新建片区、城市更新区、城中村、重点旧城区的管网建设。同时,加强对管网工程的设计质量和实施质量的有效监管,包括加强管材选择管理及质量抽查,各区(新区)要对管材选择提出明确要求,杜绝使用不合格管材;严格控制沟槽回填、闭水试验等关键环节的工程质量;全面推行新建管道内窥检测,内窥检测合格后方可竣工验收。

到 2025 年全市需建设 5 938 km 污水管网,其中到 2020 年建设 4 260 km、投入 200.3 亿元。原特区内市水务集团特许经营范围内的排水管网由其自行投资建设。按流域和污水厂服务范围为单元,将原特区外污水管网分成若干大片区,片区管网分别打包项目,统一进行设计、建设、管养和维护。原特区外统一由市政府投资,由各区政府(新区管委会)组织实施,雨污水管网同步建设。

4.4.2.2　"净水"行动:新改扩建污水处理厂、提高出水标准

完善污水处理厂布局。在《深圳市污水系统布局规划修编(2011—2020 年)》基础上,结合重点片区开发建设的需求,新建洪湖、坝光、沙湖等污水处理厂,扩建沙井、松岗、坂雪岗等污水处理厂,构建完善的污水处理体系,高标准、全覆盖处理污水,有效地提升水环境质量。

加快污水处理厂提标改造。对照国务院《水污染防治行动计划》及广东省《南粤水更清行动计划(2013—2020 年)》的目标要求,按照一级 A 及以上标准,对现有污水处理厂进行提标。

建设分散应急处理设施。采用一体化模块化污水净化装置或人工湿地等,在深圳湾、茅洲河、坪山河、大鹏湾等区域建设分散式应急处理设施,收集处理直排污水。

调整污泥处理处置技术路线。根据深圳土地资源紧缺、环境容量小、污泥量大的实际,对原有污泥处理处置技术路线进行优化调整,80% 含水率的污泥不外运,推行污泥污水厂内减量化,末端处置资源化。将污泥深度脱水处理作为污水厂的处理环节,强化污水厂运营企业"泥水并重"处理的责任。

投入 152.0 亿元,新、扩建 19 座污水处理厂,提标改造 24 座污水处理厂,建设若干分散处理设施。

4.4.2.3　"碧水"行动:开展河流治理、消除黑臭水体

加强饮用水水源水质保护。为实现饮用水水源水质保护与提升的核心目标,筑牢城市绿色水源生命线,以入库河流综合治理为重点,加快水源保护区范围内雨污分流,建设隔离围网保护,开展生态修复等,投入 66.3 亿元,整治入库支流 54.4 km,建设围网 149.1 km,库周生态修复 14.1 km²,建设水源涵养

林 90.5 km²,构筑综合治理、生态修复、生态保护三道防线,提升饮用水水源水质。

加快河流综合整治。结合流域水系的特点,剖析当前河道水环境治理工作中面临的主要问题,根据国家、省考核要求及水环境现状确定流域治理工作目标,按照"一河一策"的思路,制定河道综合整治详细规划和实施方案,有序推进各阶段河流治理。在河道综合整治的基础上,结合片区排水管网建设和面源污染控制,基本消除河流黑臭水体。投入 263.9 亿元,完成共 552.0 km 河道综合整治任务,河道防洪达标率达到 92% 以上。

严控新增黑臭水体。对全市重点区域项目、重大项目及重大民生工程,不能满足排水需要的项目,在编制年度供地计划时,要同时落实责任单位在适当时限内完成周边排水管网的配套建设或改造工作。对一般性项目,不能满足排水需求的,调出供地年度实施计划;对已进入土地出让阶段的,如一定时限内仍不具备排水条件,暂时中止出让。对拆迁范围超过 30 hm² 的重大更新项目,由相关区政府(新区管委会)组织对项目周边排水管网的系统性、承载力情况以及排水管网改造的可行性进行论证,能够具备排水条件的方可进入城市更新计划审查。对其他城市更新项目,由相关区政府(新区管委会)组织做好排水管网完善工作。将市水务局和相关区政府(新区管委会)作为建设项目联审会列席单位,由其对周边排水管网配套情况提供意见;增加市水务局作为市土地招拍挂委员会成员,参与招拍挂土地出让方案的审议工作。

加强黑臭水体治理。采取控源截污、内源治理、生态修复、生态补水等措施,加大以河流为重点的黑臭水体治理力度,每半年向社会公布治理情况。开展小型水库补水等雨洪利用研究,为河流实施常态化生态补水提供技术依据。2015 年年底前完成黑臭水体排查,公布黑臭水体名称、责任人及治理期限;2017 年年底前实现河面无大面积漂浮物,河岸无垃圾,无违法排污口,消除主要建成区黑臭水体;2020 年年底前完成建成区黑臭水体治理目标。

开展大鹏湾向深圳湾调水的研究。大鹏湾向深圳湾调水,加快深圳湾的水体交换,改善湾区水环境。

4.4.2.4 "宁水"行动:防洪达标建设、消除内涝灾害

加快防洪排涝设施建设。在防洪潮主体工程体系逐渐完善的前提下,城市建设区局部出现内涝,成为暴雨受灾的主要现象。以保障民生安全为导向,借鉴国内外城市先进理念和经验,按照防治结合、源头管控的原则,落实《深圳市防洪潮规划修编及河道整治规划》及《深圳市排水(雨水)防涝综合规划》的目标要求,注重蓄泄兼顾,加快整治严重威胁市民生命财产安全、严重影响群众出行的积涝点和易涝区,提前谋划建设一批重点项目,构建与现代化国际化城市定位相适应的防洪减灾工程体系。投入 134.0 亿元,新建排涝泵站 783.4 m³/s,新建分洪通道 13.1 km,新建海堤 17.0 km,基本完善全市防洪排涝工程体系,消除 446 个内涝风险区。

4.4.2.5 "柔水"行动:推行低影响开发、建设海绵城市

研究制定深圳市海绵城市建设实施路径。尽快编制出台《深圳市海绵城市建设实施战略规划》,作为海绵城市建设的纲领性文件。研究制定海绵城市建设、施工、维护、运营的相关标准,尽快颁布《深圳市低影响开发技术基础规范》。

积极申报全国海绵城市建设试点城市。发挥光明新区全国低影响开发雨水综合利用示范区的优势,推广其先行先试成果,争取成为全国海绵城市建设试点城市。

加强城市水生态系统保护。最大限度地保护现有的河流、湖泊、湿地、坑塘、沟渠等水生态敏感区,留有足够涵养水源、应对较大强度降雨的林地、草地、湖泊、湿地,维持城市开发前的自然水文特征,减少城市开发建设活动的影响。

有序推进海绵城区建设。在重点开发区域、城市中心区及更新改造区,结合片区规划,编制海绵城市建设详细规划及实施方案,以建筑、小区、道路、绿地、公园与广场等为载体,有序开展"海绵城区"建设。地块面积大于 5 000 m²,透水率不宜小于总地块面积的 10%;鼓励在地块内设置集中的低势绿地或雨水花园作为透水区;居住地块绿化覆盖率宜大于 40%,非居住地块绿化覆盖率宜大于 30%。

基础设施建设全面落实海绵城市建设要求。在政府投资的市政道路、公园、大型公共建筑、易涝区

治理、河流综合整治、饮用水源保护区综合治理等项目中,强制落实海绵城市建设要求。建设雨水收集利用设施。结合地下空间规划,建设地下雨水调蓄池等雨水收集利用设施,用于河道生态补水、市政杂用。结合公园建设、河道整治,建设景观湖体等滞洪设施。开展城市雨洪调蓄、水系连通及地下大型排水通道等研究。

4.4.2.6 "减负"行动:节水防污减污、控制污染排放

严格控制污染物排放,推动经济结构转型升级。严格执行环境准入制度,优化产业空间布局,狠抓工业污染防治,依法取缔"十小企业",集中整治重点行业、工业集聚区污染,全面推进清洁生产。调整产业结构、淘汰落后产能,大力发展环保产业,推动经济结构转型升级。新建城区和城市更新区严格实行雨污分流排水体制,从源头上控制增量污染。

推进节水防污减污,着力节约、保护水资源。实施最严格水资源管理制度,严格用水总量和用水效率控制,抓好重点用水企业和用水大户以及市民节水工作,加快再生水推广利用,建立风险防控应急机制。

加强面源污染管控。推进垃圾减量分类处理,加强垃圾、粪渣等城市面源污染物收集、运输、处理处置全流程监管整治。加快清除重点河流、重点河段两岸 1 km 范围内生活垃圾和工业垃圾堆放点,清理非法养殖和农家乐。全面清理饮用水水源保护区内的违法养殖种植、违法搭建、地下作坊、暴露垃圾等,最大程度地削减入库、入河、入湾污染负荷。

优化网、厂、泥运行管理制度,深化设施精细化管理。局部调整污水系统运行方式,研究污水处理厂旱季、雨季出水不同排放标准,鼓励最大化削减污染负荷;严格管网建设标准,加快新建成排水管网的移交运行管理,发挥管网效益,深入推进原特区外排水管网市场化和专业化运营;提升污泥设施臭气治理标准,严格污泥收集运输处置的全程监管,落实好污泥转移联单管理制度,有效降低污泥处置风险。

强化排污单位的水污染防治主体责任。排污单位需对其排放污染物的行为以及造成的环境污染和生态破坏承担责任,并依法做好达标排放、定期监测、信息公开等工作。所有排污单位必须依法实现全面达标排放。自 2016 年起,定期公布环保"黄牌""红牌"企业名单。定期抽查排污单位达标排放情况,并向社会公布结果。

健全水环境监测网络。加强污染物监测及重点区域监督监测。整合集成完善污染要素监控系统和排水管网 GIS 系统等平台,逐步推广污水管网水质在线监测。加强排放口排查,对排放物进行定期抽样检测。加强对污泥处理处置厂周边水、气、土壤等本底值及作业影响的监测,督促运营单位按照国家相关标准和规范,定期对污泥性质、排放废水等进行监测。

4.4.2.7 "畅通"行动:开展清障行动、实现河畅管清

全力清拆河道已有违章建筑。各区政府(新区管委会)加大侵占、覆盖河道的违章建筑清拆力度,通过街道综合执法、规划土地监察执法、环境水务执法等多种手段,重点推进影响河道行洪能力的违章建筑清拆工作,严重影响行洪能力的必须马上清拆;2015 年 10 月底前完成侵占、覆盖河道的违章情况排查,2015 年年底前向社会公布名单、责任人及清拆期限,之后每半年公布清拆进展情况,2020 年年底前全部完成清拆工作。有序推进河道"复明工程"。随着城市开发建设,河道暗涵化严重,部分河道行洪断面严重缩减,降低了水面率,同时加大了防洪排涝风险,部分河道甚至成为污水排放渠,严重影响水环境。实施河道综合整治中,结合城市更新,兼顾城市滨水空间建设,逐步推进暗涵化河道的"复明工程"。

严厉打击河道违法行为。以河道执法为重点,持续开展水政执法专项行动,严厉打击各类涉河水事违法行为,对河道管理范围内违法建设、破坏河道水环境和防洪安全等违法行为进行严厉惩处,保障行洪、滞洪、调蓄空间及治水设施建设空间,确保河道违章建筑、非法养殖"零增量"。2016 年 3 月前完成河道管理范围内搭建窝棚、集装箱的清理。

依法查处水事违法行为。以前海、深圳湾片区和地铁、大型建筑工地为重点,严格查处排水违法行为。以重点市政工程、城市开发建设项目为重点,依法查处水土保持违法行为。

4.4.2.8 "智慧"行动:依靠科技创新、实现跨越治水

编制《深圳水战略 2025》。市政府、中国工程院和中国科学院共同制定《深圳水战略 2025》,践行"五位一体"的治水思路,构建人水和谐社会。

开放水务市场。引进国内一流水务、环保、市政等科研、规划、设计、建设、运管队伍,制定流域综合治理方案,形成"一域一策"。

创新水务产业。策划推进"中国·深圳世界水博会"。培育新型治水技术研发企业及治水设施设计、建设、管理企业。

构建智慧水务。加快推动"数字水务一期后续工程";推进涉水管网地理信息系统建设;加快水资源综合管理系统建设;构建覆盖包括河道水位、流量、水质等领域的水务感知网络,实现河道自动监测、综合管理、预测预警及决策支持。启动"互联网 + 水务"的智能平台建设,建成水务大数据和云服务平台。

推进市场化改革。通过创新投融资模式,促进多元投资,加快水价改革,发挥好价格的杠杆作用,推进市场化改革,增强治水活力。

创新投融资方式。大力创新融资方式,积极推广政府与社会资本合作模式,优先支持引入社会资本的项目,发挥骨干企业的作用。探索流域治理和沿河土地整备、开发利用相结合的综合模式。

充分发挥价格杠杆作用。修订《深圳市污水处理费征收使用管理办法》。推进污水处理费改革,按照覆盖污水处理设施正常运营和污泥处理处置成本并合理盈利的原则,调整污水处理费征收标准。推进自来水与原水价格改革,扩大阶梯水价差,简化水价分类,研究建立自来水价格与原水价格联动机制。

完善政策、优化设施运管的监督考核机制,提高运营市场化水平。完善治污设施特许经营政策,研究拓宽特许经营范围,探索建设与管理相结合的新模式,提升特许经营和市场化运营项目的治污效能;研究创新污水付费模式,考核指标从保底水量、处理水量向污染负荷削减量转变;优化管网建设与运管考核机制,将上下游管道接通纳入管网建设考核,将污水收集量(率)纳入运营和管理考核;尽快建立完善污泥市场化运作机制,实现污泥资源化处置。制定修订法规、标准。按照建设现代化国际化创新型城市的要求,高标准制定市区排水防涝设施建设、污水处理厂水污染物排放等标准。修订《深圳市排水条例》等地方法规。

4.4.2.9 "协同"行动:形成治水合力、推动治水提速

成立流域协调组。根据全市九大流域水系特点和行政区划实际,成立珠江口流域、茅洲河流域、深圳河湾流域(包括深圳河和深圳湾水系)、观澜河流域、龙岗河坪山河两河流域、东部海湾流域(包括大鹏湾和大亚湾水系)等 6 个流域协调机构。负责对流域内的治水规划、建设和运营监管过程中存在的问题进行统筹协调,会同各区(新区)提出解决方案,并落实责任部门。

完善治水工作机制。健全城市排水防涝工作机制。对排水防涝工程项目统一规划、统一建设和统一监管。通过黄线、蓝线、河道管理条例等相关政策法规,落实和保障防洪排涝设施用地。加强地下空间竖向规划的协调力度,为排水系统的完善和提标预留通道。

加强"三防"指挥能力建设。加快完善城市"三防"工作机制。严格落实"三防"督导制度,进一步健全应急救援指挥机制、"三防"预案体系,加强部门联动和社会发动,加大抢险救灾投入,有效提升应急救援反应处置能力,提升市民避险自救能力。加强防汛抢险物资储备和专业队伍建设管理,完善应急抢险机制,组织开展演练和培训。

加强道路积水警示和联合处置。各区(新区)检查梳理辖区内道路积水点,完善道路积水警示标识系统,加强警示;成立排水、交警、城管等专业人员组成的道路积水联合处置队,配备应急装备、设施,健全应急工作机制。

建立水污染防治执法联席会议工作机制、跨流域水环境监管执法协作机制,建立水政监察执法信息系统,加强水务、环保、国土、城管、公安等部门联动,完善涉水案件快速联动处置机制。加强部门日常监管和联合专项执法,推进统一监测、统一标准、统一执法尺度,形成多部门齐抓共管局面。依托水管单位和供排水特许经营企业,建立涉水设施执法巡查协管机制,实现管理效益最大化。

完善配套机制建设。总结海绵城市建设经验,利用全市法制优势和深化改革的机遇,构建规划建设管控制度、投融资机制、绩效考核与奖励机制、产业发展机制等,保障海绵城市建设工作的长效推进。

制定风险防范措施。根据河道、水库水源地的特点,开展包括重点工业污染源、交通隐患风险点、污染治理设施风险和内源污染风险等风险源调查,建立风险源清单,制定风险防范措施,增强风险防范能力。定期开展工业集聚区的环境和健康风险评估,落实防控措施。

建设应急保障体系。分步实施水库、河道等水体预警、预报、监控和应急保障体系建设,构建饮用水源水质预警监控网络平台,通过信息采集、水质实时监控与评估、水质预警预测、信息共享、部门联动及决策支持,实现常态和突发事故条件下对水源水质的跟踪模拟、预测预警和应急决策,确保有效防范及应对污染事件。

完善管水组织体系。分析市、区、街道水务管理事权划分现状和履职情况,按照规模适当、功能衔接、运转有效的原则,研究优化水务管理组织体系,着力精简行政层级,缩短管理链条,切实增强基层水务服务功能。积极探索市民参与水务管理的模式。积极通过引入竞争机制,推广政府采购水务服务,将事务性、技术性水务服务工作尽快转移给企业和社会组织承接。

建立水环境信息公开制度,适时向社会定期公布重要水源地、跨市河流交接断面和公众关注河段的水质状况。推动企业公开环境信息,引导和鼓励企业自觉开展环境公益活动,不断增强企业环保意识和社会责任意识。

大力做好环评公众调查、信访维稳等工作,确保治水工作顺利推进及已建设施正常运行。

4.4.2.10　"保障"行动:强化组织保障、营造治水氛围

强化组织保障,下移工作重心,压缩审批时限,简化审批环节,加强考核督办和鼓励公众参与。

下篇　规划实践研究

　　本篇根据上篇提出的南方沿海流域治理方略理论，以深圳市茅洲河流域为例，研究编制茅洲河流域综合治理规划，主要内容包括茅洲河流域基本情况、茅洲河流域治理现状调查与评价、茅洲河流域治理方略及治理体系研究、水文分析计算、防洪防潮工程规划研究、排涝工程规划、水环境治理技术研究、水生态修复技术研究、水景观工程规划研究、非工程措施规划研究、投资估算及实施计划、实施效果与保障措施、研究成果创新性及应用前景等。

第 5 章　茅洲河流域基本情况

5.1　流域概况

5.1.1　河流水系

茅洲河位于深圳市西北部,属珠江口水系。发源于石岩水库的上游——羊台山,流经石岩街道、光明新区、松岗街道、沙井街道、长安镇(属东莞市),在沙井民主村汇入伶仃洋,全河长 41.61 km,其中干流长 31.29 km,上游石岩河 10.32 km 为石岩水库控制河段;下游与东莞市的界河段长 11.68 km,下游感潮河段长 13.02 km。汛期石岩河洪水汇入石岩水库后通过铁石排洪渠(石岩水库至铁岗水库)汇入西乡河流域,非汛期石岩河的基流通过截污工程导到石岩水库坝下汇入茅洲河干流。上游流向由南向北,水流较急,右岸支流较发育,有石岩河、东坑水等;中游从楼村至洋涌河闸段,河道较上游宽阔,水流渐缓,流向由东向西,右岸支流仍较发育,有罗田水、西田水等;下游段地形平坦,河道较宽,为 80~100 m,由东北向西南流入珠江口,左岸支流较发育,有沙井河、排涝河等。

茅洲河流域面积 388.23 km² (包括石岩水库以上流域面积)。其中深圳市境内面积 310.85 km²,干流河床平均比降 0.88‰,多年平均径流深 860 mm;茅洲河东莞市长安镇境内流域面积 77.38 km²,内河涌 23 条,河道总长 53.72 km。

茅洲河水系呈不对称树枝状分布,流域内集雨面积 1 km² 及以上的河流共计 59 条,其中干流 1 条(茅洲河)、一级支流 25 条、二级支流 27 条、三级河流 6 条。区界内河流 45 条,其中宝安区内河流 26 条、光明新区内河流 19 条,跨区河流 6 条,跨市河流 8 条。茅洲河流域河流基本情况统计见表 5.1-1。

表 5.1-1　茅洲河流域河流基本情况统计　　　　　　　　(单位:条)

河流级别	区界内河流				跨区河流	跨市河流	合计
	宝安区		光明新区	小计			
	沙井街道松岗街道	石岩街道					
干流	0	0	0	0	0	1	1
一级支流	9	1	9	19	4	2	25
二级支流	6	7	7	20	2	5	27
三级支流	2	1	3	6	0	0	6
合计	17	9	19	45	6	8	59

根据本次普查资料可知,茅洲河流域河道总长为 284.54 km,有防洪任务河段总长为 221.42 km、暗涵段长度为 31.7 km、暗涵率为 14.32% ,无防洪任务河段总长为 63.12 km;水库水面段长 25.53 km。茅洲河流域河流基本情况普查汇总见表 5.1-2。

5.1.2　水库

茅洲河流域内深圳市已建有石岩、罗田 2 座中型水库,26 座小型水库。茅洲河东莞市长安镇境内已建小型水库 8 座。现状水库特性见表 5.1-3。

扩建中的水库 2 座,包括鹅颈水库、公明水库。水库扩建后,现有的横江水库、迳口水库、罗村水库、石头湖水库等 4 座水库将被合并。扩建水库主要特性见表 5.1-4。

5.1.3　水闸

茅洲河流域的水闸主要分布在中下游片区,由 39 座水闸组成。茅洲河流域水闸统计见表 5.1-5。

表 5.1-2　茅洲河流域河流基本情况普查汇总

序号	名称	干流	一级支流	二级支流	三级支流	流域面积（km²）	河道总长	有防洪任务河段长	无防洪任务河段长	水库水面段长	暗涵段长	比降（‰）	跨市	跨区	区内	说明
1	茅洲河	✓				388.23	31.29	31.29	0.00	0.00	0.00	0.88	✓			深圳市境内流域面积 310.85 km²。下游感潮河段长 11.68 km 界河段长 11.68 km
2	石岩河		✓			44.71	10.32	10.32	0.00	3.97	0.00	4.03			✓	石岩水库截污闸以上河道长度 6.35 km，流域面积 26.89 km²
3	牛牯斗水			✓		2.00	2.34	2.34	0.00	0.70	0.00	27.41			✓	
4	石龙仔河			✓		1.49	1.89	0.00	1.89	0.00	0.92	17.55	✓			
5	水田支流			✓		3.37	1.79	1.79	0.00	0.00	0.00		✓			
6	沙芋沥			✓		3.21	3.40	0.78	2.62	0.00	0.00	44.23	✓			
7	樵窝坑（塘坑河）			✓		3.33	3.80	1.30	2.50	0.00	0.00	62.72			✓	
8	龙眼水			✓		3.64	3.69	1.89	1.80	0.00	0.66	60.31			✓	
9	田心水			✓		1.67	2.28	2.28	0.00	0.00	1.33	25.06			✓	
10	上排水			✓		1.43	2.98	1.28	1.70	0.00	1.28	24.16			✓	
11	上屋水			✓		2.11	2.76	1.26	1.50	0.00	1.50				✓	
12	天圳河			✓		3.97	3.05	1.26	1.79	0.00	0.83				✓	
13	王家庄河				✓	2.10	0.77	0.77	0.00	0.00	0.00				✓	
14	玉田河		✓			6.45	3.26	3.26	0.00	0.00	0.20	6.81			✓	
15	鹅颈水		✓			21.44	8.92	6.50	2.42	2.00	0.00	6.29			✓	
16	红坳水			✓		1.81	2.53	1.10	1.43	0.43	0.00			✓		
17	鹅颈水北支			✓		4.15	4.83	2.23	2.60	0.00	0.00				✓	
18	鹅颈水南支			✓		3.44	3.07	3.07	0.00	0.00	0.00				✓	
19	大凼水		✓			4.81	4.47	1.93	2.54	0.86	0.30	7.48			✓	
20	东坑水		✓			9.80	6.08	5.33	0.75	0.75	0.00	4.56			✓	
21	木墩河		✓			5.80	5.81	5.81	0.00	0.00	1.21	3.97			✓	

续表 5.1-2

序号	名称	河流				流域面积 (km²)	河流长度 (km)					比降 (‰)	跨界类型			说明
		干流	一级支流	二级支流	三级支流		河道总长	有防洪任务河段长	无防洪任务河段长	水库水面段长	暗涵段长		跨市	跨区	区内	
22	楼村水		√			11.33	7.80	6.02	1.78	0.00	0.07	5.10			√	
23	楼村水北支			√		2.53	3.10	3.10	0.00	0.00	0.00				√	
24	新陂头水		√			46.28	11.50	7.11	4.39	1.47	0.00	4.32		√		
25	横江水			√		7.84	4.39	2.35	2.04	1.11	0.00				√	
26	石狗公水			√		4.55	4.56	3.82	0.74	0.74	0.00		√			
27	新陂头水北支			√		21.50	5.34	5.34	0.00	0.00	0.00	3.69	√			
28	罗仔坑水				√	1.57	2.49	2.09	0.40	0.40	0.00				√	
29	新陂头水北二支				√	4.27	2.87	2.87	0.00	0.00	0.00				√	
30	新陂头水北三支				√	3.27	3.72	3.72	0.00	0.00	0.00				√	
31	西田水		√			13.31	5.14	2.32	2.82	1.45	2.32	10.50			√	
32	西田水左支			√		5.03	5.27	1.65	3.62	3.52	0.82				√	
33	桂坑水			√		1.70	2.35	0.35	2.00	1.26	0.00				√	
34	白沙坑水		√			3.16	3.85	2.48	1.37	0.00	0.42	10.96		√		
35	上下村排洪渠		√			5.49	6.34	4.43	1.91	0.00	1.22	1.12			√	
36	合水口排洪渠		√			1.13	2.69	2.69	0.00	0.00	1.07	1.00			√	
37	公明排洪渠		√			15.32	8.03	6.77	1.26	0.75	0.48	2.30		√		
38	公明排洪渠南支			√		1.82	2.63	1.87	0.76	0.20	0.00				√	
39	罗田水		√			28.36	15.03	5.96	9.07	4.72	0.00	4.05	√			
40	龟岭东水		√			3.31	4.00	2.87	1.13	0.00	1.37	10.16			√	

续表 5.1-2

序号	名称	河流				流域面积 (km²)	河流长度 (km)					比降 (‰)	跨界类型			说明
		干流	一级支流	二级支流	三级支流		河道总长	有防洪任务河段长	无防洪任务河段长	水库水面段长	暗涵段长		跨市	跨区	区内	
41	老虎坑水		√			4.31	5.19	3.63	1.56	0.51	0.00	14.20			√	
42	塘下涌		√			5.57	4.30	3.34	0.96	0.00	0.00	9.12	√			
43	沙埔西排洪渠		√			1.84	2.37	2.37	0.00	0.00	0.00	8.00			√	
44	沙埔北排洪渠		√			1.00	0.97	0.97	0.00	0.00	0.00				√	
45	洪桥头水		√			1.07	1.40	1.40	0.00	0.00	0.00	1.70			√	
46	沙井河		√			29.72	5.93	5.93	0.00	0.00	0.22	5.80		√		
47	潭头河			√		4.93	4.60	4.60	0.00	0.00	0.63	2.00			√	
48	潭头渠			√		2.75	5.25	2.80	2.45	0.00	2.69	1.00			√	
49	东方七支渠			√		1.52	2.02	2.02	0.00	0.00	1.96	2.92			√	
50	松岗河			√		14.66	9.86	8.54	1.32	0.69	1.02	1.00		√		
51	道生围涌		√			1.56	2.23	2.23	0.00	0.00	1.81	1.00			√	
52	共和涌		√			1.04	1.33	1.33	0.00	0.00	0.00	1.23			√	
53	排涝河		√			32.96	3.57	3.57	0.00	0.00	0.00	1.79			√	
54	新桥河			√		17.52	5.81	5.81	0.00	0.00	0.00	3.78			√	
55	上寮河			√		13.24	7.20	7.20	0.00	0.00	1.58	3.80			√	
56	万丰河				√	2.32	3.46	3.46	0.00	0.00	1.59				√	
57	垄岗排洪渠				√	1.79	2.77	2.77	0.00	0.00	1.80				√	
58	石岩渠		√			1.87	3.02	3.02	0.00	0.00	1.91	0.83			√	
59	畜边涌		√			2.48	2.83	2.83	0.00	0.00	0.49	0.80			√	
合计		1	25	27	6		284.54	221.42	63.12	25.53	31.70		8	6	45	

表 5.1-3　现状水库特性

序号	水库名称	街道	流域面积 (km²)	设计洪水标准 (a)	校核洪水标准 (a)	校核洪水位 (m)	设计洪水位 (m)	正常蓄水位 (m)	死水位 (m)	总库容 (万 m³)	调洪库容 (万 m³)	正常库容 (万 m³)	兴利库容 (万 m³)	死库容 (万 m³)	水面面积 (km²)	多年平均径流量 (万 m³)	水库级别
1	石岩水库	石岩	44.00	100	2000	39.94	38.98	36.59	27.50	3198.80	1508.00	1690.80	1630.80	60.00	3.10	3960.00	中型
2	罗田水库	松岗	20.00	100	1000	35.69	34.98	33.09	17.19	2845.00	1145.00	2050.00	2000.00	50.00	1.97	1732.60	中型
3	长流陂水库	沙井	8.80	50	500	25.09	24.51	23.00	14.50	728.20	215.60	512.60	499.00	13.60	0.97	762.34	小(1)
4	五指耙水库	松岗	2.27	30	500	28.90	28.50	27.60	19.80	172.00	47.00	125.00	124.80	0.20	0.34	196.65	小(1)
5	老虎坑水库	松岗	2.12	30	500	33.97	33.56	32.50	22.00	118.68	28.68	90.00	87.00	3.00	0.11	183.66	小(1)
6	牛牯斗水库	石岩	0.96	20	200	89.12	88.69	87.58	77.23	93.70	14.90	78.80	73.20	5.60	0.11	83.16	小(2)
7	鹅颈水库	光明	5.70	30	500	57.72	57.02	55.54	44.07	583.00	132.00	451.00	398.00	53.00	0.55	490.20	小(1)
8	铁坑水库	公明	3.83	50	1000	21.88	21.28	20.00	8.80	402.17	103.17	299.00	295.92	3.08	0.16	329.38	小(1)
9	石狗公水库	光明	2.57	30	500	44.05	43.45	42.32	31.82	267.00	69.40	197.60	193.60	4.00	0.37	221.02	小(1)
10	莲塘水库	公明	2.93	30	1000	17.85	17.36	16.24	9.59	218.90	64.64	154.26	141.26	13.00	0.25	251.98	小(1)
11	横江水库	公明	5.50	30	500	26.59	25.81	23.86	19.50	166.00	122.00	44.00	43.50	0.50	0.29	473.00	小(1)
12	大䃟水库	公明	2.45	30	500	27.92	27.46	26.52	22.12	156.49	53.49	103.00	96.26	6.74	0.33	210.70	小(1)
13	桂坑水库	公明	1.70	50	1000	22.24	21.40	20.00	10.00	135.47	38.75	96.72	84.91	11.81	0.16	146.20	小(1)
14	白鸽陂水库	光明	1.31	30	500	35.55	35.14	34.23	26.13	104.00	24.00	80.00	76.00	4.00	0.16	112.66	小(1)
15	迳口水库	光明	2.33	30	500	57.11	56.34	54.46	41.83	97.93	26.93	71.00	68.00	3.00	0.10	200.38	小(2)
16	石头湖水库	公明	2.45	30	500	32.45	32.10	31.10	25.36	91.85	54.06	37.79	37.29	0.50	0.18	210.70	小(2)
17	碧眼水库	光明	0.95	30	500	42.05	41.94	41.11	32.00	80.00	14.00	66.00	65.00	1.00	0.18	81.70	小(2)
18	红坳水库	公明	1.11	20	200	86.34	86.15	85.60	84.20	79.30	8.30	71.00	16.00	55.00	0.13	95.46	小(2)
19	后底坑水库	公明	1.12	20	200	18.70	18.33	17.50	14.70	73.35	25.72	48.60	38.60	10.00	0.15	96.32	小(2)
20	阿婆譬水库	公明	1.17	20	200	60.57	60.24	59.35	50.00	61.85	13.64	48.21	48.21	0.00	0.11	100.62	小(2)
21	罗村水库	公明	0.50	30	500	32.45	32.10	31.10	28.70	44.70	17.80	26.90	20.20	6.70	0.10	43.00	小(2)
22	水车头水库	公明	0.89	20	200	81.28	81.05	80.00	70.00	43.00	8.70	34.30	33.30	1.00	0.07	76.54	小(2)

续表 5.1-3

序号	水库名称	街道	流域面积（km²）	设计洪水标准（a）	校核洪水标准（a）	校核洪水位（m）	设计洪水位（m）	正常蓄水位（m）	死水位（m）	总库容（万m³）	调洪库容（万m³）	正常库容（万m³）	兴利库容（万m³）	死库容（万m³）	水面面积（km²）	多年平均径流量（万m³）	水库级别
23	尖岗坑水库	公明	0.40	20	200	19.46	19.18	18.50	12.60	32.60	4.00	28.00	27.50	0.50	0.06	34.40	小(2)
24	望天湖水库	光明	0.16	20	200	18.27	18.12	17.79	16.13	14.39	3.01	11.38	8.69	2.69	0.06	13.76	小(2)
25	横坑水库	公明	0.30	20	200	18.20	17.92	17.40	15.00	13.90	3.90	10.00	8.67	1.33	0.05	25.80	小(2)
26	楼村水库	公明	1.68														小(2)
27	万丰水库	松井															小(2)
28	罗仔坑水库	光明	1.20	50	500	32.97	32.35	30.00	0.00	9.46	4.67	4.79	4.79	0.00	—	—	小(2)

表 5.1-4　扩建水库主要特性

序号	水库名称	街道	流域面积（km²）	设计洪水标准（a）	校核洪水标准（a）	校核洪水位（m）	设计洪水位（m）	正常蓄水位（m）	死水位（m）	总库容（万m³）	调洪库容（万m³）	正常库容（万m³）	兴利库容（万m³）	死库容（万m³）	水面面积（km²）	多年平均径流量（万m³）	水库级别
1	公明水库	公明	11.77	100	5 000	60.58	60.25	59.70	26.50	14 789.00	542.00	14 247.00	14 020.00	227.00	4.82	1 019.64	大(2)
2	鹅颈水库	光明	5.30	50	1 000	67.43	67.00	66.70	46.60	1 466.50			1 274.79	101.21		450.50	中型

表 5.1-5　茅洲河流域水闸统计

序号	水闸名称	所在堤防（或河段）	建成年份	水闸规模	设计流量（m³/s）	闸孔净宽 [孔数×每个孔净宽（m）]
1	衙边涌水闸	衙边涌	2003	小（1）型	50	2×5
2	排涝河水闸	排涝河	1994	中型	100	4×5
3	岗头水闸	沙井河	1998	中型	230	3×10
4	塘下沟泵站水闸	塘下沟	2004	小（2）型	17.26	1×5
5	步涌同富裕水闸	道生围涌	2005	小（1）型	27.3	1×5
6	潭头泵站水间	潭头渠	2003	小（2）型	11.29	2×5
7	七支渠泵站水闸	七支渠	2000	小（1）型	31	1×5
8	沙浦泵站水闸	沙浦渠	2000	小（1）型	60	2×5
9	松岗泵站水闸	松岗河	1998	小（1）型	21	1×5
10	沙浦西泵站水闸	沙浦西渠	2004	小（1）型	42	1×6
11	洪桥头泵站水闸	茅洲河	1996	小（2）型	30	2×1.9
12	罗田新 4 号	茅洲河	2010	小（2）型	18	1×4
13	罗田新 3 号	茅洲河	2009	小（2）型	2	1×0.8
14	罗田新 2 号	茅洲河	2009	小（2）型	15	1×2.8
15	罗田新 1 号	茅洲河	2009	小（2）型	15	1×2.8
16	罗田旧 1 号	茅洲河	1996	小（2）型	10	1×1.5
17	罗田旧 2 号	茅洲河	2008	小（2）型	10	1×1.3
18	罗田旧 3 号	茅洲河	1996	小（2）型	2	1×0.9
19	燕川 1 号水闸	茅洲河	1996	小（1）型	31	3×1.5
20	燕川 2 号水闸	茅洲河	1996	小（2）型	5	1×1.5
21	燕川 3 号水闸	茅洲河	2008	小（1）型	20	2×1.5
22	燕川 4 号水闸	茅洲河	2008	小（1）型	20	1×2.5
23	塘下涌 1 号水闸	茅洲河	1996	小（1）型	22.6	2×1.8
24	塘下涌 2 号水闸	茅洲河	1996	小（2）型	10	1×1.6
25	塘下涌 3 号水闸	茅洲河	2009	小（1）型	22.6	1×3
26	塘下涌 4 号水闸	茅洲河	2009	小（1）型	22.6	1×3
27	洪桥头 1 号水闸	茅洲河	1996	小（1）型	40	3×1.8
28	洪桥头 2 号水闸	茅洲河	1996	小（1）型	20	2×1.8
29	朗下水闸	茅洲河	2001	小（1）型	30	2×1.8
30	江边 3 号水闸	沙井河	2004	小（2）型	10	1×1.8
31	江边 4 号水闸	沙井河	2001	小（1）型	30	2×3.6
32	碧头 1 号水闸	茅洲河	2008	小（2）型	5	2×1.5
33	碧头 2 号水闸	茅洲河	2008	小（2）型	5	1×1.5
34	碧头 3 号水闸	茅洲河	2008	小（2）型	6	1×1.2
35	碧头 4 号水闸	茅洲河	2008	小（2）型	4.7	1×1.4
36	碧头 5 号水闸	茅洲河	2009	小（2）型	18	2×2
37	碧头 6 号水闸	茅洲河	2009	小（2）型	9.3	1×2
38	碧头 7 号水闸	茅洲河	2009	小（2）型	18	2×1.4
39	洋涌河水闸	茅洲河	2015	大型	1 069	5×13

5.1.4　泵站

　　茅洲河流域现状建设有 46 座雨水泵站。茅洲河流域泵站统计见表 5.1-6。

表 5.1-6　茅洲河流域泵站统计

序号	街道名称	泵站名称	泵站位置	泵站性质	服务范围（km²）	设计重现期（a）	设计流量（m³/s）
1	公明街道	上下村雨水泵站（抽河道水）	公明办事处	雨水泵站	2.24	20	30.70
2		合口水雨水泵站（抽河道水）	公明办事处	雨水泵站	0.63	20	10.28
3		合口水工业区雨水泵站	公明办事处	雨水泵站	0.07	2	1.00
4		合口水应急雨水泵站	公明办事处	雨水泵站	0.15	2	4.80
5		马山头雨水泵站（抽河道水）	公明办事处	雨水泵站	0.90	20	12.40
6		马田雨水泵站（抽河道水）	公明办事处	雨水泵站	2.77	20	32.60
7	松岗街道	东方七支渠泵站（抽河道水）	松岗街道	雨水泵站	1.00	20	5.00
8		溪头排涝泵站	松岗街道	雨水泵站	0.18	2	3.00
9		洪桥头泵站	松岗街道	雨水泵站	0.08	2	2.40
10		罗田泵站	松岗街道罗田社区	雨水泵站	0.20	2	4.80
11		燕川泵站	松岗街道燕川社区	雨水泵站	0.41	2	8.80
12		塘下涌南泵站	松岗街道塘下涌社区	雨水泵站	0.32	2	8.13
13		塘下涌东宝河泵站	松岗街道塘下涌社区	雨水泵站	0.52	2	5.00
14		潭头渠泵站（抽河道水）	松岗街道	雨水泵站	2.00	20	5.00
15		潭头一村泵站	松岗街道	雨水泵站	0.19	2	0.36
16		潭头二村泵站	松岗街道	雨水泵站	0.19	2	0.36
17		潭头三村泵站	松岗街道	雨水泵站	0.20	2	0.36
18		潭头四村泵站	松岗街道	雨水泵站	0.15	2	2.00
19		东方上头田泵站	松岗街道东方社区	雨水泵站	0.10	2	1.50
20		燕罗泵站（抽河道水）	松岗街道	雨水泵站	2.04	20	24.00
21		沙埔北泵站	松岗街道沙浦社区	雨水泵站	0.90	2	3.25
22		沙埔西泵站（抽河道水）	松岗街道沙浦社区	雨水泵站	1.20	20	17.00
23		沙埔排涝泵站	松岗街道沙浦社区	雨水泵站	0.90	2	8.13
24		碧头第三工业区泵站	松岗街道碧头社区	雨水泵站	0.90	2	3.00
25		燕山泵站	松岗街道	雨水泵站	—	2	3.30

续表 5.1-6

序号	街道名称	泵站名称	泵站位置	泵站性质	服务范围（km²）	设计重现期（a）	设计流量（m³/s）
26	沙井街道	共和村泵站（抽河道水）	沙井街道	雨水泵站	1.50	20	12.30
27		共和第一泵站	沙井街道	雨水泵站	0.06	2	2.00
28		共和第三泵站	沙井街道	雨水泵站	0.08	2	2.00
29		共和第六泵站	沙井街道	雨水泵站	0.06	2	1.00
30		共和大涌泵站	沙井街道	雨水泵站	0.15	2	3.00
31		沙井河泵站（抽河道水）	沙井街道	雨水泵站	28.05	20	170.00
32		后亭排涝泵站	沙井街道	雨水泵站	0.40	2	4.00
33		步涌同富裕泵站	沙井街道	雨水泵站	0.32	2	2.00
34		步涌大洋田泵站	沙井街道	雨水泵站	0.36	2	4.00
35		步涌南边社区	沙井街道	雨水泵站	0.04	2	0.50
36		桥头泵站	沙井街道	雨水泵站	0.05	2	1.00
37		新桥下西泵站	沙井街道	雨水泵站	—	2	4.00
38		新二旧村水塘泵站	沙井街道	雨水泵站	—	2	1.00
39		上星泵站	沙井街道	雨水泵站	—	2	1.00
40		上寮泵站	沙井街道	雨水泵站	0.06	2	2.00
41		衙边涌泵站（抽河道水）	沙井街道	雨水泵站	1.80	20	38.76
42		大庙新村泵站	沙井街道	雨水泵站	—	2	1.00
43		新桥地堂头泵站	沙井街道	雨水泵站	—	2	1.00
44		新桥祠堂泵站	沙井街道	雨水泵站	—	2	1.00
45		新桥广深高速泵站	沙井街道	雨水泵站	0.35	2	6.81
46		后亭东泵站	沙井街道	雨水泵站	—	2	7.12

5.2　自然概况

5.2.1　地理位置

深圳市位于中国南部海滨,毗邻香港,地处广东省南部,珠江口东岸,东临大亚湾和大鹏湾;西濒珠江口和伶仃洋;南边深圳河与香港相连;北部与东莞、惠州两城市接壤。辽阔海域连接南海及太平洋。深圳位于北回归线以南,东经 113°46′～114°37′,北纬 22°27′～22°52′,陆地最东端位于东南部南澳街道东冲海柴角,最西端位于西北部沙井街道民主村,最南端位于西南面珠江口中的内伶仃岛,最北端位于西北部松岗街道罗田社区。茅洲河流域主要涉及宝安区和光明新区。

宝安区位于深圳市的西北部,是深圳市六大辖区之一,地处东经 113°52′,北纬 22°35′。全区面积 733 km²,海岸线长 30.62 km。宝安南接深圳经济特区,北临东莞市,东与东莞市及光明新区接壤,西滨珠江口临望香港,是未来现代化经济中心城市——深圳的工业基地和西部中心,倚山傍海,风景秀丽,物产丰富,陆、海、空交通便利,地理位置优越。

光明新区位于深圳市西北部,是深圳市成立的四个新区之一,东至龙华新区观澜观城办事处,西接宝安区松岗街道,南抵石岩街道,北临东莞市黄江镇。光明新区范围为北纬 22°41′(西田社区北端)～

22°47′(阿婆髻水库南),东经113°51′(马田社区西端)~114°00′(白花社区东端)。平面呈块状分布,东西长约16 km,南北长约17 km,总面积156.1 km²,其中公明办事处面积100.3 km²、光明办事处面积55.8 km²。

5.2.2　地形地貌

宝安区地形、地貌以低丘台地为主,总的地势是东北高、西南低,东北部主要为低山丘陵地貌,西南部地区多为海滩冲积平原,地形平坦,山地较少。

宝安区地貌单元属深圳市西北部台地丘陵区和丘陵谷地区,主要地貌类型为花岗岩和变质岩组成的台地丘陵和冲积、海积平原,地势错综复杂,类型颇多,山地、丘陵、台地、阶地、平原相间分布,全境地势南高北低,境内按地势高低可分为以下两个区:

(1)台地平原区。该区位于宝安区的西部,呈弧形分布,除罗田一带分布有45~80 m的高台地外,其余广布着两级和缓的低台地,第一级为5~15 m、第二级为20~25 m。河谷下游分布着冲积平原,沿海分布海积平原,这些平原为5 m以下的地形面。

(2)丘陵谷地区。该区位于宝安的东部,区内主要分布低丘陵和高台地。低丘陵代表高程为100~150 m,高台地代表高程为40~80 m。高丘陵主要分布在河流两侧。区内较高的山峰有羊台山(587 m)和鸡公山(445 m)。

主要山系羊台山系,位于本区的中部,由横坑、羊台山、仙人塘、油麻山、黄旗岭、凤凰岭、大茅山、企坑山等组成,从观澜一直伸到西乡大茅山、铁岗一带,主峰高587 m。

光明新区以茅洲河流域为主,流域内总的地势为东北高、西南低,其中楼村桥以上(两岸主要支流有玉田河、鹅颈水、大凼水、东坑水、木墩河、楼村水等)长约8 km的河道,地形地貌属于低山丘陵区;从楼村桥至塘下涌(两岸主要支流有新陂头水、西田水、白沙坑水、上下村排洪渠、罗田水、合水口排洪渠、公明排洪渠、龟岭东水、老虎坑水等)长约9 km,地形地貌以低丘盆地与平原为主。

5.2.3　区域地质

5.2.3.1　地层岩性

区域内主要分布燕山第四期花岗侵入岩,西部和南部分布下古生界和加里东期地层,第四系地层主要分布在地势较低处,在冲沟及坡岸也有出露。主要地层由老至新分述如下:

(1)下古生界变质岩。主要分布于本区的北部和西北部,是区内最古老地层,岩性主要有混合质云母片岩、黑云母斜长变粒岩及条带状混合岩等。

(2)加里东期混合花岗岩。主要分布在南部和西部,与区域构造方向相同,呈椭圆形沿北西向分布。产于下古生界区域动热变质岩中,岩相简单,为细粒斑状混合花岗岩组成,多呈灰白色,以花岗结构为主。

(3)燕山第四期侵入岩。主要分布在本区的中部和南部的低丘陵区,包括羊台山及其周围地区,主要为全-微风化中粗粒黑云母花岗岩,颜色以肉红色、灰白色为主,轻微变质部位呈淡绿色,埋深多大于13 m。

(4)侏罗系沉积岩。主要分布于北部,为海陆交互相和陆相沉积,岩性以砂、页岩为主。

(5)第四系。有冲洪积、海积和残坡积三种类型。冲洪积土层主要分布在河槽内,岩性以含砾黏性土、含黏性土砾砂为主;海积土层主要分布于滨海区,岩性以黏性土为主,夹砂性土;残坡积土层主要分布在冲沟内,岩性以砾质黏性土为主。

5.2.3.2　地质构造及地震

茅洲河流域位于华南褶皱系的紫金—惠阳凹褶断束中,区内构造形式主要表现为断裂构造,北西向断裂构造占绝大多数,少数为北东向和东西向。断裂构造规模一般中等,延伸长数千米,压性为主。区内还发育多组节理,为断裂的次级构造,以北西、北西西向最发育,次为北北东、北北西向。

茅洲河流域地处中国东南沿海地震带的外带,历史上未记载过破坏性地震。自1567年以来仅发生过 19 次小震,最大者为 Ms＝3 级。邻区有 7 次破坏性地震对其产生一定程度的影响,其中以 1918 年 2 月 13 日南澳 7.3 级地震的影响最强。目前,深圳地区处在地洼发育阶段的余动期,其地震活动强度应趋于减弱。人类活动历史时期内从未发生过破坏性地震,目前也未发现区内小震活动增强乃至超越区域正常地震活动水平之势。显然,深圳地区的发震潜势不强,发生破坏性地震的可能性很小,属弱震区。

根据《深圳市区域稳定性评价》和《中国地震动参数区划图》(GB 18306—2001)及相关研究成果,从区域地质构造背景分析,深圳市不具备发生 Ms≥5 级地震的条件,地震基本烈度为Ⅶ度,地震动峰值加速度 0.10g,地震动反应谱特征周期 0.35 s。

5.2.3.3　水文地质

区域水文地质条件与气候、地貌和地质条件有着密切的联系。本区属亚热带季风气候,常有台风暴雨,地下水主要受大气降雨影响,主要类型有孔隙潜水和基岩裂隙水两种。

(1)松散岩层中的孔隙潜水:分布于平原区内的第四系中期、晚期及近代冲洪积层、冲积层和海积层中。中期冲洪积层为泥质中粗砂和含砾黏性土,厚度 5~16.5 m,地下水位埋深小于 1 m,单孔出水量小于 50 t/d,水质较好。晚期和近代冲积层厚度一般为 8~17.5 m,西部松岗可达 23.3 m,上部多为黏土和粉质黏土,下部为砂和砾石。松岗—公明一带单孔出水量 296~389 t/d,西乡一带水量丰富,出水量可达 240~1 000 t/d。海积层分布于松岗、沙井—西乡沿海地带,上部为淤泥、黏土,厚度数米至数十米,下部为细砂、粗砂、砾石,厚度 2~15 m。大部分地区钻孔涌水量 200~390 t/d,但水质差,为 Cl－Na 型咸水或半咸水,矿化度 1.45~18.30 g/L。

(2)基岩裂隙水:按含水岩性和含水层结构可分为层状岩类裂隙水和块状岩类裂隙水,这两类地下水类型分布广泛但富水性中等,较贫乏且不均一。其中,层状岩类裂隙水分布于龙华—公明一带,含水岩性主要为下石炭统测水段,大部分地段含水性中等,水质为 $HCO_3Cl－Na·Mg$ 型,矿化度小于 0.1 g/L;块状岩类裂隙水主要分布于石岩等处,含水岩性为燕山期花岗岩,泉流较多,水量丰富,富水性中等,水质良好,为 $HCO_3－Na·Ca$ 型水。

5.2.4　水文气象

茅洲河流域属南亚热带海洋性季风气候区,气候温和湿润,雨量充沛。由于区域内地理条件不一,降水量时空分配极不平衡,易形成局部暴雨和洪涝灾害;夏季常受台风侵袭,往往造成灾害性天气。

据深圳气象站(1960—2013 年)资料统计分析,该地区多年平均气温为 22.3 ℃,极端最高气温 38.7 ℃,极端最低气温 0.2 ℃,日最高气温大于 30 ℃的天数多年平均为 132 d。多年平均相对湿度 79%。

本地区降水丰沛,根据对流域内各降雨站多年降水系列的分析,本区域多年平均降水量为 1 700 mm。降水年际变化较大,最大年降水量 2 180 mm,最小年降水量 879 mm;降水年内分配极不均匀,汛期(4—9 月)降水量大而集中,约占全年降水总量的 80%,且降水强度大,多以暴雨形式出现,易形成洪涝灾害;降水量在地区上的分布主要受海岸山脉等地貌带影响,呈东南向西北逐步递减的趋势,形成这种空间分布的原因,是夏季盛行东南及西南风向与大致东南走向的海岸山脉相交,使水汽抬升而形成较大暴雨。西北部由于气流受到了海岸山脉的阻隔,加上区域西部地势相对平缓,故而暴雨强度较深圳其他地区小。该区多年平均降水日数为 140 d,多年平均水面蒸发量为 1 100 mm。

本地区常年夏季盛行东南风和西南风,冬季盛行东北风。多年平均风速 2.6 m/s,最大实测风速达 40 m/s,风力超过 12 级。台风是造成本区域灾害性天气的主要因素,该地区暴雨主要为台风雨和锋面雨,其中由台风带来的降水量所占的比重较大,常形成暴雨灾害。

5.3　社会经济概况

5.3.1　行政区划

深圳市下辖福田、罗湖、南山、盐田、宝安、龙岗 6 个行政区和光明、龙华、坪山、大鹏 4 个新行政区,下辖 57 个街道办事处、790 个居民委员会。茅洲河流域主要涉及宝安区和光明新区。

宝安区地处深圳市西部,西临珠江口,东接光明、龙华新区,南连南山区,北与东莞市交界,总面积 392.14 km²,下辖新安、西乡、福永、沙井、松岗、石岩等 6 个办事处。其中,茅洲河流域宝安片主要涵盖松岗街道及沙井街道的部分区域。

光明新区位于深圳市西北部,东至观澜,西接松岗,南抵石岩,北与东莞市接壤,总面积 156.1 km²,其中公明街道面积 100.3 km²、光明街道面积 55.8 km²。

5.3.2　城市建设

宝安置县建制,迄今已有 1 600 多年。1979 年,宝安县升格为深圳市,撤销宝安县;1981 年中央决定恢复宝安县建制,辖深圳经济特区之外的部分;1982 年 12 月,国务院正式批准恢复宝安县建制,隶属深圳市;1992 年 11 月 11 日,国务院再次批准撤销宝安县,分设隶属于深圳市的宝安、龙岗两区。1993 年 1 月 1 日,宝安区挂牌成立,辖西乡、福永、沙井、松岗、公明、石岩、龙华、观澜 8 个镇及新安、光明两个街道办事处;2007 年,光明新区从宝安区分出,下辖光明、公明两个街道;2011 年 12 月 30 日,龙华新区从宝安区分出,下辖观澜、大浪、龙华、民治四个街道。历经多次变迁,形成了辖新安、西乡、福永、沙井、松岗、石岩 6 个街道的宝安区。宝安区城市建设不断推进。一是特区一体化建设取得新进展,基础设施更加完善。107 国道禁限货和市政化改造"路线图"基本确定,客货分流方案正在加快研究推进;轨道 11 号线开始铺轨,大外环高速建设加速,石清大道开工建设,松福大道、蚝乡路、石岩北环路等 10 条重点道路竣工通车。二是重点区域开发取得新进展,岸线价值更加彰显。三是城市更新取得新进展,土地利用更加集约。修订简化了城市更新项目实施主体确认流程,新增城市更新项目 10 个。松岗沙浦工业区(一期)、福永塘尾第一工业区(一期)等 18 个项目完成实施主体确认或土地使用权出让,总数创历年新高。石岩官田工业区(一期)等 4 个项目建成并投入使用。完成 4 km² 土地整备。保持查违高压态势,违法用地和违法建筑明显下降。四是"5333"工程建设取得新进展,城市管理更加精细。

光明新区成立于 2007 年 8 月 19 日,是深圳市加快国际化城市建设,完善城市发展布局的重大战略举措。光明新区是深圳年轻的城区,位于深圳市西北部,下辖公明、光明两个街道,辖区总面积 156.1 km²,人口约 100 万人。光明新区按照开发区的机构设置,全面行使区一级政府的经济发展、城市建设、社会管理等各项职能。光明新区成立伊始,党工委、管委会把谋划新区发展思路作为头等大事来抓,采取"请进来、走出去"的办法,通过赴浦东新区、滨海新区和新加坡、迪拜等国内外先进城市和地区,尤其是苏州工业园区深入考察学习,博采众长,大胆谋划,基本形成了"一城两轮"发展战略、"五高"的发展目标、"四先四后"开发建设时序和"四个创新"发展举措,正在向建设"质量光明,速度光明,园区光明,绿色光明,幸福光明"的目标迈进。

5.3.3　人口规模

根据《2015 年深圳市国民经济和社会发展统计公报》,截至 2015 年年末,全市常住人口 1 137.89 万人,比上年末增加 60 万人,增长 5.6%。其中,户籍人口 354.99 万人,占常住人口比重 31.2%;非户籍人口 782.90 万人,占比重 68.8%。

宝安区常住人口 286.33 万人,比上年末增加 12.68 万人,增长 4.6%。其中,户籍人口 43.68 万人,占常住人口比重 15.3%;非户籍人口 242.65 万人,占比重 84.7%。

光明新区常住人口 53.12 万人,比上年增加 2.7 万人,增长 5.4%。其中,户籍人口 6.18 万人,增长 0.2%;非户籍人口 46.94 万人,增长 6.1%。

5.3.4　产业结构

根据《2015 年深圳市国民经济和社会发展统计公报》,截至 2015 年年末,全市全年本地生产总值 17 502.99 亿元,比上年增长 8.9%。其中,第一产业产值 5.66 亿元,下降 1.7%;第二产业产值 7 205.53 亿元,增长 7.3%;第三产业产值 10 291.80 亿元,增长 10.2%。第一产业产值占全市生产总值的比重不到 0.1%；第二产业和第三产业产值占全市生产总值的比重分别为 41.2% 和 58.8%。深圳市人均生产总值 157 985 元，增长 5.2%。

宝安区地区生产总值为 2 640.92 亿元，比上年增长 9.0%。其中，第一产业产值 0.52 亿元，增长 9.6%；第二产业产值 1 320.40 亿元，增长 7.9%，对 GDP 增长贡献率为 44.3%；第三产业产值 1 320.00 亿元，增长 10.3%，对 GDP 增长贡献率为 55.7%。三大产业比重为 0.02∶50.00∶49.98。宝安区人均 GDP 达到 94 322 元，比上年增长 5.9%。

光明新区全年本地生产总值（GDP）670.66 亿元，比上年增长 9.4%。其中，第一产业产值 0.85 亿元，增长 9.9%；第二产业产值 429.87 亿元，增长 6.8%；第三产业产值 239.95 亿元，增长 16.3%。三大产业比重为 0.13∶64.10∶35.77，第一产业比重未变，第二产业比重下降 4.35 个百分点，第三产业比重提升，比重从 2014 年的 31.43% 提升到 35.78%，提升 4.35 个百分点。

第6章　茅洲河流域治理现状调查与评价

茅洲河流域自上而下依次流经石岩片区、光明片区、宝安片区,3 个片区的问题、特点、治理现状、建管模式、规划定位等各不相同。为了使流域现状调查与评价更加具有针对性,本次对 3 个片区分别加以分析。

6.1　宝安片区

6.1.1　治理现状

6.1.1.1　防洪(潮)体系现状

茅洲河中下游片区现有防洪(潮)体系主要遵循"以泄为主,以蓄为辅"的原则,由茅洲河干流及其 18 条支流等河流(河流总长 96.56 km),罗田、老虎坑、五指耙水库、长流陂水库 4 座水库,39 座水闸组成。茅洲河中下游两岸地势低洼,受外海潮位顶托影响,洪水外排受阻,导致区域洪涝灾害频发。罗田、长流陂等水库主要功能为供水,均未设置防洪库容。茅洲河干流宝安境内段从白沙坑到出海口,总长 19.71 km,2010 年 12 月完成茅洲河界河清淤清障工程,滩地及码头被清除,增大了行洪断面,两岸防洪能力由不到 5 年一遇提高至 10 年一遇,目前,新一轮的治理工程正在实施。18 条支流大部分已进行过整治,但普遍存在硬质岸坡或直立挡墙、建筑物侵占河道、防洪道路不通畅等问题,60% 的河道达不到防洪标准。茅洲河中下游宝安片区,防洪形势依然严峻。

6.1.1.2　干支流河道现状

1. 茅洲河干流现状

茅洲河干流宝安片区段从白沙坑汇入口到出海口,总长 19.71 km,目前从白沙坑—107 国道桥两侧及 107 国道桥—塘下涌左侧部分河道已整治完毕,基本达到 100 年一遇防洪标准,其他河段防洪工程正在实施。干流分段治理情况如下:

(1)白沙坑—塘下涌。河道长约 7 km,除 107 国道桥—塘下涌右侧厂房处无整治,其余都已整治完成,堤身断面为斜坡式,堤顶道路大部分能连通。白沙坑—洋涌河水闸处两侧堤脚处有截污箱涵,截排的污水直接汇入了茅洲河。虽然刚刚整治完成,但河道淤积依旧严重,裸露的淤泥上杂草丛生,垃圾堆积严重,河床大部分处于干枯状态。

(2)塘下涌—共和社区第六工业区泵站水闸。本段为界河城区段,河道长约 7.35 km,河道无整治,河道两岸房屋密集,大多为民房、商场、厂房、菜地等,堤顶高程为 2.3 ~ 5.1 m,河道现状按照 100 年一遇设计水位为 3.31 ~ 7.01 m,尤其沙井河以上堤段地面高程均低于 100 年一遇设计水位。

(3)共和社区第六工业泵站水闸—入海口。本段为界河海堤段,河道长约 4.5 km,河面宽阔,东宝大桥下游达 400 多 m,河道无整治,多为自然驳岸,至入海口处,两侧植被、灌木茂盛。

(4)穿堤建筑物。沿线旧闸、危闸众多,涵闸年久失修。

2. 茅洲河支流现状

沙井河通过整治,防洪标准达到 20 年一遇,其他河道局部达标,达标率 42%。

根据《宝安区防洪排涝及河道治理专项规划》,将 18 条支流根据河流功能属性,分为保留河流综合功能的河流和市政排水渠道两大类。其现状情况分述如下。

1)保留河流综合功能的支流现状

罗田水:河道长约 8.9 km,河道多为浆砌块石矩形、梯形明渠;沿河巡视道路基本畅通。

龟岭东水:河长 3.19 km,河源—东尼尔科技深圳有限公司段长 0.46 km,为天然河道,自然断面;东尼尔科技深圳有限公司—塘下涌大道段长 1.42 km,为浆砌石矩形明渠;塘下涌大道—燕景华庭段长 0.51 km,为暗渠;燕景华庭—河口段长 0.8 km,为浆砌石矩形明渠。沿河巡视道路基本畅通,在燕景华庭下游部分沿河巡视道路被民房占据。

老虎坑水:河长 3.69 km,从溢洪道末端至塘下涌大道段长 2.19 km,部分为天然河道,自然断面,其余为浆砌石矩形明渠;塘下涌大道—河口段长 1.35 km,浆砌石矩形明渠及少部分暗渠,其中暗渠长 0.217 km。塘下涌大道上游段沿河建筑物较少,沿河巡视道路基本畅通。

塘下涌:河长 5.81 km,塘下涌工业区以上河段长 1 km,为浆砌石矩形明渠、暗渠,其中暗渠长度为 0.67 km;塘下涌工业区以下至河口段长 2.35 km,为浆砌石矩形明渠。在 107 国道上游左岸及 107 国道上下游右岸,建有围墙、多层厂房、民房,沿河巡视道路不畅。

沙井河:河长 5.93 km,岗头水闸—松岗河入口段长 3.13 km,为浆砌石矩形明渠,部分为土堤;松岗河入口—河口段长 2.8 km,为浆砌石矩形及梯形明渠,部分为土堤、自然断面。

潭头河:河长 8.97 km,河源—潭头村第二工业城段长 0.6 km,为暗渠;潭头村第二工业城—金动发电机厂段长 0.32 km,为浆砌石矩形明渠;金动发电机—广深公路上游段长 1.1 km,为暗渠;广深公路上游—潭头村上游段长 1.81 km,为浆砌石矩形明渠。

松岗河:河流长 8.99 km,西水源引水渠以上 4.05 km,为暗渠、天然河道和自然断面相间;西水源引水渠—广深高速公路 4.45 km,为浆砌石矩形明渠;广深高速公路—河口 0.49 km,为天然河道,自然断面。在河道管理范围内部分位置建有工厂、围墙等,影响河道的巡视道路畅通。

排涝河:河流长 3.45 km,河道为浆砌石明渠,少部分为土堤,河道断面为矩形、梯形及草皮护坡形式。沿河两岸大部分巡视道路畅通,在河道管理范围内个别位置有少量平房及工业厂区,影响河堤巡视。

新桥河:河流长 6.19 km。长流陂溢洪道出口—广深高速公路段长 1.9 km,为浆砌石梯形明渠,复式断面;广深高速公路—广深公路段长 0.92 km,为浆砌石梯形明渠;广深公路—河口段长 2.85 km,为浆砌石梯形明渠,复式断面。两岸管理范围内被厂区及住宅占据的河段较多,沿河巡视道路不畅通。

上寮河:河流长 6.65 km,广深高速公路—黄浦路段为浆砌石梯形明渠、复式断面;黄浦路—7#桥上游段为浆砌石梯形明渠;7#桥上游—新沙路段为浆砌石梯形明渠、复式断面;新沙路下游段为浆砌石矩形明渠及暗渠(1.1 km);河口段长 0.7 km,为天然河道。河道管理范围内有大量建筑物,如黄埔路上游右岸围墙、广深公路下游两岸平房、7#桥上游左岸围墙及多层楼房等,严重影响河道管理。

万丰:河流长 4.52 km,万丰水库—上南路口段长 1.52 km,为浆砌石矩形明渠,部分河段损坏;上南路口段—创新路段长 0.55 km,为暗渠;创新路—河口段长 2.45 km,为暗渠。

2)退化为市政排水渠道支流现状

沙浦西排洪渠:河长 5.48 km,河道为浆砌石矩形明渠,河道巡视道路基本畅通。

潭头渠:河长 3.02 km,河道为浆砌石矩形明渠(其中暗渠约 50 m),沿河巡视道基本畅通。

东方七支渠:河长 3.22 km,全河段已按 50 年一遇标准整治。河源—广深高速公路段 1.2 km,该段为浆砌石暗渠;广深高速公路—河口段 0.7 km,为浆砌石矩形明渠。河道两岸主要是民宅和工业厂区。

共和涌:河长 1.27 km,共和闸以上河道已整治,为长 1 km 的浆砌石矩形明渠,共和闸以下 0.27 km 河道为天然河道。河道整治段两岸民房临河建成,沿河长达 880 m,大部分河段无巡视道路。

石岩渠:河长 7.04 km,已按 50 年一遇标准整治。河源(万丰水库旁)—北环路段长 6.65 km,为暗渠;北环路—河口段长 0.39 km,为浆砌石矩形明渠。

衙边涌:河长 3.13 km,辛居桥—北帝堂路桥上游段 0.58 km,为浆砌石矩形明渠;北帝堂路桥上游—西环路段 0.6 km,为暗渠;西环路—河口段 1.5 km,为浆砌石矩形明渠;支流长 0.45 km,为浆砌石矩形明渠与暗渠,部分民房临河而建。

道生围涌:河长 2.23 km,全河段已整治,为感潮涌,河口建有道生围水闸挡潮。上游段 0.23 km,为浆砌石矩形明渠,渠宽 0.8~1.5 m;沙井路—河口段 1.92 km,为暗渠。

6.1.1.3 排涝现状

茅洲河（宝安段）中下游地区地势低洼，地面平均高程 1.00~2.30 m，界河 2 年一遇高潮位 2.40 m 以上，沿河两岸涝水需建泵站抽排至河道。茅洲河宝安片区共有燕罗、塘下涌、沙浦北、沙井河—排涝河、公明、蚵边涌及桥头 7 个涝片，受涝面积约 20 km²。根据 2014 年完成的《深圳市内涝调查及整治对策调研报告》，现状有 33 个易涝点，主要分布在上寮河、蚵边涌及罗田水等流域，受涝原因主要为地势低洼、排水管网不完善。现状沙井—排涝河涝片基本达到排涝标准，其他涝片存在泵站排涝能力不足、雨水管收集系统不完善、涝片不封闭等问题，其中 19 处开展了排涝应急工程。涝片主要采用"高水高排、低水抽排"的治理原则，通过排水管涵、渠道收集雨水，通过闸、涵封闭涝片，涝水通过泵站外排。现状已建泵站 58 座，总排水规模 376.99 m³/s。公明片区分布在宝安和光明两个片区，在宝安范围内涝片即为三门社区第三工业区。

1. 燕罗片区

燕罗片区位于茅洲河中游右岸，属于松岗街道燕川、罗田两个社区，区内建筑密集，建有大面积工业厂房和居民住房，地势低洼，地面高程为 3.60~5.50 m。该涝片总面积 2.48 km²，其中罗田水中下游区域 1.99 km²、龟岭东水下游区域 0.49 km²。

片区目前已建成燕山泵站，设计流量 3.3 m³/s，泵站服务面积约 0.54 km²，可以解决龟岭东水下游区域的内涝问题。

罗田水下游区域已建成燕川等 4 座泵站，总设计流量 37.81 m³/s，总服务面积约 3.88 km²。

2. 塘下涌片区

塘下涌片区位于茅洲河中游北侧、塘下涌东侧、金谷山以西、老虎坑以南的区域，广田路由东向西从片区中部穿过。该片区为松岗街道塘下涌社区，西侧与东莞相邻。片区内建有大量厂房和居民住房，建筑密集，地势低洼，地面高程为 3.30~5.50 m，茅洲河干流在塘下涌入口处 20 年一遇洪水位为 4.84 m，片区有 2.18 km² 区域排水受茅洲河干流洪水位顶托，受涝形势较为严峻。

3. 山门社区第三工业区

山门社区第三工业区位于茅洲河中游南侧，与燕罗片区隔岸相对。该片区建筑物密集。区内地势低洼，地面高程为 2.50~5.50 m。受茅洲河干流洪水位顶托。

近年来，随着片区开发建设，西侧及北侧部分水塘被填埋、大面积地面被硬化加速雨水汇集、道路等市政设施建设改变了排水系统分区，导致内涝。

4. 沙浦北片区

沙埔北片区位于茅洲河中游东侧及南侧、广深公路以西、沙江路以北的区域。该片区属于松岗街道的沙埔西、洪桥头两个社区。区内建筑物密集，地势低洼，地面高程为 2.50~4.50 m。茅洲河干流在沙埔西排洪渠入口处 20 年一遇水位为 4.00 m，受干流水位顶托，该片区约 3.82 km² 易涝区域涝灾严重。目前有沙浦西泵站，规模 16.95 m³/s。

5. 沙井河—排涝河片区

该片区位于茅洲河下游东侧，包括沙井河和排涝河（岗头调节池以下部分）流域、道生围涌、共和村排洪渠流域及松岗的大围江边流域。区内建筑物密集，受涝面积约 14.82 km²。

区内有一级支流沙井河、道生围涌、共和村排洪渠、排涝河，二级支流松岗河、东方七支渠、潭头渠、潭头河等。目前已建有松岗泵站（1.5 m³/s）、溪头泵站（0.75 m³/s）、沙埔南泵站（5.0 m³/s）、东方七支渠泵站（4.8 m³/s）、潭头渠泵站（5.6 m³/s），部分社区自建较多小型泵站（如后亭、共和、百坦泵站等）。

6. 蚵边涌片区

蚵边涌片区位于茅洲河下游段东侧、排涝河南侧、石岩渠西侧、蚵乡西路与新沙路以北的区域。该片区属于沙井街道沙三、沙四、蚵三、蚵四、蚵边等社区。区内建筑物密集，地势低洼，地面高程为 1.80~4.00 m。

2010 年，蚵边涌泵站建成，设计规模 36 m³/s，服务面积 3.65 km²。由于该区域雨水收集管网不完善，泵站功能未完全发挥。

7.桥头片区

桥头片区位于沙井街道的岗头调节池上游,二级支流新桥河、上寮河和万丰河交汇处,新桥、桥头社区一带。区内建筑物密集,地势低洼,地面高程为1.80~3.00 m。

《宝安区防洪(潮)排涝工程规划》报告中分析该涝区面积为2.15 km²。根据近几年工程实施情况,考虑宝安大道、中心路、北环路箱涵断面缩窄;沙井河泵站建成后潭头河水排入排涝河,抬高岗头调节池水位;墩岗、万丰、洋下等低洼区涝水没有计入等问题,经梳理后该涝区面积实际为4.83 km²。

七大涝片现状特性如表6.1-1所示。

表6.1-1 七大涝片现状特性

片区名称	受涝面积（km²）	已建泵站		在建泵站		是否满足内涝防治标准
		数量（个）	抽排能力（m³/s）	数量（个）	抽排能力（m³/s）	
燕罗片区	2.48	5	41.11	—	—	不满足
塘下涌片区	2.18	2	9.60	1	37.80	满足
山门社区第三工业区	0.56	—	—	—	—	不满足
沙浦北片区	3.82	7	21.78	—	—	不满足
沙井河—排涝河片区	14.82	34	74.91	2	182.10	满足
衙边涌片区	2.38	1	36.00	—	—	不满足
桥头片区	4.83	9	15.97	—	—	不满足

6.1.1.4 雨水工程现状

宝安区茅洲河中下游片区内现状排水体制为雨污合流制,现状合流制排水管道埋深较浅,管径较小,且布置零乱,未形成完善的系统。茅洲河流域已修建雨水管渠总长度约1 028.45 km,新建区域为雨污分流制,旧区为截流式雨污合流制。其中,合流制管网长约234.63 km,合流制排水明渠长约170.62 km,分流制雨水管长约445.64 km,分流制雨水渠长约177.56 km。区块内部雨水污水管道混接、错接较为严重,布置零乱,未形成完善的系统。

(1)新和路两侧铺设DN800~DN1 500雨水管及A2.5 m×2.5 m~A3.0 m×3.0 m雨水渠。

(2)北环路两侧铺设DN400~DN1 200雨水管。

(3)新沙路两侧铺设DN600~DN1 000雨水管。

(4)创新路两侧铺设DN600~DN1 000雨水管及A2.0 m×2.0m雨水箱涵。

(5)宝安大道、中心路两侧铺设DN600~DN1 500雨水管。

(6)广深公路双侧铺设DN400~DN1 000雨水管及A0.8 m×0.8 m~A0.8 m×1.0 m雨水箱涵。

(7)广田路两侧铺设DN400~DN1 200雨水管。

(8)广深公路两侧铺设DN400~DN1 200雨水管及A4.0 m×2.5 m雨污混流箱涵。

(9)宝安大道两侧铺设DN500~DN1 500雨水管。

(10)沙江路、洪湖路、创业路、楼岗路局部路段铺设DN600~DN1 000雨水管。

其中,沙井、松岗片区现状市政管渠、现状雨水管渠重现期统计见表6.1-2、表6.1-3。

表 6.1-2 沙井、松岗片区现状市政管渠统计

序号	街道名称	现状建成区面积(km²)	雨污合流管网长度(km)	雨水管网长度(km)	合流制排水明渠长度(km)	雨水明渠长度(km)
1	沙井	42.91	18.49	102.23	0.82	29.17
2	松岗	45.41	93.61	99.69	83.1	29.44

表 6.1-3 沙井、松岗片区现状雨水管渠重现期统计　　　　　　　　　　（单位:km）

序号	街道名称	小于1年一遇	1年一遇	1~3年一遇(不包括1 km和3 km)	3年一遇	3~5年一遇(不包括3 km和5 km)	5年一遇	大于5年一遇
1	沙井	0	88.73	50.08	3.64	0	0	2.58
2	松岗	0	218.92	69.12	9.32	0	0	14.16

6.1.1.5 水环境治理工程现状

茅洲河流域水环境治理工程主要实施了以下几方面内容:

(1)沿茅洲河干流从上游到中游洋涌河闸附近修建了干流截污工程,长度约 11 km(双侧 22 km),主要采用钢筋混凝土箱涵形式,修建于主干河道堤防外侧,用于将河道两侧排水口截流。

(2)在流域范围内实施了雨污水分流管网建设工程。目前,已建成主管网 269 km、支管网 161 km。

(3)已建成沙井、燕川两座污水处理厂,处理能力各 15 万 m³/d。其中,沙井污水处理厂管网收集范围有 30% 的面积在茅洲河流域范围以外,如果沙井在二期扩建 35 万 m³/d,总处理规模达到 50 万 m³/d 以后,实际处理茅洲河流域的污水量约 35 万 m³/d。

(4)本次工程范围内规划建设 12 处分散处理设施,采用一级强化处理工艺,总处理规模为 30.2 万 m³/d,其中第一批 7 处分散处理设施整体打包,总处理规模 12.2 万 m³/d,已完成施工招标,分别位于沙浦西、松岗排涝渠、松岗沙浦排涝渠、道生围涌、潭头渠、潭头河、上寮河;第二批 3 处分散处理设施整体打包,总处理规模 15.7 万 m³/d,已完成设计招标,分别位于洋涌河处、老虎坑、龟岭东;另外一处 2 万 m³/d 在西部海湾一级强化处理工程中已经完工,另外一处为江碧工业区分散处理设施,目前无具体进展。

现状河道主要配水水源为沙井、燕川、公明及光明污水处理厂处理后的尾水,总规模约 55 万 m³/d。公明污水处理厂尾水配水进入新桥河;规模 10 万 m³/d;其他 3 个污水处理厂尾水直接进入茅洲河干流,规模各为 15 万 m³/d。

茅洲河流域降雨年内分配不均,80% 的降雨都集中在每年 4~9 月的丰水期。枯水期径流有限,将部分径流截入污水系统,导致河道缺少新鲜的补给水源,水环境堪忧。

6.1.1.6 滨水生态现状

20 世纪 80 年代至今,西海岸随着城市的高速发展,绿地面积锐减,现状城市建成区绿地严重缺失,绿地斑块缺乏有效联系,绿地生态系统脆弱,城市生态安全受到越来越多的威胁,保护现有的山体、湖泊、河流是一份迫在眉睫的使命。

茅洲河中下游片区河道多穿越城市生活区,周边主要为工业区、居住区及商业区,开发强度大,建筑密集。局部河段被建筑物挤占,空间有限,局部河段周边存在较大绿地空间。河道上游水量较少,泥沙较多,下游多为感潮河段,水量可以形成水面,但河道淤积,水质浑浊黑臭,影响周边居民生活。河道普遍硬质渠化,部分河段存在沿河绿荫带,生态本底较好,但植被单一,缺乏层次感。河岸现有沿河道路,局部河道巡河路贯通。河道空间单一,缺乏亲水设施及滨水活动空间。

6.1.1.7 管理现状

宝安区环境保护和水务局于 2011 年 4 月在大部制改革中由原环保、水务局整合而成,共设 25 个机

构,包括6个内设科(室)(办公室、计财科、环保审批科、监督科、水资源科、河道水保科)、8个局直属行政执法机构(监察大队、水保办和6个街道管理所)、1个代管机构(三防办)、1个行政管理类事业单位(区排水管理处)和9个下属事业单位。编制295名,其中公务员130名、职员150名、雇员15名。目前,有干部、员工615人,其中正式职工327人、临聘人员288人。

宝安区防洪设施管养模式从单一的政府机构管养模式逐渐向管理机构与管养单位分离的市场化模式发展。河道作为防洪排涝的天然屏障、水资源的主要载体、生态环境的控制性要素,是经济社会可持续发展的重要基础性资源,宝安区政府十分重视河道的管理和保护,安排由宝安区环境保护局和水务局对宝安区辖区内河道、排水泵站、水闸进行管理,并对辖区内河道进行管理及养护。

河道管养主要通过选择具有相应资质的养护单位对辖区内河道进行养护,实行管养分离。泵站管理由宝安区河道管理所、机场、街道水务部门及社区分别承担。有相当一部分泵站由各社区自行管理,由于运行费用大部分由社区承担,存在设施维护不到位、带病运行情况,无办公管理及生产生活用房,管理不规范。

防洪潮水闸除洋涌河水闸由宝安水资源开发总公司管理外,其他均以政府采购服务的方式由宝安水资源开发总公司负责现场运行管理,对区河道管理所负责。大部分水闸无管理用房。

6.1.2 存在的问题

6.1.2.1 防洪存在的问题

(1)外海潮位顶托造成区域洪涝灾害频发,缺乏针对性的防潮措施。茅洲河在宝安区内干、支流长度96.56 km,感潮河段为39.9 km。其中,干流感潮河道为11.9 km,占干流河道总长度的60%;支流感潮河道长28 km,占支流总长度的34%。珠江口外海多年平均高潮位1.21 m,实测高潮位达3.30 m。河口感潮河段两岸建成区地面高程为2.60~3.60 m。区域暴雨遭遇外海潮位,河道内洪水受潮位顶托,洪涝灾害频发。但目前防洪体系并没有考虑有针对性的挡潮措施。

(2)大部分河道防洪不达标。近年来,宝安区针对茅洲河流域防洪排涝存在的问题,进行了一系列的整治工程。现状干流防洪能力为10~100年一遇防洪标准,已达到规划防洪标准的河道长度为9.71 km,占宝安区干流河道长度的49%,目前干流防洪工程正在进行达标治理。支流已经达到规划防洪标准的河道长度为35.14 km,占宝安区支流河道长度的42%。

(3)河道暗渠率高,淤积严重,导致过流能力减小。茅洲河宝安境内段有18条支流,其中有暗渠的支流达到11条,占61%,有些暗渠淤积严重,且清淤困难,防洪标准严重不达标。

(4)巡河道路不畅通。河道两岸尤其是支流,建筑物密集紧邻岸边,拆迁困难,导致道路时有断头,不畅通,汛期抢险困难。茅洲河支流防洪通道不通畅现状见图6.1-1。

图6.1-1 茅洲河支流防洪通道不通畅现状

(5)部分河道硬质渠化,没有配套的河道景观。城建区河道多为梯形断面、硬质挡墙和护坡,局部堤防或挡墙过高,河道生态功能缺失,景观、环境极差。部分河道防洪墙顶高程远高于地面高程,阻断了人与河道的沟通,缺乏亲水设施及滨水活动空间。茅洲河支流硬质化情况见图6.1-2。

图6.1-2　茅洲河支流硬质化情况

（6）部分河道挡墙建设年代久远，破损严重，墙脚有淘空现象，存在安全隐患。

（7）底泥的危害。河道底泥是各种来源的营养物质经一系列物理、化学及生化作用，沉积于河底，形成疏松状、富含有机质和营养盐的灰黑色底泥。污染物通过大气沉降、废水排放、雨水淋溶与冲刷进入水体，最后沉积到底泥中并逐渐富集，使底泥受到严重污染。污染底泥具有含水量高，黏土颗粒含量多，强度低且具有明显的层序结构，重金属含量高、成分复杂，有明显臭味，产生多种危害。

根据现场踏勘情况，宝安境内茅洲河流域淤积严重，特别是支流暗渠河段，侵占了行洪断面，造成防洪标准下降。

6.1.2.2　排涝存在的问题

（1）排水管网系统配套不完善，泵站效益发挥受阻。尤其是一些老城区如桥头片区，原来的管网排水能力不足，新旧管网接驳不完善，导致排水系统与泵站规模不匹配，泵站不能按设计工况发挥效益。

（2）排涝泵站规模不够。涝区内有些泵站年久失修，不能正常发挥作用；城市开发建设导致径流量增加，需要外排的水量增多，使得涝片排涝泵站规模不足。

（3）排水管网连通情况复杂、部分封闭涝片的闸维护不当，导致局部涝片不封闭，排涝效果达不到预期。

6.1.2.3　水环境治理存在的问题

根据资料收集和现场调研，茅洲河流域水环境存在以下主要问题：

（1）水资源利用量的增加使入河废污水量激增。区域降雨时空分布不均，河道源短流急，不利于当地水资源的开发利用。随着经济快速发展，用水量激增，水资源的开发已超出其承载能力，只能通过大量外调水量来满足当地用水需求。然而，用水量的增加导致排入河道的废污水量增加，加剧水环境恶化。

（2）水质污染情况严重。根据现场踏勘，茅洲河中下游片区罗田水、龟岭东水、沙井河、排涝河、松岗河、新桥河、万丰河等18条支流各河段或河涌均存在大量漏排污水入河现象，河涌水体黑臭。根据水质监测数据，茅洲河流域内干流、支流水质均为劣Ⅴ类。

（3）干流截污系统属于末端治理，造成污水处理厂水质、水量波动大。

①水量变化情况。茅洲河流域内城区管网大部分为合流制，即使有雨污分流系统，混流情况也比较严重，尤其是老城区，而目前采用的末端截污属于末端治理，前端管网的合流体制没有根本改变，造成目前污水处理厂水质、水量波动大，处理效果难以保障。同时，由于前端管网建设不完善，目前污水处理厂旱季水量偏小，需要抽取河道水，造成处理功效不能完全发挥。宝安区茅洲河流域集中式污水处理厂基本情况见表6.1-4。

受收集管网不完善限制，燕川和沙井污水处理厂部分或全部从河道截污总口取水，其2014年各月平均处理水量如表6.1-5所示。

表 6.1-4　宝安区茅洲河流域集中式污水处理厂基本情况

名称	建成时间	处理工艺	处理规模（万 t/d）	行政区	设计出水标准
沙井污水处理厂	2007 年	A^2/O	15	宝安区	一级 B
燕川污水处理厂	2011 年 10 月	改良 A^2/O	15	宝安区	一级 A

表 6.1-5　燕川和沙井污水处理厂 2014 年各月平均处理水量　　（单位:万 m^3/d）

名称	1 月	2 月	3 月	4 月	5 月	6 月	7 月	8 月	9 月	10 月	11 月	12 月
燕川污水处理厂	11.3	12.2	16.1	17.1	16.7	16.8	17.1	16.9	16.2	15.4	16.1	12.1
沙井污水处理厂	11.2	9.5	10.2	17.3	19.6	21.9	22.2	20.4	19.2	19.2	16.8	15.3

②进厂水质情况。根据分析,2014 年燕川和沙井污水处理厂平均进厂水质情况如表 6.1-6 所示。

表 6.1-6　2014 年燕川和沙井污水处理厂平均进厂水质情况　　（单位:mg/L）

名称	项目	COD	BOD	SS	NH_3-N	TN	TP
燕川污水处理厂	实际	80~358	26.1~178	90~886	10.7~32.5	13.5~36.4	1.75~19.1
	设计	280	150	220	40	45	4.5
沙井污水处理厂	实际	72.1~218	23.5~136	30~239	21.8~51.3	36.2~58.4	2.75~11.3
	设计	260	130	180	30	35	—

由表 6.1-5 可以看出,实际进厂水质情况旱季、雨季波动较大,导致出水水质波动。

（4）二、三级管网建设滞后,实施难度大,造成已建管网多数未能发挥作用。城区管网存在干管已实施,末端管网不配套的问题,未来二、三级管网建设工作量较大。流域内干管已经完成建设,但二、三级管网建成比例仅 7%,而二、三级管网大部分位于城中村等城区内部,牵涉范围广,实施难度大。宝安区茅洲河流域污水处理厂配套管网建成情况如表 6.1-7 所示。

表 6.1-7　宝安区茅洲河流域污水处理厂配套管网建成情况

类别	规划长度（km）	建成长度（km）	建成比例（%）
干管	269	269	100
支管	2 273	161	7
合计	2 542	430	—

2008 年以来,沙井—松岗街道区域内新建管网 152 km,其中仅 48.3 km 发挥了作用,其余 103.7 km 受松岗 2# 泵站及沙井二期建设影响,尚未发挥作用。沙井污水处理厂已建管网评估情况如表 6.1-8 所示。

（5）污水处理厂扩容和提标改造亟待实施。随着二、三级管网建设,现有污水处理厂需要进行扩容改造,同时需特别关注污水处理厂对周边环境的二次污染问题,妥善处理周边居民的关切。根据《关于进一步加快茅洲河流域（宝安片区）水环境综合整治工作方案》(2015 年 8 月),沙井、燕川污水处理厂均需要扩建和提标,目前正在开展前期工作,但进度缓慢。

（6）工业污染比较严重。流域内除市管、区管企业外,尚有众多小企业存在,且混杂在居民区中,治理难度大,偷排、漏排现象存在。

（7）潮水回灌。茅洲河下游界河段为感潮河段,出海口位于珠江口的凹岸回流区,水体交换动力不足,污染带聚集在河口外 1.5 km 范围内,涨潮期间随潮流上溯,给茅洲河下游界河段水质带来负面影响。

表6.1-8　沙井污水处理厂已建管网评估情况

名称	已建管网建设情况				说明
	功效分类	管网分类	管长(km)	收集水量（万 m^3/d）	
沙井污水处理厂	发挥作用	一期配套干管	23.3	11.0	河道混流水
		二期配套干管	15.2	6.0	截流污水
		一期支管	9.8	2.0	截流污水
		小计	48.3	19.0	
	未发挥作用	一期配套干管	10.5	8.0	松岗2#泵站未建好且末端沙井污水处理厂二期未建
		二期配套干管	43.4	14.8	沙井污水处理厂二期未建
		一期支管	59.7	4.1	一、二期配套干管未发挥作用
		小计	113.6	26.9	
发挥作用			48.3	19.0	其中管网进水18.2万 m^3/d、河道截流混流水25.3万 m^3/d
未发挥作用			113.6	26.9	
合计			161.9	45.9	含混流污水

（8）河道底泥淤积严重。由于城市人口增加、产业结构与工业布局不合理、污染物排放超过环境容量、工业污染源难以实现稳定达标排放、城市生活污染处理率低等，导致宝安境内茅洲河干支流污染、淤积严重，景观和生态功能严重退化。茅洲河干支流河道"发黑、发臭、发亮"，部分支流河道里堆积着各种垃圾，排污口随处可见，使本已经黑臭的河水更加肮脏。河水流速较小，部分支流处于半断流状态，露出乌黑的底泥，使得河道及河岸的景观状况差，不仅影响周边居民的身心健康，也使河滨带地块的土地功能受到制约，严重影响城市的发展。

由于底泥中含有大量的有机质，夏秋高温季节，有机质在细菌的作用下，氧化分解，不断消耗水体中的大量溶解氧，使河道下层水体本来不多的溶解氧消耗殆尽，造成缺氧状态。在缺氧状态下，厌氧菌大量繁殖，发酵分解有机质，产生对鱼类有害的氨、硫化氢、有机酸等物质，这些物质又强烈亲氧，使河水负"氧债"。夜间上下层池水对流交换，而引起整个河道水体溶解氧不足，导致鱼缺氧浮头，若遇连绵阴雨、闷热低气压天气、雷阵雨或北风突起等不良气候条件，则缺氧更为严重，造成鱼类无法生存。

根据现场调研及《宝安区土壤（河流底泥）重金属和有机物污染调查报告》，流域内河道底泥污染严重，底泥重金属及有机物均为重度污染，需实施河道清淤，并妥善处置清淤底泥。

6.1.3　成因分析

6.1.3.1　自然因素

宝安区位于西部沿海，全区地面高程3 m以下的低洼区域面积41 km^2，占总面积的11%。该区属南亚热带海洋性季风气候区，多年平均降水量1 700 mm以上。降水量时空分配极不平衡，汛期降水量约占全年降水总量的80%以上，且多以暴雨的形式出现，夏季常受台风侵袭，极易形成暴雨，发生洪涝灾害。受涝区域主要位于茅洲河中下游地区，区域内洪水的排泄受珠江口潮水位的顶托。根据赤湾站资料统计，多年平均最高潮位为2.12 m，现状城市地面高程为1.5～4.5 m。因此，暴雨与较高潮水位遭遇时，增加了洪涝灾害发生的频率及经济损失。茅洲河无上游水源补充，水环境容量小。下游为感潮型河段，长约13.02 km，水动力不足，导致河水污染、近岸海水交叉感染，黑臭加剧。

6.1.3.2　城市建设因素

随着深圳城市经济社会的发展、城市化进程的加快和公共设施的建设,由于缺乏系统规划,片区城市开发基本无竖向规划指导,造成早期开发的区域地势较低,后期开发的区域地势高于早期开发的区域,加之早期开发的区域城市排水管网的设计标准相对较低,造成局部旧城区出现水浸。自 1962 年以来,海岸线已普遍向外推移,外移速度为 17.4～56.5 m/a;规划片区内鱼塘面积比 21 世纪初也萎缩了约 43% 之多。城市建设过程中,全区河流被不同程度覆盖,道生围涌、东方七支渠已经或几乎全线暗渠化,尤其部分河道上游建成区段暗涵化严重,目前已退化为市政排水纳污涵。农田、水塘逐步成为城市地区,导致水面率下降。城市的地形地貌和下垫面条件发生大幅改变,地面硬化、水面和植被减少、不透水面积的扩大都使得地表径流系数增大,导致洪峰提前、洪量增加、平原调蓄涝水能力弱化,原来达到标准的防洪排涝系统则不再满足要求,导致雨水不能及时排入排水系统而受涝。同时,开山采石、山林植被的破坏及环山的建设造成山体蓄水能力减弱,山洪无法得到缓冲而直接冲击城区,进一步加大城市的排涝压力。城市的快速建设,尤其是宝安大道、龙大高速等市政骨干道路建设割裂原有水系,调整了行泄通道,改变了自然水系格局,打破了原有水循环系统,蓄水面积与河网密度减小,严重阻碍了洪涝水的调蓄和排泄;同时,也产生了下穿式立交、地下空间等新的防涝重点区。

6.1.3.3　工程体系因素

宝安区早期建设的部分防洪、排涝工程体系亟待完善,尤其是沿海填海区域,河道淤积及被侵占的现象十分严重,加之填海造地工程的逐步实施,恶化了防洪、排涝工程运用的边界条件,降低了工程体系的防洪、排涝能力,部分早期建设的工程体系其排水防涝能力已经不能满足城市防洪减灾的要求。防洪排涝方面,现状河道部分河道仅满足 5～10 年一遇防洪标准,排涝泵站规模大多为 1～2 年一遇,防洪排涝设施标准偏低。另外,2007 年以来新建泵站部分存在排水管网与泵站规模不匹配的问题,再加上管网建设与污水厂不同步,已建管网不成系统,导致已建管网无法充分发挥效益。生态景观方面,河道大多邻近城市生活区,局部河段被建筑物挤占,导致滨水活动空间缺乏。

6.1.3.4　监督管理因素

监管严重缺位。环保、城管、水务、街道等多部门联动的执法协调机制未健全,使得破坏水源的违法活动难以得到有效遏制;相关法规缺少相应管理办法或责任追究制度,考核机制不完善,原特区外城市管理尚未完善,污水、泥浆及餐馆、洗车场、垃圾屋废水偷排现象普遍,对市政雨污水系统、污水处理厂、河道造成极大冲击。排污、排水、水土保持等管控措施不力。房地产开发超前,在未得到相关批准或政府配套治污设施尚未完成前就已完工,导致旧城区尚未改观,新楼盘又出现污染问题。水务设施监管起步晚。2013 年才实现河流日常管养全覆盖,但还欠缺与城市管理的衔接,仍存在垃圾入河情况。涉河违建打击力度不足。管理人员、资金及技术力量缺乏,水务设施日常维护管理经费普遍存在投入不足的现象;信息化、精细化管理水平低,水务设施预警体系有待加强。

6.1.4　已采取措施及评估分析

6.1.4.1　片区雨污分流管网建设情况

1. 污水干管工程

1)沙井污水处理厂配套污水干管工程

2008 年以来,沙井—松岗街道区域内新建管网 152 km,其中仅 48.3 km 发挥了作用;其余 103.7 km 受松岗 2# 泵站及沙井二期建设影响,尚未发挥作用。

沙井污水处理厂配套污水干管一期工程:沙井街道新建锦绣路污水主干管及沙福河、南环沟、沙头涌、沙三四涌截污干管,对沙四东路沟、北帝堂二路沟、环镇路暗渠及岗头涌进行改造、截流,扩大台封泵站规模;松岗街道建设沿河路、河滨路、松裕路、松明大道截污干管,同时新建 2# 污水泵站。预计一期工程在沙井约可截流 15 万 m³/d 旱季污水,在松岗可截流 8 万 m³/d 旱季污水。

一期污水干管主要服务范围为沙井街道北环路以南区域,现状污水收集方式为总口截流河道混流污水和管网截流污水。一期管道工程已经全部完工并交付使用,仅 2# 泵站由于建设用地问题滞后,目前即将完工。

二期干管工程范围划分为六大排污片区,分别是新桥河截污系统、上寮河截污干管系统、宝安大道南段污水干管系统、广深公路污水干管系统、宝安大道北段污水干管系统、沙江路污水干管系统。目前已经建成,因沙井污水处理厂二期未建,暂时未通水。

由于新桥泵站的建成,上寮河及新桥河流域的二期干管收集的截流污水,由此泵站将污水提升至沙井污水处理厂一期进行处理。已建管网情况见表6.1-8所示。

2)松岗水质净化厂(原燕山污水处理厂)配套污水干管工程

松岗水质净化厂配套污水干管一期工程总设计长度38.45 km,其中位于光明新区长度约18 km。目前该工程已基本完工。

二期工程实施管道总长约50 km。

2. 污水支管网工程

1)沙井污水处理厂支管网工程

沙井污水处理厂服务范围内已完成支管网一期工程的设计,目前支管网已经建设约15%。支管网工程主要是对服务范围内的小区进行正本清源及分流制改造,从源头开始对排水用户实施雨污分流,形成完全分流的排水管网体系。

2)松岗水质净化厂支管网工程

目前,松岗水质净化厂支管网一期工程完成了塘下涌工业区、罗田村雨污分流管网工程,支管网二期完成了罗田水流域片区雨污分流管网工程。洪桥片区和燕川村片区目前正在设计中。拟建或在建片区雨污分流管网建设情况如表6.1-9所示。

表6.1-9 拟建或在建片区雨污分流管网建设情况

序号	街道名称	工程内容	阶段	项目建设内容
1	沙井、松岗	沙井污水处理厂服务片区污水管网接驳完善工程	初设编制	
2	松岗	燕川污水处理厂松岗片区污水管网接驳完善工程	预算审核	接驳完善工程,总长1.24 km
3	沙井	沙井街道西部片区污水管网完善工程	预算审核	片区雨污分流工程,长80 km
4	松岗	松岗街道罗田水流域片区雨污分流管网工程	概算审核	片区雨污分流工程,长171 km
5	松岗	松岗街道中心片区污水支管网工程	预算审核	片区雨污分流工程,长41.3 km
6	沙井	沙井街道共和片区污水支管网工程	预算审核	片区雨污分流工程,长46 km
7	沙井	沙井街道新桥片区污水支管网工程	预算审核	片区雨污分流工程,长40 km
8	松岗	松岗街道沙埔片区雨污分流管网工程	勘察设计	片区雨污分流工程,长77 km
9	松岗	松岗街道洪桥头片区雨污分流管网工程	勘察设计	片区雨污分流工程,长40 km
10	松岗	松岗街道燕川村片区雨污分流管网工程	勘察设计	片区雨污分流工程,长35 km
合计				534.21 km

3. 评估分析

片区雨污分流管网工程是整个茅洲河流域宝安片区水环境整治工作的最基础性工作,分流管网的实施进程、分流管网实施的彻底性,都将直接或间接影响水环境整治工作的效果。但是,宝安区两个污水处理厂服务范围内除已建的干管和支管网外,尚有1 164 km的分流管网需要建设,受区域功能、建筑形态等因素限制,局部实施完全的雨污分流制有一定困难,因此建议可以采取一部分的截流式合流制。

6.1.4.2　污水厂扩建和提标工程

1. 污水厂基本情况

研究范围内共有两个污水处理厂,分别是沙井污水处理厂、松岗水质净化厂(原燕川污水处理厂),其建设情况如表6.1-10所示。

表6.1-10　宝安区茅洲河流域集中式污水处理厂基本情况

名称	目前进度	处理工艺	处理规模(万 t/d)	设计出水标准
沙井污水处理厂 (一期)	2007 年	A^2/O	15	一级 B
沙井污水处理厂 (一期提标)	施工图设计	精密过滤	15	一级 A
沙井污水处理厂 (二期扩建)	可研编制	A^2/O + 精密过滤	35	一级 A
燕川污水处理厂 (一期)	2011 年 10 月	改良 A^2/O	15	一级 A
燕川污水处理厂 (二期扩建)	可研编制	A^2/O + 精密过滤	15	一级 A

根据统计资料,沙井污水处理厂目前已经是满负荷运行,区域产生的污水量已经达到35万 t/d,污水处理厂进水量最大达到21.3万 t/d,2013年平均处理水量达到18.8万 t/d,污水处理厂处理负荷率达到125.38%。

松岗水质净化厂2013年的日均处理水量15.29万 t/d,负荷率为101.93%,也是满负荷运行,雨季水量略高于旱季处理水量。

沙井污水处理厂一期以 BOT 方式运营。二期扩建工程目前正在与中国环境保护集团有限公司下属中国节能环保基团公司洽谈水价,处于 BOT 谈判阶段。

燕川污水处理厂由于其污泥深度脱水工程处于环评阶段,公众调查阻力较大,目前处于推进阶段。

两个污水处理厂扩建工程的设计进度均处于可研编制阶段,但是可研由于受到环评审批的影响,目前尚未批复。沙井污水厂一期提标工程也进入施工图设计阶段。

2. 评估分析

根据污水量预测和评估,规划扩建规模满足要求;需要注意消除一期工程的环境影响;现有河道内天然径流量不足,需要提高出水标准至地表Ⅳ类水,作为河道补充水。

6.1.4.3　初(小)雨截排系统建设情况

1. 茅洲河流域水环境综合整治工程(中上游段)

为完善防洪体系,削减入河污染,恢复河流生态环境,深圳市实施了茅洲河流域水环境综合整治工程(中上游段)。该工程以污染物总量控制及水质达标为目标,设计选择 7 mm/1.5 h 为标准雨型,收集到的初(小)雨全部一级处理后排放。截流标准为旱季100%截污,雨季相当于削减污染物总量的9.74%。

具体工程内容为:截流管(箱涵)尺寸 DN 1 500 ~ A 6 000 mm × 2 000 mm,总长 26.65 km。干流治理范围内设置调节池2座,即木墩河调节池(2.05万 m³)和上下村调节池(14.10万 m³)。上下村调节池处设置初雨处理设施,规模40万 m³/d。

初(小)雨处理终端:目前该工程主体截排箱涵部分已经实施完成,并已运行。但是上下村调蓄池、木墩河调蓄池由于用地问题,尚未建设,相应处理设施也未配套。因此,目前茅洲河中上游段干流截排系统仅有收集系统,没有配套相应处理系统。

2.排涝河截污工程[初(小)雨收集系统]

排涝河截污工程以改善水质为任务和目标,在支流入干流河口处及干流两侧设置截流箱涵,在末端设置初(小)雨调蓄池、污水提升泵站,并通过补水,形成一定的景观水系。主要工程内容包括截流箱涵工程、提升泵站工程、初(小)雨调蓄池工程、补水工程等。目前,该工程正处于施工初期。

具体工程内容为:箱涵按初(小)雨7 mm/1.5 h作为最大控制规模,两侧箱涵总长8.2 km;河口左岸新建5万 m³的初(小)雨调节池(含提升泵站);利用沙井污水处理厂二期再生水补水,新建补水管总长6.4 km。

初(小)雨处理终端:排涝河截流单场初(小)雨水量为8.22万 m³,截流后利用污水处理厂日变化系数的富余量来处理,未设置单独的初(小)雨处理终端。

3.初(小)雨收集及系统评估

茅洲河中上游整治工程和排涝河截污工程均考虑了初(小)雨收集系统,这在一定程度上可以减少片区面源污染的入河,对河道的水质改善和生态恢复具有较大作用。

但是,目前初(小)雨收集系统融入了大量的污水截流系统,导致两个系统无法独立、分隔运行,且处理终端尚不能匹配。茅洲河中上游段收集的初(小)雨,原设计意图是利用两个调蓄池,再经一级强化处理后排入茅洲河,而实际处理终端并未实施。松岗水质净化厂目前由于旱季污水量不足,取了一部分截流的初(小)雨水处理。排涝河初(小)雨收集系统虽然考虑了末端处理,但还是以终端污水处理厂为主来解决,这将对污水处理厂造成较大的水质、水量冲击负荷。

因此,初(小)雨收集系统应结合流域范围内雨污分流管网系统的改造,逐步将污水从初(小)雨截排系统里分离出来;作为初(小)雨面源污染的收集系统,应增设相应末端独立的初(小)雨处理设施或接入污水处理厂处理。

6.1.4.4 应急处理设施建设情况

1.应急处理设施现状

针对现状河涌漏排的污水情况,在流域内11处支流入干流处、总口截流处或暗渠接明渠处设置应急处理设施。现状应急处理设施如表6.1-11所示。

表6.1-11 现状应急处理设施

项目	序号	污水应急设置点	设计处理规模 (万 m³/d)	说明
深圳市 茅洲河流域 (宝安片区) 河道水质 提升项目	1	上寮河已建总口处	3.5	目前该项目7处 应急处理设施已完 成招标工作
	2	潭头河已建总口处	1.5	
	3	潭头渠已建总口处	1.2	
	4	道生围涌已建总口处	1.2	
	5	沙浦西排洪渠已建总口处	2.0	
	6	松岗排涝渠已建总口处	1.8	
	7	松岗沙浦排涝渠已建总口处	1.0	
	小计		12.2	

续表 6.1-11

项目	序号	污水应急设置点	设计处理规模（万 m³/d）	说明
深圳市宝安区茅洲河河道水质提升项目	1	茅洲河与平湖大街交汇处（皇泰印刷厂北侧）	12.0	目前该项目 4 处应急处理设施正在编制初步设计
	2	老虎坑水（皇泰印刷厂北侧）	2.0	
	3	龟岭东水	0.5	
	4	罗田水	4.0	
		小计	18.5	
江碧工业区总排口污水应急处理工程	1	江碧工业区	0.3	拟建项目
		合计	31.0	

应急处理工艺选择高效的"一级强化"处理工艺,推荐类似高密度沉淀池、磁分离水体净化技术等适合本工程特点的"一级强化"处理工艺。

一级强化处理进出水质要求为:通过水质检测数据分析,漏排入河道的旱季污水典型水质即进水水质,如表 6.1-12 所示;"一级强化"处理技术对主要污染物主要净化效果如表 6.1-13 所示。

表 6.1-12　进水水质　　　　　　　　　　（单位:mg/L）

指标	SS	TP	COD$_{Cr}$	BOD$_5$
数值	100 ~ 350	1 ~ 5.5	150 ~ 350	60 ~ 200

表 6.1-13　"一级强化"处理技术对主要污染物主要净化效果　　　（单位:mg/L）

序号	项目	设计进水指标	设计出水指标	《城镇污水处理厂污染物排放标准》(GB 18918—2002)三级标准
1	化学需氧量（COD$_{Cr}$）	COD$_{Cr}$ > 350	去除率大于60%	120
		120 ≤ COD$_{Cr}$ ≤ 350	<120,且去除率大于60%	
		COD$_{Cr}$ < 120	去除率大于50%	
2	生化需氧量（BOD$_5$）	BOD$_5$ > 160	去除率大于50%	60
		60 ≤ BOD$_5$ ≤ 160	<60,且去除率大于50%	
		BOD$_5$ < 60	去除率大于40%	
3	悬浮物(SS)		<50,且去除率大于90%	50
4	总磷(以 P 计)		<1.0,且去除率大于80%	5

2. 应急处理设施评估分析

污水应急处理设施是现有污水大量入河,截污不能实施到位的情况下,消除黑臭水体的一种措施。该措施属于权宜之计,应结合流域范围内雨污分流管网系统的改造,逐步分离雨水、污水,将污水纳入污水处理厂,应急处理设施可作为分流未彻底情况下的漏排污水处理措施。对于初(小)雨收集系统(茅洲河截排系统、排涝河截排系统)截流下来的混流水 [初(小)雨水和污水],应根据污水处理厂处理能力情况分别对待。

6.1.4.5 评估分析汇总

针对茅洲河整治,深圳市及宝安区已经开展了大量工作。针对这些工作,结合现场实际情况作出评估,流域内现状水污染治理措施评估如表6.1-14所示。结合评估结论,在充分利用现有设施基础上,再提出整体解决方案。

表6.1-14 流域内现状水污染治理措施评估

已采取措施	现状及规划	措施评估	保留建议
收集管网建设	目前,流域内两个污水处理厂服务范围内干管已经完成建设,但受制于污水处理厂处理能力不足,部分干管未能有效衔接。同时,大部分支管未完成建设。根据规划,流域内全部实施雨污分流	(1)根据现场实际情况,短期内全部实施雨污分流工作难度较大; (2)建议根据区域功能、建筑形态等因地制宜,适当保留合流制	应优化
污水厂扩建和提标改造	流域内现有两处污水处理厂,现状规模均为15万 m^3/d,根据规划,这两个污水处理厂均需要扩建,沙井扩建35万 m^3/d,燕川扩建15万 m^3/d,出水标准执行一级A	(1)根据污水量预测和评估,规划扩建规模满足要求; (2)需要注意消除一期工程的环境影响; (3)现有河道内天然径流量不足,需要提高出水标准至地表Ⅳ类,作为河道补充水	保留
初(小)雨截排系统	茅洲河上游至中游的干流截污系统已基本完成建设,该系统属于初(小)雨收集系统,目前将合流污水和初(小)雨一并截入,导致旱季河道干涸,雨季污染物外溢,且未设置末端初(小)雨处理系统	(1)该措施能收集面源污染; (2)应结合流域范围内雨污分流管网系统的改造,逐步将污水从截污箱涵里分离; (3)干流截污系统作为初小雨面源污染的收集系统,其处理终端应结合污水处理厂能力分别对待	应优化
应急处理	流域内规划建设了几处分散的处理设施,主要是在支流入干流处设置闸堰,将支流内混流的雨污水提升后进行旁流处理,超出处理能力的雨污水溢流进入干流河道,主要设置在集中的污染源处如江碧工业区,以及干流没有设置截污系统的支流处	(1)该措施属于权宜之计; (2)应结合流域范围内雨污分流管网系统的改造,逐步分离雨水、污水,将污水纳入污水处理厂; (3)分散处理设施可作为分流未彻底情况下的漏排污水处理措施	保留

深圳茅洲河流域(宝安片区)水环境治理工程项目清单如表6.1-15所示,深圳茅洲河流域(宝安片区)河道综合治理工程项目清单如表6.1-16所示。

表 6.1-15　深圳茅洲河流域（宝安片区）水环境治理工程项目清单

序号	所在街道	位置	名称	目前阶段	项目建设内容	总投资（估算）（亿元）	出处	说明
			一、列为市投的水环境整治工程项目（2 个）			16.88		不再纳入本次立项范围
1	沙井	茅洲河	沙井污水处理厂一期提标工程	未启动	原设计提标至一级 A，需提高至Ⅳ类水水标准，工程规模 15 万 t/d	2.00		
2	沙井	茅洲河	沙井污水处理厂二期扩建工程及配套污水污泥处理设施	可研编制	扩建规模 35 万 t/d	14.88	宝安区治水提质三年（2015—2017 年）行动计划	可研审核投资
			二、列为市投区建的水环境整治工程项目（40 个）			106.15		纳入本次立项范围
			（一）已开工项目（6 个）			11.69		
1	松岗	松岗街道	燕川污水处理厂松岗片区污水管网接驳完善工程	已完成施工招标，正在办理报建手续	接驳完善工程，总长 24 km	0.08		已批概算
2	沙井	排涝河、衙边涌	沙井街道西部片区污水管网完善工程	已完成施工招标，正在办理报建手续	片区雨污分流工程，长 80 km	4.59		已批概算
3	松岗	松岗河	松岗街道中心片区污水支管网工程	已完成施工招标，正在办理报建手续	片区雨污分流工程，长 41.3 km	2.20	宝安区治水提质三年（2015—2017 年）行动计划	已批概算
4	沙井	道生围涌、共和涌、排涝河	沙井街道共和片区污水支管网工程	已完成施工招标，正在办理报建手续	片区雨污分流工程，长 46 km	1.37		已批概算
5	沙井	新桥河、潭头河	沙井街道新桥片区污水支管网工程	已完成施工招标，正在办理报建手续	片区雨污分流工程，长 40 km	1.75		已批概算
6	沙井、松岗	茅洲河	茅洲河流域（宝安片区）河道水质提升项目	完成施工招标，正在开展进场准备工作	茅洲河下游段 7 处支流口污水进行一级强化，长 12.2 万 m³/d	1.70		

续表 6.1-15

序号	所在街道	位置	名称	目前阶段	项目建设内容	总投资（估算）（亿元）	出处	说明
（二）已进行施工图设计项目（1个）						2.08		
7	松岗	罗田水、龟岭东、白沙坑	松岗街道罗田水流域片区雨污分流管网工程	正在开展预算编制	片区雨污分流工程，长171 km	2.08	宝安区治水提质三年（2015—2017年）行动计划	已批概算
（三）已进行初设项目（2个）						1.97		
8	沙井、松岗	沙井松岗街道	沙井污水处理厂服务片区污水管网接驳完善工程	正在开展初设和概算编制	接驳完善工程，总长2.67 km	0.37	宝安区治水提质三年（2015—2017年）行动计划	已立项委托，尚未开展施工图设计
9	沙井、松岗	茅洲河	深圳市（宝安区）河道水质提升项目（茅洲河）	已完成初步设计，待报市水务局技术审查	茅洲河中上游截污箱涵约19.55万 m³/d污水应急处理	1.60	初步设计文本	已立项委托，尚未开展施工图设计
（四）已进行可研编制项目（4个）						13.70		
10	松岗	沙浦西、松岗河、沙井河	松岗街道沙浦片区雨污分流管网工程	正在开展可研编制	片区雨污分流工程，长77 km	3.85		已立项委托，尚未开展施工图设计
11	松岗	松岗街道	松岗街道洪桥头片区雨污分流管网工程	正在开展可研编制	片区雨污分流工程，长40 km	2.00	宝安区治水提质三年（2015—2017年）行动计划	已立项委托，尚未开展施工图设计
12	沙井	沙井河、排涝河	沙井街道布涌片区雨污分流管网工程	正在开展可研编制，计划10月底完成初稿	片区雨污分流工程，长38 km	1.85		已立项委托，尚未开展施工图设计
13	松岗	茅洲河	松岗水质净水厂二期扩建工程	可研编制	扩建规模15万 t/d	6.00		原设计一级（A），提标到GB 3838—2002 IV类水标准

续表 6.1-15

序号	所在街道	位置	名称	目前阶段	项目建设内容	总投资（估算）（亿元）	出处	说明
			（五）未立项项目（27 个）			76.71		
14	松岗	松岗街道	松岗街道燕川村片区雨污分流管网工程	未启动	片区雨污分流工程，长 35 km	2.10	—	尚未立项
15	松岗	塘下涌、老虎坑	松岗街道塘下涌工业区片区雨污分流管网工程	未启动	片区雨污分流工程，长 30 km	1.68	—	尚未立项
16	沙井	茅洲河支流	沙井街道污水管网接驳完善工程	未启动	充分发挥已建管网，对错接乱排污管进行接驳，提高片区污水收集率	3.00	—	尚未立项
17	松岗	茅洲河支流	松岗街道污水管网接驳完善工程	未启动	充分发挥已建管网，对错接乱排污管进行接驳，提高片区污水收集率	0.50	—	尚未立项
18	松岗	松岗河、七支渠、沙井河	松岗街道红星、东方片区雨污分流管网工程	未启动	片区雨污分流工程，长 48 km	2.60	—	尚未立项
19	沙井	新桥河、上寮河	沙井街道黄埔广深高速以西片区雨污分流管网工程	未启动	片区雨污分流工程，长 46 km	2.45	—	尚未立项
20	沙井	新桥河、潭头河	沙井街道黄埔广深高速以东片区雨污分流管网工程	未启动	片区雨污分流工程，长 56 km	3.00	—	尚未立项
21	松岗	潭头渠、潭头河	松岗街道楼岗、潭头片区雨污分流管网工程	未启动	片区雨污分流工程，长 80 km	4.24	—	尚未立项
22	松岗	塘下涌、老虎坑	松岗街道塘下涌村片区雨污分流管网工程	未启动	片区雨污分流工程，长 20 km	1.20	—	尚未立项

续表 6.1-15

序号	所在街道	位置	名称	目前阶段	项目建设内容	总投资（估算）(亿元)	出处	说明
23	沙井	石岩渠、衙边涌、排涝河	沙井街道老城片区雨污分流管网工程	未启动	片区雨污分流工程，长42 km	2.40	—	尚未立项
24	沙井	万丰河、上寮河、新桥河、石岩渠	沙井街道中心片区雨污分流管网工程	未启动	片区雨污分流工程，长101 km	5.40	—	尚未立项
25	松岗	松岗河、七支渠	松岗街道楼岗松岗大道以西片区雨污分流管网工程	未启动	片区雨污分流工程，长48 km	2.70	—	尚未立项
26	松岗	松岗河	松岗街道楼岗松岗大道以东片区雨污分流管网工程	未启动	片区雨污分流工程，长65 km	3.60	—	尚未立项
27	沙井	石岩渠	沙井街道老城南片区雨污分流网工程	未启动	片区雨污分流工程，长56 km	3.20	—	尚未立项
28	松岗	茅洲河	松岗水质净化厂一期提标改造工程	未启动	将一级A出水标准提标至IV类水标准，工程规模15万t/d	1.50	—	尚未立项
29	松岗、沙井	茅洲河	茅洲河湿地工程	未启动	茅洲河湿地占地面积6.62 hm²，龟岭东湿地工程占地面积3.34 hm²，潭头河湿地公园占地面积16.3 hm²	3.00	—	尚未立项
30	沙井	万丰河	万丰河应急处理设施工程	未启动	对1.5万 m³/d 污水进行应急处理	0.20	—	尚未立项

续表 6.1-15

序号	所在街道	位置	名称	目前阶段	项目建设内容	总投资（估算）（亿元）	出处	说明
31	沙井	茅洲河支流	沙井街道污水源头分散设施工程	未启动	对沙井片区内未进入污水管网的污水进行源头分散处理,处理至一级 A 标准排放现状水体	2.47	—	尚未立项
32	松岗	茅洲河支流	松岗街道污水源头分散设施工程	未启动	对松岗片区内未进入污水管网的污水进行源头分散处理,处理至一级 A 标准排放现状水体	2.47	—	尚未立项
33	松岗	沙井河	江碧工业区总排口污水接驳工程	未启动	对江碧工业区总排口截排的 0.3 万 m³/d 污水进行接驳	0.2	—	尚未立项
34	沙井、松岗	茅洲河支流	罗田水等 7 处支流河道生态修复工程	未启动	罗田水、老虎坑龟岭东,共和涌、衙边涌,松岗河、七支渠,岗头调节池,共 5.5 hm²	3.00	—	尚未立项
35	沙井	茅洲河支流	沙井街道河道生物治理项目	未启动	对街道内的河流采取生物治理修复技术	1.00	—	尚未立项
36	松岗	茅洲河支流	松岗街道河道生物治理项目	未启动	对街道内的河流采取生物治理修复技术	1.00	—	尚未立项
37	沙井、松岗	茅洲河支流	沙井污水处理厂尾水配水及配套工程	未启动	处理厂尾水配水及配套设施建设	3.20	—	尚未立项
38	沙井、松岗	茅洲河支流	松岗水质净化厂尾水配水及配套工程	未启动	处理厂尾水配水及配套设施建设	2.80	—	尚未立项
39	沙井	茅洲河干流	茅洲河（宝安片区）珠江口取水预处理厂（不含除盐）	未启动	珠江口取水工程	8.40	—	尚未立项
40	沙井、松岗	茅洲河支流	茅洲河（宝安片区）珠江口取水及配套工程	未启动	利用珠江口取水,对茅洲河感潮河段进行补水,增强水动力	9.40	—	尚未立项
总计（一＋二）						123.03		含市建

表 6.1-16　深圳茅洲河流域（宝安片区）河道综合治理工程项目清单

序号	街道名称	河流名或流域名	项目名称	设计阶段	项目建设内容	总投资（估算）（亿元）	投资出处	报告出处	编制单位/时间（年-月）	说明
（一）已开工项目（1个）						2.10				
1	松岗	—	塘下涌片区排涝工程	已开工，预计年底完成50%工程量	排涝工程流量37.8 m³/s	2.10		《宝安区塘下涌片区排涝工程初步设计报告》	深圳市水务规划设计院有限公司/2013-01	已开工
（二）已进行施工图设计的项目（3个）						6.58				
2	沙井	共和涌	共和涌综合整治工程	8月31日初步设计及概算已批复，正在开展施工图设计	河道治理长度994 m，新建污水管尺寸DN400，总长1.934 km	0.17	《深圳市发展改革委关于茅洲河流域水环境综合整治工程——共和涌综合整治工程项目总概算的批复》	《茅洲河流域水环境综合整治工程——共和涌综合整治工程初步设计报告》	深圳市水务规划设计院有限公司/2015-04	已立项目正在开展施工图设计
3	沙井	新桥河	新桥河综合整治工程	8月20日初步设计及概算批复，正在开展施工图设计	河道整治5.71 km（总长6.19 km），河道截污工程，清淤36 500 m³，景观打造	5.17	《深圳市发展改革委关于新桥河综合整治工程项目总概算的批复》	《新桥河综合整治工程可行性研究报告》	黑龙江省水利水电勘测设计研究院，中国市政工程中南设计研究总院有限公司/2014-03	已立项目正在开展施工图设计
4	松岗	—	沙浦北片区排涝泵站工程	8月7日初步设计及概算已批复，正在优化施工图设计	新建沙浦北1#泵站，6.38 m³/s，新建沙浦北2#泵站，31.05 m³/s	1.24	《深圳市发展改革委关于整治宝安区沙浦北片区排涝工程的批复》	《宝安区沙浦北片区排涝工程初步设计》	深圳市水务规划设计院有限公司/2012-07	已立项目正在开展施工图设计

续表6.1-16

序号	街道名称	河流名或流域名	项目名称	设计阶段	项目建设内容	总投资（估算）（亿元）	投资出处	报告出处	编制单位/时间（年-月）	说明
（三）已进行初步设计的项目（9个）						32.46				
5	沙井	上寮河	茅洲河流域水环境综合整治工程——上寮河上游段综合治理工程	1月9日可研批复，已完成初步设计，正在开展项目报批工作	河道治理长度6.2 km，支流整治长度0.44 km	2.16	《深圳市发展改革委关于茅洲河流域水环境综合整治工程——上寮河上游段综合治理工程可行性研究报告的批复》	《茅洲河流域水环境综合整治工程——上寮河上游段综合治理工程可行性研究报告》	深圳市水务规划设计院有限公司/2015-07	已立项委托，尚未开展施工图设计
6	沙井、松岗	茅洲河	茅洲河界河段（深圳侧）综合整治工程	9月16日可研已批复，正在开展初步设计	茅洲河界河段深圳侧防洪整治11.848 km；深圳侧重建穿堤涵闸9座；深圳侧预埋截污管12 km；深圳侧新建防汛道路12 km	8.80	《深圳市发展改革委关于茅洲河界河综合整治工程（深圳部分）可行性研究报告的批复》	《茅洲河界河综合整治工程（深圳部分）可行性研究报告》	广东省水利电力勘测设计研究院	已立项委托，尚未开展施工图设计
7	松岗	罗田水	茅洲河流域水环境综合整治工程——罗田水综合整治工程	10月初可研已批复，正在开展初步设计	包括干、支流共8.296 km长河道治理	5.26	《深圳市发展改革委关于茅洲河流域水环境综合整治工程——罗田水综合整治工程可行性研究报告的批复》	《茅洲河流域水环境综合整治工程——罗田水综合整治工程可行性研究报告》	深圳市广汇源环境水务有限公司/2015-08	已立项委托，尚未开展施工图设计
8	松岗	龟岭东水	松岗龟岭东水综合整治工程	9月底可研已批复，正在开展初步设计	河道整治长3.055 km，防洪排涝的需要新建沟渠1.57 km，合计总长4.625 km	2.43	《深圳市发展改革委关于松岗龟岭东水综合整治工程可行性研究报告的批复》	《松岗龟岭东水综合整治工程可行性研究报告》	深圳市广汇源环境水务有限公司/2015-08	已立项委托，尚未开展施工图设计

续表 6.1-16

序号	街道名称	河流名或流域名	项目名称	设计阶段	项目建设内容	总投资(估算)(亿元)	投资出处	报告出处	编制单位/时间(年-月)	说明
9	松岗	东方七支渠	东方七支渠排洪整治工程	9月16日可研已批复，正在开展初步设计	整治河道段全长3.22km，河道清淤、景观打造、管线改迁	2.19	《深圳市发展改革委关于松岗东方七支渠排洪渠整治工程可行性研究报告的批复》	《松岗东方七支渠整治工程可行性研究报告》	深圳市广汇源环境水务有限公司/2015-08	已立项委托，尚未开展施工图设计
10	松岗	松岗河	松岗河水环境综合整治工程	9月18日可研已批复，正在开展初步设计	总治理长度9.9km	3.63	《深圳市发展改革委关于茅洲河流域水环境综合整治工程——松岗河水环境综合整治工程可行性研究报告的批复》	《茅洲河流域水环境综合整治工程——松岗河水环境综合整治工程可行性研究报告》	深圳市水务规划设计院有限公司/2015-04	已立项委托，尚未开展施工图设计
11	松岗	老虎坑水	松岗老虎坑水综合整治工程	9月22日可研已批复，正在开展初步设计	河道整治3.681km(干流3.224km，支流0.457km)，截流管4.066km，沿岸设截流井27座，限流井11座，截流闸1座，绿化面积6.02万m²	1.73	《深圳市发展改革委关于松岗老虎坑水综合整治工程可行性研究报告的批复》	《松岗老虎坑水综合整治工程可行性研究报告》	深圳市广汇源环境水务有限公司/2015-08	已立项委托，尚未开展施工图设计
12	松岗	潭头渠	潭头渠综合整治工程	9月底可研已批复，正在开展初步设计	河道整治1.61km	1.50	《深圳市发展改革委关于松岗潭头渠综合整治工程可行性研究报告的批复》	《松岗潭头渠综合整治工程可行性研究报告》	黄河勘测规划设计研究院有限公司/2015-05	已立项委托，尚未开展施工图设计

续表 6.1-16

序号	街道名称	河流名称或流域名	项目名称	设计阶段	项目建设内容	总投资（估算）（亿元）	投资出处	报告出处	编制单位/时间（年-月）	说明
13	沙井		桥头片区排涝工程	10 月 12 日可研已批复，正在开展初步设计	新建上寮河口泵站，56 m³/s；改建上星泵站，新建下西泵站，规模分别为 6.5 m³/s 及 7.2 m³/s；新建洋下泵站，泵站规模 18 m³/s；沿广深公路设置分洪箱涵，长 240 m	4.76	《深圳市发展改革委关于桥头片区排涝工程可行性研究报告的批复》	《茅洲河流域水环境综合整治工程——桥头片区（原新桥片区）排涝工程可行性研究报告》	深圳市水务规划设计院有限公司/2014-08	已立项委托尚未开展施工图设计
（四）已进行可研设计的项目（7 个）						12.07				
14	沙井	衙边涌	沙井街道衙边涌综合整治工程	正在开展可研修编	河道整治长 3.05 km，局部河道拆除重建，清淤估算量为 1.75 万 m³，河床下设置 0.8 m×0.8 m 截污箱涵	1.11	《沙井街道衙边涌综合整治工程可行研究报告》		信息产业电子第十一设计研究院科技工程股份有限公司/2014-12	已立项委托尚未开展施工图设计
15	松岗	沙浦西排洪渠	松岗沙浦西排洪渠综合整治工程	已完成可研编制并报市发展改革委审批，待批复	整治河道总长 5.48 km，沿河设敷设截污管道，对入河 107 个排放口进行接驳截流，沿线生态景观修复设计	2.65	《松岗沙浦西排洪渠综合整治工程可行性研究报告》		深圳市汇源环境水务有限公司/2015-08	已立项委托尚未开展施工图设计
16	沙井	道生围涌	道生围涌综合整治工程	正在开展可研修编	道生围涌支流河道下方设置 0.6 m×0.6 m 截污箱涵，新建截流箱涵长为 1.7 km，清淤估算量为 4 200 m³	0.75	《沙井街道生围涌综合整治工程可行性研究报告》		信息产业电子第十一设计研究院科技工程股份有限公司/2014-12	已立项委托尚未开展施工图设计

续表 6.1-16

序号	街道名称	河流名或流域名	项目名称	设计阶段	项目建设内容	总投资(估算)(亿元)	投资出处	报告出处	编制单位/时间(年-月)	说明
17	松岗	塘下涌	塘下涌综合整治工程	已完成可研编制,正在按照市水务局局意见修编	河道整治长 5.81 km(干流 4.17 km、支流 1.64 km)	1.13	《深圳市宝安区塘下涌综合整治工程可行性研究报告》		惠州市华禹水利水电工程勘测设计有限公司/2012-03	已立项委托,尚未开展施工图设计
18	沙井	石岩渠	茅洲河流域水环境综合整治工程—石岩综合整治工程	已完成可研编制,正在开展项目报批工作	河道整治长 7.1 km	1.37	《石岩河综合整治工程(一期)可行性研究报告》		深圳市水务规划设计院有限公司/2015-06	已立项委托,尚未开展施工图设计
19	松岗	潭头河	茅洲河流域水环境综合整治工程—潭头河综合整治工程	已完成可研编制,正在开展项目报批工作	河道整治长 8.97 km	3.06	《茅洲河流域水环境综合整治工程—潭头河综合整治工程可行性研究报告》		深圳市水务规划设计院有限公司/2014-09	已立项委托,尚未开展施工图设计
20	沙井	万丰河	万丰河综合整治工程	正开展可研编制工作	河道整治长 3.45 km	2				已立项委托,尚未开展施工图设计
(五)未立项的项目(4个)						4.67				
21	沙井	沙井河	沙井河截污工程	未启动	总治理长度 4.37 km	3.42	《茅洲河流域(宝安片区)水环境综合整治工程项目建议书》			尚未立项

续表 6.1-16

序号	街道名称	河流名或流域名	项目名称	设计阶段	项目建设内容	总投资（估算）（亿元）	经费出处	报告出处	编制单位/时间（年-月）	说明
22	松岗	—	燕罗片区排涝工程	未启动	扩建燕罗泵站，泵站总抽排能力由 37.81 m^3/s 增加至 45 m^3/s	0.42	《茅洲河流域（宝安片区）水环境综合整治工程项目建议书》	《茅洲河流域（宝安片区）水环境综合		尚未立项
23	松岗	—	山门社区第三工业区排涝整治工程	未启动	新建排涝泵站，7.5 m^3/s	0.35	《茅洲河流域（宝安片区）水环境综合整治工程项目建议书》	《茅洲河流域（宝安片区）水环境综合		尚未立项
24	沙井	—	衙边涌片区内涝整治工程	未启动	新建调蓄池 3 万 m^3，新建 DN1 000 雨水管 1 170 m，新建 DN1 200 m 雨水管 430 m	0.48	《茅洲河流域（宝安片区）水环境综合整治工程项目建议书》	《茅洲河流域（宝安片区）水环境综合		尚未立项
（六）本次提出的项目（1 个）
25	沙井、松岗	全片区	清淤及底泥处理工程	未启动	共 436.1 万 m^3 底泥处理	12.15				尚未立项
						12.15	《茅洲河流域（宝安片区）水环境综合整治工程项目建议书》	《茅洲河流域（宝安片区）水环境综合		
合计						70.03				

6.2　光明片区

6.2.1　治理现状

6.2.1.1　防洪现状

光明新区片区位于茅洲河流域中上游,片区现有防洪(潮)体系主要遵循"以泄为主,以蓄为辅"的原则,由茅洲河干流及其13条一级支流,17座水库组成。

茅洲河干流光明新区境内干流段大部分已完成河道综合整治;部分支流已进行过整治,但整治岸坡生态性较差。部分河道存在防洪道路不通畅问题。

茅洲河光明段共有13条一级支流,其中9条河道、4条排洪渠,目前茅洲河支流鹅颈水正在施工中,防洪标准为50年一遇,施工完成总量的42%;东坑水河道于2010年前后在市政配套工程中已经完成了防洪驳岸改造,满足防洪要求;木墩河截污箱涵已实施。流域河道现状情况如下。

1. 一级支流

玉田河:河道长约2.7 km,河道多为浆砌块石矩形明渠;现状两岸民房、工厂、商铺较多,垃圾多,整段河道水质较差,沿河巡视道路不畅通。

鹅颈水:河道长5.6 km,现已施工42%,施工完成部分基本为混凝土直立式挡墙结构,其余未施工部分两岸多为居民区及农田,沿河巡视道路不畅通。

大凼水:河道长5.21 km,现状两岸基本为浆砌块石挡墙明渠,挡墙损坏较严重,沿河巡视道路不畅通。

东坑水:河道长5.2 km,邦凯路与光侨路之间河道为矩形混凝土河道,堤防结构为钢筋混凝土悬臂式挡墙,邦凯路与东长路之间河道为石笼网箱护坡,沿河巡视道路局部不通畅。

木墩河:河道长6.36 km,光侨路至苗圃场段为天然河道;光明大道至华夏路段,河长约1.16 km,其中光明大道下游约650 m均为矩形浆砌石明渠,其余500 m河段为天然未整治河道;华夏路至河口段,主要为浆砌石梯形复式断面。沿河巡视道路局部不畅通。

楼村水:河道长8.36 km,翠湖公园以上的河段处于郊野区,没有成形规整的堤岸河槽;中游穿过规划的中央公园,左岸河道堤防坡面较为规整,右岸部分段处于滩涂区,没有堤防,河道淤积严重,杂草丛生;下游穿过居民区和工厂,河道经过简单的整治,但标准偏低。基本无沿河巡视道路。

新陂头水:河道长14.65 km,新陂头水干流目前以天然河流为主,仅局部河段进行过整治;南、北支流基本为天然河道。无沿河巡视道路。

西田水:河道长2.27 km,西田水全河段均为明渠,除龙大高速段与河口段总长约500 m河段为天然河道外,其余河段均于2000年以前由村委或沿河工厂自筹资金进行了整治,其中龙大高速上游段为梯形土渠,龙大高速下游段为矩形浆砌石挡墙结构。

白沙坑水:河道长1.49 km。现状河道两岸堤防结构为浆砌石直立式明渠。

2. 排洪渠

马田排洪渠:河道长1.95 km,治理长度1.95 km,防洪标准20年一遇。已完工,结构为浆砌块石直立式挡墙。沿河巡视道路基本畅通。

公明排洪渠:河道长6.24 km,治理长度6.24 km,防洪标准50年一遇。已完工,结构为混凝土直立式挡墙。沿河巡视道路基本畅通。

合水口排洪渠:河道长2.62 km,治理长度1.03 km,防洪标准50年一遇。已完工,结构为浆砌块石复合式断面,沿河巡视道路基本畅通。

上下村排洪渠:总长3.43 km,治理长度3.43 km,防洪标准20年一遇。已完工,结构为浆砌块石复合式断面,沿河巡视道路基本畅通。

6.2.1.2　排涝现状

茅洲河流域内的受涝区域主要分布在茅洲河干流中下游沿岸低洼地带,光明新区受涝的主要是公明片区,公明片区地势低洼、水系复杂,受茅洲河水位的顶托,经常发生涝灾。2008 年 6 月遭受了两场近百年一遇的大暴雨袭击,区域内出现了大面积洪涝灾害,损失严重。2010 年前后,涝片主要采用"高水高排、低水抽排"的治理原则,通过排水管涵、渠道收集雨水,通过闸、涵封闭涝片,涝水通过泵站外排。现状公明片区已建上下村、马田河、马山头、合水口 4 座泵站,总排水规模 82.14 m³/s。

1. 上下村泵站

上下村泵站位于上下村排洪渠左岸,北环大道南侧,设计规模为 30.71 m³/s,5 台机组,装机容量 5×450 kW,单机抽排流量 6.635 m³/s,设计扬程 4.52 m,排入茅洲河。抽排范围:合水口汇水区域、上下村排洪渠左岸低区、公明排水渠右岸 2.24 km² 低区雨水。

2. 马田河泵站

马田河泵站位于马田排洪渠出口右侧,北环大道以北,设计规模为 32.62 m³/s,5 台机组,装机容量 5×450 kW,单机抽排流量 6.635 m³/s,设计扬程 4.2 m,排入茅洲河。抽排范围:抽排马田排洪渠 2.77 km² 汇水区域涝水。

3. 马山头泵站

马山头泵站位于松白路、南光高速与公明渠交汇的三角区域,设计规模为 12.41 m³/s,2 台机组,装机容量 2×450 kW,单机抽排流量 6.635 m³/s,设计扬程 4.68 m,排入茅洲河。抽排范围:茨田埔、马山头社区共 0.90 km² 低洼区域的雨水。

4. 合水口泵站

合水口属于小(1)泵站,2 台机组,装机容量 2×180 kW,抽排能力 2×3.2 m³/s,设计扬程 5 m,排入茅洲河。

6.2.1.3　排水现状

目前,公明、光明街道办内现状排水体制多为雨污合流制,高新园区及部分新建社区新建排水体制为雨污分流制。

已修建雨水管渠总长度约 481.97 km,其中合流制管网长度约 83.01 km、合流制排水明渠长度约 79.27 km、分流制雨水管约 223.46 km、分流制雨水渠约 96.23 km。现状市政管渠系统见表 6.2-1。

表 6.2-1　现状市政管渠系统

序号	街道名称	现状建成区面积(km²)	雨污合流管网长度(km)	雨水管网长度(km)	合流制排水明渠长度(km)	雨水明渠长度(km)
1	公明	100.30	80.24	181.78	74.19	53.21
2	光明	24.08	2.77	41.68	5.08	43.02
	合计	124.38	83.01	223.46	79.27	96.23

6.2.1.4　水环境治理现状

茅洲河流域水环境治理工程主要实施了以下内容:

(1)沿茅洲河干流从上游到中游洋涌河闸附近修建了截污箱涵工程,长度约 12 km(双侧 24 km),主要采用钢筋混凝土箱涵与少量大口径管道形式,修建于主干河道堤防外侧,用于将河道两侧排水口截流。

(2)在流域范围内实施了雨污水分流管网建设工程。目前,已建成主管网 142 km、支管网 124 km。

(3)已建成光明、公明两座污水处理厂。其中,公明污水处理厂基本不收集茅洲河流域范围内污水;光明污水处理厂处理能力 15 万 m³/d,目前日均处理污水 10.4 万 m³/d。同时,位于宝安区的燕川污水处理厂收集范围有 50% 在光明新区内,燕川污水处理厂处理能力为 15 万 m³/d。

(4)已建有茅洲河人工湿地,位于新陂头水支流、龙大高速与公常公路口,处理能力 4 万 m³/d,占地约 6.3 万 m²。

6.2.2 存在问题

6.2.2.1 防洪存在的问题

1. 大部分河道防洪不达标

近年来,光明新区针对茅洲河流域防洪排涝存在的问题,进行了一系列的整治工程。干流按100年一遇进行整治,目前已基本完成。支流除鹅颈水治理完成总长的42%,东坑水河道于2010年前后在市政配套工程中已经完成了防洪驳岸改造,河道改造后基本满足设计行洪能力。其余支流都正在开展设计工作或处于施工招标阶段。

2. 河道暗渠率高,淤积严重,导致过流能力减小

茅洲河光明境内段有9条支流,其中有暗渠的支流有4条,有些暗渠淤积严重,且清淤困难,防洪标准严重不达标。

3. 巡河道路不畅通

河道两岸尤其是支流,建筑物密集紧邻岸边,拆迁困难导致道路时有断头,不畅通,汛期抢险困难。

4. 部分河道硬质渠化,没有配套的河道景观

城建区河道多为梯形断面、硬质挡墙和护坡,局部堤防或挡墙过高,河道生态功能缺失,景观、环境极差。部分河道防洪墙顶高程远高于地面高程,阻断了人与河道的沟通,缺乏亲水设施及滨水活动空间。

6.2.2.2 排涝存在的问题

(1)排水管网系统不完善,泵站效益发挥受阻。原来的管网排水能力不足,新旧管网接驳不完善,导致排水系统与泵站规模不匹配,泵站不能按设计工况发挥效益。

(2)排涝泵站规模不够。涝区内有些泵站年久失修,不能正常发挥效益;城市开发建设导致径流量增加,需要外排的水量增多。上述原因导致涝片排涝泵站规模不够。

(3)排水管网连通情况复杂、部分封闭涝片的闸维护不当,导致局部涝片不封闭,排涝效果达不到预期。

6.2.2.3 水环境存在问题

根据资料收集和现场调研,茅洲河流域水环境存在以下的几个主要问题。

1. 水质污染情况严重

根据现场踏勘,茅洲河中上游片区9条支流、4条排洪渠各河段或河涌均存在大量漏排污水入河现象,河涌水体黑臭。根据水质监测数据,茅洲河流域内干流、支流水质均为劣V类。

2. 截污箱涵的治理

截污箱涵系统属于末端治理,造成污水处理厂水质、水量波动大。

1)水量变化情况

茅洲河流域内城区管网大部分为合流制,即使有雨污分流系统,混流情况也比较严重,尤其是老城区,而目前采用的末端截污箱涵属于末端治理,前端管网的合流体制没有根本改变,造成目前污水处理厂水质、水量波动大,处理效果难以保障。同时,由于前端管网建设不完善,目前污水处理厂旱季水量偏小,需要抽取河道水,造成处理功效不能完全发挥。

光明新区污水处理厂基本情况如表6.2-2所示。

表6.2-2 光明新区污水处理厂基本情况

名称	建成时间 (年-月)	处理工艺	处理规模 (万 t/d)	行政区	设计出水标准
光明污水处理厂	2012-01	改良 A²/O	15	光明新区	一级 A
松岗污水处理厂	2011-10	改良 A²/O	15	宝安区	一级 A
公明污水处理厂	2014	改良 A²/O	10	光明新区	一级 A

受收集管网不完善限制,松岗和光明污水处理厂部分或全部从河道总口截污取水。松岗、光明污水处理厂 2014 年各月平均处理水量如表 6.2-3 所示。

表 6.2-3　松岗、光明污水处理厂 2014 年各月平均处理水量　　　　　　（单位:万 m³/d）

名称	1 月	2 月	3 月	4 月	5 月	6 月	7 月	8 月	9 月	10 月	11 月	12 月
松岗污水处理厂	11.3	12.2	16.1	17.1	16.7	16.8	17.1	16.9	16.2	15.4	16.1	12.1
光明污水处理厂	8.0	7.4	8.7	11.4	14.7	11.9	10.5	12.3	12.5	9.7	8.5	8.5

注:松岗污水处理厂为原燕川污水处理厂。

2)进厂水质情况

根据分析,2014 年松岗、光明污水处理厂平均进厂水质情况如表 6.2-4 所示。

表 6.2-4　2014 年松岗、光明污水处理厂平均进厂水质情况　　　　　　（单位:mg/L）

名称	项目	COD	BOD	SS	NH₃ – N	TN	TP
松岗污水 处理厂	实际	80 ~ 358	26.1 ~ 178	90 ~ 886	10.7 ~ 32.5	13.5 ~ 36.4	1.75 ~ 19.1
	设计	280	150	220	40	45	4.5
光明污水 处理厂	实际	129 ~ 317	50 ~ 138	119 ~ 306	8.95 ~ 24.38	15.11 ~ 39.15	3.27 ~ 10.81
	设计	280	150	220	40	45	4.5

由表 6.2-4 可以看出,实际进厂水质情况旱季、雨季波动较大,导致出水水质波动。

3. 工业企业较多、存在畜禽养殖场

目前光明新区在管企业约 121 家,规模大小不一,日总废水排放量约 2.09 万 t。

光明新区茅洲河流域内现有规模化畜禽养殖场共 7 家,目前清理整改工作正在进行中,至 2017 年,清退所有非法小型养殖场,规模化养殖场将搬迁 4 家、保留 3 家。

4. 污水收集管网不完善,存在一定问题

问题一:污水干管系统不完善,导致部分区域污水出路问题尚未解决。如一号路、风景路、东周路、西环大道干管系统原划归跟随市政道路工程建设,由于规划道路未实施,导致上下游污水干管系统未能连通。如二期干管工程中新陂头水公明光明交界处及公黄路南侧新陂头水南支沿河截污管因征地拆迁问题导致部分上游已建的污水干管系统与下游干管系统无法连通,上游污水无出路。

问题二:光明干管一期工程、松岗干管一期、二期工程于 2011 年已建设完成,同时已投入使用,由于缺乏运营管理,存在检查井被占压填埋、井盖丢失、部分管道淤积、坍塌等现象。

问题三:污水管道合流情况比较严重。

光明新区近年来大力发展城市建设,虽已基本建成污水处理厂配套干管系统,但是污水支管网建设滞后,导致污水还是随着合流制雨水系统就近排入附近的河道中,造成水体的污染。尤其公明中心区域,城市建筑密集,人口众多,污水支管网的实施尚待时日,河道污染严重、水质恶劣,水体环境差。

5. 城市发展太快,新增工业区和居住区成为管网未覆盖区域

根据现场调研和情况了解,2012 年完成支管网一期工程的区域,如新羌社、圳美、楼村、田寮及玉律等社区,由于城市发展,新增很多之前污水支管未覆盖的工业及居民区,而这些区域目前污水均处于直排河道状况,对下游河道造成污染。

6. 生态基流短缺

茅洲河(光明片区)由于上游水库截留与河道两岸截污箱涵的实施,旱季和枯水季节河道生态基流十分短缺。

6.2.2.4　水务管理存在问题

在“大部制”条件下,光明新区水务工作人员数量偏少,但开展的水务工作和其他行政区却完全相

同,因为历史原因,新区水务工作欠账较多,导致新区水务工作的复杂程度远远超过其他行政区。

目前,城市建设局设及水务管理工作的部门(科室)主要有水务科、三防办、水务管理中心,在编在岗人员共8人。新区的治水提质工作仅由城市建设局水务科的3个人承担,同时还需要开展其他日常业务工作,人员严重不足。

辖区内茅洲河干流、公明和光明污水处理厂由市水务局招标委托运营,应属于市水务局的工作事务,但市水务局要求新区城市建设局协助监管,没有增加相关的编制人员,但负有管理责任,导致管理体制不顺。

目前,新区水务部门主要负责治水提质及黑臭水体治理、村级水厂整合、水库和河道的管理、涉河(水利工程)和排水方面的行政审批、水土保持相关工作、节水工作及水资源规划;新区三防工作、地面塌陷的治理工作、地下管线的管理及市水专项资金项目的管理;新区水务工程项目排水设施的管理等。水务系统的定编数公务员6人、职员11人、雇员5人,合计22人;实际在岗工作人员数(含借调人员)合计11人,公务员4人、职员5人、雇员2人;其中水务工作人数11人(排水治污人数2人)。

目前,新区负责水务工作的部门少、人员少,但是承担的工作量却十分巨大。因此,需要在新区增加人员编制,成立独立的水务主管部门。

6.2.2.5 治理的难点

(1)河道整治开挖导致弃土量大,弃土消纳困难。

(2)河道淤积比较严重,清淤量大,淤泥处置困难。

(3)堤防用地紧张,改造空间较为有限。

(4)已启动前期工作的部分支流,工程范围只包含了部分河段,未全河段整治。

6.2.3 已采取措施和评估分析

6.2.3.1 对规划或已建防洪体系的评估分析

1. 防洪标准

茅洲河干流防洪标准100年一遇、支流20~50年一遇基本合适。

2. 现状防洪体系

近年来,虽然陆续对茅洲河进行以防洪为目标的整治,但区域内上述问题仍未得到有效改善。既有整个防洪体系规划大格局上的原因,也有局部防洪措施难于推进实施的原因。

1)茅洲河干流

茅洲河干流光明新区境内河长14.81 km基本满足防洪要求。但河道淤积严重,河滩地杂乱,需结合清淤及景观打造工程,保障行洪,改善水质,提高茅洲河生态景观。

茅洲河干流洋涌河水闸以上段两岸均已建截污箱涵,但未形成封闭体系,在洋涌河水闸处再次排入河道,建议接入污水处理厂,形成封闭系统。

茅洲河中上游规划了上下村调蓄处理池、木墩河调蓄池,但未实施,建议尽快实施,形成完善的防洪体系。

2)支流

茅洲河光明新区境内9条支流,除鹅颈水已施工完成42%,东坑水于2010年前后在市政配套工程中已经完成了防洪驳岸改造,其余河流正开展设计工作或处于施工招标阶段。支流防洪标准20~50年一遇,防洪标准满足防洪要求。但存在断面形式硬质化严重、两岸挡墙高差较大等问题,影响景观效果;同时,河道淤积严重,影响河道行洪。

防洪工程体系应根据流域地形特点、河流水系规划,结合涝区的地形特征、涝灾特性及开发建设情况等,综合比较,最终形成技术可行、经济合理的解决方案。

前期开展的规划及可研报告,对堤岸、河道清淤、暗渠都提出过整治措施,对规划或已实施防洪措施的评估如表6.2-5所示。

表 6.2-5 对规划或已实施防洪措施的评估

河流名称	项目	堤段名称	方案或已采取的防洪措施	评价
干流	清淤疏浚		综合整治中清淤 95.5 万 m³	可提高防洪能力、提高水质
	堤防	白沙坑—西田桥	堤线仍沿现状布置,保持现有堤距,需要在现有堤身基础上加高加固	基本合理,但河滩地杂乱,可结合景观提升
		西田桥—东坑桥	按规划设计断面拓宽,复合式,河道边坡为 1:2,堤顶道路一般不小于 8 m,采取一定的护脚措施,堤岸覆绿。拆除阻水桥涵 4 座,各支流河口设置衔接段	基本合理,可将截污箱涵打造为慢行系统,局部河段防汛道路不通
		东坑桥以上部分		
	干流截污箱涵		洋涌河水闸上游左右两侧截污箱涵 26.65 km,尺寸为 DN1 500~A6 000 mm×2 000 mm	对水质提升有一定的帮助,但未形成封闭体系,在洋涌河水闸处再次排入河道,建议完善接入污水厂,形成封闭系统
	2 个调蓄池		规划了上下村调蓄处理池、木墩河调蓄池	未实施,建议尽早实施,结合水质提升、景观打造
鹅颈水	堤防		除老堤利用河段外,为斜坡式或复合式断面	较为合理
	滞洪区		未实施	建议尽早实施,结合水质提升、景观打造
东坑水	堤防		已提前实施,为干砌石挡墙	基本合理,本次结合综合整治主要为打造景观、调蓄池
木墩河	截污工程		已实施	基本合理,但沿河截污口尚未完全封闭
4 条排洪渠	堤防		已实施,防洪达标	淤积较为严重,硬质化严重

6.2.3.2 排涝措施的评估分析

目前,采用的封闭排水区域、高水高排、低水抽排的治理原则是合理的。公明片区原规划方案:公明片区的排涝泵站工程建设已经完成,排涝泵站规模已经满足区域排涝目标的要求,尚需要解决排涝泵站服务范围内的雨水管涵收集系统,使泵站能有效、及时地抽排涝水,充分发挥排涝泵站工程效益。

需复核、落实的措施:①现状排洪渠是否能满足规划 50 年一遇标准,规划改建的雨水管网是否有改造空间;②根据涝片面积、泵站规模,复核是否满足排涝要求。

6.2.3.3 已采取水环境措施及评估分析

根据相关资料,针对茅洲河整治,光明新区已经开展了大量工作,针对这些工作,结合现场实际情况评估如下,在充分结合、利用现有设施基础上,再提出整体解决方案。流域内现状水污染治理措施评估如表 6.2-6 所示。

表 6.2-6   流域内现状水污染治理措施评估

已采取措施	现状及规划	措施评估	评价
污水处理厂扩建	流域内现有一座光明污水处理厂（另公明污水处理厂基本不处理本片区污水，因此未统计），现状规模为 15 万 m³/d，另有松岗污水处理厂 50% 处理能力为接收光明新区污水，根据规划，这两个污水处理厂均需要扩建，松岗污水处理厂扩建 15 万 m³/d，光明污水处理厂扩建 10 万 m³/d，出水标准执行一级 A	（1）根据污水量预测和评估，规划扩建规模满足要求； （2）需要注意消除一期工程的环境影响； （3）现有河道内天然径流量不足，需要提高出水标准至《地表水环境质量标准》（GB 3838—2002）Ⅳ类，作为河道补充水	保留
茅洲河人工湿地	位于公明镇楼村，对茅洲河（楼村河、新陂头水支流）进行处理，以减轻茅洲河污染，占地面积约 6.3 万 m²，处理能力 4 万 m³/d	（1）人工湿地应作为深度处理与景观提升相结合的工程措施； （2）目前湿地只体现水质净化功能，占地较大但未发挥景观休憩等功能，地块利用率偏低	应优化
干流截污系统建设	目前，茅洲河上游至中游的干流截污系统已基本完成建设，但该系统完全属于末端治理，将雨污合流水全部实施截流，导致旱季河道干涸，影响污水处理厂稳定运行	（1）该措施属于权宜之计； （2）应结合流域范围内雨污分流管网系统的改造，逐步分离雨水、污水； （3）仍可以利用干流截污系统，作为分离后初期雨水的排水系统	应优化
收集管网建设	目前，污水干管已经基本完成建设，但由于合流制、拆迁问题和市政道路建设等问题，大部分支管未完成建设。根据规划，流域内全部实施雨污分流	（1）根据现场实际情况，短期内全部实施雨污分流工作难度较大； （2）建议根据区域功能、建筑形态等因地制宜改造； （3）建议结合海绵城市建设从源头剥离雨水	应优化

茅洲河流域（光明新区）防洪排涝工程内容汇总如表 6.2-7 所示，茅洲河流域（光明新区）水环境治理工程内容如表 6.2-8 所示。

表6.2-7　茅洲河流域(光明新区)防洪排涝工程内容汇总

序号	街道名称	河流名或流域名	项目名称	目前进展	主要工程内容	投资概算/估算/匡算(亿元)	报告出处	编制单位/时间(年-月)
						概算		
一、在建项目								
1	光明、公明	鹅颈水	茅洲河流域水环境综合整治工程(中上游段)——鹅颈水综合整治工程	已开工	治理长度5.6 km	1.65	《茅洲河流域水环境综合整治工程(中上游段)——鹅颈水综合整治工程设计报告》	深圳市水务规划设计院有限公司/2013-04
2	光明	木墩河	茅洲河流域水环境综合整治工程——木墩河综合整治一期工程	已开工	治理河长4.77 km,截污完善工程,生态补水工程,生态修复工程(景观工程),附属工程(桥梁,沿河高压线改迁等)	0.97	《茅洲河流域水环境综合整治工程——木墩河综合整治一期工程初步设计报告》	中国市政工程中南设计研究总院有限公司/2012-12
二、已进行施工图设计的项目								
3	公明	楼村水	《茅洲河流域水环境综合整治工程——楼村水综合整治工程》	施工招标	治理河长5.74 km,堤岸防洪达标改造,河道断面拓宽,沿规划建成区布设沿河截污管道,保障河道100%截污。同时建设调蓄湖湿地公园一处,面积总计5万 m²	1.51	《茅洲河流域水环境综合整治工程——楼村水综合整治工程初步设计报告》	深圳市水务规划设计院有限公司/2014-12
4	公明	新陂头水	茅洲河流域水环境综合整治工程——新陂头水综合整治工程	施工招标	治理河长13.59 km,堤岸防洪达标改造,河道断面拓宽,沿规划建成区布设沿河截污管道100%截污。同时,保障河道沿岸建设滞洪区公园两处,建设湿地公园总计32.7万 m²	3.51	《茅洲河流域水环境综合整治工程——新陂头水综合整治工程初步设计报告》	深圳市水务规划设计院有限公司/2014-12

续表 6.2-7

序号	街道名称	河流名或流域名	项目名称	目前进展	主要工程内容	投资概算/估算/匡算（亿元）	报告出处	编制单位/时间（年-月）
5	公明		公明街道下村排涝泵站工程	施工图设计	结合公明街道下村片区的经济现状和发展规划及受灾后经济损失的情况，采用市政3年一遇排涝标准，建设排涝泵站，设计抽排流量9.1 m³/s，服务范围0.49 km²，占地面积2 500 m²，抽排汇入低区的雨水，改善下村片区的内涝问题	0.35	《光明新区水务发展"十三五"规划》	深圳市广汇汇源水利勘测设计有限公司/2015
6	公明		公明办事处松白工业园排涝泵站工程	前期用地办理	新建泵站1座，采用市政2年一遇排涝标准，抽排流量6.8 m³/s，服务范围0.48 km²，占地面积2 500 m³，包括引水渠、前池、泵室、出口拍门及事故闸，出水压力箱涵、主副厂房及自流渠	0.28	《光明新区水务发展"十三五"规划》	深圳市广汇汇源水利勘测设计有限公司/2015-09
三、已进行初步设计的项目						概算		
7	光明、公明	东坑水	茅洲河流域水环境综合整治工程——东坑水综合整治工程	可研已获市发改委批复，开展初步设计	工程建设内容有4 km的河道整治；补水管道DN400长3.7 km；截污管道DN300～DN800长1.27 km；1座调蓄湖14万m³；1座调节池；1座污水提升泵站14万m³/d；1座中水回用泵房及配套设施项目；绿化面积为11.35万m²	4.16	《茅洲河流域水环境综合整治工程——东坑水综合整治工程可行性研究报告》	深圳市水务规划设计院有限公司/2015-09

续表 6.2-7

序号	街道名称	河流名或流域名	项目名称	目前进展	主要工程内容	投资概算/估算/匡算（亿元）	报告出处	编制单位/时间（年-月）
8	公明	大凼水	茅洲河流域中上游支流（大凼水）水环境综合整治工程	可研已获市发改委批复，开展初步设计	治理河长 1.965 km，主要包括河道拓宽、清淤疏浚，同时沿河布设 5 倍截流倍比的截流管，结合河道整治增设沿河景观节点及沿河绿化	0.83	《茅洲河流域中上游支流（大凼水）水环境综合整治工程可行性研究报告（修订稿）》	深圳市广汇源水利勘测设计有限公司/2015-08
9	公明	玉田河	茅洲河流域中上游支流（玉田河）水环境综合整治工程	可研已获市发改委批复，开展初步设计	治理河长 2.7 km，主要包括河道拓宽、清淤疏浚，同时沿河布设 5 倍截流倍比的截流管，结合河道整治增设沿河景观节点及沿河绿化	1.79	《茅洲河流域中上游支流（玉田河）水环境综合整治工程可行性研究报告》	深圳市水务规划设计院有限公司2015-07
10	公明	西田水	茅洲河流域中上游支流（西田水）水环境综合整治工程	可研已获市发改委批复，开展初步设计	治理河长 2.29 km，主要包括河道拓宽、清淤疏浚，同时沿河布设 5 倍截流倍比的截流管，结合河道整治增设沿河景观节点及沿河绿化	1.61	《茅洲河流域中上游支流（西田水）水环境综合整治工程可行性研究报告》	深圳市水务规划设计院有限公司2015-07
四、已立项的项目						匡算		
11	公明	公明排洪渠及李松蓢片区	公明街道排涝泵站新建（扩建）工程	未启动	新建李松蓢社区泵站1座，设计抽排流量60.6 m³/s，排涝收益面积3.35 km²	1.65	2014年市市发改委8号文立项	

续表6.2-7

序号	街道名称	河流名或流域名	项目名称	目前进展	主要工程内容	投资概算/估算/匡算（亿元）	报告出处	编制单位/时间（年-月）
						匡算		
五、未立项的项目								
12	公明	白沙坑	茅洲河流域中上游支流（白沙坑）水环境综合整治工程	未启动	治理河长4.16 km,主要包括河道拓宽,清淤疏浚,同时沿河布设5倍截流倍比的截流管,结合河道整治增设景观节点及沿河增治河绿化	1.2	《光明新区水务发展"十三五"规划》	深圳市广汇源水利勘测设计有限公司/2015-09
13	公明		马山头泵站扩建工程	未启动	扩建马山头泵站,采用市政3年一遇,增加4 m³/s的抽排流量,增加服务范围0.9 km²	0.6	《光明新区水务发展"十三五"规划》	深圳市广汇源水利勘测设计有限公司/2015-09
14	公明、光明	茅洲河各支流	茅洲河支流排洪渠综合整治工程	未启动	长凤路排水渠全长0.68 km;塘家面前陇排水渠全长0.77 km;楼村社区排洪渠全长约2.13 km;圳美社区排洪渠全长2.8 km;红湖排洪渠全长1.95 km;马田排洪渠全长约2.9 km。西水渠总长约1.68 km;防洪标准均为20年一遇	4.5	《光明新区水务发展"十三五"规划》	深圳市广汇源水利勘测设计有限公司/2015-09

表 6.2-8 茅洲河流域（光明新区）水环境治理工程内容

序号	街道名称	河流名或流域名	项目名称	目前进展	主要工程内容	投资概算/估算/匡算（亿元）	报告出处	编制单位/时间（年-月）
			一、在建项目					
1	光明	茅洲河	光明核心片区污水支管网工程	施工招标	片区雨污分流工程，长43 km	概算 2.04	光明新区治水提质工程措施项目计划	深圳市广汇源水利勘测设计有限公司/2015-10
2	公明	茅洲河	光明新区公明街道松白路以东片区污水支管网工程	施工招标	片区雨污分流工程，长44 km	1.93		
			二、已进行施工图设计的项目					
3	公明	茅洲河	公明街道办长圳片区雨污分流管网工程	施工图审查	片区雨污分流工程，长55.6 km	2.88	光明新区治水提质工程措施项目计划	深圳市广汇源水利勘测设计有限公司/2015-10
4	公明	茅洲河	四条排洪渠沿渠河接驳	施工招标	接驳完善工程	0.36		
			三、已进行可研设计的项目					
5	公明	茅洲河	公明核心区东片片区雨污分流工程	施工图勘察及设计	片区雨污分流工程，长55 km	估算 2.86	光明新区治水提质工程措施项目计划	深圳市广汇源水利勘测设计有限公司/2015-10
6	公明	茅洲河	公明核心区西片区雨污分流改造工程	可研已报送上级审核	片区雨污分流工程，长43 km	2.40		
7	公明	茅洲河	公明街道北片片区雨污分流改造工程	可研已报送上级审核	片区雨污分流工程，长50 km	2.53		
8	公明	茅洲河	公明街道公明排洪渠南片片区雨污分流工程	可研已报送上级审核	片区雨污分流工程，长56 km	2.98		
9	公明	茅洲河	公明街道将石西片区雨污分流改造工程	可研已报送上级审核	片区雨污分流工程，长52 km	2.82		
10	公明	茅洲河	公明街道玉律片区雨污分流改造工程	可研已报送上级审核	片区雨污分流工程，长38 km	1.96		
			四、未开展设计的项目					
11	光明、公明	茅洲河	污水管网未覆盖区域污水收集及处理工程	未启动	片区雨污分流完善工程	匡算 5.00	光明新区治水提质工程措施项目计划	深圳市广汇源水利勘测设计有限公司/2015-10

6.3　石岩片区

6.3.1　治理现状

6.3.1.1　防洪现状

该片区现有防洪(潮)排涝体系主要遵循"蓄泄结合"的原则,石岩河及支流的水汇入石岩水库,石岩水库下泄洪水经溢洪道排入铁岗水库,铁岗水库的下泄洪水经西乡河、西乡大道分流渠、铁岗水库排洪河向下游转输至珠江口。

该片区现有 11 条河流,总长 35.1 km,其中已经达到规划防洪标准的河段长 20.36 km,占区内河道总长的 58%;尚未达到规划防洪标准的河段长 14.74 km,占区内河道总长的 42%。河道防洪现状如表 6.3-1 所示。

表 6.3-1　河道防洪现状

序号	河流名称	规划防洪标准 (a)	流域面积 (km²)	河流长 (km)	暗涵长 (km)	暗涵率 (%)	达标长 (km)	达标率 (%)
1	石岩河	50	26.89	6.35	0.00	0	3.72	59
2	沙芋沥	20	3.21	3.40	0.00	0	2.46	72
3	塘坑河 (樵窝坑)	20	3.33	3.80	0.00	0	3.70	97
4	龙眼水	20	3.64	3.69	0.66	18	2.70	73
5	石龙仔	20	1.49	1.89	0.92	49	1.89	100
6	水田支流	20	3.27	1.79	0.00	0	0.00	0
7	田心水	20	1.67	2.28	1.33	58	0.48	21
8	上排水	20	1.46	2.98	1.28	43	1.20	40
9	上屋河 (深坑沥)	20	2.11	2.76	1.50	54	2.76	100
10	天圳河	20	3.97	3.05	0.38	12	1.45	48
11	王家庄河	20	2.10	0.77	0.00	0	0.00	0

根据历史及现状水系对比分析,石岩河宝石东路上游段由于龙大高速公路的建设改变了原石岩河上游段的水系布置,原排入石岩河干流的两条支流民营路干管,牛牯斗水库排洪渠的洪水出路变成水田支流,石龙仔路主排水涵管、牛牯斗水库排洪渠 20 年一遇的洪峰流量分别为 27.8 m³/s、30.38 m³/s,增加了水田支流的防洪排涝压力,由于现状水田支流的河道断面仅有 3.0 m×3.0 m,行洪能力严重不足,致使水田支流两岸每遇暴雨必受内涝,两岸居民及工业厂房深受其害,水田支流河道两岸是石岩街道受涝最严重的地区。

1. 石岩河河道干流现状

石岩河发源于羊台山北麓,石岩河干流以龙大高速公路收费站路涵为起点,与沙芋沥支流交汇后,由东向西经水田村委、三祝里村、上屋村、石岩老街,在松白桥下游汇入石岩水库,河道左岸有沙芋沥、樵窝坑、龙眼山水 3 条支流,右岸有水田支流、田心水、上排水 3 条支流。干流全长约 6.44 km,平均坡降4‰,流域面积为 27.05 km²。石岩河塘坑桥下游段 3.03 km 已由石岩河河道整治一、二期工程按照 50 年一遇洪水标准整治,石岩河河道整治三期工程由于征地拆迁问题,防洪整治未能实施。

龙大高速公路至新柯成工业园,现状河道右岸为工业厂房区,挡墙均由各所属企业自行建设,河道宽度为 3.0~5.0 m,挡墙形式参差不齐,多以浆砌石、混凝土为主,河道左岸为未治理的高边坡。新柯成工业园至卓能机电(深圳)有限公司河道左岸的高边坡已由街道办出资治理,右岸为工业厂房区,挡墙为浆砌石结构,河道宽度为 6.0 m。卓能机电(深圳)有限公司至石龙大道段河道均为浆砌石矩形断面,河道宽5.0~7.0 m,左右岸均为厂房区。

石龙大道—怡和纸品厂段河道长0.8 km,河宽7.0~11.6 m,河道两岸为直立式浆砌石断面,河道右岸为宝石东路,左岸为安可工业制造厂等厂房区,由于石岩河河底纵坡较大,河底护脚受损严重。

怡和纸品厂段河道长0.4 km,河道宽度7.0~12.0 m,河道两岸均为直立式浆砌石挡墙,河道右岸为宝石东路,左岸为怡和纸品厂厂区。左岸厂区地势低于河道右岸2~3.0 m,该段河道狭窄,阻水严重。另外,厂区两条进厂道路亦阻水。由于河水流速较大,怡和纸品厂自行将现状挡墙前趾进行加固。

怡和纸品厂—塘坑桥段河道长0.8 km,河道宽12~18 m,两岸均为直立式浆砌石挡墙,该段河道右岸为宝石东路,左岸为三祝里村,现状河道两岸挡墙质量较差,其中怡和纸品厂下游和塘坑桥上游2段挡墙在2015年"5·20"暴雨期间发生坍塌,总塌垮长度约为75 m。

塘坑桥—吉祥桥为石岩河河道整治二期工程范围,河道长1.6 km,设计河宽17~23 m,河道均采用混凝土矩形明渠断面。原石岩河二期工程拟对吉祥桥进行拆除重建,但由于协调原因,吉祥桥未能改建,仅对吉祥桥底板处增加一条0.5 m×0.5 m加固坎,减小了桥梁行洪断面,根据河道纵向设计,该段河底需要下挖2.0 m,但由于桥梁未能实施,造成上游河道行洪不满足要求,故在吉祥桥上游段新建2.0 m高防洪墙。另外,官田大桥与吉祥桥存在相同的问题。

吉祥桥—石岩水库截污闸段河道属于石岩河河道整治一期工程范围,河道总长1.5 km,其中以老街幼儿园为分界线,上游河道为梯形断面,两岸堤防为1:1的混凝土挡墙,河底采用C20混凝土进行硬化,现状河底宽度为32 m,堤顶两岸布置有1.2 m高的仿木栏杆,部分栏杆破损严重。老街幼儿园至石岩河水库截污闸段河道为复式断面,河底宽72~76 m。河道两岸设置二级平台,平台宽度7.6~9.0 m,平台上部为1:2.0的浆砌石护坡,堤防顶设置1.2 m高防洪墙。

2. 石岩河河道支流现状

1) 沙芋沥支流

沙芋沥支流发源于羊台山北麓,流经白云村、龙华新区扣车场,沿宝石东路西侧,于石龙大道下游流入石岩河,河道总长1.75 km。三洋玻璃厂—石岩河段河道长0.77 km,河道基本为浆砌石矩形明渠,河口上游、三洋玻璃厂下游分别有58 m、91 m两段暗涵,现状河宽4~6 m;三洋玻璃厂—龙华交警大队扣车场段176 m河道左右岸为浆砌石矩形明渠,河宽4~6 m,河道两岸基本为厂房区;龙华交警大队扣车场上游段河道长810 km,基本为未整治的天然河道,河道宽5~10 m。

2) 樵窝坑支流

樵窝坑支流发源于羊台山溪之谷,河道由北向南于塘坑桥下游汇入石岩河,河道总长0.94 km。樵窝坑河口—塘坑路100 m河道为浆砌石矩形河道断面,河道宽6 m,河道两岸建筑物密集,堤防质量较差,左右岸地面高程较低;塘坑路—机荷高速公路溪之谷入口段0.32 km河道为2孔4.5 m×2.0 m钢筋混凝土暗涵。机荷高速公路上游段0.52 km段均为6.0 m宽浆砌石矩形断面河道。

3) 龙眼水支流

龙眼水支流起源于羊台山公园正门,河道由北向南于吉祥桥下游汇入石岩河,河道总长为1.53 km。龙眼水河口—裕华路段151 m河道为矩形的浆砌石断面,河宽2.5~3.5 m,河道右岸为吉祥路,左岸为道路绿化带;裕华路—育才路段河道总长421 m,该段河道由于穿越建成区,全部为钢筋混凝土暗涵,过水断面尺寸为4.0 m×4.0 m。育才路上游段河道长961 m,河道为矩形的浆砌石断面,河道宽3.5 m。

3. 石岩河防洪工程整治现状

石岩河河道整治工程设计防洪标准为50年一遇,支流为20年一遇。石岩河河道一、二期整治工程以如意桥为分界线,石岩水库至如意桥为一期工程整治范围,工程主要整治内容包括如意桥以下有1.55 km的河道防洪整治,两岸的巡堤路,下河路建设,以及两处拦水橡胶坝。河道断面形式分为两种,0+540下游采用梯形复式断面,0+540上游河道采用边坡为1:1的梯形断面,河道宽度为24~166 m,河底采用浆砌石护底。

如意桥—塘坑桥段河道为二期工程,河道整治长度为1.48 km,河道轴线以现状河道轴线为主,进行细微调整,河道均采用矩形断面形式,河道宽度为15~24 m,河底采用浆砌石、混凝土护底。

石岩河干流:塘坑桥下游段河道已整治,设计防洪标准为50年一遇;塘坑桥上游段河道的防洪整治因征地拆迁问题而未能实施,目前该段纳入新一轮的石岩河综合整治一期工程,处于可行性研究阶段,设计防洪标准为50年一遇,现状石岩河已整治3.07 km,2.63 km河道不满足50年一遇,包括官田大桥至塘坑桥0.27 km河道,怡和纸厂至龙大高速公路段2.36 km。

石岩河支流:沙芽沥、塘坑河(樵窝坑)、龙眼山水3条河的防洪整治已经纳入石岩河综合整治一期工程,正在进行初步设计,设计防洪标准为20年一遇;水田支流、田心水、上排水、上屋河(深坑沥)、天圳河、王家庄河6条河的防洪整治已经纳入石岩河综合整治二期工程,目前正在进行可研编制,设计防洪标准为20年一遇;石龙仔已达到20年一遇的防洪标准。

总体而言,本片区现状防洪能力为5~50年一遇。

本区域属于石岩街道,区域保护人口50万人,石岩片区规划为石岩科技健康绿谷,是宝安区重要的水源保护区和生态控制区,同时也是宝安新兴产业发展的基地。

总结:河道现状的防洪能力与规划标准存在一定的差距。

6.3.1.2　排涝现状

承泄该片区雨水的河流主要有石岩河、上屋水、上排水、天心水、水田支流等,全片区排水不畅的区域主要分布在水田支流沿线。

片区内目前的雨水排放主要是通过建成区内道路下雨水管汇集后经石岩河、王家庄溪、深坑沥、白坑窝等汇入石岩水库。

片区南北向雨水干管主要沿松白路、塘头大道、宝石南路、爱群路、上屋大道、田心大道、石龙仔路等排入附近沟渠并最终汇入石岩河或石岩水库,雨水管管径为DN600~DN1 500;东西向雨水干管主要沿洲石路、青年路、罗租大道、宝石东路、宝石西路、北环路等排入附近沟渠并最终汇入石岩河,雨水管渠尺寸为DN400~A3 000 mm×1 200 mm。

根据《深圳市内涝调查及整治对策调研报告》(2014),该片区主要内涝点有6个,受涝原因主要为排水管网不完善、原排水体系因市政道路的建设而破坏,并导致雨水无出路。片区内现状无排涝泵站。内涝点特性如表6.3-2所示。

表6.3-2　内涝点特性

编号	位置	承泄区	内涝原因
SY01	祝龙田路龙大高速桥涵	水田支流	(1)地势低洼; (2)排水管网不完善; (3)周边工地未做好水土保持措施,泥沙冲入排水管道,堵塞排水管道,每遇强降雨即内涝严重
SY02	石龙仔山洪及石龙路		上游源头山脚无序开发,山塘填埋作为建筑用地,丧失了滞洪调蓄功能,且填土为松散土,雨季水土流失非常严重,致使石龙路下4.5 m×2.0 m箱涵全淤满,雨季石龙路变成泥沙河水通道
SY03	石龙仔社区创业路与民营路段		排水管网不完善
SY04	石龙大道		(1)道路地势低洼,周边及石龙路等道路雨水均汇入石龙大道; (2)道路雨水收集系统不完善,雨水不能及时排入排水管道; (3)石龙大道旁水田支流过水断面小,排洪能力不足,雨季河道洪水顶托壅高至路面,致使路面内涝严重
SY05	水田社区原农商行片区	石岩河	区域内部排水管网不完善,管径过小,过流能力不足及雨水收集系统缺少淤堵
SY06	上屋大道与宝石西路交汇处		地势低洼,道路雨水箅数量太少,排水系统排水能力不足

6.3.1.3 水污染治理现状

1. 河流水体现状

1) 河流水质监测现状

根据 2014 年 7 月 16 日及 17 日取样检测结果,石岩河及其支流上排水、田心水、水田支流、龙眼水中下游段、樵窝坑下游段、沙芋沥中下游段现状水质属于劣 V 类水标准;龙眼水、樵窝坑及沙芋沥上游段现状水质均较好,基本可达到 III 类水标准。

2) 河流水量监测现状

干流起点混流水量为 0.54 万 m³/d,需通过总口截流措施截至干流新建截流管涵中;左岸 3 条支流汛期上游清洁基流总量为 1.50 万 m³/d,枯水期上游清洁基流总量为 0.30 万 m³/d,年均清洁基流总量为 1.30 万 m³/d,结合两岸新建截流系统可剥离释放至干流作为补水水源;右岸 3 条支流混流水总量为 5.45 万 m³/d,需通过总口截流措施截至干流新建截流管涵中。石岩河干流及支流水质监测结果如表 6.3-3 所示。

表 6.3-3 石岩河干流及支流水质监测结果 （单位:mg/L）

河流名称	监测位置	化学需氧量（COD）	五日生化需氧量（BOD$_5$）	氨氮（NH$_3$-N）	总磷（TP）
石岩河	河口截流闸处	228.00	5.91	6.22	2.80
	龙大高速路涵处	106.80	15.38	6.5	6.95
龙眼水	与干流交汇口处	44.60	20.30	5.51	0.86
	上游暗涵出口处	14.00	4.46	0.22	0.22
樵窝坑	与干流交汇口处	47.00	19.20	28.69	2.41
	上游起点处	24.00	未检出	0.06	未检出
沙芋沥	与干流交汇口处	40.70	14.20	31.54	16.40
	上游起点处	14.50	5.40	0.45	0.18
上排水	与干流交汇口处	180.00	32.94	9.23	3.71
田心水	与干流交汇口处	228.40	33.06	8.27	3.74
水田支流	与干流交汇口处	128.00	35.01	7.69	2.55
III 类水体指标值		20.00	4.00	1.00	0.20
V 类水体指标值		40.00	10.00	2.00	0.40

3) 河流水体现状分析

根据现场踏勘情况,受上游石龙村土地开发影响,干流上游水土流失严重,河道上游水体呈土黄色;中游在城区漏排口的影响下,水体逐渐变为黄褐色;下游及河口受壅水影响,水体基本处于停滞的黑臭状态且表面存在浮渣等面源污染物。左岸支流中,龙眼水起点及上游段水体清澈,中下游段受城区漏排污水污染,水体逐渐变为黄褐状;樵窝坑两岸基本无漏排污染,全河段水体清澈;沙芋沥起点水体清澈,中下游段受城区漏排污水污染,水体逐渐变为黄褐状及黑臭状;右岸支流中,上排水及田心水基本穿越城区并暗涵化,出口水体呈黄褐色;水田支流上游承接石龙暗渠、牛牯斗水漏排污水与基流的混流水,水体呈黄褐色,中下游段受城区漏排污水污染,水体逐渐变为黑褐状。

2. 沿河排污口现状

现状石岩河干流共有 104 个排污口。排污口大小为 DN100 ~ DN1 500 或 A400 mm × 400 mm ~

A3 900 mm×2 400 mm,主要为沿岸居民的生活污水口。左岸排污口 59 个,漏排污水量 0.32 万 m³/d;右岸排污口 45 个,漏排污水量 0.76 万 m³/d;治理范围内干流排污口总入河漏排污水量 1.08 万 m³/d。

3. 市政污水收集系统建设现状

根据《深圳经济特区水源保护条例》,石岩街道被划定为一、二级和准水源保护区,因此该区域水源保护工作受到了历届当地政府的高度重视。

作为重要保护措施的石岩排污管网工程已于 1991 年开始动工,包括主管网和支管网两个部分。主管网经四期建设已建成 25.2 km,支管网也分四期建设,至今已建成 75 km。结合片区污水转输及提升的需要,共建设 2 座污水提升泵站:塘头污水污水泵站及浪心污水泵站。塘头泵站位于应人石社区松白公路福景楼东、天宝路西之间,厂区标高在 32.32 m,占地面积 0.2 hm²,现状设计规模为 1.2 万 m³/d。浪心污水泵站位于龙腾社区石岩河下游入石岩水库口、松白公路东侧,厂区标高在 39.50 m,占地面积 0.4 hm²,现状设计规模已达 18 万 m³/d,实际运行规模约 8 万 m³/d,进水包括污水管网污水及河道截流混流水。受河道截流影响,前池水位较高,达 35.82 m,基本与下游河道水面齐平。根据 2015 年 8 月 12 日检测结果,泵站前池水体 COD_{Cr} 为 259.6 mg/L,介于河口水体水质(COD_{Cr} =228 mg/L)及片区旱季污水水质(COD_{Cr} =320 mg/L)之间。

本区域范围内污水现已转入公明污水处理厂处理,公明污水处理厂厂址位于公明玉律村的南部,规划大外环与南光快速路交叉口西南侧地块。厂区标高在 27 m(黄海高程系统)左右,占地面积 12.2 hm²,设计规模为 10 万 m³/d,现状已建成运行。

根据《深圳市污水系统布局规划修编(2011—2020)》,石岩河流域规划未建污水干管达 41.9 km,现状污水干管建成率仅 38%;加之众多小区内污水系统还未完善,部分小区甚至为无组织排水,雨污水乱接的现象比较严重,部分污水通过雨水管直接排放到石岩河及其支流,导致从市政污水管道收集的污水量较少。

石岩水库流域内污水分为四个片区系统。

(1)塘头—浪心污水系统。该系统南起塘头泵站(设计规模 1.2 万 m³/d),由南向北穿过石岩河,进入浪心泵站(设计规模 18 万 m³/d),提升后由 DN1 200 压力管输送至石岩水库大坝下,释放后与石岩污水总管汇合,收集石岩河以南松白路沿线污水。

(2)石岩河截污干管系统。在石岩河两岸布置 DN600～DN1 400 截污干管,收集石岩中心区即爱群路—松白路以东片区污水。

(3)石岩污水总管系统。以石岩污水总管水库段为主干管,接受深坑沥、白坑窝截污支管,在石岩水库坝下与浪心泵站出水管汇合,主要收集爱群路以西片区污水。

(4)麻布料坑污水系统。区域地势低洼,污水无法直接接入石岩街道其他污水系统。目前该片区已实施麻布料坑截污工程,DN800 主干管穿山后接入九围河截污系统内。

4. 沿河截污工程建设

在石岩片区市政污水系统收集率较低的情况下,为了尽快提高污水收集率,保护石岩水库饮用水水源,石岩河流域先后开展了一、二期沿河截污工程的建设。

一期建设范围为松白公路—如意桥段,截污管道沿河道两岸挡土墙外侧埋设,设计截流排污口 45 个,截污管总长约 1.9 km,具体布置情况为:松白公路—宝石南路段右岸敷设 DN1 400 截污管约 0.6 km;宝石南路—如意桥段左岸敷设 DN1 000 截污管约 0.7 km,右岸敷设 DN1 000 截污管约 0.6 km。

二期建设范围为如意桥—塘坑桥段,设计截流排污口 31 个,截污管总长约 1.7 km,具体布置情况为:北岸如意桥—吉祥桥段沿河滨北路新建 DN800 截污管约 400 m;吉祥桥—官田桥段河岸拆迁量大,无法沿河埋设截污管,利用河滨北路已有 DN600～DN800 污水管;官田桥—羊台山路段沿河道挡土墙外侧埋设 DN600 截污管约 200 m;南岸如意桥—羊台山路段沿河道挡土墙外侧埋设 DN800 截污管约 1.1 km,羊台山路—塘坑桥段河岸拆迁量大,无法沿河埋设截污管,利用塘坑新村大道已有 DN800 污水管。

经过沿河截污工程的建设,两岸共形成 DN600～DN1 400 截污管约 3.6 km,市政污水系统污水收集量有所提高,达到 4.07 万 m^3/d ;片区现状供水量为 12.5 万 m^3/d ,产生污水量约 11.3 万 m^3/d ,因此污水收集率已提高到 36% ,但由于仍有部分河段存在截污盲区,且已建截污工程截流倍数仅为 1,加上部分排污口高程较低无法接入及后期新增排污口未接入等,导致现状仍有约 7.23 万 m^3/d 污水漏排至河道,其中 3.46 万 m^3/d 的混流水截流至浪心泵站。

5. 污水处理设施

石岩片区属于公明污水处理厂的服务范围,从处理规模来说,满足片区现状污水处理的规模要求。

公明污水处理厂现状设计规模为 10 万 m^3/d ,于 2013 年建成投入使用,采用 A^2/O 工艺,设计出水水质污染物控制指标达到《城镇污水处理厂污染物排放标准》(GB 18918—2002)一级 A 标准。

6. 水质改善设施

石岩片区现有的 3 座水质改善设施总设计处理规模为 6.7 万 m^3/d ,具体设施处理规模如下:

(1)石岩河人工湿地设计规模为 5.5 万 m^3/d ,其中一期处理规模 1.5 万 m^3/d ,主要处理天圳河及王家庄河受污染的河水,2000 年建成运行;二期处理规模 4.0 万 m^3/d ,主要处理石岩河受污染的河水,2005 年建成运行,设计出水水质污染物控制指标达到《城镇污水处理厂污染物排放标准》(GB 18918—2002)一级 A 标准。

(2)麻布水前置库湿地设计规模为 0.6 万 m^3/d ,主要处理麻布水受污染的河水,设计出水水质污染物控制指标达到地表水 Ⅲ 类标准。

(3)运牛坑水前置库湿地设计规模为 0.6 万 m^3/d ,主要处理运牛坑水受污染的河水,设计出水水质污染物控制指标达到地表水 Ⅲ 类标准。

3 座水质改善设施运行情况如下:石岩河人工湿地设施现状一期基本无进水,二期仅雨季时处理 1.0 万 m^3/d 的混流水;麻布、运牛坑前置库湿地现状正常运行,平均处理水量均为 0.6 万 m^3/d 。

7. 石岩水库环库截污工程

该工程采取浓度控制的方式进行截排,按现状支流情况设东、西岸两个截排系统;东岸截污系统从王家庄溪起设置了截排口,截流管管径 $D = 2\,200\,\text{mm}$,向北穿过人工湿地,进入石岩河后改为箱涵,在深坑坜河口汇入截排隧洞,最终排入茅洲河。另外,在径背村处设置 1 座 30 万 m^3 的调蓄库,对截排污水进行调蓄和均质,深坑坜和白泥坑混合污水直接进入调蓄库;水库西岸设置两座前置库处理麻布水和运牛坑河道混流水,麻布水前置库库容 2.0 万 m^3 ,运牛坑水前置库库容 2.0 万 m^3 。

目前截排系统运行正常,很好地保护了石岩水库库内水体。

8. 面源污染现状

石岩河流域近年来加快速度发展,土地开发相当迅速,流域内到处堆放建筑垃圾。外来务工人员多,生活垃圾和其他废弃物乱堆放,经过雨水冲刷全部进入河道,加重了河道的污染。流域内尚有一定数量的农田、经济果林和菜地,使用化肥和药剂等随雨水进入河道,加重了河道的污染。垃圾桶和垃圾收集布置不尽合理,容量不够,管理不善,尤其沿河社区垃圾站主要沿河布设,雨季时很多垃圾随雨水进入河道,加重河道的污染。石岩河流域面源污染具有以下特点:

(1)垃圾没有进行有效收集,随降雨进入河道,污染河道及周边环境。

(2)饭盒、垃圾袋多,应加强环保宣传教育。

(3)公厕、垃圾桶设施不合理。石岩水库入库河道周边公厕数量很少,存在随地大小便现象,易造成河道污染。垃圾桶沿河道摆放,垃圾易飘落至水体污染河道。

(4)道路树池绿化带标高不符合低冲击概念。道路是城市汇水面的重要组成部分,也是城市受纳水体非点源污染的主要污染源之一。道路周边树坑、绿地标高普遍高于路面标高,不具备蓄水净化功能,道路雨水径流污染直接进入下水道,加剧水体污染。点源污染治理取得初步成效,面源污染在水库总污染负荷中所占的比例将逐步增加。

6.3.1.4　河道及河岸生态环境现状

1. 现状资源

石岩河流域有着深厚的文化底蕴。自古以来,客家人在此聚居,100 多年前,一批有识之士高举崇文重教旗帜,开启了一代耕读传家新风,形成石岩河流域独特的地域文化,留下了宝贵的文化遗产,至今仍保存着极富特色的客家历史文化,传承着勤劳朴实、温厚善良的民风民俗,形成了流域的"文化心脏"。

石岩河是串联山水的自然景观带,沿线有着优越的山水资源,大大小小的社区公园及街头绿地共有15处。其中,羊台山森林公园位于河道上游,羊台叠翠是深圳著名的八景之一,河道下游的石岩水库既是水源保护地,也是重要的风景区。

然而,由于缺乏系统联系,现状资源优势未能被充分利用起来,现存节点文化展现形式单一,流域文化没有灵动地展现,缺乏文化活力。水科普文化宣传影响力不够,河道内部有大量的生活垃圾,作为饮用水水源,水质现状堪忧。因此,建立河道水文化科普教育展示窗口,是赋予河道生命及灵魂的工程,是最终实现"文化治水"的关键。

2. 现状交通

石岩河区域现状道路交通南北向联系较强,东西向因局部建成区或山体分割,联系相对较弱,沿线河岸道路交通基本贯通,仅局部位置缺乏连通。纵向联系包括南北向的龙大公路、石龙路、塘坑路、羊台山路、吉祥路、石岩大道、如意路、宝石南路等。横向联系包括东西向的宝石东路、河滨南路和河滨北路。沿线共有16座跨河桥梁,人车混行,随意停车情况严重。

对石岩河沿线交通进行分析,可知松柏路至吉祥桥段河岸已经具有较高的集成度,繁华度明显高于其他路段。拥有高集成度的轴线能够引入更多的人流与社会功能,更多的人流进一步促进街道空间重塑,久而久之,某些街道的中心性日益增强,形成集成核。

3. 河岸空间及绿化现状

河道干流上游段(石龙仔—塘坑2#桥,6+437.879~3+034.626)长约3.4 km,为河道建设三期工程,此段以矩形断面为主,局部为暗涵段。石龙仔—石龙大道段河道空间狭窄有限,两岸无道路连接,河道右岸为直立挡墙,厂区围墙临河而建,无拓展空间,左岸为自然山体,植物多为原生植被。石龙大道—塘坑2#桥段右岸为宝石东路,左岸紧邻城市建筑,为居住用地和工业用地,无道路连接。

河道干流中游段(塘坑2#桥—如意桥,3+034.626~1+654.673)长约1.38 km,为河道建设二期工程,已实现两岸交通贯通。此段河道尺度较宽,以矩形断面为主,河道均为硬质驳岸,两岸为密集居住区,人流量较大,但绿地较为稀少,仅吉祥桥—如意桥段2+002.987~1+659.225结合社区公园,进行了较为系统的绿化建设。

河道干流下游段(如意桥—石岩河干流一期入库河口,1+654.673~0+000)长约1.65 km,为河道建设一期,两岸步行交通贯通,右岸车行交通贯通,以梯形断面及复式断面为主。现状用地以居住用地为主,靠近水源保护地的下游河口空间开阔,人流量较小,绿化较好,但由于河道内生活垃圾堆积,水质较差。

干流河段绿化建设基本上都是在河道水利工程的基础上进行的简单绿化,景观品质较一般,大部分河道绿化缺失严重,河道渠化严重。

石岩河支流沙芋沥左岸毗邻羊台山,右岸是城市主干道宝石东路,绿化较好。樵窝坑对外开放段基本已用盖板覆盖,明渠段空间狭窄,两岸为居民住宅,绿地空间缺乏。龙眼水左岸紧邻羊台山登山主要道路,间隔3~4 m人行绿化带空间。

4. 水流形态及水量

石岩河干流水体流动性差,无壅水、活水设施,水量较少,河口段基本已干涸。

河道水流形态单一,河道内水质由于生活污水、工业污水的偷排漏排导致水质较差,水环境恶劣。

6.3.2 存在的问题

6.3.2.1 防洪排涝体系

石岩片区河道大多未进行系统整治,现状有约14.74 km河道达不到规划防洪标准,占全区总河长的42%。局部河段过流能力不足,边坡存在安全隐患。

石岩河干流由于建筑物拆建问题导致上游防洪不达标。石岩河支流主要问题在于暗涵化程度高，部分河段行洪断面不足。其中，水田支流受龙大高速公路建设影响，水系改道；牛牯斗水库洪水下泄至水田支流，直接导致水田支流过流能力不足；田心水和上排水因受上游山洪影响，行洪断面不足，且两岸拓宽困难；石龙仔上游受城市开发建设影响，弃土将现有河道填埋，导致山洪无洪水通道，对下游建成区造成威胁。

6.3.2.2　水污染防治

污水收集管网方面，建设时间滞后，虽然主干管已经基本构建，但是支管网及社区的分流改造滞后。另外，市政塘头泵站扩建滞后导致部分污水入库。

本片区现状除石岩河已形成局部沿河污染截流管网外，其余河涌基本未形成完整有效的河流污染防治体系，混流污水大多直排入河，石岩河、天圳河现状均已建有总口截污措施，对水库水质有一定的保障作用，但仍存在混流水及高浓度面源污染入库问题。具体主要存在以下几个问题：

（1）污水系统仍不完善。大量的片区雨水管网不全，导致部分污水进入周边的排水系统，现状污水收集率仅36%。

（2）面源污染较为严重，根据石岩水库降雨与水质分析，降雨初期河道水质仍较差。

（3）石岩河为雨源型河道，河道基本无纳污能力，因此即便是漏排少量的污水，河道水质仍得不到保障。

（4）沿河截污不完善：石岩河虽然进行了沿河截污，但是现状仍有105处雨污混流口，而6条主要支流也处于雨污混流状态，干流及支流总漏排污水量达7.23万 m^3/d。

（5）石岩河总口截排方式在一定程度上造成了截排系统截排能力的浪费及流域内水资源的损失，所转移的1 300万 m^3 径流中，生态控制区产生的水资源量约804.4万 m^3，可通过优化截流方案，进一步提高截排效益和水资源利用效益。

6.3.2.3　生态景观

河道黑臭现象严重，河道内鱼虾绝迹，植物生态系统遭到很大破坏，流域内自然环境、水环境的生态平衡被打破。河流廊道缺乏连续性，两岸绿地斑块破碎化现象严重，生物通廊被道路截断；河道渠化，驳岸生硬，导致河流水生态系统被割裂，生态斑块被孤立，对生物物种和整个生态环境构成了严重的威胁。现状多数河道在高强度的城镇开发建设的开展下，沿河空间被挤占，水污染导致居民在日常生活中对河流避而远之，河流的生态、休闲、人文等功能逐步缩减为城镇建设区排洪纳污的单一功能。

6.3.2.4　管理

管理方面存在的问题主要如下：

（1）水务设施管理不规范，日常维护管理经费投入不足。

（2）污水、泥浆及餐馆、洗车场、垃圾污废水偷排现象普遍。

（3）排污、排水等管控措施不力，垃圾入河现象严重，监督管理和执法力度不够。

6.3.3　已有的项目计划及落实情况梳理

石岩片区原本列入宝安区环境保护和水务局政府工作计划的项目有12个，总投资40.47亿元，见表6.3-4。

另外，从《深圳市治水提质工作计划（2015—2020年）》《宝安区水务发展"十三五"规划》《宝安区防洪排涝及河道治理专项规划》《宝安区污水系统专项规划修编》等规划中，又梳理出6个项目，总投资3.95亿元，见表6.3-5。表6.3-4和表6.3-5中所有的项目总投资为44.42亿元。

以下将分类对已经开展的工程进行概述。

表 6.3-4　石岩片区已列入政府工作计划的项目

序号	所在街道	工程名称	投资（亿元）	进展情况
铁石水源片区共 12 个项目(1 项施工招标,1 项施工图,2 项初设,2 项可研,6 项未启动)			40.47	
一、施工招标(1 项)			0.18	
1	石岩	公明污水处理厂石岩片区污水管道接驳完善工程(2.79 km)	0.18	施工招标
二、施工图阶段(1 项)			5.17	
2	石岩	石岩街道北环路以北、以南、上屋西片区污水支管网工程工程(90.78 km)	5.17	施工图设计
三、初设阶段(2 项)			8.06	
3	石岩	石岩街道石岩河以南官田片区雨污分流管网工程(121.75 km)	7.41	初设编制
4	石岩	石岩街道料坑、麻布片区雨污分流管网工程(8.74 km)	0.65	初步设计
四、可研阶段(2 项)			10.40	
5	石岩	石岩河综合整治工程(一期)	5.90	可研编制
6	石岩	石岩河综合整治工程(二期)	4.50	可研编制
五、未启动(6 项)			16.66	
7	石岩	石岩街道石龙、水田片区雨污分流管网工程(62 km)	3.47	未启动
8	石岩	石岩街道浪心片区雨污分流管网工程(54 km)	3.10	未启动
9	石岩	石岩街道罗租片区雨污分流管网工程(53 km)	3.09	未启动
10	石岩	石岩街道污水应急分散处理	3.00	未启动
11	石岩	石岩街道河道水质提升项目	3.00	未启动
12	石岩	石龙仔河综合整治工程	1.00	未启动

表 6.3-5　石岩片区重新梳理出的项目

序号	所属街道	工程名称	总投资（亿元）	进度和出处
1	石岩	石岩河景观工程	2.030	初步设计
2	石岩	麻布水前置库功能调整工程	0.018	《宝安区水务发展"十三五"规划》,未启动
3	石岩	运牛坑水前置库功能调整工程	0.018	《深圳市治水提质工作计划》,未启动
4	石岩	公明水质净化厂二期工程	1.000	
5	石岩	石岩河下游段清淤工程	0.026	《深圳市治水提质工作计划》,已立项
6	石岩	石岩水库污染监控系统建设工程	0.860	《深圳市治水提质工作计划》,未启动

6.3.3.1　河道整治项目情况

石岩片区的河道综合整治工程基本以防洪排涝、水质改善及生态景观营造为主,将石岩河流域划分为一期及二期进行治理,其中一期包括石岩河干流及沙芋沥、龙眼水、樵窝坑共 3 条支流,二期包括水田支流、田心水、上排水、上屋河、天圳河、王家庄河共 6 条支流。石岩片区河道整治花园及任务汇总见表 6.3-6。

石岩水库流域的石岩河干流及沙芋沥、龙眼水、樵窝坑共 4 条河在《石岩河综合整治工程(一期)》进行整治,现在正在进行初步设计。

表6.3-6 石岩片区河道整治范围及任务汇总

序号	河流名称	规划河长（km）	规划防洪标准(a)	河流分类	工程名称以及进展
1	石岩河	6.44	50	保留河流综合功能	《石岩河综合整治工程（一期）》，正初步设计，2016年10月开工
2	沙芋沥	1.75	20	保留河流综合功能	
3	樵窝坑	0.94	20	保留河流综合功能	
4	龙眼水	1.31	20	保留河流综合功能	
5	石龙仔	—	—	保留河流综合功能	未启动
6	水田支流	2.22	20	保留河流综合功能	《石岩河综合整治工程（二期）》，正可研编制
7	田水心	1.99	20	市政排水渠道	
8	上排水	2.88	20	市政排水渠道	
9	上屋河（深坑沥）	2.38	20	覆盖段调整为排水渠道，明渠段保留河流综合功能	
10	天圳河	1.87	20	保留河流综合功能	
11	王家庄河	0.58	21	保留河流综合功能	

石岩水库流域水田支流、田心水、上排水、上屋河、天圳河、王家庄河共6条河在《石岩河综合整治工程(二期)》中进行整治，目前正在进行可研编制。

河道整治的主要思路为：基于石岩水库水源保护及本地水资源利用，按清洁流域治理的理念，治理方案上重点做好两个统筹：一是统筹石岩河—茅洲河流域水环境综合治理的关系，按末端治理向源头治理延伸的思路，通过沿河截流并剥离基流及清洁雨水，减少对茅洲河干流截流及处理系统的冲击；二是统筹石岩河水环境治理和水资源利用的关系，按重点推进向系统深化的思路，拓展水环境综合治理范畴，由防洪、治污、造景延伸到水资源利用维度。

1. 石岩河干流

治理范围：石岩水库库尾拦污闸至龙大高速公路暗涵出口(含石龙仔支流)，河道治理长度6.44km，防洪标准50年一遇。

防洪工程：共6.44 km。

附属设施设计：拆除重建8座阻水桥梁；新建宽1.5~7 m、长1.09 km巡河路；新建1处下河道路；共涉及穿堤涵管预留7处，尺寸为DN600~2.5 m×2.5 m。

水质改善工程：总入河漏排污水量1.08万m³/d。截流标准按入库水质COD指标达到地表水Ⅲ类标准进行规模设计，左岸新建DN1 000~DN1 500、A1.5 m×1.5 m~1.5 m×2 m截污管涵，总长5.16 km；右岸新建DN1 400、A1.5 m×2 m~4.5 m×2 m截污管涵，总长6.78 km，末端接入现状河口截污闸下游库湾调蓄池中。

旱季河道污水全部由浪心污水提升泵站抽排至公明污水处理厂；小雨期间，河道上游的清洁截流及清洁雨水全部排放至茅洲河截污箱涵，最终由公明污水处理厂、燕川污水处理厂处理后达标排放。

将部分石岩河二期湿地作为雨后河道蓄积雨水及微污染基流的净化设施，并增设补水泵站，将净化后水体提升至石岩河上游进行补水，补水后水体进入湿地进行再次净化并循环补充。

附属设施设计：在上排水、田心水、水田支流河口位置分别设置橡胶坝，橡胶坝上游河道位置新建沉砂池。

补水工程：对石岩河二期湿地末端景观池出水抽排泵站进行改造，泵站规模增加至2.0万m³/d。利用二期湿地进水管雨后从石岩河中取水，净化后经补水泵站及新建补水管回补至石岩河上游；泵站出水口接驳新建的 DN600 补水管;补水管沿泵站出水口南端道路向东敷设至湿地外围,沿湿地外围道路向北敷设至干流左岸,并结合左岸拟建截流管涵,沿左岸截流管涵南面一直敷设至沙芋沥支流汇入口,管道总长 5.5 km。

生态景观工程:作为由自然资源向城市渗透的主要通道,规划以河床、驳岸生态软化为基础,利用河道纵坡高差设置多级生态壅水设施,并设置多样化的慢行通道,与周边山水资源紧密联系,打造自然旅游型水廊。

2. 沙芋沥

治理范围:羊台山北麓至汇入石岩河河口,河道治理长度 2.1 km,防洪标准 20 年一遇。

防洪工程:共 2.1 km。

附属设施设计:两岸新建巡河路,长 2.4 km、宽 3.5 m。

水质改善工程:沿河总入河漏排污水量 0.04 万 m^3/d。新建 DN500 ~ DN1 200 截污管将其全部截流,总长 2.05 km,末端接入干流 DN1 500 截流管中。

生态景观工程:以生态修复为主,打造潺潺流水生态溪流;从生态优先原则考虑,沙芋沥设置砾石床来净化水质;打破原有直立挡墙形式,结合两岸可用空间对两岸进行缓坡处理,形成自然生态型驳岸。

3. 龙眼水

治理范围:羊台山公园正门至汇入石岩河河口,河道治理长度 1.31 km,防洪标准 20 年一遇。

防洪工程:1.31 km。

水质改善工程:沿河总入河漏排污水量 0.12 万 m^3/d。新建 DN500 ~ DN1 200 截污管将其全部截流,总长 2.04 km。

生态景观工程:分布于石岩通往羊台山森林公园主干道沿岸,有着优良的地理环境优势,可适当增加亲水停驻设施,局部打破原有直立挡墙形式,设置亲水台阶拉近人与水面距离。

4. 樵窝坑

治理范围:羊台山溪之谷至汇入石岩河河口,河道治理长度 0.94 km,防洪标准 20 年一遇。

防洪工程:0.94 km。

水质改善工程:左右岸新建 DN600 截污管,总长 1.88 km。

生态景观工程:因周边环境因素限制,保留明渠段原有直立挡墙形式,仅在河口处进行跌水设置。梳理现状植被,保留其自然特性。

5. 水田支流

治理范围:牛沽斗水水库排洪渠至汇入石岩河河口,治理长度 2.22 km,防洪标准 20 年一遇。

防洪工程:2.22 km。

水质改善工程:总入河漏排污水量 2.51 万 m^3/d。采用 $n_0 = 3$ 的截流倍数,在河口位置新建 3 m宽、2.0 m 高橡胶坝 1 座;橡胶坝上游左岸新建总口截流井 1 座,尺寸 2.63 m × 2.63 m,截流井与干流截流箱涵通过 DN1 500 截流管衔接;橡胶坝上游河道位置新建沉砂池 1 座。

6. 田心水

治理范围:宝和兴实业有限公司至汇入石岩河河口,治理长度 1.99 km,防洪标准 20 年一遇。

防洪工程:田心水新建 DN1 200 雨水管起点与北环路预留的雨水涵相连,沿田心大道东侧布置通往石岩河,新建雨水管在北环路由 DN1 200 雨水管变成 2.0 m × 2.0 m 雨水箱涵,原田心水承担外环路以南的建成区的市政排水。

水质改善工程:入河污水量约 0.2 万 m^3/d。采用 $n_0 = 3$ 的截流倍数,在每段暗涵出口设置截污堰,将分段污水接入田心大道的污水干管。在河口新建 3 m 宽、2.5 m 高橡胶坝 1 座;橡胶坝上游新建 DN800 截流管接入现状污水干管;橡胶坝上游河道位置新建沉砂池 1 座。

7. 上排水

治理范围:外环路南侧至汇入石岩河河口,治理长度 2.88 km,防洪标准 20 年一遇。

防洪工程:上排水与田心水距离仅有 320 m,拟在北环大道北侧新建 DN1 800 雨水管将上排水上游雨水引入田心水新建雨水涵。外环路至石岩河排片区的市政雨水由原上排水承担。

水质改善工程:采用 $n_0 = 3$ 的截流倍数,在河口位置新建 5.0 m 宽、2.5 m 高橡胶坝 1 座;橡胶坝上游新建总口截流井 1 座,尺寸 $\phi 1\,500$,截流井通过新建 DN800 截流管接入石岩河右岸现状 DN1 000 污水干管中;橡胶坝上游河道位置新建沉砂池 1 座。

8. 上屋河

治理范围:横坑工业区至库湾调蓄池,治理长度 2.38 km,防洪标准 20 年一遇。

防洪工程:水库下游约 200 m,两岸为天然河道,新建混凝土 U 形槽结构,设计堤距 10 ~ 18 m;水库下游至光明路,长 0.57 km,维持现状矩形断面,堤距 10 ~ 12 m。拆除重建光明路桥,新建两孔 A4 m × 3 m 箱涵,长 10 m;光明路至北环路,长 0.45 km,维持现状矩形断面,对两岸挡墙进行加固处理,拆除一座阻水拱桥;北环路至横坑工业区,长 1.25 km,此段为暗涵段,现状防洪能力满足,维持现状。

水质改善工程:两岸已敷设较为完善的截污管网,因此不新敷设截污管道,仅对沿河 25 处漏排污水口进行完善点截污。

9. 天圳河

治理范围:罗租大道排水暗涵至石岩水库入口,治理长度 1.87 km,防洪标准 20 年一遇。

防洪工程:起点为罗租大道排水暗涵,对罗租暗渠进行改造,新建 A3.0 m × 2.1 m ~ A4.5 m × 2.1 m 暗涵;天圳河穿松白公路段暗涵过洪断面不足,新建 A4.0 m × 3.0 m 箱涵;其余段采取矩形断面,两岸新建挡墙,设计堤距 8.5 m;对 1 座桥涵进行改造。

水质改善工程:采用 $n_0 = 3$ 的截流倍数,在罗租暗渠出口采取总口截流,沿左岸新建 DN1 000 截污管,长 0.814 km,最终通过 DN1 200 过河管接入现状总口截流井,转输至石岩河截污系统隧洞。

10. 王家庄河

治理范围:洲石路桥涵—汇入天圳河河口,治理长度 0.58 km,防洪标准 20 年一遇。

防洪工程:王家庄河为天圳河的支流。河口—青年路段,长 0.38 km,明渠段已整治,满足 20 年一遇防洪标准;青年路—洲石路段,长 0.2 km,现状部分挡墙已坍塌,向右拓宽新建 3.5 m 宽 U 形槽排水渠。

水质改善工程:采用 $n_0 = 3$ 的截流倍数,新建 DN500 ~ DN600 截污管长 0.57 km,最终接入现状市政截污管。

以上水田支流、田心水、上排水、上屋河、天圳河、王家庄河 6 条河流的生态景观工程,生态修复部分主要是对河岸道路两侧及河道回填土地段进行改造,恢复生态绿化,达到较佳的生态效果。根据已有环境,考虑到交通的便利性及水环境的观赏性,在河道一侧设置车行道和检修道,考虑到行人的安全性,在人行道上设计树池,从而达到一种空间序列感。

6.3.3.2　污水厂及管网建设情况

目前已有计划的污水管网工程共有 10 项,其中《公明污水处理厂石岩片区污水管道接驳完善工程》属于对污水主干管的接驳完善,已经施工招标;其余工程都属于雨污分流工程,分五批建设,具体情况如下。

1. 公明污水处理厂石岩片区污水管道接驳完善工程

公明污水处理厂石岩片区污水管道接驳完善工程的工作重点是对石岩片区内淤积堵塞严重、雨污合流管及断头管等进行清淤、改造和完善,该工程的主要设计内容有:

(1)对塘头大道与洲石路交叉口处现状排水渠内污水实施截流。

(2)对众兴路、任达生态园断头路及洲石路等污水管未连通处进行接驳。

(3)对环石岩水库污水干管松白路段完全堵塞段进行改迁。

(4)对石岩河两岸截污干管、塘头大道污水干管、宝石公路污水干管进行清理疏通。

该工程管网建设总长度约 2.8 km,项目总投资约 0.18 亿元。

2. 石岩街道北环路以北、以南,上屋西片区污水支管网工程

工程范围为石岩街道北环路周边及上屋西片区,该工程是结合公明污水处理厂石岩片区污水管道接驳完善工程,对石岩污水支管网进行进一步的改造和完善。该工程分为三个部分:

（1）北环路以北片区：主要是对北环路以北，与爱群路、规划外环路、规划高科路围合的区域的管网进行改造完善。

（2）北环路以南片区：主要是对北环路以南、石岩河以北，与松白公路、爱群路、规划高科路、石观路围合的区域的管网进行改造完善。

（3）上屋西片区：对石岩水库以东，与规划外环路、爱群路、松白公路围合的区域的管网进行改造完善。

该工程管网建设总长度约 91 km，项目总投资约 5.17 亿元。

3. 石岩街道料坑、麻布片区雨污分流管网工程

该工程是对石岩水库流域料坑、麻布片区污水支管网的改造完善，主要建设内容包括新建雨污水管道、建筑立管改造等。该工程管网建设总长度约 8.74 km，项目总投资约 0.65 亿元。目前正在进行初设编制，拟于 2017 年 12 月开始施工，预计 2019 年年底施工完毕。

4. 石岩街道石岩河以南官田片区雨污分流管网工程

该工程是对石岩水库流域石岩河以南官田片区污水支管网的改造完善，主要建设内容包括新建雨污水管道、建筑立管改造，等等。该工程管网建设总长度约 122 km，项目总投资约 7.41 亿元。

5. 其他

石岩街道石龙、水田片区雨污分流管网工程、石岩街道浪心片区雨污分流管网工程、石岩街道罗租片区雨污分流管网工程，这几个工程都尚未启动。

已有污水厂及管网项目进展情况见表 6.3-7。

表 6.3-7 已有污水厂及管网项目进展情况

序号	名称	投资（亿元）	进展情况	计划完成时间
1	宝安区石岩街道石岩河以北片区、上屋西片区污水支管网完善工程（原公明污水处理厂石岩片区污水支管网二期工程）	5.17	施工图	2016～2018
2	石岩街道石龙、水田片区雨污分流管网工程	3.47	未启动	2020～2025
3	石岩街道浪心片区雨污分流管网工程	3.10	未启动	2020～2025
4	石岩街道罗租片区雨污分流管网工程	3.09	未启动	2020～025
5	石岩街道石岩河以南官田片区雨污分流管网工程	7.41	初设编制	2016～2018
6	石岩街道料坑、麻布片区雨污分流管网工程	0.65	初设编制	2017～2019
7	公明污水处理厂石岩片区污水管道接驳完善工程	0.18	施工招标	2016～2017

6.3.3.3 其他工程情况

1. 石岩河景观工程

石岩河景观工程属于石岩街道十大工程之一，建设内容包括河道两岸道路交通工程（绿道、人行道、景观桥梁、亲水步道、活动广场、亲水平台等）、景观绿化工程（带状绿地、节点绿地）、景观照明工程、桥梁景观提升工程、沿河建筑立面刷新及其他安全服务和展示设施。

2. 石岩河湿地改造提升工程

该工程属于石岩街道十大工程之一，内容分为以下两期：

（1）一期建设地点位于原石岩河人工湿地，面积约 17 万 m²，建设内容包括对石岩水库一级保护线进行围网隔离、控制人流，将原湿地公园改造成污水处理系统，提高处理能力，用处理水对石岩河进行补水，完善人工湿地附属设施。

（2）二期建设地点位于松柏路下、人工湿地周边，项目选址范围约 51 万 m²。拟建内容包括扩宽入园道路，增设停车场，对周边裸露黄土进行复绿，将苗圃林地及周边改造为湿地，新增栈道、观景长廊、景观节点，建设博物馆等设施，设置围网，控制人流，更好地保护水资源。

该工程总投资约 1.5 亿元。

6.3.4 治理方案整体性评估

上述河道整治、污水厂网建设等项目基本涵盖了石岩片区水系及市政管网的治理,本节从防洪排涝体系和水污染治理体系角度对治理方案的整体性进行评估。

6.3.4.1 防洪排涝体系

石岩片区的 11 条河道都已经列入了综合整治计划,见表 6.3-8,经过综合整治,未来石岩片区的防洪标准可达到 20～50 年一遇,基本满足防洪要求。

表 6.3-8 石岩片区河道整治范围及任务汇总

序号	河流名称	治理起点	治理终点	规划河长(km)	规划防洪标准(a)	河流分类
1	石岩河	石岩水库库尾拦污闸	龙大高速公路暗涵出口	6.44	50	保留河流综合功能
2	沙芋沥	羊台山北麓	汇入石岩河河口	1.75	20	保留河流综合功能
3	樵窝坑	羊台山溪之谷	汇入石岩河河口	0.94	20	保留河流综合功能
4	龙眼水	羊台山公园正门	汇入石岩河河口	1.31	20	保留河流综合功能
5	石龙仔	纳入石岩河干流一并治理	—	—	—	保留河流综合功能
6	水田支流	牛牯斗水库	汇入石岩河河口	2.22	20	保留河流综合功能
7	田水心	宝和兴实业有限公司	汇入石岩河河口	1.99	20	市政排水渠道
8	上排水	外环路南侧	汇入石岩河河口	2.88	20	市政排水渠道
9	上屋河(深坑沥)	横坑工业园	库湾调蓄池	2.38	20	覆盖段调整为排水渠道,明渠段保留河流综合功能
10	天圳河	罗租暗渠	石岩水库入口	1.87	20	保留河流综合功能
11	王家庄河	洲石路桥涵	汇入天圳河河口	0.58	21	保留河流综合功能

6.3.4.2 水污染治理体系

1. 污水收集体系整体性

提高污水收集率、提高进厂污水浓度、发挥污水处理效率、根治河流污染问题,最根本的解决方法是实现片区管网的雨污分流,通过支管网建设逐步实现片区雨污分流,从根本上改善区域水环境。根据规划,石岩片区的雨污分流工程主要如下:

(1)宝安区石岩街道石岩河以北片区、上屋西片区污水支管网完善工程(原公明污水处理厂石岩片区污水支管网二期工程)。

(2)石岩街道石龙、水田片区雨污分流管网工程。

(3)石岩街道浪心片区雨污分流管网工程。

(4)石岩街道罗租片区雨污分流管网工程。

(5)石岩街道石岩河以南官田片区雨污分流管网工程。

(6)石岩街道料坑、麻布片区雨污分流管网工程。

(7)公明污水处理厂石岩片区污水管道接驳完善工程。

该片区在建和拟建的雨污分流管总长度将达 540 km，未来片区污水收集率预计可达 90% 以上，即可满足污水收集的需求。另外，排水管网在近期合流制条件下，片区规划河道综合整治工程通常进行沿河截污管的完善，以期在较短的时间内截流入河漏排污水，改善河道水体水质。远期分流制实现后，可进一步保证旱季污水收集率，同时将该沿河截污管作为各流域初（小）雨水面源污染截流转输通道，充分利用现状管道，达到解决面源污染收集问题。

2. 污水及处理系统

现阶段，石岩片区的公明污水处理厂基本可以满足流域污水处理要求，但为了满足污水收集率提高后的污水处理需求，拟在近期开展公明污水处理厂的扩建工作。

3. 面源控制体系整体性

面源污染控制未有具体方案列入规划中，仅在规划中提出了控制原则，未来应结合市政道路、公园、广场改造和城市更新项目，大力推广包括低影响开发措施在内的面源污染控制措施。

6.3.4.3　小结

石岩片区的相关水环境规划和计划已经对水环境存在问题进行了较为细致的梳理和分析，并提出了一系列工程措施，保障石岩片区防洪排涝及水体质量满足相关标准，治理方案上具有完备性。在面源污染控制体系方面，远期应补充与城市发展规划相匹配的措施。石岩片区治理方案完整性评估分析如表 6.3-9 所示。

表 6.3-9　石岩片区治理方案完整性评估分析

评估对象	评估概要	是否需要增加补充措施
防洪排涝体系	按规划方案治理后可满足防洪标准要求	无须增加补充措施，但要加快进程
污水收集体系	该片区在建和待建的雨污分流管网完成后，未来污水收集率可达 90%，加上河道整治工程的沿河截污内容，基本满足污水收集的要求	无须增加补充措施，但要加快进程
污水水质提升和处理体系	基本满足现状污水处理的要求	无须增加补充措施，但要加快进程
面源污染体系	未体现在治理方案中	应结合市政道路、公园、广场改造和城市更新项目，大力推广包括低影响开发措施在内的面源污染控制措施

6.4　流域治理的必要性

6.4.1　是生态文明建设及国家和省水污染防治的战略要求

2013 年 11 月 8 日，中共十八大报告首提"美丽中国"概念，并提出一系列要求，包括"大力推进生态文明建设""加大自然生态系统和环境保护力度"。建设生态文明，是关系人民福祉、关乎民族未来的长远大计。

《中共中央　国务院关于加快推进生态文明建设的意见》要求，"十三五"期末，资源节约型和环境友好型社会建设取得重大进展，经济发展质量和效益显著提高，生态文明建设水平与全面建成小康社会目标相适应。

茅洲河综合治理是深圳市生态文明建设的重要组成，通过以流域统筹、系统治理，能够有效地引导、规范河道的保护、整治和管理工作，对实现深圳市茅洲河综合治理的总体目标，构建与深圳市现代化、国际化形象相适应的生态环境具有重要的意义。

生态文明建设已纳入国家"五位一体"的发展战略高度,"生态环保,可持续发展",是深圳进入21世纪之后向海内外展示的中国城市新形象。茅洲河作为深圳最大的河流水系,目前污染严重,"臭"名远扬。根据《国务院关于印发水污染防治行动计划的通知》(国发〔2015〕17号)和《深圳市贯彻国务院水污染防治行动计划实施治水提质行动方案》(深府〔2015〕45号)的要求,2017年年底前,茅洲河流域(宝安片区)要实现基本消除黑臭水体、污水基本全收集、全处理、河岸无违法排污口等目标。2017年年底前,除达到国家"水十条"和市"水十条"考核目标外,根据广东省人大决议,洋涌大桥、燕川、共和村等3处河流考核断面水质基本达到Ⅴ类水质。实现该目标,任务艰巨,时间紧迫。为达到生态文明建设的战略要求和水污染治理考核目标,茅洲河流域的综合治理已迫在眉睫。

6.4.2　是落实新时期治水新思路和治水模式创新的要求

习近平总书记提出"节水优先、空间均衡、系统治理、两手发力"治水新思路。为了贯彻落实习近平总书记提出的新的治水思路,深圳市确立了以水资源、水安全、水环境、水生态、水文化"五位一体"的理念,突出问题导向和目标导向,突出合力治水,全面打赢治水攻坚战,为现代化、国际化创新型城市建设提供高质量的水务支撑和保障。

通过创新模式实施流域综合治理是保证规划工程实施目标、进度和效果的重要举措。采用"全流域统筹、全打包实施、全过程控制、全方位合作、全目标考核"的创新治理模式是实现水环境治理目标的有效方式。当前传统的治理模式存在的3个主要问题为:一是流域上下游、干支流保护和开发建设缺乏系统性思考,片区相互割裂、专业缺少衔接,工程任务和目标相对分散,治理技术手段较为单一;二是现有流域治理工程分段立项报批,设计、施工分项发包,招标投标环节多、周期长,严重制约项目进度;三是工程按照事权分级(市、区、街道)实施,实施主体力量分散,未能形成合力,进度不一、效果不明显。

因此,必须突破传统治水思路,创新流域整体治理模式,以考核水质目标为导向,以考核时间倒排治理进度。对茅洲河整体流域统筹规划设计,对全部工程项目统一打包实施,建设中实现对质量、进度的全过程管理和监控,整合国内外先进技术和优秀团队,实现全方位优势力量合作。

6.4.3　是满足城市发展定位和茅洲河流域经济社会发展的内在要求

2013年中央提出"新丝绸之路经济带"和"21世纪海上丝绸之路"的战略构想,深圳地处粤港澳大湾区和海上丝绸之路的战略要冲,具备特区和湾区的叠加优势。市政府落实国家建设21世纪海上丝绸之路战略,聚焦发展湾区经济,建设21世纪海上丝绸之路桥头堡,力争到2030年建成全球一流湾区城市、海上丝绸之路核心城市。

《深圳2030城市发展策略》提出2030年城市发展目标为"建设可持续发展的全球先锋城市"。"先锋城市"的内涵为改革开放与制度创新的先行者、自主创新与产业转型的排头兵、深港交流和区域合作的推动者、中国参与全球竞争的领跑者。

《深圳市城市总体规划(2007—2020)》确定城市发展的总目标是继续发挥改革开放与自主创新的优势,担当我国落实科学发展观、构建和谐社会的先锋城市;实现经济、社会和环境协调发展,建设经济发达、社会和谐、资源节约、环境友好、文化繁荣、生态宜居的中国特色社会主义示范城市和国际性城市;依托华南,立足珠江三角洲,加强深港合作,共同构建世界级都市区。

城市发展的定位要求加强环境保护,按照分区治理的原则,提高污水处理率,整治河道,恢复河道的清洁,持续改善城市内部生态环境。

茅洲河流域沿线产业密集,且高污染、高耗能的传统型企业居多,工业与居住混杂,环境品质低下,土地利用效率较低,配套设施严重不足,亟须借助存量挖潜、二次开发的方式,释放本地区应有的土地潜力优势,以适应宝安现代化发展要求。宝安提出建设现代化产业强区和国际化滨水名城,未来将以"宜居"为方向,打造为亚太地区最具活力和国际竞争力的城市群。到2020年,宝安打造为山川河流更美更清,湾区岸线更加具有活力,多元文化更加凸显,产业更加高端,城市环境更加宜居的国际化、现代化城区。茅洲河流域综合治理,是提升区域社会经济发展、提升滨水土地价值、适应美丽宝安建设的内在需求。

光明新区作为未来深圳西部地区重要的城市副中心,创新型高新产业基地及其配套服务区,承接香港、辐射东莞的生产性服务中心。茅洲河流域综合治理将为光明新区打造创新创业新城提供良好的创业基础条件和优美的生态环境,也将重构光明新区整体风貌、门户风貌及重要的界面、节点风貌。

6.4.4　推广海绵城市建设,提升防洪排涝能力,增强防灾减灾能力,确保人民群众生命和财产安全的需要

宝安区提出幸福家园构建策略,构建生态、低碳、安全、高效、智慧的市政体系。光明新区提出建设"绿色新城",以世界先进城市为标杆,追求"绿色"的生态,注重"建设理念"——绿色产业、绿色交通、绿色建筑、绿色社区、绿色空间和良性循环的绿色生态系统和绿色城市形象。加大再生水、雨洪、海水等非常规水资源利用,大力推广中小型分布式能源利用,提升城市防洪排涝系统,推行低碳建设理念,推广海绵城市建设。遵循"生态治河"理念,完成河流的防洪治理工程,使茅洲河干流防洪标准达到100年一遇,主要支流达到50年一遇防洪标准。改造完善现有防潮堤坝,提高宝安区防潮标准至200年一遇。最终实现"维护河流水系自然生态环境,构筑宝安美丽水环境"的目标。茅洲河流域综合整治,有效衔接已建工程,采取多样化设施设计、多元化治理手段,综合提升防洪排涝能力,增强防灾减灾能力。

6.4.5　贯彻落实"水十条",提升水环境容量,实现流域水质目标,修复河流水生态,实现人水相亲的要求

为了贯彻落实《国务院关于印发水污染防治行动计划的通知》(国发〔2015〕17号),深圳市制订了《深圳市贯彻国务院水污染防治行动计划实施治水提质行动方案》,决定以超常规举措打赢一场治水提质的攻坚战,持续提升城市水环境支撑能力,以更高的标准和更高的要求,为国际化、现代化创新城市建设提供高质量的水环境保障。

通过完善绿地景观系统、展现城市魅力、打造活力城市来共同提升城市品质。充分发挥景观资源的良好优势,对河流进行治理改造,激活河道,营造"水—城—脉"特色景观。茅洲河流域综合整治,采取系统治理,标本兼顾,根据污染物"源、迁、汇"的传输路径对污染进行全过程控制,采取多元化手段修复河道水生态,提升河道水质;通过水上、水面、水岸多层次景观营造,提升水环境品质,实现人水相亲,激活城市蓝脉。

6.4.6　实现茅洲河流域智慧水圈管理、提升城市治水能力的要求

国家鼓励开展应用模式创新,推进智慧城市建设。智慧水务通过数采仪、无线网络、水质水压表等在线监测设备实时感知城市供排水系统的运行状态,并采用可视化的方式有机整合水务管理部门与供排水设施,形成"城市水务物联网",并可将海量水务信息进行及时分析与处理,并做出相应的处理结果辅助决策建议,以更加精细和动态的方式管理水务系统的整个生产、管理和服务流程,从而达到"智慧"的状态。茅洲河流域综合治理,是推动智慧水务建设的内在需要。

6.4.7　提升居民幸福指数的要求

随着深圳市经济社会的快速发展和人民群众生活水平的不断提高,广大人民对良好生态环境的要求也日益提高,解决好深圳市"水之源""水之清""水之安""水之灵""水之利"问题的现实要求日益凸显。

积极开展茅洲河流域综合治理,将有效地改善人居环境,呈现出林水相依、水文共荣、城水互动、人水和谐的水生态文明体系,形成布局合理、引排顺畅、蓄泄得当、丰枯调剂、多源互补、调控自如的水网体系,城市更加宜居宜业,让广大人民群众共享水利改革发展成果,提升城市品位和广大人民的幸福指数,为实现人水和谐提供更加有力的支撑,为深圳市的发展增添新动力、新活力、新优势。

第7章 茅洲河流域治理方略及治理体系研究

7.1 上位区域规划解读

7.1.1 深圳市相关规划

7.1.1.1 《珠江三角洲地区改革发展规划纲要(2008—2020年)》

该纲要是广东省政府发布的一份改革发展规划纲要,是指导珠江三角洲地区当前和今后一个时期改革发展的行动纲领及编制相关专项规划的依据,对茅洲河流域起到宏观性指导。

纲要指示的范围以广东省的广州、深圳、珠海、佛山、江门、东莞、中山、惠州和肇庆市为主体,辐射泛珠江三角洲区域,并将与港澳紧密合作的相关内容纳入规划,规划期至2020年。

该规划提出建设人水和谐的水利工程体系。加快推进水利基础设施建设,完善水利防灾减灾工程体系,优化水资源配置,强化水资源保护和水污染治理,确保防洪安全、饮水安全、粮食安全和生态安全,建立现代化水利支撑保障体系。继续加强江河治理和水生态保护的基础设施建设,加快水文、水资源和水环境实时监控系统建设。到2020年,防洪防潮能力广州、深圳市市区达到200年一遇,其他地级市市区达到100年一遇,县城达到50年一遇,重要堤围达到50~100年一遇;供水水源保证率大中城市达97%以上,一般城镇达90%以上;水源水质均达到水功能区水质目标。

7.1.1.2 《深圳市城市总体规划(2007—2020年)》

该规划提出,宝安区作为西部发展轴,是深圳提升国际化城市职能、实现深港合作、促进珠三角城镇群协调发展的战略性走廊。

防洪防潮:加快城市防洪防潮工程建设,保障河流水系的完整性,完善三防预警、预报及防汛指挥等现代化管理系统,提高城市整体防洪防潮能力,保障城市安全。深圳市城市分区防洪标准达到100~200年一遇,河流防洪标准达到20~200年一遇,防潮标准达到50~200年一遇。遵循"生态治河"的原则和理念,完成全市河流干流和主要支流的综合治理工作。按照"分区设防"的原则,完成全市海堤的综合治理工作。宝安西海堤及特区西部海堤达到200年一遇防潮标准,盐田海堤达到100年一遇防潮标准,龙岗区大亚湾大鹏湾海堤达到50年一遇防潮标准。

积极推进山区和河道雨洪资源利用,尽可能实现水资源可持续利用:利用小型水库山塘、引水工程、蓄水工程、河道湿地、滞洪区、水体景观等进行山区和河道雨洪资源利用。

7.1.2 宝安区相关规划

《滨海宝安综合规划(2013—2020)》具体内容如下所述。

7.1.2.1 总体情况

规划提出,以打造"城市宜居、产业发达、山水秀美、人文丰富、人民幸福"的美丽宝安作为主要发展目标。到2020年,努力将宝安打造为山川河流更美更清、湾区岸线更加具有活力、多元文化更加凸显、产业更加高端、城市环境更加宜居的国际化现代化城区。

空间布局:"三带两心一谷"的城区空间结构。其中,"两心"为宝安中心区和空港新城,"一谷"为石岩科技健康绿谷。

7.1.2.2 建设任务

1.攻坚治水治污和水源保护

一是完善污水集中收集处理系统。坚持污水管网先行,系统建设市政、社区、沿河三级污水管网,污水收集率提高到 90% 以上。坚持污水集中处理,加快现状污水处理厂扩建,污水处理能力达到 186 万 m³/d。坚持正本清源,完成社区和源头排水户的管网普查,为全面梳理管网建设和加强日常维护打好基础。坚持雨污分流,推行排水设计审查验收制度,规范排水户的排水行为,对错接乱排的用户排水管网实行整改,从源头上减少生活污水对自然水体的污染。坚持生态补水,对污水厂尾水再生利用,通过加压泵站提升到河流中上游补水,2020 年前实现西乡河等河流不黑不臭的目标。

二是实施河流治理大会战。坚持"河长统领、标本兼治、建管并重"的原则,落实"分级负责、分片包干、一河一长、一河一策"的工作机制,继续实施河流治理大会战。突出加快茅洲河等河流综合整治,实现河道水质达到景观水体指标。加快其他支流及入海小河涌综合整治,推动石岩河支流及珠江口小流域德丰围涌等小河涌综合治理。力争远期实现宝安区 66 条河涌均满足景观性要求。

三是建设铁岗石岩水库自然保护区。抓住铁岗石岩水库自然保护区建设的重大契机,进一步完善水库的隔离围网等保护措施。推进罗田、长流陂等饮用水源水库流域水土流失综合治理。

2.完善水务保障体系

一是加强水资源保障建设。区外引水与区内挖潜并举,积极推进非常规水资源利用,加强水资源储备和供应能力。规划扩建铁岗原水提升泵站、新建铁石新原水提升泵站;新建罗田-长流陂原水干线;保留现状固戍再生水厂,新建燕川、沙井再生水厂,预控福永再生水厂用地。加快建立用水总量控制、用水效率控制、水功能区限制纳污等水资源管理控制指标和监控体系,强化水资源管理的约束力,全面促进水资源的节约利用,2020 年城市水资源保证率 97%,用水总量小于深圳市分配给宝安区的控制指标,主要饮用水源地水质 100% 达标。

二是加强市政供水保障建设。推进村级小水厂整合,扩建石岩水厂、五指耙水厂和长流陂水厂,2020 年水厂总规划规模 196 万 m³/d。完善城市供水管网,使城市供水普及率达到 100%。重点推进实施优质饮用水入户工程,供水水质全面达到"新国标"106 项指标要求,保障居民饮水安全。

3.健全城市防洪(潮)防涝体系

进一步提高城市防洪、排涝标准,2020 年流域面积 10 km² 以上的河流防洪达标率不低于 50%,茅洲河、西乡河干流防洪标准达到 100 年一遇,其他主要河道干流防洪标准达到 20~50 年一遇。雨水管网建设标准则现状管网按照重现期为 2 年进行复核,新规划雨水管网采用重现期为两年进行建设,重点的低洼易涝区、重要地区选用重现期 3 年建设,立交桥、下穿通道及排水困难地区采用 5~10 年重现期,下沉广场及特殊重要地区采用 10 年或以上重现期。进一步完善西部地区排涝工程体系,对受涝面积 0.5 km² 以上的主要涝区新建大中型排涝泵站。在雨水管网配套不完善或标准偏低的区域,尽快启动雨水管网升级改造工作,市政道路雨水管网改造纳入道路升级改造工程一并实施,社区雨水管网改造纳入城市更新工作一并实施。至 2020 年,逐步在全区推广雨水管网升级改造工作。开展水库安全达标建设,完成病险水库除险加固。健全"三防"信息指挥平台,完善街道一级"三防"指挥机构。

7.1.3 光明新区相关规划

未来五年是全球经济、科技、社会深刻变革的时期,光明新区作为深圳重要的区域发展极,以智慧、生态和人文为支点,以"第五代城市"为目标,将初步建设成为一个生态宜人、产业高端、产城融合、宜居宜业的现代化、国际化绿色智慧新城。

光明新区被誉为国家战略与基层实践融合的"试验田",肩负七项国家级改革试点任务:国家新型城镇化综合试点、国家绿色生态示范区、国家绿色建筑示范区、国家低影响开发雨水综合利用示范区、国家循环化改造示范试点园区、外贸转型升级专业型示范基地和社区基金会国家级试点。

7.1.3.1 《深圳市光明新区规划(2007—2020 年)》

目标:建设深圳第一个"绿色城市"。

规划沿茅洲河干河两岸以工业用地和居住用地为主,且中心段两侧用地多为湿地公园和居住用地。为未来依托茅洲河干河打造生态景观轴提供规划依据和生态基础。

未来光明新区将重点打造"一城两心"(光明凤凰城、光明中心和公明中心)城市核心区,着力推进

"两区一带"(光明高新技术产业园区、中山大学城片区、沿松白路城市更新带)三大重点片区建设,系统构建"一轴一湖一环"(茅洲河生态景观轴、"深圳西湖"、光明绿环)生态景观空间,形成生产空间集约高效、生活空间宜居舒适和生态空间山清水秀的城市发展布局。

城北山体公园、中山大学学创园、光明小镇(公明水库、公明森林公园)呈扇形镶嵌在茅洲河支流上游区;与南侧凤凰城(光明绿环)、茅洲河干河紧密相连,茅洲河流域干支流系统起到对城市功能的紧密串联作用,是功能区之间重要的联系纽带,为光明新区构筑绿色生态新城奠定基础。

7.1.3.2 《深圳市光明新区国民经济和社会发展总体规划(2008—2020年)》

空间布局:"一轴、两心、一门户""一环、四点、八片"的区域空间格局,其中"一轴"是指沿茅洲河空间景观轴,是光明新区建成区最具特色的自然生态特征景观轴。"两心"其一为生态绿心——从北环大道至周家大道,沿茅洲河分布的生态绿地和湿地的集中地区,不仅是生态格局的中心,也是未来光明新区的中央滨河公园。

7.1.3.3 《深圳市光明新区"光明绿环"规划》

功能:光明新区未来最具特色的公共空间系统,绿色城市新名片。茅洲河干河部分湿地和支流东坑水、鹅颈水两岸绿地及街头绿地纳入光明绿环规划内,将对茅洲河河道整治及河道景观营造起到十分重要的促进作用。

7.1.3.4 国际化绿色新城

2007年5月,光明新区成立,按照"绿色新城、创业新城、和谐新城"的目标定位,努力建设成为贯彻科学发展观的典范地区。

(1)划定基本生态控制线,有效控制新区发展边界。

2005年11月,深圳市颁布实施《深圳市基本生态控制线管理规定》。974 km² 土地被划入基本生态控制线,约占全市总面积的50%。基本生态控制线是"高压线、铁线",态度坚定、明确、一贯。

(2)建立完整的生态框架、连续的生态廊道和系统化、网络化的绿地湿地系统在茅洲河河口规划建设生态绿心,保护公明—光明—观澜区域绿地和凤凰山—羊台山—长岭皮生态绿地,在综合整治现有河道水系的基础上,打通从外围区域绿地向城市建设区渗透的生态廊道。

(3)在海绵城市、绿色建筑、循环经济等领域先行先试,积极探索经济建设与生态保护协调发展的独特路径,构筑坚实的生态基底、发达的绿色产业体系、成熟的生态文明体制,大力提升生态建设的内涵、功能和品位,努力打造山清水秀、低碳节能、独具特色、活力创新的国际化绿色新城。

7.1.3.5 "海绵城市"示范区

光明新区先后编制了《光明新区雨洪利用规划》《启动区低冲击开发详细规划》《建设项目低冲击开发雨水综合利用规划设计导则》等。明确了年径流控制率为70%、初期雨水污染控制总量削减不低于40%的总体要求,并在此基础上,细化了控制指标。

2008年,光明新区成为首批"国家绿色建筑示范区"之一。

2011年,光明新区被评为全国首个"国家低冲击开发雨水综合利用示范区"。

2013年,光明新区获得"国家绿色生态示范城区"授牌。

2014年7月,光明高新技术产业园区被国家发展改革委和财政部联合授予"国家级循环化改造示范试点园区"称号。10月,光明新区成为全国首批新型城镇化试点区。

新区的先行先试,为今后深圳市乃至我国推广低冲击开发雨水综合利用打下了示范基础。

7.1.3.6 智慧型产业新城

根据光明新区"十三五"规划思路,未来五年将全面推进新区优势制造产业向智慧化、智能化先进制造业升级,多点培育智慧型新兴产业、未来产业,逐步打造彰显智慧特色的产业生态。以新城市主义理念为指引,深度推进"产城融合",促进产业与城市功能融合,以产业发展充实城市功能,实现城市建设与产业同步协调、促进城区功能复合发展,促进人与自然融合,建构城市复合生态系统,做精、做细城市空间,以更多绿地、水体和充满人情味的街区替代笔直宽阔的马路、整齐划一的绿化、高大冷漠的楼宇,打造精细化、高质量、有韵味、有魅力的活力城区,促进人与自然和谐发展。

7.1.3.7　田园文化宜居新城

光明新区提出"文化强区"战略,"推动文化服务增强、文化经济融合、文化历史传承、文化素质提升"四位一体发展,为建设"国际化现代化绿色智慧新城"提供强大的精神动力和智力支持。依托传统村落和乡村特色资源,结合自然山水景观,保护发掘桑基鱼塘等岭南风貌地区和东南亚华侨文化,将社区发展和文化旅游、生态旅游、田园观光相结合,活化利用历史文化遗产,重点打造一批特色文化小镇。将光明新区打造成为看得见山、望得见水、记得住乡愁的田园文化新城。

7.2　流域相关规划解读

7.2.1　深圳市水务发展"十三五"规划(宝安区、光明新区)

《宝安区水务发展"十三五"规划》的总体目标是以区域规划总目标为方向,以先进行业要求为标准,经过五年努力,水务建设从"十二五"的"偿还欠账、适应发展"为主的阶段向"完善体系、支撑发展"为主的阶段转变,进一步完善水环境治理、水安全保障、水行政管理体系建设,实现"由水务单一工程建设到系统治理的转变""由区域水务到全域水务的转变""由完成任务到争创一流的转变",为"美丽宝安"建设和生态文明建设奠定坚实的水务支撑保障。该规划从污水管网、河道整治、治污设施、防洪排涝、水源工程、水厂和管网共七个方面对宝安区"十三五"期间的水务项目进行了整体规划。

《光明新区水务发展"十三五"规划》紧紧围绕光明新区发展思路——"质量光明,速度光明,园区光明,绿色光明,幸福光明",把创新驱动作为引领水务发展的最重要牵引力,按照"生产、生活、生态"三位一体,"学校小区、产业园区、生活小区"三区联动的理念,优化水务发展总体布局。"十三五"期间,光明新区水务发展围绕"一个核心""两个重点""四个注重",以保护自然生态体系为基础,充分尊重城市的山水格局及自然生态,强化"山环城、水润城"的自然空间结构,塑造彰显山情水意和本土文化的魅力光明。

坚持一个核心:以水污染治理、水环境提升为核心。

坚持两个重点:以海绵城市的建设与城市内涝整治为重点。

坚持四个注重:注重治水提质,全面落实市治水提质方案计划,以完善污水、污泥、管网三大治污设施系统和加快茅洲河及其支流综合整治为重点,实现河道水质再提高;注重治水升级,以现代规划理念为先导系统治理,按照海绵城市建设要求,将区域防洪排涝能力提高与区域生态环境改善有机结合,系统解决水安全、水环境和水资源等问题;注重治水增效,充分发挥水资源节约在推动经济转型升级中的先导性作用,以再生水利用设施建设为重点,以资源循环利用促进资源节约;注重治水创新,突出水务科技创新与智慧水务建设,提升水务服务城市经济社会发展的综合能力与保障度。

建立与国际化先进城市相适应的水务基础设施建设和管理水平,力争在防洪减灾、水安全保障、水资源保护、水环境改善、水生态修复及水行政管理等方面成为行业的引领者,率先实现水务现代化。

(1)突出综合治理,打造高标准城市防洪排涝安全保障体系。

(2)加强水源保护,打造高品质的城市供水安全体系。

(3)注重节水效益,打造高效率的城市节水体系。

(4)强化标本兼治,打造高要求的水污染治理体系。

(5)坚持生态开发,打造高层面的城市水土保持体系。

(6)注重创新驱动,打造高精尖的水务科技信息体系。

(7)深化水务管理改革,打造高效能的水务管理体系。

《广东省跨地级以上市河流交接断面水质达标管理方案》及《深圳市贯彻国务院水污染防治行动计划实施治水提质的行动方案》都给光明新区水环境提出一个新的要求(茅洲河交接断面2020年重金属达地表水Ⅲ类水质,其余指标优于Ⅳ类;观澜河交接断面的水质2020年达到地表水Ⅲ类),鉴于现状水污染与省、市的相关要求有一定差距,在"十三五"期间应以生态文明建设为指导,全面实践科学发展观,以跨界交接断面水质达标为目标,以水污染治理为重点,努力打造为山、水、人、城和谐共处的宜居环境。

7.2.2　深圳市防洪潮规划修编及河道整治规划——防洪潮规划修编报告

城市防洪标准:到 2020 年深圳市市区防洪防潮能力达到 200 年一遇。以流域为单元分区设防,总体上可划为深圳河流域、茅洲河流域、观澜河流域、龙岗河流域、坪山河流域、西部沿海区域及东部沿海区域七大防洪分区。茅洲河流域分区——光明新区及宝安的松岗、沙井街道城市防洪能力达到 200 年一遇。西部沿海区域分区——福田、南山及宝安中心区(含新安街道、西乡街道、福永街道及沙井街道部分区域)2020 年城市的防洪潮能力达到 200 年一遇。

城市排涝标准:①城市中心区(包括福田、罗湖、南山),能有效应对不低于 50 年一遇的暴雨;②其他城区,能有效应对不低于 20 年一遇的暴雨。

防洪潮工程规划标准:河流的治理标准为 200～20 年一遇;海堤工程,宝安区西海堤达 200 年一遇防潮标准。

城市雨水排水工程建设标准:雨水管渠设计重现期应根据汇水地区性质及地形特点等因素确定,现状管网按重现期 1 年复核,新规划地区重现期采用 2 年,低洼地区、易涝地区及重要地区重现期采用 3～5 年,下沉广场、立交桥、下穿通道及排水困难地区重现期选用 5～10 年。

7.2.3　深圳市排水(雨水)防涝综合规划——茅洲河流域

规划期限为 2014 年至 2030 年,数据基准期为 2013 年,其中近期为 2014 年至 2020 年;远期为 2021 年至 2030 年。

规划标准:

(1)雨水管渠、泵站及附属设施设计标准。深圳市新建雨水管渠、泵站及附属设施采用设计标准为,中心城区重现期 5 年,非中心城区 3 年,特别重要地区 10 年或 10 年以上。

综合考虑深圳市经济社会发展趋势、城市规划用地布局,按建设密度、人口密度、商业水平划分中心城区和非中心城区。

特别重要地区:市行政中心、交通枢纽(高铁、机场、火车站、市客运站)、口岸;总面积约 31 km^2,占全市建设用地 3.0%。

中心城区:罗湖—福田中心、南山—前海中心、副中心(龙华、光明、龙岗、坪山、宝安、盐田、大鹏等副中心)、组团中心(沙井、松岗、观澜、平湖、横岗等城市组团中心);总面积约 492 km^2,占全市建设用地的 48%。

非中心城区:除中心城区、特别重要地区之外的区域,占全市建设用地的 49%左右。

(2)城市内涝防治标准。深圳市内涝防治设计重现期为 50 年,即通过采取综合措施,有效应对不低于 50 年一遇的暴雨;部分防洪标准较低的区域,采用不低于防洪标准作为内涝防治设计重现期。

该规划对深圳市现状排水系统的排水能力进行了评估,并立足现状排水系统,从单纯依靠城市排水设施外排雨水向城市雨洪全过程管理转变,采用蓄、渗、净、排等多种措施相结合,构建可持续的城市排水防涝系统。

7.2.4　深圳市污水系统布局规划修编(2011—2020)

该规划按“适度集中、合理分散”原则统筹污水厂及再生水厂布局,具体如下:

(1)公明污水处理厂现状设计规模为 10 万 m^3/d,2020 年规划扩建至 15 万 m^3/d,2030 年保持规模 15 万 m^3/d;规划新增再生水厂 1 座,规模 15 万 m^3/d,回用对象以河流补水为主,兼顾城市杂用。

(2)燕川污水处理厂现状设计规模为 15 万 m^3/d,2020 年规划扩建至 25 万 m^3/d,2030 年规划扩建至 30 万 m^3/d;规划新增再生水厂 1 座,规模 20 万 m^3/d,回用对象以工业、城市杂用和河道补水为主。

(3)沙井污水处理厂现状设计规模为 15 万 m^3/d,2020 年规划扩建至 48 万 m^3/d,2030 年规划扩建至 65 万 m^3/d;规划新增再生水厂 1 座,规模 20 万 m^3/d,回用对象以工业、城市杂用和河道补水为主。

(4)福永污水处理厂现状设计规模为 12.5 万 m^3/d,2020 年规划扩建至 25.0 万 m^3/d,2030 年规划扩建至 35 万 m³/d;规划控制再生水厂用地,再生水回用对象以工业、城市杂用为主。

(5)固戍污水处理厂现状设计规模为 24 万 m³/d,2020 年规划扩建至 50 万 m³/d,2030 年规划扩建至 56 万 m³/d;规划新增再生水厂 1 座,规模 20 万 m³/d,回用对象以河流补水为主,兼顾城市杂用。

对于出水水质,规划指出:

(1)新改扩建污水厂排放标准:一级 A。

(2)交接断面达标要求较高的茅洲河流域,污水厂出水除达到一级 A 标准外,还应根据水质达标要求,采取相应深度处理措施或生态处理措施。

(3)珠江口流域现状一级 B 排放标准的污水厂可视海域水质情况确定合理排放标准。

(4)再生水出水标准同《深圳市再生水布局规划》规定:

近期:按照一级 A 标准和观赏性景观环境用水类标准确定。

远期:参考 V 类水标准强化控制 COD 指标。

该规划还对污泥处置布局进行了规划,确定了宝安区 5 座污水厂产生污泥最终均运至老虎坑污泥焚烧厂处置,该厂现状设计规模 800 t/d,2030 年规划规模 1 800 t/d。规划指出,污泥处置应坚持源头减量和末端"干化+焚烧+综合利用"方式,并积极探索和应用多渠道的污泥资源化利用方式(如源头减量技术、常温下污泥脱水技术、碳化技术等)。

根据上述规划内容,结合现状实际情况,该规划中存在以下问题:①在 2020 年未完全实现雨污分流前,规划未对分流制污水厂与混流制收集管网间存在的水质、水量波动冲击矛盾提出相应的解决措施。②规划中未对污泥的源头减量提出相应的处理方式及处理规模。

7.2.5 深圳市治水提质总体方案——茅洲河流域专题

深圳市 2015 年年底发布了"治水提质计划",明确了流域统筹、系统治理等治水十策,提出加强饮用水水源水质保护、加快河流综合整治、加强黑臭水体治理的"碧水"行动、完善排水管网、提高雨污分流率的"织网"行动等十大行动,力争用 8 年时间,全面改善深圳水生态环境质量,让碧水和蓝天共同成为深圳亮丽的城市名片。

该计划提出的相关目标如下:

一年初见成效,消除中心城区主要内涝点,健全治水机制。

三年消除黑涝,饮用水源水库水质达标率达 100%;主要建成区消除黑臭水体,基本消除城市内涝风险。

五年全面达标,水环境质量总体改善,全面达到城市防洪排涝设防标准。

八年让碧水和蓝天共同成为深圳亮丽的城市名片,水生态环境质量全面改善,生态系统实现良性循环。

具体治水工程措施有:

(1)污水处理厂:加快污水处理厂提标改造建设,提高出水标准,改善流域水环境。其中固戍污水处理厂需扩建改造。

(2)污水管网:加快特区外管网建设,完善特区外管网雨污分流改造,提高污水收集率。宝安片区需建设 1 402 km 污水管网。

(3)河流综合整治:通过河流整治,增强河流的防洪能力,改善河流水质,修复城市生态景观。

(4)内涝整治:加快防洪排涝设施建设,构建完善的排水防涝体系。

(5)水源保护:在铁岗水库新建环 DN300~DN400 截排隧洞 7.2 km。

7.2.6 深圳市再生水布局规划

该规划基本明确了再生水的规模、用地需求、利用方向和出水水质。其中,规划出水标准为:

近期:按照一级 A 标准和观赏性景观环境用水类确定。

远期:参考 V 类水标准强化控制 COD 指标。

其他主要规划内容如下:

（1）公明再生水厂2020年规划规模为16万 m³/d,控制用地规模为16万 m³/d,回用对象以河流补水为主,兼顾城市杂用,回用河流包括玉田河、鹅颈水、茅洲河干流。

（2）燕川再生水厂2020年规划规模为20万 m³/d,控制用地规模为20万 m³/d,回用对象以工业、城市杂用和河道补水为主,回用河流包括松岗河、茅洲河干流。

（3）沙井再生水厂2020年规划规模为20万 m³/d,控制用地规模为20万 m³/d,回用对象以工业、城市杂用和河道补水为主,回用河流包括沙井河、排涝河、德丰围涌。

（4）福永再生水厂控制再生水厂用地规模为2万 m³/d,回用对象以工业、城市杂用为主,回用河流包括福永河。

（5）固戍再生水厂2020年规划规模为20万 m³/d,控制用地规模为20万 m³/d,回用对象以河道补水为主,兼顾城市杂用,回用河流包括新圳河、西乡河、铁岗水库排洪渠、咸水涌。

根据上述规划内容,结合现状实际情况,该规划中存在相关的问题为:规划的再生水厂规模及河流补水范围已无法满足现状河流补水需求。

7.2.7　深圳市污水管网建设规划（2015—2020）

该规划按照"建设一片、成效一片、分期实施、限期达标"的原则进行片区管网雨污分流改造建设,具体建设计划如下:

第一批雨污分流管网工程（2015—2016年）:项目着力解决主要集中式水源水质安全保障及规划重点区域的管网配套问题。重点推进石岩水库石岩河流域下游北片区等主要水源保护区及西乡街道劳动、西乡片区、沙井街道西部片区、松岗街道中心片区等重点片区的7项工程,总建设规模580 km。

第二批雨污分流管网工程（2016—2018年）:项目着力排水管线连网成片及人口密集区雨污分流改造。重点推进新安街道新安公园、宝安中心片区,西乡街道河东、河西片区,福永街道立新水库周边片区等周边管网相对完善及沙井街道共和、新桥片区,石岩街道官田、料坑、麻布片区等人口密集、污水量大的片区的12项工程,总建设规模561 km。

第三批雨污分流管网工程（2018—2020年）:项目着力推动旧城中心区的雨污分流改造。重点推进新安街道新安五路以南片区,西乡街道福中福片区,松岗街道红星、东方片区等区域的8项工程,总建设规模379 km。

远期雨污分流管网工程（2020—2025年）:第四批、第五批雨污分流管网项目结合河道治理,并兼顾片区污水量大小,从上游至下游,从建设较密集区至绿地多、人口密度低的片区逐步推进管网完善,共17项工程,总建设规模851 km。

根据该规划,宝安区至2020年规划完成3批雨污分流工程,雨污分流率提高至64%,仍有2批未完成,主要集中在流域上游或人口密度低的片区。因此,为保障该部分区域2020年规划的水体水质目标,需对该部分区域涉及的河流进行两岸污水管网完善,具体河流包括:

（1）茅洲河中下游片区的塘下涌、松岗河、潭头河、新桥河、上寮河。

（2）大空港片区的沙福河、坳颈涌、福永河、虾山涌、孖庙涌、机场南排渠、机场外排渠、七支渠、钟屋排洪渠。

（3）宝安中心片区的新涌、铁岗水库排洪渠、南昌涌。

（4）铁岗石岩片区的王家庄河、天圳河、应人石河。

7.2.8　深圳市污泥处置布局规划（2006—2020）

该规划基本明确了污泥处置的方向和设施布局,提出污泥处置必须以"热干化—焚烧—卫生填埋"为主。该规划将深圳市划分为四个片区,其中固戍污水处理厂属于深圳河湾—珠江口片区,其产生污泥运往深圳循环经济污泥干化项目（一期）处置,该设施处置规模为400 t/d（湿泥量80%）,沙井、福永及燕川污水处理厂属于茅洲河—观澜河流域片区,其产生污泥运往老虎坑污泥处理厂处置,该设施处置规模为2 613 t/d（湿泥量80%）。同时,规划还提出:近期全市污泥采用车辆运输,远期建议开展污泥管道输送的相关研究。

7.3　面临的形势和要求

7.3.1　落实国家生态文明战略,要求突出水生态文明建设

十八大报告第八章"大力推进生态文明建设"中,明确了生态文明建设的重点任务,强调了加快水利建设和水资源管理。贯彻水生态文明新理念,着力推进绿色、低碳、环保水务设施。充分发挥河流水系在城市生态格局中的作用,河流、湖泊、湿地、坑塘、沟渠等水生态敏感区,优先利用自然排水系统与低影响开发设施,实现雨水的自然积存、自然渗透、自然净化和可持续水循环,提高水生态的自然修复能力。

7.3.2　落实总书记"十六字"方针,要求转变治水思路

坚持习近平总书记提出的"节水优先、空间均衡、系统治理、两手发力"治水新思路。落实节水优先,充分进行雨洪资源利用;把握空间均衡,强化用水需求和用水过程治理,使水资源、水生态、水环境承载能力切实成为经济社会发展的刚性约束;注重系统治理,统筹上下游、左右岸、地上地下、工程措施与非工程措施,协调解决水资源、水环境、水生态、水灾害问题;坚持两手发力,深化水治理体制机制创新。

7.3.3　打造世界一流湾区经济、建设 21 世纪海上丝绸之路桥头堡,要求一流的湾区环境做保障

深圳市政府超前规划,聚焦发展湾区经济,主动落实国家建设 21 世纪海上丝绸之路战略,发展湾区经济建设 21 世纪海上丝绸之路桥头堡,力争到 2030 年建成全球一流湾区城市、海上丝绸之路核心城市。宝安区位于西部沿海区域,拥有前海湾区、珠江口—茅洲河湾区,为配合深圳市打造世界一流湾区的目标,要求宝安区有一流的湾区环境做保障。

7.3.4　区域财富积累迅速增长,要求全面提升防灾减灾应灾能力,提高城市公共安全保障水平

随着城镇化的快速提升,城镇建设引起"雨岛效应",形成地表径流总量增大、洪峰流量增高且出现时间提前等水文特点;人口密度增加,国土面积有限情况下,人为侵占河湖可能性加大,大大增加了防洪排涝难度。随着宝安区产业基地集聚,经济开发区与产业园区数量和规模不断扩大,高技术、高价值、高端制造等产业发展迅猛,13 个重点片区开发建设中,宝安中心区、大空港新城区两个片区位于宝安区,同等规模洪水潜在的经济损失剧增,防洪减灾的难度越来越大。为适应城市快速发展需求,需要进一步创新治水防涝理念,统筹推进城市防洪排涝体系建设,提高防洪减灾标准,增强防洪排涝应急能力,提高特大城市群的灾害应对能力,降低洪涝灾害损失,提高城市公共安全保障水平。

7.3.5　解决日益复杂的水问题,要求切实加强管理、落实责任

为应对日益复杂的水问题,水务建设要加快转变政府职能,积极推进水资源管理体制、水务投融资体制、水务建设管理体制、水务工程运行管理体制、基层水务服务体系、水价形成机制、水权制度建设、水市场培育等方面的改革攻坚,努力在重点领域和关键环节的水利改革上取得新突破。落实各方责任,完善考核制度。着力构建有利于水务科学发展、和谐发展、又好又快发展的管理体制机制。

7.4　规划范围

总体规划范围涉及茅洲河全流域,规划面积为 388.23 km^2。重点规划范围为茅洲河流域深圳市所辖的区域,规划面积为 310.85 km^2。

7.5　规划水平年

现状水平年为 2015 年,近期水平年为 2020 年,远期水平年为 2025 年。

7.6　规划依据

7.6.1　法律法规

(1)《中华人民共和国水法》(2002 年 10 月 1 日实施);

(2)《中华人民共和国环境保护法》(2014 年 4 月修订);

(3)《中华人民共和国土地管理法》(2004 年 8 月 28 日实施);

(4)《中华人民共和国水污染防治法》(2008 年 6 月 1 日实施);

(5)《中华人民共和国防洪法》(2015 年修订);

(6)《中华人民共和国环境影响评价法》(2003 年 9 月 1 日实施);

(7)《中华人民共和国水文条例》(2007 年 6 月 1 日实施);

(8)《中华人民共和国城乡规划法》(2015 年 4 月修订);

(9)《规划环境影响评价条例》(2009 年 10 月 1 日实施)。

7.6.2　规范规程

(1)《城市用地分类与规划建设用地标准》(GB 50137—2011);

(2)《江河流域规划编制规范》(SL 201—2015);

(3)《防洪标准》(GB 50201—2014);

(4)《水利水电工程等级划分及洪水标准》(SL 252—2000);

(5)《地表水环境质量标准》(GB 3838—2002);

(6)《地下水质量标准》(GB/T 14848—1993);

(7)《水利工程水利计算规范》(SL 104—1995);

(8)《水利水电工程水文计算规范》(SL 278—2002);

(9)《水利水电工程设计洪水计算规范》(SL 44—2006);

(10)《水利水电工程设计工程量计算规定》(SL 328—2005);

(11)《水域纳污能力计算规程》(GB/T 25173—2010);

(12)《河道整治设计规范》(GB 50707—2011);

(13)《水资源评价导则》(SL/T 238—1999);

(14)《防洪规划编制规程》(SL 669—2014);

(15)《城市水系规划导则》(SL 431—2008);

(16)《城市水系规划规范》(GB 50513—2009);

(17)《城市防洪工程设计规范》(GB 50805—2012);

(18)《堤防工程设计规范》(GB 50286—2013);

(19)《水闸设计规范》(SL 265—2001);

(20)《泵站设计规范》(GB 50265—2010);

(21)《城镇污水再生利用工程设计规范》(GB 50335—2002);

(22)《公园设计规范》(CJJ 48—92);

(23)《水利水电工程环境保护设计规范》(SL 492—2011);

(24)《开发建设项目水土保持技术规范》(GB 50433—2008);

（25）《水利建设项目经济评价规范》（SL 72—94）；

（26）《室外排水设计规范》（GB 50014—2006）（2016 年版）；

（27）《城市排水工程规划规范》（GB 50318—2000）；

（28）《污水综合排放标准》（GB 8978—1996）；

（29）《污水排入城镇下水道水质标准》（CJ 343—2010）；

（30）《城镇污水处理厂污染物排放标准》（GB 18918—2002）；

（31）《城镇污水处理工程项目建设标准》（2001 年）；

（32）《城市污水再生利用　景观环境用水水质》（GB/T 1892—2002）；

（33）《城市湿地公园规划设计技术导则（试行）》（2005 年建设部）；

（34）《人工湿地污水处理工程技术规范》（HJ 2005—2010）；

（35）《河湖生态需水评估导则（试行）》（SL/Z 479—2010）；

（36）《河湖生态环境需水计算规范》（SL/Z 712—2014）；

（37）《治涝标准》（SL 723—2016）；

（38）《河湖生态保护与修复规划导则》（SL 709—2015）；

（39）《入河排污口管理技术导则》（SL 532—2011）；

（40）《城市黑臭水体整治工作指南》（2015 年 8 月）；

（41）《水体达标方案编制技术指南（试行）》（2015 年 10 月）；

（42）《海绵城市建设技术指南——低影响开发雨水系统构建（试行）》（2014 年 10 月）；

（43）其他有关现行规程、规范。

7.6.3　相关资料

相关参考资料清单如表 7.6-1 所示。

表 7.6-1　相关参考资料清单

序号	资料名称	出处	时间（年-月）
1	深圳市治水提质工作计划（2015—2020 年）	深圳市水务局	2015-12
2	茅洲河流域水环境综合整治情况汇报	深圳市水务局	2015-10
3	深圳市河流治理建设及管理工作交流	深圳市水务规划设计院有限公司	2015-09
4	深圳市治水提质总体方案	深圳市水务规划设计院有限公司	2014-09
5	治水提质——茅洲河流域专题	深圳市水务规划设计院有限公司	2014-09
6	深圳市茅洲河流域治水提质专题方案	深圳市水务规划设计院有限公司	2015-09
7	治水提质——水源保护与节约用水专题	深圳市水务规划设计院有限公司	2014-09
8	治水提质——污泥处理处置专题	深圳市水务规划设计院有限公司	2014-09
9	治水提质——污水管网建设规划专题	深圳市水务规划设计院有限公司	2014-09
10	治水提质——执法专题	深圳市水务规划设计院有限公司	2014-09
11	深圳市污水系统布局规划修编（2011—2020）	深圳市国土规划发展研究中心	2011-12
12	深圳市组团分区规划	深圳市规划局	2006-04

续表 7.6-1

序号	资料名称	出处	时间（年-月）
13	宝安区雨洪利用发展规划附图	深圳市市政设计研究院	2009-08
14	宝安区防洪排涝及河道治理专项规划	深圳市水务规划设计院有限公司	2015-10
15	宝安区水务发展"十三五"规划	深圳市水务规划设计院有限公司	2016-01
16	光明新区水务发展"十三五"规划	深圳市广汇源水利勘测设计有限公司	2015-08
17	深圳市内涝调查及整治对策调研报告	深圳市水务规划设计院有限公司	2004-07
18	宝安区防洪排涝工程规划	深圳市水务规划设计院有限公司	2006-12
19	深圳市第一次全国水利普查成果汇编	深圳市水务局	2013-07
20	深圳市排水（雨水）防涝综合规划（茅洲河流域）	深圳市水务规划设计院有限公司	2015-07
21	茅洲河流域（光明片区）水环境综合整治工程技术方案	光明新区治水提质指挥部办公室	2016-01
22	深圳市水资源综合规划总报告	深圳市水务规划设计院有限公司	2009-12
23	关于创新治理模式加快推进茅洲河全流域水环境综合整治的工作方案（讨论稿）	深圳市水务局	2015-11
24	深圳市防洪潮规划修编及河道整治规划防洪潮规划修编报告（2014—2020）	深圳市水务局	2014-02
25	深圳市防洪潮规划修编及河道整治规划河道整治规划报告（2014—2020）	深圳市水务局	2014-02
26	茅洲河全流域水环境综合整治实施方案	中国电力建设集团有限公司	2015-11
27	茅洲河宝安片区燕川湿地、潭头河湿地、排涝河湿地工程	深圳市水务规划设计院有限公司	2015-10
28	松岗潭头渠综合整治工程可行性研究报告	黄河勘测规划设计有限公司	2015-05
29	茅洲河流域中上游段支流（西田水）水环境综合整治工程初步设计	深圳市水务规划设计院有限公司	2016-03
30	茅洲河流域中上游段支流（玉田河）水环境综合整治工程初步设计	深圳市水务规划设计院有限公司	2016-03
31	茅洲河流域水环境综合整治工程——松岗河水环境综合整治工程初步设计报告（第一版）	深圳市水务规划设计院有限公司	2015-12
32	茅洲河流域水环境综合整治工程——松岗河水环境综合整治工程初步设计报告（第二版）	深圳市水务规划设计院有限公司	2016-01
33	茅洲河流域水环境综合整治工程——东坑水综合整治工程初步设计报告	深圳市水务规划设计院有限公司	2016-03
34	茅洲河流域水环境综合整治工程——共和涌综合整治工程初步设计报告（第一版）	深圳市水务规划设计院有限公司	2015-04

续表 7.6-1

序号	资料名称	出处	时间（年-月）
35	茅洲河流域水环境综合整治工程——潭头河综合可行性研究报告（第一版）	深圳市水务规划设计院有限公司	2015-04
36	松岗潭头渠综合整治工程水土保持方案（设计）报告书（送审稿）	深圳市瀚润达生态环境技术有限公司	2015-11
37	松岗潭头渠综合整治工程初步设计	黄河勘测规划设计有限公司	2015-12
38	松岗街道楼岗河整治工程可行性研究报告	深圳市广汇源水利勘测设计有限公司	2015-06
39	松岗东方七支渠排洪渠整治工程可行性研究报告（第一版）	深圳市广汇源水利勘测设计有限公司	2015-08
40	深圳市流域综合规划修编报告（送审稿）	深圳市水务规划设计院有限公司	2011-05
41	深圳市世界银行贷款茅洲河流域水环境综合整治工程项目建议书	深圳市水务局、深圳市水务规划设计院有限公司	2007-01
42	深圳市雨洪资源利用规划研究	深圳市水务局、规划局、深圳市水利规划设计院有限公司	2006-02
43	深圳市茅洲河流域（宝安片区）河道水质提升项目初步设计方案	深圳市水务规划设计院有限公司	2015-06
44	茅洲河界河综合整治工程（深圳部分）可行性研究报告	广东省水利电力勘测设计研究院	2014-10
45	石岩河综合整治工程（一期）可行性研究报告	深圳市水务规划设计院有限公司	2015-06
46	深圳市宝安区塘下涌综合整治工程可行性研究报告	惠州市华禹水利水电工程勘测设计有限公司	2012-03
47	松岗老虎坑水综合整治工程可行性研究报告	深圳市广汇源水利勘测设计有限公司	2015-08
48	茅洲河流域水环境综合整治工程—排涝河截污工程初步设计报告	深圳市水务规划设计院有限公司	2014-03
49	茅洲河流域水环境综合整治工程—上寮河上游段综合治理工程可行性研究报告	深圳市水务规划设计院有限公司	2015-07
50	石岩渠综合整治工程（一期）可行性研究报告	深圳市水务规划设计院有限公司	2015-06
51	茅洲河流域水环境综合整治工程（中上游段）——干流可行性研究报告	深圳市水务规划设计院有限公司	2010-02
52	茅洲河流域水环境综合整治工程（中上游段）——干流初步设计报告	深圳市水务规划设计院有限公司	2011-03
53	茅洲河流域水环境综合整治工程——新陂头水综合整治工程初步设计报告	深圳市水务规划设计院有限公司	2014-12

续表 7.6-1

序号	资料名称	出处	时间(年-月)
54	茅洲河流域水环境综合整治工程—— 楼村水综合整治工程初步设计报告	深圳市水务规划设计院有限公司	2014-12
55	茅洲河流域中上游支流(大凼水) 水环境综合整治工程可行性研究报告(修订稿)	深圳市广汇源水利 勘测设计有限公司	2015-08
56	茅洲河流域水环境综合整治工程—— 鹅颈水综合整治工程初步设计报告	深圳市水务规划设计院有限公司	2011-10
57	茅洲河流域水环境综合整治工程—— 木墩河综合整治一期工程初步设计报告	中国市政工程中南设计 研究总院有限公司	2012-12
58	茅洲河流域水环境综合整治情况与效果评估	人居委/深圳市 环境科学研究院	2015-08
59	深圳市蓝线规划	深圳市水务局、规划局	2008
60	深圳市城市总体规划(2010—2020)	深圳市人民政府	2010-09
61	珠江三角洲地区改革发展规划纲要(2008—2020 年)	国家发展和改革委员会	2008-12
62	深圳市贯彻国务院水污染防治行动 计划实施治水提质的行动方案	深圳市人民政府	2015-06
63	南粤水更清行动(2013—2010 年)	广东省环境保护厅	2013-02
64	鹏城水更清行动(2013—2020)	深圳市水务局	2013-08
65	深圳市光明新区污水支管网建设规划(2014—2015)	中国市政工程西北 设计研究院有限公司	2014-05
66	深圳市再生水布局规划	深圳市规划局	2008-11
67	深圳市光明新区再生水及雨洪利用规划	深圳市城市规划 设计研究院	2009-01

7.7　规划目标

根据党的十八大、《水污染防治行动计划》、《南粤水更清行动计划(2013—2020 年)》和《深圳市贯彻国务院水污染防治行动计划实施治水提质行动方案》的精神和要求,按照"流域统筹,系统治理;统一标准,一体推进;雨污分流,正本清源;分片实施,联网提效;集散结合,提标扩容;海绵城市,立体治水;以水定地,控污增容;引智借力,开放创新;清淤治违,畅通河渠;防抢结合,公众参与"等治水十大策略,通过"织网"行动、"净水"行动、"碧水"行动、"宁水"行动、"柔水"行动、"减负"行动、"畅通"行动、"智慧"行动、"协同"行动、"保障"行动等治水十大行动,将茅洲河流域建设成为水环境治理、水生态修复的标杆区、人水和谐共生的生态型现代滨水城区,为全省乃至全国的跨界河流水环境综合治理提供可复制、可推广的经验,让碧水和蓝天共同成为深圳亮丽的城市名片!

7.7.1　工程标准

7.7.1.1　防洪(潮)
干流:防潮标准 200 年一遇,防洪标准 100 年一遇。

支流:防洪标准 20~50 年一遇。

7.7.1.2 治涝

茅洲河下游片区内涝防治标准为 20 年一遇暴雨。

茅洲河中上游片区内涝防治标准为 50 年一遇暴雨。

7.7.1.3 排水

一般地区采用 3 年,重要地区采用 5 年,地下通道和下沉广场及特别重要地区采用 10 年或以上重现期。

7.7.1.4 水质

2017 年年底前,除达到国家"水十条"和市"水十条"考核目标外,根据广东省人大决议,洋涌大桥、燕川、共和村等 3 处河流考核断面水质基本达到 V 类水质。

7.7.2 规划目标

7.7.2.1 2017 年一期目标

防洪:干支流河道达到防洪标准。

治涝:塘下涌、桥头及沙浦西涝片基本达到排涝标准。

排水:塘下涌、桥头及沙浦西涝片完成排水管道及设施改建,并达到排放标准。

水质:茅洲河干支流河道基本消除黑臭;三个考核断面水质基本达到 V 类水。

生态景观:以河流为载体,重点打造健康生态、低影响、亲近宜人、空间多变的城市滨水廊道,构建自然与社会发展平衡的水系生态文明。

7.7.2.2 2020 年二期目标

防洪:同 2017 年。

治涝:燕罗、衙边涌、山门社区第三工业区基本达到排涝标准。

排水:燕罗、衙边涌、山门社区第三工业区完成排水管道及设施改建,并达到排放标准。

水质:茅洲河干支流河道全面消除黑臭,三个考核断面水质基本达到 V 类水。

生态景观:以河流为载体,重点打造健康生态、低影响、亲近宜人、空间多变的城市滨水廊道,构建自然与社会发展平衡的水系生态文明。

7.7.2.3 2025 年三期目标

防洪:同 2017 年。

治涝:所有片区基本达到排涝标准。

排水:所有片区完成排水管道及设施改建,并达到排放标准。

水质:茅洲河干支流河道全面消除黑臭,三个考核断面水质基本达到 IV~V 类水。

生态景观:以河流为载体,重点打造健康生态、低影响、亲近宜人、空间多变的城市滨水廊道,构建自然与社会发展平衡的水系生态文明。

7.8 规划任务

按照国家"水十条"和《深圳市贯彻国务院水污染防治行动计划实施治水提质行动方案》的要求,深圳未来几年将按照流域统筹、系统治理以及水资源、水安全、水环境、水生态、水文化五位一体的工作方针,全面推进治水提质攻坚战,力争"一年初见成效、三年消除黑臭、五年基本达标、八年让碧水和蓝天共同成为深圳亮丽的城市名片"。

本次流域综合治理方案为总体规划方案,用于指导流域综合治理工作的开展,需提出流域综合治理项目的相关指导性意见,但方案编制工作区别于流域综合治理项目的前期工作。本次流域综合治理方案以 2020 年为规划和方案制定的目标年,并兼顾 2025 年的远期目标,要求完成以下工作内容:

(1)现状调研和回顾总结:对流域水务工程建设管理现状进行调查,摸清现状存在的主要问题;对流域涉水项目的规划、建设、管理等情况进行回顾和总结。

（2）拟定治理目标：根据国家、省、市对深圳市水务工作的总体要求，结合流域自然地理、社会经济、城市规划情况拟定流域综合治理目标。

（3）确定技术路线：根据拟定的流域综合治理目标，以目标为导向确定相应的技术路线。

（4）流域规划：以保护水资源、保障水安全、改善水环境、修复水生态、彰显水文化为原则，引进全新的流域综合治理规划策略和思路，体现流域规划的前瞻性、科学性和整体性。

（5）综合治理方案：在流域规划思路的指引下，在现有《深圳市贯彻国务院水污染防治行动计划实施治水提质的行动方案》《深圳市治水提质指挥部关于贯彻国务院水污染防治行动计划实施治水提质的工作计划（2015—2020 年）》的基础上，制订具有可操作性的流域综合治理方案。治理方案需包括但不限于河道整治、污水处理、管网建设、防洪排涝、水质提升、水源保护、生态修复、沿岸景观等方面的内容。同时，应对综合治理方案实施效果进行预评估，并在后期服务中对照预评估进行验证分析。

（6）投资估算：对流域综合治理方案中的各个项目进行投资估算，提出流域综合治理资金需求计划。

（7）实施计划：根据拟定的流域治理方案，以完成拟定目标为导向，结合规划、拟建、在建工程项目的进度情况，制订切实可行的分期分步实施计划。

（8）建设模式、运营管理模式、管理及政策导向研究：根据流域具体情况，对项目建设模式、流域综合治理设施运营管理模式进行分析，对政府在流域综合治理模式下的职能转变及依法管理进行研究，并提出相应意见和建议。

7.9   规划指导思想

全面落实科学发展观，遵循国家新时期"节水优先、空间均衡、系统治理、两手发力"的治水方针，围绕"优化城市功能、打造一流城区，优化岸线资源、打造滨海新城，优化产业布局、打造经济强区，优化生态环境、打造宜居城市"的总体要求，把水利基础设施建设作为支撑经济社会可持续发展的主要任务和先行领域，把水生态环境治理与保护作为提升城市形象的重要保障，把加强涉水事务管理和能力建设作为城市转型升级发展和提高城市现代化管理水平的重要内容，营造山水共生的城市生态格局和以水为自然分隔的城市空间组团结构，为城市建设山川河流更美更清、湾区岸线更加具有活力、多元文化更加凸显、城市环境更加宜居的国际化现代化城区提供支撑和保障，促进深圳市人口、资源、环境和经济的协调发展。

7.10   规划理念、思路、原则

7.10.1   规划理念

规划理念总体概括为安全健康、水活水清、水城交融、人水和谐。

安全健康：确保防洪排涝安全，维持生态功能健康。

水活水清：实现水系截污和连通，源头有活水清水补给，细水长流，流水不腐。问渠那得清如许，为有源头活水来。

水城交融：以"线"串景，水景相连，历史古韵与现代风貌交相辉映。

人水和谐：水系景观环境与人文环境的协调共生，以人为本，水景天成，景色迷人，人水和谐，实现人、水、景三元素的融通。

7.10.2   规划思路

7.10.2.1   多规合一，协调一致

城市规划主要包括城市总体规划、城市排水除涝专项规划、城市污水系统规划、城市绿地系统规划、

城市道路系统规划、蓝线规划、生态建设规划、环境保护规划。

流域规划主要包括水务发展规划、防洪潮规划及河道整治规划、水环境综合整治规划、水资源规划、生态保护与修复规划、水景观规划。

上述多项规划由不同的主管部门编制,内容和侧重点各不相同,必须在本次流域综合规划时统筹兼顾,协调一致,做到全流域一个规划文本、一张规划蓝图,保证工程建设和运行管理的顺利实施。

7.10.2.2　五位一体,健康和谐

构建"水安全、水环境、水景观、水文化、水经济"五位一体的城市河流健康发展模式。

1.水安全

水安全包括城市防洪排涝安全、供水安全、生态用水安全、水环境质量安全等,是指城市水系系统具备系统稳定、良性循环的能力,能抵御外来冲击,且不会对其他系统构成危害。水安全体系是构成城市河流生态系统的基础条件,因此是河流生态系统建设的关键内容。

保护与恢复河道的过流断面,给洪水以充分的出路,建设人水和谐城市。

积极开展低影响开发建设模式,有效削减地表径流量和污染物量,建设海绵城市。

通过雨洪资源和再生水资源的开发利用,保障河道的生态基流供水,保护与修复河道水生态系统,构建城市生态廊道,维持生态栖息地和生物多样性,建设生态城市。

2.水环境

水环境是指围绕人群空间直接或间接影响居民活动和发展的水体,是水体正常功能和各种自然因素、社会因素的总体,在城市水系中,具体措施是通过减污、控源、截留、输导、修复的过程,以达到改善、保护水环境的目的。

贯彻落实国务院水行动计划和深圳市治水提质工作计划,采取综合整治措施,实现水质变清,消除黑臭,建设山水城市。

3.水景观

水景观是通过城市河流水域沿岸带及水域范围内的景观建设,融合城市现状、发展规划并力求体现城市的品位和特色,创造从视觉上对城市的景观美化作用。协调水景观与土地利用和其他景观布置的关系。

打造水清、暗绿、景美、游畅的景观系统,提高城市品位,建设宜居城市。

4.水文化

水文化建设要与城市景观相结合,创造以水为载体的各种文化现象,体现以水为轴心的历史水文化和现代水文化。

彰显科普、体验、互动、参观等功能,建设活力城市。

5.水经济

水经济是指在对城市水系利用和保护过程中产生的与经济有关的事务。主要体现在水系综合利用、保护、管理运用和滨水景观构建的过程中,建立合适的市场交易管理模式,同时广阔的水面和优美的水环境也能促进社会经济的增长。

积极研究各种工程建设模式和运行管理政策,提高涉水事务的管理水平,发展智慧水务,建设智慧城市。

7.10.3　规划原则

7.10.3.1　从下至上,追踪溯源

茅洲河的下游地形平缓,紧邻入海口,经济发达,人口稠密,建设用地紧张,防洪、防潮、排涝、水污染防治等问题比较突出,造成诸方面问题的根源可以追溯到流域的源头,也只有从源头上综合考虑治理方案,才能全面彻底地解决下游的问题和矛盾。

7.10.3.2　先干后支,主次分明

茅洲河干流河道较长,河道较宽,穿越石岩、光明、宝安等城市主要发展区域,功能重大,地位重要,

现状工程中存在的矛盾也比较突出,因此治理的必要性和紧迫性更强。干流的主要问题解决后,可以逐步对支流进行治理,扩大治理范围,提高治理效果。

7.10.3.3　由内到外,里应外合

茅洲河干支流河道在城市用地中呈现带状分布,治理的重点是河道蓝线范围内的区域,然后结合城市规划向外适当延伸,打造滨水文化景观空间。水环境治理首先从沿河排污口的截污、底泥清淤、河道内强化净化等河道内措施开始,逐步延伸到雨污分流、面源截污等河道外措施。排涝治理从河道拓宽、清淤、闸泵抽排等河道内措施开始,逐步延伸到雨水管网、雨水调蓄、低影响开发等河道外措施。只有内外兼修,才能保证可持续的治理效果。

7.10.3.4　以点带面,示范推广

茅洲河流域的问题成因比较复杂,需要采用各种新理论、新技术、新工艺、新设备等高新手段,在局部河段或者片区进行前沿的研究、试验、测试、评估,形成稳定成熟的经验后,再逐步推广到整个流域层面,以提高治理的技术水平和实施效果。

7.10.3.5　由表及里,标本兼治

茅洲河的问题可以分为表证和里证两类。表证一般是急症,需要近期很快见效;里证一般是缓症,需要长期持续建设治理才能见效。针对水环境问题,水质黑臭是表证,需要采用大截排和应急处理设施达到 2017 年的治理考核目标;雨污分流管网建设缓慢是里证,需要按照计划逐年安排雨污分流管网建设,才能最终达到远期治理目标。急症先治标,缓症先治本,标本兼治,方能近远结合,逐步分期实现治理目标。

7.11　技术路线

7.11.1　流域综合治理技术总路线

以上位综合规划及专项规划为指引,以"水资源、水安全、水环境、水生态和水文化"五位一体为工作方针,以问题和目标为导向,结合现状和传统的治理方案,确定茅洲河流域综合治理技术总路线,如图 7.11-1所示。

7.11.2　水资源配置利用技术路线

以"以人为本,全面、协调、可持续的科学发展观"为规划的基本理念,坚持"五个统筹"(统筹城乡发展、区域发展、经济社会发展、国内发展和对外开放、人与自然和谐发展),结合深圳市实际情况,通过全市各区域水资源及其开发利用现状调查评价、经济社会发展与水资源供需关系和供需平衡分析,在水资源承载力和开发利用潜力分析的基础上建立深圳市水资源状况的总体概念及规划总框架。在此基础上,通过制定节约用水规划、水资源保护和水污染处理再利用规划,根据经济社会指标及需水预测和水资源功能区划,考虑经济社会发展对水资源的要求,通过全市境外引水水源、本地水资源统一联合优化调配,分析各水平年水资源合理配置方案;各水平年在不同来水情况下的配水方案;配水工程布局安排、非工程措施及其实施效果评价。

根据水资源合理配置的规划目标和规划内容,将本次规划过程分为六个层次,即评价层、预测层、控制层、模拟层、响应层和结果层,如图 7.11-2 所示。评价层是水资源合理配置的基础;预测层是合理配置的依据;控制层提供了配置方案的可行域,即在有限水资源条件下支撑经济社会发展和生态系统稳定的可行域方案;模拟层包括水资源配置和水循环模拟过程;响应层是水资源方案合理评判的根据;结果层提供经济合理和生态良好的推荐方案。

7.11.3　水安全保障技术路线

水安全综合治理主要是在对现状防洪、防潮、排涝工程详细普查的基础上,通过建立全流域水安全

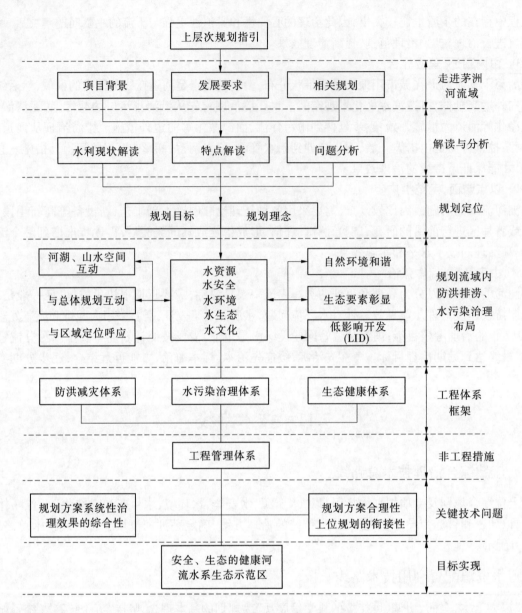

图 7.11-1　流域综合治理技术总路线

综合治理数学模型,系统、体系、全面地研究三方共同作用下水安全保障所面临的形势,提出各类工程分期实施方案,切实保障防洪、防潮、排涝安全,其水安全综合治理技术路线如图 7.11-3 所示。

7.11.4　水环境综合治理技术路线

　　水环境综合治理是在分析水环境污染现状与发展趋势的基础上,通过水环境治理关键问题的提出和重要功能区的划分,建立水环境数学模型,确定污染物总量削减目标及综合治理技术方案,并对规划方案进行模拟优化与决策,最终形成水环境综合治理工程的实施方案。其水环境综合治理技术路线如图 7.11-4 所示。

7.11.5　水生态综合治理技术路线

　　水生态治理工程是在污染物特征分析、水质调查与评价、水生生物调查评价的基础上,通过截污和基底改良工程的实施,以稳态转换理论为依据,通过构建清水态水生态系统构架,运用生物操控手段,构建茅洲河干支流河道清水态、生物多样、稳定的水生态系统,保证目标水体达标水质长效运行,其水生态治理工程具体技术路线如图 7.11-5 所示。

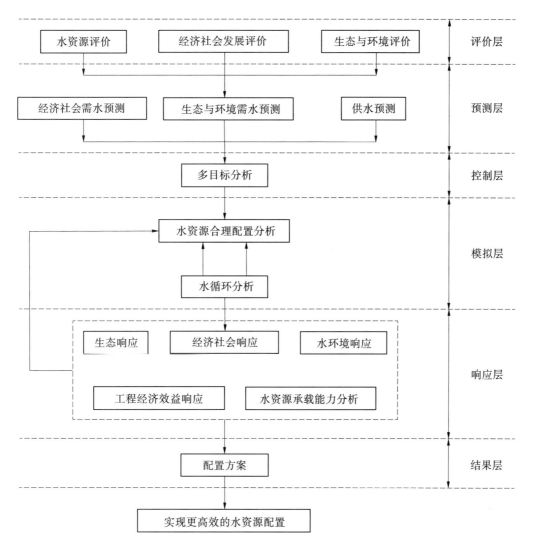

图 7.11-2 水资源综合规划技术路线

7.11.6 水文化(水景观)构建技术路线

解读相关上位规划对区域的定位,综合分析区域水系现状,选取了国内外相关的优秀案例,并总结归纳其中的成功经验,帮助形成项目的定位,结合规划定位提出"容、融、荣"的编制理念,融入国家水生态文明、海绵城市建设等新的治水思路,构建生态的可持续、可实施的水系,让河湖水系创造多元价值。水文化(水景观)综合治理技术路线如图 7.11-6 所示。

7.12 规划总体策略

在对流域内综合治理现状及规划情况分析评价的基础上,结合《深圳市治水提质工作计划(2015—2020 年)》的要求,提出茅洲河流域综合治理总体策略如下:

将茅洲河流域治理作为一项系统工程,在新时期生态文明建设总体要求下,按照"节水优先、空间均衡、系统治理、两手发力"的原则和《深圳市治水提质工作计划(2015—2020 年)》提出的"治水十策"及"治水十大行动"部署安排,坚持问题导向和目标导向,加强顶层规划,坚持系统思维,统一谋划,编制具有前瞻性、科学性和整体性的全流域规划治理方案,创建"城市洪涝安全、河岸美观绿化、河面清洁干净、水质断面达标、河流健康生态、人水协调和谐、城市生态宜居"的生态文明城市。

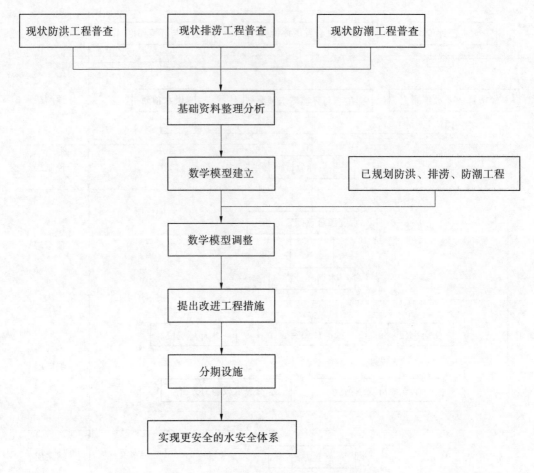

图 7.11-3　水安全综合治理技术路线

7.12.1　水资源规划策略

7.12.1.1　节流优先，科学开源

扩大新水源利用是开源的中心思想，包括对传统水资源的进一步开发利用和非传统水资源的开发利用。正常的河川径流和直接参与水文循环的浅层地下水是常规可利用水量，但属于河川径流成分的汛期绝大部分洪水目前尚无控制利用，而这部分水量占天然水资源量比重较大。在充分利用水源的同时，必须依靠科技进步和社会经济发展力量，通过工程措施和非工程措施加大对洪水资源的利用，增大区域可利用水量和天然水资源利用率。

可扩大利用的非传统新水源主要有海水、废污水，其中污水处理回用和海水利用潜力较大。通过集雨工程适时适量地开发利用雨洪，也是挖潜增供的有效方法。

7.12.1.2　优化配置，高效利用

不仅要求各种传统水资源和非传统水资源合理综合利用，也要求在包括生态环境系统在内的各用户间的合理分配；强调社会经济发展与生态环境系统的协调关系，防止重经济发展轻生态环境保护，杜绝社会经济用水挤占生态环境用水，维护天然水循环过程以保障水资源持续利用的基本条件，维护人类社会赖以生存的资源环境，以实现社会的可持续发展；更强调依靠经济手段（如合理水价制定、水投资效益分配等）、管理手段（取水许可制度、排放量限制、工程优化运行等行政和技术措施）和法律手段（依照法律法规行使水资源管理权）来协调水资源供需关系。在运用经济手段方面，既要重视市场规律、水价格机制对实现水资源配置有效性的客观作用，也不能忽视政策宏观调控对保障水资源配置公平性的作用。

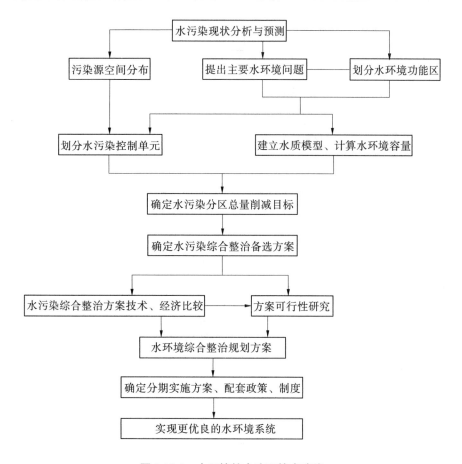

图7.11-4　水环境综合治理技术路线

7.12.2　水安全规划策略

7.12.2.1　**系统统筹,标本兼治**

以规划的防洪排涝标准为目标,从河渠清淤、管网清疏等两个方面,实现缓解洪涝灾害的"治标"要求。从河道堤防整治、泵闸建设、滞洪区设置及雨水管网完善等四个方面,实现城市防洪安全的"治本"要求。

7.12.2.2　**蓄泄兼筹,立体治水**

构建由LID雨水系统(源头控制管理)、小排水系统(常规雨水管渠)、大排水系统(超标雨水径流排放、防洪潮)共同组成的城市防洪(潮)排涝体系。通过上截、中蓄、下排三大措施立体治水。上截是指利用山洪截流分洪、环库连通截流初雨,中蓄是指利用雨洪调蓄设施、暴雨管理滞蓄洪水,下排是指利用泵站、隧洞等统筹涝污排海减量。

7.12.3　水环境规划策略

(1)内外相济,标本兼治。

水环境问题的根本解决,不仅需要治理策略的理论创新,更需要截污、控源、污水处理厂提标、扩建等水环境保障基础性措施的实施,从河涌系统的内、外两个方面同时着手,两手发力,做到内外相济、标本兼治。

以规划的河流水功能区划及污水收集处理率为目标,从强化截流、内源降解、开源增容、加强动力等四方面,实现流域水质安全的"治标"要求;从厂(污水厂)站(污泥垃圾处置站)建设、管网完善、雨污分流、面源管控等四方面,实现流域水质安全的"治本"要求。

(2)推广新技术、新工艺、新设备,在实践中创新。

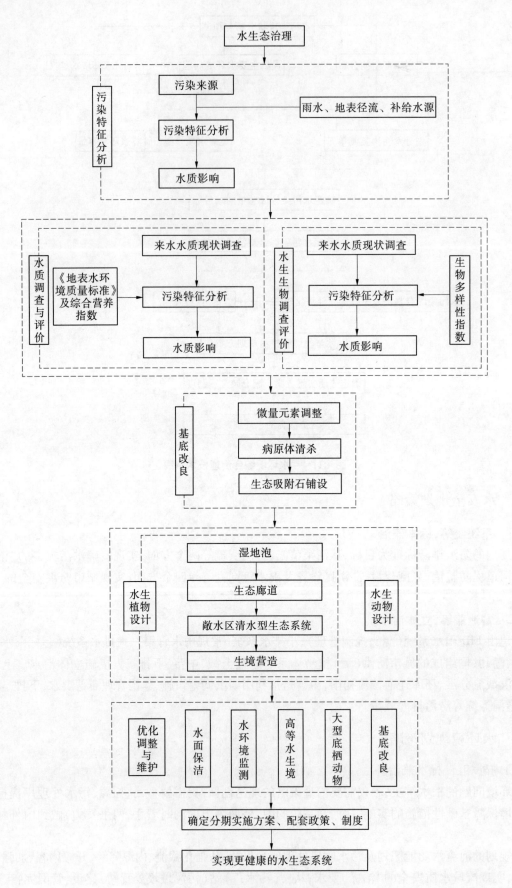

图 7.11-5　水生态治理工程具体技术路线

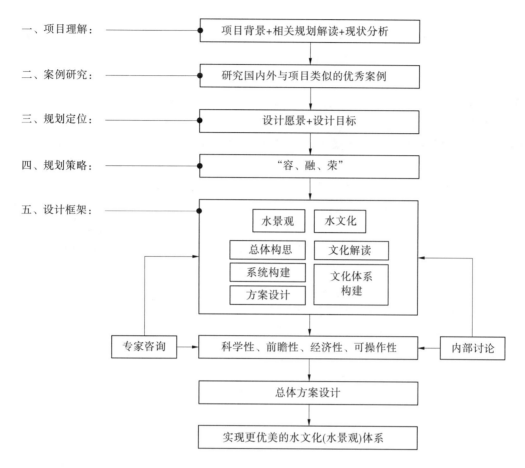

图 7.11-6　水文化(水景观)综合治理技术路线

7.12.4　水生态规划策略

7.12.4.1　**师法自然,大道无痕**

茅洲河流域现状河涌在人为污染之前,生态系统良好,鱼虾菱藕满河涌。

因此,水生态的综合治理策略是以自然为师,遵从自然规律,从大自然中领悟原理和实施方法,效法自然法则,同时研发创新先进的工艺技术,使水生态工程真正做到可持续、健康长效自我运行,最终将水生态恢复到未被干扰破坏前的自然原貌,无人为干预痕迹遗留。

7.12.4.2　**适度干预,自然演进**

茅洲河流域黑臭河涌众多,河涌硬质化、奴役化严重,多数此类河涌现状水生态系统完全崩溃,仅存部分耐污能力极强的物种。为恢复河涌水生态系统,治理策略是在水环境保护工程实施的基础上,通过适度的人为干预,为河涌水生态系统的恢复与重建创造条件。经由人为干预形成的水生态系统,对外界自然环境条件的改变较为敏感,需要经历一个自然选择的过程,在自然演进的过程中,将根据自然选择的结果,不断调整水生植物的物种,优化鱼类和底栖物种的配置,以适应系统的自然演进,最终形成适应当地自然实际的健康、稳定的水生态系统。

7.12.5　水文化(水景观)规划策略

根据现状梳理出的问题,有针对性地提出具体的解决思路,对于"城水之争""绿灰矛盾""文化杂糅"这三个主要问题,以"容、融、荣"三个对策来解决。

7.12.5.1　**以"水城相容"的共生理念来解决"城水之争"的矛盾**

以景观生态学的实践经验来构筑整个流域的生态水系网络,结合流域蓝线的规划及现状,对有条件的河流进行拓宽、梳理、连接,成为城市格局中的主要脉络与基础。改变现状直立驳岸、硬质护底、水系不畅的局面,恢复河流的自然生态属性。

　　同时为保障水系网络的安全健康,减少周边环境对河流的安全威胁,形成河流生态廊道,构筑完整的生态结构,以生态编制方法保护河流,如复育河流滩地、生态驳岸、生态涵养保护林等措施。此外,亟须提升河流廊道的海绵功能,在与河流紧邻的道路一侧构筑生态草沟,涵养雨水,有条件的场地内布置汇集草沟雨水的雨水花园,驳岸采取分层台地编制配合半湿地植物净化、储存下渗雨水,减少雨水径流速度,补充地下水资源,减少洪涝威胁。

7.12.5.2　以"景城相融"的相融共生来解决"绿灰矛盾"的矛盾

　　其主要内容是"保绿、渗绿、游绿"。首先是保绿,河道属于新城区或是待建设区域的严格控制河流两侧的绿化缓冲带的范围,已建区结合城市发展、改造,分阶段进行复绿工作;其次是渗绿,在城市的其他公共绿地区域与河流绿地进行有机连接,生态上通过现状道路廊道系统相互渗透,形式上也可以通过绿地进行串联,构成完整的绿地体系;最后在城市绿地中构建综合功能的慢行体系,以最小的干预程度来保护绿地的完整性。在综合慢行体系中加入健身、休闲、观景等服务设施,提高滨水景观市民的参与性与体验性。

7.12.5.3　以"多元共荣"来调节"文化杂糅"的矛盾

　　在国际化浪潮中寻求本土个性与特色,也可以将多元文化有机结合起来,增强地域文化的归属感、认同感。规划中,寻找本土文化符号及元素,运用演变、隐喻、抽象的表现手法,在河道两侧、公园绿地中通过现代景观编制手法予以体现,打造历史人文特色系统。此外,乡土材料如生蚝墙、陶瓷、陶土等元素,古村落的青砖灰瓦等元素,皆可运用在景观空间中,形成体现田园文化、科技创新文化、生态文化的滨水场所。

7.13　规划治理工程体系

　　近年来,深圳市大力开展茅洲河流域防涝排涝及水环境治理的相关工作,茅洲河干流及其主要支流整治的相关可行性研究报告均已基本完成,部分支流已进入初步设计阶段。在对茅洲河流域内河流的设计方案及工程规模梳理的基础上,形成本次规划布局体系。

7.13.1　体系组成

　　本次规划拟按"从重点片区向全区范围推进、从末端截污向正本清源延伸、从骨干河道向支流系统辐射、防洪排涝和城市雨水排放结合、河道治理和水污染防治结合"的总体思路,统筹全流域的综合治理规划。将综合治理规划分为三大体系:防洪减灾体系[包括防洪(潮)、排涝(排水)]、水污染防治体系、生态健康体系(包括生态补水、生态修复、文化景观)。

　　围绕三大工程体系,进行"功能协调、空间统筹"。规划工程建设内容主要包括规划区范围内城市防洪(潮)及排涝(包括片区防洪、防潮工程、排涝工程、洪水截排工程、低影响开发示范工程、雨洪调蓄等)、河流水系治理(包括河流防洪整治、水污染防治、入库支流治理工程、补水工程、河道及滨岸带生态治理和景观文化提升等)。

　　防洪减灾体系围绕各片区发展定位和城市建设对防洪排涝的要求,遵循低影响开发的理念,按照"蓄泄兼筹,源头管控"的思路,对现有防洪工程体系进行优化,在适当扩大洪水下泄通道的同时,增加洪水源头的管控和雨洪调蓄;按照"洪涝分治,细化排水分区"的思路,对治涝工程体系进行优化,尽可能利用现有排水管渠和排涝设施、充分利用现有沟塘洼地调蓄作用,将高区洪水通过分洪通道转输到下游,实现洪水管理,确保防洪、排涝安全。同时,与《深圳市排水(雨水)防涝综合规划》相衔接,优化市政排水系统。

　　水污染防治体系基于河流水体黑臭、污染严重、河网水系水动力不足等现状,通过沿河完善截污管、总口截污、立体控污、水动力控导等工程措施改善河流水环境状况,完善以市政污水干管为主、沿河截污管涵为辅的污水收集骨干体系,达到水功能区水质目标要求。

生态健康体系从保障河流生态系统健康发展的角度出发,在改善水质、满足水功能区水质目标要求的基础上,通过修复生态系统结构两大要素——栖息地和生物物种的工程措施,构建"生态水脉"。围绕改善人居环境、彰显文化内涵的目标,构筑城市绿色开放空间和滨水公共空间,并通过活水、壅水、蓄水、补水、水系连通等工程措施,营造丰富的水景观,增加区域吸引力,提升城区环境价值和土地价值。

7.13.2　防洪(潮)体系

茅洲河流域受山地丘陵地貌及海洋气流的影响,汛期易发生暴雨或特大暴雨,洪涝灾害频繁,自2002 年版《深圳市防洪(潮)规划》实施以来,通过多年的防洪工程建设,流域内已基本形成了包含堤防、水库、蓄水湖等为主的防洪潮体系,发挥了一定的防洪效益,所以本次防洪(潮)体系规划主要是对现有防洪工程进行完善,进一步提高其防洪(潮)能力,为城市经济社会可持续发展提供安全保障。

由于流域内没有大规模建设新的调蓄水库的地形条件,而现状已建水库多以供水为开发目标,防洪库容相对较小,因此流域防洪潮工程体系仍应充分利用或加大现有河网水系中各级河道的过洪能力,以排为主,使设计洪水安全下泄。

本次规划深入调查了现有防洪工程,根据今后城市防洪潮工程建设的需要,针对目前流域防洪排涝体系组成情况,结合已有相关规划、可研设计成果,对茅洲河干流及主要支流提出相关的工程措施方案。本次防洪潮工程体系按照"以排为主、蓄泄兼筹、防治结合"的方针,形成以"排、蓄、挡、分"为主的防洪潮工程布局。

排:茅洲河中下游河道淤积、建筑垃圾无序倾倒、建筑物侵占行洪河道等阻洪现象比较严重。对此,通过对堤防、护岸进行新建加固、达标建设,对淤积严重的河段进行拓宽或清淤疏浚,以及对河道内阻水建筑物进行清理等综合治理措施,恢复或扩大河道泄洪能力,确保河道行洪安全。根据目前整治情况分析,此部分措施可有效提高区域防洪排涝能力。该部分措施在河道整治中已部分实施。

蓄:通过加强病险水库除险加固、开辟蓄滞洪湖,起到削减洪峰的作用,使河道洪水不超过安全泄量。通过蓄水工程拦蓄洪水是合理的工程措施。茅洲河流域上游河道属山区性河流,主要支流均已建有水库。其余部分山区性支流也建有一些小型的蓄水工程。

近年来,茅洲河流域经济发展迅速,城市规模不断扩大,城市用水逐年增长,供水形势日趋紧张。为力保城市用水,茅洲河流域内有扩建增容条件的水库如公明水库、石岩水库、长流陂水库等,近年来已进行扩建或除险加固。

经初步分析,流域内已无建设大中型蓄滞洪工程的条件,远期可结合低影响开发及水环境整治工程,增加上游调蓄能力。

挡:在堤防建设的同时,在河口保留或新建挡潮闸,共同发挥防潮作用。

分:对过流断面被严重侵占、拆迁拓挖难度较大的河段,通过修建隧道方案,对洪水进行分流,以满足行洪要求。

上述防洪(潮)体系布局的主要内容有:

堤防 31.174 km,其中干流堤防 21.510 km、支流堤防 9.664 km。

护岸 301.979 km,其中一级支流护岸 175.237 km、二级支流护岸 126.472 km。

防洪水库小(2)型以上水库 25 座,按工程规模统计,中型水库 3 座、小(1)型 10 座、小(2)型 12 座。已建水库工程控制汇水面积 68.82 km²,总库容 2.099 亿 m³;

蓄洪湖工程 9 座,总占地面积 114.2 万 m²,总库容 369.7 万 m³。

挡潮闸 39 座,其中大型水闸 1 座、中型水库 2 座、小(1)型水闸 16 座、小(2)型水闸 20 座。

(1)宝安片区。

茅洲河干流采取堤岸加高加固、河道拓宽、堤基加固、河道清淤、拆除阻水建筑物等措施进行治理,其余支流堤防加高加固,河道拓宽、挖深;对易冲刷的河床、河岸进行防护,稳固河势。充分利用现有水塘、湿地和新增水面滞蓄洪水,利用高压走廊新建滞洪区,实现洪水控制管理、减小河道整治规模。调整沙浦西排洪渠、共和涌、道生围涌、潭头渠、东方七支渠、石岩渠、衙边涌等 7 条河流的自然功能,沙浦西排洪渠、共和涌调整为市政排水渠,道生围涌、潭头渠、东方七支渠、石岩渠、衙边涌调整为市政排污渠,以上7条河流仅对明渠段按排水标准进行治理。

（2）光明片区。

茅洲河干流已基本治理完成,重点对9条一级支流进行治理;同时,对7条排洪渠进行治理;新建4处调蓄湖工程。

（3）石岩片区。

石岩河干流、龙眼水、塘坑水（樵窝坑）、沙芋沥、天圳河、王家庄河、上屋河等采用"河道拓宽、堤防建设"措施保护河道行洪安全;改扩建阻水桥梁;采取"河道水系修复"的措施减少水田支流的洪水负荷;田心水、上排水采用"山区雨洪分离"措施,新建分洪通道分流山洪、新建雨水管将山洪转输至石岩河,实现洪水控制管理、减小河道整治规模,转输的山洪水作为雨洪利用回补石岩河,同时将这两条河流功能调整为市政排污渠;对石龙仔上游进行修复,减少山洪对下游建成区的影响。

7.13.3　排水防涝体系

茅洲河流域排水防涝系统包含雨水管渠系统和防涝系统,其中雨水管渠系统主要由雨水管渠、雨水泵站组成,防涝系统由内河水系、涝水行泄通道及雨水调蓄设施组成。

（1）茅洲河流域通过雨水花园、绿化屋顶、透水铺装地面、植被草沟、下凹式绿地、雨水湿地、雨水滞留塘、雨水储水模块等低影响开发设施的建设,使雨水综合径流系数满足不大于0.48的控制目标。

（2）茅洲河流域安排新建雨水管渠557.37 km,改扩建雨水管渠34.50 km,建立骨干排水管渠系统。

（3）茅洲河流域新建雨水泵站12座,规模301.6 m^3/s;扩建泵站9座,由现状129.25 m^3/s扩建至338.9 m^3/s。保留现状泵站15座,规模281.87 m^3/s。泵站总规模922.37 m^3/s。

（4）茅洲河中下游受纳水体顶托严重,排水出路不畅,考虑内河水系整治和排水出路拓展,规划对茅洲河干流和一级支流进行综合整治。

（5）城市涝水行泄通道以河流水系为基础,以排水干沟、明渠、暗渠等作为排水通道,茅洲河流域建设涝水行泄通道总长度为40.229 km。涉及塘下涌片区、茅洲河干流、沙埔片区、沙井河片区、松岗河片区、新桥河片区、上寮河片区、公明排洪渠片区、上下村片区、石岩河片区的43条涝水行泄通道。

（6）以雨水调蓄为目的,结合公园、绿地建设,充分利用现状湖泊、湿地等作为调蓄水体,茅洲河流域规划共安排建设雨水调蓄设施24处,其中,河流滞洪区13处,利用现状水体作为调蓄设施1处,新建调蓄设施10处,总占地面积约为239.5 hm^2,总调蓄容积约为847.1万 m^3。

7.13.4　水污染治理体系

7.13.4.1　系统解决思路

针对现状问题,在对已有措施实施评估的基础上,提出系统解决思路如下:

1.有效衔接、因地制宜进行工程方案设计

有效衔接现状干流截污工程、分散处理设施、污水厂扩建、管网建设,发挥现有设施的工程效益,与本次优化、新增的措施有效衔接,发挥近、远期不同的作用,共同削减污染负荷。因地制宜进行方案设计,针对流域内工业企业混杂的情况,按工业企业类型,分别提出污染治理措施;针对流域内支管网建设的问题,结合不同功能区块、建筑形态、排水现状、实施难度等具体情况,提出不同的雨污分流措施;针对各支流特点,形成"一河一案"的治理方案。

2.按照"源—迁移—汇"的污染迁移路径进行系统治理

（1）源:主要指污染物产生环节。

结合本流域实际情况,主要采取以下措施进行控制:①通过管网分流、收集污水;②对污水厂进行扩建和提标;③产业升级削减工业污染负荷;④通过建设海绵城市削减地表径流污染;⑤通过清退措施削减非法养殖带来的畜禽污染。

（2）迁移:主要指污染在河岸带空间内的传输环节。

结合本流域实际情况,主要采取以下措施进行控制:①在河道综合整治过程中,针对沿河排污口实施沿河截污。②在支流入干流口和重点排污区块进行分散处理,其作用在不同的时期有所不同:近期沿河截污管网没有建设前,可作为河道雨污混流水的临时处理站,沿河截污管网建设后,旱季用于处理河道水,雨季作为溢流水处理;远期作为初期雨水治理设施。

(3)汇:主要指污染物已排入河道水体内的环节。

结合本流域实际情况,主要采取以下措施进行控制:①实施底泥清淤及处置;②引入污水厂中水和洁净海水进行配水。③在部分有条件的支流入干流口和重要结点,进行原位修复,主要采用机械曝气+人工填料+生态浮床的组合形式,原位修复作用在不同的时间会有所不同:近期沿河截污管网没有建设前,作为河道雨污混流水的临时处理站,沿河截污管网建设后,旱季用于处理河道水,雨季作为溢流水处理;远期作为初期雨水治理设施。④根据治理工程实施情况,结合水质考核目标要求,投加微生物制剂,对河道水体进行生物治理。

3.标本兼治、集中与分散处理相结合

从重点片区向全区范围推进、从末端截污向正本清源延伸、从骨干河道向支流系统辐射,提升宝安区整体水环境质量。

治本方面:以 2017 年年底和 2020 年年底为时间节点,按照流域治理、系统治水的理念,倒排工期、明确责任,分批分期实施雨污分流管网等治本工程建设,全面推进水环境治理工作。

治标方面:考虑到在 2017 年年底前,污水处理厂扩建、污水管网建设等项目不能确保全部完工并发挥应有作用,必须谋划一批应急项目,通过污水应急处理、管网接驳完善、河道生态修复、河道补水调度等治标措施,完成目标考核要求。

7.13.4.2　水污染治理工程体系

1.污水收集处理

针对现状污水管网覆盖率低、雨污混流严重、污水处理能力缺口大、进水波动大、出水标准低以及污泥外运不畅的问题,规划采取"雨污分流、厂站改扩、泥水提标"的对策,按照《深圳市污水管网建设规划(2015—2020)》《深圳市污水系统布局规划修编(2011—2020)》《深圳市再生水布局规划》《深圳市污泥处置布局规划(2006—2020)》的要求,加快推进污水管网、污水处理厂、再生水厂及污泥处理处置设施的建设工作。但以上规划未考虑感潮河段污水系统海水倒灌问题、混流水对分流制污水厂的水质、水量冲击问题及污水厂污泥就地减量化措施。为解决感潮河段污水系统海水倒灌问题,可通过河口设闸隔断潮水、创造低水位截流条件解决,具体措施包括建设排涝河河口闸。针对截流式混流水及总口截流方式对分流制污水厂的水质水量冲击问题,除在污水厂扩建时增设混流水调蓄池外,还可在总口截流处设置分散处理设施;污泥就地减量化措施主要包括改造燕川厂污泥深度脱水设施,新增沙井厂、光明厂、公明厂污泥减量设施。

2.河流污染防治

由于雨污分流管网建设无法在 2020 年前全部完成,因此部分河流仍存在点源污染入河问题;茅洲河干流受感潮影响,存在内源污染释放及水动力差问题,入库河流受水源保护要求,存在入库水质标准高难题;城区河流人口密集、基流小,存在面源污染入河及水体容量小问题。综合以上问题,本次规划对干流采取"强化截流、面源管控、内源降解、补水增容、加强动力"对策推进河流污染防治工作;对入库河流采取"强化截流、面源管控、补水增容、生态提质"对策推进河流污染防治工作。

通过完善茅洲河干流及各支流两岸的截流系统实现强化截流;通过原位修复措施削减各感潮河段污染底泥;通过利用污水厂及分散处理设施出水、雨洪调蓄出水,回补至各景观河流;将治理后的茅洲河中上游段景观水体利用西水渠引调至沙井松岗片区,加强沙井片区河流水动力。

3.河道补水措施

结合河流水系特点、污水布局及区位条件,分类提出如下河道补水措施:

(1)再生水回用。结合水资源配置成果,充分利用无生活供水任务的水库等,通过污水厂一级 A 尾水加压及补水管道埋设实施生态补水,包括利用沙井、燕川、光明和公明污水厂尾水。

（2）基流剥离补水。结合强化截流措施对生态区面积较大的河流实施基流剥离,将剥离后清洁基流补充至河道,主要以石岩河及三条支流(樵窝坑、龙眼水及沙芋沥)为代表。

（3）雨洪利用补水。结合上游已有水库及中上游新设滞洪区,开展雨洪资源利用实现"还基流于河道"的目标,主要包括罗田水、老虎坑水、上寮河等。

（4）水系连通动力增强。宝安中心区各河涌下游感潮段受外江潮水顶托影响,现状再生水长期滞留于河口,感潮河段充分利用河口闸,结合自然涨潮特点,通过合理调度、水力控导增强水体交换能力。

通过"上引、中调、下控"的手段增加沙井河流域河网水系的水环境容量并增强其水动力循环。

上游利用长流陂库内截流管近期转输公明污水厂 10 万 m³/d 尾水回补新桥河,利用西水渠将燕川厂尾水或茅洲河景观水体,近期回补松岗河及沙井河,远期回补七支渠、潭头河、潭头渠等支流。

中游利用沙井厂尾水近期对排涝河及潭头河实施补水。

下游通过排涝河和沙井河河口闸控制,利用自然潮差特点形成单向流循环。

7.13.4.3 主要工程措施

（1）宝安片区。规划以河流水功能区划为目标、以现状片区存在的重点问题为导向,按照"强化截流、开源增容、加强动力"的河流污染防治思路,加强深莞界河联合治污合作,通过河道综合整治完善沿河污染截流体系,通过污水厂及分散处理设施出水、雨洪调蓄出水构建河道生态补水体系,并因地制宜利用西水渠将治理后的茅洲河中上游段景观水体引调至沙井松岗片区河流,打造沙井片区河流水动力加强体系。

主要工程措施包括茅洲河界河段沿河污水管网完善、塘下涌沿河污水管网完善、排涝河沿河污水管网完善、松岗河沿河污管网完善、潭头河沿河污水管网完善、新桥河沿河污水管网完善、上寮河沿河污水管网完善,以及西水渠补水引调通道建设。

（2）光明片区。通过完善收集系统、污水厂扩建及提标、生态湿地、补水工程等措施,达到规划的水质目标。

（3）石岩片区。规划以河流及水库水功能区划为目标、以现状片区存在的重点问题为导向,按照"强化截流、雨洪分治、生态提质"的思路,结合河道综合整治工程对库区内河流进行沿河污水管网完善,并从保障水源安全角度出发,对于流域内建成区面积较大的库区河流,优先考虑利用规划或新建的立体截排通道,将超过污水系统承受能力的混流水截排至库区外,确保饮用水水源的安全;流域内建成区面积不大的库区河流,优先考虑利用或新建生态处理设施,将库区河流旱季基流及雨季低浓度混流水处理达标后入库。

主要工程措施包括石岩河沿河污水管网完善、王家庄河沿河污水管网完善、天圳河沿河污水管网完善、上屋河沿河污水管网完善,改造并利用现状石岩水库截排隧洞,改造现有的料坑人工湿地、石岩河人工湿地、麻布水前置库及运牛坑水前置库,将以上水质改善设施功能调整为处理低浓度混流水,提高入库水质。

7.13.5 水资源体系

深圳市茅洲河流域水资源量紧缺,河道内天然来水年内分配不均,枯水期生态水量少甚至断流,无法适应城市水系休闲景观需水、维持水生生物生存基本要求。规划茅洲河河道内生态补水主要工程措施为:对流域内污水处理厂实施扩容和深度处理建设,新建提水泵站和输水管道(充分利用已有输水工程),结合低影响开发和水环境整治工程建设的人工湿地、蓄水池等,向河道内生态补水。

结合河流水系特点、污水布局及区位条件,分类提出如下河道补水体系:

（1）再生水回用体系。茅洲河流域内现有公明、光明、燕川、沙井 4 个污水处理厂,污水处理厂一级 A 排放标准的中水,不满足景观用水水质要求。根据水质、水量要求,规划将 4 个污水处理厂处理排放的一级 A 标准中水,提水至水库净化达标后向河道补水。

（2）基流剥离补水体系。结合强化截流措施对生态区面积较大的河流实施基流剥离,将剥离后清洁基流补充至河道,主要以石岩河及 3 条支流(樵窝坑、龙眼水及沙芋沥)为代表。

（3）雨洪利用补水体系。规划水平年,茅洲河流域范围内共有 22 座水库,其中已划定饮用水水源保护区的 5 座,虽未划定饮用水水源保护区但在 2025 年前保留供水功能的水库 4 座。其余 13 座水库可作为河道内生态用水补水水源,开展雨洪资源利用,实现"还基流于河道"的目标。

（4）水系连通动力增强体系。通过"上引、中调、下控"的手段增加水系的水环境容量并增强其水动力循环。上游利用长流陂库内截流管近期转输公明污水厂 10 万 m^3/d 尾水回补新桥河,利用西水渠将燕川厂尾水或茅洲河景观水体,近期回补松岗河及沙井河,远期回补七支渠、潭头河、潭头渠等支流;中游利用沙井厂尾水对排涝河和新桥河实施补水;下游通过排涝河和沙井河河口闸控制,利用自然潮差特点形成单向流循环。

（5）感潮河段充分利用河口闸,结合自然涨潮特点,通过合理调度、水力控导增强水体交换能力。

7.13.6　水生态修复与保护体系

7.13.6.1　技术体系

在茅洲河流域水生态状况评价的基础上,对水生态功能类型和保护需求进行分析,建立水生态修复与保护措施体系,主要包括生态需水保障、河流生境修复、水生生物保护、生态监控和管理四大类。

1.生态需水保障

生态需水保障是茅洲河流域水生态保护与修复的核心内容之一,是指在特定生态保护与修复目标之下,保障茅洲河流域范围内由地表径流或地下径流支撑的生态系统需水,包含对水质、水量及过程的需求。首先应通过工程调度与监控管理等措施保障生态基流,然后针对各类生态敏感区的敏感生态需水过程及生态水位要求,提出具体生态调度与生态补水措施。

2.河流生境修复

茅洲河流域的大部分河流都存在人工硬化、砌护的河段,河流生境维护主要从纵向、横向和垂向及河道(主槽)蜿蜒形态等方面考虑如何恢复河流的近自然形态。主要包括纵向、横向和垂向平面形态多样化、硬质护岸的生态化改造,滨水带生境修复等措施。

3.水生生物保护

水生生物保护包括对水生生物种群以及生态系统的平衡及演进的保护等。水生生物保护与修复要以保护水生生物多样性和水域生态的完整性为目标,对水生生物资源和水域生境进行整体性保护。

4.生态监控和管理

生态监控和管理与智慧水务相结合,主要包括相关的监测、生态补偿与各类综合管理措施,是实施水生态事前保护、落实规划实施、检验各类措施效果的重要手段。生态管理主要发挥非工程措施在水生态保护与修复工作中的作用,在法律法规、管理制度、技术标准、政策措施、资金投入、科技创新、宣传教育及公众参与等方面加强建设和管理,建立长效机制。茅洲河流域水生态修复与保护技术体系如图 7.13-1 所示。

7.13.6.2　工程体系

1.河流生境改善

结合原有河道堤岸改造工程、新建工程、河道拓宽工程,对河流断面形态进行生态化设计。避免使用硬质化的材料,采用生态混凝土、生态袋的护岸形式。清淤工程结合河流纵向生境改造,适当保留部分浅滩区域。茅洲河一级支流河道断面及形态改造 57.28 km,新建护岸 46.04 km,护岸拆除改建 13.93 km。茅洲河二级支流河道断面及形态改造 45.86 km。

2.蓄滞洪区生态保护与修复

本次规划结合茅洲河流域 7 个调蓄湖工程,构建河流形态的多样化。7 个调蓄湖工程总占地面积 66.9 万 m^2,总库容 135 万 m^3。

3.水库生态保护与修复

对茅洲河流域内具有供水功能的 9 座水库进行水源地保护,对库滨带和入库支流进行生态修复。

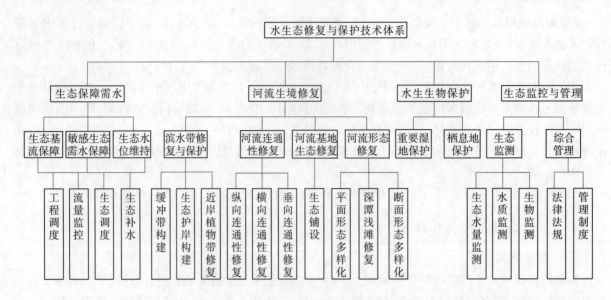

图 7.13-1　茅洲河流域水生态修复与保护技术体系

7.13.7　水景观体系

茅洲河流域具备山、城、湖、海、港的城市特征,但各自孤立,缺乏有机的生态联系。通过穿梭于城市的河流将它们串联成网,以低影响生态设施建设、亲水驳岸改造及人文绿道的打造,构建互相联系的城市生态慢行网,构建国际化生态滨海走廊。

综合考虑水系周边城市用地性质、河道蓝线宽度、水系补水方式等,将规划水系分为景观蓄水型、公园溪流型、生态旱溪型。综合考虑水系周边城市用地性质、水资源量、河道水文状况等因素,选取适当的位置建造景观蓄水闸,形成景观水面。

整合城市河流、水库及景观资源,结合水体拓展生态效益,丰富城市公众休闲活动,建设更富活力的滨水开放空间。

考虑主要开放空间节点分布,布置湿地花园、森林公园、娱乐活动场所、文化展示空间等多样化休闲活动空间,打造识别度高的游憩景观带。

结合现状滨水慢行交通的建设(绿道、栈道、滨水停驻点等),辅以片区绿道网,完善片区慢行旅游线路,打造片区滨水生态慢行游憩链,并根据各片区河道定位、河道特色及岸线条件分为不同的滨水慢行游憩线路。

规划区内水系驳岸设置按照生态手法处理,在满足城市防洪安全的前提下,综合考虑城市水环境、水文化、水景观等多种需求,根据各分区水系的定位、水系各区段的滨水功能及岸线条件分为自然型驳岸、街区型驳岸、生态型驳岸、滨海型驳岸、湿地型驳岸等类型。

植物景观以常绿植物为主背景,搭配落叶、观花及观叶植物等树种,多运用当地的乡土树种,突出市花市树,乔灌草搭配,形成"三季有花,四季常绿"的景观效果。景观植物配置上,各个群落类型各有特色,形成统一中又有变化的植物群落景象。

石岩河与茅洲河干流水系的规划布局以"三轴、五区、九景"为结构,以水轴、生态轴和文化轴贯穿整个流域,并按照河道周边的用地条件、城市规划等将整个流域分为五个大区,在每个区域设计一到两个节点,分别以"境""城""田""海""域""岛""园""桥""地"为设计元素,改善水环境,提升景观效果。

三轴分别为水轴、生态轴、文化轴。

五区分别为山源蓄水区、综合服务区、滨水宜居区、现代产业区、生态休闲区。

九景分别为羊台胜境、石岩水城、茅河景田、木墩花海、莲塘宝域、罗田绿岛、涌下公园、道生亭桥、净水湿地。

7.14　工程管理体系规划

由于茅洲河流域治理工程项目众多且由不同实施主体各自单独实施,每个工程都要办理烦杂的项目前期、工程建设各类许可,按照这种常规思路去实施茅洲河治理,根本不可能完成国家、省要求的2017 年和 2020 年以消除黑臭水体为主的水质考核目标。

为加快推进茅洲河流域水环境整治,结合国家"水十条"、广东省人大考核及《深圳市治水提质总体方案》《深圳市治水提质工作计划》的总体要求,把茅洲河整治与周边流域产业升级、土地综合利用、城市景观、环境改善相结合,提出"一个平台、一个目标、一个系统、一个项目三个工程包"和"全流域统筹、全打包实施、全过程控制、全方位合作、全目标考核"的创新治理模式,按照"流域规划、深莞联动、市区分工、目标明确、标本兼治、重点突出、协同实施、绩效考核"的工作思路,完成流域治理方案的贯彻实施。

茅洲河流域防洪(潮)排涝及河道治理涉及线长面广。整治成效重在建设,更重在管理和保护。规划实施后面临长期的河道及岸线管护工作,必须建立科学完备的管理体系,充分发挥法律、政府各职能部门、市场及公众等诸多方面的作用,以实现河流健康生态系统和可持续发展的目标。

规划工程管理体系:建立科学高效的防洪(潮)治涝指挥系统,制定防洪(潮)治理应急预案,继续推进以"河长制"为抓手的流域综合管理体制,河道用地指标纳入城市总体规划和土地利用总体规划,及时启动法定图则调整工作,尽快解决法定图则与治水设施工程用地冲突的问题;在上位规划中制定城市低影响开发目标和指标,并在开发建设项目报批环节进行审查、验收,其中涉水指标须通过水行政主管部门水保审批;充分发挥市场机制作用,严格环境执法监管,查清流域内工业污染源和排水管网情况,控制面源污染,优化产业结构,加强宣传教育,完善考核机制。

建设茅洲河流域智慧水务平台,内容涵盖相关数据采集、传输、存储、应用决策等各个环节,同时满足不同级别管理机构管理决策调度要求。基于工程数字化(BIM)、二三维 GIS 技术、物联网技术,建设覆盖茅洲河流域范围内的水库、河道、水闸、泵站、排水管网于一体的综合管理智慧平台,实现日常监督、运行管理、防洪排涝、水质监测的自动化、数字化、智能化,为相关主管部门以及各运行养护单位的日常监督和管理提供技术支撑平台,促进水务管理工作的规范化、制度化和标准化,提升水务综合管理能力和水平,保障水务相关设施的安全可靠运行,提高防洪防涝指挥调度与应急处置水平。整个平台由现地采集控制层、基础设施层、数据层、业务支撑层、应用层、用户层组成。

第8章 水文分析计算

8.1 水文基本资料

茅洲河流域内没有水文观测站,无水位、流量观测资料,主要设有 2 个雨量观测站,分别是石岩、罗田雨量站;河口附近有 3 个潮位站,分别是舢舨洲、赤湾和南沙潮位站,各站点位置见图 8.1-1。

图 8.1-1　茅洲河雨量站、潮位站位置示意图

石岩雨量站:位于流域上游石岩水库内,1960 年设立,观测降雨至今,本次收集到的资料系列到 2012 年。

罗田雨量站:位于流域中游一级支流罗田水的罗田水库内,设立于 1959 年,观测降雨至今,本次收集到的资料系列到 2012 年。

舢舨洲潮位站:位于茅洲河口外 12 km 处(东莞境内),1956 年 4 月设立,观测资料至 1993 年。

赤湾潮位站:位于茅洲河口以南约 35 km 处的赤湾,1964 年设立,观测至今。

南沙潮位站:距离茅洲河口约 20 km,从 1965 年开始观测至今,资料较完整,本次收集到的资料系列到 2012 年。

8.2 径 流

深圳市地处南方湿润地区,雨量充沛,河流水源补给为雨源型,其径流量与降水量密切相关,径流的年内变化及年际变化较显著。

8.2.1 设计年径流

径流分析计算采用《广东省水文图集》成果,茅洲河流域多年平均年径流深为 800 mm,计算各主要河道河口处多年平均天然年径流量成果,见表 8.2-1。

表 8.2-1 茅洲河流域主要河道河口处多年平均天然年径流量成果

序号	河道名称	级别	河道长度（km）	流域面积（km²）	河口处径流量（万 m³）
1	茅洲河	干流	31.29	388.23	31 058.40
2	石岩河	一级支流	10.32	44.71	3 576.80
3	牛牯斗水	二级支流	2.34	2.00	160.00
4	玉田河	一级支流	3.26	6.45	516.00
5	鹅颈水	一级支流	8.92	21.44	1 715.20
6	红坳水	二级支流	2.53	1.81	144.80
7	大凼水	一级支流	4.47	4.81	384.80
8	东坑水	一级支流	6.08	9.80	784.00
9	木墩河	一级支流	5.81	5.80	464.00
10	楼村水	一级支流	7.80	11.33	906.40
11	新陂头水	一级支流	11.50	46.28	3 702.40
12	石狗公水	二级支流	4.56	4.55	364.00
13	新陂头水北支	二级支流	5.34	21.50	1 720.00
14	西田水	一级支流	5.14	13.31	1 064.80
15	西田水左支	二级支流	5.27	5.03	402.40
16	桂坑水	二级支流	2.35	1.70	136.00
17	白沙坑水	一级支流	3.85	3.16	252.80
18	上下村排洪渠	一级支流	6.34	5.49	439.20
19	合水口排洪渠	一级支流	2.69	1.13	90.40
20	公明排洪渠	一级支流	8.03	15.32	1 225.60
21	公明排洪渠南支	二级支流	2.63	1.82	145.60
22	罗田水	一级支流	15.03	28.36	2 268.80
23	龟岭东水	一级支流	4.00	3.31	264.80
24	老虎坑水	一级支流	5.19	4.31	344.80
25	塘下涌	一级支流	4.30	5.57	445.60

续表 8.2-1

序号	河道名称	级别	河道长度 （km）	流域面积 （km²）	河口处径流量 （万 m³）
26	沙埔西排洪渠	一级支流	2.37	1.84	147.20
27	沙埔北排洪渠	一级支流	0.97	1.00	80.00
28	洪桥头水	一级支流	1.40	1.07	85.60
29	沙井河	一级支流	5.93	29.72	2 377.60
30	松岗河	二级支流	9.86	14.66	1 172.80
31	道生围涌	一级支流	2.23	1.56	124.80
32	共和涌	一级支流	1.33	1.04	83.20
33	排涝河	一级支流	3.57	32.96	2 636.80
34	新桥河	二级支流	5.81	17.52	1 401.60
35	衙边涌	一级支流	2.83	2.48	198.40

8.2.2　径流年内分配

　　根据《深圳市流域综合规划修编报告》分析成果,选取龙岗河下陂站 50% 保证率年径流月分配比例对多年平均径流量进行年内分配,典型年选取 1968 年,分配比例见表 8.2-2,各主要水库多年平均入库径流量及年内分配见表 8.2-3。

表 8.2-2　50%保证率年径流月分配比例

月份	1	2	3	4	5	6	7	8	9	10	11	12
比例(%)	0.5	0.9	2.8	1.3	13.7	22.7	14.1	30.9	7.2	3.2	1.7	1.2

8.3　设计洪水

8.3.1　暴雨洪水特性

　　该流域洪水主要由暴雨形成,从暴雨成因方面分析,流域内暴雨主要为台风雨和锋面雨,锋面雨主要出现在 4—6 月,降水范围大、历时长、强度小;台风雨主要出现在 7—9 月,降雨范围小、历时短、强度大,因此台风雨常形成暴雨灾害。从暴雨量及过程特征方面分析,造成流域性洪涝灾害的降水主要为暴雨型淫雨,其特点是暴雨历时较长,降水强度变化剧烈,暴雨集中,如 2006 年"7·16"暴雨及 2008 年"6·13"暴雨。本流域河床坡降较缓,汇流时间稍长,洪水缓涨缓落,洪水历时大多在 1~2 d。

8.3.1.1　暴雨量的年际、年内变化

　　流域内虽然全年都可能出现暴雨,暴雨的成因却有明显的季节性。前汛期(4—6 月),每年 4 月开始,西南季风带来了十分充沛的水汽,它与南下的冷空气遭遇,形成静止锋、冷峰,常造成暴雨和大暴雨;5、6 月,西风槽、西南低空急流、切变线、低涡等天气系统进一步活跃,锋面类暴雨增多,雨量加大。后汛期(7—10 月),暴雨主要受热带环流系统如台风、热带辐合带、东风波等影响,是台风活动的盛期;台风不仅带来丰沛的水汽,更由于其本身就是强烈的辐合系统,其激烈的上升运动可直接形成大暴雨。暴雨量的年际变化相对较大。

表 8.2-3 茅洲河流域主要水库多年平均入库径流量及年内分配

序号	水库名称	所在河道	控制流域面积（km²）	多年平均入库径流量年内分配（万 m³）												多年平均入库径流量（万 m³）
				1月	2月	3月	4月	5月	6月	7月	8月	9月	10月	11月	12月	
1	石岩水库	石岩河	44.0	18.3	29.9	97.5	44.4	481.9	798.7	495.6	1 087.3	252.0	113.3	60.2	40.8	3 519.9
2	牛牯斗水库	牛牯斗水	1.0	0.4	0.7	2.1	1.0	10.5	17.4	10.8	23.7	5.5	2.5	1.3	0.9	76.8
3	鹅颈水库	鹅颈水	5.7	2.4	3.9	12.6	5.7	62.4	103.5	64.2	140.9	32.6	14.7	7.8	5.3	456.0
4	红坳水库	红坳水	1.1	0.5	0.8	2.5	1.1	12.2	20.1	12.5	27.4	6.4	2.9	1.5	1.0	88.9
5	大凼水库	大凼水	2.5	1.0	1.7	5.4	2.5	26.8	44.5	27.6	60.5	14.0	6.3	3.4	2.3	196.0
6	碧眼水库	木墩河	1.0	0.4	0.6	2.1	1.0	10.4	17.2	10.7	23.5	5.4	2.4	1.3	0.9	75.9
7	石狗公水库	石狗公水	2.6	1.1	1.7	5.7	2.6	28.1	46.7	28.9	63.5	14.7	6.6	3.5	2.4	205.5
8	望天湖水库	新陂头水北支	0.2	0.1	0.1	0.4	0.2	1.8	2.9	1.8	4.0	0.9	0.4	0.2	0.1	12.9
9	铁坑水库	西田水	3.8	1.6	2.6	8.5	3.9	41.9	69.5	43.1	94.6	21.9	9.9	5.2	3.6	306.3
10	白鸽陂水库	西田水左支	1.3	0.5	0.9	2.9	1.3	14.3	23.8	14.8	32.4	7.5	3.4	1.8	1.2	104.8
11	莲塘水库	西田水左支	2.9	1.2	2.0	6.5	3.0	32.1	53.2	33.0	72.4	16.8	7.5	4.0	2.7	234.4
12	桂坑水库	桂坑水	1.7	0.7	1.2	3.8	1.7	18.6	30.9	19.1	42.0	9.7	4.4	2.3	1.6	136.0
13	后底坑水库	公明排洪渠	1.1	0.5	0.8	2.5	1.1	12.3	20.3	12.6	27.7	6.4	2.9	1.5	1.0	89.6
14	公明横坑水库	公明排洪渠南支	0.3	0.1	0.2	0.7	0.3	3.3	5.4	3.4	7.4	1.7	0.8	0.4	0.3	24.0
15	罗田水库	罗田水	20.0	8.3	13.6	44.3	20.2	219.0	363.0	225.3	494.2	114.6	51.5	27.4	18.6	1 600.0
16	老虎坑水库	老虎坑水	2.1	0.9	1.4	4.7	2.1	23.2	38.5	23.9	52.4	12.1	5.5	2.9	2.0	169.6
17	五指耙水库	松岗河	2.3	0.9	1.5	5.0	2.3	24.9	41.2	25.6	56.1	13.0	5.8	3.1	2.1	181.5
18	阿婆髻水库	新桥河	1.2	0.5	0.8	2.6	1.2	12.8	21.2	13.2	28.9	6.7	3.0	1.6	1.1	93.6
19	长流陂水库	新桥河	8.8	3.7	6.0	19.5	8.9	96.4	159.7	99.1	217.5	50.4	22.7	12.0	8.2	704.1

8.3.1.2　暴雨空间分布

流域内暴雨量的空间变化较明显。各统计时段(6 h、24 h、3 d)年最大雨量均值有自东南向西北递减的趋势,这种趋势随统计时段的加长而明显。形成该种空间分布的原因是夏季盛行东南及西南风向与大致东南走向的海岸山脉相交,使水汽抬升而形成较大暴雨;西北部气流受到了海岸山脉的阻隔,加上西部地势相对较平缓,因而暴雨强度比东南部的小。

8.3.1.3　洪水特性

流域内的洪水主要由暴雨形成。地貌以低山丘陵为主,河流短小,坡度大,有利于径流的形成。流域的汇流时间短,洪峰流量模数大,洪水具有陡涨陡落的特点。

8.3.2　设计暴雨

8.3.2.1　设计点暴雨

茅洲河流域内没有水文观测站,无水位、流量观测资料。茅洲河流域内主要设有 2 个雨量观测站,分别是石岩、罗田雨量站。

本次工程暴雨设计采用实测雨量系列通过 P-Ⅲ型频率曲线适线和《广东省暴雨参数等值线图》(2003 年)查算两种方法计算。

8.3.2.2　设计暴雨成果分析

对实测雨量系列通过 P-Ⅲ型频率曲线适线和《广东省暴雨参数等值线图》(2003 年)查算两种方法成果比较,广东省暴雨参数等值线图查算成果稍大于两单站频率曲线成果。

单站雨量资料不能较全面地反映流域面雨量,《广东省暴雨参数等值线图》(2003 年)查算的成果能更好地反映流域面雨量情况。

为保持设计成果的延续,本次设计暴雨成果与深圳市水务局《茅洲河防洪潮规划修编及河道整治规划——防洪潮规划修编报告(2014—2020)》(简称《防洪潮规划》)一致,仍采用《广东省暴雨参数等值线图》(2003 年)查算的成果,见表 8.3-1。

表 8.3-1　茅洲河流域设计暴雨成果(等值线图查算法)　　　　　　　(单位:mm)

项目	时段	均值	C_v	C_s/C_v	设计频率 $P(\%)$			
					0.5	1	2	5
本次计算	H_{1h}	54	0.38	3.5	102	94	85	72
	H_{6h}	105	0.48	3.5	264	238	210	171
	H_{24h}	170	0.5	3.5	460	415	365	301
	H_{72h}	228	0.52	3.5	673	603	528	432
《防洪潮规划》成果	H_{1h}	55	0.40	3.5	104	95	86	73
	H_{6h}	105	0.50	3.5	266	239	211	173
	H_{24h}	168	0.50	3.5	459	412	364	299
	H_{72h}	230	0.52	3.5	677	605	530	434

8.3.3　设计洪水

8.3.3.1　计算方法

1.洪水分析计算方法

由于茅洲河流域无满足洪水分析系列要求的实测径流资料,设计洪水的计算采用设计暴雨推求。根据区域内工程现状及规划工程建设方案,本规划的洪水分析计算方法如下。

(1)流域面积大于 10 km² 的河流及水库工程,洪水的计算方法采用《广东省暴雨径流查算图表》中的综合单位线法。

(2)流域面积小于 10 km² 的河流治理工程,洪水的计算方法采用《广东省洪峰流量经验公式》。经验公式为:

$$Q_\mathrm{p} = CH_{24\mathrm{p}}F^{0.84}$$

式中　Q_p——设计洪峰流量,m³/s;

　　　　C——与频率有关的流量系数;

　　　　$H_{24\mathrm{p}}$——24 小时设计雨量,mm;

　　　　F——汇水面积,km²。

2.流域汇水面积的集雨分区计算

根据茅洲河流域的特点,设计洪水分山地、平原两个区域计算,流域中上游(洋涌河水闸以上)区域坡陡流急,为山地区;流域下游(洋涌河水闸至河口)区域地势低洼、平缓,为平原区。山地区设计洪水按小汇水面积方法计算,并考虑区域内水库的调洪削峰作用;平原区由于地势低洼平缓,并大部分面积为建成区,因此其设计洪水考虑为设计排涝流量,从而干流各控制断面设计洪水为山地区设计洪峰流量加上平原区相应区间的设计排涝流量。

3.水库调洪削峰

设计洪水计算考虑集雨范围内水库的调洪削峰作用,对中型以上水库进行调洪演算;对调洪能力较差的小型水库采用综合削峰比例系数。由于石岩水库下泄流量不进入茅洲河流域,而牛牯斗水库下泄入石岩河流域,因此茅洲河设计洪水不考虑石岩和牛牯头 2 座水库。

1)大中型水库

本次进行调洪演算的大中型水库有罗田(中型)、公明[大(3)型]和鹅颈水库(中型)。

罗田水库位于中游支流罗田水上游,集雨面积 20.0 km²,总库容 2 845.0 万 m³,正常库容 2 050 万 m³。

公明水库位于支流新陂头水,是在原有的横江水库、石头湖水库、迳口水库和水车头水库(此 4 座小型水库的集雨面积共为 10.1 km²)基础上扩建而成的一个大(2)型水库工程,工程的任务为储备水源、供水调蓄、雨洪利用和防洪。工程集雨面积 11.8 km²,设计总库容为 1.48 亿 m³,设计正常库容 1.42 亿 m³。目前正在施工。

鹅颈水库位于支流鹅颈水上游,原为小(1)型水库,原集雨面积为 5.7 km²,规划对水库大坝进行了加高扩容,成为北线工程中的重要调蓄水库之一,与茜坑、石岩水库及公明水库串联形成共同调蓄的整体,缓解茜坑、石岩水库的压力并增加调蓄库容,缓解光明及公明片区的用水。扩容后新建副坝保护龙大公路,减少流域面积 0.4 km²,现集水面积 5.3 km²,水库正常库容 1 376 万 m³,总库容为 1 466.5 万 m³。目前,鹅颈水库扩建工程已完成。

罗田、公明和鹅颈水库流域特征参数见表 8.3-2,调洪演算结果见表 8.3-3。

表 8.3-2　茅洲河流域大中型水库流域特征参数

水库名称	集雨面积 (km²)	河长 (km)	坡降 (‰)	泄洪形式
罗田水库	20	9.56	0.004 9	开敞式溢洪道
公明水库	11.8	5.30	0.039	开敞式溢洪道
鹅颈水库	5.3	4.67	0.011	有压隧洞

表 8.3-3　茅洲河流域大中型水库调洪演算成果　　　　　　　（单位：m³/s）

频率(%)	1	2	5	10	20	50
罗田水库	46.1	38.5	28.0	21.3	14.6	7.0
公明水库	14.7	12.0	8.7	6.5	4.5	2.1
鹅颈水库	43.3	43.3	43.2	43.1	43.1	43.1

由于鹅颈水库集雨面积较小,并且采用有压隧洞的方式泄洪,水库调节后相对于罗田水库和公明水库,其对洪水的削峰能力较小,因此鹅颈水库与小型水库一起打包计算其削峰作用。

2) 小型水库

小型水库的集雨面积为 28.3 km²(含鹅颈水库),其综合削峰比例采用深圳市水务规划设计院有限公司在《茅洲河流域水环境综合整治工程规划》分析的成果,即 20%。对于某一干流水文控制断面,其控制集雨面积为 F_1,扣除小型水库控制面积后的集雨面积为 F_2,F_1 和 F_2 对应的洪峰流量值分别为 Q_1 和 Q_2,考虑小型水库影响后,该控制断面的洪峰流量 Q 为:$Q=Q_2+0.8\times(Q_1-Q_2)$。

8.3.3.2　设计洪水

对于已经完成前期工作的河流,对其设计洪水成果进行合理性分析,确定采用的设计成果,对于未开展前期工作的河道,采用本次分析成果。茅洲河流域主要河流设计洪水成果见表 8.3-4。

表 8.3-4　茅洲河流域主要河流设计洪水成果

河流名称	断面名称	汇水面积		洪峰流量(m³/s)			
		$F_总$(km²)	$F_蓄$(km²)	$P=1\%$	$P=2\%$	$P=5\%$	$P=50\%$
茅洲河	玉田河汇入口上	1.95	0	49	43	36	17
	玉田河汇入口下	8.40	0	162	144	121	57
	鹅颈水汇入口下	30.51	6.66	422	376	314	151
	大凼水汇入口下	35.68	9.96	439	389	328	157
	东坑水汇入口下	45.18	9.96	509	449	369	162
	木墩河汇入口下	51.18	9.96	550	485	399	175
	楼村水汇入口下	66.69	9.96	695	613	507	226
	新陂头水汇入口下	109.37	26.81	853	751	618	270
	西田水汇入口下	123.88	36.58	894	786	648	284
	白沙坑水汇入口下	129.42	36.58	909	799	659	289
	上下村排洪渠汇入口下	135.34	36.58	911	801	675	292
	合水口排洪渠汇入口下	137.49	56.58	926	814	686	297
	罗田水汇入口下	165.85	56.58	959	848	699	307
	公明排洪渠汇入口下	178.57	58.81	964	903	759	327
	龟岭东水汇入口下	181.88	58.81	1 009	914	773	329
	老虎坑水汇入口下	185.85	58.81	1 031	934	776	336
	洪桥头水汇入口下	186.23	58.81	1 033	936	778	337
	沙埔北排洪渠汇入口下	187.98	58.81	1 043	944	785	340
	塘下涌汇入口下	193.82	60.28	1 102	968	796	347
	沙埔西排洪渠汇入口下	214.48	60.28	1 147	1 006	827	357

续表 8.3-4

河流名称	断面名称	汇水面积		洪峰流量（m³/s）			
		$F_总$（km²）	$F_蓄$（km²）	$P=1\%$	$P=2\%$	$P=5\%$	$P=50\%$
茅洲河	沙井河汇入口下	246.24	62.55	1 248	1 096	899	385
	道生围涌汇入口下	249.34	62.55	1 260	1 106	907	387
	共和涌汇入口下	251.21	62.55	1 287	1 129	926	395
	排涝河汇入口下	289.67	71.35	1 433	1 257	1 030	438
	衙边涌汇入口下	293.81	71.35	1 500	1 316	1 079	460
	入海口汇入口下	344.23	71.35	1 628	1 429	1 172	500
石岩河	水田支流汇入口下	6.86	0.96		173	142	57
	沙芋沥汇入口下	10.07	0.96		192	158	63
	樵窝坑汇入口下	17.42	0.96		332	273	109
	龙眼水汇入口下	21.06	0.96		359	295	118
	田心水汇入口下	22.73	0.96		365	300	120
	上排水汇入口下	24.16	0.96		372	306	122
	上屋河汇入口下	26.27	0.96		374	307	123
	河口	26.89	0.96		383	314	126
玉田河	光侨路	3.78	0		62	47	16
	河口	6.45	0		95	72	24
鹅颈水	鹅颈水库溢洪道	5.30	5.30		43	43	42
	红坳水	7.972	6.41		71	58	25
	鹅颈水北支	11.26	6.41		117	96	43
	鹅颈水南支	15.39	6.41		193	156	71
	河口	21.44	6.41		279	233	105
大凼水	大凼水库溢洪道	2.45	2.45		49	43	23
	河口	4.81	2.45		69	57	27
东坑水	茶林	1.15	0		28	24	13
	凤凰小学	3.54	0.95		48	40	19
	德源公司	5.65	0.95		80	66	31
	东坑鸽场	8.17	0.95		112	93	43
	河口	9.80	0.95		130	109	49
木墩河	光桥路	1.14	0		23	17	6
	华夏一路	3.47	0		58	44	15
	河口	5.80	0		86	65	22
楼村水	楼村水北支汇入口下	2.53	0		54	47	26
	市公安局	3.92	0		75	63	33
	楼村养鸽场	7.31	0		131	109	56
	楼村手袋厂	10.50	0		153	128	60
	河口	11.33	0		156	130	60

续表 8.3-4

河流名称	断面名称	汇水面积		洪峰流量（m³/s）			
		$F_总$（km²）	$F_蓄$（km²）	$P=1\%$	$P=2\%$	$P=5\%$	$P=50\%$
新陂头水	横江水汇入口下	16.44	11.67		60	47	18
	石狗公水汇入口下	21.62	14.24		109	88	36
	新陂头水北支汇入口下	43.47	14.24		326	266	111
	河口	46.28	15.92		334	272	116
西田水	桂坑水汇入口下	1.70	5.53		42	36	20
	西田水左支汇入口下	7.34	9.77		92	76	33
	河口	13.31	9.77		126	103	41
白沙坑水	南光高速上游交汇口	2.00	0		43	37	21
	河口	3.16	0		67	59	32
上下村排洪渠	长春路桥	2.76	0		48	36	12
	河口	5.49	0		91	68	23
合水口排洪渠	南光高速桥	0.70	0		17	15	8
	河口	1.13	0		28	24	13
罗田水	罗田水库溢洪道	20.00	20.00		73	58	23
	右支汇入口	24.54	20.00		90	71	28
	河口	28.36	20.00		123	90	42
公明排洪渠	光明高级中学	4.61	1.12		73	56	19
	公明排洪渠南支汇入口下	10.18	1.82		143	108	37
	河口	15.32	1.82		206	156	53
龟岭东水	广田路桥	2.00	0		36	27	9
	河口	3.31	0		60	45	15
老虎坑水	老虎坑水库溢洪道	2.12	2.12		38	29	10
	河口	4.30	2.12		68	51	17
洪桥头水	洪桥头水河口	1.07	0		26	22	12
沙埔北排洪渠	沙埔北排洪渠河口	1	0		24	21	11
塘下涌	雄宇路桥	2.10	0		38	29	10
	河口	5.57	0		85	64	22
沙埔西排洪渠	朗碧路桥	1	0		24	21	11
	河口	1.84	0		42	35	17
沙井河	潭头河汇入口下	4.93	0		68	56	26
	潭头渠汇入口下	7.68	2.72		95	78	34
	东方七支渠汇入口下	9.20	2.72		113	93	41
	松岗河汇入口下	23.86	2.72		214	177	77
	河口	29.72	2.72		267	220	96
道生围涌	道生围涌河口	1.56	0		38	33	18

续表 8.3-4

河流名称	断面名称	汇水面积		洪峰流量 (m³/s)			
		$F_总$ (km²)	$F_蓄$ (km²)	$P=1\%$	$P=2\%$	$P=5\%$	$P=50\%$
共和涌	共和涌河口	1.04	0		25	22	12
排涝河	新桥河汇入口下	17.52	9.97		157	130	57
	上寮河汇入口下	30.76	9.97		276	228	99
	石岩渠汇入口下	32.63	9.97		293	242	105
	河口	32.96	9.97		296	244	106
衙边涌	松福大道桥	1.98	0		36	27	9
	河口	2.48	0		45	34	11
牛牯斗水	牛牯斗水河口	2.00	0.96		36	28	9
石龙仔河	石龙仔河河口	1.49	0		27	20	7
水田支流	水田支流河口	3.37	0		46	38	18
沙芋沥	沙芋沥河口	3.21	0		44	36	17
樵窝坑	樵窝坑河口	3.33	0		45	38	18
龙眼水	龙眼水河口	3.64	0		49	41	20
田心水	田心水河口	1.67	0		30	23	8
上排水	上排水河口	1.43	0		26	20	7
上屋河	上屋河河口	2.11	0		38	29	10
天圳河	王家庄河	2.10	0		38	29	10
	天圳河汇入口	3.97	0		54	45	21
红坳水	红坳水汇入口	1.81	1.11		33	25	8
鹅颈水北支	鹅颈水北支汇入口	4.15	0		56	47	22
鹅颈水南支	鹅颈水南支汇入口	3.44	0		47	39	18
楼村水北支	楼村水北支汇入口	2.53	0		43	33	11
横江水	横江水汇入口	7.84	4.39		102	86	40
石狗公水	石狗公水汇入口	4.55	2.57		62	51	24
新陂头水北支	罗仔坑水汇入口下	1.57	1.20		28	21	7
	新陂头水北二支汇入口下	5.84	1.36		101	85	40
	新陂头水北三支汇入口下	9.11	1.36		158	132	62
	新陂头水北支汇入口汇入口	21.5	1.36		249	208	98
西田水左支	西田水左支汇入口	5.03	4.24		87	73	34
桂坑水	桂坑水汇入口	1.70	1.70		31	23	8
公明排洪渠南支	公明排洪渠南支汇入口	1.82	0.70		33	25	8
潭头河	潭头河汇入口	4.93	0		67	56	26
潭头渠	潭头渠汇入口	2.75	0		50	38	13
东方七支渠	东方七支渠汇入口	1.52	0		27	21	7

续表 8.3-4

河流名称	断面名称	汇水面积		洪峰流量（m³/s）			
		$F_总$（km²）	$F_蓄$（km²）	$P=1\%$	$P=2\%$	$P=5\%$	$P=50\%$
松岗河	五指耙水库溢洪道	2.27	2.27		41	31	10
	松岗大道	7.16	2.27		94	79	37
	松岗水闸	11.56	2.27		136	113	52
	松岗河汇入口	14.66	2.27		149	123	55
新桥河	长流陂水库溢洪道	8.80	8.80		55	42	14
	大同电子磁石厂	10.85	8.80		79	62	22
	广深公路桥	14.26	8.80		109	86	31
	北环路箱涵入口	16.89	8.80		124	99	36
	汇入口	17.52	8.80		129	103	37
上寮河	万丰河	6.13	0		100	84	32
	坐岗排洪渠	10.24	0		145	121	46
	上寮河汇入口	13.24	0		175	146	55
石岩渠	石岩渠汇入口	1.87	0		34	26	9
王家庄河	王家庄河汇入口	2.10	0		38	29	10
罗仔坑水	罗仔坑水汇入口	1.57	0		28	21	7
新陂头水北二支	新陂头水北二支汇入口	4.27	0		58	48	23
新陂头水北三支	新陂头水北三支汇入口	3.27	0		44	37	18
万丰河	万丰河汇入口	2.32	0		42	32	11
坐岗排洪渠	坐岗排洪渠汇入口	1.79	0		32	24	8

8.4　潮　汐

8.4.1　潮汐特性

茅洲河入海口海域的潮汐属不规则半日潮,在一个太阴日内出现两次高潮和两次低潮,其潮高、潮差和潮历时各不相等。月内有朔、望大潮和上、下弦小潮;年内一般为夏潮高于冬潮,最高、最低潮位一般出现在秋分和春分,且潮差最大,夏至、冬至潮差最小。由于受径流量和台风的影响,最高潮位一般出现于汛期。潮位过程一般为对称铃形,即涨潮历时等于落潮历时。河口附近因受径流影响,一般为落潮历时大于涨潮历时。

8.4.1.1　潮位

根据茅洲河河口下游赤湾站 1965～2002 年潮位资料分析,年最高、最低潮位多出现在汛期,分别占历史总数的 63.2% 和 60.5%。年最高潮位、年最低潮位变化幅度不大。

8.4.1.2　潮差

茅洲河入海口属弱潮型河口,潮差不大,落潮潮差大于涨潮潮差,汛期潮差大于枯水期潮差。赤湾站年平均涨、落潮差历年均值均为 1.37 m,汛期平均涨、落潮差历年均值为 1.40 m,比枯水期大 0.07 m;年最大涨、落潮差历年均值分别为 2.32 m 和 3.16 m,落潮为涨潮的 1.36 倍。赤湾站历年最大涨潮差为 3.27 m,其最大变幅为 1.2 m;历年最大落潮差为 3.47 m,其最大变幅为 0.58 m。

8.4.1.3　潮时

由潮时统计可知,涨潮历时均比落潮历时长。赤湾站年平均涨潮历时和落潮历时历年均值分别为 6 h 21 min 和 6 h 15 min,年最大涨潮历时历年均值为 15 h 35 min,年最大落潮历时历年均值为 10 h 27 min。

8.4.2　风暴潮

8.4.2.1　风暴潮的产生

风暴潮是一种海洋灾害,它的诱因有台风和寒潮大风。深圳市的风暴潮主要由台风形成。广东省是我国台风登陆最多的省份,台风暴潮灾害在全国也是最严重的。台风暴潮是由台风强烈扰动造成的潮水位激剧升降。它高出正常潮水位(天文潮水位)的水位差称为风暴潮增水。若恰好与天文潮高潮相叠加,则往往会使受其影响和所及的海域潮位暴涨。按照诱发风暴潮的大气扰动特征,把风暴潮分为由热带气旋所引起的和由温带气旋所引起的两大类。深圳市沿海风暴潮主要由热带风暴、强热带风暴、台风、超强台风引起(统称台风)。在深海,台风的增水效应以气压为主导作用,当台风由深海进入浅海时,风应力效应占主导作用。一般而论,大约在水深 120 m 处为效应分界线,其外以气压效应为主,其内则以风应力效应为主。台风扰动过后,台风暴潮造成的水位异常还可以持续一段时间并逐渐下降,少则 1~2 d,多则 3~4 d。

8.4.2.2　风暴潮所产生的影响

台风暴潮灾害是发生在沿海的一种来势迅猛、破坏力强的严重海洋灾害。它可以在很短的时间内令海堤溃决、海水汹涌侵入城镇乡村,造成房屋倒塌、人畜伤亡、工商停产停业;淹没农田,造成土地盐碱化、作物欠收、耕地退化;污染淡水资源,影响人畜饮用水,破坏盐场及海水养殖业;给人民生命财产和工农业生产造成巨大损失。1983 年 9 月 9 日,8309 号强台风袭击珠江口,使珠海、番禺、深圳、东莞及其受影响的 19 个县市遭受严重灾害,损失达 5 亿元以上。特别是 1993 年 9316 号台风,风暴潮引起增水并遇上大潮期高潮位,使伶仃洋一带出现近百年来的特大风暴潮,珠江三角洲大部分潮位站最高潮位超过或接近历史最高潮位。深圳、珠海部分地方浸水 1~2 m。这次台风暴潮给珠江三角洲地区造成严重灾害,海堤决口 700 余处,淹没良田 15.2 万 hm²,倒塌房屋 700 余间,22 个县、470 万人受灾,经济损失达 15.2 亿元。

8.4.2.3　台风暴潮引起的增水及风暴潮水位

1.台风增水

台风暴潮反映在潮位上的特征是增水现象。习惯上,增水值等于实测暴潮水位值与预报潮沙水位值之差。根据相关统计资料,在珠海登陆的 6415 号台风,最大风速极值 45 m/s,赤湾站最大增水为 1.96 m,而同在珠海登陆的 8309 号台风,最大风速极值为 60 m/s,赤湾站最大增水则只为 0.93 m。这说明台风引发的增水不仅与台风登陆位置有关,而且与台风形成条件、移动路径、中心气压及风速、风向有关。台风暴潮增水值一般为 0.50~1.50 m,见表 8.4-1。

2.风暴潮潮位

风暴潮潮位的变化主要取决于台风增水和天文潮水位的组合。当台风增水的最大值与天文潮水位最低值对应时,不会产生较大风暴潮潮位。如 6411 号台风最大增水 1.46 m,发生在 8 月 9 日 4 时,而同一天实测的最高潮位为 1.01 m,出现时间为 0 时 40 分。当台风增水的较大值与天文潮高潮相对应时,将会产生较大的风暴潮潮位。赤湾站实测几个最高潮位都是由较大的台风增水与天文潮高潮组合的结果。当台风增水的最大值与天文潮的最高潮位相遇时,产生的后果将难以估计。

表 8.4-1　赤湾站主要台风暴潮潮位及相应增水统计（黄海基面）

年份	台风号	最高潮位（m）	相应增水（m）	台风最大增水（m）
2008	黑格比	2.85	0.61	0.95
1993	9316	2.82	1.31	1.50
1989	8908	2.66	0.85	1.19
1974	7421	2.37	1.19	1.24
1983	8309	2.36	0.74	0.93
1971	7126	2.28	0.86	1.25

8.4.3　设计高潮位

茅洲河附近潮位站分别是赤湾站、南沙站和舢舨洲站，其中舢舨洲站最接近茅洲河河口，但资料系列较短，仅有 1956~1992 年。南沙站具有 1965 年至今的观测资料。由于舢舨洲站与南沙站潮位相关关系较好，相关系数为 0.93，因此通过南沙站潮位资料将舢舨洲最高潮位系列插补延长。《防洪潮规划》把舢舨洲站插补延长至 2002 年，本次将资料系列增加延长至 2012 年，采用 P-Ⅲ 型频率曲线法，偏差系数 $C_s = 8.0 C_v$，计算各频率设计潮位。

复核后的设计高潮位成果与《防洪潮规划》设计成果基本一致，且茅洲河河口高潮位近年变化不大，为保持设计成果的一致性，本次设计潮位仍采用《防洪潮规划》成果，见表 8.4-2。

表 8.4-2　茅洲河口设计年高潮位成果

测站名称	设计高潮位（m）					
	$P=0.5\%$	$P=1\%$	$P=2\%$	$P=5\%$	$P=10\%$	均值
赤湾站	3.03	2.90	2.77	2.59	2.45	2.12
南沙站	2.91	2.75	2.58	2.36	2.19	1.82
舢舨洲站	3.45	3.31	3.17	2.97	2.81	2.44

8.4.4　洪潮遭遇分析

8.4.4.1　年最大洪水（雨量）与潮汐遭遇

根据赤湾站年最大 24 h 暴雨量出现时间，统计相应赤湾站高潮位，见表 8.4-3。

表 8.4-3　赤湾站历年 24 h 最大雨量及相应的高潮位统计

年份	日期（月-日）	最大降雨量（mm）	相应潮位（m）	年份	日期（月-日）	最大降雨量（mm）	相应潮位（m）
1967	08-16	136	1.67	1990	09-10	84.4	1.31
1968	08-21	117	1.72	1991	07-30	126.7	1.36
1969	06-02	102	1.72	1992	06-13	229.1	1.41
1970	08-03	192	1.52	1993	11-04	312	1.81
1971	05-19	103	0.8	1994	07-21	358.8	1.75
1972	05-06	127	1.1	1995	07-26	242.9	1.38
1973	05-06	197.6	1.84	1996	08-15	104.3	1.5
1974	10-19	174.7	1.22	1997	07-02	214.4	1.48

续表 8.4-3

年份	日期 （月-日）	最大降雨量 （mm）	相应潮位 （m）	年份	日期 （月-日）	最大降雨量 （mm）	相应潮位 （m）
1975	10-14	127.5	1.3	1998	05-24	165.6	1.51
1976	08-24	207.9	1.86	1999	08-23	158.8	1.5
1977	09-05	131.5	1.19	2000	04-13	503.1	1.12
1978	07-29	122.6	1.14	2001	06-05	179.7	1.53
1979	09-23	104.8	1.38	2002	09-14	122.9	1.38
1980	03-05	147.7	0.83	2003	05-06	177	1.4
1981	08-27	116	1.29	2004	05-08	76	1.56
1982	05-28	217.1	1.59	2005	08-19	133	1.56
1983	06-17	135.9	1.23	2006	09-19	137	1.5
1984	09-01	220.2	1.33	2007	04-14	85.5	1.38
1985	09-05	131.5	1.36	2008	06-13	268	1.13
1986	05-11	170.5	1.43	2009	07-18	112	1.29
1987	04-05	174.1	1.24	2010	05-06	103	1.38
1988	07-19	207.8	1.38	2011	06-17	87	1.29
1989	05-20	259	1.87	2012	06-20	172.5	1.16

注：水位为黄海基面。多年平均最大日雨量 170.9 mm；赤湾站相应的多年平均潮位 1.42 m，赤湾站最高潮位多年平均值 2.12 m。

　　雨量相应的赤湾站最高潮位系列（1967—2012 年共 46 年资料）分析表明，与年最大 24 h 雨量相应的赤湾站的最高潮位一般都小于多年平均最高潮位 2.12 m。因此，若用多年平均最高潮位与设计洪水相遭遇，已基本上能外包历年所出现过的年最大洪水与潮汐的遭遇情况，是一种安全的设计洪潮组合方式。

8.4.4.2　最高潮位与 24 h 雨量遭遇分析

　　假定洪水与暴雨相应，以赤湾站年最高潮位相应的赤湾雨量站 24 h 雨量进行分析，赤湾站历年最高潮位与相应 24 h 雨量统计见表 8.4-4。

表 8.4-4　赤湾站历年最高潮位及相应 24 h 雨量统计

年份	日期 （月-日）	最高潮位 （m）	相应日降雨量（mm）			
			赤湾	铁岗	石岩	罗田
1965	07-15	2.17	21.3	24.1	17.6	17.8
1966	09-15	2.02	0	0	0	0
1967	10-19	2.10	0	0	0	0
1968	11-22	1.96	0	0	0	0
1969	07-29	2.39	14	90	42	14.2
1970	02-06	1.97	0	0	0	0
1970	11-30	1.97	0	0	0	0
1971	10-08	2.27	0	0	0	0
1972	11-08	2.13	37	47.5	50	43.8
1973	07-02	2.05	0	6.6	1.2	0

续表 8.4-4

年份	日期 （月-日）	最高潮水位 （m）	相应日降雨量（mm）			
			赤湾	铁岗	石岩	罗田
1974	10-13	2.37	0.4	0	0	0
1975	11-04	1.92	0.3	0	0	0
1976	11-23	1.94	0	0	0	0
1977	09-22	1.93	0	0	0	0
1978	10-14	1.94	0	0	0	0
1979	08-09	1.97	43.7	28	3.3	2.9
1980	05-17	1.88	0	0	0	0
1981	07-03	2.04	5.8	9.6	41.3	0
1982	06-25	1.87	0	0.1	0.4	0
1982	07-21	1.87	0	1.9	0.6	0
1983	09-09	2.36	73.1	19.7	6.7	8.4
1984	10-28	2.00	0	0	0	0
1985	06-04	1.91	4.7	16.4	24.2	11
1986	08-20	2.08	13.3	13.9	5.5	3.7
1987	06-14	2.08	0	3	2.3	0
1988	10-26	2.17	0.8	0	0	0
1989	07-18	2.66	42.5	27.3	33.4	12.7
1990	07-22	2.00	3	8.1	0	0
1991	07-24	2.29	6.2	8.7	4.3	11.4
1992	10-27	2.06	1.3	0.2	0	0
1993	09-17	2.82	46.9	30.4	20.6	28.3
1994	06-25	2.06	17.5	10.1	4.6	6.9
1995	06-15	2.05	2.2	8.7	0.7	0
1996	09-09	2.29	1.2	0	4.6	0
1997	07-21	2.00	0	0	0	0
1998	10-25	2.04	10.1	4.6	4.3	10.2
1999	07-14	1.97	0	0	4.3	0
2000	01-21	2.05	0	0	0	0
2001	07-06	2.56	123.1	145.6	104	95.1
2002	05-28	1.94	0	0	0	0
2003	07-24	2.11	2.9	8.6	1.7	10
2004	06-05	2.08	0	0	0	0
2005	07-23	2.15	0	0	5.3	0
2006	02-27	2.19	23.9	31	0	35
2007	05-20	2.10	26.8	29	27.5	56
2007	06-16	2.10	0	1	2	0
2008	09-24	2.91	93	57.5	12.5	15

续表 8.4-4

年份	日期 (月-日)	最高潮水位 (m)	相应日降雨量(mm)			
			赤湾	铁岗	石岩	罗田
2009	09-15	2.18	34	34.5	34.5	23
2010	10-27	2.02	0	0	0	0
2011	10-03	2.24	1.2	1.5	1	2
2012	07-24	2.20	49.5	44.5	48	77
均值		2.12	13.7	14.0	10.0	9.5

从表 8.4-4 可以看出,赤湾站历年最高潮位相应赤湾雨量站最大 24 h 降雨量为 123.1 mm,小于该站年最大 24 h 降雨量多年平均值 172.7 mm;最高潮位遭遇石岩水库和罗田水库最大 24 h 降雨量分别为 104 mm 和 95.1 mm,均小于各站年最大 24 h 均值(石岩 170.3 mm、罗田 157.6 mm)。因此,若用多年平均年最大 24 h 暴雨所产生的洪水与设计年最高潮位遭遇,已基本上能外包历年所出现过的年最高潮位与洪水的遭遇情况,是一种安全的设计潮洪组合方式。

根据《防洪潮规划》赤湾潮位站与赤湾气象站 1967~2012 年最大 24 h 降雨与相应高潮位、年最高潮位与相应 24 h 降雨的遭遇分析可见:

(1)用多年平均最高潮位与设计洪水相遭遇,已基本上能外包历年所出现过的最大洪水与潮汐的遭遇情况。

(2)用多年平均最大 24 h 暴雨所产生的洪水与设计最高水位遭遇,已基本上能外包历年所出现过的最高潮位与洪水的遭遇情况。

因此,本次计算采用设计标准下的洪水(潮水位)与多年平均潮水位(洪水)组合的外包线,作为河道治理的设计水面线是合理的、安全的。

8.5　设计水面线

根据防洪设计标准及洪水分析,沿程比降、流量、建筑物及支流汇入情况,水面线分段进行推算。

8.5.1　水面线推算的基本公式

水面线计算按明渠恒定非均匀渐变流能量方程,在相邻断面之间建立方程,采用逐段试算法从下游往上游进行推算。

具体如下:

$$Z_1 = Z_2 + \frac{\alpha V_2^2}{2g} + h_w - \frac{\alpha V_1^2}{2g}$$

式中　Z_1、V_1——上游断面的水位和平均流速;

　　　Z_2、V_2——下游断面的水位和平均流速;

　　　h_w——上、下游断面之间的能量损失;

　　　α——动能修正系数。

$$h_w = h_f + h_j$$

$$h_f = \frac{\overline{V}^2}{C^2 R}$$

$$h_j = \zeta \left(\frac{V_1^2}{2g} - \frac{V_2^2}{2g} \right)$$

式中　h_f——上、下游断面之间的沿程水头损失；

　　　h_j——上、下游断面之间的局部水头损失；

　　　ζ——局部水头损失系数；

　　　C——谢才系数；

　　　R——水力半径。

8.5.2　河道糙率

河道的糙率受到河床组成床面特性、平面形态及水流流态、植物、岸壁特性等影响，情况复杂，不易估计。经过整治的河床糙率可以采用《水工设计手册》推荐结果，河道综合糙率采用 0.02~0.03。

根据河道断面资料，利用恒定非均匀流方法，由下游断面向上游断面逐段推算水面线。根据设计洪水流量计算结果，茅州河设计水面线分别为 100 年一遇、50 年一遇、20 年一遇洪水；各支流分别为 50 年一遇、20 年一遇洪水。茅洲河流域干流、主要一级支流、主要二级支流设计水面线计算结果见表 8.5-1~表 8.5-3。

河道上桥涵等建筑物较多且缺少资料，影响河道的过流能力或壅高水位，规划阶段暂不考虑。

表 8.5-1　茅洲河流域干流设计水面线计算结果

桩号	断面名称	河底高程（m）	设计水位（m）			
			$P=0.5\%$	$P=1\%$	$P=2\%$	$P=5\%$
0+000	入海口	−3.00	3.45	3.31	3.17	2.97
0+757		−2.96	3.46	3.31	3.17	2.97
1+536		−2.92	3.49	3.32	3.18	2.98
2+194		−2.89	3.51	3.33	3.19	2.99
2+889		−2.86	3.52	3.33	3.19	3.00
3+246	排涝河口	−2.84	3.54	3.34	3.21	3.01
3+833		−2.81	3.59	3.36	3.23	3.04
4+452		−2.78	3.64	3.38	3.24	3.05
4+798	沙井河口	−2.76	3.76	3.40	3.29	3.07
5+176		−2.74	3.83	3.53	3.38	3.10
5+815		−2.71	3.91	3.74	3.59	3.35
6+508		−2.67	4.31	3.99	3.72	3.55
6+926		−2.65	4.52	4.12	3.83	3.65
7+662	大围	−2.62	4.92	4.26	3.96	3.77
8+217		−2.59	5.07	4.50	4.17	3.96
8+818	碧头	−2.56	5.32	4.60	4.26	4.05
9+477		−2.53	5.50	4.84	4.49	4.25
10+044		−2.50	5.74	5.00	4.62	4.38
10+707		−2.46	5.90	5.12	4.74	4.49
11+429	大禾花	−2.43	6.08	5.46	5.05	4.78
11+830	塘下涌汇入口	−1.48		5.81	5.40	4.84
12+030		−1.46		5.84	5.42	4.85
12+530		−1.41		5.92	5.50	4.97
12+730	工业区桥	−1.39		6.00	5.55	5.01

续表 8.5-1

桩号	断面名称	河底高程（m）	设计水位(m)			
			$P=0.5\%$	$P=1\%$	$P=2\%$	$P=5\%$
12+820	107 国道桥	-1.38		6.06	5.60	5.05
13+130		-1.35		6.07	5.61	5.05
13+730	洋涌河水闸	-1.29		6.14	5.67	5.10
14+530	老虎坑水	-0.83		6.17	5.75	5.17
14+630	龟岭东水	-0.81		6.18	5.76	5.18
14+805	燕川桥	-0.78		6.36	5.92	5.32
15+230		-0.69		6.37	5.93	5.34
15+830	公明排洪渠	-0.54		6.40	5.96	5.37
16+330	罗田水	-0.29		6.45	6.03	5.47
16+430	合水口	-0.24		6.47	6.05	5.49
16+830	上下村渠	-0.04		6.54	6.12	5.56
17+330		0.21		6.62	6.20	5.64
17+830	南光高速	0.46		6.73	6.36	5.80
17+930	白沙坑水	0.51		6.75	6.36	5.81
18+430		0.76		6.94	6.53	5.98
18+715	李松朗桥	0.90		7.10	6.67	6.10
19+130				7.19	6.78	6.23
19+730	西田水汇入口			7.45	7.05	6.52
19+810	西田桥			7.56	7.14	6.59
20+330				7.78	7.44	6.93
21+030				8.21	7.84	7.35
21+730	新陂头水汇入口			8.72	8.35	7.85
22+165	公常公路桥			9.12	8.53	8.09
22+330	楼村水汇入口			9.26	8.67	8.26
22+355	楼村桥			9.41	8.79	8.35
22+830				9.64	9.17	8.75
23+230	木墩河汇入口			9.94	9.51	9.08
23+710	民众学校桥			10.18	9.85	9.42
24+160	沙河桥			10.57	10.20	9.79
24+630				10.85	10.56	10.17
25+095	东坑桥			11.27	11.10	10.70
25+530				11.59	11.47	11.22
26+225	上坡桥			12.56	12.50	12.24
26+330	鹅颈水汇入口			12.74	12.68	12.35
26+830				13.61	13.15	12.77

续表 8.5-1

桩号	断面名称	河底高程（m）	设计水位（m）			
			P=0.5%	P=1%	P=2%	P=5%
27+255	塘明公路桥			14.50	13.50	13.18
27+465	甲子塘桥			14.92	13.85	13.60
28+030				15.97	15.11	14.95
28+530				16.88	15.75	15.57
29+150	光侨路桥			18.35	17.19	17.10
29+675	长圳桥			19.59	18.72	18.58
30+155	涵桥 GS2#			21.12	20.60	20.48
30+688				22.57	22.52	22.44

表 8.5-2 茅洲河流域主要一级支流设计水面线计算结果

河名	桩号	断面名称	设计水位（m）	
			P=2%	P=5%
石岩河	0+000	汇入石岩水库	38.34	37.65
	0+169	松自大桥	38.51	37.82
	0+819	老街桥	39.81	38.92
	1+025	石岩大桥	40.37	39.48
	1+442	罗祖水汇入口	41.57	40.68
	1+561	田心水汇入口	41.91	41.02
	2+110		44.09	43.33
	2+614		45.94	45.11
	3+126		48.78	47.99
	3+516	三祝里南桥	50.13	49.34
	3+753	三祝里桥	50.42	49.71
	4+088	怡和纸厂桥	52.10	51.31
	4+295	怡和纸厂东桥	52.99	52.20
	4+604	水田村桥	53.26	52.64
	4+872	沙芋沥支流汇入口	54.80	54.10
	4+989	石龙仔路桥	55.29	54.59
	5+505		58.50	58.05
	6+090		62.30	61.86
	6+349	终点	64.95	64.54
玉田河	0+000	河口	15.63	15.45
	0+276	松白路	16.79	16.44
	0+482		17.91	17.45
	0+645		18.18	17.71

续表 8.5-2

河名	桩号	断面名称	设计水位（m）	
			P = 2%	P = 5%
玉田河	0+878		18.39	17.90
	1+031		18.64	18.19
	1+249		19.60	19.03
	1+446		19.78	19.27
	1+700		20.11	19.75
	2+064	东江集团	22.90	22.32
	2+209		24.22	23.57
	2+481		24.87	24.36
	2+706	洲石公路	25.88	25.39
鹅颈水	0+000	河口	12.68	12.35
	0+400		13.47	12.98
	0+900	塘明路桥下游	14.08	13.65
	1+400		15.46	14.97
	2+000		16.61	16.26
	2+650		18.26	17.94
	3+000		19.75	19.52
	3+500		23.06	22.85
	4+100		24.70	24.44
	4+500		27.82	27.66
	5+000		30.76	30.50
	5+600		33.75	33.58
大凼水	0+000		12.50	12.24
	0+050		12.52	12.25
	0+650		13.38	13.05
	1+185		15.92	15.44
东坑水	0+000	河口	11.10	10.70
	0+400		13.10	12.79
	1+000		14.09	13.71
	1+452	龙大高速	14.21	13.85
	2+069	唐明公路	15.88	15.70
	2+500		18.32	18.15
	2+975		20.99	20.71
	3+340		22.48	22.22
	3+700		23.97	23.89
	4+222		30.27	30.19
	4+500		33.57	33.49
	5+175		41.67	41.59

续表 8.5-2

河名	桩号	断面名称	设计水位（m）	
			$P=2\%$	$P=5\%$
木墩河	0+000	河口	9.51	9.08
	0+500	龙大高速上游	10.80	10.00
	1+000		11.09	10.29
	1+500		11.22	10.46
	2+100		12.60	11.97
	2+500		14.12	13.58
	3+000		16.46	15.93
	3+500	塘明公路	17.77	17.33
	4+000		19.87	19.51
	4+500		22.62	22.21
	5+000		24.25	23.95
	5+500		27.90	27.67
	5+770	水库溢洪道	32.12	31.91
楼村水	0+000	河口	8.67	8.26
	0+500		9.06	8.79
	0+700	民生路桥	9.75	9.50
	1+000		10.12	9.85
	1+700		10.85	10.56
	2+350	滞洪区入口	11.61	11.32
	3+000	支流汇入口	13.04	12.81
	3+600	翠湖出口陡坡	13.94	13.75
	4+127	翠湖入口涵	16.24	16.10
	4+426	光侨路涵	18.89	18.79
	4+800		19.93	19.80
	5+194	碧水路涵	21.63	21.51
	5+500		24.19	24.09
	5+750	体育公园路涵	25.77	25.66
新陂头水	0+000	河口	8.35	7.85
	0+600		8.81	8.29
	1+000		9.11	8.59
	1+400		9.41	8.88
	1+811	北支汇入口	9.72	9.18
	2+300		10.10	9.55
	2+700		10.72	10.16
	3+000		11.30	11.05

续表 8.5-2

河名	桩号	断面名称	设计水位（m）	
			$P = 2\%$	$P = 5\%$
新陂头水	3+500		11.97	11.71
	3+900		12.45	12.17
	4+349	南支汇入口	12.98	12.70
	4+800		13.34	13.05
	5+200		16.54	16.30
	5+600		18.84	18.60
	5+900		21.44	21.20
	6+300		22.24	22.00
	6+900		25.93	25.76
	7+387		29.41	29.24
西田水	0+000	河口	7.05	6.52
	0+149		7.09	6.67
	0+410		7.14	6.73
	0+700		7.20	6.81
	1+017	龙大高速	7.66	7.35
	1+324		8.10	7.78
	1+711		8.35	8.06
	1+980		8.51	8.23
	2+275	溢洪道下游	8.67	8.40
白沙坑水	0+000		6.36	5.81
	0+450		6.79	6.21
	1+283		7.03	6.53
	2+500		7.85	7.35
	3+850		8.75	8.25
上下村排洪渠	0+000	河口水闸	6.12	5.56
	0+150	北环箱涵	6.44	5.68
	0+300	上下村泵站	6.45	5.70
	1+095	马田路	6.4	5.72
	1+742	人民路	6.38	5.75
	2+150	水宾路	6.39	5.79
	2+530	长春路	6.33	5.85
	2+918	曙光路	6.36	5.92
	3+345	红花路	6.38	5.98

续表 8.5-2

河名	桩号	断面名称	设计水位（m）	
			P=2%	P=5%
罗田水	0+000	河口	6.00	5.40
	0+386		6.22	5.62
	0+698		6.32	5.71
	0+959		6.47	5.84
	1+128		6.60	5.96
	1+513	塘下涌大道	6.74	6.11
	1+942		7.10	6.50
	2+552	朝阳路	8.63	8.09
	3+044		10.80	9.92
	3+492		11.22	10.39
	4+271	深圳佳华精密仪器设备厂	12.91	12.17
	4+538		13.28	12.56
	4+758	1#调蓄湖下游	13.48	12.74
公明排洪渠	0+000	河口三岔口	6.00	5.40
	0+487	南光高速公路	6.01	5.42
	0+787	松白公路桥	6.02	5.42
	0+987		6.08	5.49
	1+237		6.19	5.60
	1+687		6.41	5.83
	2+187		6.89	6.46
	2+637		7.51	7.09
	2+937		8.11	7.77
	3+137		8.41	8.05
	3+437		8.78	8.41
	3+887		9.35	9.01
	4+187	公明南环大道下	9.44	9.11
	4+637		10.44	10.20
	4+787		10.95	10.71
马田排洪渠	0+000			2.00
	0+500			2.15
	1+000			2.30
	1+950			2.59
老虎坑水	0+000		5.75	5.17
	0+890		6.06	5.50
	1+230		6.14	5.58
	2+282		6.62	6.06
	3+382		7.10	6.54

续表 8.5-2

河名	桩号	断面名称	设计水位(m)	
			$P=2\%$	$P=5\%$
龟岭东水	0+000		6.06	5.50
	0+400		6.42	5.82
	0+890		7.33	6.72
	1+205		8.95	8.32
	1+635		11.09	10.45
	2+005		13.52	12.89
沙埔北排洪渠	0+000			1.84
	0+405			2.10
	0+511			2.12
	0+815			2.33
塘下涌	0+000	河口	5.40	4.84
	0+500		5.47	4.85
	0+774	广深公路	5.72	4.87
	1+000		5.82	4.89
	1+500		6.04	5.05
	2+000		6.92	6.01
	2+296	德政路下游	7.03	6.08
	2+903		7.62	6.65
	3+500		13.01	12.35
	3+731	鸿润路	19.73	19.03
沙井河	0+000		3.29	3.07
	3+160		3.31	3.09
	5+380		3.32	3.1
	6+243		3.33	3.11
道生围涌	0+000			1.60
	0+463			1.63
	1+275			1.72
	1+727			1.97
	1+873			2.03
	1+978			2.03
共和涌	0+000			0.50
	0+300			0.60
	0+600			0.74
	0+900			1.06
	0+994			1.27

续表 8.5-2

河名	桩号	断面名称	设计水位(m)	
			$P=2\%$	$P=5\%$
排涝河	0+000	排涝河河口	3.21	3.01
	1+200	西环路桥	3.31	3.07
	1+964	共和大道桥	3.58	3.29
	2+547	步涌工业路桥	3.80	3.46
	3+500	岗头调节池	4.10	3.72
衙边涌	0+040			0.90
	1+070			1.88
	1+560			2.02
	2+012			2.08
	2+374			2.13
	2+673			2.14

表 8.5-3　茅洲河流域主要二级支流设计水面线计算结果

河名	桩号	断面名称	设计水位(m)	
			$P=2\%$	$P=5\%$
牛牯斗水	0+000			58.91
	0+500			60.28
	1+000			61.65
	1+500			63.02
	2+000			64.39
	2+340			65.32
水田支流	0+000			52.64
	0+500			54.39
	1+000			56.14
	1+790			58.91
沙芋沥	0+000			54.50
	0+332			58.35
	0+674			60.71
	0+906			63.59
	1+235			65.26
樵窝坑	0+000			46.61
	0+434			48.79
	0+688			50.36
	0+843			50.56
	0+940			52.35

续表 8.5-3

河名	桩号	断面名称	设计水位（m）	
			P=2%	P=5%
龙眼水	0+000			42.03
	0+572			47.74
	0+986			50.98
	1+309			53.20
田心水	0+000			41.02
	0+700			42.77
	0+950			43.40
	1+800			45.53
	2+280			46.73
上排水	0+000			39.48
	0+500			40.69
	1+000			41.90
	1+500			43.10
	2+000			44.31
	2+980			46.68
上屋河	0+000			37.82
	0+500			40.82
	1+000			43.82
	1+500			46.82
	2+760			54.38
天圳河	0+000			40.05
	0+500			41.05
	1+000			42.05
	1+500			42.75
	2+000			43.25
	2+600			44.05
甲子塘排洪渠	0+000			14.97
	0+500			16.47
	1+000			17.97
	1+500			19.47
	2+000			20.97
	2+500			22.47
	3+070			24.18

续表 8.5-3

河名	桩号	断面名称	设计水位(m)	
			P=2%	P=5%
新陂头水北支	0+000			12.07
	0+500			12.28
	1+000			12.74
	1+500			13.02
	2+000			13.19
	2+500			13.46
	3+000			16.46
	3+500			16.79
	4+000			17.01
	4+380			17.16
莲塘排洪渠（西田水左支）	0+000			8.02
	0+300			8.32
	0+500			8.52
	0+710			8.73
潭头河	0+000			3.74
	0+592			3.79
	0+961	1#桥上		3.88
	1+302	2#桥上		3.98
	1+722	3#桥上		4.13
	1+856	4#桥上		4.16
	3+027			4.81
	3+518			5.98
	4+180	7#桥上		14.23
	4+580			17.64
潭头渠	0+000			1.96
	0+618			2.13
	1+175			2.39
	1+857			3.26
	1+993			3.67
	2+303			4.14
东方七支渠	0+000			4.62
	0+522			4.03
	0+994	107 国道		3.65
	1+620	松裕路箱涵		3.13
	2+400	厂深		2.89
	3+342	七支渠泵站		2.76

续表 8.5-3

河名	桩号	断面名称	设计水位（m）	
			P=2%	P=5%
松岗河	0+000	河口		1.95
	2+200			2.07
	3+050	广深公路		2.19
	3+950	松柏公路		2.51
	4+550	松岗大道		4.58
	4+875	西水渠交汇处		5.89
	5+612	田园路		7.23
	6+192			8.97
	7+300	东方大道		12.52
	8+510	根玉路		18.10
	8+900			23.20
新桥河	0+000	岗头调节池		3.71
	0+535			3.84
	1+020			4.00
	1+530			4.23
	2+000			4.55
	2+500			5.00
	3+000			5.66
	3+535			5.79
	4+020			5.92
	4+525			6.09
	5+030			6.30
	5+500			7.06
	6+000			10.21
	6+050			10.27
	6+100			10.33
	6+145			14.57
	6+194	接长流陂水库		23.92
上寮河	0+000	岗头调节池		3.71
	1+560	箱涵口		4.61
	2+203			4.73
	2+911			4.87
	3+522			5.15
	4+317			6.82
	4+904			7.64
	5+460			8.21
	5+720			10.87
	5+943			11.03
	6+206			17.71

第 9 章　防洪防潮工程规划研究

9.1　洪潮灾害情况

9.1.1　洪潮灾害的成因分析

根据历史洪潮灾害分析,影响城市防洪防潮安全的主要因素主要有以下三种:

(1)气象因素。茅洲河流域地处北回归线以南,属亚热带海洋性季风气候,受海岸山脉地貌带及海洋气流的影响,区域内的降雨主要以锋面雨、台风雨为主,汛期常形成暴雨、特大暴雨,易形成区域性洪潮灾害。

(2)地形因素。茅洲河流域地势东高西低,大部分为低山丘陵地带,间以平缓的台地,西部为滨海平原。地形地貌决定了茅洲河流域河流众多、水系发育,河流的上游多为山地,河道比降大,中下游河道比降平缓,上游的山地洪水汇流至中下游后,易形成洪灾。

(3)海潮因素。茅洲河流域位于太平洋西岸,濒临南海,易受西太平洋及南海台风暴潮的影响,台风暴潮直接威胁着流域内城市防洪潮的安全,当降雨遭遇高潮水位时,易形成高水位顶托造成洪涝灾害。

9.1.2　洪潮灾害

茅洲河流域地处广东南部低纬度滨海台风频繁登陆地区,4—10 月,受海岸山脉地貌带和锋面雨、台风雨影响,暴雨频发,洪、涝、潮灾害严重。经统计,深圳市建市以来 30 年(1980—2010 年)中共发生洪、涝、潮灾害 28 次,平均每年 1 次,据不完全统计,累计造成经济损失 43.71 亿元,死亡 115 人。茅洲河流域 1980~2010 年洪灾统计见表 9.1-1。影响较大的几场灾害简述如下:

有关资料显示,1981 年 7 月 20 日,茅洲河下游发生大洪水,松岗镇水深约 1 m,被淹农田 10 万亩,毁坏房屋 910 间,造成直接经济损失 400 余万元;1987 年,上游降大暴雨,光明、公明、松岗、沙井等地被淹,溃堤 12 处,造成直接经济损失 6 300 万元;1989 年流域中上游普降大雨,受灾农田 3 万亩,造成直接经济损失 1.32 亿元。进入 20 世纪 90 年代后,几乎每年都会有不同程度的洪涝灾害发生,并且随着经济的发展,同等强度暴雨带来的经济损失越来越大,严重影响社会经济发展。

1987 年 5 月 20 日,茅洲河上游光明农场一带,8 h 内降雨 406 mm,石岩水库一带,5 h 内降雨 270 mm。暴雨强度大,造成山洪暴发,河流泛滥。光明农场和公明、松岗、沙井、福永、西乡等镇成为泽国。有 29 个村庄受淹,5 000 多间民屋进水,149 间房屋倒塌,2.4 万村民被洪水围困,浸坏家庭储粮稻谷 6 800 多担,受淹稻田、菜地 5.3 万多亩,鱼塘 1.9 万多亩。洪水造成 6 人死亡、16 人受伤。此外,洪水还摧毁许多道路、桥梁及水利工程。该场灾害造成宝安区西部地区直接经济损失 6 370 多万元。

2006 年 6 月 9 日凌晨始,全市普降暴雨,局部地区大暴雨。暴雨中心位于茅洲河流域的公明、石岩一带,日降雨量最大达 257 mm,松岗、沙井日降雨量 193.7 mm。暴雨造成沙井街道多处大面积内涝。据统计,宝安区 30 多个低洼区域及老屋村出现了较严重的内涝,100 多栋民房、厂房遭受 0.5~1.5 m 深的水淹,全区内涝面积约 20 km^2,最深积水有 1.5 m 以上,共转移受淹群众 2 000 多人。据不完全统计,这次暴雨造成直接经济损失 3 000 多万元。2006 年 6 月 16—17 日,东莞长安镇受第四号台风"碧利斯"的影响,茅洲河下游水位猛涨,达到历史最高水位。东宝河沿岸的涌头、霄边、锦厦、新民 4 个社区出现不同程度的内涝现象,其中受灾最严重的涌头社区受涝面积接近 3 万 m^2,平均水深约 2 m。

2006 年 7 月 15 日、16 日全市出现持续降雨,局部暴雨至特大暴雨。暴雨中心位于松岗沙井一带,从 16 日中午 12 时开始,罗田雨量站 6 h 降雨量 264 mm,日降雨量 309 mm,6 h 暴雨重现期超过 50 年一遇。这次暴雨造成松岗、沙井、公明等地 50 多处不同程度内涝。据不完全统计,宝安区受涝面积共计约 32.6 km²,直接经济损失 5 000 多万元。

表 9.1-1 茅洲河流域 1980~2010 年洪灾统计

发生时间 (年-月-日)	发生地点	降雨 (mm/h)	积水深 [m/(d·地点)]	经济损失 (亿元)	死亡人数 (个)
1981-07-20	松岗街道		1/(4·街道)		
1983-09-09	沙井、福永			0.05	7
1987-05-20	光明、公明、松岗、沙井等	光明:406/8 石岩:270/5		0.63	6
1989-05-20	沙井、松岗、公明等	特区:227~377 宝安:334~449	2/广深公路	1.3	1
1996-06-24	沙井、公明、松岗等	233/6		0.03	
1999-08-22	全市	468.8/49		1.5	7
2000-04-14	全市	307.0/41	1.5 0.8/0.5	0.51	6
2001-06-27	全市	249/34	龙岗区 16	0.3	
2001-07-06	西海堤	149.8~192.5/35			
2003-05-04	全市 36 个村、5 个居委会:13 处河堤	264/72	北环、107 国道等	1.2	2
2006-06-09	全市	沙井 193.7/24	0.5~13	0.3	
2006-07-16	公明、松岗、沙井	松岗 264/6	2.0/松岗	0.5	
2008-06-13	全市	石岩水库	2.5/石岩	12	8

2008 年 6 月 13—14 日,光明新区和松岗遭遇 100 年一遇暴雨袭击,光明新区一带日雨量最大达 427.3 mm。暴雨造成松岗街道、光明新区多处大面积受淹,松岗街道燕川段河水漫堤,新陂头水、东坑水等局部河段河水漫堤,多处道路交通中断,水浸面积达 70 km²,最大水深超过 3.2 m,71 间(株)房屋倒塌,8 处山体滑坡,1 处围墙倒塌,4 090 多亩菜地被淹,受灾群众达 32.5 万人,紧急转移群众 32 200 人,暴雨造成 1 人失踪、1 人死亡,直接经济损失超过 3 亿元。

9.2 治理工程现状

9.2.1 河道治理工程

根据深圳市水利普查成果汇编,茅洲河流域共有河流 59 条,河道长度 284.54 km,其中有防洪任务的河流 221.42 km,无防洪任务的河流 63.12 km。有防洪任务的河道目前已达标治理的河段长度为 77.40 km,占有防洪任务河道总长的 34.96%(44.02%)。河道治理情况统计见表 9.2-1。

表 9.2-1　河道治理情况统计　　　　　　　　　　　（单位:km）

河道长度	治理标准[重现期(a)]				小计
	200	100	50	20	
有防河任务的河道总长	13.02	18.27	85.71	104.42	221.42(125.52)
已达标治理长度		18.27	44.66	14.47	77.40(55.26)

注:括号中数字为2014年2月防洪潮规划修编报告中的数据,其中125.52为流域面积大于10 km²(含流域面积小于10 km²,穿越城区的重要河流)的河道长度。

经过多年河道治理工程及堤防除险加固工程建设,流域内河道行洪能力在逐步提高,以排为主河道防洪体系框架初步形成,具体河道治理情况如下:

(1)茅洲河干流从石岩河水库以下至塘下涌(深圳境内河段),综合治理工程正在实施,2015年主体工程基本完成,设计洪水标准为100年一遇;塘下涌至河口(界河段)综合治理工程已进入实施阶段,设计洪(潮)水标准为200年一遇。

(2)茅洲河支流:石岩河已完成了堤岸防洪治理工程,设计洪水标准为50年一遇;排涝河已进入实施阶段,设计洪水标准为50年一遇;沙井河、松岗河作为沙井泵站的集水系统,目前已进入实施阶段,设计洪水标准为20年一遇;鹅颈水综合治理工程已进入实施阶段,设计洪水标准为50年一遇;木墩河、东坑水、楼村水、新陂头水已完成了河流综合治理工程初步设计报告,设计洪水标准为50年一遇;其他从城区穿过的河段也进行了不同程度治理。

9.2.2　蓄滞洪工程

9.2.2.1　已建蓄滞洪工程

根据2010年《深圳水务统计手册》,已建水库工程控制汇水面积68.22 km²,总库容0.66亿 m³。

中型水库为石岩水库和罗田水库,其中,石岩水库总库容为3 198.8万 m³,正常库容为1 690.8万 m³,水库汇水面积44 km²,设计洪水标准为100年一遇,校核洪水标准为1 000年一遇;罗田水库总库容为2 845万 m³,正常库容为2 050万 m³,水库汇水面积20 km²,设计洪水标准为100年一遇,校核标准为2 000年一遇。

9.2.2.2　在建水库工程

根据城市供水的需求,目前正在兴建公明水库、扩建鹅颈水库。具体如下。

1.公明水库工程

公明水库位于茅洲河流域右岸支流新陂头水的上游,将现状的横江水库、石头湖水库、迳口水库、水车头水库合并后建设公明水库,公明水库的总库容为1.47亿 m³,设计洪水标准为100年一遇,校核洪水标准为5 000年一遇,坝址以上汇水面积11.77 km²。

2.鹅颈水库扩建工程

鹅颈水库位于茅洲河流域右岸支流鹅颈水上游,扩建前水库总库容为583万 m³,扩建后水库总库容为1 466.5万 m³,设计洪水标准为50年一遇,校核洪水标准为1 000年一遇,坝址以上汇水面积5.3 km²。

9.2.3　防潮工程

深圳西部沿海岸线位于宝安区境内,总长23.5 km,现状城市防潮工程体系已经形成,主要由西海堤和处于各河涌口的防潮闸承担,其防潮能力已达到防御100年一遇的海潮标准。

考虑西部海岸填涂利用规划——《大空港规划》正在进行中,土地利用的外边界将在现状西海堤的基础上外推1~5 km。未来城市防潮工程体系应在海岸滩涂土地开发利用的基础上逐步形成。因此,本次重点考虑茅洲河干流感潮河段的防潮问题,主要涉及河道堤防工程和防潮闸工程。

堤防及防潮闸现状情况如下:

(1)堤防防潮现状。干流堤防达标建设已开始实施,其防潮设计标准达到了200年一遇。

（2）防潮闸现状。现状防洪潮水闸共计 39 座,其中大型水闸 1 座、中型水库 2 座、小（1）型水闸 16 座、小（2）型水闸 20 座。

9.2.4 现状治理工程评价

《深圳市防洪（潮）规划》自 2002 年实施以来,在各级水务部门的努力下,规划提出的茅洲河流域内水库大部分建成,同时还实施了公明水库、鹅颈水库扩建工程,河流治理率达到 34.96%,海堤建设均达到了 100 年一遇的标准,茅洲河流域防洪（潮）治理体系基本形成,防灾减灾能力不断提高,为流域内经济、社会的可持续发展提供了重要的安全保障。

同时,2002 年以来,水务系统不断完善管理制度,防洪安全管理及响应机制成效显著,主要表现在涉河建设项目的行政审批制度完善、河道管理数字化系统建设、水文站网建设等方面。其中,涉河建设项目的行政审批制度完善,对保护河道、保障城市泄洪通道的通畅发挥了积极作用。

但是,深圳市作为滨海城市,易受风暴潮危害,极端天气常态化等复杂因素影响不断加剧,茅洲河流域洪、潮灾害极为频繁,随着城市经济的快速发展,也对防洪保安全提出了更高的要求。受自然条件、社会资源、时间周期等制约,城市防洪减灾能力的建设在一些地方相对滞后,问题较为突出的有新桥、沙浦西、塘下涌等片区。同时,亟须建立以流域为尺度的管理制度,通过智慧流域系统提升流域防灾减灾能力。

9.3 现状存在的主要问题

（1）外海高潮位对干支流洪水造成顶托,防洪潮紧张局面长期存在。

茅洲河宝安区干支流感潮河段有 41.02 km,其中干流感潮河道长 13.02 km,占感潮河道总长度的 31.7%;支流感潮河道长 28 km,占支流总长度的 68.3%。珠江口外海多年平均高潮位 1.21 m,实测高潮位达 3.30 m。河口感潮河段两岸建成区地面高程 2.6~3.6 m。区域暴雨遭遇外海潮位,河道内洪水受潮位顶托洪涝灾害频发。

（2）大部分河道防洪不达标。

近年来,茅洲河流域针对防洪排涝存在的问题,进行了一系列的整治工程。现状干流 31.29 km 河道中已有约 40% 达到了 100 年一遇的防洪标准,其他河段也陆续展开了达标建设工作。然而,从全流域来看,茅洲河流域有防洪任务的河流（或河段）有 221.42 km,目前已治理的河段长度仅为 77.40 km,占有防洪任务河道总长的 34.96%,支流已经达到规划防洪标准的河道长度占比不足四成。

（3）河道暗涵（渠）率高,淤积严重,导致过流能力减小。

茅洲河宝安境内段有 18 条支流,其中有暗涵（渠）的支流达到 11 条,占 61%,有些暗涵（渠）淤积严重,且清淤困难,防洪标准严重不达标。光明、石岩片区暗涵（渠）淤积情况也较为严重,过流断面不足,对防洪保安也构成威胁,加剧了洪涝灾害。

茅洲河流域各河道暗涵（渠）统计见表 9.3-1。

表 9.3-1 茅洲河流域各河道暗涵（渠）统计

序号	河流名称	河流长度（km）			比降（‰）
		河道总长	有防洪任务河段长	暗涵段长	
1	茅洲河	31.29	31.29		0.88
2	石岩河	10.32	10.32		4.03
3	牛牯斗水	2.34	2.34		27.41
4	石龙仔河	1.89		0.92	17.55
5	水田支流	1.79	1.79		
6	沙芋沥	3.40	0.78		44.23

续表 9.3-1

序号	河流名称	河流长度（km）			比降（‰）
		河道总长	有防洪任务河段长	暗涵段长	
7	樵窝坑（塘坑河）	3.80	1.30		62.72
8	龙眼水	3.69	1.89	0.66	60.31
9	田心水	2.28	2.28	1.33	25.06
10	上排水	2.98	1.28	1.28	24.16
11	上屋河	2.76	1.26	1.50	
12	天圳河	3.05	1.26	0.83	
13	王家庄河	0.77	0.77		
14	玉田河	3.26	3.26	0.20	6.81
15	鹅颈水	8.92	6.50		6.29
16	红坳水	2.53	1.10		
17	鹅颈水北支	4.83	2.23		
18	鹅颈水南支	3.07	3.07		
19	大凼水	4.47	1.93	0.30	7.48
20	东坑水	6.08	5.33		4.56
21	木墩河	5.81	5.81	1.21	3.97
22	楼村水	7.80	6.02	0.07	5.10
23	楼村水北支	3.10	3.10		
24	新陂头水	11.5	7.11		4.32
25	横江水	4.39	2.35		
26	石狗公水	4.56	3.82		
27	新陂头水北支	5.34	5.34		3.69
28	罗仔坑水	2.49	2.09		
29	新陂头水北二支	2.87	2.87		
30	新陂头水北三支	3.72	3.72		
31	西田水	5.14	2.32	2.32	10.5
32	西田水左支	5.27	1.65	0.82	
33	桂坑水	2.35	0.35		
34	白沙坑水	3.85	2.48	0.42	10.96
35	上下村排洪渠	6.34	4.43	1.22	1.12
36	合水口排洪渠	2.69	2.69	1.07	1.00
37	公明排洪渠	8.03	6.77	0.48	2.30
38	公明排洪渠南支	2.63	1.87		
39	罗田水	15.03	5.96		4.05
40	龟岭东水	4.00	2.87	1.37	10.16
41	老虎坑水	5.19	3.63		14.20
42	塘下涌	4.30	3.34		9.12
43	沙埔西排洪渠	2.37	2.37		8.00

续表 9.3-1

序号	河流名称	河流长度（km）			比降（‰）
		河道总长	有防洪任务河段长	暗涵段长	
44	沙埔北排洪渠	0.97	0.97		
45	洪桥头水	1.40	1.40		
46	沙井河	5.93	5.93	0.22	1.70
47	潭头河	4.60	4.60	0.63	5.80
48	潭头渠	5.25	2.8	2.69	2.00
49	东方七支渠	2.02	2.02	1.96	1.00
50	松岗河	9.86	8.54	1.02	2.92
51	道生围涌	2.23	2.23	1.81	1.00
52	共和涌	1.33	1.33		1.00
53	排涝河	3.57	3.57		1.23
54	新桥河	5.81	5.81		1.79
55	上寮河	7.20	7.20	1.58	3.78
56	万丰河	3.46	3.46	1.59	3.80
57	坐岗排洪渠	2.77	2.77	1.80	
58	石岩渠	3.02	3.02	1.91	0.83
59	衙边涌	2.83	2.83	0.49	0.80
	合计	284.54	221.42	31.70	

（4）河道过水面积变小影响排洪。

随着经济的迅速发展，城市开发建设规模不断扩大，城市用地填埋或人为侵占河道，使原来宽阔的河道水面变得窄小，致使水流不畅。一些水工建筑物如桥涵等过水面积小，洪峰过境时不利于排洪，壅水严重。加之人为垃圾的倾倒和水生植物的疯长，大大降低了河流的行洪能力。尤其是茅洲河干流（塘下涌至深圳段）等河道，两岸人为侵占河道严重，河道两岸房屋密集，河道内存在大量码头、沙场等违章建筑，干流河道卡口段的河宽仅为 50 m，严重影响行洪。

（5）巡河道路不通畅。

河道两岸尤其是支流，建筑物紧邻岸边密集排布，拆迁困难导致道路时有断头，不畅通，汛期抢险困难。茅洲河支流防洪通道不通畅现状如图 9.3-1 所示。

图 9.3-1　茅洲河支流防洪通道不通畅现状

（6）尾闾河段淤积严重，加剧防洪排涝的压力。

经分析，目前茅洲河尾闾河段淤积量约 480 万 m^3，淤积厚度最深处达 8 m 左右。由于河道逐年淤积，尾闾河段的比降放缓，使汛期洪水位壅高，加剧了中上游河段泄洪排涝的压力。

（7）部分河道挡墙建设年代久远，破损严重，墙脚有淘空现象。

行洪时易发生垮塌造成岸坡冲刷，危及岸上城区建筑物安全，需要尽快进行治理。如新桥河由于河道堤岸建设时间较久，新桥河下游出口至宝安大道箱涵出口段（桩号 0+000～0+212）、中心路箱涵入口至北环路箱涵出口段（桩号 0+838～0+962）、北环路箱涵入口至长流陂水库溢洪道终点段（桩号 1+062～5+868）等部分河段存在挡墙结构破损或高度不满足要求等情况。

（8）工程管理建设滞后，管理信息化水平亟待提高。

由于管理投入相对不足，目前茅洲河未建立专门的流域机构，随着河道综合整治工程、大型防洪排涝工程的陆续建成，以及防灾减灾能力要求的逐步提高，需要以流域为单元，开展更为专业化的流域综合管理。同时，因管理难度不断增大、管理任务日益增加，高效的信息化管理将是十分必要和迫切的。目前，受管理机制及资金的限制，难以大力发展基层水务信息化建设，信息化管理手段相对薄弱。

9.4　各河流防洪标准

9.4.1　城市防洪潮标准

根据《防洪标准》（GB 50201—2014），城市防洪区应根据政治、经济地位的重要性，常住人口或当量经济规模指标分为四个等级。城市防护区的防护等级和防洪标准应按表 9.4-1 确定。

表 9.4-1　城市防护区的防护等级和防洪标准

防护等级	重要性	常住人口 （万人）	当量经济规模 （万人）	防洪标准 ［重现期(a)］
I	特别重要	≥150	≥300	≥200
II	重要	<150,≥50	<300,≥100	200～100
III	比较重要	<50,≥20	<100,≥40	100～50
IV	一般	<20	<40	50～20

注：当量经济规模为城市防护区人均 GDP 指数与人口的乘积。人均 GDP 指数为城市防护区人均 GDP 与同期全国人均 GDP 的比值。

2015 年深圳市常住人口已达到 1 137.89 万人，当量经济规模达到 3 366 万人，从重要性、人口、经济规模分析，深圳市城市等级为 I 等，其防洪潮标准应≥200 年。同时，依据《珠江三角洲地区改革发展规划纲要》及《深圳市城市总体规划》对深圳市的总体定位和区域内河流、湖泊、海岸线的分布情况，确定深圳市市区防洪防潮能力应达到 200 年一遇。

9.4.2　茅洲河干支流防洪设计标准

在确定茅洲河干支流防洪设计标准时，应分析具体河流洪水威胁地区的地形条件及堤防、道路或其他地物的分隔作用，分别进行防护，具体河流防洪保护区的防洪标准应分别确定。参考《深圳市防洪潮规划修编及河道整治规划报告（2014—2020）》（简称《防洪潮报告》）以及目前已开展河流治理的相关技术资料，并根据具体河流保护区内的人口、经济发展状况及重要设施等实际情况确定茅洲河流域干流及各支流（主要河流共计 46 条）的防洪潮标准如下。

9.4.2.1　茅洲河干流（1 条）

防洪标准为 100 年一遇，下游感潮河段防潮标准为 200 年一遇。

9.4.2.2　一级支流（24 条）

1.宝安区（10 条）

罗田水：防洪标准为 50 年一遇。

龟岭东水:防洪标准为 50 年一遇。

老虎坑水:防洪标准为 50 年一遇。

塘下涌:防洪标准为 20 年一遇。

沙浦西排洪渠:干流、支流一、沙二排洪渠、沙浦北排洪渠的防洪标准为 20 年一遇,其他支流的防洪标准为 10 年一遇,

沙井河:防洪标准为 20 年一遇。

道生围涌:防洪标准为 20 年一遇。

共和村排洪渠:防洪标准为 20 年一遇。

排涝河:防洪标准为 50 年一遇。

衙边涌:防洪标准为 20 年一遇。

2.光明片区(13 条)

楼村水:防洪标准为 50 年一遇。

鹅颈水:防洪标准为 50 年一遇。

东坑水:防洪标准为 50 年一遇。

新陂头水:防洪标准为 50 年一遇。

西田水:防洪标准为 50 年一遇。

木墩河:防洪标准为 50 年一遇。

玉田河:防洪标准为 50 年一遇。

大凼水:防洪标准为 20 年一遇。

上下村排洪渠:防洪标准为 50 年一遇。

合水口排洪渠:防洪标准为 50 年一遇。

公明镇排洪渠:防洪标准为 50 年一遇。

白沙坑:防洪标准为 20 年一遇。

马田排洪渠:防洪标准为 20 年一遇。

3.石岩片区(1 条)

石岩河:防洪标准为 50 年一遇。

9.4.2.3　二级支流(21 条)

1.宝安片区(7 条)

潭头河:防洪标准为 20 年一遇。

潭头渠:干流河道及部分支流河道的防洪标准均为 20 年一遇。

东方七支渠:防洪标准为 20 年一遇。

松岗河:防洪标准为 20 年一遇。

新桥河:防洪标准为 50 年一遇。

上寮河:防洪标准为 20 年一遇。

石岩渠:防洪标准为 50 年一遇。

2.光明片区(5 条)

甲子塘排洪渠(鹅颈水南支):防洪标准为 20 年一遇。

楼村社区排洪渠:防洪标准为 20 年一遇。

莲塘排洪渠:防洪标准为 20 年一遇。

新陂头水北支:防洪标准为 20 年一遇。

新陂头水南支:防洪标准为 20 年一遇。

3.石岩片区(9 条)

沙芋沥:防洪标准为 20 年一遇。

樵窝坑:防洪标准为 20 年一遇。

龙眼水:防洪标准为20年一遇。

上排水:防洪标准为20年一遇。

田心水:防洪标准为20年一遇。

水田支流:防洪标准为20年一遇。

牛牯头水:防洪标准为20年一遇。

上屋河:防洪标准为20年一遇。

天圳河:防洪标准为20年一遇。

9.4.2.4 其他河流

其他河流防洪标准为20年一遇。

茅洲河流域主要河流保护区内人口、重要设施及设计标准见表9.4-2。

表 9.4-2　茅洲河流域主要河流保护区内人口、重要设施及设计标准

序号	河流名称	流域面积（km²）	人口（万人）			重要设施	设计洪水标准[重现期(a)]		
			2015年	2020年	2025年		02版规划	防洪潮报告	本次
1	茅洲河	344.23	72.40	85.71	101.47	光明中心、富士康工业园等	100	100	100
2	石岩河	44.71	8.98	9.35	9.73	石岩街道办、崇基工业园等	50	50	50
3	鹅颈水	22.28	2.48	5.6	12.64	华星光电	20	50	50
4	东坑水	10.03	1.91	3.5	6.42	东坑居委会等	20	50	50
5	木墩河	5.58	2.42	2.89	3.46	光明中心区	50	50	50
6	楼村水	11.39	3.57	4.2	4.94	楼村居委会、鑫博盛科技园区	20	(50)	(50)
7	新陂头水	46.37	2.66	3.15	3.74	公常路、新陂头工业园	20	(50)	(50)
8	新陂头水北支	21.94	2.00	2.37	2.81	新陂头工业园	20	20	20
9	西田水	12.5	0.17	0.19	0.21		20	(50)	(50)
10	罗田水	28.75	1.03	1.24	1.50	燕罗公路、惠明盈工业园、大华飞捷科技工业园	50	50	50
11	公明排洪渠	15.77	8.33	9.51	10.85	松明路、雪仙丽科技园	50	50	50
12	沙井河	28.11	12.52	15.01	17.99	福宝科技园	50	20	20
13	松岗河	14.78	8.09	9.75	11.75	松岗中心	50	20	20
14	排涝河	40.34	25.40	28.47	31.91	沙井街道、沙四达兴创业工业园、共和恒昌荣工业园	50	50	50
15	新桥河	17.52	5.45	6.11	6.85	广深公路	50	(50)	(50)

注:1.其他河流防洪设计标准为50~20年一遇。

2."设计洪水标准[重现期(a)]"一栏中带"()"的数值,为已经开展前期相关研究后而确定的标准,本次规划直接延用。

9.5　规划原则

9.5.1　总体规划原则

(1)全面规划、系统布局。对茅洲河流域范围内的河流进行全方位的规划,注重防洪与城市规划的衔接,系统考虑防洪潮体系的总体布局。

(2)因地制宜、确保安全。考虑河流周边的用地情况,选择适宜的防洪措施,在保障防洪安全的前提下,减少土地的占用。

（3）统筹考虑，横向工程相互匹配。布置防洪防潮工程的同时，注重考虑与排涝、水环境治理、景观等工程措施的衔接，做到和谐统一，安全美观。

（4）工程与非工程措施相结合。充分利用预警、调度、运行管理等非工程措施在防洪潮中的重要作用，配合工程措施，共同保障河道安全。

（5）建设与管理并重。避免出现"重建设、轻管理"的现象，既考虑防洪主体工程建成，也重视管理机构及管理措施的配套，为工程管理创造条件，确保工程长期发挥效益。

9.5.2　工程布局原则

（1）工程布局应符合城市防洪与《深圳市城市总体规划（2010—2010）》的要求，即满足区域防洪要求的前提下，与城市用地、交通网络及排水等规划相协调。

（2）防洪潮工程体系布局应充分利用已建工程，做好与以往工程建设项目的衔接，避免造成新的浪费或增加工程的实施难度。

（3）防洪潮工程体系布局应符合河道的自然属性，尽量不改变原有河势或水流方向，维持河道走向不变，不缩窄河道，在有用地的条件下，尽量拓宽河道，保证河道行洪断面，降低河道洪水位，为城市洪水顺利排放创造有利条件。

（4）防洪工程应与水环境治理工程及景观工程同时规划、相互协调。

9.6　防洪防潮工程体系规划

茅洲河流域受山地丘陵地貌及海洋气流的影响，汛期易发生暴雨或特大暴雨，洪涝灾害频繁，自2002 年版《深圳市防洪（潮）规划》实施以来，通过多年的防洪工程建设，流域内已基本形成了包含堤防、水库、蓄水湖为主的等防洪潮体系，发挥了一定的防洪效益，所以本次防洪潮体系规划主要是对现有防洪工程进行完善，进一步提高其防洪潮能力，为城市经济社会可持续发展提供安全保障。

由于流域内没有大规模建设新的调蓄水库的地形条件，而现状已建水库多以供水为开发目标，防洪库容相对较小，因此流域防洪潮工程体系仍应以充分利用或加大现有河网水系中各级河道的过洪能力，以排为主，使设计洪水安全下泄。

在深入调查现有防洪体系构成情况的基础上，结合今后城市防洪潮工程建设的需要，本次防洪潮工程体系按照"以排为主、蓄泄兼筹、防治结合"的方针，形成以"排、蓄、挡、分"为主的防洪潮工程布局。

排：通过对堤防、护岸进行新建加固、达标建设，对淤积严重的河段进行拓宽或清淤疏浚，以及对河道内阻水建筑物进行清理等综合治理措施，恢复或扩大河道泄洪能力，确保河道行洪安全。

蓄：通过加强病险水库除险加固、开辟蓄滞洪湖，起到削减洪峰的作用，使河道洪水不超过安全泄量。

挡：在堤防建设的同时，在河口保留或新建防潮闸，共同发挥挡潮作用。

分：对过流断面被严重侵占、拆迁拓挖难度较大的河段，通过修建隧道方案，对洪水进行分流，以满足行洪要求。

上述防洪防潮工程体系布局的主要内容有：

堤防 31.174 km，其中干流堤防 21.510 km、支流堤防 9.664 km。

护岸 301.979 km，其中一级支流护岸 175.237 km、二级支流护岸 126.472 km。

防洪水库小（2）型以上水库 25 座，按工程规模统计，中型水库 3 座、小（1）型 10 座、小（2）型 12 座。已建水库工程控制汇水面积 68.82 km²，总库容 2.099 亿 m³。

蓄洪湖工程 9 座，占地总面积共 114.2 万 m²，总库容 369.7 万 m³。

防潮闸 39 座，其中大型水闸 1 座、中型水库 2 座、小（1）型水闸 16 座、小（2）型水闸 20 座。

9.7　河道整治及堤岸规划

根据深圳市水利普查成果资料,茅洲河流域有防洪任务的河流 221.42 km,目前已达标治理的河段长度为 77.40 km,占有防洪任务河道长的 34.96%,已建堤防主要集中在茅洲河干流及下游一支流回水河段,现状堤防长度为 31.174 km,均为 1 级堤防。茅洲河流域现状堤防工程统计见表 9.7-1。

表 9.7-1　茅洲河流域现状堤防工程统计表

岸别	堤防名称	堤防型式	堤防级别	堤防长度(m)
右岸	光明新区段	土堤,土石混合堤	1 级	6 340
	宝安区段	土堤,土石混合堤	1 级	6 761.1
	小计			13 101.1
左岸	光明新区段	土堤,土石混合堤	1 级	2 443
	宝安区段	土堤,土石混合堤	1 级	15 630.4
	小计			18 073.4
合计				31 174.5

除堤防工程外,茅洲河流域已开展治理的河段,两岸基本上都是防冲护岸工程,各级河流的护岸工程总长度为 232.630 km,主要为混凝土、浆砌石重力挡墙形式。

9.7.1　防洪能力复核

9.7.1.1　设计堤顶高程

根据《堤防工程设计规范》(GB 50286—2013)等相关规范及标准,设计堤顶高程为设计洪水位加堤顶超高。超高按下式计算:

$$Y = R + e + A$$

式中　Y——堤顶超高,m;

　　　R、e——设计风浪爬高和风壅增水高度,m;

　　　A——安全加高,对于 4 级堤防,取 $A=0.6$ m。

1.风壅增水高度

根据《堤防工程设计规范》(GB 50286—2013)附录 C,e 值按下式计算:

$$e = \frac{KV^2F}{2gd}\cos\beta$$

式中　K——综合摩阻系数,按规范取 $K=3.6\times10^{-6}$;

　　　V——设计风速,m/s,采用汛期(6—9 月)最大风速多年平均值的 1.5 倍;

　　　F——由计算点逆风向量到对岸的距离,m,计算取平均河宽;

　　　d——水域的平均水深,m;

　　　β——风向与垂直于堤轴线的法线夹角,(°),取 45°;

　　　g——重力加速度。

2.设计波浪爬高 R_p

在边坡系数 $m=2.0$ 时,按下式计算:

$$R_p = \frac{K_\Delta K_V K_p}{\sqrt{1+m^2}}\sqrt{HL}$$

式中　K_Δ——斜坡的糙率及渗透性系数,按草皮护坡考虑,取 0.85;

K_p——爬高累积频率换算系数,按不允许越浪的堤防考虑,爬高累积频率取 2%;

K_v——经验系数,根据 $V/\sqrt{gd}$ 值按《堤防工程设计规范》(GB 50286—2013)附录 C 中的表 C.3.1-2 确定;

m——斜坡率,堤坡为 1:2,取 $m=2.0$;

$\overline{H}$——堤前波浪的平均波高,m;

L——堤前波浪的波长,m。

波高(H)、波长(L)和周期(T)等风浪要素按下式计算:

$$\frac{g\overline{H}}{V^2} = 0.13\text{th}\left[0.7\left(\frac{gd}{V^2}\right)^{0.7}\right]\text{th}\frac{0.001\,8\left(\frac{gF}{V^2}\right)^{0.45}}{0.13\text{th}\left[0.7\left(\frac{gd}{V^2}\right)^{0.7}\right]}$$

波长 L 根据 H、T 值查《堤防工程设计规范》(GB 50286—2013)附录 C 中表 C.1.3-2 求得。

3. 堤防工程的级别及安全加高值

堤防工程的级别及安全加高值见表 9.7-2。

表 9.7-2　堤防工程的级别及安全加高值

防洪标准[重现期(a)]		≥100	<100 且≥50	<50 且≥30	<30 且≥20	<20 且≥10
堤防工程的级别		1	2	3	4	5
安全加高值 (m)	不允许越浪的堤防工程	1.0	0.8	0.7	0.6	0.5
	允许越浪的堤防工程	0.5	0.4	0.4	0.3	0.3

茅洲河流域堤顶超高值计算成果见表 9.7-3。

表 9.7-3　茅洲河流域堤顶超高值计算成果　　　　　　　　　　　　　　　　（单位:m）

序号	河流名称	设计堤防超高
1	茅洲河干流	0.8、1.0、1.1、1.35
2	罗田水	0.5
3	龟岭东水	0.8
4	老虎坑水	0.5
5	塘下涌	0.5
6	沙浦西排洪渠	0.3
7	沙井河	0.5
8	道生围涌	0.5
9	共和村排洪渠	0.5
10	排涝河	0.5
11	衙边涌	0.5
12	潭头河	0.6
13	潭头渠	0.4
14	松岗河	0.6
15	新桥河	0.5

续表 9.7-3

序号	河流名称	设计堤防超高
16	上寮河	0.6
17	石岩渠	0.5
18	石岩河	1.1
19	沙芋沥	0.4
20	樵窝坑	0.4
21	龙眼水	0.4
22	水田支流	0.4
23	上排水	0.4
24	田心水	0.4
25	牛牯头水	0.4
26	上屋河	0.4
27	天圳河	0.4
28	松岗河	0.6
29	东方七支渠	0.5
30	玉田河	0.4
31	大凼水	0.5
32	上下村排洪渠	0.5
33	公明镇排洪渠	0.5
34	鹅颈水	0.5
35	东坑水	0.5
36	木墩河	0.5
37	楼村水	0.8
38	新陂头水	0.5
39	西田水	0.4
40	白沙坑	0.5
41	马田排洪渠	0.5
42	甲子塘排洪渠	0.5
43	楼村社区排洪渠	0.5
44	莲塘排洪渠	0.5

9.7.1.2　茅洲河干流防洪能力复核

由于目前茅洲河干流已开展了综合治理,石岩河水库以下至塘下涌(深圳境内河段)设计洪水标准为100年一遇,塘下涌至河口(界河段)设计洪(潮)水标准为200年一遇。从复核结果看,干流堤防基本达标,仅有2.551 km堤防存在欠高,欠高值为0.11~0.22 m,欠高河段桩号为8+818~11+429。茅洲河干流河道过洪能力复核成果见表9.7-4。

9.7.1.3　支流防洪能力复核

支流防洪标准为20~50年一遇。茅洲河一级、二级支流河道过洪能力复核成果见表9.7-5、表9.7-6。

从复核成果看,一级支流欠高堤段长度为56.141 km,其中欠高0.5 m以上的堤段长度为31.053 km;二级支流欠高堤段长度为52.048 km,其中欠高0.5 m以上的堤段长度为39.335 km。

各级支流左右岸堤岸防护工程欠高情况见表9.7-5和表9.7-6。

表 9.7-4　茅洲河干流河道过洪能力复核成果

桩号	累计河段长度(km)	设计水位(m) P=0.5%	设计水位(m) P=1%	设计水位(m)	超高(m)	设计堤顶高程(m)	现状堤岸顶高程(m) 左岸	现状堤岸顶高程(m) 右岸	欠高 左岸 欠高(m)	欠高 左岸 欠高长度(m)	欠高 左岸 欠高0.5m以上长度(m)	欠高 右岸 欠高(m)	欠高 右岸 欠高长度(m)	欠高 右岸 欠高0.5m以上长度(m)	说明
0+000		3.45	3.31	3.45	1.35	4.80	4.81	4.81							入海口
0+757	0.76	3.46	3.31	3.46	1.35	4.81	4.82	4.82							
1+536	1.54	3.49	3.32	3.49	1.35	4.84	4.84	4.84							
2+194	2.19	3.51	3.33	3.51	1.35	4.86	4.86	4.86							
2+889	2.89	3.52	3.33	3.52	1.35	4.87	4.92	4.92							排涝河口
3+246	3.25	3.54	3.34	3.54	1.35	4.89	5.00	5.00							
3+833	3.83	3.59	3.36	3.59	1.35	4.94	5.15	5.15							
4+452	4.45	3.64	3.38	3.64	1.35	4.99	5.38	5.38							沙井河口
4+798	4.80	3.76	3.40	3.76	1.00	4.76	5.01	5.01							
5+176	5.18	3.83	3.53	3.83	1.00	4.83	5.10	5.10							
5+815	5.82	3.91	3.74	3.91	1.00	4.91	5.34	5.34							
6+508	6.51	4.31	3.99	4.31	1.00	5.31	5.45	5.45							
6+926	6.93	4.52	4.12	4.52	1.00	5.52	5.68	5.68							大围
7+662	7.66	4.92	4.26	4.92	1.00	5.92	5.92	5.92							
8+217	8.22	5.07	4.50	5.07	1.00	6.07	6.09	6.09							
8+818	8.82	5.32	4.60	5.32	1.00	6.32	6.21	6.21	-0.11	630		-0.11	630		碧头
9+477	9.48	5.50	4.84	5.50	1.00	6.50	6.33	6.33	-0.17	613		-0.17	613		
10+044	10.04	5.74	5.00	5.74	1.00	6.74	6.52	6.52	-0.22	615		-0.22	615		
10+707	10.71	5.90	5.12	5.90	1.00	6.90	6.73	6.73	-0.17	332		-0.17	332		大禾花
11+429	11.43	6.08	5.46	6.08	1.00	7.08	6.89	6.89	-0.19	361		-0.19	361		
11+830	11.83	5.81		5.81	1.10	6.91	6.91	6.91							塘下涌汇入口

续表 9.7-4

桩号	累计河段长度（km）	设计水位（m）P=0.5%	设计水位（m）P=1%	设计水位（m）	超高（m）	设计提顶高程（m）	现状提岸顶高程（m）左岸	现状提岸顶高程（m）右岸	欠高-左岸-欠高（m）	欠高-左岸-欠高长度（m）	欠高-左岸-欠高0.5m以上长度（m）	欠高-右岸-欠高（m）	欠高-右岸-欠高长度（m）	欠高-右岸-欠高0.5m以上长度（m）	说明
12+030	12.03		5.84	5.84	1.10	6.94	6.94	6.94							
12+530	12.53		5.92	5.92	1.10	7.02	7.02	7.02							
12+730	12.73		6.00	6.00	1.10	7.10	7.10	7.10							工业区桥
12+820	12.82		6.06	6.06	1.10	7.16	7.16	7.16							107国道桥
13+130	13.13		6.07	6.07	1.10	7.17	7.17	7.17							
13+730	13.73		6.14	6.14	1.10	7.24	7.24	7.24							洋涌河水闸
14+530	14.53		6.17	6.17	1.10	7.27	7.27	7.27							老虎坑水
14+630	14.63		6.18	6.18	1.10	7.28	7.28	7.28							龟岭东水
14+805	14.81		6.36	6.36	1.10	7.46	7.46	7.46							燕川桥
15+230	15.23		6.37	6.37	1.10	7.47	7.47	7.47							
15+830	15.83		6.40	6.40	1.10	7.50	7.50	7.50							公明排洪渠
16+330	16.33		6.45	6.45	1.10	7.55	7.55	7.55							罗田水
16+430	16.43		6.47	6.47	1.10	7.57	7.57	7.57							合水口
16+830	16.83		6.54	6.54	1.10	7.64	7.64	7.64							上下村渠
17+330	17.33		6.62	6.62	1.10	7.72	7.72	7.72							
17+830	17.83		6.73	6.73	1.10	7.83	7.83	7.83							南光高速
17+930	17.93		6.75	6.75	0.80	7.55	7.55	7.55							白沙坑水
18+430	18.43		6.94	6.94	0.80	7.74	7.74	7.74							李松朗桥
18+715	18.72		7.10	7.10	0.80	7.90	7.91	7.90							
19+130	19.13		7.19	7.19	0.80	7.99	7.99	7.99							
19+730	19.73		7.45	7.45	0.80	8.25	8.71	8.64							西田水汇入口
19+810	19.81		7.56	7.56	0.80	8.36	9.10	9.05							西田桥
20+330	20.33		7.78	7.78	0.80	8.58	9.14	8.65							

续表 9.7-4

桩号	累计河段长度(km)	设计水位(m) P=0.5%	设计水位(m) P=1%	设计水位(m)	超高(m)	设计堤顶高程(m)	现状堤岸顶高程(m) 左岸	现状堤岸顶高程(m) 右岸	欠高 左岸 欠高(m)	欠高 左岸 欠高长度(m)	欠高 左岸 欠高0.5 m以上长度(m)	欠高 右岸 欠高(m)	欠高 右岸 欠高长度(m)	欠高 右岸 欠高0.5 m以上长度(m)	说明
21+030	21.03	8.21	8.21	8.21	0.80	9.01	10.37	9.98							新陂头水汇入口
21+730	21.73	8.72	8.72	8.72	0.80	9.52	11.51	9.56							公常公路桥
22+165	22.17	9.12	9.12	9.12	0.80	9.92	11.37	10.58							楼村水汇入口
22+330	22.33	9.26	9.26	9.26	0.80	10.06	11.43	11.02							楼村桥
22+355	22.36	9.41	9.41	9.41	0.80	10.21	11.16	10.64							
22+830	22.83	9.64	9.64	9.64	0.80	10.44	11.32	11.32							木墩河汇入口
23+230	23.23	9.94	9.94	9.94	0.80	10.74	12.34	11.23							民众学校桥
23+710	23.71	10.18	10.18	10.18	0.80	10.98	12.28	11.92							沙河桥
24+160	24.16	10.57	10.57	10.57	0.80	11.37	12.50	12.95							
24+630	24.63	10.85	10.85	10.85	0.80	11.65	12.90	12.79							东坑桥
25+095	25.10	11.27	11.27	11.27	0.80	12.07	12.37	12.07							
25+530	25.53	11.59	11.59	11.59	0.80	12.39	12.39	12.48							上坡桥
26+225	26.23	12.56	12.56	12.56	0.80	13.36	13.67	13.51							鹅颈水汇入口
26+330	26.33	12.74	12.74	12.74	0.80	13.54	13.54	13.54							
26+830	26.83	13.61	13.61	13.61	0.80	14.41	14.41	14.41							塘明公路桥
27+255	27.26	14.50	14.50	14.50	0.80	15.30	17.17	17.12							甲子塘桥
27+465	27.47	14.92	14.92	14.92	0.80	15.72	16.23	16.32							
28+030	28.03	15.97	15.97	15.97	0.80	16.77	16.77	16.91							光祈路桥
28+530	28.53	16.88	16.88	16.88	0.80	17.68	17.93	18.50							长圳桥
29+150	29.15	18.35	18.35	18.35	0.80	19.15	19.62	20.87							涵桥 GS2#
29+675	29.68	19.59	19.59	19.59	0.80	20.39	21.49	21.82							
30+155	30.16	21.12	21.12	21.12	0.80	21.92	22.23	23.17							
30+688	30.69	22.57	22.57	22.57	0.80	23.37	25.50	24.74							
欠高堤段长度小计										2 551			2 551		

表 9.7-5 茅洲河一级支流河道过洪能力复核成果

序号	河名	桩号	累计河段长度（km）	设计水位（m）		设计水位（m）	超高（m）	设计堤顶高程（m）	现状堤岸顶高程（m）		欠高						说明
				P=2%	P=5%				左岸	右岸	左岸			右岸			
											欠高（m）	欠高长度（m）	欠高0.5m以上长度（m）	欠高（m）	欠高长度（m）	欠高0.5m以上长度（m）	
1	石岩河	0+000		38.34	37.65	38.34	1.1	39.44	40.02	40.01							汇入石岩水库
		0+169	0.169	38.51	37.82	38.51	1.1	39.61	40.05	40.05							松自大桥
		0+819	0.819	39.81	38.92	39.81	1.1	40.91	40.60	40.60	-0.31	428		-0.31	428		老街桥
		1+025	1.025	40.37	39.48	40.37	1.1	41.47	41.79	41.17				-0.30	312		石岩大桥
		1+442	1.442	41.57	40.68	41.57	1.1	42.67	42.40	42.37	-0.27	268		-0.30	268		罗祖水汇入口
		1+561	1.561	41.91	41.02	41.91	1.1	43.01	42.91	42.90	-0.10	334		-0.11	334		田心水汇入口
		2+110	2.110	44.09	43.33	44.09	1.1	45.19	44.80	44.80	-0.39	527		-0.39	527		
		2+614	2.614	45.94	45.11	45.94	1.1	47.04	46.41	46.35	-0.63	508	508	-0.69	508	508	
		3+126	3.126	48.78	47.99	48.78	1.1	49.88	49.30	48.47	-0.58	451	451	-1.41	451	451	三祝里南桥
		3+516	3.516	50.13	49.34	50.13	1.1	51.23	50.85	51.46	-0.38	314					三祝里桥
		3+753	3.753	50.42	49.71	50.42	1.1	51.52	51.00	51.00	-0.52	286	286	-0.52	286	286	恰和纸厂桥
		4+088	4.088	52.10	51.31	52.10	1.1	53.20	50.70	52.94	-2.50	271	271	-0.26	271		恰和纸厂东桥
		4+295	4.295	52.99	52.20	52.99	1.1	54.09	54.00	53.50	-0.09	258		-0.59	258	258	水田村桥
		4+604	4.604	53.26	52.64	53.26	1.1	54.36	54.80	54.40							
		4+872	4.872	54.80	54.10	54.80	1.1	55.90	55.30	55.30	-0.60	193	193	-0.60	193	193	沙芓沥支流汇入口
		4+989	4.989	55.29	54.59	55.29	1.1	56.39	55.53	55.52	-0.86	317	317	-0.87	317	317	石龙仔路桥
		5+505	5.505	58.50	58.05	58.50	1.1	59.60	62.70	57.07				-2.53	551	551	
		6+090	6.090	62.30	61.86	62.30	1.1	63.40	68.45	60.02				-3.38	422	422	
		6+349	6.349	64.95	64.54	64.95	1.1	66.05	72.10	68.94							终点
欠高堤段长度小计												4 155	2 026		5 126	2 986	

续表 9.7-5

序号	河名	桩号	累计河段长度(km)	设计水位 P=2%(m)	设计水位 P=5%(m)	设计水位(m)	超高(m)	设计堤顶高程(m)	现状堤岸顶高程 左岸(m)	现状堤岸顶高程 右岸(m)	欠高 左岸 欠高(m)	欠高 左岸 欠高长度(m)	欠高 左岸 欠高0.5m以上长度(m)	欠高 右岸 欠高(m)	欠高 右岸 欠高长度(m)	欠高 右岸 欠高0.5m以上长度(m)	说明
2	罗田水	0+000		6.00	5.40	6.00	0.5	6.50	6.60	6.60							河口
		0+386	0.386	6.22	5.62	6.22	0.5	6.72	6.40	6.40	-0.32	349		-0.32	349		
		0+698	0.698	6.32	5.71	6.32	0.5	6.82	6.08	6.07	-0.74	287	287	-0.75	287	287	
		0+959	0.959	6.47	5.84	6.47	0.5	6.97	6.44	6.44	-0.53	215	215	-0.53	215	215	
		1+128	1.128	6.60	5.96	6.60	0.5	7.10	6.20	6.50	-0.90	277	277	-0.60	277	277	
		1+513	1.513	6.74	6.11	6.74	0.5	7.24	6.72	6.70	-0.52	407	407	-0.54	407	407	塘下涌大道
		1+942	1.942	7.10	6.50	7.10	0.5	7.60	5.72	5.65	-1.88	520	520	-1.95	520	520	
		2+552	2.552	8.63	8.09	8.63	0.5	9.13	7.39	7.26	-1.74	551	551	-1.87	551	551	朝阳路
		3+044	3.044	10.80	9.92	10.80	0.5	11.30	13.10	13.06							
		3+492	3.492	11.22	10.39	11.22	0.5	11.72	13.40	13.22							
		4+271	4.271	12.91	12.17	12.91	0.5	13.41	12.81	13.02	-0.60	523	523	-0.39	523		深圳佳华精密仪器设备厂
		4+538	4.538	13.28	12.56	13.28	0.5	13.78	14.30	14.32							
		4+758	4.758	13.48	12.74	13.48	0.5	13.98	12.41	12.27	-1.57	110	110	-1.71	110	110	1#蓄洪潮下游
		欠高堤段长度小计										3 239	2 890		3 239	2 367	
3	龟岭东水	0+000		6.06	5.50	6.06	0.8	6.86	4.12	4.58	-2.74	200	200	-2.28	200	200	
		0+400	0.400	6.42	5.82	6.42	0.8	7.22	4.32	4.53	-2.90	445	445	-2.69	445	445	
		0+890	0.890	7.33	6.72	7.33	0.8	8.13	4.79	4.79	-3.34	403	403	-3.34	403	403	
		1+205	1.205	8.95	8.32	8.95	0.8	9.75	6.03	6.22	-3.72	373	373	-3.53	373	373	
		1+635	1.635	11.09	10.45	11.09	0.8	11.89	7.97	7.97	-3.92	400	400	-3.92	400	400	
		2+005	2.005	13.52	12.89	13.52	0.8	14.32	14.29	14.29	-0.03	185		-0.03	185		
		欠高堤段长度小计										2 006	1 821		2 006	1 821	

续表 9.7-5

序号	河名	桩号	累计河段长度(km)	设计水位(m) P=2%	设计水位(m) P=5%	设计水位(m)	超高(m)	设计堤顶高程(m)	现状堤岸顶高程(m) 左岸	现状堤岸顶高程(m) 右岸	欠高 左岸 欠高(m)	左岸 欠高长度(m)	左岸 欠高0.5m以上长度(m)	右岸 欠高(m)	右岸 欠高长度(m)	右岸 欠高0.5m以上长度(m)	说明
4	老虎坑水	0+000		5.75	5.17	5.75	0.5	6.25	6.50	6.50							
		0+890	0.890	6.06	5.50	6.06	0.5	6.56	7.23	7.23							
		1+230	1.230	6.14	5.58	6.14	0.5	6.64	10.20	10.20							
		2+282	2.282	6.62	6.06	6.62	0.5	7.12	10.58	10.58							
		3+382	3.382	7.10	6.54	7.10	0.5	7.60	11.00	11.00							
		欠高堤段长度小计															
5	塘下涌	0+000	0.500	5.40	4.84	4.84	0.5	5.34	3.15	3.15	-2.19	250	250	-2.19	250	250	河口
		0+500	0.774	5.47	4.85	4.85	0.5	5.35	5.74	5.74							
		0+774	1.000	5.72	4.87	4.87	0.5	5.37	3.91	3.91	-1.46	250	250	-1.46	250	250	广深公路
		1+000	1.500	5.82	4.89	4.89	0.5	5.39	4.81	4.81	-0.58	363	363	-0.58	363	363	
		1+500	2.000	6.04	5.05	5.05	0.5	5.55	4.40	4.40	-1.15	500	500	-1.15	500	500	
		2+000	2.296	6.92	6.01	6.01	0.5	6.51	4.52	4.52	-1.99	398	398	-1.99	398	398	德政路下游
		2+296	2.903	7.03	6.08	6.08	0.5	6.58	4.52	4.52	-2.06	452	452	-2.06	452	452	
		2+903	3.500	7.62	6.65	6.65	0.5	7.15	8.13	8.13							
		3+500	3.731	13.01	12.35	12.35	0.5	12.85	17.00	17.00							鸿润路
		3+731		19.73	19.03	19.03	0.5	19.53	22.00	22.00							
		欠高堤段长度小计										2 213	2 213		2 213	2 213	

续表 9.7-5

序号	河名	桩号	累计河段长度(km)	设计水位(m) P=2%	设计水位(m) P=5%	设计水位(m)	超高(m)	设计堤顶高程(m)	现状堤岸顶高程(m) 左岸	现状堤岸顶高程(m) 右岸	欠高 左岸 欠高(m)	欠高 左岸 欠高长度(m)	欠高 左岸 欠高0.5m以上长度(m)	欠高 右岸 欠高(m)	欠高 右岸 欠高长度(m)	欠高 右岸 欠高0.5m以上长度(m)	说明
6	沙埔北排洪渠	0+000			1.84	1.84	0.3	2.14	2.03	2.03	-0.11	203		-0.11	203		
		0+405	0.405		2.10	2.10	0.3	2.40	3.04	3.04							
		0+511	0.511		2.12	2.12	0.3	2.42	2.22	2.22	-0.20	205		-0.20	205		
		0+815	0.815		2.33	2.33	0.3	2.63	2.33	2.33	-0.30	152		-0.30	152		
		欠高堤段长度小计										560			560		
7	沙井河	0+000		3.29	3.07	3.07	0.5	3.57	4.60	4.60							防浪墙高程,河道比降1/10 000
		3+160	3.160	3.31	3.09	3.09	0.5	3.59	4.60	4.60							
		5+380	5.380	3.32	3.10	3.10	0.5	3.60	4.60	4.60							
		6+243	6.243	3.33	3.11	3.11	0.5	3.61	4.60	4.60							
		欠高堤段长度小计															
8	道生围涌	0+000			1.60	1.60	0.5	2.10	3.10	3.10							
		0+463	0.463		1.63	1.63	0.5	2.13	3.24	3.26							
		1+275	1.275		1.72	1.72	0.5	2.22	3.19	3.25							
		1+727	1.727		1.97	1.97	0.5	2.47	2.42	3.02	-0.05	299					
		1+873	1.873		2.03	2.03	0.5	2.53	3.83	3.49							
		1+978	1.978		2.03	2.03	0.5	2.53	3.27	3.29							
		欠高堤段长度小计										299					

续表 9.7-5

序号	河名	桩号	累计河段长度（km）	设计水位（m）P=2%	设计水位（m）P=5%	设计水位（m）	超高（m）	设计堤顶高程（m）	现状堤岸顶高程（m）左岸	现状堤岸顶高程（m）右岸	欠高 左岸 欠高（m）	欠高 左岸 欠高长度（m）	欠高 左岸 欠高0.5m以上长度（m）	欠高 右岸 欠高（m）	欠高 右岸 欠高长度（m）	欠高 右岸 欠高0.5m以上长度（m）	说明
9	共和涌	0+000	0		0.50	0.50	0.5	1.00	1.44	1.44							
		0+300	0.300		0.60	0.60	0.5	1.10	2.06	2.06							
		0+600	0.600		0.74	0.74	0.5	1.24	1.61	1.61							
		0+900	0.900		1.06	1.06	0.5	1.56	1.75	1.75							
		0+994	0.994		1.27	1.27	0.5	1.77	2.01	2.01							
		欠高堤段长度小计															
10	排涝河	0+000	0	3.21	3.01	3.21	0.5	3.71	4.10	3.90							排涝河河口
		1+200	1.200	3.31	3.07	3.31	0.5	3.81	3.90	4.12							西环路桥
		1+964	1.964	3.58	3.29	3.58	0.5	4.08	2.81	3.50	-1.27	674	674	-0.58	674	674	共和大道桥
		2+547	2.547	3.80	3.46	3.80	0.5	4.30	3.06	2.48	-1.24	768	768	-1.82	768	768	步涌工业路桥
		3+500	3.500	4.10	3.72	4.10	0.5	4.60	4.30	4.48	-0.30	477		-0.12	477		岗头调节池
		欠高堤段长度小计										1918	1442		1919	1442	
11	衡边涌	0+000	0.040		0.89	0.89	0.5	1.39	3.75	3.46							
		0+040	0.040		0.90	0.90	0.5	1.40	3.70	3.50							
		1+070	1.070		1.88	1.88	0.5	2.38	2.53	2.53							
		1+560	1.560		2.02	2.02	0.5	2.52	2.70	2.83							
		2+012	2.012		2.08	2.08	0.5	2.58	2.45	2.84	-0.13	407					
		2+374	2.374		2.13	2.13	0.5	2.63	2.48	2.48	-0.15	331		-0.15	331		
		2+673	2.673		2.14	2.14	0.5	2.64	2.50	2.50	-0.14	150		-0.14	150		
		欠高堤段长度小计										888			481		

续表 9.7-5

序号	河名	桩号	累计河段长度 (km)	设计水位 (m) P=2%	设计水位 (m) P=5%	设计水位 (m)	超高 (m)	设计堤顶高程 (m)	现状堤岸顶高程 (m) 左岸	现状堤岸顶高程 (m) 右岸	欠高 左岸 欠高 (m)	欠高 左岸 欠高长度 (m)	欠高 左岸 欠高 0.5 m 以上长度 (m)	欠高 右岸 欠高 (m)	欠高 右岸 欠高长度 (m)	欠高 右岸 欠高 0.5 m 以上长度 (m)	说明
12	楼村水	0+000		8.67	8.26	8.67	0.5	9.17	11.26	10.17							河口
		0+500	0.500	9.06	8.79	9.06	0.5	9.56	9.50	10.71	-0.06	350					
		0+700	0.700	9.75	9.50	9.75	0.5	10.25	10.00	10.80	-0.25	250					民生路桥
		1+000	1.000	10.12	9.85	10.12	0.5	10.62	10.92	11.03							
		1+700	1.700	10.85	10.56	10.85	0.5	11.35	11.00	11.50	-0.35	675					
		2+350	2.350	11.61	11.32	11.61	0.5	12.11	13.50	11.00				-1.11	650	650	滞洪区入口
		3+000	3.000	13.04	12.81	13.04	0.5	13.54	20.38	11.47				-2.07	625	625	支流汇入口
		3+600	3.600	13.94	13.75	13.94	0.5	14.44	17.80	16.40							翠湖出口陡坡
		4+127	4.127	16.24	16.10	16.24	0.5	16.74	19.30	18.00							翠湖入口涵
		4+426	4.426	18.89	18.79	18.89	0.5	19.39	18.80	18.30	-0.59	337	337	-1.09	337	337	光侨路涵
		4+800	4.800	19.93	19.80	19.93	0.5	20.43	20.15	20.35	-0.28	384		-0.08	384		
		5+194	5.194	21.63	21.51	21.63	0.5	22.13	23.00	24.50							碧水路涵
		5+500	5.500	24.19	24.09	24.19	0.5	24.69	25.31	27.36							
		5+750	5.750	25.77	25.66	25.77	0.5	26.27	27.32	28.80							体育公园路涵
		欠高提段长度小计										1 996	337		1 996	1 612	
13	鹅颈水	0+000		12.68	12.35	12.68	0.5	13.18	13.00	13.00	-0.18	200		-0.18	200		河口
		0+400	0.400	13.47	12.98	13.47	0.5	13.97	13.53	13.53	-0.44	450		-0.44	450		
		0+900	0.900	14.08	13.65	14.08	0.5	14.58	14.26	14.26	-0.32	500		-0.32	500		
		1+400	1.400	15.46	14.97	15.46	0.5	15.96	15.43	15.42	-0.53	550	550	-0.54	550	550	塘明路桥下游
		2+000	2.000	16.61	16.26	16.61	0.5	17.11	17.91	18.37							

续表 9.7-5

序号	河名	桩号	累计河段长度(km)	设计水位 P=2%(m)	设计水位 P=5%(m)	设计水位(m)	超高(m)	设计堤顶高程(m)	现状堤岸顶高程 左岸(m)	现状堤岸顶高程 右岸(m)	左岸 欠高(m)	左岸 欠高长度(m)	左岸 欠高0.5m以上长度(m)	右岸 欠高(m)	右岸 欠高长度(m)	右岸 欠高0.5m以上长度(m)	说明
13	鹅颈水	2+650	2.650	18.26	17.94	18.26	0.5	18.76	19.20	21.57							
		3+000	3.000	19.75	19.52	19.75	0.5	20.25	19.96	19.96	-0.29	425		-0.29	425		
		3+500	3.500	23.06	22.85	23.06	0.5	23.56	20.96	20.96	-2.60	550	550	-2.60	550	550	
		4+100	4.100	24.70	24.44	24.70	0.5	25.2	24.34	24.34	-0.86	500	500	-0.86	500	500	
		4+500	4.500	27.82	27.66	27.82	0.5	28.32	28.25	28.68	-0.07	450					
		5+000	5.000	30.76	30.50	30.76	0.5	31.26	31.53	30.74				-0.52	550	550	
		5+600	5.600	33.75	33.58	33.75	0.5	34.25	35.42	35.93							河口
		欠高堤段长度小计										3 625	1 600		3 725	2 150	
14	东坑水	0+000		11.10	10.70	11.10	0.5	11.60	14.96	14.96							
		0+400	0.400	13.10	12.79	13.10	0.5	13.60	13.62	13.62							
		1+000	1.000	14.09	13.71	14.09	0.5	14.59	15.00	15.00							
		1+452	1.452	14.21	13.85	14.21	0.5	14.71	15.10	15.10							
		2+069	2.069	15.88	15.70	15.88	0.5	16.38	18.00	18.00							
		2+500	2.500	18.32	18.15	18.32	0.5	18.82	18.5	18.50	-0.32	453		-0.32	453		
		2+975	2.975	20.99	20.71	20.99	0.5	21.49	21.78	21.78							
		3+340	3.340	22.48	22.22	22.48	0.5	22.98	22.40	22.40	-0.58	363	363	-0.58	363	363	龙大高速
		3+700	3.700	23.97	23.89	23.97	0.5	24.47	箱涵	箱涵							唐明公路
		4+222	4.222	30.27	30.19	30.27	0.5	30.77	无	无							
		4+500	4.500	33.57	33.49	33.57	0.5	34.07	无	无							
		5+175	5.175	41.67	41.59	41.67	0.5	42.17	无	无							
		欠高堤段长度小计										816	363		816	363	

续表 9.7-5

序号	河名	桩号	累计河段长度(km)	设计水位(m) P=2%	设计水位(m) P=5%	设计水位(m)	超高(m)	设计堤顶高程(m)	现状堤岸顶高程(m) 左岸	现状堤岸顶高程(m) 右岸	欠高 左岸 欠高(m)	欠高 左岸 欠高长度(m)	欠高 左岸 欠高0.5m以上长度(m)	欠高 右岸 欠高(m)	欠高 右岸 欠高长度(m)	欠高 右岸 欠高0.5m以上长度(m)	说明
15	新陂头水	0+000		8.35	7.85	8.35	0.5	8.85	11.10	9.58							河口
		0+600	0.600	8.81	8.29	8.81	0.5	9.31	7.80	8.00	-1.51	500	500	-1.31	500	500	
		1+000	1.000	9.11	8.59	9.11	0.5	9.61	9.40	10.21	-0.21	400					
		1+400	1.400	9.41	8.88	9.41	0.5	9.91	10.00	11.60							
		1+811	1.811	9.72	9.18	9.72	0.5	10.22	10.08	10.00	-0.14	450		-0.22	450		北支汇入口
		2+300	2.300	10.10	9.55	10.10	0.5	10.60	12.00	14.00							
		2+700	2.700	10.72	10.16	10.72	0.5	11.22	14.00	14.20							
		3+000	3.000	11.30	11.05	11.30	0.5	11.80	15.33	15.82							
		3+500	3.500	11.97	11.71	11.97	0.5	12.47	11.80	10.93	-0.67	450	450	-1.54	450	450	
		3+900	3.900	12.45	12.17	12.45	0.5	12.95	12.40	12.00	-0.55	425	425	-0.95	425	425	
		4+349	4.349	12.98	12.70	12.98	0.5	13.48	13.60	14.20							南支汇入口
		4+800	4.800	13.34	13.05	13.34	0.5	13.84	15.70	16.00							
		5+200	5.200	16.54	16.30	16.54	0.5	17.04	17.50	17.80							
		5+600	5.600	18.84	18.60	18.84	0.5	19.34	20.50	20.30							
		5+900	5.900	21.44	21.20	21.44	0.5	21.94	24.00	23.80							
		6+300	6.300	22.24	22.00	22.24	0.5	22.74	24.20	24.30							
		6+900	6.900	25.93	25.76	25.93	0.5	26.43	26.50	27.50							
		7+387	7.387	29.41	29.24	29.41	0.5	29.91	30.10	30.00							
欠高堤段长度小计												2 225	1 375		1 825	1 375	

续表 9.7-5

序号	河名	桩号	累计河段长度 (km)	设计水位 (m) P=2%	设计水位 (m) P=5%	设计水位 (m)	超高 (m)	设计堤顶高程 (m)	现状堤岸顶高程 (m) 左岸	现状堤岸顶高程 (m) 右岸	欠高 左岸 欠高 (m)	左岸 欠高长度 (m)	左岸 欠高0.5 m以上长度 (m)	右岸 欠高 (m)	右岸 欠高长度 (m)	右岸 欠高0.5 m以上长度 (m)	说明
16	西田水	0+000	0.000	7.05	6.52	7.05	0.4	7.45	8.72	8.72							河口
		0+149	0.149	7.09	6.67	7.09	0.4	7.49	6.86	7.00	−0.63	205	205	−0.49	205		
		0+410	0.410	7.14	6.73	7.14	0.4	7.54	7.95	7.85							
		0+700	0.700	7.20	6.81	7.20	0.4	7.60	8.10	8.00							
		1+017	1.017	7.66	7.35	7.66	0.4	8.06	9.17	9.17							龙大高速
		1+324	1.324	8.10	7.78	8.10	0.4	8.50	9.72	9.82							
		1+711	1.711	8.35	8.06	8.35	0.4	8.75	9.00	9.60							
		1+980	1.980	8.51	8.23	8.51	0.4	8.91	9.98	9.98							
		2+275	2.275	8.67	8.40	8.67	0.4	9.07	10.22	10.70		205	205			205	溢洪道下游
	欠高堤段长度小计																
17	木墩河	0+000	0.000	9.51	9.08	9.51	0.5	10.01	11.10	11.10							河口
		0+500	0.500	10.80	10.00	10.80	0.8	11.60	11.45	11.45	−0.15	500		−0.15	500		龙大高速上游
		1+000	1.000	11.09	10.29	11.09	0.8	11.89	11.56	11.56	−0.33	500		−0.33	500		
		1+500	1.500	11.22	10.46	11.22	0.8	12.02	11.76	11.76	−0.26	550		−0.26	550		
		2+100	2.100	12.60	11.97	12.60	0.8	13.40	13.30	13.30	−0.10	500		−0.10	500		
		2+500	2.500	14.12	13.58	14.12	0.8	14.92	16.00	16.00							
		3+000	3.000	16.46	15.93	16.46	0.8	17.26	17.42	17.42							
		3+500	3.500	17.77	17.33	17.77	0.8	18.57	18.42	18.42	−0.15	500		−0.15	500		塘明公路
		4+000	4.000	19.87	19.51	19.87	0.8	20.67	20.72	20.72							
		4+500	4.500	22.62	22.21	22.62	0.8	23.42	23.59	23.59							

续表 9.7-5

序号	河名	桩号	累计河段长度(km)	设计水位(m) P=2%	设计水位(m) P=5%	设计水位(m)	超高(m)	设计堤顶高程(m)	现状堤岸顶高程(m) 左岸	现状堤岸顶高程(m) 右岸	欠高 左岸 欠高(m)	左岸 欠高长度(m)	左岸 欠高0.5m以上长度(m)	右岸 欠高(m)	右岸 欠高长度(m)	右岸 欠高0.5m以上长度(m)	说明
17	木墩河	5+000	5.000	24.25	23.95	24.25	0.8	25.05	27.20	27.20							
		5+500	5.500	27.90	27.67	27.90	0.8	28.70	29.03	29.03							
		5+770	5.770	32.12	31.91	32.12	0.8	32.92	34.78	34.78							水库溢洪道
		欠高堤段长度小计										2 550			2 550		
18	玉田河	0+000		15.63	15.45	15.63	0.4	16.03	16.18	16.40							河口
		0+276	0.276	16.79	16.44	16.79	0.4	17.19	19.50	19.50							松白路
		0+482	0.482	17.91	17.45	17.91	0.4	18.31	19.50	19.50							
		0+645	0.645	18.18	17.71	18.18	0.4	18.58	19.40	19.40							
		0+878	0.878	18.39	17.90	18.39	0.4	18.79	19.30	19.30							
		1+031	1.031	18.64	18.19	18.64	0.4	19.04	20.00	20.00							
		1+249	1.249	19.60	19.03	19.60	0.4	20.00	20.78	21.00							
		1+446	1.446	19.78	19.27	19.78	0.4	20.18	22.00	21.50							
		1+700	1.700	20.11	19.75	20.11	0.4	20.51	22.12	21.90							
		2+064	2.064	22.90	22.32	22.90	0.4	23.30	22.50	23.10	-0.80	255	255	-0.20	255		东江集团
		2+209	2.209	24.22	23.57	24.22	0.4	24.62	23.76	24.13	-0.86	209	209	-0.49	209		
		2+481	2.481	24.87	24.36	24.87	0.4	25.27	25.85	25.85							
		2+706	2.706	25.88	25.39	25.88	0.4	26.28	26.12	26.10	-0.16	113		-0.18	113		洲石公路
		欠高堤段长度小计										577	464		577	577	

续表 9.7-5

序号	河名	桩号	累计河段长度(km)	设计水位(m) P=2%	设计水位(m) P=5%	设计水位(m)	超高(m)	设计堤顶高程(m)	现状堤岸顶高程 左岸(m)	现状堤岸顶高程 右岸(m)	左岸 欠高(m)	左岸 欠高长度(m)	左岸 欠高0.5m以上长度(m)	右岸 欠高(m)	右岸 欠高长度(m)	右岸 欠高0.5m以上长度(m)	说明
19	大屻水	0+000		12.50	12.24	12.50	0.5	13.00	12.68	12.68	-0.32	25		-0.32	25		河口水闸
		0+050	0.050	12.52	12.25	12.52	0.5	13.02	13.00	13.00	-0.02	325		-0.02	325		北环箱涵
		0+650	0.650	13.38	13.05	13.38	0.5	13.88	17.00	17.00							
		1+185	1.185	15.92	15.44	15.92	0.5	16.42	18.50	18.50							
		欠高堤段长度小计										350			350		
20	上下村排洪渠	0+000		6.12	5.56	6.12	0.5	6.62	6.91	6.91							上下村泵站
		0+150	0.150	6.44	5.68	6.44	0.5	6.94	6.94	6.94							马田路
		0+300	0.300	6.45	5.70	6.45	0.5	6.95	6.95	6.95							人民路
		1+095	1.095	6.4	5.72	6.40	0.5	6.90	6.90	6.90							水滨路
		1+742	1.742	6.38	5.75	6.38	0.5	6.88	6.88	6.88							长春路
		2+150	2.150	6.39	5.79	6.39	0.5	6.89	6.89	6.89							曙光路
		2+530	2.530	6.33	5.85	6.33	0.5	6.83	6.83	7.20							红花路
		2+918	2.918	6.36	5.92	6.36	0.5	6.86	6.90	7.35							
		3+345	3.345	6.38	5.98	6.38	0.5	6.88	7.00	7.60							
		欠高堤段长度小计										350			350		
21	公明排洪渠	0+000		6.00	5.40	6.00	0.5	6.50	6.50	6.50							河口三岔口
		0+487	0.487	6.01	5.42	6.01	0.5	6.51	6.51	6.51							
		0+787	0.787	6.02	5.42	6.02	0.5	6.52	6.52	6.55							南光高速公路
		0+987	0.987	6.08	5.49	6.08	0.5	6.58	6.58	6.58							松白公路桥
		1+237	1.237	6.19	5.60	6.19	0.5	6.69	6.69	6.69							

续表 9.7-5

序号	河名	桩号	累计河段长度 (km)	设计水位 (m) P=2%	设计水位 (m) P=5%	设计水位 (m)	超高 (m)	设计堤顶高程 (m)	现状堤岸顶高程 (m) 左岸	现状堤岸顶高程 (m) 右岸	欠高 左岸 欠高 (m)	欠高 左岸 欠高长度 (m)	欠高 左岸 欠高 0.5 m 以上长度 (m)	欠高 右岸 欠高 (m)	欠高 右岸 欠高长度 (m)	欠高 右岸 欠高 0.5 m 以上长度 (m)	说明
21	公明排洪渠	1+687	1.687	6.41	5.83	6.41	0.5	6.91	6.91	6.91							
		2+187	2.187	6.89	6.46	6.89	0.5	7.39	7.39	7.39							
		2+637	2.637	7.51	7.09	7.51	0.5	8.01	8.01	8.01							
		2+937	2.937	8.11	7.77	8.11	0.5	8.61	8.61	8.61							
		3+137	3.137	8.41	8.05	8.41	0.5	8.91	8.91	8.91							
		3+437	3.437	8.78	8.41	8.78	0.5	9.28	9.28	9.28							
		3+887	3.887	9.35	9.01	9.35	0.5	9.85	9.85	9.85							
		4+187	4.187	9.44	9.11	9.44	0.5	9.94	10.34	10.34							公明南环大道下
		4+637	4.637	10.44	10.20	10.44	0.5	10.94	11.18	11.18							
		4+787	4.787	10.95	10.71	10.95	0.5	11.45	11.46	11.46							
	欠高堤段长度小计																
22	白沙坑水	0+000		6.36	5.81	5.81	0.5	6.31	6.20	6.20	-0.11	225		-0.11	225		
		0+450	0.450	6.79	6.21	6.21	0.5	6.71	8.02	8.02							
		1+283	1.283	7.03	6.53	6.53	0.5	7.03	13.10	13.10							
		2+500	2.500	7.85	7.35	7.35	0.5	7.85	14.55	14.55							
		3+850	3.850	8.75	8.25	8.25	0.5	8.75	23.60	23.60							
	欠高堤段长度小计											225			225		
23	马田排洪渠	0+000			2.00	2.00	0.5	2.50	2.05	2.05	-0.45	250		-0.45	250		
		0+500	0.500	2.15	2.15	2.15	0.5	2.65	3.46	3.46							
		1+000	1.000	2.30	2.30	2.30	0.5	2.80	4.96	4.96							
		1+950	1.950	2.59	2.59	2.59	0.5	3.09	9.46	9.46							
	欠高堤段长度小计											250			250		
一级支流欠高合计												28 088	14 730		28 053	16 323	

表 9.7-6　茅洲河二级支流河道过洪能力复核成果

序号	河名	桩号	累计河段长度(km)	设计水位(m) P=2%	设计水位(m) P=5%	设计水位(m)	超高(m)	设计堤顶高程(m)	现状堤岸顶高程(m) 左岸	现状堤岸顶高程(m) 右岸	欠高 左岸 欠高(m)	欠高 左岸 欠高长度(m)	欠高 左岸 欠高0.5 m以上长度(m)	欠高 右岸 欠高(m)	欠高 右岸 欠高长度(m)	欠高 右岸 欠高0.5 m以上长度(m)	说明
1	潭头河	0+000			3.74	3.74	0.60	4.34	4.42	4.19				-0.15	296		
		0+592	0.59		3.79	3.79	0.60	4.39	4.49	4.33				-0.06	481		
		0+961	0.96		3.88	3.88	0.60	4.48	3.97	2.87	-0.51	355	355	-1.61	355	355	1#桥上
		1+302	1.30		3.98	3.98	0.60	4.58	3.81	4.61	-0.77	381	381				2#桥上
		1+722	1.72		4.13	4.13	0.60	4.73	3.94	3.85	-0.79	277	277	-0.88	277	277	3#桥上
		1+856	1.86		4.16	4.16	0.60	4.76	3.80	3.90	-0.96	653	653	-0.86	653	653	4#桥上
		3+027	3.03		4.81	4.81	0.60	5.41	7.50	6.90							
		3+518	3.52		5.98	5.98	0.60	6.58	10.00	10.00							
		4+180	4.18		14.23	14.23	0.60	14.83	15.17	15.20							
		4+580	4.58		17.64	17.64	0.60	18.24	17.85	17.88	-0.39	200		-0.36	200		7#桥上
		欠高堤段长度小计										1 866	1 666		2 262	1 285	
2	潭头渠	0+000			1.96	1.96	0.40	2.36	2.85	2.85							
		0+618	0.62		2.13	2.13	0.40	2.53	3.17	3.16							
		1+175	1.18		2.39	2.39	0.40	2.79	3.20	3.20							
		1+857	1.86		3.26	3.26	0.40	3.66	3.89	3.92							
		1+993	1.99		3.67	3.67	0.40	4.07	3.60	3.65	-0.47	223		-0.42	223		
		2+303	2.30		4.14	4.14	0.40	4.54	3.91	3.91	-0.63	155	155	-0.63	155	155	
		欠高堤段长度小计										378	155		378	155	

续表 9.7-6

序号	河名	桩号	累计河段长度(km)	设计水位(m) P=2%	设计水位(m) P=5%	设计水位(m)	超高(m)	设计堤顶高程(m)	现状堤岸顶高程(m) 左岸	现状堤岸顶高程(m) 右岸	欠高 左岸 欠高(m)	欠高 左岸 欠高长度(m)	欠高 左岸 欠高0.5m以上长度(m)	欠高 右岸 欠高(m)	欠高 右岸 欠高长度(m)	欠高 右岸 欠高0.5m以上长度(m)	说明
3	东方七支渠	0+000			4.62	4.62	0.50	5.12	5.28	5.28							
		0+522	0.52		4.03	4.03	0.50	4.53	5.20	4.20				-0.33	497		
		0+994	0.99		3.65	3.65	0.50	4.15	4.47	4.52							107国道
		1+620	1.62		3.13	3.13	0.50	3.63	3.82	3.82							松裕路路箱涵
		2+400	2.40		2.89	2.89	0.50	3.39	3.27	3.27	-0.12	861		-0.12	861		厂深
		3+342	3.34		2.76	2.76	0.50	3.26	2.62	2.66	-0.64	471	471	-0.60	471	471	七支渠泵站
		欠高堤段长度小计										1 332	471		1 829	471	
4	松岗河	0+000			1.95	1.95	0.60	2.55	3.02	3.58							河口
		2+200	2.20		2.07	2.07	0.60	2.67	3.24	3.53							
		3+050	3.05		2.19	2.19	0.60	2.79	3.23	4.10							广深公路
		3+950	3.95		2.51	2.51	0.60	3.11	3.23	4.80							松柏公路
		4+550	4.55		4.58	4.58	0.60	5.18	5.23	5.45							松岗大道
		4+875	4.88		5.89	5.89	0.60	6.49	5.87	5.87	-0.62	531	531	-0.62	531	531	西水渠交汇处
		5+612	5.61		7.23	7.23	0.60	7.83	7.49	7.45	-0.34	659		-0.38	659		田园路
		6+192	6.19		8.97	8.97	0.60	9.57	8.56	8.30	-1.01	844	844	-1.27	844	844	
		7+300	7.30		12.52	12.52	0.60	13.12	13.92	13.56							东方大道
		8+510	8.51		18.10	18.10	0.60	18.70	13.94	13.94	-4.76	800	800	-4.76	800	800	根玉路
		8+900	8.90		23.20	23.20	0.60	23.80	14.68	14.68	-9.12	195	195	-9.12	195	195	
		欠高堤段长度小计										3 029	2 370		3 029	2 370	

续表 9.7-6

序号	河名	桩号	累计河段长度(km)	设计水位(m) P=2%	设计水位(m) P=5%	设计水位(m)	超高(m)	设计堤顶高程(m)	现状堤岸顶高程(m) 左岸	现状堤岸顶高程(m) 右岸	欠高 左岸 欠高(m)	欠高 左岸 欠高长度(m)	欠高 左岸 欠高0.5m以上长度(m)	欠高 右岸 欠高(m)	欠高 右岸 欠高长度(m)	欠高 右岸 欠高0.5m以上长度(m)	说明
5	新桥河	0+000			3.71	3.71	0.50	4.21	4.50	4.50							岗头调节池
		0+535	0.54		3.84	3.84	0.50	4.34	4.00	3.85	-0.34	510		-0.49	510		
		1+020	1.02		4.00	4.00	0.50	4.50	4.10	3.80	-0.40	498		-0.70	498	498	
		1+530	1.53		4.23	4.23	0.50	4.73	3.95	4.60	-0.78	490	490	-0.13	490		
		2+000	2.00		4.55	4.55	0.50	5.05	3.84	4.00	-1.21	485	485	-1.05	485	485	
		2+500	2.50		5.00	5.00	0.50	5.50	5.00	4.52	-0.50	500	500	-0.98	500	500	
		3+000	3.00		5.66	5.66	0.50	6.16	4.80	6.40	-1.36	518	518				
		3+535	3.54		5.79	5.79	0.50	6.29	6.70	6.51							
		4+020	4.02		5.92	5.92	0.50	6.42	7.45	7.55							
		4+525	4.53		6.09	6.09	0.50	6.59	7.55	7.68							
		5+030	5.03		6.30	6.30	0.50	6.80	8.45	8.03							
		5+500	5.50		7.06	7.06	0.50	7.56	10.03	10.78							
		6+000	6.00		10.21	10.21	0.50	10.71	11.90	11.96							
		6+050	6.05		10.27	10.27	0.50	10.77	12.05	12.05							
		6+100	6.10		10.33	10.33	0.50	10.83	11.30	10.91							
		6+145	6.15		14.57	14.57	0.50	15.07	15.45	15.75							
		6+194	6.19		23.92	23.92	0.50	24.42	25.30	25.66							接长流陂水库
		欠高堤段长度小计										3 001	1 993		2 483	1 483	

续表 9.7-6

序号	河名	桩号	累计河段长度(km)	设计水位(m) P=2%	设计水位(m) P=5%	设计水位(m)	超高(m)	设计堤顶高程(m)	现状堤岸顶高程(m) 左岸	现状堤岸顶高程(m) 右岸	欠高 左岸 欠高(m)	欠高 左岸 欠高长度(m)	欠高 左岸 欠高0.5m以上长度(m)	欠高 右岸 欠高(m)	欠高 右岸 欠高长度(m)	欠高 右岸 欠高0.5m以上长度(m)	说明
6	上寨河	0+000			3.71	3.71	0.50	4.21	3.44	3.46	-0.77	780	780	-0.75	780	780	岗头调节池
		1+560	1.56		4.61	4.61	0.50	5.11	4.28	4.05	-0.83	1102	1102	-1.06	1102	1102	箱涵口
		2+203	2.20		4.73	4.73	0.50	5.23	4.70	4.70	-0.53	676	676	-0.53	676	676	
		2+911	2.91		4.87	4.87	0.50	5.37	4.64	4.54	-0.73	660	660	-0.83	660	660	
		3+522	3.52		5.15	5.15	0.50	5.65	5.90	5.66							
		4+317	4.32		6.82	6.82	0.50	7.32	8.15	8.40							
		4+904	4.90		7.64	7.64	0.50	8.14	9.69	9.57							
		5+460	5.46		8.21	8.21	0.50	8.71	11.91	10.88							
		5+720	5.72		10.87	10.87	0.50	11.37	12.69	11.19				-0.18	242		
		5+943	5.94		11.03	11.03	0.50	11.53	11.83	15.02							
		6+206	6.21		17.71	17.71	0.50	18.21	17.55	17.55	-0.66	132	132	-0.66	132	132	
		欠高堤段长度小计										3350	3350		3592	3350	
7	甲子塘排洪渠	0+000			14.97	14.97	0.50	15.47	16.00	16.00							
		0+500	0.50		16.47	16.47	0.50	16.97	16.20	16.20	-0.77	500	500	-0.77	500	500	
		1+000	1.00		17.97	17.97	0.50	18.47	17.70	17.70	-0.77	500	500	-0.77	500	500	
		1+500	1.50		19.47	19.47	0.50	19.97	19.20	19.20	-0.77	500	500	-0.77	500	500	
		2+000	2.00		20.97	20.97	0.50	21.47	20.70	20.70	-0.77	500	500	-0.77	500	500	
		2+500	2.50		22.47	22.47	0.50	22.97	22.20	22.20	-0.77	535	535	-0.77	535	535	
		3+070	3.07		24.18	24.18	0.50	24.68	23.91	23.91	-0.77	285	285	-0.77	285	285	
		欠高堤段长度小计										2820	2820		2820	2820	

续表 9.7-6

序号	河名	桩号	累计河段长度(km)	设计水位(m) P=2%	设计水位(m) P=5%	设计水位(m)	超高(m)	设计堤顶高程(m)	现状堤岸顶高程(m) 左岸	现状堤岸顶高程(m) 右岸	欠高 左岸 欠高(m)	欠高 左岸 欠高长度(m)	欠高 左岸 欠高0.5 m以上长度(m)	欠高 右岸 欠高(m)	欠高 右岸 欠高长度(m)	欠高 右岸 欠高0.5 m以上长度(m)	说明
8	莲塘排洪渠(西田水左支)	0+000			8.02	8.02	0.50	8.52	7.76	7.76	-0.76	150	150	-0.76	150	150	
		0+300	0.30		8.32	8.32	0.50	8.82	8.06	8.06	-0.76	250	250	-0.76	250	250	
		0+500	0.50		8.52	8.52	0.50	9.02	8.26	8.26	-0.76	205	205	-0.76	205	205	
		0+710	0.71		8.73	8.73	0.50	9.23	8.47	8.47	-0.76	105	105	-0.76	105	105	
	欠高堤段长度小计											710	710		710	710	
9	新陂头水北支	0+000			12.07	12.07	0.50	12.57	10.50	8.64	-2.07	250	250	-3.93	250	250	
		0+500	0.50		12.28	12.28	0.50	12.78	11.21	9.90	-1.57	500	500	-2.88	500	500	
		1+000	1.00		12.74	12.74	0.50	13.24	12.50	12.57	-0.74	500	500	-0.67	500	500	
		1+500	1.50		13.02	13.02	0.50	13.52	12.37	9.65	-1.15	500	500	-3.87	500	500	
		2+000	2.00		13.19	13.19	0.50	13.69	11.00	11.40	-2.69	500	500	-2.29	500	500	
		2+500	2.50		13.46	13.46	0.50	13.96	13.00	11.33	-0.96	500	500	-2.63	500	500	
		3+000	3.00		16.46	16.46	0.50	16.96	15.50	14.80	-1.46	500	500	-2.16	500	500	
		3+500	3.50		16.79	16.79	0.50	17.29	15.40	15.62	-1.89	500	500	-1.67	500	500	
		4+000	4.00		17.01	17.01	0.50	17.51	16.70	14.00	-0.81	440	440	-3.51	440	440	
		4+380	4.38		17.16	17.16	0.50	17.66	16.80	14.88	-0.86	190	190	-2.78	190	190	
	欠高堤段长度小计											4 380	4 380		4 380	4 380	
10	沙羊沥	0+000			54.50	54.50	0.40	54.90	56.69	56.69							
		0+332	0.33		58.35	58.35	0.40	58.75	59.62	58.57				-0.18	337		
		0+674	0.67		60.71	60.71	0.40	61.11	62.21	64.11							
		0+906	0.91		63.59	63.59	0.40	63.99	64.05	63.45				-0.54	281	281	
		1+235	1.24		65.26	65.26	0.40	65.66	66.68	65.55				-0.11	165		
	欠高堤段长度小计														783	281	

续表 9.7-6

序号	河名	桩号	累计河段长度 (km)	设计水位 (m) P=2%	设计水位 (m) P=5%	设计水位 (m)	超高 (m)	设计堤顶高程 (m)	现状提岸顶高程 (m) 左岸	现状提岸顶高程 (m) 右岸	欠高 左岸 欠高 (m)	欠高 左岸 欠高长度 (m)	欠高 左岸 欠高0.5 m 以上长度 (m)	欠高 右岸 欠高 (m)	欠高 右岸 欠高长度 (m)	欠高 右岸 欠高0.5 m 以上长度 (m)	说明
11	樵窝坑	0+000			46.61	46.61	0.40	47.01	47.35	47.66							
		0+434	0.43		48.79	48.79	0.40	49.19	49.50	52.91							
		0+688	0.69		50.36	50.36	0.40	50.76	49.95	54.60	-0.81	205	205				
		0+843	0.84		50.56	50.56	0.40	50.96	51.50	53.12							
		0+940	0.94		52.35	52.35	0.40	52.75	53.35	51.86				-0.89	49	49	
		欠高堤段长度小计										205	205		49	49	
12	龙眼水	0+000			42.03	42.03	0.40	42.43	44.00	44.12							
		0+572	0.57		47.74	47.74	0.40	48.14	47.90	47.93	-0.24	493		-0.21	493		
		0+986	0.99		50.98	50.98	0.40	51.38	50.78	50.95	-0.60	369	369	-0.43	369	369	
		1+309	1.31		53.20	53.20	0.40	53.60	55.13	54.40							
		欠高堤段长度小计										862	369		862	369	
13	上排水	0+000			39.48	39.48	0.40	39.88	39.15	39.15	-0.73	250	250	-0.73	250	250	
		0+500	0.50		40.69	40.69	0.40	41.09	41.08	41.08	-0.01	500		-0.01	500		
		1+000	1.00		41.90	41.90	0.40	42.30	42.22	42.22	-0.08	500		-0.08	500		
		1+500	1.50		43.10	43.10	0.40	43.50	45.67	45.67							
		2+000	2.00		44.31	44.31	0.40	44.71	50.68	50.68							
		2+980	2.98		46.68	46.68	0.40	47.08	54.12	54.12							
		欠高堤段长度小计										1 250	250		1 250	250	

续表 9.7-6

序号	河名	桩号	累计河段长度(km)	设计水位(m) P=2%	设计水位(m) P=5%	设计水位(m)	超高(m)	设计堤顶高程(m)	现状堤岸顶高程(m) 左岸	现状堤岸顶高程(m) 右岸	欠高 左岸 欠高(m)	左岸 欠高长度(m)	左岸 欠高0.5m以上长度(m)	欠高 右岸 欠高(m)	右岸 欠高长度(m)	右岸 欠高0.5m以上长度(m)	说明
14	田心水	0+000			41.02	41.02		41.02	42.06	42.06							
		0+700	0.70		42.77	42.77	0.40	43.17	43.02	43.02	-0.15	475		-0.15	475		
		0+950	0.95		43.40	43.40	0.40	43.80	44.53	44.53							
		1+800	1.80		45.53	45.53	0.40	45.93	46.13	46.13							
		2+280	2.28		46.73	46.73	0.40	47.13	52.88	52.88							
	欠高堤段长度小计											475			475		
15	水田支流	0+000			52.64	52.64	0.40	53.04	55.41	55.41							
		0+500	0.50		54.39	54.39	0.40	54.79	60.00	60.00							
		1+000	1.00		56.14	56.14	0.40	56.54	58.00	58.00							
		1+790	1.79		58.91	58.91	0.40	59.31	70.00	70.00							
	欠高堤段长度小计																
16	牛牯斗水	0+000			58.91	58.91	0.40	59.31	60.75	60.75							
		0+500	0.50		60.28	60.28	0.40	60.68	62.00	62.00							
		1+000	1.00		61.65	61.65	0.40	62.05	63.50	63.50							
		1+500	1.50		63.02	63.02	0.40	63.42	65.00	65.00							
		2+000	2.00		64.39	64.39	0.40	64.79	77.00	77.00							
		2+340	2.34		65.32	65.32	0.40	65.72	78.00	78.00							
	欠高堤段长度小计																

续表 9.7-6

序号	河名	桩号	累计河段长度(km)	设计水位(m) P=2%	设计水位(m) P=5%	设计水位(m)	超高(m)	设计堤顶高程(m)	现状堤顶高程(m) 左岸	现状堤顶高程(m) 右岸	欠高 左岸 欠高(m)	欠高 左岸 欠高长度(m)	欠高 左岸 欠高0.5 m 以上长度(m)	欠高 右岸 欠高(m)	欠高 右岸 欠高长度(m)	欠高 右岸 欠高0.5 m 以上长度(m)	说明
17	上屋河	0+000			37.82	37.82	0.40	38.22	37.80	37.80	-0.42	250		-0.42	250		
		0+500	0.50		40.82	40.82	0.40	41.22	44.73	44.73							
		1+000	1.00		43.82	43.82	0.40	44.22	45.33	45.33							
		1+500	1.50		46.82	46.82	0.40	47.22	53.00	53.00							
		2+760	2.76		54.38	54.38	0.40	54.78	63.00	63.00							
		欠高堤段长度小计										250			250		
18	天圳河	0+000			40.05	40.05	0.40	40.45	42.00	42.00							
		0+500	0.50		41.05	41.05	0.40	41.45	40.00	40.00	-1.45	500	500	-1.45	500	500	
		1+000	1.00		42.05	42.05	0.40	42.45	41.60	41.60	-0.85	500	500	-0.85	500	500	
		1+500	1.50		42.75	42.75	0.40	43.15	41.80	41.80	-1.35	500	500	-1.35	500	500	
		2+000	2.00		43.25	43.25	0.40	43.65	44.00	44.00							
		2+600	2.60		44.05	44.05	0.40	44.45	48.00	48.00							
		欠高堤段长度小计										1 500	1 500		1 500	1 500	
二级支流欠高合计												25 403	20 235		26 646	19 100	

9.7.2　河道整治及堤岸建设安排

从防洪河道过洪能力复核结果看,目前茅洲河干流堤防已基本达到设计标准。因此,本次重点对现状标准不足的一、二级支流进行堤岸工程达标建设。为了便于施工,原则上对欠高在0.5 m以上的河段进行建设规划。

9.7.2.1　一级支流

1.石岩河

石岩河欠高堤岸长度为9 277 m,其中左岸4 153 m、右岸5 124 m;欠高在0.5 m以上堤岸长度为5 010 m,其中左岸2 025 m、右岸2 985 m。本次结合河道综合治理,对欠高河道进行达标建设,具体如下:

设计河道平面布置以现状人工或自然的河床为基础,顺应河势,河道形态宜弯则弯、宜宽则宽,在尽可能地保持河道原有的蜿蜒曲折的天然形态,较少改变其原河道走向前提下,考虑总体河道走向平顺进行适当微调。石岩水库截流闸—塘坑桥河段为已整理的石岩河河道整治一、二期河段,河道平面布置沿用现状河道平面布置。塘坑桥上游河段为未经整理河段,河道平面布置在尽量减少工程占地拆迁的基础上,河道形态宜宽则宽,平顺布置,治理后河道总长为6 437 m。

1)石岩水库截流闸—塘坑桥河段(0+000~3+121)

该河段长3 121 m,已完成一、二期防洪整治,本次设计维持现状河道平面走向,结合截污工程布置形成河内二级平台空间,丰富河流平面空间形态。

(1)石岩水库截流闸—老街幼儿园河段(0+000~0+630):河道长630 m,现状为复式断面,河底宽度为36~42 m,堤距宽度67 m,河道左、右两岸各设置6.5~8.0 m宽二级平台,河道行洪基本能满足50年一遇设计防洪标准,本次保留现状河道断面。桩号0+262处为松白公路桥,桥跨117 m、宽度34.5 m,本次也予以保留。

(2)老街幼儿园—石岩大道桥河段(0+630~1+813):河道长1 183 m,老街幼儿园至如意桥为梯形断面,现状河底宽16.8~18.0 m,堤距18.9~26.1 m,本次结合石岩河"一河两岸"景观提升工程对河道断面进行改造,两岸新建灌注桩挡墙,设计堤距为21~23 m;其中如意桥至石岩大道桥现状为复式断面,本次结合石岩河"一河两岸"景观提升工程对河道行洪断面进行拓宽,设计堤距为21~27 m。

(3)石岩大道侨—塘坑桥河段(1+813~3+126):河道长1 313 m,现状为矩形断面,河底宽13.1~23.5 m,堤距13.1~23.5 m。现状仅吉祥桥上游200 m河段,不满足50年一遇设计防洪标准,本次采用矩形断面,对河道适当拓宽,设计河底宽度取17.8~21 m,对壅水严重的吉祥桥下跌水(跌差2.0 m)进行拆除重建,重建后跌水跌差为1.0 m。

2)塘坑桥—朗田收费站河段(3+121~6+436.8)

该河段长3 315.8 m,是本次河道整治的重点,现状河道行洪能力不足,部分河道防洪不达标。本段河段呈"W"形,治理过程中尽可能地保持河段原有蜿蜒曲折的平面走向,保留桩号3+178~3+320、3+600~4+300、4+500~4+700、4+885~5+025、6+031~6+436.8等曲折的河湾段,对不满足防洪标准的河段结合两岸市政道路进行拓宽、挖深,设计河底宽10~19 m,堤距宽度10.0~24.6 m。

(1)塘坑桥—塘坑村统建楼段(3+121~3+421):河道长1 313 m,该段河道两岸保留现状直立重力挡墙,设计河道宽13 m。

(2)塘坑村统建楼—怡和纸厂河段(3+421~3+956):河道长830 m,现状为矩形断面,河底宽度为13.6~19.0 m,河道行洪能够满足50年一遇的设计防洪标准,河道断面保留现状。沿河有三祝里南桥(3+851)和三祝里桥(3+878)两处跨河建筑物,三祝里南桥跨度18.4 m、宽度11.5 m,三祝里桥跨度13.7 m,宽度10.5 m,两座桥梁均保留现状。

(3)怡和纸厂河段(3+956~4+420):河道长464 m,是瓶颈河段,现状河底宽度仅为7.0~9.0,左岸怡和纸厂现状高程为50.76~52.03 m,右岸宝石公路现状高程为52.7~53.9 m。同时受到怡和纸厂桥涵、怡和纸厂东桥涵的壅水影响,每逢暴雨,怡和纸厂一侧雨水受到河道内洪水的顶托,导致怡和纸厂产生内涝。本次河道规划对该瓶颈段进行拓宽,拓宽后设计河底宽度为 13.6~15.0 m。但由于受宝石东路、水田村及怡和纸厂现有河道断面及周边地形的限制,以不扰动宝石东路为原则,向怡和纸品厂侧拓宽,纸厂段拓宽至 14 m,河道断面采用梯形断面。

怡和纸厂—朗田收费站河段(4+420~6+436.8):河道长 2 016.8 m,现状河底宽度为 8~14 m,本次对宝石东路、石龙大道现状桥涵进行拆除重建。桩号 4+498~4+547、5+500~6+310 河段左岸受现状临河建筑物及山体影响,为了避免大面积拆迁及山体破坏,河道向右岸拓宽,拓宽宽度为 2.6~4.5 m,拓宽后设计河底宽度为 10~13.5 m;桩号 4+736~4+885、5+110~5+292 河段右岸受宝石东路及现状临河建筑物影响,河道向左岸拓宽,拓宽宽度为 3.4~6.0 m,拓宽后设计河底宽度为 10.3~15 m。

整治后河道平面布置参数见表 9.7-7。

表 9.7-7　河道平面布置参数　　　　　　　　　　　　　　(单位:m)

河段	设计河道桩号	河长	设计底宽	设计堤距	用地宽度
水库截流闸—老街幼儿园	0+000~0+630	630	36~42	67	76.8~80.5
老街幼儿园—吉祥桥	0+630~1+962	1 332	21~27	21~27	36.4~52.7
吉祥桥—塘坑桥	1+962~3+126	1 164	13.1~23.5	13.1~23.5	36.1~52.7
塘坑桥—怡和纸厂	3+126~3+956	830	13.6~19	13.6~19.0	44.3~49.7
怡和纸厂	3+956~4+420	464	13.6~15.0	24.6	29.6
怡和纸厂—朗田收费站	4+420~6+436.8	2 016.8	10~16.9	11.1~16.9	14.6~40

2. 罗田水

罗田水欠高堤岸长度为 6 476 m,其中左岸 3 238 m、右岸 3 238 m;欠高在 0.5 m 以上堤岸长度为 5 255 m,其中左岸 2 889 m、右岸 2 366 m。本次结合河道综合治理,对欠高河道进行达标建设,具体如下。

1)河口—燕川东路段(0+023.23~0+807.63)

该段河道现状河床宽约 12 m,两岸现状为挡墙,下部为浆砌石结构,上部为后期加高的混凝土防浪墙,高程不满足防洪要求,本次安排加高。经地质勘察及现场查勘分析,现状下部浆砌石墙结构较好,本次整治予以保留,上部防浪墙结构单薄且高度不够,拆除后新建钢筋混凝土悬壁式挡墙。

2)燕川东路—燕罗变电站段(0+807.63~1+724.82)

该段河道受两岸用地限制拟采用矩形断面,单侧拓宽河道至 12 m,拆除左岸现状浆砌石挡墙,重建 C25 混凝土重立式挡墙,墙高 5.43 m,右岸挡墙保留,顶部加设 1.43 m 高 C25 钢筋混凝土悬臂式挡墙至 6.495 m 高程。

3)燕罗变电站—朝阳路桥段(1+724.82~2+256.02)

该段属罗田水行洪瓶颈段,过流断面不足,本次对河道进行拓宽,右岸受南方电网电缆线影响无法拓宽,本次拟向左岸拓宽,河道断面采用矩形断面,宽 12 m,两岸重建 C25 混凝土重力式挡墙,左岸堤顶利用拆除重建的围墙进行挡水。

4)朝阳路桥—有余纸品厂段(2+256.02~2+988.27)

该段为罗田蓄洪湖段,河道断面形式采用复式断面,保留现状挡墙,对堤顶高程不满足要求的进行加高。

5)有余纸品厂—永昌工业园段(2+988.27~3+292.47)

该段河道现状断面可满足行洪要求,两岸浆砌石挡墙质量较好,本次予以保留。

6)永昌工业园段(3+292.47~3+455.92)

现状河道断面满足过洪要求,但两岸浆砌石挡墙破损开裂,部分墙脚淘空,存在安全隐患,需拆除重建,因两岸空间较小,无法放坡开挖,采用桩挂板护岸结构,河床宽约 9 m,两岸布设 DN1 200 冲孔灌注桩,间距 1.5 m。

7)永昌工业园—工业园桥段(3+455.92~4+223.68)

采用矩形断面,断面宽9.0 m,右岸受空间限制采用DN1 200冲孔灌注桩挂板护岸,左岸采用C30钢筋混凝土悬臂式挡墙结构。

8)工业园桥—变电站段(4+223.68~4+546.85)

该段两岸用地条件较好,拟采用复式断面,下部为矩形,宽9.56 m,两岸新建生态砌块挡墙,二级平台宽1.5 m,上部抗冲生物毯护坡,坡比1:1.5,上部开口宽20.6 m。

9)变电站—松山水闸段(4+546.85~4+754.06)

该段现状用地条件较好,拟采用梯形断面,底宽12 m,两岸采用石笼护坡,坡比1:1.5,上部开口宽19.40 m。

10)松山水闸—上游整治终点段(4+754.06~5+913.00)

(1)松山水闸—龙大高速段(4+754.06~5+019.79):该段为松山蓄洪湖段,河道断面形式采用复式断面,底宽20~38 m,左岸保留岸墙,右岸采用1:3石笼护坡500 mm厚,平台宽3 m,上部坡面1:2.0,上部开口宽依现状湖面宽度调整变化。

(2)龙大高速—罗田水库溢洪道出口段(5+019.79~5+465.74):该段维持现状复式断面,下部为矩形断面,底宽14.62 m,该段自然条件较好,本次整治以简单防护为主,保留现状小挡墙,增设块石护脚,左岸现状公路边坡保留,右岸按1:1.5削坡,采用浆砌石和抗冲生物毯护坡。

(3)罗田水库溢洪道出口—上游整治终点段(5+465.74~5+913.00):该段现状河道较浅,本次整治维持现状河道梯形断面,保留现状岸坡,仅在坡前增设块石护脚。

3.龟岭东水

龟岭东水欠高堤岸长度为4 010 m,其中左岸2 005 m、右岸2 005 m;欠高在0.5 m以上堤岸长度为3 640 m,其中左岸1 820 m、右岸1 820 m。本次结合河道综合治理,对欠高河道进行达标建设,具体方案如下:

根据龟岭东水现状水面线分析及沿岸用地条件综合考虑,本次规划对高低水重新分区,以现状河道桩号F0+806(深圳劲嘉彩印集团股份有限公司)为界,新建高排渠作为高水通道排上游洪水,下游涝区采用泵站抽排。新建高排渠自现状河道F0+806处,自东向西后转向自北向南入鱼塘后穿广田路入老虎坑水,新建渠道全长805 m。

沿松罗路布置排水箱涵,连接上、下游河道,河道轴线和河道堤防线路基本沿原有河道堤线和轴线布置,堤线较为平顺,各地段平缓连接。河道的堤距基本和现状河道断面相同,局部拓宽。

在河道上游现状基本农田南侧新建截洪沟拦截上游山洪并直接排入河道,长约350 m。

龟岭东水河道两岸为市政道路、工业区或居民小区,河岸改造受限,本次设计多采用矩形断面,有条件处(如燕景华庭下游至松罗路段)采用梯形断面。经比较,对于紧邻建筑物,用地紧张的河段,主要采用排桩式挡墙;对于用地条件许可、具备开挖条件的河段,主要采用重力式混凝土挡墙;对于自然梯形断面,主要采用施工方便、造价较低的生态石笼护岸。各河段建设方案如下。

1)低水区

(1)0+000~0+127段:此段为燕山泵站前池,目前前池淤积严重,本次对该段进行清淤,清淤深度1.7~1.4 m。

(2)0+127~0+541.00段:长414 m,河道现状为浆砌石矩形明渠,挡墙质量较差,存在坍塌、裂缝现象,采用重力式混凝土挡墙进行挡土,墙高3.5~4.0 m,顶宽0.5 m,河道宽9~13 m。

(3)0+541~0+654段:长113 m,河道右岸浆砌石挡墙,运行良好;左侧挡墙质量较差需拆除重建,采用重力式混凝土挡墙进行挡土,墙高约3.5 m,顶宽0.5 m。

(4)0+706~1+109段:长403 m,沿松罗路敷设排水箱涵,箱涵净空尺寸为4 m×2.2 m,下游起点底高程1.18 m,上游终点底高程2.57 m,箱涵顶敷设道路铺装层。

(5)1+109~1+194段:目前河道淤积严重,本次设计对该段河道进行清淤。

(6)1+194~1+585段:长391 m,河道左岸浆砌石挡墙,挡墙质量较差,存在坍塌、裂缝现象,采用重力式混凝土挡墙进行挡土,墙高 2.8~3.2 m,顶宽 0.5 m,并对河底进行干砌石护砌。

(7)A0+000~A0+148 段:河道现状为浆砌石矩形明渠,挡墙质量较差,存在坍塌、裂缝现象,采用重力式混凝土挡墙进行挡土,墙高约 3.5 m,顶宽 0.5 m。

(8)B0+000~B0+195 段:河道左岸为原状土坡、右岸为浆砌石,质量较差,采用梯形生态石笼护岸,左、右岸坡比分别为 1:2、1:0.5。

2)高水区

(1)F0+000~F0+100 段:渠道底宽为 8 m,采用箱涵及矩形明渠形式,箱涵尺寸为 2 m×4 m×3 m,明渠采用重力式混凝土挡墙进行挡土,墙高 3~3.5 m。

(2)F0+100~F0+400 段:此处为水塘,拟对池底进行清淤,对岸坡进行修整,左右岸坡比分别为1:4.2~1:2、1:2.2~1:1,采用生态石笼护岸。

(3)F0+400~F0+806 段:渠道底宽 8 m,采用矩形明渠形式,重力式混凝土挡墙进行挡土,墙高3.1~4.5 m。

(4)F1+280~F1+626 段、F1+905~F2+005 段:河道行洪能力不足,需扩宽河道,拓宽河道左岸分别至河宽 6 m、5 m,采用重力式混凝土挡墙进行挡土,墙高 3.5~4.2 m,顶宽 0.5 m,并对河底进行护砌。

(5)J0+000~J0+348 段:为新建截洪沟,梯形断面,渠底宽 3 m,左右岸坡比 1:0.5,采生态砌块挡墙。

4.塘下涌

塘下涌欠高堤岸长度为 4 426 m,其中左岸 2 213 m、右岸 2 213 m;欠高均在 0.5 m 以上。由于塘下涌出口汇入茅洲河,为了保证塘下涌防洪体系与茅洲河防洪体系的闭合,塘下涌河道两岸堤防与茅洲河右岸堤防顺畅连接,干支流堤岸同高,使塘下涌河水在河口自然汇入茅洲河。现状河道护岸均采用砌石挡墙,其中干 0+000~干 0+437.51 段挡墙为新建浆砌石挡墙,质量较好,拟保留现状护岸结构。干 0+437.51~干 4+171.55 段挡墙由于建设时间长,挡墙质量较差,倒塌破损严重,同时堤防需要加高以抵御洪水,故该段护岸拟拆除重建。由于受到地形的限制,本河道干流行洪断面只能采取矩形断面,护岸高度为 3~8 m。根据工程建设经验,高度为 3~6 m 的护岸采用重力式混凝土挡墙较经济合理,高度为 6~8 m 的护岸经采用悬臂式混凝土挡墙较经济合理。分段工程布置如下。

1)干 0+000~干 0+437.51 段

该段位于山坡地上,右岸为公凹山边坡,左岸为荒草地,杂草杂树丛生,河道纵坡较陡,宽度约 2 m,河沟两侧均建有浆砌石挡墙,挡墙质量较好,仅个别部位挡墙有缺损,河道有轻微淤积,河水清澈,该段有两座铁皮屋压占河道空间。该段拟保持现状挡墙不变,沟底清淤 0.3 m,右岸不做处理,左岸在现状挡墙顶上增设 C25 混凝土压顶,压顶上建 0.5 m 高防洪墙。

2)干 0+437.51~干 0+789.48 段

河道宽 4~5 m,坡度变缓,河道左岸为塘下涌英特利工业园,右岸为东莞长安农田菜地,河道两侧均建有砌石挡墙,左岸挡墙破烂不堪,多处滑塌,河道淤积,河水较清澈。拟拆除现状挡墙,按照规划高度重建 C25 混凝土挡墙,河底清淤。

3)干 0+789.48~干 1+277.08 段

河道宽约 8 m,河道两侧均建有浆砌石挡墙,右岸为东莞长安镇,该侧挡墙完好,较高;左岸为深圳塘下涌同富裕工业园,挡墙高度较低,挡墙破烂不堪,多处滑塌,河道淤积严重,河水受到轻度污染。拟拆除现状挡墙,按照规划高度重建 C25 混凝土挡墙,河底清淤,左岸挡墙顶上建 0.5 m 高防洪墙。

4)干 1+277.08~干 1+460.38 段

河道宽度突然变窄,约为 5 m,经过水文规划计算,该段河道宽度足够,无须拓宽。该段河段淤积,河道左岸为荒草地,11 m 外为塘下涌同富裕工业园,右岸为东莞长安镇农田菜地,河水污染较严重,河段两岸杂草丛生,景观极差。河道两侧均建有浆砌石挡墙,右岸挡墙较完好,左岸挡墙高度较低,挡墙破烂不堪,多处滑塌,河道淤积严重。拟拆除现状挡墙,按照规划高度重建 C25 混凝土挡墙,河底清淤,左岸挡墙顶上建 0.5 m 高防洪墙。

5) 干 1+460.38~干 1+658.78 段

河道宽度 5~8 m,左岸为住友电工电子制品(深圳)有限公司厂房,其排水深度处理站处理池紧靠河边左岸挡墙,右岸为东莞长安镇农田菜地,该段河道污染严重,河水变黑变臭,两岸均建有浆砌石挡墙。根据水文规划,该段河道宽度足够,拟保持现状宽度,由于设计水面线比现状挡墙顶高,若保留现状挡墙,将挡墙加高加厚,实施难度极大。因此,本次设计建议将现状挡墙拆除,按照规划高度重建 C25 混凝土挡墙,河底清淤,挡墙顶上建 0.5 m 高防洪墙。

6) 干 1+658.78~干 3+066.16 段

河道宽度约 9 m,淤积严重,左岸为菜地、工业区和居民区,右岸桩号干 2+187.34 以上为东莞农田、菜地,以下为居民区。该段河水被严重污染,又黑又臭,两岸均建有浆砌石挡墙。根据水文规划,该段河道宽度足够,拟保持现状宽度,因设计水面线比现状挡墙顶高,若保留现状挡墙,将挡墙加高加厚,实施难度极大。因此,本次设计建议将现状挡墙拆除,按照规划高度重建 C25 混凝土挡墙,河底清淤,左岸挡墙顶上建 0.5 m 高防洪墙。

7) 干 3+066.61~干 3+298.05 段

河道宽度 11~15 m,淤积严重,左岸为工业区和居民区,右岸为居民区。该段河水污染严重,又黑又臭,两岸均建有浆砌石挡墙,违章建筑多,有的居民将房子直接建在挡墙上,根据水文规划,该段河道宽度 11 m 即可满足行洪要求,因此该段河道无须拓宽。由于设计水面线比现状挡墙顶高,若保留现状挡墙,加高加厚现状挡墙,实施难度极大。因此,本次设计建议将现状挡墙拆除,按照规划高度重建 C25 混凝土挡墙,由于该段河道曲折不顺,本次整治拟将左岸挡墙拉直拉顺,挡墙顶上建 0.5 m 高防洪墙。

8) 干 3+298.05~干 3+370.66 段

该段为广深公路黄朗桥,河道宽度约 11 m,淤积严重,桥面高程为 6.18 m。设计水位为 5.95 m,桥面高程足够,因此该段拟保持现状。

9) 干 3+370.66~干 3+619.20 段

河道宽度约 11 m,淤积严重,左岸为宝安大道高架桥匝道,建有公安临时检查站和宿舍,右岸为东莞长安镇涌头居民区。该段河水污染严重,又黑又臭,两岸均建有浆砌石挡墙。根据水文规划,本段河底宽度为 11 m,无须拓宽,由于设计水位比现状挡墙高,若保留现状挡墙,在其墙后和墙上加高加厚,实施难度极大。因此,本次设计建议将现状挡墙拆除,按照规划高度新建 C25 混凝土悬臂式挡墙,墙顶建 0.5 m 高防洪墙。

10) 干 3+619.20~干 4+171.55 段

(1)干 3+619.20~干 3+871.14 段:该段河道为单边复式断面,河道底宽 8~11 m,淤积严重,左岸为高程 2.4~3.5 m 的河滩地,宽约 20 m,河道上口总宽度约 30 m。滩地外边为宝安大道高架桥匝道。右岸为东莞长安涌头明泰电子印刷厂和居民区。该段规划断面底宽为 15 m,断面形式为矩形断面,拟在深圳侧新建 C25 钢筋混凝土悬臂式挡墙,墙顶建 0.5 m 高防洪墙,河底清淤疏浚。

(2)干 3+871.14~干 4+171.55 段:河道从宝安大道高架桥下穿过,河底逐渐变宽,宽 15~30 m,淤积严重,左岸为荒草地,高程 3.2~4.2 m,旁边为雅致钢构厂房。右岸为荒地,杂草丛生。该段拟保持现状河道底宽,即 15~30 m,其中干 3+871.14~干 3+918.78 段为渐变段,河底宽度由 15 m 渐变至 30 m,干 3+918.78~干 4+171.55 段保持现状河道宽度即 30 m。根据设计水位,该段水位比现状堤岸地面高 1.3~2.7 m,拟采用矩形断面,深圳侧新建 C25 钢筋混凝土悬臂式挡墙,墙顶建 0.5 m 高防洪墙,河底清淤疏浚。该段终点与茅洲河右岸堤防平顺连接。

5.排涝河

排涝河欠高堤岸长度为 3 836 m,其中左岸 1 918 m、右岸 1 918 m;欠高在 0.5 m 以上堤岸长度为 2 884 m,其中左岸 1 442 m、右岸 1 442 m。

排涝河作为沙井排涝泵站工程的涝水收集系统,以沙井排涝泵站运行水位为边界条件,其河道规划方案如下。

(1)河口—西环路桥:河道长 1.3 km,设计河底宽 34~36 m,坡比 1∶0~1∶1,设计堤距 41~46 m,

对现状堤防进行加固。

（2）西环路桥—共和大道：河道长 0.6 km，维持现状矩形断面，现状堤距 46~93 m。

（3）共和大道—沙井发电厂：河道长 1.55 km，采取矩形断面，需要将河道拓宽至 36 m。共和大道至步涌村前大路段向右岸拓宽，拓宽 10~12 m；步涌村前大路至开帅五金电子厂段向左岸拓宽 8 m；开帅五金电子厂至沙井发电厂段向右岸拓宽 8 m。对于非拓宽段，河道驳岸维持现状，拓宽段河道两岸均采用护壁桩岸墙。

（4）沙井发电厂—接潭头水闸，河道长 0.85 km，设计河底宽 38~51 m，坡比 1∶1.5，设计堤距 46~60 m，对现状堤防进行加固。

6.楼村水

楼村水欠高堤岸长度为 3 992 m，其中左岸 1 996 m、右岸 1 996 m；欠高在 0.5 m 以上堤岸长度为 1 949 m，其中左岸 337 m、右岸 1 612 m。本次防洪工程布置结合两岸用地条件及河道蓝线，对下游河道实施开挖拓宽，对中游河段右岸堤岸采取加高加固措施，上游河道以岸坡修整、河槽规整为主，对河道严重缩窄的位置、管涵过路位置实施拓宽或管涵改造，河道拓宽以蓝线作为控制边界。河道堤防、主槽走向基本沿原河道轴线、河道行洪主槽设计保持自然冲淤凹状形状，设计河底为河道冲淤平均河底高程。具体措施如下：

（1）光侨路—广深客运专线段区域（河道桩号 4+500~5+370），由于原河道被当地村民自行覆盖或改道，部分河道被填埋，因此本段河道将按照河道蓝线开挖新建河道，并尽量减少征地拆迁。

（2）中游河段右岸堤岸采取加高加固措施，上游河道以岸坡修整、河槽规整为主，对于河道严重缩窄的位置、管涵过路位置实施拓宽或管涵改造，河道拓宽以河道蓝线作为控制边界。

（3）河道现状两岸除下游左岸民生路段（桩号 0+000~0+700）有现状沿河市政路，下游右岸（桩号 0+700~2+000）有规则沿河土路堤外，其他河段堤岸基本未成形，沿河均无可通达的沿河路。根据河道水面线计算，对于下游河道实施开挖拓宽处理。

根据设防标准下河道过流能力复核河道最小过流断面，以此作为河道基本最小控制断面，考虑周边规划及用地情况，尽量保持河道自然弯曲和宽窄相间的自然风貌，确定出适宜的设计堤距，见表 9.7-8。

表 9.7-8　楼村水防洪工程设计堤距　　　　　　　　　　　　（单位：m）

桩号	设计堤距	说明
0+000~0+700	29.2~35.8	岸坡护砌坡脚加固
0+700~1+000	36.8~81.8	岸坡护砌坡脚加固
1+000~1+900	32.9~42.2	右岸拓宽，左岸护砌，坡脚加固
1+900~2+300	33.5~39.9	左右岸拓宽，右岸新建堤防，左右岸坡护砌，坡脚加固
2+300~2+800	38.8~84.5	右岸拓宽并加高堤顶，左岸边坡修整，左右岸边坡护砌，坡脚加固
2+800~3+500	38.8~46.3	左岸边坡修整，右岸拓宽并加高堤防，左右岸边坡护砌，坡脚加固
3+500~3+705	48.3~60.7	左岸拓宽，右岸边坡修整，坡脚加固
3+705~4+167	54.8~83.4	现状范围为湖区，保留两岸边坡，对湖底进行清淤
4+167~4+600	28.1~34.0	左右岸拓宽，两岸边坡护砌，坡脚加固
4+600~5+000	34.5~93.8	左右岸拓宽，两岸边坡护砌，坡脚加固
5+000~5+300	22.9~25.9	左右岸拓宽，两岸边坡护砌，坡脚加固
5+300~5+500	24.4~97.7	左右岸拓宽，两岸边坡护砌，坡脚加固
5+500~5+743	23.1~97.7	左右岸拓宽，两岸边坡护砌，坡脚加固

根据河道的治理起、终点合理确定河道平均纵坡，对于局部河道较陡造成纵坡较大的地方，设置生态跌水措施。楼村水河道纵坡设计参数见表 9.7-9。

表9.7-9 楼村水河道纵坡设计参数

桩号	设计纵坡(跌差)	设计河底高程(m)	说明
0+000~0+500	1:500	5.05~6.06	
0+500~2+500	1:1 000	6.06~8.06	
2500~3+000	3:1 000	8.06~9.56	
3+000	1	10.56	1# 跌水
3+000~3+611	1:1 000	10.56~11.17	
3+611~3+705	1:40	11.17~14.5	闸室出口陡坡
3+705~4+167	1:455	14.5~15.5	翠湖公园
4+167~4+300	1:1 000	15.5~15.63	
4+300	0.74	16.37	2# 跌水
4+300~4+400	1:200	16.37~16.87	
4+400~4+900	1:1 000	16.87~17.37	
4+900	1.5	18.87	3# 跌水
4+900~5+000	1:1 000	18.87~18.97	
5+000~5+100	1:100	18.97~19.97	
5+100~5+289	4:625	19.97~21.17	
5+289	1	22.17	4# 跌水
5+289~5+500	4:625	22.17~23.51	
5+500~5+743	1:1 000	23.51~23.8	

根据河道断面现状,结合用地及周边需求,设置5种典型横断面,具体如下:

(1)河口段休闲堤岸。河道驳岸为堤路结合形式,堤岸为二级边坡,2年一遇设计水位以上设置一级平台(兼作检修平台),宽约2.5 m,一级平台以下采用石笼网箱台阶式护坡,坡比为1:1,平台以上采用石笼网箱护坡,坡比结合现有坡度布设,坡比为1:11~1:3。护坡往上顺接2 m宽二级平台。二级平台以上采用浆砌石直立挡墙护岸,坡比为1:0.4,堤顶与路相结合。

(2)公园型堤岸。河道驳岸采取堤路结合的形式,左岸取2年一遇设计水位以上为亲水平台,平台结合现有堤岸形式在截污管包封混凝土上形成,宽5.7 m。右岸采取浆砌石直立挡墙分级护岸形成休闲平台和巡河路。休闲平台宽3 m,护岸挡墙坡比为1:0.5。河底部种植沉水植物,达到净化水质、满足人们亲水需求的效果。

(3)滩涂湿地型堤岸。河道驳岸采取堤路结合的形式,河道左岸以2年一遇设计水位以上设置二级平台(兼作检修平台),平台宽1.5 m。平台以下采用石笼网箱台阶式护坡,坡度为1:1,平台往上采用三维土工网植草皮护坡,保留左岸现有滩地,对滩地同样进行三维土工网草皮护坡,结合现有坡岸形式护坡至人行步道。人行步道宽2 m。

(4)现状高边坡型堤岸。河道驳岸采取堤路结合的形式,河道左岸以2年一遇设计水位以上设置二级平台,平台以下采用石笼网箱台阶式护坡,坡度为1:1。平台往上采用石笼网箱护坡至人行步道,人行步道高程为2年一遇设计水位以上0.5 m,宽度为2 m。

(5)一般型堤岸。河道左岸采取堤路结合的形式,两年一遇设计水位以上设置二级平台(兼作检修平台),平台宽2.5 m,平台以下采用石笼网箱台阶式护坡,坡比为1:1,平台以上采用石笼网箱护坡至50年一遇设计水位,坡比为1:3~1:2。往上采用土工网草皮护坡,坡比为1:2,护坡至堤顶人行步道,步道宽2 m。

河道右岸为梯形断面形式,堤顶宽 5 m,迎水坡为二级边坡,2 年一遇设计水位以上设置二级平台,宽 2.5 m,平台以下采用石笼网箱台阶式护坡,坡比为 1∶1,平台以上采用三维土工网草皮护坡,坡比为 1∶2.5;背水坡采用三维土工网草皮护坡,坡比为 1∶3,堤顶与巡河路相结合,巡河路宽 4 m,两边路肩均为 0.5 m。

7.鹅颈水

鹅颈水现状堤防欠高长度为 7 350 m,其中左岸欠高长度 3 625 m,右岸欠高长度 3 725 m,欠高在 0.5 m 以上的堤岸长度为 3 750 m,其中左岸 1 600 m、右岸 2 150 m。本次治理工程基本保持现状河道平面走向,适当拓宽河道、疏浚河床、局部堤防加高加固,拆除严重阻水跨堤交叉建筑物,使河道达到设防标准。具体工程如下。

1)阻水建筑物改造

桩号 3+000 的一座桥涵,桥面高程 22.2~23.0 m,河底高程 20.23,桥涵净高约 2 m,行洪不达标,需拆除;河道桩号 4+226 的一座桥涵,行洪能力不达标,结合道路通行需要,予以拆除重建。

2)断面形式设计

(1)河口—塘明路河段(桩号 0+000~1+000):河道左岸为本次设计的滞洪区,右岸为规划工业用地,河道断面设计主要考虑在用地红线范围内拓宽河底,降低水面线;打通两岸巡河道路,路宽 7 m;设计洪水位以下岸坡采用石笼网垫护砌,洪水位以上至路肩采用三维土工网护坡绿化。

(2)塘明路—规划光侨路河段一(桩号 1+000~1+700):该河段左岸紧邻规划东长路红线,河道断面设计主要考虑左岸巡河道路与规划东长路结合,右岸堤顶设置 7 m 宽的巡河路,采用复式断面,左岸在多年平均水位以上设亲水步道。

(3)塘明路—规划光侨路河段二(桩号 1+700~3+400):该河段左岸规划布置了一块居住用地,河道断面设计主要考虑居民亲水需求,采用复式断面,在多年平均水位以上两岸各设亲水步道打通两岸巡河道路,路宽 7 m。

(4)规划光侨路—设计生态修复示范区河段二(桩号 3+400~4+800):该河段左岸规划布置了一块居住用地,受河道用地限制,岸坡采用直立岸墙的形式;河道断面设计考虑居民亲水需求,在多年平均水位以上两岸各设亲水步道,打通两岸堤顶巡河道路,路宽 7 m。

(5)示范区—鹅颈水库溢洪道河段(桩号 4+800~5+600):该河段水资源丰富,定位为生态修复区,在用地红线范围内,拓宽河底;打通两岸巡河道路,路宽 7 m;设计洪水位以下岸坡采用石笼网垫护砌,洪水位以上至路肩采用三维土工网护坡绿化。

鹅颈水河道断面形式及参数见表 9.7-10。

表 9.7-10 鹅颈水河道断面形式及参数 （单位:m）

桩号	断面形式	河底宽	河底高程	平台高程		平台宽		开口宽
				左岸	右岸	左岸	右岸	
0+000~1+000	梯形	30~20	8.66~10.4					50~40
1+000~1+700	复式	20	10.4~12.78		11.5~13.78		4	33
1+700~3+400	复式	20~16	12.78~18.61	14.28~22.73	14.28~22.73	3	3	38~36
3+400~4+800	梯形	16	18.61~26.24	20.11~27.74	20.11~27.74	3	3	22
4+800~5+600	梯形	57~125	26.24~32.26					94~143

8.东坑水

东坑水现状堤防欠高长度为 1 632 m,左右岸均为 861 m,其中欠高高度在 0.5 m 以上的长度为 726 m,左右岸均为 363 m。本次防洪工程总体方案为调整纵坡、河底防护、完善设施。堤防基本维持现状河道堤线、堤距和堤顶高程,仅对光明大道上游(2+200~2+600)右岸和龙大高速上游(1+550~2+050)约 900 m 驳岸进行退堤改造、调整堤距;同时,对河道上游桩号 2+600~4+000 段的纵坡进行微调。东坑水河道断面形式及参数见表 9.7-11。各河段具体如下。

表 9.7-11 东坑水河道断面形式及参数

桩号	河道范围	设计底宽（m）	设计堤距（m）	设计纵坡（‰）	备注
0+000~0+900	河口—东明大道	16	16	1.3	
0+900~1+550	东明大道—龙大高速路	16	16~24		
1+550~2+050	龙大高速路—光明大道	13	19		左岸放坡
2+050~2+200	光明大道路涵	19	19	2.7	
2+200~2+600	光明大道上游—三十一号路	9	18		右岸放坡
2+600~4+000	三十一号路—光桥路段	6~9	6~9	6.0	

（1）河口—东明大道（0+000~0+900）。

此段河道汇入茅洲河河口段约 215 m 为 2 孔 7.5 m×4.0 m 箱涵，东明大道处也为 2 孔 7.5 m×4.0 m 箱涵，长度约 130 m，其余段河道为石笼挡墙矩形断面。河道左岸为拟建蓄洪湖范围，现状为空地，右岸主要为居住区和工业厂房。本次设计维持现状河道断面形式不变，左岸堤顶新建 4.5 m 宽巡河路和 1.5 m 宽人行步道，右岸堤顶新建 2.5 m 宽人行步道。

（2）东明大道—龙大高速段（0+900~1+500）。

此段河道左岸为石笼直立挡墙，右岸下部 1.5 m 为石笼直立挡墙、上部为 1：3 缓坡，整体为复式断面。河道左岸为空地，右岸为居家具厂房。本次设计维持现状河道断面形式不变，左岸堤顶新建 2.5 m 宽人行步道，右岸二级平台处新建 1.5 m 宽人行步道、堤顶新建 2.0 m 宽人行步道，二级平台以上采用三维土工网草皮护坡。

（3）龙大高速—光明大道（1+550~2+050）。

此段河道现状两岸均为陡坡石笼台阶挡墙形式护岸，近似于矩形断面。河道左、右岸现状均为空地。本次设计基本维持现状河道底宽和右岸岸坡形式，将左岸石笼挡墙改造为台阶式亲水护岸，并在河底以上 1.0 m 处增设 2.5 m 宽人行步道，右岸堤顶新建 3.0 m 宽人行步道，堤顶以上与现状地面设置缓坡过渡带衔接，并采用三维土工网草皮护坡。此段河道根据淤积程度，对河底进行适当清淤疏浚，清淤后在河底设置景观干摆石护脚。

（4）光明大道—三十一号路（2+050~2+600）。

此段河道现状两岸均为陡坡石笼台阶挡墙形式护岸，近似于矩形断面。河道左岸现状有工业厂房、右岸现状为空地。本次设计基本维持现状河道底宽和左岸岸坡形式，将右岸石笼挡墙改造为台阶式生态砌块亲水护岸，并在河底以上 1.0 m 处设置 1.5 m 宽亲水平台，在岸堤顶新建 4.5 m 宽人行步道，右岸堤顶新建 2.5 m 宽人行步道。此段河道根据淤积程度，对河底进行适当清淤疏浚，清淤后在河底设置景观干摆石护脚。截污管沿左岸河底护脚布置，并采取混凝土包封措施。

（5）三十一号路—光侨路（2+600~4+000）。

此段河道现状两岸均为较高的直立混凝土挡土墙护岸，河道狭窄。河道右岸紧邻观光路，左岸现状主要为居住区和工业厂房。本次设计维持现状河道直立挡墙形式不变，通过设置跌水舒缓河道纵坡，河底设置 500 mm 厚浆砌石护底防止冲刷，左岸堤顶空间相对宽裕，考虑新建 3 m~4 m 宽人行步道，右岸堤顶空间狭窄，目前已经设置人行步道，本次设计保留现状右岸堤顶步道。

9.新陂头水

新陂头水现状堤防欠高长度共 4 050 m，左岸长度为 2 225 m，右岸长度为 1 825 m；欠高 0.5 m 以上的河段共 2 750 m，左右岸均为 1 375 m。本次防洪工程的内容主要包括河道堤岸整治、阻水桥涵拆除重建等。

河道堤岸整治以防洪安全为基础，遵循"上蓄下排"的布局原则。平面布置不改变现状河道的走向;断面以拓宽为主,增加行洪能力,过桥涵处局部可适当收窄;纵断面以现状为基础,纵坡约为1/1 000,桩号 5+000、5+400、5+900,根据现状设置 3 处跌水。河道分段治理情况简述如下。

(1)河口湿地段(桩号 0+300~0+700)。

河道左岸现状为茅洲河(楼村河、新陂头水支流)人工湿地,右岸紧靠龙大高速光明出口。左岸湿地地面高程较低,现状地面高程约 7.4 m,并以湿地外围的南光高速与公常路围合形成防洪堤,右岸路面高程 12.5~16 m。河道断面采用复式断面形式,向右岸拓宽河道,堤距约为 40 m。左岸与湿地的地面高程衔接,从堤顶放坡至坡脚,边坡为 1∶1.5;右岸边坡为 1∶2,在常水位以上设置 2 m 宽二级平台(兼作检修平台)。河道的主槽宽度为 22 m。

(2)楼村统建楼段(桩号 0+700~1+250)。

河道左岸为市政道路,右岸为楼村统建楼,人口密度较大。左岸地面高程约为 10 m,右岸地面高程 10.3~16 m。河道治理以满足行洪需求,便民亲水为宜。向两岸拓宽河道以满足行洪,河道的堤距约为45 m。河道断面形式采用复式断面,主槽宽度约为 22 m,主槽采用柔性挡墙,控制边坡为 1∶0.75(节约空间,以补充右岸亲水平台空间);两侧设置二级平台,右岸的二级平台根据人群需求适当加宽至 5 m,左岸平台控制为 2 m;两侧 1∶2 放坡至坡顶。左岸利用现状市政路作为巡河路,右岸新建巡河路。

(3)新建楼村蓄洪湖段(桩号 1+250~2+100)。

河道的左岸紧邻绿化带,绿化带宽度为 18~25 m,绿化带外为市政道路;右岸新建楼村蓄洪湖与河道之间为蓄洪湖堤防。该段河道整治以拓宽河道,增加行洪能力为主,保护好左岸现状绿化带,对右岸堤防进行护砌加固。为满足行洪需求,同时尽量不拓挖现状右岸堤防,拓宽河道以向左岸拓宽为主,河道断面形式采用复式断面,控制堤距约为 40 m;主槽宽度为 20 m,主槽采用柔性挡墙,控制边坡为 1∶1;主槽两侧设置二级平台,平台宽度约为 2 m;为保护左岸绿化带,左岸堤岸采用直立挡墙形式,减小开挖断面,右岸二级平台以上 1∶2 放坡至坡顶。

(4)北支汇入口—光侨路段(桩号 2+100~4+250)。

河道左岸现状以市政路、山体为主,右岸现状以厂区、居住地为主。两岸地势均比较高,仅在桩号3+200~3+600 右岸局部地势较为低洼,目前为空地,城市开发建设时应与设计堤顶高程为基准,填高碾平。河道治理以拓宽河道为主,控制堤距为 45~50 m;断面形式以复式断面为主(桩号 3+300~3+600,断面形式为大梯形断面),主槽为梯形断面,主槽宽度约为 16 m,主槽边坡为 1∶2~1∶2.5;两侧设置二级平台,平台宽度为 2 m;左右两岸的 1∶2 边坡至堤顶。其中桩号 3+300~3+600 段河道,现状河道较为开阔,左岸为新陂头洞南蓄洪湖。该段河道的断面以梯形为主,对两岸的堤防护脚和边坡加强护砌,主要河槽由河水冲刷自然形成,控制堤距为 65~70 m。

(5)光侨路—公明水库放空底涵段(桩号 4+250~6+200)。

河道基本处于生态控制范围线内,河道左岸基本为菜田、荒地、山地,紧邻右岸为在建圳辉路,右岸现状是医院等公共设施、圳美工业区及居民区等。河道整治除满足防洪功能外,还应结合河道的浅滩与深槽充分发挥河道的槽蓄功能。河道的典型断面为复式断面,控制堤距为 30 m;主槽宽度为 11 m,两侧常水位以上设置二级平台,以 1∶2~1∶2.5 缓坡至堤顶;两侧贯通巡河路。另外,河道桩号 4+300~4+600 段为南支汇入口三角地,右岸为在建光明医院。河道整治以防洪安全与滞洪补枯等功能为主,结合医院等周边公共需求,将南支汇入口三角地建设为开放式的自然生态湿地,河道、堤岸、生态湿地总的面积为 2.7 万 m²;自然生态湿地建设,在满足防洪需求的同时,亦为医院的病人提供一处减压休憩的滨水空间。在桩号 5+500~5+930 和桩号 6+050~6+200 段,保留现状河滩地,充分发挥河道的槽蓄能力。

(6)公明水库放空底涵—终点(桩号 6+200~7+390)。

该段河道被 75207 部队划入其用地范围,在与部队沟通后,本段河道以梳理现状河道为主,河道的宽度以满足排洪和区间排水为主,两岸各布设 1 排行道树。断面宽度为 10~12 m;断面形式为梯形或矩形。

根据水面线推算,影响行洪需拆除的桥梁见表 9.7-12。

表 9.7-12　新陂头水干流拆除重建桥涵

桥梁名称	桩号	斜角角度 (°)	单块空心板长 (m)	跨数	尺寸规格 (孔-m×m)	桥板底设计高程 (m)	河底设计高程 (m)
1#	1+610	0	20	2	净 7-2×1.5	9.4	5.3
2#	2+345	0	20	2	净 7-2×1.5	10.5	6.05
3#	4+070	10	20	2	净 9-2×1.5	14.4	10.05

根据河道现状情况及周边建设需求,新陂头水主要安排 4 种典型断面,具体如下:

(1)桩号 0+300~0+700、2+100~3+250。

河道驳岸为堤路结合形式,堤岸为二级边坡,在常水位以上设置二级平台(兼作检修平台),宽 2 m,二级平台以下采用石笼网箱护坡,坡比为 1∶2,平台以上按 1∶1.5~1∶1.25 的坡比放坡至堤顶,采用三维土工网草皮护坡,堤顶与路相结合。

(2)桩号 0+700~2+100。

河道驳岸为堤路结合形式,堤岸为二级边坡,在常水位以上设置二级平台(兼作检修平台),宽 2 m,二级平台以下采用柔性挡墙护坡,坡比为 1∶0.75,平台以上按 1∶2 的坡比放坡至堤顶,采用三维土工网草皮护坡,堤顶与路相结合。

(3)桩号 0+000~1+000。

河道驳岸为堤路结合形式,堤岸为二级边坡,在常水位以上设置二级平台(兼作检修平台),宽 7.5 m,二级平台以下采用柔性挡墙护坡,坡比为 1∶0.75~1∶1,平台以上采用浆砌石直立挡墙护岸,堤顶与路相结合。

(4)桩号 3+250~3+750。

河道驳岸采用梯形断面形式,堤顶宽 6 m,迎水坡为二级边坡,常水位以上设置二级平台,宽 2 m,平台以下采用石龙网箱护坡,坡比为 1∶2;背水坡采用三维土工网草皮护坡,坡比为 1∶3,堤顶与巡河路相结合,巡河路宽 4 m,两边路肩均为 1 m。

10.西田水

西田水现状堤防欠高长度为 410 m,左右岸均为 205 m,其中欠高高度在 0.5 m 以上的堤防长 205 m,均在左岸。

本次工程对下游河口至龙大高速段河道进行拓宽,必要时拆除两岸现状建筑物,同时,在茅洲河右岸堤顶道路下新建穿堤箱涵,使河道满足防洪要求;中上游段基本维持现状河道走向及宽度。

西田水干流河道现状综合纵坡约为 1.8‰。本次设计根据各段河道纵坡特点,在维持现状河道纵坡的前提下,将干流河道纵坡分为三段,第一段为河口—桩号 0+750.00 段,设计河底高程为 2.30~5.00 m,纵坡为 3.6‰;第二段为桩号 0+750.00~1+400.00,设计河底高程为 5.00~5.15 m,纵坡为 0.24‰;第三段为桩号 1+370—铁坑水库溢洪道,设计河底高程为 5.15~6.00 m。河道横断面形式以矩形、梯形为主,并根据生态景观需要适当设置平台、绿化休闲带等,河道护岸尽量采用生态袋、石笼、三维土工网垫等生态型材料。各河段横断面如下。

(1)西田支路桥上游河道(桩号 1+950~2+320)。

该段河道左岸现状为市政道路,右岸为居住区,现状河道断而为梯形断面,开口宽度约为 19.0 m,河水清澈。该段河道满足防洪需求,河道整治以驳岸梳理为主,基本维系现状河宽,底宽约 5.0 m。将现状梯形断面改造成复式断面,新增二级人行步道宽 2.0 m,采用透水砖铺设。设计坡脚采用石笼防护,坡面植草绿化,截流管线布置于两侧坡面上。

(2)龙大高速至西田支路桥段河道(桩号 1+400~1+900)。

该段河道右岸为企业、居民区,左岸多为空地,现状未经系统整治,河道相对较宽,开口宽度为 10.1~13.0 m,两岸空间相对较宽。该段河道整治以梳理驳岸,贯通巡河路为主,局部河道结合居民亲水、休闲需求,适当拓宽,断面形式主要为一侧直立、一侧复式,设宽 2.0 m 二级人行步道。河道底宽约为 6 m,边坡坡比为 1∶2。坡脚采用石笼防护,坡面植草绿化,直立断面均采用素混凝土挡墙。设计截流管线布置于河道右岸坡面或堤脚。

（3）龙大高速段河道（桩号 1+000~1+400）。

该段河道现状左岸为工业园区内,右岸为龙大高速。现状河道左岸为直立挡墙,右岸为直斜复式断面,河道底宽约为 10.5 m。该段河道现状淤积严重,杂草丛生,且右岸坡脚矮墙年久失修,现状破损严重。

该段河道整治方案维持现状洞道断面形式,对河道进行清淤,拆除右岸堤脚矮墙。由于河道临近龙大高速,本次设计对高速路路边边坡进行加固,采用微型桩支护新建生态矮墙并埋设截流管,同时对现状坡脚排水沟进行恢复,坡面采用植草绿化。左岸堤顶新建 3.5 m 宽巡河路。

（4）西工一路桥至龙大高速段河道（桩号 0+180~1-000）。

该段河道两岸厂区密集,均临河建设,河道现状为矩形河槽,宽度为 7.2~10.8 m,过流能力严重不足。该段河道设计方案为拆除两岸临河棚房等建筑物,将河道拓宽至 20.0 m,并对现状河道进行裁弯取直。该段河道仍维持现状矩形断面,河道两侧建筑物密集,对不具备开挖施工空间的区域,岸墙采用排桩支护。该段两岸均贯通巡河路。设计截流管线布置于河道两岸左岸堤脚,同时利用管道的包封混凝土布设二级平台。

（5）河口段河道（桩号 0+000~0+180）。

该段河道现状均为梯形断面,河道两岸为空地或临建棚房。该段主要治理方案为河道拓宽,拓宽后左岸距离现状建筑物及河堤路较近,施工空间不足,需采用排桩支护。结合河口用地规划,该段河道右侧支流规划为变电站用地,本次整治时仅对用地范围线内支流进行回填处理,并新建生态挡墙作为河道永久岸墙。

另外,河口需新建一段穿堤箱涵,穿堤箱涵为 3 孔 7.0 m×43 m,箱涵采用钢筋混凝土结构。

（6）左支流。

左支流现状多为复式断面,坡脚为浆砌石挡墙,现状坡面杂草丛生且坡脚挡墙大多破损。本次左支流整治对堤脚挡墙进行拆除重建,墙顶布设宽 1.5 m 人行步道,并结合两岸用地条件,步道至堤顶采用直立或斜坡的结构形式。

（7）河口拓宽改造方案。

现状西田水河口为 2 孔 2.7 m×3.05 m 暗涵,位于茅洲河右岸河堤,其排洪能力不足 5 年一遇。且水流形态不畅,不利于河道行洪,需对现状出河口进行拓宽改造。综合考虑现状河堤路交通情况、出河口受茅洲河右岸截流箱涵顶高程的限制、工程投资、工程可实施难易难度等因素,初拟订两种拓宽方案进行比选,方案一（新建河堤路桥）:为保证西口水正常行洪,拆除现状过路涵,于现状箱涵位置,新建一跨 20 m 空心板桥,连通河堤路。桥面总宽 31.4 m。为双向八车道,分两幅布置,中间设置分缝。其中,单边机动车道宽 18.0 m,人行道宽 1.2 m。桥面高程 9.34 m。桥梁下缘板底高程 8.34 m,确保设计洪水位以上净空大于 0.5 m,上部结构采用 C50 预应力空心板。下部结构采用桩柱基础顶部设盖梁,每座桥墩采用 3 根柱。桥板及下部结构盖梁设计参照公路桥梁标准图集。桥台立柱河底高程以上为现浇 φ1 200圆柱,河底以下基础采用φ1 200 灌注桩。桥桩采用直径 1.2 m 灌注桩,桩长 20 m。受现状茅洲河右岸截流箱涵外顶高程限制。桥底板净窄 3.0 m。河堤路架空桥,将河道出口完全打开,开口宽度保持与上游河道宽度一致,保证河道行洪安全。方案二（新建穿堤箱涵）:拆除现状过路涵,顺上游来水方向布置 3 孔 7.0 m×4.3 m 箱涵于现状河堤路下,总净宽为 18 m 的过路箱涵。过路箱涵总长约 40 m,箱涵顶基本与现状河堤路齐平,箱涵内底板高程与茅洲河右岸截流箱涵外顶高程一致,最大净空 4.3 m。桥涵设计汽车荷载为公路 Ⅱ 级。方案比选见表 9.7-13。

表 9.7-13　方案比选

项目	施工期影响	日常管理维护	施工工期	与现状路面衔接	工程投资（万元）
方案一	现状河堤路交通繁忙,高峰时,更是拥堵不堪,施工期需新建临时钢便桥进行交通疏解	人员或机械可直接进入桥底,进行检查、维护、清淤工作,十分方便	6个月	提升现状路面高程约 0.7 m,有空间可通过找坡消除路面高差的影响	700
方案二	现状河堤路交通繁忙,高峰时,更是拥堵不堪,施工期需新建临时钢便桥进行交通疏解	人员可直接进入暗涵内,检查、清淤等工作不存在障碍	3个月	现状路面可恢复至原状高程,恢复后对现状道路影响较小	360

虽然新建河堤路桥更有利于改善河道出口水流形态,但工程投资远超过新建穿堤箱涵方案。鉴于本次工程主要目的为解决河道防洪达标问题,同时由于工程投资较紧,为避免工程投资过多增加,本次河口拓宽改造方案推荐采用投资较省的穿堤箱涵方案。

11.木墩河

木墩河现状堤防欠高长度为 5 100 m,左右两岸均为 2 550 m。本次规划防洪工程以河道堤防建设为主,对华夏路—光明大道、光侨路—苗圃场长约 2.0 km 河段,适当扩宽、挖深河道,修复两岸破损挡墙及护底。

结合现状河道治理情况,为减缓水力坡降,降低水流对河床的冲刷,在考虑一定底泥清淤的情况下,以不过多改变河道原有坡降为原则,对河道纵坡进行适当调整,设计纵坡 0.39/1 000～15/1 000,并在桩号 3+215、3+439、5+500 处设置 3 处跌水,跌差分别为 0.4 m、0.3 m、0.5 m;横断面设计主要采用梯形或复式断面,并根据需要适当设置平台、绿化休闲带等,具体断面参数见表 9.7-14。

表 9.7-14　木墩河设计断面参数

桩号	断面名称	纵坡	河底宽（m）	边坡 左岸	边坡 右岸	平台宽（m） 左岸	平台宽（m） 右岸	说明
0+000	设计起点							
0+400	龙大高速桥	1/800	12	0/2	0/2	2	2	已治理
1+600	华夏一路	0.6/1 000	16.5	0		0	0	已治理
2+349.58	华夏二路	0.39/1 000	7.5	0		0	0	已治理
2+900		5/1 000	7.5	2				左岸现状鱼塘
2+960	双明大道	5/1 000	7.5	0				两岸现状鱼塘
3+513.19	光明大道	2/1 000	7	0				右岸东周村
4+706.24	光侨路	5/1 000	7	0				覆盖段
4+951.37	光侨路涵	3.5/1 000	7	0				覆盖段
5+200	二岔口	5/1 000	5	4				
5+600		10/1 000	3	4				苗圃场
5+770.39	设计终点	15/1 000	3	4				

12.玉田河

玉田河现状堤防欠高长度为 1 152 m,左右岸欠高长度均为 576 m,其中欠高高度在 0.5 m 以上的河段长为 463 m,均位于左岸。田寮大道段约 740 m 现状暗涵为河道瓶颈段,仅能满足 20 年一遇防洪要求,必须通过工程措施提高该段过洪能力,以满足50年一遇防洪标准,但规划河道蓝线范围内2~3层违建商铺房屋刚好落于河道暗涵之上,工程措施面临突破河道蓝线、调整规划用地与房屋大面积拆迁的矛盾。以上问题是本工程其他区段河道所不存在的,田寮大道段防洪工程方案是影响工程总体布置的控制因素,因此提出工程总体方案前应先明确该河段防洪工程方案。

针对田寮大道段这一控制节点问题,本次规划提出以下三个防洪工程方案进行比选。

方案一:河边规划用地范围内拓宽方案。

根据河道现状分析,为提高河道行洪能力,在规划河道用地范围内对河道进行拓宽、改造等,防洪治理方案如下:

(1)河口—松白路段270 m,现状河道宽度约10 m,斜坡式梯形断面,岸坡土体裸露,河道行洪能力不满足50年一遇标准,针对该段河道特点,在保证河道行洪的基础上,对两侧堤岸进行梳理。

(2)田寮路段约740 m,现状河道被违建覆盖,暗涵尺寸为8.3 m×3.8 m,不满足50年一遇防洪要求。结合本阶段水面线复核成果,将上部房屋拆除,打开暗涵,拓宽行洪断面。

(3)田寮路—光桥路段约390 m,现状河道宽度约10 m,矩形断面,两岸房屋密布,河道行洪能力满足50年一遇标准,本工程在保证河道行洪的基础上,以对两侧堤岸破损段修缮为主。

(4)光桥路—玉昌东路段约450 m,现状河道宽度约7.5 m,矩形断面,左岸与社区道路绿化带相邻,右岸紧邻企业厂房,不满足50年一遇防洪要求。结合本阶段水面线复核成果,向左侧拓宽现状河道,并对左岸进行改造。

(5)玉昌东路—玉园东路段约310 m,现状矩形河槽宽度约6.0 m,上部被临时搭建棚房覆盖,不满足50年一遇防洪要求;结合本阶段水面线复核成果,向左侧拓宽现状河道。

(6)玉园东路—玉园西路(玉律公园)段约170 m,现状为5.0 m×1.6 m暗涵,上部被公园绿地覆盖,结合本阶段水面线复核成果及规划水域形态,将该段暗涵打开,形成斜坡断面形态,与公园绿地形成滨水休闲空间。

(7)玉园西路段约130 m,现状为5.0 m×1.6 m暗涵,左侧紧邻玉园西路,右侧紧邻企业围墙,围墙内为5层楼房,现状暗涵不满足50年一遇防洪要求,拟结合用地打开暗涵或扩大暗涵尺寸。

(8)玉园西路—治理终点约230 m,现状为5.5~6.0 m矩形河道,部分区段被临时建造棚房覆盖,岸坡坍塌,结合本阶段水面线复核成果,拆除棚房,恢复明渠形态,并对两侧岸线进行梳理。

本方案的优点在于工程措施位于规划河道用地范围内,施工后河流形态恢复,工程整体效果改善大,周边环境显著提升,经济社会效益好。但也存在以下难点:田寮大道段暗涵上部违建房屋需拆除,拆迁量大。

方案二:田寮大道段分洪箱涵方案。

本方案与方案一的区别在于田寮大道段保持现状暗涵的情况下,结合截污及清水转输,于田寮大道下新建一条分流箱涵,箱涵分大、小两孔,旱季分别转输污水及清洁河道水,雨季满足过洪需要,使防洪达标。

方案的优点在于减少田寮大道段房屋拆迁;缺点在于需临时占用规划河道范围外用地,对现状田寮路通行造成影响,且道路下管线密布,迁改工程量同样较大,因此整体协调难度巨大,之前的田寮社区排水工程难以实施即由于同样的原因。

方案三:上游分洪方案。

该方案的特点是打破惯用的通过河道拓宽使防洪达标的做法,在中上游沿玉昌东路布置分洪箱涵与茅洲河干流连通,在河道上游即实现雨季"分洪",减小现状河槽洪水期流量,达到防洪这一基本前提;在分洪的基础上,现状河槽具备了敷设截流管涵的空间条件,从水质提升的角度来看,使现状河道实现了"分流"的条件;通过在明渠区段敷设截流管涵,并在暗涵段构筑截流槽,实现河槽的空间"分隔",清洁基流和雨污混流水间隔开来,在现有河槽空间尺度下实现清污分流,同时可减少房屋拆迁;分洪箱涵入口设置溢流堰,雨季水位高于堰顶高程时分洪箱涵才过水,因此旱季河道水体与雨季分洪水体空间上也是"分层"的。"分洪—分流—分隔—分层"逐一实现的基础及关键点在于分洪箱涵的贯通,地形高程已具备条件。

本方案的优点在于有效缓解玉昌东路以下河道防洪压力,减少下游河道改造拓宽及拆迁工程量。其缺点在于:①与茅洲河干流的衔接,由于茅洲河干流整治工程已构筑左岸截污箱涵,阻断了分洪箱涵的过流通道,该方案的落实必须对茅洲河干流箱涵局部进行改造;②突破现状规划河道用地范围,对现状玉昌东路通行造成影响;③分洪箱涵入茅洲河位置现状有高层房屋分布,总体拆迁量不少于方案一。防洪工程方案对照见表9.7-15。

表9.7-15　防洪工程方案对照

比较项目	方案一	方案二	方案三
方案用地及投资	占地面积5.92万m²,工程造价1.98亿元,拆迁1.1亿元	占地面积6.82万m²,工程造价1.8亿元,拆迁1 500万元	占地面积6.84万m²,工程造价约1.5亿元,拆迁1.0亿元
优、缺点	1.方案在规划的河道蓝线内拓宽河道,河道拓宽可改善下游河道空间形态,河岸绿化及整体水环境得到改善; 2.河道拓宽导致征地拆迁量很大,征地赔偿费用较高,实施难度较大	1.拆迁量小,施工影响范围小; 2.需占用临时规划河道蓝线外用地; 3.方案可行的前提需临时占用田寮大道用地,交通影响大,管线保护难度大	1.有效减少建成区段动土范围; 2.需占用临时规划河道蓝线外用地; 3.涉及分洪箱涵与茅洲河干流的衔接及改造问题; 4.征地拆迁量未显著减少
实施难度	征地拆迁量很大,实施难度较大	协调工作复杂,实施难度极大	协调工作复杂,实施难度极大

本次规划将方案一作为推荐方案,主要原因有以下几点:

(1)田寮大道段暗涵上现状违建房屋直接坐落于原始河道岸墙上,并未进行过安全鉴定,长期水流冲刷作用下存在安全隐患,可结合河道整治拆除违建房屋,消除隐患。

(2)方案二、方案三均需突破规划河道用地范围,对现状市政道路产生影响,协调难度巨大,田寮社区排水工程即由于同样原因而取消。

(3)方案三房屋拆迁量并未比方案一显著减少。

(4)方案一通过工程措施让河道治理效果显著展示,推进城市改造,提升土地价值,与光明新区"绿色城市"规划最为贴切,并且有利于治理移交后管理使用,社会经济意义最大。

田寮大道段暗涵上现状违建房屋直接坐落于原始河道岸墙上,并未进行过安全鉴定,长期水流冲刷作用下存在安全隐患。这也是本次规划推荐"规划用地范围内田寮大道现状违建房屋拆除、河道拓宽"这一防洪方案的重要原因,建议委托第三方机构对田寮路段长期受水流冲刷作用的暗涵进行安全检测与评估,评估结果作为本工程下阶段河道改造方案的设计依据。

通过上述比选,确定防洪工程方案后,本工程总体布置即可相对明确,依据现状水面线计算成果分析及设计水面线复核成果确定最小堤距要求,根据用地范围,并结合地面高程及周边环境,将玉田河堤距按照拓宽、退坡等形式进行确定,玉田河设计堤距见表9.7-16。

表9.7-16　玉田河设计堤距　　　　　　　　　　　　　　　　　　（单位:m）

桩号	河段	现状堤距	最小堤距要求	实际采用堤距
0+000~0+270	河口—松白路段	12	12.5	14
0+270~1+010	田寮路段	8.3	11.5	13
1+010~1+400	田寮路—光明桥段	9.5	9.5	9.5
1+400~1+850/830	光明桥—玉昌东路	7.2~8.5	9	12

续表 9.7-16

桩号	河段	现状堤距	最小堤距要求	实际采用堤距
1+850~2+160	玉昌东路—玉园东路	6	8.5	11
2+160~2+330	玉园东路—玉园西路	5	8.5	22
2+330~2+460/590	玉园西路段	5	8	9
2+460~2+693	玉园西路—治理终点	5.5	7.5	18

河道纵坡基本维持现有河床不变,在考虑一定底泥清理的情况下对河底纵坡进行了微调。各河道设计横断面结构如下:

(1)河口—松白路段(0+000~0+270)。

该段长约 270 m,现状为单一矩形断面,岸坡土体裸露,两岸场地弃置,部分区域被木材加工厂占据。结合两岸用地规划,对岸坡进行梳理及绿化改造,采用复式直墙断面,防洪岸墙利用永久灌注桩结合挂板结构;墙顶设种植槽,垂吊植物绿化岸墙;坡脚设置检修步道平台,平台宽 2.5 m,高出设计河底 2.5 m;两岸堤顶布置 4 m 宽巡河路。

(2)田寮路段(0+270~1+010)。

该段长约 740 m,现状河道被违建覆盖,不满足 50 年一遇防洪要求。结合用地规划,将上部房屋拆除,打开暗涵,拓宽行洪断面,设计岸墙采用复式直墙形式,利用永久灌注桩结合挂板结构;墙顶设种植槽,垂吊植物绿化岸墙;坡脚设置检修步道平台,平台宽 1.5 m,高出设计河底 1.5 m;恢复左岸堤顶水泥路面。

(3)田寮路—光桥路段(1+010~1+400)。

该段长约 390 m,现状河道宽度约 10 m,矩形断面,两岸房屋密布,河道行洪能力满足 50 年一遇标准,本工程保留现状河岸结构,对岸墙进行贴面处理,并沿河设置防护栏杆。

(4)光桥路—玉昌东路段(1+400~1+850)。

该段长约 450 m,现状矩形断面,左岸与社区道路绿化带相邻,右岸紧邻企业厂房,不满足 50 年一遇防洪要求。保留右岸现状岸墙,并向左拓宽 1~5 m,左侧岸墙采用复式直墙形式,利用永久灌注桩结合挂板结构;坡脚设置检修步道平台,平台宽 1.5 m,高出设计河底 1.5 m;为了恢复现状左岸社区道路及停车带,架设立柱挑台。

(5)玉昌东路—玉园东路段(1+850~2+160)。

该段长约 310 m,现状矩形河槽宽度约 6.0 m,上部被临时搭建棚房覆盖,不满足 50 年一遇防洪要求。拓宽河道宽度至 11 m,两侧岸墙采用浆砌石直立挡墙结构,挡墙高度 2.4~2.6 m,坡脚设置检修步道平台,平台宽 1.5 m,高出设计河底 1.5 m;恢复左岸堤顶水泥路面。

(6)玉园东路—玉园西路(玉律公园)段(2+160~2+330)。

该段长约 170 m,现状为 5.0 m×1.6 m 暗涵,不满足防洪要求。拟打开现状绿化园区段暗涵,结合用地,河道采用斜坡式断面形态,形成公园滨水空间,两岸设置亲水平台;结合公园道路设置巡河路。

(7)玉园西路段(2+330~2+460)。

该段长约 130 m,现状为 5.0 m×1.6 m 暗涵,不满足防洪要求。结合用地情况,考虑现状道路及左岸巡河路的畅通,对于桥涵以下区域采用两孔箱涵结构扩大行洪断面,箱涵内考虑截流杂物设置挡坎;桥涵以外区域将暗涵打开后两岸有条件的进行放坡处理,坡脚考虑水质截流设置检修步道平台,平台宽 1.5 m,高出设计河底 1.0 m;河道左岸堤顶布置 4 m 宽巡河路。

(8)玉园西路—治理终点(2+460~2+693)。

该段长约 230 m,现状为 5.5~6.0 m 矩形河道,部分区段被临时建造棚房覆盖,岸坡坍塌,拆除棚房,恢复明渠形态,采用 1:4 斜坡式断面形态,坡脚利用石笼护脚构筑亲水平台。

9.7.2.2 二级支流

1.潭头河

潭头河现状堤防欠高长度为 4 126 m,其中左岸欠高长度为 1 865 m、右岸欠高长度为 2 261 m。欠高高度在 0.5 m 以上的河道长度为 2 950 m,其中左岸长度 1 665 m、右岸长度为 1 285 m。

本次规划将原属松岗河流域的五指耙水库洪水泄入潭头河流域,50 年一遇最大泄洪流量为 11.1 m³/s,潭头河南侧滞洪区削峰能力为 3.61 m³/s,北侧滞洪区削峰能力为 11.7 m³/s,合计削峰流量 15.31 m³/s,大于五指耙水库下泄流量 11.1 m³/s,规划工况下各控制断面设计洪峰流量与现状各控制断面设计洪峰流量维持一致。防洪工程建设安排主要采用河道拓宽、堤岸加高和岸坡加固、改造拆除现状阻水建筑物的方式对现状堤岸进行整理改造。河道工程布置总体上维持已有自东往西走向,在清淤、清障基础上对不满足防洪河段进行拓宽,分段布置说明如下:

(1)0+000~0+920:维持现有堤防,清淤后主河床宽 18~20 m,堤距 36~50 m,结合截污管埋设,河道左岸形成 3 m 宽二级平台。

(2)0+920~1+986:本段拆除总口截污阻水闸 1 座,拆除重建阻水桥梁 4 座,贯通左岸人行步道,右岸基本维持现状堤防,1+143~1+284 段对现状存在安全隐患的浆砌石挡墙进行拆除重建;左岸结合河道拓宽,全段新建灌注桩防洪墙。1+224 处左岸磨圆冲支流汇入处,潭头河干流堤防由直立防洪墙渐变为梯形护坡,以实现干支流的渐变衔接。

(3)1+986~3+951:旧水系方面,1+986~3+027 段维持已有 3 m×3 m~5 m×3.6 m×3 m 箱涵,3+027~3+518段维持现有直立式断面;为系统解决五指耙水库泄洪及区间排水问题,在松岗大道上游芙蓉路两侧分别设置南北两处滞洪区,水面面积分别为 1.77 万 m²、7.61 万 m²,3+518~3+951 段结合滞洪区设置将已有河床纳入水面范围,为实现滞洪区的调蓄控制,分别设置 3 处控制闸;滞洪区以下段为满足片区排洪要求,新设 4 m×2.7 m 分洪箱涵。

(4)3+951~4+180:河道右岸增设防洪墙,并对 6#桥实施拆除重建,左岸新增防护栏杆。

河道横断面拟采用梯形断面、矩形断面、复式断面。根据工程平面布置和现状河道特点,潭头河分段横断面结构如下:

(1)桩号 0+000~0+915.364(河口—宝涌燃气潭头供应站)。

该段明渠段已按 20 年一遇标准治理,河长 915.364 m,现状河宽 32~48 m,左岸现状堤顶高程 4.39~4.49 m,右岸现状堤顶高程 4.19~4.34 m。左岸为 2.0 m 高浆砌石挡墙,以上为浆砌石护坡。右岸为 1.5 m 浆砌石挡墙,护脚以上为树木+草皮护坡,坡顶上为巡河路。该段满足 20 年一遇防洪要求,维持现状,对河道进行清淤。河道右岸现状巡河路结合景观台地建设进行高程调整及绿化建设。

(2)桩号 0+915.364~1+139.175(宝涌燃气潭头供应站—废品收购站)。

该段明渠段已进行过整治,河长 223.8 km,现状河宽 9.7~27 m,左岸现状堤顶高程 2.9~4.39 m,右岸现状堤顶高程 2.8~4.55 m。对桩号 0+961.860 处现状 1#桥梁进行拆除重建,拆除桩号 1+143.723 处现状 3 孔阻水拦河闸。

两岸均为浆砌石挡墙,左岸为生态控制线及高压走廊控制用地和苗木场,右岸为国有储备用地及高压走廊控制用地,河道两侧均无连通的巡河路。经复核,20 年一遇洪水标准下现状堤防欠高较多,防洪不满足要求。本次拟对河道左岸进行拓宽,堤顶高程采用设计水位+0.6 m 安全超高。

(3)桩号 1+139.175~1+283.978(废品收购站至磨圆冲口)。

该段明渠段已进行过整治,河长 144.803 m,现状河宽 9.5~10 m,左岸现状堤顶高程 2.9~3.42 m,右岸现状堤顶高程 2.8~3.42 m。两岸均为浆砌石挡墙,左岸为生态控制线及高压走廊控制用地和工业厂房,右岸国有储备用地及高压走廊控制用地,河道两侧均无连通的巡河路。经复核,现状堤防欠高较多,防洪不满足要求。本次拟对河道左右岸进行拓宽,堤顶高程采用设计水位+0.6 m。

(4)桩号 1+283.978~1+986.665(磨圆冲河口—广深暗涵出口)。

该段明渠段已进行过整治,河长 702.687 m,现状河宽约 10 m,左岸现状堤顶高程 3.42~4.07 m,右岸现状堤顶高程 3.85~5.12 m。对桩号 1+302.374、1+722.367、1+856.684 的 2#、3#、4#阻水桥梁拆除重建。

两岸均为浆砌石挡墙,左岸为绿化带 6~8 m 芙蓉西路东行车道,右岸为 20 m 宽高压走廊控制绿化用地及芙蓉西路西行车道。经复核,现状堤防欠高较多,防洪不满足要求。本次拟对河道左岸进行拓宽,堤顶高程采用设计水位+0.6 m 安全超高。

(5)桩号 1+986.665~3+027.043(广深暗涵出口至铭光宠物制品厂)。

该段为箱涵,箱涵尺寸分别为 1 孔 5 m×3 m、3 孔 5 m×3.6 m、1 孔 4 m×3 m 和 1 孔 3 m×3 m,范围分别为 1+986.665~2+036.779、2+036.779~2+252.288、2+252.288~2+551.311 和 2+551.311~3+027.043,长度分别为 50.114 m、215.509 m、299.023 m 和 475.732 m,本次对箱涵进行清淤,现状淤积约 0.3 m 厚,本次清淤清至箱涵的硬底。

(6)桩号 3+027.043~3+951.657(铭光宠物制品厂至大田洋变电站)。

该段除桩号 3+149.154~3+164.572、3+427.015~3+518.810 为暗涵,其余均为明渠,该明渠段已进行过整治,河长 924.614 m,其中明渠段 817.401 m、暗涵段 107.213 m,现状河宽 4.4~8.4 m,左岸现状堤顶高程7.5~13.08 m,右岸现状堤顶高程 6.9~13.11 m。桩号 3+027.043~3+149.154 段、3+164.572~3+427.015 段左岸为浆砌石挡墙,右岸为低洼地区,右岸房子侧墙及现状围墙充当防洪墙;桩号 3+518.810~3+951.657 段左右岸为对称结构,平台以下为 0.8~1.5 m 浆砌石挡墙,平台宽 1 m,平台以上为 1∶1.5 草皮护坡。本段维持现状岸坡,仅进行清淤,箱涵段清淤至箱涵的硬底。该段桩号 3+518.810 为 5# 松岗大道桥,桩号 3+932处存在一处电缆过河涵,该涵严重阻水,结合滞洪区建设,进行电气迁改拓宽。鉴于 1+986.665~3+951.657 段现状河道不满足 20 年一遇防洪要求,本次沿芙蓉路走向新建 2.7 m×4.0 m 分洪箱涵。

(7)桩号 3+951.657~4+579.967(大田洋变电站—田园路)。

该明渠段已进行过整治,河长 628.31 m,河宽 3~6.4 m,两岸均为浆砌石挡墙,挡墙高度 1.4~3.78m。左岸现状堤顶高程 13.45~18.15 m,右岸现状堤顶高程 13.74~18.12 m。经复核,该段河道主要受下游水位壅高影响,现状堤防欠高较多,防洪不满足要求。下游新建 2.7 m×4.0 m 分洪箱涵后,可有效降低本段河道的水位壅高,满足 20 年一遇防洪要求,该段河道维持原浆砌石挡墙,对局部堤防不设计水位+0.6 m 安全超高要求的河段新建 1.1 m 防洪栏杆封闭防洪体系。该段河道现状河道纵坡较陡,为满足河道抗冲刷要求,结合河道清淤进行抛石护脚,深 1.0 m。对桩号 4+000.392 处 6# 桥进行拆除重建。

(8)桩号 X0+000~X1+362.563(新建分洪箱涵)。

由于桩号 1+986.665~3+027.043(广深暗涵出口—铭光宠物制品厂)段为现状暗涵,位于现状绿化带或人行道下,现状暗涵过流断面存在防洪瓶颈段,不满足 20 年一遇防洪要求。此外,暗涵两侧为高压燃气和高压电缆,不具备原位拓宽条件。桩号 3+027.043~3+952.061(铭光宠物制品厂—大田洋变电站)明渠段,3+027~3+518 段现状为浆砌石明渠,但因河道现状右岸潭头第二工业区地面高程仅 5.45~6.45 m,而现状河底高 4.0~5.4 m,该段河道防洪基本靠现状建筑物或围墙充当防洪墙。受下游防洪瓶颈段影响,该段河道如采用拓宽方案将会引进较大拆迁,采取堤防加高方案则将会引起工业区的内涝。3+518~3+952 段在《芙蓉渠综合整治工程》中已经渠化,为浆砌石矮墙,该段河道不满足 20 年一遇防洪要求。

本次规划综合考虑上游五指耙水库超标洪水排放及左支洪水分流问题,拟在 3+518~3+952 段范围内新建 3 万 m² 的滞洪区进行洪水调蓄,同时沿芙蓉路新建分洪箱涵参与行洪,解决河道行洪问题。桩号 X0+000~X0+400 段新建分洪箱涵尺寸为 B×H = 2.7 m×4 m,桩号 X0+400~X1+362.563 新建分洪箱涵尺寸为 B×H = 4 m×2.7 m,侧壁厚 400 mm,底板厚 500 mm,上底板厚 400 mm,长 1 362.563 m。结合左岸新建补水管,两侧采用 ϕ130@400 微型钢管桩对撑进行支护。

2.潭头渠

潭头渠现状堤防欠高长度为 756 m,两岸长度均为 378 m;其中欠高高度在 0.5 m 以上的河段长 310m,两岸均为 155 m。本次对不满足 20 年一遇防洪标准行洪能力的河段提出改造方案,根据所选定的河道轴线、河道断面形式及水生态修复措施,结合河道两岸现状,初定该工程的总体布置为:整治全长约1.61 km,中下游改造河道沿现有河道中心轴线布置,适当拓宽;上游河道改造成箱涵,改线排至潭头河水系。

河道纵向布置依现状坡降,局部微调,经分析计算,设计纵坡4‰~0.5‰。河道横断面设计主要是在尽量维持现状河道的生态和宽窄形态变化的前提下,在满足行洪畅通、堤岸安全稳定和截污管理设不进行大范围开挖的同时,充分考虑生态修复、方便河道管理,结合景观提升要求来综合确定。分段设计如下。

1)潭头渠泵站—广深高速公路

该段总长为1.3 km左右,河道两岸现状挡墙为浆砌石结构,基础位于原农田地基上,原基础未经处理。经现场查勘分析,现状下部浆砌石墙墙体结构单薄,多处有破损及沉陷,墙底片石基础受冲刷而外露,墙体片石砂浆不饱满甚至无砂浆,局部墙体因倾斜而简单整修过。经检测显示,结构安全性不能保障。

该段新建钢筋混凝土桩板墙,墙顶设置护栏和长条状绿化带,护栏长度与绿化带长度均为10 m,两者间隔布置。

2)广深公路(107国道)—潭头第二工业城门口

该段总长0.31 km左右,河道位于潭头东路和潭头第一工业区之间,该段主要改造内容是改造现状河道,河道北岸新建巡堤路,渠墙上设钢筋混凝土栏杆。

3)潭头第二工业城门口—松岗大道(华美路口)

该段总长1.10 m左右,因征地拆迁困难,主要方案为近期保留现状河道,远期废除。

4)华美路—松岗大道—松岗大道(金芙路路口)

从华美路至松岗大道,本段总长0.55 km左右,新建3.0 m×2.5 m钢筋混凝土箱涵,位于华美路北侧的绿化带下;从松岗大道至松岗大道(金芙路路口),本段总长0.78 km左右,新建4.0 m×2.5 m钢筋混凝土箱涵,位于松岗大道西侧的绿化带下。

3. 东方七支渠

东方七支渠现状堤岸欠高长度为3 161 m,其中左岸为1 332 m,右岸为1 829 m;欠高高度在0.5 m以上的堤岸长度942 m,其中左岸为471 m,右岸为471 m。

七支渠由东向西横穿东方大道、107国道及广深高速,最终汇入沙井河,本次整治范围自西水渠至沙井河口,全长3.342 km。桩号0+000.00~0+665.55段改建现状明渠及暗涵恢复明渠,设计明渠宽为3.5 m,采用C20重力混凝土挡墙结构;桩号0+665.55~1+105.65段新建3.5 m×2.5 m钢筋混凝土箱涵;桩号1+297.00~1+595.00段新建5.5 m×2.5 m钢筋混凝土箱涵;桩号1+776.75~2+710.04段拆除现状盖板涵新建5.5 m×3.5 m钢筋混凝土箱涵;桩号2+710.04~3+342.80段拆除现状浆砌石挡墙拓宽河道,拓宽后河道宽为6.5 m,河道挡墙采用C30钢筋混凝土灌注桩挂板结构。

七支渠河底高程下游受水闸底边高程控制,上游由白马抽水泵站的现状河底高程控制,设计纵坡1/3 000~1/4 000,横断面基本维持现状形式。设计断面参数见表9.7-17。

表9.7-17 防洪工程设计断面参数   (单位:m)

桩号	设计水位	设计河宽	设计底高程	设计顶高程	结构
0+000~1+105	4.62~3.40	3.5	2.86~1.45	5.3~4.1	矩形断面
1+000~1+070	3.45~2.86	5.5	1.47~0.51	4.2~3.8	箱涵
1+800~2+580	2.86~2.75	5.5	0.51~0.30	3.8~4.2	箱涵
2+580~3+342.8	2.75~2.73	6.5	0.20~0.03	3.5~3.8	矩形断面

4. 松岗河

松岗河现状堤防欠高长度为6 058 m,两岸长度均为3 029 m;其中欠高高度在0.5 m以上的堤岸长4 740 m,两岸长度各为2 370 m。本次规划中,松岗河干流河道工程布置总体上维持已有自东往西走向,在清淤、清障基础上对不满足防洪河段进行拓宽,分段布置说明如下:

(1)桩号0+000~1+450河段:总长1 450 m,本段范围中0+430~0+493段左岸现状未按防洪要求新建堤防,本次结合水面线复核,拓宽新建 2.4 m 高石笼直立挡墙堤防;0+541.5~1+005 段、1+145~1+420 段现状挡墙存在安全隐患,本次结合龙舟文化走廊的打造,对其进行拆除重建。其余河道维持现有堤防,对河道进行清淤,清淤后主河床宽 17~20 m,堤距 40~45 m。桩号 0+242~0+555 段右岸结合征地拆迁,新建宽 4.0 m 巡河路 325.52 m。

(2)1+450~2+670 段:本段左岸维持现状堤防,右岸 1+696~1+822 段结合龙舟文化走廊的打造,对现状存在安全隐患的浆砌石挡墙进行拆除重建,河道维持现有河道宽度 38 m。

(3)2+670~4+047 段:松岗河东方路涵—松白路段除桩号 2+671~2+877 段范围外均已经进行防洪整治,桩号 2+671~2+877 段河道因左岸金花圈征地拆迁问题未拓宽新建堤防,不满足 20 年一遇防洪要求。本次规划将该段纳入整治范围,基本维持现状河道走向,采用梯形矩式断面,上口宽度 25 m,对现状右岸进行拓宽,新建灌注桩挡墙,结合滨水风情走廊的建设,抬升现状地面高程,对其余河段进行清淤。桩号 2+671~2+877 段右岸、3+472~3+893 段左岸结合征地拆迁,新建宽 4.0 m 巡河路 608.83 m。

(4)4+047~4+972 段:本段河道已经按 20 年一遇防洪标准要求进行防洪整治,但根据地勘报告,该范围内桩号 4+133~4+300 段挡墙表观质量存在安全隐患,本次工程对其进行拆除重建,新建灌注桩挡墙。其余河段结合截污管的埋设对现状堤脚进行加固及清淤。桩号 4+321~4+420 段左岸、4+726~4+972 段左右岸结合征地拆迁,新建宽 4.0 m 巡河路 567.22 m。

由于松岗河已经进行了防洪工程整治,本次设计主要对存在安全隐患的挡墙进行拆除重建,本阶段维持上阶段设计纵断面,仅对河道进行清淤疏浚。河道底坡尽量以现状河底为基准,不过多改变原有深泓线高程,以利河槽和桥基础稳定。松白路至河团段设计纵坡 0.29‰~0.84‰,松白路—汇合日段设计纵坡 1.4‰~2.4‰。根据工程平面布置和现状河道特点,河道分段横断面结构如下:

(1)桩号 0+000~1+500(河口至宝安大道桥段)。

本段河桩号 0+000~0+430 段纳入沙井河片区排涝工程整治范围,已满足 20 年一遇防洪要求。桩号 0+430~0+493 段右岸现状防洪不满足 20 年一遇洪水要求,该段河道原纳入沙井河片区排涝工程整治范围,但因征地拆除原因未进行整治,导致该段防洪不达标。本次综合整治工程将该段纳入整治范围,基本维持现状河道走向,采用堤形复式断面,上口宽度 48 m,0.1 m 高程以下采用抛石挤淤,设计河底以下采用抛石厚 3.19 m,设计河底至 0.1 m 高程按 1:2 坡比控制;0.1 m 高程至设计堤顶采用 2.65 m 的石笼挡墙,挡墙顶部设栏杆,堤后采用土方回填至设计堤顶。堤顶设 4.0 巡河路+1.0 m 树池连通上下游,左岸维持现状岸坡。

广深高速—宝安大道段现状满足 20 年一遇防洪要求,两岸已经贯通巡河路,本次结合龙舟文化走廊的打造,对现状挡墙表观质量存在隐患段 0+541.5~1+005 段、1+145~1+420 段进行拆除重建。新建挡墙采用灌注桩的形式恢复,左岸维持现状挡墙。其余段满足防洪要求的河道仅进行清淤疏浚。

(2)桩号 1+500~2+590(宝安大道桥—东方路涵)。

松岗河宝安大道—东方路涵段现状满足 20 年一遇防洪要求,两岸除右岸溪头泵站段外,其余已经贯通巡河路,但巡河路可通过河滨北路连通上下游巡河路。本次结合龙舟文化走廊的打造,对现状挡墙表观质量存在隐患段 1+696~1+822 段右岸进行拆除重建,采用新建灌注桩挡墙恢复。河道断面维持现有河道宽度 38.3 m,右岸结合支护新建 ϕ800@1 100 永久支护桩,表面挂 200 mm 厚面板,桩顶新建栏杆;其余段挡墙表面结合龙舟赛段打造,现状挡墙表面采用外墙面水涂漆饰面。桩号 2+500~2+590 段右岸堤顶打造滨水休闲生活节点。其余段满足防洪要求的河道仅进行清淤疏浚。

(3)桩号 2+590~4+133(东方路涵—松白路段)。

松岗河东方路涵—松白路段除桩号 2+672~2+884 范围外,均已经进行防洪整治,桩号 2+672~2+877 段河道因金花围征地拆迁问题未拓宽新建堤防,不满足 20 年一遇防洪要求。本次综合整治工程将该段纳入整治范围,基本维持现状河道走向,采用堤形矩式断面,上口宽度 23 m,对现状右岸进行拓宽,右岸结合支护新建 ϕ800@1 100 永久支护桩,表面挂 200 mm 厚面板,桩顶新建栏杆;右岸堤岸结合滨水风情走廊的建设抬升现状地面高程。其余河段进行清淤。

桩号 3+000~3+435 段现状为暗涵,维持河道现状走向,对河道进行清淤。其中 3+074~3079 段暗涵出现顶板坍塌段进行顶板拆除重建,对其余局部钢筋裸露段采用钢筋喷砂除锈,涂刷阻锈剂,利用环氧砂浆抹面防护;渗水段暗涵采用闭孔聚乙烯泡沫塑料板、30 mm 厚聚氨酯密封膏、外贴式橡胶止水带及 70 mm 厚沥青砂浆进行封堵。

桩号 3+473~3+890 段维持河道现状,进行河道清淤,结合河道现状左岸用地情况疏通左岸巡河路,新建 4 m 宽巡河路 422 m。

桩号 4+047~4+133 段结合河道右岸规划绿地进行生态跌水建设,展示治水成效,左岸维持现状断面。

(4)桩号 4+133~4+972(松白路—西水渠汇入口)。

本段河道已经按 20 年一遇防洪标准要求进行防洪整治,但根据地勘报告,该范围内桩号 4+133~4+300 段右岸挡墙表观质量存在安全隐患,本次工程对其进行拆除重建,结合支护新建中 800@1 100 永久支护桩,表面挂 200 mm 厚面板,桩顶新建栏杆。结合综合整治对本段河道巡河路进行疏理,本段河道范围内河道两岸仍有 370 m 河道两侧或一侧未贯通巡河路,本次结合两岸用地情况,新建 567 m 巡河路,巡河路宽 4.0 m。桩号 4+972 处结合控制闸的建设,重建交通桥涵,新建 2 孔 4.5×2.5 m 桥涵,宽 6 m。

5.新桥河

新桥河现状堤防欠高长度为 5 483 m,其中左岸 3 000 m、右岸 2 483 m;欠高高度在 0.5 m 以上的堤岸为 3 476 m,左岸长度为 1 993 m、右岸长度为 1 483 m。本工程整治新桥河河道长度 5.91 km(总长 6.20 km),整治长度占渠道总长的 95.3%。工程分段布置如下所述:

(1)第一段(溢洪道下已整治段,桩号 6+193.7~5+910,长约 283.7 m):该段河道已经完成整治,河道两侧皆为浆砌边坡,采用 T 形断面。

(2)第二段(广深高速以东工业区段,桩号 5+910.0~3+620.33,长约 2 289.67 m):该段河道曾经进行过整治,为浆砌石矩形挡墙;但是河道局部段两侧堤岸不满足Ⅳ级堤防要求,两岸皆有排污口接入,河道现状土质渠底淤积严重,经计算,不满足 20 年一遇防洪要求。整治为矩形断面,两侧现状建筑物距离河边较近,拟拆除现状挡墙后配合截污工程设计,新建河道断面为矩形的墙式堤岸,堤岸结构为钻孔灌注桩+钢筋混凝土板护面,墙顶局部段可利用现状道路改建成巡河道,堤岸脚结合沿河截污管道的铺设,采用块石护砌防止冲刷,影响河堤安全。

(3)第三段(广深高速以西—北环路段,桩号 3+620.33~1+017.01,长约 2 603.32 m):该段河道曾经进行过整治,为浆砌石矩形挡墙,河岸护砌整齐;但是,河道局部段两侧堤岸不满足Ⅳ级堤防要求,两岸皆有排污口接入,河道现状土质渠底淤积严重,经计算,不满足 20 年一遇防洪要求。新建河道断面为矩形的墙式堤岸,堤岸结构为钻孔灌注桩+钢筋混凝土板护面,堤顶加设防洪墙,墙顶局部段可利用现状道路改建成巡河道,堤岸脚结合沿河截污管道的铺设,采用块石护砌防止冲刷,影响河堤安全。河道现状横断面见图 9.7-1。

图 9.7-1　河道现状横断面

(4)第四段(北环路—终点岗头调节池段,桩号1+017.01~0+000,长约1 017.01 m):该段河道现状为矩形断面浆砌石明渠,建设年代较早,护砌结构松散且已老化。河道两侧堤岸均不满足Ⅳ级堤防要求,由于北环路以北附近地块尚未大规模开发建设,在该河段进入的污水量较少,河道现状土质渠底,纵向水利条件较差。经计算,不满足20年一遇防洪要求。规划拆除现状护砌后配合截污工程设计,新建河道断面为矩形的墙式堤岸,堤岸结构为钻孔灌注桩+钢筋混凝土板护面,堤顶加设防洪墙,墙顶局部段可利用现状道路改建成巡河道,堤岸脚结合沿河截污管道的铺设,采用块石护砌防止冲刷,影响河堤安全。

本次河道底坡尽量以现状河底为基准,不过多改变原有深泓线高程,以利河槽和桥基础稳定。各断面河底高程的确定尽量避免填方,同时控制深泓线挖深一般不超过1.0 m。结合现状河道治理情况,以及本次河道防洪要求,以不过多改变河道原有坡降为准则,在考虑一定底泥清淤的情况下,确定整个河段纵坡为0.5‰~3.0‰。为减缓水力坡降,降低水流对河床的冲刷,设置6处跌水,新桥河纵断面设计参数见表9.7-18。由于新桥河经过建成区,两岸建筑物密集,河道拓宽受到约束,只能采用矩形断面进行改造整治,新桥河横断面设计参数见表9.7-18。

表9.7-18　新桥河河道断面设计参数

起点桩号	终点桩号	断面名称	纵坡	底宽(m)	边坡		平台宽(m)		说明
					左岸	右岸	左岸	右岸	
0+000	0+212	宝安大道	0.5/1 000	30	0	0	2.5	3.5	左岸人行道右岸巡河路
0+212	1+020	中心路	1.5/1 000	25					
1+020	1+880	北环路	1.0/1 000	20	0	0	3.5	2.5	右岸人行道左岸巡河道
1+880	2+945	新桥社区	1.0/1 000	20	0	0	3.5	3.5	右岸巡河路左岸巡河路
2+945	3+330	广深高速	1.0/1 000	20	0	0	3.5	3.5	
3+330	4+745	新桥工业区	1.5/1 000	20	0	0	3.5	2.5	
4+745	5+481.5	新二工业区	1.5/1 000	20	0	0	3.5	2.5	
5+481.5	5+981.0	新二工业区	3.0/1 000	16	0	0	3.5	2.5	

6.上寮河

上寮河现状堤防欠高长度为6 938 m,其中左岸3 348 m、右岸3 590 m;欠高高度在0.5 m以上的堤防长度为6 696 m,左右岸均为3 348 m。本次工程平面基本沿现状河道走向布置,拆除现状阻水建筑物;结合沿河截污管道的敷设和景观节点的设置,采用河道拓宽、堤岸加高和岸坡加固改造的方式对现状堤防进行整理改造。

(1)堤岸加高段:根据现状防洪能力的复核结果,上寮河广深公路以下河段周边地势低洼,受岗头调节池水位顶托,中心路、宝安大道箱涵顶托影响防洪不达标,需进行整治。河道行洪瓶颈段总长度2.15 km,主要包括桩号1+560.093~1+891.614段、桩号1+927.785~2+203.742段和桩号2+960.186~3+712.483段,这些河段河道拓宽的可能性较小,主要采取堤岸加高的方案进行达标整治。

(2)堤岸加固段:桩号3+712.483~4+257.248段,已进行过防洪整治,两岸为浆砌石直立挡墙或梯形护岸,局部河段挡墙破损严重,存在安全隐患,需拆除重建,拆除重建长度为702 m。

(3)堤岸改造段:桩号3+990.835~4+300.000现状为浆砌石挡墙,右岸建筑物密集,堤岸采用灌注桩+预应力锚索作为永久挡墙,堤顶新建高1.1 m的玻璃防浪墙,以满足防洪体系封闭要求。

桩号4+257.248~5+827.776段,河道现状堤防满足防洪要求,对现状右岸具备放坡空间的进行岸坡改造,增进人水和谐;对不具备放坡的左岸维持现状直立挡墙,仅在现状挡墙顶部结合现状道路完善安全防护栏杆。

新建护岸段：桩号 5+827.776~6+206.680 段，河道现状堤防满足防洪要求。河道左岸现状为天然岸坡，本工程拟新建坡式护岸；右岸维持现状挡墙，堤前结合截污管的埋设设置堤路。

清淤清障：根据现状水面线复核成果，企安路上游一处阻水建筑、创新路下游一座阻水闸进行拆除。对上寮河全河段范围内进行清淤，含明渠段、桥梁段、暗涵段。

河道设计纵坡为 0.28%~5.36%，分段横断面结构如下：

（1）桩号 0+000.000~桩号 1+560.093（截污闸—箱涵进口）。

该段为箱涵，箱涵尺寸分别为 3 孔 7 m×3.8 m 和 3 孔 7 m×3.7 m，范围分别为 0+005.783~1+200.000 和 1+200.000~1+560.092，长度分别为 1.2 km 和 360.092 m，本箱涵出口接上寮河截污闸，本次对箱涵进行清淤，现状淤积 0.3~0.5 m 厚，本次清淤清至箱涵的硬底。

（2）桩号 1+560.093~桩号 1+891.614（箱涵进口—新沙路桥）。

该段明渠段，现状河宽 18~23 m，两岸为浆砌石挡墙，左岸为沙井中心广场。该段防洪不满足要求，堤顶高程欠高 1.32~1.98 m，右岸为居民区，为了避免拆迁，对堤防进行加高，堤顶与设计水位齐平，波浪爬高和安全超高采用新建 0.6 m 高的防浪墙，防浪墙采用玻璃防浪墙。

本次设计结合沿河截污管的布置，对两岸挡墙进行改造。左右岸堤脚分别新建 DN1 000 和 DN1 400 的沿河截污管，外包混凝土平台宽 3 m，作为检修平台，平台上进行铺装，平台下垫 C15 混凝土垫层厚 150 mm。左岸挡墙拆除重建，沿线改造为宽窄不一的景观台地作为下河台阶，右岸拆除现状的上部挡墙，新建 C25 混凝土衡重式挡墙，挡墙高 3.5 m，墙顶宽 0.5 m，迎水侧墙坡 1:0.2，背水侧上墙背坡 1:0.2，上墙背坡高 1.4 m，台宽 0.5 m，下墙背坡 1:0.3，下墙背坡高 2.0 m，底宽 1.36 m，对挡墙迎水面进行贴面。两岸堤脚进行抛石景观护脚，抛石护脚深 1.5 m。利用现状右岸道路作为巡河路连通上下游。

（3）桩号 1+927.785~2+203.742（新沙路桥—上德路桥）。

该段明渠段防洪不满足要求，现状河宽 18~21 m，两岸为浆砌石挡墙，两岸均为居民区，该段中间有一段长 175 m 的星悦豪庭覆盖段，现状堤顶高程欠高 0.4~1.6 m，防洪不满足要求。本次对河道星悦豪庭覆盖段进行拆除，对堤防进行加高，堤顶与设计水位齐平，波浪爬高和安全超高采用新建 0.6 m 高的防浪墙，防浪墙采用玻璃防浪墙。

本次规划结合沿河截污管的布置，对两岸挡墙进行改造。该段左岸采取两种护岸形式。在桩号 1+927.785~1+999.107 段和桩号 2+150.000~2+203.742 段，左岸有居民住房距离堤岸较近，其中有单层的砖房和单层的混凝土房直接建于堤顶上，为保证河岸建（构）筑物的稳定及安全，控制堤岸支挡体系位移，对于施工场地狭小且有重要建筑物河岸段，采用灌注桩+预应力锚索支护体系作为堤岸永久支挡结构，桩间采用旋喷桩进行止水和固土，临河道侧灌注桩表面设置 200 mm 厚 C25 混凝土挂板。灌注桩采用 C30 钢筋混凝土，桩径φ1 000 mm，桩距 1 400 mm，桩长 12.6 m。旋喷桩桩径：①φ700 mm，桩距 1 400 mm，桩顶设置有通长 1.0 m×0.8 m 的冠梁。对外露混凝土面进行挂绿处理。②在桩号 1+999.107~2+150.000 段为星悦豪庭覆盖段，对该段上部拆除后，新建 C25 混凝土衡重式挡墙，挡墙高 3.4 m，墙顶宽 0.5 m，迎水侧坡比 1:0.2，背水侧上墙背坡 1:0.2，上墙背坡高 1.4 m，台宽 0.5 m，下墙背坡 1:0.3，下墙背坡高 2.0 m，底宽 1.36 m，对挡墙迎水面进行贴面。

该段右岸结合新建截污检修平台（宽 3 m）新建 C25 混凝土衡重式挡墙，挡墙尺寸与上同。两岸堤脚进行抛石护脚，抛石护脚深 1.5 m。利用现状右岸道路作为巡河路连通上下游。

（4）桩号 2+261.316~2+911.494（上德路桥—创新路桥）。

该段明渠段防洪不满足要求，现状河宽 16~20 m，两岸为浆砌石挡墙，两岸均为居民区，堤顶高程欠高 0.88~1.71 m，防洪不满足要求。在桩号 2+642.037 处有个现状防潮闸，本次将此闸进行拆除。

左右岸堤脚分别新建 DN1 000 和 DN1 200 的沿河截污管，外包混凝土平台宽 3 m，作为检修平台，平台上进行铺装，平台下垫 C15 混凝土垫层，厚 150 mm。两岸堤脚进行抛石护脚，抛石护脚深 1.5 m。左岸设计堤顶高程与水位齐平，新建 0.6 m 高的防浪墙挡水，防浪墙采用玻璃防浪墙。

右岸结合截污管的布置拆除现状挡墙，新建 C25 混凝土衡重式挡墙，挡墙高 3.4 m，墙顶宽 0.5 m，迎水侧坡比 1:0.2，背水侧上墙背坡 1:0.2，上墙背坡高 1.4 m，台宽 0.5 m，下墙背坡 1:0.3，下墙背坡高 2.0 m,底宽 1.36 m,对挡墙迎水面进行贴面。

此段巡河路利用现状右岸道路连通上下游。左岸挡墙维持现状。

(5)桩号 2+960.186~3+092.419(创新路桥—企安路桥)。

该段明渠段防洪不满足要求,现状河宽 20 m,两岸为浆砌石挡墙,两岸均为居民区,现状堤顶高程欠高 1.07~1.88 m,防洪不满足要求。本次规划对堤防加高 0.3~0.5 m,设计堤顶高程与设计水位齐平,并新建 0.6 m 高的防浪墙,防浪墙采用玻璃防浪墙。左右岸堤脚分别新建 DN1 000 和 DN1 200 的沿河截污管。

外包混凝土平台宽 3 m,作为亲水平台,平台上进行铺装,平台下垫 C15 混凝土垫层厚 150 mm。两岸堤脚进行抛石护脚,护石护脚深 1.5 m。左岸浆砌石挡墙上部进行拆除,新建 C25 混凝土衡重式挡墙,挡墙高 2.6 m,墙顶宽 0.5 m,迎水侧坡比 1∶0.2,背水侧上墙背坡 1∶0.2,上墙背坡高 1.4 m,台宽 0.5 m,下墙背坡 1∶0.3,下墙背高 1.2 m,底宽 1.44 m,挡墙迎水面进行贴面。右岸堤防新建 500 mm 厚的石笼护坡。为了满足日常检修需求,在河道左岸新建长 136 m、宽 3.5 m 的巡河路连通上下游。巡河路路面采用 200 mm 厚 C25 混凝土透水路面,200 mm 厚碎石,100 mm 厚 5%水泥石粉渣垫层。

(6)桩号 3+133.587~3+712.483(企安新路桥—广深公路桥)。

该段明渠段防洪不满足要求,现状河宽 18~23 m,两岸建浆砌石挡墙,两岸均为居民区,堤顶高程欠高 0.1~1.64 m,防洪不满足要求。现状在桩号该段在桩号 3+479.244 和 3+495.901 有两处跌水,跌差 1.5 m,东侧有一支流,长 141.5 m。桩号 C0+000.000~C0+141.467,支流上游段均为箱涵。在企安路上游有一 5 层混凝土房的基础直接侵占河道断面,达 1/2,本次规划将现状一栋混凝土房在分缝处进行拆除。

对堤防进行加高(0.38~0.55 m),新建 0.6 m 高的防浪墙,防浪墙采用玻璃防浪墙。两岸堤脚进行抛石护脚,抛石护脚深 1.5 m。左右岸利用新建的沿河截污管包封作为检修平台,外包混凝土平台宽 3 m,作为亲水平台,平台上进行铺装,平台下垫 C15 混凝土垫层,厚 150 mm。

对左岸桩号 3+133.587~3+443.804 的浆砌石挡墙进行拆除,新建 C25 混凝土衡重式挡墙,挡墙高 2.6 m,墙顶宽 0.5 m,迎水侧坡比 1∶0.2,背水侧上墙背坡 1∶0.2,上墙背坡高 1.4 m,台宽 0.5 m,下墙背坡 1∶0.3,下墙背坡高 1.2 m,底宽 1.44 m,挡墙迎水面进行贴面。堤脚新建 DN1 000 的沿河截污管,截污平台宽 3.0 m。左岸桩号 3+479.244~3+712.483 段维持现状,堤脚新建 DN1 200 的沿河截污管。

桩号 3+133.587~3+456.953 左岸浆砌石挡墙维持现状,堤脚设置 DN1 200 的沿河截污管。桩号 3+456.953~3+712.483 对现状右岸具备放坡空间的进行岸坡改造,增近人与水之间空间,结合滞洪区景观设计、岸坡拆除,新建 0.5 m 厚石笼护坡,并进行景观覆绿;左岸在该段维持现状。

对现状的两处跌水进行改造,分为两级跌水,每级跌差 0.5 m,除此之外,在桩号 3+443.804 处新建一处跌水,跌差 0.5 m,在支流桩号 C0+027.281 结合上寮河穿河截污管设置跌水,跌差 0.5 m。除此之外,为满足两岸的交通需求,在通往滞洪区处设置两处人行道。

为了满足日常检修需求,在河道左岸新建长 612 m、宽 3.5 m 的巡河路连通上下游。巡河路路面采用 200 mm 厚 C30 混凝土透水路面,200 mm 厚碎石,200 mm 厚 5%水泥石粉渣垫层。

(7)桩号 3+796.330~3+965.308(广深公路桥—黄埔路桥)。

该段明渠段防洪满足要求,现状河宽 21 m,两岸为浆砌石挡墙,对现状左岸具备放坡空间的进行岸坡改造,增近人与水之间空间;对不具备放坡的右岸维持现状直立挡墙,仅在现状挡墙顶部结合现状道路完善安全防护栏杆。其中左岸结合放坡,拆除现状浆砌石挡墙,新建 500 mm 厚的石笼护坡,坡比 1∶1.5。左右岸利用新建的 DN1 000、DN1 200 截污管包封作为检修平台,平台宽 3 m,截污管底部采用 0.15 m 厚 C15 混凝土垫层;截污管临河侧采用抛石护脚,同时每隔 0.4 m 设置长 3 m 的仿木桩。

为了满足日常检修需求,在河道左岸新建长 154 m、宽 3.5 m 的巡河路连通上下游。巡河路路面采用 200 mm 厚 C25 混凝土透水路面,200 mm 厚碎石,100 mm 厚 5%水泥石粉渣垫层。

(8)桩号 3+990.835~5+020.564(黄埔路桥—东环路桥)。

该段明渠段防洪满足要求,现状河宽 17~20 m,两岸为浆砌石挡墙,该段桩号 4+211.311~4+

943.352 为规划南环路改线段,该段根据现状河道走向和南环路改线后走向分别规划了两个方案,本次考虑维持河道基本属性,暂推荐方案一。

①方案一(维持河道现状走向)。

对现状左岸具备放坡空间的进行岸坡改造,增近人与水之间空间;对不具备放坡的右岸维持现状直立挡墙。左岸结合放坡,拆除现状浆砌石挡墙,新建 0.50 m 厚的石笼护坡,坡比 1∶1.5~1∶2,下垫 0.20 m 厚中粗砂垫层,底层铺 250 g/m² 反滤土工布。

右岸桩号 3+990.835~4+300.000 工业区厂距离堤顶较近,为了避免堤岸加固对挡周边的影响,本段右岸采用 14 m 长 φ1 000 灌注桩作为永久挡墙,间距 1.4 m,桩间采用 φ700 旋喷桩进行止水和固土,桩表面采用 200 mm 厚 C25 挂板,同时景观对河岸进行挂绿处理。右岸桩号 4+300.000~5+020.564 右岸将挡墙改造为石笼挡墙,挡墙高 2.5 m。

左右岸利用新建的 DN1 000 截污管包封作为检修平台,平台宽 3 m,截污管底部采用 0.15 m 厚 C15 混凝土垫层;截污管临河侧采用抛石护脚,同时每隔 0.4 m 新增长 3 m 的仿木桩。

②方案二(南环路改线)。

除涉及南环路改线段外,该段桩号 3+990.835~4+211.311 和桩号 4+943.352~5+020.564 段规划与现状走向断面一致。南环路改线段长 733 m,桩号另取为改 0+000.000~改 0+733.098。

南环路改线段桩号改 0+000.000~0+021.807,该段在左、右岸采用《深圳市宝安区沙井南环至玉律道路工程》中挡墙形式,采用悬壁式挡墙,挡墙高 4.1~5.5 m,堤脚新建 DN1 000、DN1 200 的截污管,截污管外包封混凝土作检修平台,平台宽 3 m。右岸为工业厂区,居民楼密集,为了避免堤岸加固对周边的影响,支护采用 48 mm×3.5 mm@1 200 钢管土钉,土钉长 6 m。在桩号 0+021.807~6+26.822 段右岸采用生态护坡,堤脚在 3 m 宽的截污管平台上新建高 1 m 的石笼挡墙,石笼挡墙土采用三维土工网护坡。

(9)桩号 5+055.989~5+862.914(东环路桥—广深高速公路桥)。

该段明渠段防洪满足要求,现状河宽 17~20 m,两岸为浆砌石挡墙,现状桩号在 5+055.989~5+460.600 有个两级跌水,本次利用跌水的高差在此处新建双层水带。

规划在左岸桩号 5+460.600~5+476.550 处,利用一级跌水的高程 9.0 m 和设计河底高程 6.0 m 改造成双层水带。一层水带与河底高差 1.0 m,二层水带与一层水带高差 2.2 m,水流可通过双层水带溢流至河道内,同时在水带内种植些水生植物。水带处现状浆砌石挡墙拆除,底下新建 C20 衡重式挡墙,挡墙高 3.0 m,上面新建 C20 重力式挡墙,挡墙高 1.5 m,挡墙下垫 C15 混凝土垫层厚 150 mm,左岸利用新建的 DN600 截污管包封作为检修平台,平台宽 3 m,截污管底部采用 0.15 m 厚 C15 混凝土垫层;截污管开挖侧采用 48 mm×3.5 mm@1 200 钢管土钉,钢管土钉长 6 m。截污管临河侧采用抛石护脚,同时每隔 0.4 m 新增长 3 m 的仿木桩。右岸在检修平台上修建三维土工网护坡,三维土工网护坡下锚杆支护。

在左岸桩号 5+476.550~5+827.776 处,现状两岸为浆砌石护坡,设计维持该段的护坡,由于该段断面满足防洪要求,且水位富余较大,在堤脚处新建沿河 DN1 000 的截污管,截污管包封作为检修平台,平台宽 3 m,截污管临河侧采用抛石护脚,同时每隔 0.4 m 新增长 3 m 的仿木桩。

(10)桩号 5+862.9144~6+206.680(广深高速公路桥—凤凰水厂)。

在桩号 5+862.9144~6+016.077 段:现状河道两岸满足防洪要求,该段左岸无漏排口不设沿河截污管,右岸工业区存在漏排口,设计右岸保留现状挡墙,利用新建的 DN600 截污管包封作为检修平台,平台宽 3 m,截污管底部采用 0.15 m 厚 C15 混凝土垫层;为避免施工对右岸工业区的影响,在设计截污管与现状挡墙之间采用 108@300 微型钢管桩支护。临河侧采用抛石护脚,同时每隔 0.4 m 新增长 3 m 的仿木桩。左岸改造为 1∶2 石笼护坡,堤脚采用石笼护脚。

桩号 6+016.077~6+206.680 段:该段现状两岸较为开阔,本次规划结合用地设置滞洪区,左岸结合滞洪区景观规划成缓坡地,护坡水位以下新建 500 mm 厚石笼护坡,并进行景观覆绿,堤脚采用石笼护脚。右岸设置新建的 DN600 截污管包封作为检修平台,平台宽 3 m,截污管底部采用 0.15 m 厚 C15 混凝土垫层;截污管临河侧采用抛石护脚,同时每隔 0.4 m 新增长 3 m 的仿木桩。

为了保证旱季滞洪区水位,在桩号6+050.000处新建进水闸壅水。在水闸段左岸采用C25混凝土重力式挡墙。在上寮河最上游接两支沟(支沟A、B),为与支沟高程衔接,在桩号6+200.000处采用多级跌水,分4级,跌差4 m,每级1 m。

7.新陂头水北支

新陂头水北支现状河道堤防欠高长度为8 760 m,欠高高度均在0.5 m以上,左右岸欠高长度均为4 380 m。新陂头水北支整治长度为4.59 km,整治范围从河口至深莞交界处。防洪整治主要包括河道堤岸整治、阻水桥涵拆除重建、附属设施建设等。河道平面走向基本与现状一致,在河口段(桩号0+000~0+400)走向有所调整,将该段河道恢复为原始的走向,即沿现状山脚布置,不改变河道蜿蜒曲折特性,保留河道两岸的现状鱼塘,同时发挥其天然调蓄作用。

河道的控制堤距及断面设计见表9.7-19。河道的纵坡基本维持现状纵坡,在河道桩号2+600处,河道现状存在天然跌水,本方案设计保留该跌水,上下游的设计纵坡均为1/1 000。工程分段横断面设计情况如下。

表9.7-19 河道的控制堤距及断面设计 （单位:m）

桩号	河段	河底宽度	堤距	设计断面
0+000~1+000	河口至喜德盛 自行车有限公司	16	30~35	主槽柔性挡墙,边坡1:0.75~1:1, 设二级平台,平台以上为直立挡墙
1+000~2+360	喜德盛自行车有限公司 至新陂头村公园	16	40	拓宽河道,主槽边坡1:1,设2 m宽二级平台, 平台以上为1:2~1:3边坡
2+360~3+270	新陂头村公园至 驾校训练站	16	35	断面以现状为基础,设二级平台
3+270~4+593	驾校训练站至终点	10	25~30	拓宽河道,梯形断面,两岸边坡1:2

(1)河口—喜德盛自行车有限公司段(桩号0+000~1+000)。

河道的左岸多为企业用地、居住用地,右岸多为山地、企业用地。河道受两岸开发建设影响,用地空间有限。该段河道整治主要任务是防洪整治,增加河道的行洪能力,为充分发挥河道的社会服务效益,应尽可能设置二级平台贯通巡河路。鉴于此,河道的断面形式优先考虑矩形复式断面,控制堤距为30~35 m;主槽采用柔性挡墙,宽度为16 m,挡墙控制边坡为1:0.75~1:1;二级平台设置在常水位以上,两岸为直立挡墙。

(2)喜德盛自行车有限公司—新陂头村公园(桩号1+000~2+360)。

河道左岸多为居住用地,右岸为生产用地与居住用地。河道治理以拓宽河道为主,控制堤距为40 m;断面形式以复式断面为主,主槽为梯形断面,主槽宽度约为16 m,主槽边坡为1:1;两侧设置二级平台,平台宽度为2 m;左右两岸的1:2~1:3边坡至堤顶。

(3)新陂头村公园—驾校训练站(桩号2+360~3+270)。

河道基本在生态控制范围线内,左岸多为山体、绿地,右岸多为田地、鱼塘、滩地等。河道整治以拓宽为主,保护现状鱼塘、滩地,发挥河道、鱼塘的调蓄功能。断面形式采用复式断面,河、塘相连,控制堤距为35 m。河道的主槽为16 m,在河道与鱼塘之间设置二级平台(河道断面左右岸均设置二级平台),旱季时鱼塘可蓄水实现滞洪补枯、雨洪利用,雨季时鱼塘可发挥调蓄作用,并作为行洪断面。

(4)驾校训练站—终点(桩号3+270~4+593)。

河道处于生态控制范围线内,两岸基本为荒地、绿道,右岸局部(桩号3+710~4+220)为较大河滩地。河道整治以拓宽为主,保留右岸河滩地,发挥河道的滞蓄能力。河道的断面形式采用梯形断面,控制堤距为25~30 m;河道的底宽为10 m,两岸边坡为1:2。

8.沙芋沥

沙芋沥现状河道堤防欠高长度为782 m,均位于河道右岸,其中欠高高度在0.5 m以上的堤防长度为 281 m。河道断面形式以维持现有断面为主,局部进行拓宽、修整。设计河底高程为 51.88~64.13 m,设计纵坡 10‰,平均清淤清障深度 0.5 m 左右。

河道平面布置基本沿现状河道,桩号 0+000~0+941.6 河段不满足 20 年一遇设计防洪标准,需进行拓宽改建。由于受右岸宝石东路的限制,为了避免河道开挖影响到市政道路的交通,该段向左岸拓宽,拓宽后设计河底宽度为 8.0 m,断面形式采用矩形断面。桩号 0+941.6~2+104 河段向两侧拓宽,拓宽后河底宽度为 8.0 m,断面形式采用梯形断面。河道各断面设计参数见表 9.7-20。

表 9.7-20　河道各断面设计参数　　　　　　　　　　　　　　　　　（单位:m）

桩号范围	结构	设计底宽	设计堤距	护坡材料
0+000~0+765.7	矩形断面	8	8	混凝土挡墙或灌注桩
0+765.7~2+104	梯形断面	8	8~24	石笼护坡

9.樵窝坑

樵窝坑现状河道堤防欠高长度为 254 m,其中左岸长度 205 m、右岸长度 49 m,欠高高度均在 0.5 m 以上。本次规划河道断面形式以维持现有断面为主,局部进行拓宽、修整;设计河底高程为 45.52~49.01 m,设计纵坡 7‰,平均清淤清障深度 0.4 m。河道平面布置基本沿现状河道,桩号 0+000~0+096 河段不满足 20 年一遇的防洪标准,需进行拓宽改建,受桩号 0+041~0+057 右岸临河建筑物影响,该段河段向左岸拓宽,拓宽宽度为 0~4.8 m,拓宽后设计河底宽度为 9.0 m;桩号 0+096.256~0+826.594 左岸局部河段不满足 20 年一遇的防洪标准,堤顶设置 50 cm 花池用于加高堤防;桩号 0+826.594~0+940.664 采用生态石笼护岸,坡比 1∶2,长 102 m。樵窝坑设计河底高程为 45.52~49.01 m,设计纵坡 7‰,平均清淤清障深度 0.4 m 左右。河道各断面设计参数见表 9.7-21。

表 9.7-21　河道各断面设计参数　　　　　　　　　　　　　　　　　（单位:m）

桩号范围	结构	设计底宽	设计堤距	护坡材料
0+000~0+096	矩形断面	7.0	7.0	混凝土挡墙或灌注桩
0+096~0+420.5	暗涵		4.5×1.95×2	保留现状
0+420.5~0+960.7	梯形断面	7	7~21	石笼护坡

10.龙眼水

龙眼水现状堤岸欠高长度为 1 723 m,其中左岸 862 m、右岸 862 m,欠高高度在 0.5 m 以上的堤岸长度 369 m,均在左岸。河道治理长度 1 309 m,平面布置基本沿现状河道,桩号 0+000~0+986 河段不满足 20 年一遇的防洪设计标准,需进行拓宽改建;桩号 0+986~1+309 河段满足 20 年一遇的防洪设计标准,保留现状。龙眼水支流设计河底高程为 39.74~52.53 m,设计纵坡 7‰~10‰,平均清淤清障深度 0.4 m 左右。

桩号 0+000~0+151.6 河段受左岸吉祥路限制,为了避免河道开挖影响市政道路的交通,河道向左岸拓宽,拓宽宽度为 3.95 m,拓宽后设计河底宽度为 7.0 m。该河段左岸新建衡重式挡墙,挡墙高度 5.5 m,长 151.6 m;桩号 0+151.6~0+583 河段现状为 2.8 m×3.0 m 暗涵,暗涵的过流断面不足,需要拆除重建,新建暗涵尺寸为 5.0 m×3.1 m;桩号 0+573~0+986 受左岸龙腾路影响,河道向右岸拓宽,拓宽宽度为 2.4~3.5 m,拓宽后设计河底宽度为 7.0 m。其中,0+877~0+986 河段为机荷高速公路范围段,为避免新建堤防开挖破坏高速公路基础,本段右岸采用微型桩支护,支护长度为 109 m;桩号 0+573~0+877 河段采用右岸新建衡重式挡墙,挡墙高 5.5 m、长 304 m。河道各断面设计参数见表 9.7-22。

11.甲子塘排洪渠(鹅颈水南支)

甲子塘排洪渠(鹅颈水南支)防洪标准 20 年一遇。经分析,欠高堤岸长度为 5 640 m,其中左岸 2 820 m,右岸 2 820 m,欠高均在 0.5 m 以上。本次主要治理范围为光桥路以下至汇入东长路桥涵附近

表 9.7-22 河道各断面设计参数 （单位：m）

桩号范围	结构	设计底宽	设计堤距	备注
0+000~0+151.6	矩形断面	5	5	混凝土挡墙
0+151.6~0+573	暗涵	5	5	5.0×3.1
0+573~1+534	梯形断面	2.8~3.6	4.2~4.8	保留现状

的河口，光桥路以上纳入城市排涝系统，治理长度约 1.5 km，规划各河段治理安排如下：

（1）东长路至同观路河段，河道长约 620 m，现状河道为梯形断面，护岸主要为浆砌石挡墙，边坡为 1：0.75，河道底宽约 4 m。本次对河道进行拓宽，至 6 m，对浆砌石挡墙进行拆除，按照规划高度重建 C25 混凝土挡墙，河底清淤，拆除重建同观路桥。

（2）同观路至规划十九号路河段，河道长约 450 m，现状河道基本未进行系统治理，河道内外植被茂密，水流很小，河道内垃圾乱倒，侵占河道行洪断面。本次安排对河道进行疏浚整理，并对河道拓宽至 6 m，对河道岸坡采用浆砌石进行防护，设计边坡为 1：2。

（3）规划十九号路至光侨路河段，河道长约 390 m，为国有储备用地，坡岸平缓，地块内有积水，河道不明显。本段维持河道自然特性，暂不进行治理。

12.莲塘排洪渠（西田水左支）

莲塘排洪渠（西田水左支）欠高堤岸长度为 1 420 m，其中左岸 710 m、右岸 710 m，欠高均在 0.5 m 以上。为莲塘水库的排洪渠，现状河底宽度约为 8 m，河道开口 13.5 m，深度 2.7 m，本次仅安排对河道进行拓宽，河底拓宽至 10 m，拓宽后河道岸坡采用浆砌石进行防护，设计边坡为 1：2。

13.上排水

上排水防洪标准 20 年一遇。经分析，欠高堤岸长度为 2 500 m，其中左岸 1 250 m、右岸 1 250 m；欠高在 0.5 m 以上堤岸长度为 500 m，其中左岸 250 m、右岸 250 m。主要治理范围为外环路南侧至汇入石岩河河口，治理长度 2.88 km。

考虑上排水与田心水距离仅有 320 m，本次防洪工程拟在北环大道北侧新建 DN1 800 雨水管将上排水上游雨水引入田心水新建雨水涵，新建管涵约 0.5 km。外环路至石岩河排片区的市政雨水由原上排水承担。

14.天圳河

天圳河防洪标准为 20 年一遇，经分析，目前欠高堤岸长度为 3 000 m，其中左岸 1 500 m、右岸 1 500 m，欠高均在 0.5 m 以上。主要治理范围为罗租大道排水暗涵至石岩水库入口，河道长度 1.87 km。

本次防洪工程安排对罗租大道排水暗涵进行改造，新建 0.8 km 3.0 m×2.1 m~4.5 m×2.1 m 暗涵；天圳河穿松白公路段暗涵过洪断面不足，新建 4.0 m×3.0 m 箱涵；其余段采取矩形断面，两岸新建混凝土重力挡墙，设计堤距 8.5 m，并对 1 座桥涵进行改造。

9.7.3 流域河道整治及堤岸建设规模

根据上述建设规划，本次茅洲河流域防洪潮工程共需治理一、二级河道长度为 103.13 km（其中一级支流 57.27 km、二级支流 45.86 km），加高堤岸 5.38 km，加固改造堤岸 7.39 km，新建堤岸 69.35 km，护岸拆除改建 17.85 km，拓宽河道 34.34 km，河道清淤 19.48 km，拆除重建阻水建筑物 10 处，新建箱涵 4.08 m，暗涵改造 1.80 km。见表 9.7-23、表 9.7-24。

三级支流、排洪渠以清淤为主，其中三级支流清淤河道长度为 15.68 km；排洪渠清淤长度 10.01 km（主要是光明新区的长凤路排洪渠、塘家面前陇、楼村社区排洪渠、圳美社区排洪渠、红湖排洪渠、马田排洪渠 6 条）。

表 9.7-23　茅洲河一级支流河道整治及堤岸建设规模

（单位：m）

序号	河名	河道长度	堤岸加高	堤岸加固	护岸加高	新建护岸	护岸拆除改建	拓宽河道	河道清淤	说明
1	石岩河	6 437				2 366		5 797		
(1)	石岩水库截流闸—塘坑桥河段(0+000~3+121)	3 121								
	石岩水库截流闸—老街幼儿园河段(0+000~0+630)									
	老街幼儿园—石岩大道桥(0+630~1+813)							0		
	石岩大道桥—塘坑桥河段(1+813~3+121)					2 366				
(2)	塘坑桥—朗田收费站河段(3+121~6+436.8)	3 316								
	塘坑桥—塘坑村统建楼段(3+121~3+421)							3 316		
	塘坑村统建楼—怡和纸厂河段(3+421~3+956)									
	怡和纸厂河段(3+956~4+420)							464		
	怡和纸厂—朗田收费站河段(4+420~6+436.8)							2 017		
2	罗田水	5 913	732		916	5 772	2 305	531		
	河口—燕川东路段(0+023.23~0+807.63)					1 569				
	燕川东路—燕罗变电站段(0+807.63~1+724.82)						916			
	燕罗变电站—朝阳路桥段(1+724.82~2+256.02)						1 062	531		
	朝阳路桥—有余纸品厂段(2+256.02~2+988.27)		732		916					
	有余纸品厂—永昌工业园段(2+988.27~3+292.47)									
	永昌工业园段(3+292.47~3+455.92)						327			
	永昌工业园—工业园桥段(3+455.92~4+223.68)					1 536				
	工业园桥—变电站段(4+223.68~4+546.85)					646				
	变电站—松山水闸段(4+546.85~4+754.06)					414				
	松山水闸—龙大高速段(4+754.06~5+019.79)					266				
	龙大高速—罗田水库溢洪道出口段(5+019.79~5+465.74)					446				

续表 9.7-23

序号	河名	河道长度	堤岸加高	堤岸加固	护岸加高	新建护岸	护岸拆除改建	拓宽河道	河道清淤	说明
3	罗田水库溢洪道出口—上游整治终点段（5+465.74～5+913.00）					895				
	龟岭东水	4 133				3 395	1 823	446	512	
(1)	低水区									
	0+000～0+127 段								127	
	0+127～0+541.00 段						828			
	0+541～0+654 段						113			
	0+706～1+109 段									
	1+109～1+194 段								85	
	1+194～1+585 段						391			
	A0+000～A0+148 段						296			
	B0+000～B0+195 段					195	195			
(2)	高水区									
	F0+000～F0+100 段					200				
	F0+100～F0+400 段					600			300	
	F0+400～F0+806 段					812				
	F1+280～F1+626 段，F1+905～F2+005 段					892		446		
	J0+000～J0+348 段					696				
4	塘下涌	4 172	0		438	874	3 141		3 332	
	干 0+000～干 0+437.51 段				438				438	
	干 0+437.51～干 0+789.48 段						352		438	
	干 0+789.48～干 1+277.08 段						488		488	

续表 9.7-23

序号	河名	河道长度	堤岸加高	堤岸加固	护岸加高	新建护岸	护岸拆除改建	拓宽河道	河道清淤	说明
	干1+277.08~干1+460.38段						233			
	干1+460.38~干1+658.78段						198		198	
	干1+658.78~干3+066.16段						1 407		1 407	
	干3+066.61~干3+298.05段						463			
	干3+298.05~干3+370.66段					73				
	干3+370.66~干3+619.20段					249			249	
	干3+619.20~干3+871.14段					252			252	
	干3+871.14~干4+171.55段					300			300	
5	排涝河	4 300		4 300		1 550		1 550		
	河口—西环路桥(0+000~1+300)	1 300		2 600						
	西环路桥—共和大道(1+300~1+900)	600								
	共和大道—沙井发电厂(1+900~3+450)	1 550				1 550		1 550		
	沙井发电厂—接潭头水闸(3+450~4+300)	850		1 700						
6	楼村水	5 743	1 200			9 457		4 281	462	
	0+000~0+700					1 400				
	0+700~1+000					600				
	1+000~1+900					900		900		
	1+900~2+300					800		400		
	2+300~2+800		500			1 000		500		
	2+800~3+500		700			1 400		700		
	3+500~3+705					205		205		
	3+705~4+167								462	

续表 9.7-23

序号	河名	河道长度	堤岸加高	堤岸加固	护岸加高	新建护岸	护岸拆除改建	拓宽河道	河道清淤	说明
	4+167~4+600					866		433		
	4+600~5+000					800		400		
	5+000~5+300					600		300		
	5+300~5+500					400		200		
	5+500~5+743					486		243		
7	鹅颈水	5 600				11 200		1 800		
	0+000~1+000					2 000		1 000		
	1+000~1+700					1 400				
	1+700~3+400					3 400				
	3+400~4+800					2 800				
	4+800~5+600					1 600		800		
8	东坑水	4 000					2 450		1 050	
	0+000~0+900									
	0+900~1+550									
	1+550~2+050						500	500		
	2+050~2+600						550		550	
	2+600~4+000						1 400			
9	新陂头水	6 200				7 050		5 900		
	0+000~0+300									
	0+300~0+700					800		400		
	0+700~1+250					1 100		550		
	1+250~2+100					850		850		

续表 9.7-23

序号	河名	河道长度	堤岸加高	堤岸加固	护岸加高	新建护岸	护岸拆除改建	拓宽河道	河道清淤	说明
	2+100~4+250							2 150		
	4+250~6+200							1 950		
10	西田水	2 320						1 000	400	
	0+000~0+180					680	1 140	180		
	0+180~1+000					180		820		
	1+000~1+400						400		400	
	1+400~1+900					500	740			
	1+950~2+320									
11	木墩河	6 341								
	河口—华夏路 0+000~2+349.58	2 350					2 228	2 228	2 228	
	华夏路—光明大道 2+349.58~3+513.19	1 164					1 164	1 164	1 164	
	光明大道—光侨路 3+513.19~4+706.24	1 193						740		
	光侨路—苗圃场 4+706.24~5+200	1 064					1 064	1 064	1 064	
	苗圃场段 5+200~5+770.39	570								
12	玉田河	2 690				3 700	840	1 800		
	河口—松白路段 0+000~0+270	270				540				
	田寮路段 0+270~1+010	740				1 480		740		
	田寮路—光侨路段 1+010~1+400	390					390			
	光侨路—玉昌东路段 1+400~1+850	450				450	450	450		
	玉昌东路—玉园东路段 1+850~2+160	310				620		310		
	玉园东路—玉园西路段 2+160~2+330	170				340		170		
	玉园西路段 2+330~2+460	130				260		130		
	玉园西路—治理终点 2+460~2+690	230				460				
	合计	57 278	1 932	4 300	1 354	46 043	13 927	25 333	7 984	

表 9.7-24 茅洲河二级支流河道整治及堤岸建设规模

序号	河名	河道长度(m)	堤岸加高(m)	堤岸改造(m)	新建堤岸(m)	护岸加高(m)	新建护岸(m)	护岸拆除改建(m)	拓宽河道(m)	河道清淤(m)	拆除重建阻水建筑(座)	新建箱涵(m)	暗涵改造(m)	说明
1	潭头河	4 180												
	0+000~0+920			141			1 295	141	1 066	920	6	1 363		
	0+920~1+986			141			1 066		1 066	920	5			阻水建筑未重建
	1+986~3+951						229					1 363		
	3+951~4+180										1			
2	潭头渠	4 489										550		
	0+000~1+304							1 304						
	1+993~2+284							1 304						河道改造
	2+284~3+384													
	3+939~4+489											550		
3	东方七支渠	3 343							633	633				
	0+000~0+666							633	633	3 752		1 671	666	
	0+666~1+106									1 450		440	666	
	1+297~1+595											298		
	1+777~2+710									1 377		933		
	2+710~3+343							633	633	925				
4	松岗河	4 972		739	436			1 220	206					
	0+000~1+450			739	63			1 220		1 450				
	1+450~2+670								206					
	2+670~4+047				206									
	4+047~4+972				167									
5	新桥河	5 910			5 910									
	0+000~1+017				1 017									
	1+017~3+620				2 603									
	3+620~5+910				2 290									

续表 9.7-24

序号	河名	河道长度（m）	堤岸加高（m）	堤岸改造（m）	新建堤岸（m）	护岸加高（m）	新建护岸（m）	护岸拆除改建（m）	拓宽河道（m）	河道清淤（m）	拆除重建阻水建筑（座）	新建箱涵（m）	暗涵改造（m）	说明
6	上寨河	6 207	1 359	2 116	379					6 207	2			
	1+560~1+891、1+928~2+204、2+960~3+712		1 359											
	3+712~5+828			2 116										
	5+828~6+207				379									
7	甲子塘排洪渠	1 500			450			620	450	620	1			
8	莲塘排洪渠（西田水左支）	710					1 420		710					
9	新陂头水北支	4 593			4 593				3 593					
	0+000~1+000				1 000									
	1+000~4+593				3 593				3 593					
10	沙芋坜	2 104			2 104				2 104					
11	礁窝坑	961	731	96			134		96					
	0+000~0+096			96					96					
	0+096~0+827		731											
	0+827~0+961						134							
12	龙眼水	1 309			456		109		152				834	
	0+000~0+152				152		109		152					
	0+152~0+573												421	
	0+573~0+986				304								413	
13	上排水	2 980			2 880						1	500		
14	天圳河	2 600			3 140								300	
	合计	45 858	2 090	3 092	20 348		2 958	3 918	9 010	11 499	10	4 084	1 800	

9.8　蓄滞洪工程规划

9.8.1　蓄洪湖工程

调洪湖工程对洪水起到一定的滞蓄作用,同时具有雨洪利用的功能,对下游河道具有生态补水的作用,可作为浅水天然湿地或生态涵养湿地公园。

本次规划仍维持《深圳市防洪潮规划修编及河道整治规划——防洪潮规划修编报告(2014—2020)》(2014.2)中蓄洪湖规划建设方案,在茅洲河流域拟建蓄洪湖工程 9 座,占地总面积共 114.2 万 m^2,总库容 369.7 万 m^3。规划的各蓄洪湖位置、规模分别为:

鹅颈水的河口蓄洪湖:占地 5.7 万 m^2;

东坑水的河口蓄洪湖:占地 16.4 万 m^2;

楼村水中游蓄洪湖:占地 5 万 m^2;

新陂头水 3 处蓄洪湖:占地面积分别为 17 万 m^2、7.7 万 m^2 及 5.3 万 m^2;

罗田水上游及中游两处蓄洪湖:占地面积分别为 4.5 万 m^2 及 2.6 万 m^2;

茅洲河干流洋涌河滞洪区:占地面积 42 万 m^2。

茅洲河流域规划蓄洪湖工程基本参数见表 9.8-1。

由于规划的蓄洪湖规模均较小,对干流的滞洪作用很小,因此本次规划中不考虑蓄洪湖对干流洪峰的影响。

表 9.8-1　茅洲河流域规划蓄洪湖工程基本参数

序号	所在河流	蓄洪湖面积 (万 m^2)	库容 (万 m^3)	说明
1	鹅颈水河口	5.7	15.0	《鹅颈水综合整治工程》中已列,本次规划不列投资
2	东坑水河口	16.4	30.0	《东坑水综合整治工程》中已列,本次规划不列投资
3	楼村水中游	5.0	17.0	《楼村水综合整治工程》中已列,本次规划不列投资
4	新陂头水南支	7.7	7.0	《新陂头水综合整治工程》中已列,本次规划不列投资
5	新陂头水北支	5.3	10.0	本次规划新增
6	新陂头水下游	25.0	48.0	《新陂头水综合整治工程》中已列,本次规划不列投资
7	罗田水上游	4.5	15.0	《罗田水综合整治工程》中已列,本次规划不列投资
8	罗田水中游	2.6	6.0	《罗田水综合整治工程》中已列,本次规划不列投资
9	茅洲河干流	42.0	221.7	本次规划新增
	合计	114.2	369.7	

9.8.2　水库工程

茅洲河流域共有小(2)型以上水库 25 座,其中中型水库 3 座、小(1)型 10 座、小(2)型 12 座。已建水库工程控制汇水面积 68.82 km^2,总库容 2.099 亿 m^3。由于流域内可用于建设水库工程的地形条件极少,因此从城市防洪工程体系规划角度,流域内不再规划新建水库工程。

本次规划从综合管理运用角度,为充分发挥现有水库工程的防洪效益,保证既有水库大坝安全运行等,需对现状水库工程进行改扩建,具体如下:

（1）提高水库的校核洪水标准。水库工程大坝的安全直接威胁着下游城市的防洪安全，本次对水库大坝为土石坝的工程，根据《防洪标准》（GB 50201—2014）的规定，结合水库下游城市的重要性，规划对 20 座大坝为"土坝"的水库（不含公明水库合并的横江水库、石头湖水库、迳口水库、水车头水库；楼村水库和万丰水库）提高建筑物校核洪水标准，即中型水库——罗田水库、鹅颈水库大坝的校核洪水标准由 3 级提高至 2 级，小（1）型水库大坝的校核洪水标准由 4 级提高至 3 级，小（2）型水库大坝的校核洪水标准由 5 级提高至 4 级。

（2）配置泄洪底孔或中孔。《水利工程水利计算规范》（SL104—2015）第 3.3.13 条规定，如水库垮坝失事将导致严重后果，泄洪能力宜留有一定余地。茅洲河流域内已经建设的水库下游多为重要城区，各水库应结合排沙、放空底孔、供水涵洞等配置相应的泄洪底孔或中孔，使水库大坝在发生危险时，具有一定放空措施。

9.9　河道清淤疏浚规划

茅洲河下游平原河段相对平缓，平均比降约 0.6‰，汛期受潮水顶托，水动力条件较差，造成河道淤积严重。根据相关资料分析，自深圳建市以来，茅洲河干流尾闾河段淤积已达 480 万 m^3，平均淤积厚度 2~3 m，河口处最大淤积厚度达 8~9 m。河口、尾闾河段的淤积抬升，使得河道基准面抬高，中上游干流均发生溯源淤积，河道比降变缓，加重了中上游防洪排涝负担。同时，一些河段经复核不满足设计洪水的过流要求，防洪形势不容乐观。

本次结合堤防建设，对茅洲河干流及主要支流防洪压力较大的河段进行清淤疏浚，以满足防洪过流要求，清淤疏浚的主要方案如下。

9.9.1　干流清淤

茅洲河干流河道全长 31.29 km，目前正在实施堤岸加高加固、河道拓宽、堤基加固、阻水建筑物拆除等综合治理工程，河道断面结合沿河截污箱涵分布基本为梯形复式断面。根据过洪能力复核结果及各河段河道淤积情况，本次清淤主要在以下河段进行：

（1）河口—塘下涌河段（桩号 0+000~11+830）：该河段属深圳与东莞界河，按排对全河段两岸对等拓宽，主要清除河道底泥，排涝河口以下河底拓宽为 230 m，排涝河口—沙井河口河底拓宽为 180 m，沙井河口—大禾花河底拓宽 120 m。

（2）塘下涌—燕川桥河段（桩号 11+830~14+805）：结合堤岸加高培厚、阻水建筑物拆除等综合治理工程，对河道内滩涂进行清除，以满足过洪要求。

（3）燕川桥—南光高速河段（桩号 14+805~17+830）：对河道底部实施清淤维护。

（4）南光高速—西田桥河段（桩号 17+830~19+810）：对河道中的滩地实施局部清淤。

（5）西田桥—松白公路桥河段（桩号 19+810~30+688）：重点对桩号 25+030~25+430 约 400 m 河段进行拓宽，以满足过洪要求。

茅洲河干流河道清淤疏浚后河道断面参数见表 9.9-1。

9.9.2　支流清淤

支流清淤是结合河道综合整治进行的，包括河道拓宽和淤泥清除。

根据综合治理规划，共需安排拓宽河道 34.34 km，其中一级支流 25.33 km、二级支流 9.01 km；安排河道清淤 45.17 km，其中一级支流 7.98 km、二级支流 11.50 km、三级支流 15.68 km、排洪渠 10.01 km。

一、二级支流清淤情况见表 9.7-23、表 9.7-24。

表 9.9-1　茅洲河干流河道清淤疏浚后河道断面设计参数

河流名称	桩号	河底高程（m）	河底宽（m）	边坡系数	堤距（m）	设计水位（m）	说明
茅洲河	MZH0+000	-3.00	733.45	0	733.45	3.31	入海口
	MZH3+246	-2.84	217.53	0	217.53	3.34	排涝河口
	MZH4+798	-2.76	141	0	141	3.41	沙井河口
	MZH11+854	-2.41	117	0	117	5.81	界河段终点
	MZH12+820	-1.38	109	3	156	6.06	107 国道桥
	MZH13+730	-1.29	85	4	206	6.14	洋涌河水闸
	MZH14+805	-0.78	65	3	106	6.36	燕川桥
	MZH18+715	0.90	35	5	97	7.10	李松朗桥
	MZH25+095	6.12	35	3	66	11.27	东坑桥
	MZH2+630	8.25	30	3	61	12.74	鹅颈水汇入口
	MZH29+150	16.38	28	3	49	18.35	兆侨路桥
	MZH29+675	18.13	24	4	50	19.59	长圳桥
	MZH30+688	21.37	20	0	59	22.57	

9.10　工程投资估算

经测算,本次规划安排的防洪潮工程总投资 33.40 亿元,其中河道整治及堤岸建设工程 21.23 亿元、蓄洪湖工程 9.14 亿元、水库改扩建工程 3.04 亿元,见表 9.10-1。茅洲河流域河道整治及堤岸建设工程全部安排在 2016~2017 年。

表 9.10-1　总投资

序号	项目	投资（万元）	比例（%）
1	河道整治及堤岸建设	212 304	63.56
2	调蓄湖工程	91 360	27.35
3	水库改扩建工程	30 366	9.09
	合计	334 030	100.00

第 10 章　排涝工程规划

10.1　流域排涝治理现状分析

10.1.1　问题及成因分析

茅洲河流域处于低纬度沿海地区,受涝成因主要包括地势因素、暴雨因素、潮位顶托因素等。

10.1.1.1　地势因素

(1)地势低洼。茅洲河流域中下游地区地势低洼,现状地面高程在 1.5 ~ 4.5 m 之间,加之潮水的顶托,易形成区域性涝灾。应通过系统的治涝工程措施解决其受涝问题。

(2)城市开发建设影响。城市开发建设过程中,缺乏城市竖向规划的指导,造成早期开发的区域地势较低,后期开发的区域地势高于早期开发的区域,加之早期开发的区域城市排水管网的设计标准相对较低,造成局部旧城区出现水浸。该部分区域应通过旧村改造抬高地面高程、改造排水系统、兴建临时排涝泵站等措施解决其水浸问题。

10.1.1.2　暴雨集中、强度大,极易形成洪涝灾害

茅洲河流域地处东南沿海地区,属南亚热带海洋性季风气候区,多年平均降水量 1 700 mm 以上。降水时空分配极不平衡,汛期降雨量约占全年降水总量的 80% 以上,且多以暴雨的形式出现。夏季常受台风侵袭,极易形成暴雨,发生洪涝灾害。

10.1.1.3　潮水顶托、排水不畅,洪潮遭遇增加了洪涝灾害发生的风险

茅洲河流域受涝区域主要位于中下游地区,区域内洪水的排泄受珠江口潮水位的顶托。如果说特大暴雨是祸首,那么潮水顶托是帮凶。珠江口吞纳南海之潮,吐泄三江之水,在伶仃洋舢舨洲一带形成能量堆积。喇叭口形的珠江口门受科氏应力的影响,东岸潮位又高于西岸,这就是茅洲河口舢舨洲站同频率潮位高于赤湾站和上游广州浮标厂站的原因;也是茅洲河及其周边河涌水面线受海水顶托抬高,造成沿海地带形成较大面积的涝区的主要原因。根据赤湾站资料统计,多年平均最高潮位为 2.12 m,现状城市地面高程在 1.5 ~ 4.5 m 之间。因此,暴雨与高潮水位遭遇时,增加了洪涝灾害发生的频率及经济损失。

10.1.1.4　城市的开发建设改变了下垫面条件,加重洪涝灾害

城市开发建设导致不透水面积扩大,地表下渗量和补给地下水量减少,同时导致径流量和洪峰流量加大,洪峰流量提前出现。

土地利用结构的变化主要表现为城镇用地(包括住宅区用地、工矿用地和交通用地)的迅速增加,以及农林用地(包括耕地、园地、林地及灌草地)总量的持续减少。综合径流系数增加,在相同强度的降雨情况下,产生的地表径流量就会增加,在老城区,由于排水管道最初设计是按当时的地表径流系数确定管道管径,在流量大幅增加的情况下,必然导致雨水不能及时排出、局部出现水涝灾害现象。

根据遥感解译分析出来的茅洲河流域的下垫面情况结果显示,整个流域范围内的不透水率高达68.46%,其中包括建成区和非建成区,建成区主要分布在中部,北部的一大块绿色区域几乎都是非建成区,可见建成区内的不透水率比 68.46% 还要高,这是导致洪涝灾害发生的一个重要因素。

10.1.1.5　现有排水设施建设标准偏低

深圳市排水设计执行国家标准,大部分地区暴雨重现期采用 1 年;随着近年来城市易涝点、积水点逐年增多,城市排水逐步得到重视,近年来新建成区域排水管网建设标准暴雨重现期已提高到 2 年,但与发达国家城市排水设计标准普遍为 5 ~ 10 年相比,茅洲河流域排水管网建设标准显著偏低,当暴雨强

度超过设现状排水能力时,现状管道无法及时排除雨水,必然会形成内涝积水。

10.1.1.6　排水管网建设滞后

城市开发的趋势大部分是从中心区慢慢向周边辐射,因此管道建设初期未将排水系统的建设一步到位。随着排水单元的扩张,排水管网设计和建设无法跟上城市建设和人口迁移的步伐,现状排水管网不能满足急剧膨胀的排水需求。

根据资料调查了解,德国 2002 年城市排水管道长度总计达 44.6 万 km,人均长度为 5.44 m,城市排水管网密度平均在 10 km/km² 以上;日本城市排水管道长度在 2004 年已达到 35 万 km,排水管道密度一般在 20～30 km/km²,高的地区可达 50 km/km²;美国城市排水管道长度在 2002 年大约为 150 万 km,人均长度为 4 m 以上,城市排水管网密度平均在 15 km/km² 以上。截至目前,茅洲河流域排水管网总长 1 002.43 km,排水管网密度为 4.27 km/km²,排水管网密度远不及发达国家的建设水平。

10.1.1.7　排水管理问题

排水设施管理参差不齐,多数城中村、旧村存在排水设施管理不到位问题,管道淤堵、雨水篦等收集设施缺失较为普遍,约一半以上的内涝点成因与此问题有关,暴雨来临时,无法发挥其应有的排水作用。

部分排水设施,如小型村级排涝泵站、挡潮闸等由于管理不到位,存在设备老化等问题,在降雨时不能及时开泵抽水、关闸挡水,也是导致内涝的原因之一。

随着城市的开发,建设工地越来越多,给水务执法带来一定困难。部分地铁、重要交通设施施工和片区性开发建设中水土保持、施工排水存在问题,申报流于形式,实际施工中不重视,降雨时泥浆遍地,淤堵排水涵管,导致内涝。更为严重的是施工泥浆偷排,直接将市政排水系统破坏。

10.1.2　治涝设施现状

10.1.2.1　现状水系及排水二级分区

(1)茅洲河流域主要的河流为茅洲河干流,石岩河、玉田河、鹅颈水、东坑水、大凼水、木墩河、楼村水、新陂头水、西田水、白沙坑水、上下村排洪渠、合水口排洪渠、罗田水、公明排洪渠、龟岭东水、老虎坑水、塘下涌、沙埔西排洪渠、沙埔北排洪渠、洪桥头水、沙井河、道生围涌、共和涌、排涝河、衙边涌共 25 条一级支流,牛牯头水、石龙仔河、水田支流、沙芳沥、樵窝坑、龙眼水、田心水、上排水、上屋河、天圳河、红坳水、鹅颈水北支、鹅颈水南支、楼村水北支、横江水、石狗公水、新陂头水北支、西田水左支、桂坑水、公明排洪渠南支、潭头河、潭头渠、东方七支渠、松岗河、新桥河、上寮河、石岩渠共 27 条二级支流以及罗仔坑水、新陂头水北二支、新陂头水北三支、王家庄河、万丰河、坐岗排洪渠共 6 条三级支流。

(2)茅洲河流域主要的水库为罗田水库、石岩水库、长流陂水库、五指耙水库、老虎坑水库、牛牯斗水库、鹅颈水库、铁坑水库、石狗公水库、莲塘水库、横江水库、大凼水库、桂坑水库、白鸽陂水库、迳口水库、石头湖水库、碧眼水库、红坳水库、后底坑水库、阿婆髻水库、罗村水库、水车头水库、尖岗坑水库、望天湖水库、横坑水库、楼村水库、万丰水库、罗仔坑水库等。

(3)茅洲河流域可划分为石岩河、玉田河、鹅颈水、东坑水、木墩河、楼村水、新陂头北、新陂头南、西田水、罗田水、老虎坑、龟岭东、白沙坑、上下村排洪渠、公明排洪渠、塘下涌、沙井河、松岗河、沙埔、排涝河、新桥河、上寮河共 22 个排水二级分区。

10.1.2.2　城市排水防涝设施现状

(1)茅洲河流域已修建雨水管渠总长度约 1 002.43 km,新建区域为雨污分流制,旧区为截流式雨污合流制。其中,合流制管网长度约 208.61 km,合流制排水明渠长度约 170.62 km,分流制雨水管约 445.64 km,分流制雨水渠约 177.56 km。现状市政管渠系统见表 10.1-1。

(2)茅洲河流域按 1 年一遇设计的雨水管渠长度约 797.83 km,按 1～3 年一遇设计雨水管渠长度约 156.30 km,按 3 年一遇设计的雨水管渠长度约 12.96 km,按大于 5 年一遇设计的雨水管渠长度约 35.34 km,现状城市排水管网设计重现期见表 10.1-2。

表 10.1-1　现状市政管渠系统

序号	街道名称	现状建成区面积（km²）	雨污合流管网长度（km）	雨水管网长度（km）	合流制排水明渠长度（km）	雨水明渠长度（km）
1	沙井	42.91	18.49	102.23	0.82	29.17
2	松岗	45.41	93.61	99.69	83.10	29.44
3	公明	100.30	80.24	181.78	74.19	53.21
4	光明	24.08	2.77	41.68	5.08	43.02
5	石岩	21.93	13.50	20.26	7.43	22.72
合计		234.63	208.61	445.64	170.62	177.56

表 10.1-2　现状城市排水管网设计重现期　　　　　　　　　　　　（单位：km）

序号	街道名称	小于1年一遇	1年一遇	1~3年一遇（不含1和3）	3年一遇	3~5年一遇（不含3和5）	5年一遇	大于5年一遇
1	沙井	0	88.73	50.08	3.64	0	0	2.58
2	松岗	0	218.92	69.12	9.32	0	0	14.16
3	公明	0	346.55	26.60	0	0	0	16.27
4	光明	0	90.99	0	0	0	0	1.56
5	石岩	0	52.64	10.50	0	0	0	0.77
合计		0	797.83	156.30	12.96	0	0	35.34

（3）茅洲河流域建设有 46 座雨水泵站，现状排水泵站见表 10.1-3。

（4）水闸 39 座，分别为衙边涌水闸、排涝河水闸、岗头水闸、塘下沟泵站水闸、步涌同富裕水闸、潭头泵站水闸、七支渠泵站水闸、沙埔泵站水闸、松岗泵站水闸、沙埔西泵站水闸、洪桥头泵站水闸、罗田新 1~4 号水闸、罗田旧 1~3 号水闸、燕川 1~4 号水闸、塘下涌 1~4 号水闸、洪桥头 1~2 号水闸、郎下水闸、江边 3~4 号水闸、碧头 1~7 号水闸、洋涌河水闸。

表 10.1-3　现状排水泵站

序号	街道名称	泵站名称	泵站位置	泵站性质	服务范围（km²）	设计重现期（a）	设计流量（m³/s）
1	公明街道	上下村雨水泵站（抽河道水）	公明办事处	雨水泵站	2.24	20	30.7
2		合口水雨水泵站（抽河道水）	公明办事处	雨水泵站	0.63	20	10.28
3		合口水工业区雨水泵站	公明办事处	雨水泵站	0.07	2	1.0
4		合口水应急雨水泵站	公明办事处	雨水泵站	0.15	2	4.8
5		马山头雨水泵站（抽河道水）	公明办事处	雨水泵站	0.90	20	12.4
6		马田雨水泵站（抽河道水）	公明办事处	雨水泵站	2.27	20	32.6

续表 10.1-3

序号	街道名称	泵站名称	泵站位置	泵站性质	服务范围（km²）	设计重现期（a）	设计流量（m³/s）
7	松岗街道	东方七支渠泵站（抽河道水）	松岗街道	雨水泵站	1.0	20	5.0
8		溪头排涝泵站	松岗街道	雨水泵站	0.18	2	3.0
9		洪桥头泵站	松岗街道	雨水泵站	0.08	2	2.4
10		罗田泵站	松岗街道罗田社区	雨水泵站	0.20	2	4.8
11		燕川泵站	松岗街道燕川社区	雨水泵站	0.41	2	8.8
12		塘下涌南泵站	松岗街道塘下涌社区	雨水泵站	0.32	2	8.13
13		塘下涌东宝河泵站	松岗街道塘下涌社区	雨水泵站	0.52	2	5.0
14		潭头渠泵站（抽河道水）	松岗街道	雨水泵站	2.00	20	5.0
15		潭头一村泵站	松岗街道	雨水泵站	0.19	2	0.36
16		潭头二村泵站	松岗街道	雨水泵站	0.19	2	0.36
17		潭头三村泵站	松岗街道	雨水泵站	0.20	2	0.36
18		潭头四村泵站	松岗街道	雨水泵站	0.15	2	2.0
19		东方上头田泵站	松岗街道东方社区	雨水泵站	0.10	2	1.5
20		燕罗泵站（抽河道水）	松岗街道	雨水泵站	2.04	20	24.0
21		沙埔北泵站	松岗街道沙埔社区	雨水泵站	0.90	2	3.25
22		沙埔西泵站（抽河道水）	松岗街道沙埔社区	雨水泵站	1.20	20	17.0
23		沙埔排涝泵站	松岗街道沙埔社区	雨水泵站	0.90	2	8.13
24		碧头第三工业区泵站	松岗街道碧头社区	雨水泵站	0.90	2	3.0
25		燕山泵站	松岗街道	雨水泵站	—	2	3.3
26	沙井街道	共和村泵站（抽河道水）	沙井街道	雨水泵站	1.50	20	12.3
27		共和第一泵站	沙井街道	雨水泵站	0.06	2	2.0
28		共和第三泵站	沙井街道	雨水泵站	0.08	2	2.0
29		共和第六泵站	沙井街道	雨水泵站	0.06	2	1.0
30		共和大涌泵站	沙井街道	雨水泵站	0.15	2	3.0
31		沙井河泵站（抽河道水）	沙井街道	雨水泵站	28.05	20	170
32		后亭排涝泵站	沙井街道	雨水泵站	0.40	2	4.0
33		步涌同富裕泵站	沙井街道	雨水泵站	0.32	2	2.0
34		步涌大洋田泵站	沙井街道	雨水泵站	0.36	2	4.0
35		步涌南边泵站	沙井街道	雨水泵站	0.04	2	0.5
36		桥头泵站	沙井街道	雨水泵站	0.05	2	1.0
37		新桥下西泵站	沙井街道	雨水泵站	—	2	4.0
38		新二旧村水塘泵站	沙井街道	雨水泵站	—	2	1.0
39		上星泵站	沙井街道	雨水泵站	—	2	1.0
40		上寮泵站	沙井街道	雨水泵站	0.06	2	2.0
41		衙边涌泵站（抽河道水）	沙井街道	雨水泵站	1.80	20	38.76
42		大庙新村泵站	沙井街道	雨水泵站	—	2	1.0
43		新桥地堂头泵站	沙井街道	雨水泵站	—	2	1.0
44		新桥祠堂泵站	沙井街道	雨水泵站	—	2	1.0
45		新桥广深高速泵站	沙井街道	雨水泵站	0.35	2	6.81
46		后亭东泵站	沙井街道	雨水泵站	—	2	7.12

10.1.2.3 现状内涝点分布

茅洲河流域地势低洼,受涝面积大,结合地形地貌、河流特性以及市政管网的建设与规划,由北向南,将片区划分为公明片区、燕罗片区、塘下涌片区、沙埔西片区、沙井河—排涝河片区、衙边涌片区及桥头片区共七大涝区。区域内共有现状内涝点 66 个,主要分布在道路交叉口、旧村、立交桥底以及其他低洼处等区域见表 10.1-4。

表 10.1-4 现状易涝点统计(《茅洲河流域排水规划》(2015.6)、《宝安区防洪排涝及河道治理专项规划》(2015.10)、《内涝点整治报告》(2014))

序号	社区	编号	易涝区名称	最大内涝水深(m)	承泄区名称	内涝原因分析
1	碧头	SG01	朗碧路	0.2	茅洲河	地铁 11 号线施工截断雨水管网
2	碧头	SG02	碧头第二工业区	0.2	茅洲河	外江水位高于地面 0.4 m,且可能存在连通,泵站无法抽排
3		SG03	第三工业区	0.2~0.3	松岗河	雨水口堵塞;雨污混流;管道 DN500 太小;闸门有垃圾影响封闭;泵站未及时开启
4	沙埔围	SG04	沙埔围新农村	0.4	松岗河	内部排水系统不畅;地铁 11 号线施工截断原排水系统
5	花果山	SG05	松园小区	0.3	松岗河支流	河水倒灌;排水管道垃圾堵塞
6	松岗	SG06	沙江路(沙江东路 19 号前);松岗公园;107 国道桥下	0.3	松岗河	道路中间地势低洼;管网淤塞;雨水口少,25 m 一个;排水系统不完善
7		SG07	燕川第一工业园(环盛大道)	0.5	茅洲河	无排水管网,地势低洼,燕罗泵站抽不到水,罗田水倒灌
8	燕川	SG08	骄冠路、朗西路与长堤路交会口;红湖路;燕山小学红绿灯路口	0.5~0.7	茅洲河	燕山泵站管理不善,前池严重淤积
9		SG09	广田路和燕山大道交汇口	0.3	茅洲河	地势低洼,现状排水管道不完善
10	塘下涌	SG10	塘下涌二村老区	0.4~0.5	广电路雨水管—茅洲河泵站前池	地势低洼,收集系统不完善
11		SG11	塘下涌三村球场(塘下涌主区工业区与居民区及幸福三村)	0.6~0.8	东宝河泵站前池	地势低洼,收集系统不完善
12	东方	SG12	上头田村	0.6	七支渠	地势低洼,107 国道来水,排水管网淤塞;承泄区与涝区连通,抽排失效
13		SJ01	公园南路	0.3	万丰河	排水不畅
14	万丰村	SJ02	南环路与中心路口	0.3	万丰河	地势低洼、路边雨水篦堵塞、雨水篦个数较少
15		SJ03	中心路以东	0.4~0.5	万丰河	排水设施不完善,管线淤积,排水不畅
16		SJ04	万丰旧村	0.3~0.5	万丰河	地势低洼,村内雨水管网不完善
17		SJ05	新沙路佳华段	0.3	宝安大道箱涵	1.转弯车道地势较低,积水严重;2.水不能及时汇入宝安大道箱涵
18	塱岗村	SJ06	环镇南路东侧创新路以北	0.8	宝安大道箱涵	1.下穿石岩渠断面太小;2.过石岩渠后排水涵被覆盖;3.路面雨水篦较少
19		SJ07	塱岗社区	0.8	宝安大道箱涵	地势低洼

续表 10.1-4

序号	社区	编号	易涝区名称	最大内涝水深(m)	承泄区名称	内涝原因分析
20	共和村	SJ08	共和明德学校附近	0.3	排涝河	1. 地势较低;2. 受排涝河顶托、倒灌
21	衙边村	SJ09	衙边新村	0.3	石岩渠	石岩渠较高,东侧范围可以接入,但由于石岩河覆盖,且路面雨水篦较少,下雨较大,会导致东侧水接不进石岩渠,影响西侧低区,造成积水
22		SJ10	衙边旧村	0.4	排涝河、衙边涌	1. 地势低;2. 排水管网淤塞;3. 排涝河水倒灌
23	沙头村	SJ12	茭塘社区		沙涌	雨水管偏小,设施不完善
24	沙三村	SJ13	帝堂路西环路以东段	0.3	衙边涌	1. 帝堂路路面较西环路低;2. 帝堂路无雨水篦,仅有 DN80 左右 PVC 排水管接入路下管涵
25		SJ14	开发路与西环路交汇处	0.4	衙边涌	排水管网不完善
26	新二村	SJ22	陂下工业区	0.4	新桥河	路边沟小,雨水篦缺少
27		SJ23	新二路住宅区	0.5	新桥河	路边沟小,雨水篦缺少
28		SJ24	红巷工业区 107 国道旁	0.4	新桥河	路边沟小,雨水篦缺少
29	新桥村	SJ25	新桥高速出入口	0.5	新桥河	地势低洼、管道淤堵
30	辛养村	SJ26	辛养旧村	0.5	衙边涌	地势低洼
31	黄埔村	SJ27	洪田工业区	0.4	上寮河	高速桥底地势太低
32	上寮村	SJ28	上南工业区	0.5	上寮河	排水管网不完善
33	步涌村	SJ29	步涌旧村	0.3	道生围涌	地势低洼
34	光明社区	GM01	光明大道高速桥底至观光路	0.4	东坑水	道路周边垃圾树叶堵塞雨水口,排水不畅,形成大面积积水
35		GM02	光翠路商业街	0.3	木墩水	该处为下坡路段,地势低洼,上游光翠路无排水设施,雨水随路面流至此处,汇流量大,该处无排水检查井,管道雨水篦子较少,雨水收集较慢,造成积水
36		GM03	观光路与邦凯二路交界处	0.4	东坑水	道路周边垃圾树叶堵塞雨水口,排水不畅,形成大面积积水
37		GM04	公园路公安局门前路段	0.3	东坑水/鹅颈水	排水管网不完善
38	红坳社区	GM06	长风路红坳市场	0.3	鹅颈水	道路地势较低,道路排水管网不完善,导致路面积水,影响交通和周边企业及居民安全
39	东周社区	GM07	周家大道木墩旧村	0.5	木墩河	周家大道道路不通,管网断头,周边雨水汇至旧村至高新路一带,大面积受淹
40		GM08	华夏二路木墩片区路段	0.6	木墩河	排水系统未完善,淤积,断头管较多,木墩旧村积水无法及时排出
41	翠湖社区	GM09	河心南路	0.3	木墩河	道路周边垃圾树叶堵塞雨水口,排水不畅,形成大面积积水
42	新芜社区	GM10	168 工业区前	0.3	新陂头河	排水系统不完善,排水管断面不够且淤积严重

续表 10.1-4

序号	社区	编号	易涝区名称	最大内涝水深(m)	承泄区名称	内涝原因分析
43	上村社区	GM11	民生大道与兴发路交会处	0.25	上下村排洪渠	周边雨水排至上下村排洪渠,上下村排洪渠水位上涨,高水高排,形成积水
44		GM12	南环与别墅路交会处	0.3	上下村排洪渠	原有排水渠道断面较小,部分渠段设计为倒坡,跨北环路箱涵出口约2/3的过水高度被高压电缆遮挡,出水不畅导致雨季大面积积水
45		GM13	北环长春北路交汇处	0.3	上下村排洪渠	长春北路无雨水管,北环至长春北路雨水在此无法排入上下村排洪渠,形成道路长时间积水
46	合水口社区	GM14	合水口市场路段	0.2	合水口泵站	管网不完善,排水不及
47	长圳社区	GM15	东长路(光侨路—长凤路)	0.6	鹅颈水	地势低洼
48	公明社区	GM16	华发北路民生大道路口	0.2	上下村排洪渠	道路周边垃圾堵塞雨水口,排水不畅,形成大面积积水
49		GM17	楼明路与绘猫路交会处	0.3	楼村水	排水系统不完善,现有排水管道淤积、堵塞
50	将石社区	GM18	垃圾中转站	0.5	公明排洪渠	道路周边垃圾堵塞雨水口,排水不畅,形成大面积积水
51		GM19	根玉路亿和模具门口	0.6	公明排洪渠	道路周边垃圾堵塞雨水口,排水不畅,形成大面积积水
52		GM20	根玉路将石路段	0.5	公明排洪渠	根玉路无雨水管网,加上西水渠收集雨水冲击
53	塘尾社区	GM21	松白路周家大道路	0.25	公明排洪渠	道路地势较低,路边排水系统不完善,现有排水管道淤积、堵塞
54	下村社区	GM22	西环路科裕路交汇处	0.2	公明排洪渠	地势低洼,收集系统不完善
55	田寮社区	GM23	炜东百货门前	0.3	玉田河	道路地势低,加之管网不完善,积水无法迅速排入管网和玉田河
56	马山头社区	GM24	汽车市场	0.2	公明排洪渠	管网不完善,排水不及
57	甲子塘社区	GM25	甲子塘村口	0.25	鹅颈水	地势低洼
58	塘家社区	GM26	塘明路塘家路段	0.3	鹅颈水	地势低洼,107国道来水,排水管网淤塞;承泄区与涝区连通,抽排失效
59	石龙社区	SY01	祝龙田路龙大高速桥涵	2	水田支流	1.地势低洼;2.排水管网不完善;3.周边工地未做好水土保持措施,泥沙冲入排水管道,堵塞排水管道。每遇强降雨即内涝严重
60		SY02	石龙仔山洪及石龙路	0.4	水田支流	上游源头山脚的无序开发,山塘填埋作为建筑用地,丧失了滞洪调蓄功能,且填土为松散土,雨季水土流失非常严重,致使石龙路下4.5 m×2.0 m箱涵全淤满,雨季石龙路变成泥沙河水通道
61		SY03	石龙仔社区创业路与民营路段	0.3	水田支流	排水管网不完善

续表 10.1-4

序号	社区	编号	易涝区名称	最大内涝水深(m)	承泄区名称	内涝原因分析
62	水田社区	SY04	石龙大道	0.3	水田支流	1.道路地势低洼,周边及石龙路等道路雨水均汇入石龙大道;2.道路雨水雨水收集系统不完善,雨水不能及时排入排水管道;3.石龙大道旁水田支流过水断面小,排洪能力不足,雨季河道洪水顶托壅高至路面,致使路面内涝严重
63		SY05	水田社区原农商行片区	0.4	水田支流	区域内部排水管网不完善,管径过小,过流能力不足以及雨水收集系统缺少淤堵
64	上屋社区	SY06	上屋大道与宝石西路交汇口	0.3	石岩河	地势低洼,道路雨水箅数量太少,排水系统排水能力不足
65	应人石社区	SY08	应人石社区新围仔路	0.4	应人石河	地势低洼,道路雨水箅数量太少,排水系统排水能力不足
66	凤凰社区	FY16	凤凰社区华源工业区南侧	0.8	福永河	受北侧工业区及东侧居住区地表汇水影响,路边现状排水渠被破坏

10.1.3　茅洲河流域排水防涝能力与内涝风险评估

10.1.3.1　暴雨雨型及下垫面解析

(1)茅洲河流域雨量充沛,年降水量为 1 700~2 000 mm;降雨量季节分配极不均衡,降雨主要集中在 4~9 月,降雨量占全年降水量的 85% 以上。

(2)根据茅洲河流域降雨特征及降雨统计数据,编制短历时和长历时暴雨雨型,分别作为雨水管渠和内涝防治设施设计雨型。

①短历时雨型:采用芝加哥雨型推求重现期 2 年,历时 3 h 1 min 间隔短历时雨型,雨峰系数 $r = 0.25$,降雨量根据《深圳市新一代暴雨强度公式及计算图表》计算,求得 2 年—遇 3 h 降雨 85.14 mm。

2 年一遇对应的暴雨强度公式为:

$$i = 14.768/(t + 12.688)^{0.654}$$

其中,i 代表降雨强度;t 代表降雨历时。

②长历时雨型:采用同频率分析方法推求重现期为 20 年和 50 年,历时 24 h 1 min 间隔长历时雨型,峰值时间为第 360 min,降雨雨量采用年最大值法取样,通过 P-Ⅲ 型频率曲线拟合求得 20 年一遇 415.42 mm,50 年一遇 510.27 mm。

20 年一遇对应的暴雨强度公式为:

$$i = 13.568/(t + 10.178)^{0.529}$$

50 年一遇对应的暴雨强度公式为:

$$i = 13.007/(t + 9.058)^{0.495}$$

其中,i 代表降雨强度;t 代表降雨历时。

(3)此次评价将茅洲河流域下垫面提取并划分为绿地、水体、屋顶和道路 4 类。经统计,全流域内绿地比例占 31.54%,屋顶占 15.32%,道路占 4.88%,其中绿地作为透水下垫面处理,其他除水系都作为不透水下垫面处理。

10.1.3.2　排水系统总体评估

(1)茅洲河流域管网平均覆盖率约为 4.27 km/km²。

(2)自由出流状态下,茅洲河流域现状雨水管渠总长度约为 1 002.43 km,其中,设计重现期达到 2 年及 2 年以上的管渠约占 4.82%。

（3）茅洲河流域现状雨水泵站46座,其中规划保留15座。

10.1.3.3　现状排水能力评估

（1）评估方法:以检查井是否溢流作为评估标准,管网排放口采用自由出流形式,利用水力模型对现状排水管网系统进行评估。

（2）经评估,茅洲河流域现状排水管网系统的排水能力如下:2年一遇的溢流检查井占40.2%,20年一遇的溢流检查井占56.5%,50年一遇的溢流检查井占61.5%;小于1年一遇的管渠占34.9%,1~2年一遇的管渠占5.5%,2~3年一遇的管渠占5.1%,3~5年一遇的管渠占10.7%,大于5年一遇的管渠占43.8%,见表10.1-5。

表10.1-5　现状排水管网排水能力评估　　　　　　　　（单位:km）

序号	街道名称	小于1年一遇	1~2年一遇（不含1和2）	2~3年一遇（不含2和3）	3~5年一遇（不含3和5）	大于等于5年一遇
1	沙井	99.83	7.93	14.22	25.02	158.84
2	松岗	32.71	22.98	8.05	6.93	21.88
3	公明	130.07	16.21	16.73	51.28	175.13
4	光明	68.34	6.41	11.09	10.60	54.27
5	石岩	18.46	1.87	0.69	13.82	29.07
	合计	349.41	55.4	50.78	107.65	439.19

10.1.3.4　内涝风险评估与区划

（1）内涝灾害标准:①积水时间超过30 min,积水深度超过0.15 m,积水范围超过1 000 m²;②下凹桥区,积水时间超过30 min,积水深度超过0.27 m。以上条件同时满足时才成为内涝灾害,否则则为可接受的积水,不构成灾害。

（2）内涝风险评估方法:综合考虑事故频率及其后果等级进行内涝风险区划;通过评估5年、10年、20年、50年、100年5个设计重现期下的内涝事故后果等级,从而得到内涝风险区划。

（3）茅洲河流域潜在风险区约46.21 km²,主要分布于茅洲河中下游的上下村排洪渠、公明排洪渠、塘下涌、松岗河、沙井河、排涝河、沙埔等片区。

（4）在建泵抽排的情况下,茅洲河流域现状易涝风险区个数为68个,其中内涝高风险区面积为1.13 km²,内涝中风险区面积为2.10 km²,内涝低风险区面积为0.04 km²,总计3.27 km²,占流域总面积的1.08%。不同片区内涝风险区个数及不同风险区的面积详见表10.1-6。

表10.1-6　城市内涝风险评估

序号	片区名称	现状城市内涝风险区个数(个)	内涝高风险区面积（km²）	内涝中风险区面积（km²）	内涝低风险区面积（km²）
1	石岩河	10	0.005 9	1.013 1	0.036 47
2	玉田河	4	0.013 4	0.005 7	0
3	鹅颈水	3	0.007 6	0.004 7	0
4	东坑水	3	0	0.016 4	0
5	木墩河	4	0.006 4	0.007 8	0
6	楼村水	1	0	0.001	0

续表 10.1-6

序号	片区名称	现状城市内涝风险区个数(个)	内涝高风险区面积（km²）	内涝中风险区面积（km²）	内涝低风险区面积（km²）
7	新陂头北	1	0	0.001 7	0
8	新陂头南	0	0	0	0
9	西田水	0	0	0	0
10	罗田水	1	0.005 3	0	0
11	老虎坑	0	0	0	0
12	龟岭东	2	0.031 6	0.003 3	0
13	白沙坑	0	0	0	0
14	上下村排洪渠	6	0	0.017 4	0.001
15	公明排洪渠	4	0.007	0.015 3	0
16	塘下涌	2	0.011 3	0	0
17	沙井河	2	0.157	0	0
18	松岗河	3	0	0.022 9	0
19	沙埔	4	0	0.814 9	0
20	排涝河	6	0.034 8	0.052 3	0
21	新桥河	4	0.048	0.062 9	0
22	上寮河	8	0.806	0.062 2	0
合计		68	1.134 3	2.101 6	0.037 47

10.2　排涝工程总体方案

10.2.1　排水(雨水)防涝标准

10.2.1.1　雨水径流控制标准

深圳市雨水径流控制执行如表 10.2-1 所示的标准,同时,开展雨水径流控制的地区,不应降低雨水管(渠)、泵站的设计标准。

表 10.2-1　雨水径流控制标准

区域名称	商业区	住宅区	学校	工业区	市政道路	广场、停车场	公园
新建区	≤0.45	≤0.4	≤0.4	≤0.45	≤0.6	≤0.3	≤0.2
城市更新区	≤0.5	≤0.45	≤0.45	≤0.5	≤0.7	≤0.4	≤0.25

注:1. 该目标为建设项目综合径流系数规划控制指标,非市政排水系统设计标准。

　　2. 市政排水系统设计时,径流系数设计取值可参考《室外排水设计规范》等规范取值。

10.2.1.2　雨水管渠、泵站及附属设施设计标准

深圳市新建雨水管渠、泵站及附属设施采用设计标准见表10.2-2，并符合下列规定：

表10.2-2　雨水管渠、泵站及附属设施设计标准

城区类型	中心城区	非中心城区	特别重要地区
重现期	5年	3年	10年或10年以上

注：1. 暴雨强度公式编制时，应采用年最大值法；

2. 雨水管渠应按重力流、满管流计算；

3. 学校、医院、民政设施、地下通道、下沉广场等排水管渠设计标准应按《室外排水设计规范（2014年版）》执行；

4. 评估雨水管渠排水能力时，出水口衔接相应防洪设施的水位；

5. 汇水面积超过1 km²的山洪水汇入城市雨水管渠，应按山洪防治标准叠加城市建设区雨水管渠设计标准设计下游雨水干渠及其附属设施，并按内涝防治标准复核，作为山洪行泄通道。

（1）新建管渠按本规定执行，既有管渠应结合地区改建、涝区治理、道路建设等更新排水系统。

（2）同一三级排水分区内，可采用不同的设计重现期，但下游雨水干管渠设计标准不宜小于上游雨水干管渠。

（3）考虑在淹水深度较大、排水困难或雨水管网在短期内很难建设到位的区域，采用路面作为雨水排水渠道，在靠近河道的位置增设道路排水泵站或泄水溢流口，控制道路积水深度不超过20 cm。

（4）低洼易淹、排水困难等内涝风险区，经评估可适当提高排水管渠设计标准。

（5）生态保护区（山区）雨水应高水高排，通过增加截洪沟等工程措施，拦截山区洪水，并就近排入水体，减少对城市建成区的影响。

茅洲河流域的光明城市副中心、松岗城市组团中心和沙井城市组团中心属于中心城区，新建雨水管渠、泵站及附属设施设计重现期为5年一遇；高铁光明站属于特别重要地区，应取10年或10年以上设计重现期。

10.2.1.3　城市内涝防治标准

茅洲河中上游片区内涝防治设计重现期为50年，即通过采取综合措施，有效应对不低于50年一遇的暴雨。

茅洲河下游片区（包括沙井河、沙井排涝河、上寮河、新桥河等，面积共计83.25 km²）内涝防治设计重现期为20年，即通过采取综合措施，有效应对不低于20年一遇的暴雨。

10.2.1.4　防洪标准衔接

茅洲河流域松岗河、沙井河等分区采用20年一遇降雨遭遇河道20年一遇洪水位；其他分区非感潮河段采用同频率衔接，即50年一遇降雨遭遇河道50年一遇防洪水位；其他分区感潮河段，采用50年一遇洪水位遭遇20年一遇潮位。

10.2.2　排水（雨水）防涝治理思路

（1）采用蓄、渗、净、排等多种措施相结合，构建可持续的城市排水防涝系统。

蓄：充分利用绿地、公园、水体，建设雨水调蓄设施。

渗：在地下水位低、下渗条件良好的片区，应加大雨水促渗，增加新建片区透水性下垫面的比例。

净：结合河道蓝线绿地，有条件的雨水排放口地区修建人工湿地、净化雨水；新建区域积极推行低影响开发（LID）建设模式，见图10.2-1，分散净化雨水径流，削减面源污染。

排：构建城市排水主干网络系统，保证涝水顺利排放，对于排涝标准较低的河道，开展河道综合整治，提升标准；结合城市更新改造、道路改造，提升管网标准；对于受纳水体顶托严重或者排水出路不畅的地区，应积极考虑河湖水系整治和排水出路拓展。

（2）对于易涝风险区，在复核雨水管渠及其附属设施的基础上，采取以下思路进行规划设计：

① 如雨水管渠满足相应的设计标准，则不调整雨水管渠，优先采用竖向调整和高水高排措施，其次采取分区调整、新增干管的方式，再次选择泵站、调蓄设施以及开辟涝水行泄通道等措施。

图 10.2-1 低影响开发(LID)建设措施示意图

② 如雨水管渠不满足相应的设计标准,则调整雨水管渠,再进行第①条所述综合措施比选。

(3)本规划茅洲河下游片区以消除 20 年一遇降雨条件下易涝风险区为目标,其余片区以消除 50 年一遇降雨条件下易涝风险区为目标,综合考虑投资、用地、建设条件,形成稳定综合规划方案,包括雨水管网系统规划方案和内涝防治系统规划方案。

10.2.3 排水(雨水)防涝工程布置原则

(1)在防洪工程规划的基础上进行排涝工程规划布局的原则。

(2)统筹兼顾,以流域为单位分区分片治理的原则。

(3)利用地形,高水高排、低水低排,尽量重力流排放雨水,避免设置雨水提升泵站。

(4)低洼地区抽排布局模式以小流域为单位,分散为主,适当集中的原则。

(5)雨洪分流,避免山洪进入城市排水系统,截留的山洪水就近引入水体,尽量避免进入排水管网系统。

(6)充分利用屋顶调蓄、滞流等综合措施提高雨水管渠系统的排水能力,减小内涝风险。

(7)对于新建管渠,采用 3 ~ 10 年一遇重现期设计管道,对于不满足设计标准的现状管渠,应结合地区改建、涝区治理、道路建设等工程进行逐步改造。

(8)对于易涝风险区管网改造,优先采用减小汇水面积、截流、新增排水通道的方式。

（9）针对长历时高重现期暴雨，充分利用道路作为排水方式。

10.2.4　排水（雨水）防涝系统组成

　　茅洲河流域排水（雨水）防涝系统包含雨水管渠系统和防涝系统，其中雨水管渠系统主要由雨水管渠、雨水泵站组成，防涝系统由内河水系、涝水行泄通道以及雨水调蓄设施组成。

10.2.5　排水防涝工程规划布局

　　（1）对于 2 年一遇 3 h 短历时降雨的排涝方案，茅洲河流域主要根据《深圳市海绵城市专项规划》要求，在流域内建设下凹式绿地、透水铺装等传统 LID 措施，同时提出在流域内所有的平顶屋顶添加 LID 措施，用来达到雨水削峰的目的，从而减小管网的压力，降低积水深度。整个流域内添加 LID 措施的屋顶面积为 45.28 km²，蓄水设施的蓄水高度为 100 mm，排放方式为 48 h 排空。

　　（2）对于 20 年一遇 24 h 和 50 年一遇 24 h 长历时降雨的排涝方案，通过在积水点分布密集且靠近河道的区域增设道路泄洪通道来排出路面积水，极大降低雨水管道的排涝压力。

　　（3）茅洲河流域安排新建雨水管渠 557.37 km，改扩建雨水管渠 34.50 km，建立骨干排水管渠系统。

　　（4）茅洲河流域新建雨水泵站 13 座，规模 312.2 m³/s；扩建泵站 9 座，由现状 129.25 m³/s 扩建至 338.9 m³/s；规划保留现状泵站 15 座，规模 281.87 m³/s。泵站总规模 932.97 m³/s。

　　（5）茅洲河中下游受纳水体顶托严重，排水出路不畅，考虑内河水系整治和排水出路拓展，规划对茅洲河干流和一级支流进行综合整治。

　　（6）城市涝水行泄通道以河流水系为基础，以排水干沟、明渠、暗渠等作为排水通道，茅洲河流域建设涝水行泄通道总长度为 40.229 km，涉及塘下涌片区、茅洲河干流、沙埔片区、沙井河片区、松岗河片区、新桥河片区、上寮河片区、公明排洪渠片区、上下村片区、石岩河片区的 43 条涝水行泄通道。

　　（7）以调蓄洪峰流量为目的，结合公园、绿地建设，充分利用现状湖泊、湿地等作为调蓄水体，茅洲河流域共安排建设雨水调蓄设施 24 处，其中，河流滞洪区 13 处，利用现状水体作为调蓄设施 1 处，新建调蓄设施 10 处，总占地面积约为 239.5 hm²，总调蓄容积约为 847.1 万 m³。

10.3　雨水径流控制与资源化利用

10.3.1　海绵城市建设现状

　　2004 年，深圳市在全国率先引入低影响开发雨水综合利用理念，积极实践低影响开发建设模式，举办第四届流域管理与城市供水国际学术研讨会，深圳市水务局与美国土木工程师协会和美国联邦环保局签署包括流域管理、面源污染控制和低影响开发的技术交流与合作协议框架。

　　2005—2006 年，深圳市开展深圳市茜坑水库流域管理措施研究，并落实洪峰控制、面源污染控制、雨水综合利用的设计理念及设计方法。

　　2007—2009 年，深圳市结合重大建设项目积极实践，先后在深圳大运中心、东部华侨城、水土保持科技示范园、侨香村住宅区、万科中心、建科大楼、南山商业文化中心、北站交通枢纽雨水综合利用、深圳市光明新区门户区市政道路等示范项目中，因地制宜地采用了绿色屋顶、可渗透路面、生物滞留池（雨水花园）、植被草沟及自然排水系统等低影响开发雨水综合利用设施，取得了良好的环境、生态、节水效益。

　　2009 年，深圳市正式启动面积达 150 km² 的光明低冲击开发（同低影响开发）雨水综合利用示范区的创建工作，进一步探索推广城市规划建设的新模式。截至目前，光明新区已先后启动了 26 个政府投资的示范项目，包括公共建筑项目 2 个、市政道路项目 9 个、公园绿地项目 6 个、水系湿地项目 2 个、居住小区（保障性住房）项目 5 个、工业园区项目 2 个，部分项目初步建成。

　　（1）公共建筑示范项目——光明新区群众体育中心。

　　主要措施:采取绿色屋顶、雨水花园、透水广场、生态停车场、雨水收集利用系统等工程措施(见图 10.3-1)。

绿色屋顶

透水广场

生态停车场

图 10.3-1　光明新区群众体育中心低影响开发设施

　　成效:累计年雨水利用量超过 1 万 m^3,年径流总量控制率 60% 以上。

　　(2)市政道路示范项目——公园路、门户区 36 号及 38 号公路。

　　主要措施:下凹绿地、透水车行道、透水自行车道和人行道等(见图 10.3-2)。

植生滞留槽

下凹式绿地原理图

透水路面

图 10.3-2　道路低影响开发设施

　　成效:年径流总量控制率 50% 以上。道路排水能力由 2 年一遇提升至 4 年一遇,中小雨不产流。

　　(3)公园绿地示范项目——光明新城公园。

　　主要措施:植被草沟、旱溪、滞留塘、地下蓄水池等(见图 10.3-3)。

地下蓄水池

植被草沟

滞留塘

图 10.3-3　公园低影响开发设施

　　成效:年径流总量控制率 90%。年收集回用雨水 1.5 万 m^3、回补地下水 25 万 m^3。

　　(4)水系湿地示范项目——明湖。

　　主要措施:自然水体、调蓄池、人工湿地(美人蕉、再力花、菖蒲)、稳定塘等(见图 10.3-4)。

　　成效:确保湖体水质达到地表水 Ⅳ 类标准。

　　(5)居住小区示范项目——光明街道、光明集团保障房。

调蓄池　　　　　　　　　　　　　　　　　　人工湿地

图 10.3-4　水系湿地低影响开发设施

主要措施:采取下凹式绿地、透水铺装、绿地雨水口、滞蓄凹地等工程措施(见图 10.3-5)。

滞蓄场地　　　　　　　　　　　　　　　　　渗滤排水沟

图 10.3-5　居住小区低影响开发设施

成效:年径流总量控制率 60% 以上。

(6)工业园区示范项目——光明招商科技园。

主要措施:透水铺装、绿地雨水口、渗滤排水系统、雨水收集系统等工程措施见图 10.3-6。

透水铺装　　　　　　　　　　　　　　　　　绿地雨水口

图 10.3-6　工业园区低影响开发设施

成效:日均可收集雨水量为 336.8 m^3/d,年径流总量控制率 50% 以上。

在上述示范项目带动下,光明新区已制定低影响开发规划设计导则和实施办法,于 2014 年在全区建设项目中全面推广。建设项目的业主必须严格按照规划控制要求和相关制度实施低影响开发建设,其中公共区域内由政府投资建设;非公共区域靠业主引入社会资本投资建设,政府按绩效给予奖励或补贴,约占投资总量的 70%。

10.3.2　海绵城市规划原则及目标

10.3.2.1　规划原则

1.理念转变——生态为本、自然循环

改变传统思维和做法,对雨水径流实现由"快速排除""末端集中"向"慢排缓释""源头分散"的转变,综合运用渗、滞、蓄、净、用、排等措施,贯彻"节水优先、空间均衡、系统治理、两手发力"的治水思路,充分发挥山、水、林、田、湖对降雨的积存作用,充分发挥自然下垫面对雨水的渗透作用,充分发挥湿地、水体等对水质的自然净化作用,努力实现城市水体的自然循环。

2.系统实施——因地制宜、回归本底

根据深圳市降雨、土壤、地形地貌等因素和经济社会发展条件,综合考虑水资源、水环境、水生态、水安全等方面的现状问题和建设需求,坚持问题导向与目标导向相结合,因地制宜地采取"渗、滞、蓄、净、用、排"等措施。

加强规划引领,因地制宜确定海绵城市建设目标和具体指标,完善技术标准规范。综合考虑深圳市的自然水文条件、土壤状况、原有排水系统基础、经济社会发展条件等因素,坚持因地制宜、因地施策。以规划确定的排水片区为单元,全面推进深圳市的海绵城市建设工作,重点结合城市道路、公园绿地、建筑小区和市政设施等建设项目统筹推进。同时,选择深圳本地的适用技术、设施和植物配种,降低建设维护成本。

3.协同推进——规划引领、强化管控

海绵城市建设系统性、综合性、创新性强,在规划编制中应注重海绵城市建设各相关部门的统筹和协调。加强深圳市规划、财政、建设、环保等部门的联动推进、紧密合作,带动社会力量和投资形成合力,共同推动规划区海绵城市建设工作,主动推广政府和社会资本合作(PPP)、特许经营等模式,吸引社会资本广泛参与海绵城市建设。

4.注重管理——政策保障、过程管理

利用深圳经济特区的机制体制优势和深化改革的机遇,构建规划建设管控制度、投融资机制、绩效考核与奖励机制、产业发展机制等,推动海绵城市工作的规范化、标准化、制度化,保障海绵城市建设工作的长效推进。同时,综合采用工程和非工程措施提高低影响开发设施的建设质量和管理水平,提高海绵工程质量,消除安全隐患,保障公众及建筑物安全。

5.集中与分散相结合

近期重点进行重点区域集中的海绵建设,凸显规模效益,展示海绵城市建设成效;已建片区改造和新建区域建设同步进行,新建区域全面落实海绵城市建设要求,已建片区结合城市更新、道路新建改造、轨道交通建设等有机更新逐步推进。

6.功能与景观相结合

推广绿色雨水基础设施,统筹发挥自然生态功能和人工干预功能,实施源头减排、过程控制、系统治理;在规划设计中要重视和兼顾景观效果,实现环境、经济和社会综合效益的最大化。

7.绿色与灰色相结合

通过源头减排、过程控制和末端处理等措施,优先利用绿色雨水基础设施,并重视地下管渠等灰色雨水基础设施的建设,绿色与灰色相结合,综合达到排水防涝、径流污染控制、雨水资源化利用等多重目标。

10.3.2.2　规划目标

深圳将高标准推动海绵城市建设,构建完善的城市低影响开发系统、排水防涝系统、防洪潮系统,并使其与城市生态保护系统相结合,逐步建立"制度完善、机制健全、手段先进、措施到位"的管理体系,为建设经济发达、社会和谐、资源节约、环境友好、文化繁荣、生态宜居的中国特色社会主义示范市和国际化城市提供安全保障。

通过海绵城市建设,综合采取"渗、滞、蓄、净、用、排"等措施,最大限度地减少城市开发建设对生态环境的影响,将 70% 的降雨就地消纳和利用,条件较好的地区应不低于 75%。到 2020 年,城市建成区 20% 以上的面积达到目标要求;到 2030 年,城市建成区 80% 以上的面积达到目标要求。

通过构建"自然海绵与人工海绵"的城市海绵系统,提升城市生态品质,增强风险抵抗能力,从而实现缓解城市内涝、削减径流污染负荷、提高雨水资源化水平、降低暴雨内涝控制成本、改善城市景观等多重目标,构建起可持续、健康的水循环系统,有力促进绿色生态城市的建设,探索新型城镇化新路。

10.3.3　总体建设思路

10.3.3.1　转型规划编制

传统城市规划重视空间和物质,轻生态内容(包含低影响开发在内),给城市发展留下了一定的隐患。城市规划本身是一个开放的体系,深圳市编制完成《城市规划低影响开发技术指引》,拟主动转型,按照海绵城市建设理念和要求,落实和协调各相关专项规划拟在各层次、各相关专业规划中全面落实海绵城市建设内容。

10.3.3.2　巩固和强化生态

为在土地开发过程中保护天然坑塘、湿地、洪泛区、行洪通道、生态廊道等水敏感区,深圳市自 2005 年正式划定了国内第一条基本生态控制线,线内土地面积为 974 km^2,并出台了《深圳市基本生态控制线管理规定》;在 2009 年出台《深圳市蓝线规划》,蓝线控制面积 255.4 km^2。在下阶段工作中,还将继续巩固和强化生态区水土保持与水源涵养功能,出台《深圳市蓝线管理规定》等政策法规。

10.3.3.3　切实保障安全

软硬两手发力,除创新投融资模式开展工程建设外,还需注重非工程措施的强化,利用深圳经济特区特有的立法机制和大部制工作格局,构建完善、高效的海绵城市工作体系,完善城市排水防涝管理机构,建立数字信息化管控平台,完善应急机制和技能储备,切实实现城市对内涝等灾害有足够的"弹性和恢复能力"。

10.3.3.4　因地制宜明确目标

深圳市属典型南方降雨条件下的城市化区域,其自然地理、降雨特点、水文条件均带有南方的特点。因此,深圳应加强总结过去几年中在水务建设、排水防涝、低影响开发推广应用中的经验和教训,因地制宜制定目标,明确指标,并强化实施导向。

10.3.3.5　统筹建设强化实施

在明晰目标的基础上,深圳市人民政府将协调各部门,共同搭建海绵城市建设平台,制定实施细则和管控机制,分工合作,高效推动实施,在各类建设项目中,严格落实海绵城市创建的规划目标和要求,这些建设项目不仅包括政府投资为主的绿地、道路、排水防涝等公共设施,还包括社会投资为主的地块建设开发项目。深圳市海绵城市建设总体思路如图 10.3-7 所示。

10.3.4　径流量控制

(1)茅洲河流域新建区域雨水径流控制按照规划标准执行。

(2)根据《深圳市海绵城市专项规划》规划目标,茅洲河流域年径流总量控制率不低于 70%。

(3)位于茅洲河流域的光明新区为全国低影响开发雨水综合利用示范区,重点推动低影响开发实践。

(4)新建项目分类通过绿色屋顶覆盖比例、下沉式绿地建设比例、透水铺装比例、不透水下垫面径流控制比例等 4 个指标进行雨水径流控制。

(5)茅洲河流域雨水径流控制设施应以表层入渗设施和雨水的滞蓄设施为主,相关表格见表 10.3-1 ~ 表 10.3-4。

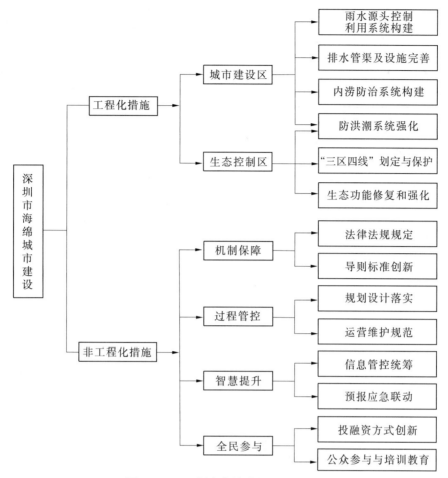

图 10.3-7 深圳市海绵城市建设总体思路

表 10.3-1 用地分类统计

流域	片区	面积（hm²）	自然特征 软土（黏土）比例（%）	建筑与小区类（hm²） 现状保留	综合整治	规划新建	市政道路类（hm²） 现状保留	规划新建	公园绿地类（hm²）
茅洲河流域	石岩河片区	10 615.3	8.4	2 267.7	0.0	1 190.6	233.7	78.0	1 180.0
	茅洲河南部片区	10 935.1	2.1	1 484.8	71.7	2 412 8	222.1	88.7	1 570.0
	茅洲河北部片区	8 608.8	0.0	712.8	15.9	388.6	1 251.8	530.0	650.0

表 10.3-2 建设项目低影响开发控制指标推荐值

LID 控制指标	居住类（R）	商业类（C、GIC）	工业类（M、W）	道路广场类（S、G4）	公园类（G1、C5）
下沉式绿地建设比例（%）	≥60	≥40	≥60	≥80	≥20
绿色屋顶覆盖比例（%）	—	20～30	30～60	—	—
人行道、停车场、广场透水铺装比例（%）	≥90	≥30	≥60	≥90	≥50
不透水下垫面径流控制比例（%）	≥40	≥20	≥80	≥80	100

表 10.3-3　光明新区适宜的低影响开发措施

流域	适宜的低影响开发设施	其他
茅洲河流域	雨水花园、绿化屋顶、透水铺装地面、植被草沟、下凹式绿地、雨水湿地、雨水滞留塘、雨水储水模块等	由于该地区地下水位较高,入渗井、渗透管沟等雨水深层入渗设施应慎用

表 10.3-4　年径流总量控制率核算

片区	面积(hm^2)	片区单位面积控制降雨量(mm)	核算片区年径流总量控制率(%)	规划片区年径流总量控制率(%)
石岩河片区	10 615.3	31.2	69.9	70
茅洲河南部片区	10 935.1	32.1	70.8	72
茅洲河北部片区	8 608.8	31.4	70.1	70

10.3.4.1　2 年一遇短历时降雨的排涝方案

以检查井的积水深度大于 0.15 m 作为评估标准,管网排放口采用自由出流形式,利用水力模型对 2 年一遇降雨历时情况下的现状排水管网系统进行评估。

经统计分析 SWMM 模型模拟结果,得到 2 年一遇降雨历时情况下的现状雨水管网的积水点分布,详见 10.1.3.3 小节,积水点较多且较深,最高可达 0.74 m,可见现状管网的排涝能力存在严重不足。

对于 2 年一遇短历时降雨的排涝方案,根据《深圳市海绵城市专项规划》要求,在流域内建设下凹式绿地、透水铺装等传统 LID 措施,同时提出在流域内所有的平顶屋顶添加 LID 措施,具体是通过在屋顶添加类似于蓄水池的设施(见图 10.3-8),蓄水高度为 100 mm,用来承接一部分雨水,达到雨水削峰的目的,从而减小管网的压力,降低积水深度。

图 10.3-8　屋顶蓄水池

10.3.4.2　20 年一遇以上长历时降雨的排涝方案

以检查井的积水深度大于 0.2 m 作为评估标准,管网排放口采用自由出流形式,利用水力模型对 20 年一遇降雨历时情况下的现状排水管网系统进行评估。

经统计分析 SWMM 模型模拟结果,得到 20 年一遇及 50 年一遇降雨历时情况下的现状雨水管网的积水深度分布,详见 10.1.3.3 小节。

对于 20 年一遇及以上的暴雨排涝,靠提高泵站装机容量等工程措施提高防洪排涝能力往往成本很高,特别是要兼顾考虑高于设计标准暴雨时更加为难。比如,当茅洲河流域发生 50 年或者 100 年一遇暴雨时,几乎可以肯定会导致大面积、长时间和水深较深的淹没,单靠雨水管网和泵站强排是不现实的。

一个非常简单实用的方法是在有条件的地方进行合理的竖向设计,使路面洪水顺地形自流到河道或湖泊边,再利用临时或者固定的排水泵站将雨水排入河道,这样能够极大地减少管网的投资,也能够解决在短期内无法进行雨水管网铺设的内涝区域排水问题。

雨水会进入排水管道,然后进入雨水污染物收集装置,再排向泵站或水体。当泵站来不及排水导致路面积水时,路面洪水可以顺着路面流到道路的尽头,越过一个小坎(起阻水消能作用),以漫流的方式流过生态草地,再流到河湖,在河湖处可设置消能结构见图 10.3-9 ~ 图 10.3-11。

图 10.3-9　道路泄洪示意图

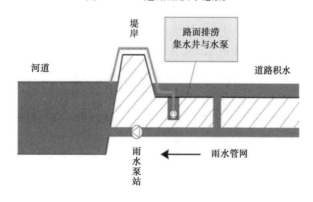

图 10.3-10　泄洪道路纵断面示意图

以衙边涌片区为例:

承泄该片区雨水的河流为茅洲河及衙边涌,根据现状河道治理情况、地形图量测资料及水面线复核的成果,对该片区受河水顶托而导致排水不畅的区域进行统计。其排水不畅的区域基本涵盖衙边涌流域,总面积约 2.38 km²,地面高程为 2.0 ~ 3.3 m。该片区已建排涝泵站 1 座(衙边涌泵站),抽排能力 36 m³/s,设计标准为 3 年一遇。

在现有排水规划基础上结合道路排涝系统规划,经过 SWMM 模型模拟评估茅洲河流域排水能力,模拟结果显示,在 20 年一遇和 50 年一遇的降雨情景下,经过道路排涝,检查井的积水深度均有不同程度的减少,大部分都达到了积水深度标准,可见道路排涝系统规划是可行的。

图 10.3-11　道路排涝系统路线示意图

10.3.5　径流污染控制

径流污染控制包括：

（1）对新建片区，推荐采用低影响开发建设模式，采用低影响开发设施或雨水滞留设施，源头分散控制雨水径流污染。

（2）完善大截排系统，增加截留系数，尽可能截留初期雨水。

（3）对现状建成区，结合公园、河湖水体、湿地滞洪区等建设雨水滞蓄设施，在调蓄雨水的同时，实现雨水的生态净化。

（4）对雨污合流区域，加快雨污分流改造，防止合流污水污染河道。

即使在发达国家，只要不是受潮汐影响，多数情况雨水是可以直排的，但条件是要先去除雨水中的污染物。因此，澳大利亚、美国、英国等国开发应用了多种雨水污染物收集过滤装置，雨水经过装置后允许直接排放入河道和湖泊。

如果受特殊土地利用的影响，雨水污染物成分复杂，也可以在雨水污染物收集装置后建设人工湿地。对于本项目区域，考虑到深圳市的空置用地太少，除非可以确定有特别的溶解于水的污染物，可以不用湿地，至少在部分区域可以不用湿地。

可以采用"连续偏转技术的雨水污染物收集装置"进行雨水中颗粒物去除。该装置能够将雨水中95%的直径大于 0.125 mm 的颗粒状和飘浮物过滤和收集。

建议茅洲河流域对邻近水体的还没有建成的区域不将管道通向泵站，而是直接就近通向水体，在管道末端安装"采用连续偏转技术的雨水污染物收集装置 CDS – GPT"（见图 10.3-12），或者其他类似的装置，收集、存储和处理初期雨水中的污染物，初期雨水后的雨水相对比较干净，可以直接排入水体。

安装初期雨水污染物收集装置后需要对所有装置定期进行污染物清除，需要聘请一个具备专业设备的专业公司提供污染物清除业务。所需设备包括吊起污染物篮筐的吊车、污泥泵，以及装运污染物和污泥的垃圾车，如图 10.3-13 所示。

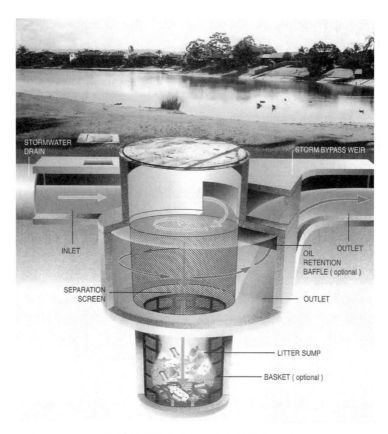

图 10.3-12　采用连续偏转技术的雨水污染物收集装置 CDS – GPT

图 10.3-13　与雨水污染物收集装置配套的污染物清除装备

10.3.6　雨水资源化利用

（1）生态控制区：茅洲河流域未利用雨水资源约为 0.18 亿 m³/年，根据《深圳市防洪潮规划修编及河道整治规划——防洪潮规划修编报告（2010—2020）》，建议扩建鹅颈水库，扩建前水库总库容为 583 万 m³，扩建后总库容为 1 466.5 万 m³；新建公明水库，库容为 1.478 9 亿 m³（主要调蓄东江水资源）。

（2）城市建设区：在有条件的小区、公共建筑（工厂）进行雨水收集及回用示范；在现状公园，充分利用景观水体或建设雨水收集设施，收集回用雨水。

10.4　雨水管网系统规划

10.4.1　排水体制

（1）本次规划排水体制采用完全分流制。

（2）对现状为雨污合流的，应结合城市建设与旧城改造，加快雨污分流改造，规划远期实现完全分流制排水。

（3）对新建片区或城市更新片区，推荐采用低影响开发（LID）的建设模式，分散控制雨水径流。

10.4.2　排水分区

根据茅洲河流域河流水系、竖向高程、规划排水管渠系统，划分为石岩河片区、玉田河片区、鹅颈水片区、东坑水片区、木墩河片区、楼村水片区、新陂头河片区、西田－罗田水片区、公明片区、塘下涌片区、沙井河片区、松岗河片区、排涝河片区、新桥河片区、上寮河片区等15个规划二级排水分区。

10.4.3　排涝计算

以水力模型作为计算工具，通过解析汇水区面积、下垫面、汇流时间、初始损失等水文水力参数，经规划模型综合计算，最终确定雨水管渠的尺寸、坡度、埋深。

10.4.4　排水管渠

本工程茅洲河流域安排新建雨水管渠557.37 km，改扩建雨水管渠34.50 km。利用水力模型评估排水主干管渠，结合易涝风险区治理，经规划模型评估，开展雨水主干管渠完善规划，从而确立骨干排水管渠系统。

10.4.4.1　石岩河片区

片区内主要依靠石岩河及其支流以及规划新建的 $23^{\#} \sim 43^{\#}$ 涝水行泄通道自流排除雨水。

沿龙大高速新建 $30^{\#}$ 涝水行泄通道，规格为 A2.4 m×3.3 m；

水田支流上游新建 $29^{\#}$ 涝水行泄通道，规格为 A1.5 m×1.5 m；

牛牯斗水上游新建 $28^{\#}$ 涝水行泄通道，规格为 A1.5 m×1.5 m；

沿高科路新建 $31^{\#}$ 涝水行泄通道，规格为 A2.9 m×2 m；

沿民乐路、官田大道新建 $32^{\#}$ 涝水行泄通道，规格为 A5 m×1.5 m；

在田心水上游沿石环路新建 $27^{\#}$ 涝水行泄通道，规格为 A2 m×2 m；

在上排水上游沿宝石北路新建 $26^{\#}$ 涝水行泄通道，规格为 A2 m×1.5 m；

在深坑水上游沿石环路新建 $25^{\#}$ 涝水行泄通道，规格为 A1.5 m×1.5 m；

在北环路与宝石路交汇处南侧新建 $23^{\#}$ 涝水行泄通道，规格为 A6.5 m×5 m；

在龙眼水与南环路交汇处北侧新建 $34^{\#}$ 涝水行泄通道，规格为 A4 m×3 m；

在石岩河终点段南侧新建 $39^{\#}$ 涝水行泄通道，规格为 A5.5 m×3.3 m；

沿罗租大道新建 $38^{\#}$ 涝水行泄通道，规格为 A6.5 m×3.2 m；

在洲石路 A3 m×2 m 现状暗渠上游新建 $24^{\#}$ 涝水行泄通道，规格为 A3 m×1.8 m；

在石岩中部新建 $36^{\#}$、$37^{\#}$ 涝水行泄通道，规格分别为 A4.5 m×4.5 m、A2 m×1.5 m；

沿机荷高速南侧分别新建 $35^{\#}$、$33^{\#}$、$42^{\#}$、$41^{\#}$ 涝水行泄通道，规格均为 A1.5 m×1.5 m；

沿樵窝坑上游新建 $43^{\#}$ 涝水行泄通道，规格为 A6 m×1.5 m。

10.4.4.2 玉田河片区

片区内主要依靠玉田河、大凼水等自流排除雨水。片区北部,沿田湾路新建 A5 m×2 m 暗渠;片区南部,在玉田河两侧沿明桥路分别新建 A2.5 m×1.5 m、A3 m×2 m 暗渠;片区东侧,扩建松白路现状雨水管至 DN1 200。

10.4.4.3 鹅颈水片区

片区内主要依靠鹅颈水及其支流自流排除雨水。沿长悦路新建 DN1 800 雨水管,沿长圳路新建 DN2 000 雨水管,沿明桥路新建 A4 m×2.5 m 暗渠,沿同观路新建 A2.5 m×1.5 m 暗渠。

10.4.4.4 东坑水片区

片区内主要依靠东坑水及其支流自流排除雨水。分别在与东坑水相交道路上新建 A2 m×1.5 m、A1.8 m×1.5 m、DN1 200、DN1 350、A2.2 m×1.8 m、A2.5 m×1.5 m、DN1 500、DN1 200、DN1 800 雨水管渠。

10.4.4.5 木墩河片区

片区内主要依靠木墩河及其支流自流排除雨水。分别在与木墩河相交道路上新建 DN1 650、DN1 000、DN1 650、DN1 800、A3 m×1.5 m、A3.5 m×1.5 m、DN1 800、DN1 800、DN1 350、DN2 000、A3.2 m×2.5 m、DN1 650、DN1 350、DN1 650、DN1 500、DN1 350 雨水管渠。

10.4.4.6 楼村水片区

片区内主要依靠楼村水及其支流自流排除雨水。沿光桥路新建 DN 1650 雨水管;沿光明大道新建 2DN1 500、A2 m×2 m 雨水管;沿东周路新建 DN1 800、DN1 000、DN1 350 雨水管;沿光辉大道新建 DN1 500、DN1 000、DN2 000、DN1 800 雨水管;沿中央公园大道新建 DN1 350、A3 m×2 m、DN1 800、DN1 350、A3 m×1.8 m、DN1 650 雨水管渠。

10.4.4.7 新陂头河片区

片区内主要依靠新陂头河及其支流自流排除雨水。沿明北路新建 A4 m×2 m、DN1 500 雨水管渠;沿圳美大道新建 DN1 800 雨水管;沿光侨路新建 A4 m×2 m、DN2 000、DN1 500 雨水管渠;沿光凤大道新建 A2 m×1.5 m、DN1 000 雨水管渠;沿石贝路新建 DN2 000、DN1 800 雨水管。

10.4.4.8 西田－罗田水片区

片区内除燕罗片区外主要依靠西田水、罗田水、老虎坑水、白沙水等及相应支流排除雨水。分别在与西田水相交道路上新建 A3 m×2 m、A1.8 m×2.4 m、DN1 650、DN1 400 雨水管渠收集周边雨水自流汇入西田水;分别在与白沙水相交道路上新建 DN2 000、A2.4 m×1.8 m、A3 m×1.5 m、DN1 400 雨水管收集周边雨水自流汇入白沙水;在广田路北与罗田水相交道路新建 DN1 200、2DN1 650、DN1 200、DN1 500、DN1 200 雨水管收集周边雨水自流汇入罗田水;区域内燕罗片区广田路、象田路南侧为燕罗泵站、罗田泵站抽排区域。燕罗片区在燕罗公路新建 A2.5 m×2 m 暗渠作为罗田雨水泵站汇流干渠,在环胜南路新建 A4.5 m×1.5 m 暗渠,片区南部现状道路 DN400 雨水管扩建至 A4.5 m×1.5 m,作为燕罗泵站汇流干渠。

10.4.4.9 公明片区

上下村排洪渠、公明排洪渠作为高水高排通道,片区东南区域高处雨水分别通过雨水管网收集后自流汇入上下村排洪渠、公明排洪渠排入茅洲河;片区低洼区域雨水通过管网收集后分别由马田雨水泵站、马山头雨水泵站、上下村雨水泵站、下村雨水泵站抽排至茅洲河;在马田排洪渠上游新建 A4.5 m×1.5 m 暗渠,收集周边雨水排入马田排洪渠,再经马田雨水泵站抽排至茅洲河;在公明排洪渠南侧新建 A5 m×2 m 暗渠,收集南侧雨水经马山头雨水泵站抽排至公明排洪渠下游;在上下村排洪渠北侧新建 A2 m×2 m 暗渠,收集上下村排洪渠北侧雨水经上下村雨水泵站抽排至上下村排洪渠下游。

10.4.4.10 塘下涌片区

片区北部高区主要依靠雨水管渠自流汇入塘下涌排除雨水。片区南部主要依靠塘下涌雨水泵站、东宝河雨水泵站抽排雨水。沿塘下涌工业大道分别新建 DN2 000、DN1 200 雨水管收集周边雨水排入塘下涌;沿黄朗路新建 A5 m×3 m 暗渠,扩建众福路原 A0.55 m×0.75 m 边沟至 DN1 500,沿洋涌路新建A6 m×3 m、A2.5 m×1.5 m暗渠,作为塘下涌雨水泵站汇流干渠。

10.4.4.11　沙井河片区

片区均为低洼区,区内雨水主要靠沙井河雨水泵站抽排;其余支流主要依靠七支渠泵站、潭头渠排涝泵站、后亭排涝泵站、后亭东排涝泵站、步涌雨水泵站、江边雨水泵等抽排雨水。沿立业路新建A4.5 m×2 m、DN1 500、2DN1 100雨水管渠收集周边雨水排入潭头渠;将上星路原A1.6 m×0.95 m暗渠扩建至A4.5 m×2 m;沿向兴路新建A2 m×1.5 m暗渠,最终接入后亭东排涝泵站;沿沙井河南侧新建A5 m×2.5 m暗渠,作为步涌雨水泵站汇流干渠;沿沙井路新建DN1 650、A2.2 m×1.5 m暗渠,最终排入步涌雨水泵站汇流干渠。

10.4.4.12　松岗河片区

片区东部松岗河上游段主要依靠雨水管渠自流汇入松岗河排除雨水。片区松岗河下游段沙浦西排洪渠南部区域,主要依靠沙浦南雨水泵站、溪头雨水泵站、沙浦排涝泵站抽排;片区西北部主要依靠沙浦北雨水泵站、沙浦西雨水泵站、碧头雨水泵站抽排;沿根玉路新建A3 m×2 m暗渠;沿松瑞路新建A3.5 m×2 m暗渠,沿沙浦南雨水泵站北部新建A2.5 m×2 m暗渠,作为沙浦南雨水泵站主要汇流干渠;沿东风路新建A4 m×1.5 m暗渠;沿朗碧路东侧现状道路上新建A3 m×2 m暗渠排入沙浦排涝泵站汇流干渠;沿松兴路新建2DN1 650雨水管接入沙浦南雨水泵站汇流干渠;在沙浦西排洪渠北部区域新建雨水管网收集雨水分别排往沙浦西排洪渠以及沙浦北雨水泵站。

10.4.4.13　排涝河片区

片区南部区域主要依靠雨水管渠自流汇入衙边涌,再通过衙边涌雨水泵站抽排至茅洲河;片区北部区域主要依靠雨水管渠自流汇入共和村排洪渠,再通过共和村雨水泵站抽排至茅洲河;片区南部区域新建雨水管网收集雨水排至石岩渠、衙边涌;沿沙井路新建A2.5 m×1.3 m、A1.8 m×1.5 m暗渠;在片区北部区域西侧规划道路新建A3 m×3 m、A3 m×1.5 m暗渠,截留周边雨水,排入共和村排洪渠。

10.4.4.14　新桥河片区

片区内大部分区域主要依靠雨水管渠自流汇入新桥河排除雨水。片区新桥河南侧瑞民路周边区域主要依靠新桥下北雨水泵站抽排;分别在新桥河上游与新桥河相交道路上新建DN1 350、2DN1 500、DN1 200、DN1 200、DN1 200、DN1 500、A3 m×1.5 m、DN1 800、A4 m×1.5 m雨水管渠;片区新桥河南侧瑞民路周边区域,在规划道路新建A6 m×2 m暗渠作为新桥下北雨水泵站主要汇流干渠。

10.4.4.15　上寮河片区

片区东南部区域内主要依靠雨水管渠收集雨水自流汇入万丰河、上寮河上游排除雨水;新建新桥泵站抽排万丰河、上寮河下游雨水及片区西北部雨水至岗头调蓄池;在中心路新建3A8 m×4.3 m高水高排通道,连接上寮河和新桥河,将片区东南区域高水高排至新桥河。分别在与上寮河相交道路上新建DN1 650、DN1 000、A3.5 m×1.5 m、DN1 350、DN1 650、A3.5 m×1.5 m、A2 m×1.5 m、DN1 800、2DN1 100、A3.5 m×1.5 m、A3 m×2 m雨水管渠;分别在与万丰河相交道路上新建DN1 350、A3 m×1.5 m、DN1 350、A1.8 m×1.5 m雨水管渠。

10.5　排水泵站

排水泵站主要设置于排水不畅的低洼处、受洪潮影响引起内涝的区域,以及内涝积水范围较大的区域。

结合内涝风险区,经水力模型计算,确定排水泵站的规模。新建雨水泵站13座,规模312.2 m³/s;扩建泵站9座,由现状129.25 m³/s扩建至338.9 m³/s;规划保留现状泵站15座,规模281.87 m³/s。泵站总规模932.97 m³/s,相关表格见表10.5-1、表10.5-2。

表 10.5-1　茅洲河流域新建及改造雨水泵站一览表

排水分区	泵站名称	泵站位置	改造或新建	现状流量（m³/s）	设计流量（m³/s）	重现期（年）	汇水面积（km²）	投资（万元）
西田—罗田水片区	李松朗雨水泵站	李松朗	新建	—	15	3	1.50	2 700
	燕罗雨水泵站	燕罗片区	改造	24	31.2	20	3.04	1 368
塘下涌片区	塘下涌雨水泵站	塘下涌	新建	—	37.8	3	3.20	5 670
松岗河片区	碧头雨水泵站	碧头社区	新建	—	11.6	3	1.40	2 088
	沙浦北雨水泵站	沙浦北	改造	3.25	30.4	3	1.83	4 344
	沙浦南雨水泵站	沙浦南	新建	—	25	20	1.22	4 000
	山门雨水泵站	山门	新建	—	45	20	2.47	6 750
公明片区	马田雨水泵站	马田渠	改造	32.6	58.2	20	2.15	4 096
	上下村雨水泵站	上下村	改造	30.7	83.4	20	9.82	7 905
	下村雨水泵站	下村	新建	—	9.1	5	0.49	1 140
	马山头雨水泵站	马山头	改造	12.4	24.5	20	1.75	2 178
	山门社区第三工业区泵站	山门社区第三工业区	新建	—	7.5	3	0.56	1 350
沙井河片区	潭头雨水泵站	潭头	改造	5	32	20	5.90	4 320
	七支渠雨水泵站	七支渠	改造	5	32	20	3.89	4 320
	后亭村雨水泵站	后亭村	改造	4	20.3	3	1.27	2 771
	江边雨水泵站	江边	新建	—	10	3	0.50	1 900
	步涌雨水泵站	步涌	新建	—	38.6	3	2.69	5 790
	洋下涌雨水泵站	潭头河	新建	—	18.0	3	0.97	3 063
排涝河片区	共和村雨水泵站	共和村	改造	12.3	26.9	20	1.52	2 628
上寮河片区	新桥雨水泵站	新桥	新建	—	56	20	0.67	8 400
新桥河片区	新桥下北雨水泵站	新桥下北	新建	—	23.6	20	0.51	3776
茅洲河干流	上村泵站	茅洲河干流	新建	—	15	3	1.50	2 700
合计							48.85	83 257

表 10.5-2 茅洲河流域规划保留雨水泵站一览表

序号	街道	泵站名称	泵站位置	泵站性质	服务范围（km²）	设计流量（m³/s）
1	公明街道	合口水雨水泵站（抽河道水）	公明办事处	雨水泵站	0.63	10.28
2	松岗街道	溪头排涝泵站	松岗街道	雨水泵站	0.18	3.0
3		罗田泵站	松岗街道罗田社区	雨水泵站	0.20	4.8
4		燕川泵站	松岗街道燕川社区	雨水泵站	0.41	8.8
5		塘下涌东宝河泵站	松岗街道塘下涌社区	雨水泵站	0.52	5.0
6		沙埔西泵站（抽河道水）	松岗街道沙浦社区	雨水泵站	1.20	17.0
7		燕山泵站	松岗街道	雨水泵站	—	3.3
8	沙井街道	沙井河泵站（抽河道水）	松岗街道	雨水泵站	28.05	170.0
9		桥头泵站	松岗街道	雨水泵站	0.05	1.0
10		新二旧村水塘泵站	松岗街道	雨水泵站	—	1.0
11		上星泵站	松岗街道	雨水泵站	—	1.0
12		衙边涌泵站（抽河道水）	松岗街道	雨水泵站	1.80	38.76
13		新桥广深高速泵站	松岗街道	雨水泵站	0.35	6.81
14		新桥下西泵站	松岗街道	雨水泵站	—	4.0
15		后亭东泵站	松岗街道	雨水泵站	—	7.12

10.6 涝区治理方案

10.6.1 涝区分布

茅洲河流域内的受涝区域主要分布在茅洲河干流中下游沿岸低洼地带,从上游至下游主要分为7个受涝片区,分别为公明片区、燕罗片区、沙埔西片区、塘下涌片区、沙井河—排涝河片区、衙边涌片区和桥头片区,受涝面积为37 km²。另外,光明新区的李松蓢社区、下村社区等局部亦存在受涝情况,本次一并提出解决方案。

10.6.2 公明片区

10.6.2.1 治涝背景分析

公明片区分布在宝安和光明两个区,在宝安区范围内即山门社区第三工业区。公明片区在光明区范围内已建马田泵站、马山头泵站以及上下村泵站三座中型泵站,建成时间均为2010年,抽排流量分别为32.6 m³/s、12.4 m³/s、30.7 m³/s,集水面积分别为2.77 km²、0.9 km²、2.24 km²,排涝泵站规模已经满足区域排涝目标的要求。

山门社区第三工业区位于茅洲河中游左岸,属于宝安区,与燕罗片区隔岸相对。该处茅洲河干流50年一遇水位为5.92 m,地面高程大部在2.5~5.5 m之间。片区有0.56 km²区域的排水受茅洲河干流水位的顶托。近年来,随着片区开发建设,西侧及北侧部分水塘被填埋、大面积地面硬化,改变了排水系统,加速了雨水汇流,导致本片区受涝形势日趋严峻,受涝问题日益突出。本次公明片区仅对山门社区第三工业区提出治理规划方案。

10.6.2.2　工程规划方案

山门社区第三工业区,片区区域面积较小,排水体系相对独立,通过排涝泵站解决内涝问题是行之有效的方法。因此,本片区规划排涝泵站 1 座,泵站服务面积为 0.56 km², 结合片区规划定位,规划泵站标准为 3 年一遇,站址位于片区北侧、茅洲河左岸空地,设计抽排流量为 7.5 m³/s。山门社区规划泵站特性见表 10.6-1。

表 10.6-1　山门社区规划泵站特性

规划泵站名称	对应涝区	所属街道	总流量(m³/s)
山门社区第三工业区排涝泵站	山门社区第三工业区	松岗街道	7.5

10.6.2.3　规划方案复核

按 50 年一遇内涝防治标准复核山门社区第三工业区规划方案,山门社区规划泵站规模复核见表 10.6-2。

表 10.6-2　山门社区规划泵站规模复核

泵站规模 (m³/s)	需调蓄容积 (万 m³)	管网容积 (万 m³)	片区池塘 (万 m³)	调蓄容积缺口 (万 m³)	是否满足 防治标准
7.5	2.66	0.24	4.2	-1.78	是

经以上复核,规划后,片区内涝防治标准可以达到 50 年一遇。建议现状鱼塘在城市规划中保留。

10.6.3　燕罗片区

10.6.3.1　治涝背景分析

燕罗片区位于茅洲河中游右岸,本片区排水不畅的区域按所在流域分为两部分:罗田水中下游区域及龟岭东水下游区域。排水不畅区域总面积约 2.48 km², 其中 1.99 km² 位于罗田水中下游,0.49 km² 位于龟岭东水下游。

片区目前已建成了燕山泵站(3.3 m³/s),泵站服务面积约 0.54 km², 解决了龟岭东水下游区域的受涝问题。本次将重点分析罗田水中下游区域的受涝问题。罗田水中下游区域已建成燕川泵站(8.8 m³/s)、燕罗泵站(24 m³/s)、罗田泵站(4.8 m³/s)以及罗田海伟厂泵站(0.009 m³/s),泵站总规模为 37.81 m³/s,泵站总服务面积约 3.88 km²。但由于该片区现状排水管网不完善、部分区域内无排水干管、部分管网过流能力不足等,因此燕罗排涝泵站无法收集片区内雨水,排涝效益发挥受阻,且燕罗泵站服务范围不包括广田路以北 0.19 km² 的受涝区域,此次规划需将该涝区一并考虑。所以,需对罗田水流域的排水体系进行系统梳理,制订简单有效的治涝工程方案。

10.6.3.2　工程规划方案

罗田水中下游流域的排涝规划仍遵循原规划的高水高排、低水抽排原则。即具备自排条件的区域(广田路以北的大部分区域),通过自排方式排水;不具备自排条件的区域(广田路以北部分区域 + 广田路以南区域),通过抽排方式排水;通过新建雨水收集系统的方式,封闭抽排区域,将抽排区域与自排区域分离开来。具体规划方案如下。

1. 方案一:改造泵站及雨水管涵收集系统

本方案提出将广田路北侧涝区纳入燕罗泵站服务范围,结合雨水管网收集系统建设,按 3 年一遇的标准,将雨水管网延伸至广田路北侧涝区,并对燕罗泵站进行扩建,抽排规模由 24 m³/s 扩容至 31.2 m³/s。方案需新建 DN1 400 雨水管 1 800 m,新建 DN1 600 雨水管 800 m,改造片区排水系统。

2. 方案二:新建抽排泵站

将广田路北侧涝区的排涝与片区的雨水收集系统建设分开解决,即规划一座新的排涝泵站,独立解决广田路北侧涝区受涝问题,并完善相应的收集系统。

规划在广田路北侧新建一雨水排涝泵站,抽排该涝区低水。经计算复核泵站的规模为:雨水设计流量 $Q = 4.95$ m³/s,对应占地面积约为 0.15 hm²。新建雨水 DN1 400 雨水干管,长 1.05 km;改造现状雨水管为 DN1 200 雨水管,长 155 m。

考虑到泵站后期运行管理及建设条件的限制,经比较,推荐采用燕罗泵站改造的方案以解决新增涝区的排涝问题,罗片区排涝方案比较见表 10.6-3。

表 10.6-3　燕罗片区排涝方案比较

方案	建设内容	用地（m²）	投资（万元）	管理	说明
一	改造燕罗泵站及涝区管网,泵站总抽排能力由 37.81 m³/s 增加至 45 m³/s,雨水管网改造	0	3 700	燕罗泵站统一管理	推荐
二	新建泵站及配套管网,泵站抽排能力为 5 m³/s;新建 DN1 300 管网 1.05 km,改造 0.16 km 管网	1 500	3 560	增加新建泵站运行管理	

10.6.3.3　内涝防治标准复核

由于燕山泵站服务范围位于龟岭东水流域,而其余泵站服务范围均在罗田水流域内,故片区方案复核按流域划分为两个区域进行。

1. 罗田水流域

考虑片区管网对应、流域对应的调蓄作用,按 20 年一遇内涝防治标准对片区推荐方案进行复核,燕罗片区规划泵站规模复核见表 10.6-4。

表 10.6-4　燕罗片区规划泵站规模复核

泵站规模（m³/s）	需调蓄容积（万 m³）	管网容积（万 m³）	片区池塘（万 m³）	调蓄容积缺口（万 m³）	是否满足防治标准
45	4.49	1.40	6.16	−3.07	是

经以上复核,片区内涝防治标准达到 20 年一遇。

2. 龟岭东水流域

考虑片区管网对应、流域对应的调蓄作用,按 20 年一遇内涝防治标准对燕山泵站的规模进行复核,燕山泵站规模复核见表 10.6-5。

表 10.6-5　燕山泵站规模复核

泵站规模（m³/s）	需调蓄容积（万 m³）	管网容积（万 m³）	泵站前池（万 m³）	调蓄容积缺口（万 m³）	是否满足防治标准
3.3	3.03	0.23	3.90	−1.10	是

经以上复核,片区内涝防治标准达到 20 年一遇。

10.6.4　沙埔西片区

10.6.4.1　区域概况及排涝工程现状

沙埔西片区位于茅洲河中游左岸,广深公路以西、沙江路以北的区域。该片区属于松岗街道的沙埔西和洪桥头两个社区。区内地势低洼,地面高程为 2.0 ~ 8.0 m,建筑物密集,且多为厂房,受涝面积为 3.82 km²。

片区内有沙埔西排洪渠南、北支及几条南北流向小排水沟,大多已渠化,但治理标准不明,片区雨水通过管网汇集到这些排水沟渠中。已建洪桥头泵站,流量为 3.15 m³/s;沙埔西泵站,流量为 16.95 m³/s。

本片区目前正开展"宝安区沙浦北片区排涝工程",工程内容有:新建沙浦北 1#、2# 两座泵站,规模分别为 6.38 m³/s、31.05 m³/s,标准为原市政 3 年一遇;在各排涝片区河口兴建防洪潮水闸,同时封堵茅洲河堤线上的涵管口(或增设拍门)。

本规划主要根据工程内容,复核片区内涝防治标准是否达标,并提出相应的达标措施。

10.6.4.2　内涝防治标准复核

拟建沙浦北 1#、2# 两座泵站规模分别为 6.38 m³/s 及 31.05 m³/s,加上已建沙埔西泵站的 16.95 m³/s 的规模,片区总排涝规模将达到 54.38 m³/s,排涝设施总服务范围 4.25 km²。

考虑片区管网对应、流域对应的调蓄作用,按 20 年一遇内涝防治标准对片区进行复核,沙埔西泵站规模复核见表 10.6-6。

表 10.6-6　沙埔西泵站规模复核

泵站规模 (m³/s)	需调蓄容积 (万 m³)	管网容积 (万 m³)	调蓄容积缺口 (万 m³)	是否满足 防治标准	说明
54.38	7.24	1.82	5.42	否	远期通过旧城改造达标

经以上复核,片区内涝防治标准无法达到 20 年一遇。根据《室外排水设计规范》的要求,"宜采取设置调蓄池等综合措施达到规定的设计重现期",并考虑雨水资源综合利用的需求,本片区近期通过新建调蓄设施以达到内涝防治标准,新建调蓄池位于片区内茅洲河左岸空地,占地 3 万 m²,容积 6 万 m³。远期通过旧城改造提高旧村竖向高程至河道设计水位之上,更新后的区域应推行低影响开发建设模式,控制片区雨水径流标准低于 0.45,并按管渠设计标准完善片区雨水管网系统。

对于现状泵站,沙浦西泵站需保留并进行局部改造,洪桥头泵站予以废除,其余小泵站均可保留以提高片区整体排涝能力。

10.6.5　塘下涌片区

10.6.5.1　区域概况及排涝工程现状

塘下涌片区位于茅洲河的右岸,塘下涌的左岸,塘下涌流域的汇水面积为 5.47 km²。茅洲河干流在塘下涌汇入口处 20 年一遇水位为 4.84 m,塘下涌片区低区地面高程大部在 3.3~5.5 m 之间。片区有 2.18 km² 区域的排水受茅洲河干流水位的顶托,受涝形势较为严峻。

塘下涌片区排涝整治工程已经开工建设,主要工程内容有:新建塘下涌泵站,泵站规模 37.8 m³/s,泵站服务面积约为 2.89 km²;新建高排区(松塘路以北区域)截水沟(涵)工程,长 2 618.23 m;新建半畅排区雨水收集管涵,长 4 314.62 m;新建塘下涌排水干管箱涵,长 1 671 m。

区域内已经建有塘下涌南、北两座排涝泵站,泵站规模均为 5.0 m³/s。由于泵站位置相对较高且配电系统设置不合理,泵站运行存在安全隐患,建成以来很少运行使用,不能解决片区的受涝问题。对于现状泵站,本规划建议在塘下涌泵站完工后,废除塘下涌南北两座小泵站。

10.6.5.2　工程规划方案

采用高水高排、低水抽排方案,即将北部及东部具有自排条件的山地雨水,采用撇洪沟方案,将其直接排入塘下涌及茅洲洞,设计标准采用 20 年一遇;低洼地区雨水通过建设排涝泵站,实现区域的排涝目标,规划标准为暴雨重现期 $P=3$,泵站的抽排面积为 2.89 km²,抽排流量为 37.8 m³/s。

10.6.5.3　内涝防治标准复核

考虑片区管网对应、流域对应的调蓄作用,按 20 年一遇内涝防治标准对片区进行复核,塘下涌泵站规模复核见表 10.6-7。

10.6.6　沙井河—排涝河片区

沙井河—排涝河片区分别于 1998 年、2000 年、2001 年、2009 年、2009 年已建有松岗泵站、七支渠泵站、沙埔南泵站、溪头泵站以及后亭泵站共 5 座小(1)型泵站,抽排流量分别为 1.3 m³/s、4.68 m³/s、5.32 m³/s、3 m³/s、7.11 m³/s,集水面积分别为 0.25 km²、1.0 km²、0.9 km²、0.18 km²、7.11 km²。

表 10.6-7　塘下涌泵站规模复核

泵站规模 (m³/s)	需调蓄容积 (万 m³)	管网容积 (万 m³)	片区池塘 (万 m³)	调蓄容积缺口 (万 m³)	是否满足 防治标准
37.8	4.63	1.24	4.90	-1.51	是

本片区目前已开展了"宝安区沙井河片区排涝工程",工程的整治标准为水利 20 年一遇,与本规划提出的片区内涝防治重现期为 20 年的标准吻合,目前在建的沙井泵站与共和泵站分别为大型泵站和中型泵站,抽排流量分别为 170 m³/s、12.1 m³/s,现已接近完工,待工程完工全面发挥效益后,本片区内涝问题将基本得到解决。

现状泵站均可保留以提高片区整体排涝能力,具体措施可根据片区经济社会发展情况而定。

10.6.7　衙边涌片区

10.6.7.1　治涝背景分析

衙边涌泵站建成于 2010 年,设计抽排能力为 36 m³/s,设计标准为 3 年一遇,实际总抽排流量为 41.1 m³/s,服务面积为 3.25 km²。而根据沙井片区排水管网物探图,现状衙边涌汇水面积约 2.7 km²,与设计服务面积相差 0.55 km²。由于片区雨水收集系统不完善,泵站效益的发挥受限,根据实际运行资料,该泵站最大只能同时开启 3 台泵,相应流量为 18 m³/s,同时衙边涌上游片区仍存在受涝情况。

10.6.7.2　工程规划方案

本次规划提出对片区管网系统进行系统梳理。通过现状分析,衙边涌片区西部排水管(渠)密度明显大于东部。现状排水管(渠)主要沿主干道敷设,现状主干道如北环大道、帝堂路及西环路两侧均敷设有排水管(渠)。片区东部多为旧村,房屋密集,排水管网缺失。规划对片区主干道(帝堂路、西环路)两侧管(渠)过流能力进行复核,并基于复核成果,拟订片区治涝方案。

规划对片区帝堂路及西环路两侧管(渠)汇水区域进行划分,并复核了现状管(渠)过流能力,结果显示,①号区域管网过流能力不足。衙边涌片区已建管网复核见表 10.6-8。

表 10.6-8　衙边涌片区已建管网复核

片区编号	雨水管(渠) 位置	管(渠) 规格	管(渠)过流能力 (L/s)	雨水设计流量 (L/s)	过流能力 是否满足
①	帝堂路北侧	DN800	0.63	1.00	否
②	帝堂路北侧	DN1 000	1.14	0.70	是
③	西环路西侧	0.8 m×0.8 m	0.80	0.64	是
④	帝堂路南侧	DN1 200	1.85	0.87	是
⑤	西环路西侧	0.9 m×0.9 m	1.09	0.82	是
⑥	西环路东侧	0.9 m×1.0 m	1.26	0.73	是

根据上述分析,本片区规划方案如下:

(1)对于已建管网区域,①号片区排水管过流能力不足,参照《深圳市排水(雨水)防涝综合规划》对管道进行扩建。

(2)对于未建管网区域,片区东部区域排水系统改造应结合规划沙井路的建设进行,并参照《深圳市排水(雨水)防涝综合规划》执行。

衙边涌与排涝河在帝堂北路处通过连通渠连通,连通渠水闸由于老化失修,现已不能正常启闭,为避免排涝河对本片区排涝造成压力,规划对该水闸进行修复改造,确保衙边涌片区排涝的独立性。

10.6.7.3　内涝防治标准复核

考虑片区管网对应、流域对应的调蓄作用,按 20 年一遇内涝防治标准对片区进行复核。根据《室外排水设计规范(2014 年版)》(GB 50014—2006)的要求,"宜采取设置调蓄池等综合措施达到规定的设计重现期",片区现状鱼塘及绿地可调蓄容积合计约 4 万 m³。经复核,由泵站、现状鱼塘、新建调蓄池等设施组成的排涝系统可满足内涝防治 20 年一遇的标准,衢边涌涌泵站规模复核见表 10.6-9。建议城市开发建设中保留现状鱼塘。

表 10.6-9　衢边涌涌泵站规模复核

泵站规模 (m³/s)	需调蓄容积 (万 m³)	管网容积 (万 m³)	调蓄设施 (万 m³)	调蓄容积缺口 (万 m³)	是否满足防治标准
36	4.8	1.16	4.0	-0.36	是

10.6.8　桥头片区

10.6.8.1　治涝背景分析

新桥片区现状已建有桥头旧村泵站、新桥下西泵站、新区大庙新村泵站、新桥地堂头泵站、新桥祠堂泵站、新二旧村水塘泵站、上寮泵站、新桥广深高速泵站,除了新桥下西泵站、新桥广深高速泵站为小(1)型泵站,其余泵站规模均为小(2)型,泵站抽排流量分别为 1.0 m³/s、2.0 m³/s、1.0 m³/s、1.0 m³/s、1.0 m³/s、1.0 m³/s、1.0 m³/s、8.4 m³/s,集水面积分别为 0.05 km²、1.1 km²、1.1 km²、1.1 km²、1.1 km²、1.1 km²、1.1 km²、0.35 km²。

《深圳市排水(雨水)防涝综合规划》及《深圳市宝安区雨水、防洪工程专项规划(2005—2020)》中,新桥片区涝区面积分别为 2.15 km²、0.67 km²,实际复核涝区面积为 4.83 km²,相差较大的主要原因有以下 4 点:

(1)规划没有考虑到新桥河宝安大道、中心路、北环路箱涵断面缩窄严重,合计壅水高度超过 0.5 m。另外,上寮河暗涵段在设计洪水下,为有压箱涵,过流能力降低,相对壅水高约 0.73 m。

(2)沙井河河口泵站建设将桥头片区作为高水区考虑,在拓宽排涝河的基础上将潭头河改道至排涝河,加大了排涝河洪峰流量(233↗328 m³/s),抬高了岗头调节池水位(3.55↗4.10 m)。

(3)两规划只将桥头低洼区 2.0~3.0 m 划为涝区,规划岗头调节池水位为 4.31 m,而塱岗低洼区 2.5~3.6 m、万丰低洼区 3.8~4.5 m、洋下低洼区 3.3~4.0 m 等三处涝区规划均未将其划入。

(4)两规划均认为新桥河及上寮河达到 50 年一遇的防洪标准,而实际上由于受阻水箱涵及岗头调节池水位的严重顶托,现状过流能力仅 5~10 年一遇。

10.6.8.2　工程规划方案

片区地势东南高、西北低,高区的雨水均流向低区,使低区原本就紧张的排涝形势变得更加严峻。若进行集中抽排,泵站规模将很大,不经济,也不科学。本规划依据"高水高排、低水低排"的原则,按照片区内涝防治设计重现期为 20 年的标准进行方案规划。综合考虑征地拆迁、管线迁移、对周边流域的影响等方面的因素,推荐上寮箱涵高、低水分离改造方案:

(1)利用上寮河下游的暗涵段,以右侧两孔箱涵作为上寮河洪水的高排通道,左侧一孔作为万丰河雨水的抽排通道。

(2)在上寮河口新建上寮河口泵站,泵站规模为 56 m³/s,强排万丰片区及塱岗片区的涝水。

(3)改扩建上寮河边的新上星泵站、新桥下西泵站,规模分别为 6.5 m³/s、7.2 m³/s,将上星社区、新二社区的涝水抽至上寮河;在新桥小学侧新建新桥公园泵站,排除新桥社区东北部南美西路两侧低洼地带的涝水,规模为 7.2 m³/s。

(4)在磨圆涌新建洋下泵站,泵站规模 18 m³/s,解决洋下片区的内涝问题。

(5)沿广深公路设置分洪箱涵,长 240 m。

对于现状泵站,桥头旧村泵站需保留并进行局部改造,下西泵站、上星泵站及新二旧村水塘泵站需拆除新建,其余小泵站均可保留,以提高片区整体排涝能力。

10.6.9　李松蓢、下村片区局部受涝区规划

10.6.9.1　李松蓢片区

李松蓢片区受涝区域位于茅洲河右岸、南光高速东侧,片区地面高程比茅洲河河底高约2.5 m,比现在堤防低2.5 m,受涝面积约0.7 km²。

规划方案:排涝泵站规模采用暴雨重现期 $P=3$ 年,结合片区雨水管网建设及现状用地情况新建排涝泵站,以白沙坑水为承泄区,规划泵站抽排流量为15 m³/s。

10.6.9.2　下村片区

下村片区受涝区域位于茅洲河干流以南、上下村排洪渠以北、南光高速公路以东、富利路以西围合的区域,其现状地面高程约为4.5 m,受涝面积为0.5 km²。

规划方案:排涝泵站规模采用暴雨重现期 $P=3$ 年,结合片区雨水管网建设情况,以上下村排洪渠为承泄区,规划泵站抽排流量为9.1 m³/s。

10.7　内河水系综合治理

10.7.1　内涝防治设施布置原则

(1)地势低洼的内涝风险区,应结合城市更新调整竖向,从源头解决内涝风险。

(2)对于受纳水体顶托严重或者排水出路不畅的地区,应积极考虑内河水系整治和排水出路拓展。

(3)雨水调蓄池的建设,应以调蓄洪峰流量为目的,结合公园、绿地建设,充分利用现状湖泊、湿地等作为调蓄水体;减少工程规模,节省投资。

(4)城市涝水行泄通道以河流水系为基础、以排水干沟、明渠、暗渠等作为排水通道。

10.7.2　平面与竖向控制规划

(1)茅洲河流域潜在风险区域的新建及城市更新单元竖向建议比周边市政道路高0.3~0.5 m。

(2)除潜在风险区外,茅洲河流域竖向调整的区域为振兴路、中央公园大道、光辉大道周边地块1、光辉大道周边地块2、横坑路周边地块;设施建议调整的区域为公明西环路周边地块。茅洲河流域竖向调整建议见表10.7-1。

表10.7-1　茅洲河流域竖向调整建议

序号	位置	排水分区	面积 (hm²)	原规划高程 (m)	建议调整高程 (m)	设施用地 调整建议
1	振兴路	公明排洪渠 片区	7.90	4.8~5.5	6.0~6.5	
2	中央公园大道	公明排洪渠片区	4.0	8.0	8.5	
3	光辉大道周边地块1	楼村水片区	5.2	12.0	15.4	
4	光辉大道周边地块2	楼村水片区	1.9	19.0	20~21	
5	横坑路周边地块	石岩河片区	2.0	76.0	78.0	
6	公明西环路 周边地块	公明排洪渠片区	7.30			建议工业用地配建 雨水调蓄空间、泵站

10.7.3　内河水系综合治理

茅洲河流域干流及主要支流的河道防洪治理工程总体方案如下：

（1）茅洲河干流：从河口至松白公路桥下，河道总长 30.69 km，其中上游段长 18.86 km 的河道正在实施综合治理工程，设计洪水标准为 100 年一遇。河道防洪治理根据各段河道特点，主要采取堤岸加高加固、河道拓宽、堤基加固、河道清淤、拆除阻水建筑物等措施，河道断面结合沿河截流箱涵分布基本为梯形复式断面，河道中心线基本维持现状。具体分 5 段治理。

①河口—塘下涌（桩号 0+000~11+830）段。该段属于深莞界河段，全河段两岸对等拓宽，排涝河口以下河底拓宽为 230 m，排涝河口至沙井河口河底拓宽为 180 m，沙井河口至大禾花河底拓宽为 120 m。

②塘下涌—燕川桥（桩号 11+830~14+805）段。采取堤岸加高培厚的方式提高河道堤岸的防洪能力，同时对河道内滩涂进行清除，拆除 107 国道旧桥和跨河渡槽等阻水建筑物，并对跨河供水管实施迁移，供水管迁移至桥梁或新建洋涌河水闸位置跨河。

③燕川桥—南光高速（桩号 14+805~17+830）段。右岸采用灌注桩形式加固岸坡，提高堤岸设防高度，左岸通过黏土填筑加高堤顶，同时对河底实施清淤维护。

④南光高速—西田桥（桩号 17+830~19+810）段。右岸设置低矮的防洪墙，挡墙高度低于 0.5 m。修整左岸边坡，加高堤顶，对于河道中的滩地实施局部清淤。

⑤西田桥—松白公路桥（桩号 19+810~30+688）段。以岸坡修整为主，同时完善巡河路。对桩号 25+030~25+430 河道两岸同时拓宽，对沿河违章建筑物予以拆除，为确保河道沿线道路通畅，满足防汛抢险要求。

（2）玉田河：治理范围自洲石公路以东出口至玉田河河口，治理段长 2.7 km。以满足河道行洪安全为基本要求，结合现状用地情况，至少疏通一条巡河路，打开过流能力不足的玉泉东路上游房屋覆盖段和运动场覆盖段，河道打开长度约 350 m。

（3）鹅颈水：治理范围为鹅颈水库溢洪道出口—河口，规划治理河段长 5.60 km。对全河道采取拓宽、挖深等措施增大行洪断面，改造阻水桥梁，同时完善沿河巡河道路及绿道系统等。在河道下游建设鹅颈水蓄洪湖。同时，在桩号 4+327.50 以上约 400 m 长范围内，利用两岸现状鱼塘进行河流天然湿地及生态蓄水湖的建设。

（4）东坑水：河流治理范围为占地面积 16.4 万 m² 的东坑滞洪区建设。滞洪区进水口设堰自由溢流，退水口设退水闸，水闸依河道防洪和生态补水两个功能任务统一调度运行。滞洪区功能以滞洪为主，同时兼顾水质净化和生态湿地、城市休闲公园、绿地氧吧等综合性辅助功能。

（5）木墩河：以河道堤岸建设为主，对华夏路—光明大道、光侨路—苗圃场河段，适当拓宽、挖深，修复两岸破损挡墙及护底。结合河道生态景观改造工程拆除重建现状破旧、出现桥台裂缝变形、影响交通安全及河流水环境的跨河交叉建筑物，设置多级跌水减缓河道坡降，降低水流冲刷。同时，采用生态型护岸、护脚及护底材料，修复河道生态功能。

（6）楼村水：治理范围为公明高尔夫球会—河口，规划治理长度 5.75 km。河道基本维持现状河流自然流向，结合周边建筑物及规划市政用地，对河道局部适当调整，现状的鱼塘水域尽量保留，以用作湿地、滞洪区等。河道断面分别选用梯形、复式断面，以石材、生态土工袋、棕榈石为主材进行表面防护。建设楼村水滞洪区。

（7）新陂头河：规划治理河道总长 13.55 km，其中新陂头干流长 7.39 km，设计洪水标准为 50 年一遇；北支治理长度 4.38 km，设计洪水标准为 20 年一遇；南支治理长度 1.78 km，设计洪水标准为 20 年一遇。河道治理基本维持现状河流自然流向，河道防洪断面结合初雨截流系统，河道拓宽及岸坡形式针对城建区和郊区田野场地不同，因地制宜选择直立挡墙或缓坡，按照安全行洪标准进行堤防培高加固。河道断面分别选用梯形、半梯形、复式及直立断面，以石材、生态土工袋、棕榈石、自嵌式挡墙为主材进行表面防护。建设 2 个滞洪区,即楼村水库滞洪区、新陂头南滞洪区。

(8)西田水:对龙大高速公路下游约 1.0 km 现状过流能力不足河段,进行拓宽、挖深,其平面走向基本沿原河道走向,局部根据地形条件适当调整。其余河段现状满足过流要求,主要结合水质改善对局部护岸进行改造。

(9)上下村排洪渠:河道全长 3.43 km,河底宽 6 ~ 12 m,全河道已按梯形断面整治,现状河道基本能满足 50 年一遇的行洪要求,上下村排洪渠防洪治理,主要结合水质改善对局部护岸进行改造。

(10)罗田水:从河口至龙大高速桥,河道长 5.05 km,其中 2.45 km 长的河段行洪能力已经达到 50 年一遇的规划目标。对桩号 1 +530 ~ 2 +600 段,河道向右岸拓宽河道至 14 m 及新建河道两岸防洪墙;对桩号 0 +000 ~ 1 +530 段,河道两岸防浪墙改造为防洪墙;利用现有鱼塘或湖泊,新建 2 座调蓄湖(雨洪利用湖),分别位于龙大高速下游及朝阳路上游。

(11)公明排洪渠:河道全长 6.24 km,河底宽 6 ~ 20 m,全河道已整治,现状河道行洪能力基本达到宣泄 50 年一遇洪水的规划治理目标。

(12)塘下涌:基本保持现状河道走向,对不满足行洪安全的长 3.46 km 的堤岸(单侧),进行加高、加固,急弯段加强堤岸防护,同时对河口段清淤清障,河口段堤岸高程与茅洲河干流衔接。

(13)沙井河:河道全长 5.73 km,防洪排涝工程正在实施,河宽 25 ~ 100 m,其中岗头水闸—松岗河入口段 3.13 km 为浆砌石矩形明渠,部分为土堤;松岗河入口—河口段 2.8 km 为浆砌石矩形及梯形明渠。

(14)松岗河:主要结合水质改善对局部护岸进行改造,实现河道生态治理。西水渠以上 3.65 km 河道,防洪工程体系尚未形成。规划结合五指耙水库的泄洪通道进行建设,该段河道按区间 20 年一遇设计洪水组合五指耙水库 50 年一遇泄洪流量,通过新建滞洪区工程,保障下游河道行洪安全。设计河底宽 10 m,对河道进行拓宽、挖深,新建调蓄湖(滞洪与景观功能)。

(15)排涝河:河道全长 3.57 km,设计洪水标准为 50 年一遇,河道防洪治理工程正在实施,河道断面为矩形、梯形,底宽 22 ~ 50 m。规划在河道行洪能力满足要求前提下,结合水质改善及生态景观工程实现河道综合治理目标。

(16)新桥河:对以下 3 段河道共 5.14 km 进行护岸或挡墙结构的加固处理,即新桥河下游出口至宝安大道箱涵出口段(桩号 0 +000 ~ 0 +212)、中心路箱涵入口至北环路箱涵出口段(桩号 0 +838 ~ 0 +962)、北环路箱涵入口至长流陂水库溢洪道终点段(桩号 1 +062 ~ 5 +868),同时对全河段进行清淤疏浚。

(17)上寮河:对东环路桥至黄浦路桥段约 0.87 km 按 20 年一遇标准进行河道梳理与改造,同时拆除中游段阻水水闸;对其余防洪已达标治理段结合水质改善对局部护岸进行改造。

(18)石岩河:治理范围为上游段 3.27 km,即石岩河塘坑桥至龙大高速公路河段,桩号 3 +078 ~ 6 +349。规划治理内容包括对行洪能力不足或堤防结构不满足要求的河段实施防洪达标治理、阻水桥梁改建、完善沿河两岸防洪抢险道路等。重点对怡和纸厂及水田村段进行河道拓宽、挖深,对石龙仔桥上游河段(桩号 4 +871 ~ 6 +349)进行挡墙结构的改造。

10.8 涝水行泄通道规划

茅洲河流域建设涝水行泄通道总长度为 40.229 km,涉及塘下涌片区、茅洲河干流、沙埔片区、沙井河片区、松岗河片区、新桥河片区、上寮河片区、公明排洪渠片区、上下村片区、石岩河片区的 44 条涝水行泄通道,茅洲河流域规划涝水行泄通道见表 10.8-1。

表 10.8-1　茅洲河流域规划涝水行泄通道一览表

排水分区	名称	涝水行泄通道长度(km)	底(m)×高(m)
塘下涌片区	1#规划涝水行泄通道	1.035	6×3
茅洲河干流	2#规划涝水行泄通道	1.415	6×3
	4#规划涝水行泄通道	0.50	5×2.5
	6#规划涝水行泄通道	1.30	2×2
沙埔片区	3#规划涝水行泄通道	0.535	7.5×3.5
沙井河片区	7#规划涝水行泄通道	1.10	2.5×2
	8#规划涝水行泄通道	2.29	5×2.5
	9#规划涝水行泄通道	0.73	3×2.5
松岗河片区	5#规划涝水行泄通道	0.74	4×1.5
	10#规划涝水行泄通道	1.415	4.5×2.5
	11#规划涝水行泄通道	0.72	3.5×1.5
	17#规划涝水行泄通道	0.45	3×2
新桥河片区	12#规划涝水行泄通道	0.53	5×2
	13#规划涝水行泄通道	0.82	6×2
	14#规划涝水行泄通道	1.175	3×1.5
	44#规划涝水行泄通道	0.25	4×2.5
	40#规划涝水行泄通道	0.84	8×4.3
上寮河片区	15#规划涝水行泄通道	0.322	3.5×1.5
	16#规划涝水行泄通道	0.75	3.5×1.5
公明排洪渠片区	18#规划涝水行泄通道	0.745	6×3
	19#规划涝水行泄通道	1.11	5×2
	20#规划涝水行泄通道	0.55	5×2.5
	22#规划涝水行泄通道	0.54	4.5×1.5
上下村片区	21#规划涝水行泄通道	0.90	4×2
石岩河片区	23#规划涝水行泄通道	0.655	6.5×5
	24#规划涝水行泄通道	0.962	3.0×1.8
	25#规划涝水行泄通道	1.03	1.5×1.5
	26#规划涝水行泄通道	1.06	2×1.5
	27#规划涝水行泄通道	1.655	2×2
	28#规划涝水行泄通道	1.0	1.5×1.5
	29#规划涝水行泄通道	1.119	1.5×1.5
	30#规划涝水行泄通道	1.33	2.4×3.3
	31#规划涝水行泄通道	1.595	2.9×2
	32#规划涝水行泄通道	1.57	5×1.5
	33#规划涝水行泄通道	0.665	1.5×1.5
	34#规划涝水行泄通道	0.855	4×3
	35#规划涝水行泄通道	0.89	1.5×1.5
	36#规划涝水行泄通道	1.585	4.5×4.5
	37#规划涝水行泄通道	0.41	2×1.5
	38#规划涝水行泄通道	0.78	6.5×3.2
	39#规划涝水行泄通道	0.51	5.5×3.3
	41#规划涝水行泄通道	0.37	1.5×1.5
	42#规划涝水行泄通道	0.426	1.5×1.5
	43#规划涝水行泄通道	1.0	6×1.5
合计		40.229	

10.9　雨水调蓄设施规划

　　调蓄湖工程对洪水起到一定的滞蓄作用,同时具有雨洪利用的功能,对下游河道具有生态补水的作用,可作为浅水天然湿地或生态涵养湿地公园。由于规划的调蓄湖规模均较小,对干流的滞洪作用很小,因此规划设计中不考虑调蓄湖对干流洪峰的影响。

　　茅洲河流域共安排建设雨水调蓄设施 24 处,其中,河流滞洪区 13 处,利用现状水体作为调蓄设施 1 处,新建调蓄设施 10 处,总占地面积约为 239.5 hm²,总调蓄容积约为 847.1 万 m³,茅洲河流域规划调蓄设施见表 10.9-1。

表 10.9-1　茅洲河流域规划调蓄设施一览表

排水分区	调蓄设施名称	占地面积（hm²）	调蓄规模（万 m³）
东坑水片区	东坑水滞洪区	17.0	60.8
鹅颈水片区	鹅颈水滞洪区	5.7	15
木墩河片区	新围路人工湿地及滞洪区	18.2	36.2
	滨河公园东人工湿地及滞洪区	2.9	1.5
新陂头河片区	新陂头南滞洪区	5.9	9.8
	新陂头北滞洪区	5.3	10.0
	楼村水库滞洪区	17.0	49.3
楼村水片区	楼村人工湿地及滞洪区	28.0	88.9
公明片区	公常路西人工湿地及滞洪区	15.2	9.8
	横坑城市湿地	4.1	30.0
	后底坑城市湿地	9.35	53.0
沙井河片区	上头田村雨水调蓄池	0.3	0.36
	金芙路北滞洪区	3.0	2.5
松岗河片区	东风村雨水调蓄池	0.8	0.8
	松白路雨水调蓄池	0.2	0.4
排涝河片区	步涌社区祠堂北现状调蓄水体	1.37	1.72
	岗头雨水调蓄池	5.23	10.5
上寮河片区	沙一、二社区下凹式绿地	0.6	0.5
	丽沙花都南片区下凹式绿地	0.11	0.5
茅洲河干流	茅洲河干流滞洪区	43.7	90.0
	滨河公园滞洪区	12.9	153.4
	洋涌河滞洪区	42.0	221.7
	老人院下凹式绿地	0.35	0.17
	碧头雨水调蓄池	0.25	0.25
合计		239.5	847.1

10.10　超标准暴雨（内涝点整治）应急措施

（1）通过水力模型评估预测，茅洲河流域在 100 年一遇暴雨的情况下出现 17 片风险区，需交通管制道路 18 条，管制路段合计长 29.33 km。

（2）茅洲河流域现状有区级防汛物资仓库 2 座，分别为光明防汛物资仓库以及宝安防汛物资仓库，街道级防汛物资仓库 2 座，分别为公明街道仓库和光明街道仓库。

（3）至规划末期，茅洲河流域共规划室内应急避难场所 84 处，其中现状已指定 50 处、规划新增 34 处。

10.11　工程投资估算

茅洲河流域排水防涝工程总投资 63.65 亿元，其中新建改造雨水管渠投资 36.99 亿元，新建及改造雨水泵站投资 8.33 亿元，新建雨水调蓄设施投资 1.51 亿元，新建涝水行泄通道投资 4.02 亿元，低影响开发工程措施投资 12.81 亿元，茅洲河流域投资见表 10.11-1～表 10.11-5。

表 10.11-1　茅洲河流域新建及改造雨水管渠规模及投资

行政区	新建雨水管渠		改造雨水管渠		说明
	长度（m）	投资（万元）	长度（m）	投资（万元）	
宝安区	285 475	177 395.89	20 145	14 690.78	西田—罗田水片区及公明片区雨水管网涉及宝安、光明两区，投资均计列在宝安区
石岩片区	81 176	48 861.94	1 073	918.42	
光明新区	190 720	119 960.16	13 282	8 088.38	
合计	557 371	346 217.99	34 500	23 697.58	

表 10.11-2　茅洲河流域新建及改造雨水泵站规模及投资

行政区	设计流量（m³/s）	汇水面积（km²）	投资（万元）
宝安区	438.4	31.082	61 188
石岩片区	—	—	—
光明新区	212.7	17.77	22 069
合计	651.1	48.852	83 257

表 10.11-3　茅洲河流域新建雨水调蓄设施规模及投资

行政区	占地面积（hm²）	调蓄规模（万 m³）	投资（万元）	说明
宝安区	54.21	239.4	2 655	洋涌河滞洪区投资在内河水系综合治理工程中计列，其他项目建设安排与《宝安区水务发展十三五规划》一致
石岩片区	—	—	—	
光明新区	179.55	592.7	12 450	东坑水、新陂头南、新陂头北、楼村水库、滨河公园、茅洲河干流滞洪区，楼村、新围路、滨河公园东、公常路西人工湿地及滞洪区各项投资在内河水系综合治理工程中计列，未含在本项中
合计	233.76	832.1	15 105	

表 10.11-4　茅洲河流域新建涝水行泄通道规模及投资

行政区	名称	涝水行泄通道长度(km)	投资(万元)
宝安区	1# ~ 16#、40#、44#	16.467	19 267.09
石岩片区	17# ~ 22#	19.467	16 116.49
光明新区	23# ~ 39#、41 ~ 43#	4.295	4 777
合计		40.229	40 160.58

表 10.11-5　茅洲河流域低影响开发工程措施一览表

行政区	雨水收集利用设施		透水地面改造与建设		滞渗工程改造与建设		道路排水设施改造与建设		绿色屋顶改造与建设	
	工程量(m³)	投资(万元)	工程量(hm²)	投资(万元)	工程量(hm²)	投资(万元)	工程量(hm²)	投资(万元)	工程量(hm²)	投资(万元)
光明新区	171 122	17 112	114	39 900	126.7	44 332	3.3	1 161	73.1	25 592

10.12　近期建设计划

10.12.1　近期整治目标

2017 年底前,完成城市老旧管渠及易涝区域的排水系统和雨污分流改造,完成城市内涝高风险区的整治工作,基本建成城市排水防涝信息化管控平台。

2020 年底前,完成全部内涝区的整治工作,建立较为完善的城市排水防涝工程体系和管理体系。

10.12.2　近期整治范围

(1)根据近期规划目标,本规划依据以下原则确定近期整治范围:

①针对易涝风险区,将易涝风险区整治纳入近期建设。

②结合政府投资计划,优先开展深圳市重点发展区域相关易涝风险区整治及易涝高风险区整治。

③针对即将开发的区域,结合片区开发完善排水防涝系统。

(2)本规划茅洲河流域近期整治区域 48 处,其中易涝高风险区整治区域 19 处、易涝中风险区整治区域 29 处。

10.12.3　近期建设工程及投资

(1)本规划近期新建雨水管渠 72.47 km,改造雨水管渠(性质不变)4.57 km,雨污分流改造管渠 623.2 km(不纳入本次投资),总投资 3.68 亿元;新建雨水泵站 4 座,设计流量为 89.4 m³/s,扩建 2 座,总投资 2.34 亿元。

(2)本规划近期建设雨水调蓄设施 7 处,调蓄规模 22.01 万 m³,总投资 1.36 亿元;建设雨水行泄通道 7.26 km,设计流量 294.6 m³/s,总投资 0.69 亿元。

(3)本规划近期开展内河水系综合治理长度 65.39 km,总投资 47.38 亿元,该部分工程与《深圳市水务发展“十二五”规划》相衔接,工程投资不纳入本规划近期建设投资。

(4)本规划近期落实低影响开发工程措施包括:建设雨水收集利用设施 17.11 万 m³,建设透水地面 11 473 hm²,建设滞渗工程 12 773 hm²,建设道路排水设施 3.373 hm²,建设绿色屋顶 73 hm²,总投资 12.81 亿元,随主体工程同步投入,不独立投资,不纳入本次规划近期建设投资。

综上所述,本规划近期建设总投资 8.07 亿元。

第11章 水环境治理技术研究

11.1 研究思路

水环境综合治理是在分析水环境污染现状与发展趋势的基础上,通过水环境治理关键问题的提出和重要功能区的划分,建立水环境数学模型,确定污染物总量削减目标以及综合治理技术方案,并对规划方案进行模拟优化与决策,最终形成水环境综合治理工程的实施方案。其研究思路如图11.1-1所示。

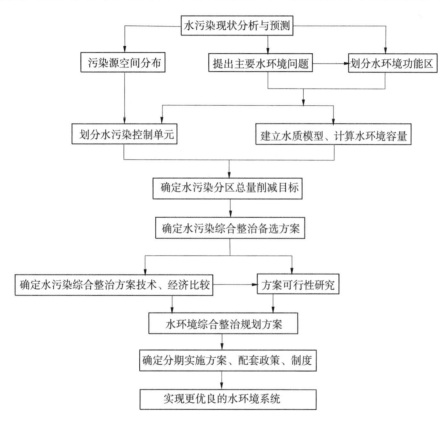

图11.1-1 茅洲河流域水环境综合治理技术研究思路

11.2 茅洲河流域水环境治理技术体系研究

水环境问题的根本解决,不仅需要治理策略的理论创新,而且需要截污、控源、污水处理厂提标、扩建等水环境保障基础性措施的实施,从河涌系统的内、外两个方面同时着手,两手发力,做到内外相济、标本兼治。以规划的河流水功能区划及污水收集处理率为目标,从强化截流、内源降解、开源增容、加强动力等4个方面,实现流域水质安全的"治标"要求;从厂(污水厂)站(污泥垃圾处置站)建设、管网完善、雨污分流、面源管控等四个方面,实现流域水质安全的"治本"要求。同时,推广新技术、新工艺、新设备,在实践中创新。

11.2.1 解决思路

针对现状问题,在对已有措施实施评估的基础上,提出系统解决思路如下。

11.2.1.1　有效衔接、因地制宜进行工程方案设计

有效衔接现状干流截污工程、分散处理设施、污水厂扩建、管网建设,发挥现有设施的工程效益,与本次优化、新增的措施有效衔接,发挥近远期不同的作用,共同削减污染负荷。因地制宜进行方案设计,针对流域内工业企业混杂的情况,按工业企业类型,分别提出污染治理措施;针对流域内支管网建设的问题,结合不同功能区块、建筑形态、排水现状、实施难度等具体情况,提出不同的雨污分流措施;针对各支流特点,形成"一河一案"的治理方案。

11.2.1.2　按照"源—迁移—汇"的污染迁移路径进行系统治理

1. 源

源主要指污染物产生环节。

结合本流域实际情况,主要包括以下措施:①通过管网分流、收集污水;②对污水厂进行扩建和提标;③产业升级削减工业污染负荷;④通过建设海绵城市削减地表径流污染;⑤通过清退措施削减非法养殖带来的畜禽污染。

2. 迁移

迁移主要指污染在河岸带空间内的传输环节。

结合本流域实际情况,主要包括以下措施:①在河道综合整治过程中针对沿河排污口实施的沿河截污;②在支流入干流口和重点排污区块进行分散处理,其作用在不同时期有所不同:近期沿河截污管网没有建设前,可作为河道雨污混流水的临时处理站,沿河截污管网建设后,旱季用于处理河道水,雨季作为溢流水处理;远期作为初期雨水治理设施。

3. 汇

汇主要指污染物已排入河道水体内的环节。

结合本流域实际情况,主要包括以下措施:①实施底泥清淤及处置;②引入污水厂中水和洁净海水进行配水;③在部分有条件的支流入干流口和重要结点,进行原位修复,主要采用机械曝气 + 人工填料 + 生态浮床的组合形式,原位修复作用在不同时期会有所不同:近期沿河截污管网没有建设前,作为河道雨污混流水的临时处理站,沿河截污管网建设后,旱季用于处理河道水,雨季作为溢流水处理;远期作为初期雨水治理设施;④根据治理工程实施情况,结合水质考核目标要求,投加微生物制剂,对河道水体进行生物治理。

11.2.1.3　标本兼治、集中与分散处理相结合

从重点片区向全区范围推进、从末端截污向正本清源延伸、从骨干河道向支流系统辐射,提升宝安区整体水环境质量。

治本方面:以 2017 年底和 2020 年底为时间节点,按照流域治理、系统治水的理念,倒排工期、明确责任,分批分期实施雨污分流管网等治本工程建设,全面推进水环境治理工作。

治标方面:考虑到在 2017 年底前,污水处理厂扩建、污水管网建设等项目不能确保全部完工并发挥应有作用,必须谋划一批应急项目,通过污水应急处理、管网接驳完善、河道生态修复、河道补水调度等治标措施,完成目标考核要求。

11.2.2　水环境治理工程体系

水环境治理工程体系见图 11.2-1。

11.2.2.1　污水收集处理

针对现状污水管网覆盖率低、雨污混流严重、污水厂处理缺口大、进水波动大、出水标准低以及污泥外运不畅的问题,规划采取"雨污分流、厂站改扩、泥水提标"的对策,并按照《深圳市污水管网建设规划(2015—2020)》《深圳市污水系统布局规划修编(2011—2020)》《深圳市再生水布局规划》《深圳市污泥处置布局规划(2006—2020)》,加快推进污水管网、污水处理厂、再生水厂及污泥处理处置设施的建设工作。但以上规划未考虑感潮河段污水系统海水倒灌问题、混流水对分流制污水厂的水质水量冲击问题以及污水厂污泥就地减量化措施。为解决感潮河段污水系统海水倒灌问题,通过河口设闸隔断潮水、

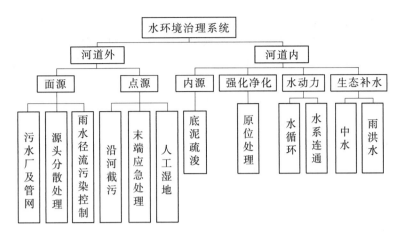

图 11.2-1 茅洲河流域水环境治理技术体系

创造低水位截流条件解决,具体措施包括排涝河河口闸建设及已建沙井河河口闸通航功能废除;针对截流式混流水特别是总口截流方式对分流制污水厂的水质水量冲击问题,除了在污水厂扩建时增设混流水调蓄池外,还可结合总口截流措施下游明渠的补水需求,在总口截流处设置分散处理设施;污泥就地减量化措施主要包括改造燕川厂污泥深度脱水设施,新增沙井厂、光明厂、公明厂污泥减量设施。

11.2.2.2 河流污染防治

由于雨污分流管网建设无法在 2020 年全部完成,因此部分河流仍存在点源污染入河问题;茅洲河干流受感潮影响,存在内源污染释放及水动力差问题,入库河流受水源保护限制,存在入库水质标准高难题;加上城区河流人口密集、基流小,存在面源污染入河及水体容量小问题。综合以上问题,干流采取"强化截流、面源管控、内源降解、补水增容、加强动力"对策推进河流污染防治工作;入库河流规划采取"强化截流、面源管控、补水增容、生态提质"对策推进河流污染防治工作。

通过完善茅洲河干流及各支流两岸的截流系统实现强化截流;通过原位修复措施削减各感潮河段污染底泥;通过污水厂及分散处理设施出水、雨洪调蓄出水,回补至各景观河流;将治理后的茅洲河中上游段景观水体利用西水渠引调至沙井松岗片区,加强沙井片区河流水动力。

11.2.2.3 河道补水措施

结合河流水系特点、污水布局及区位条件,分类提出如下河道补水措施:

(1)再生水回用。结合水资源配置成果,充分利用无生活供水任务的水库等,通过污水厂一级 A 尾水加压及补水管道埋设实施生态补水,包括利用沙井、燕川、光明和公明污水厂尾水。

(2)基流剥离补水。结合强化截流措施,对生态区面积较大的河流实施基流剥离,将剥离后的清洁基流补充至河道,主要以石岩河及三条支流(樵窝坑、龙眼水及沙芋沥)为代表。

(3)雨洪利用补水。结合上游已有水库及中上游新设滞洪区,开展雨洪资源利用实现"还基流于河道"的目标,主要包括罗田水、老虎坑水、上寮河等。

(4)水系连通动力增强。宝安中心区各河涌下游感潮段受外江潮水顶托影响,现状再生水长期滞留于河口,感潮河段充分利用河口闸,结合自然涨潮特点,通过合理调度、水力控导增强水体交换能力。

通过"上引、中调、下控"的手段增加沙井河流域河网水系的水环境容量并增强其水动力循环。

上游利用长流陂库内截流管近期转输公明污水厂 10 万 m³/d 尾水回补新桥河,利用西水渠将燕川厂尾水或茅洲河景观水体,近期回补松岗河及沙井河,远期回补七支渠、潭头河、潭头渠等支流。

中游利用沙井厂尾水近期对排涝河及潭头河实施补水。

下游通过排涝河和沙井河河口闸控制,利用自然潮差特点形成单向流循环。

11.2.3 主要工程措施

11.2.3.1 宝安片区

规划以河流水功能区划为目标、以现状片区存在的重点问题为导向,按照"强化截流、开源增容、加强动力"的河流污染防治思路,加强深莞界河联合治污合作,通过河道综合整治完善沿河污染截流体系,通过污水厂及分散处理设施出水、雨洪调蓄出水构建河道生态补水体系,并因地制宜利用西水渠将治理后的茅洲河中上游段景观水体引调至沙井松岗片区河流,打造沙井片区河流水动力加强体系。

主要工程措施包括茅洲河界河段沿河污水管网完善、塘下涌沿河污水管网完善、排涝河沿河污水管网完善、松岗河沿河污管网完善、潭头河沿河污水管网完善、新桥河沿河污水管网完善、上寮河沿河污水管网完善,以及西水渠补水引调通道建设。

11.2.3.2　光明片区

通过完善收集系统、污水厂扩建及提标、生态湿地、补水工程等措施,达到规划的水质目标。

11.2.3.3　石岩片区

规划以河流及水库水功能区划为目标、以现状片区存在的重点问题为导向,按照"强化截流、雨洪分治、生态提质"的思路,结合河道综合整治工程对库区内河流进行沿河污水管网完善,并从保障水源安全角度出发,对于流域内建成区面积较大的库区河流,优先考虑利用规划或新建的立体截排通道,将超过污水系统承受能力的混流水截排至库区外,确保饮用水源的安全;流域内建成区面积不大的库区河流,优先考虑利用或新建生态处理设施,将库区河流旱季基流及雨季低浓度混流水处理达标后入库。

主要工程措施包括石岩河河沿河污水管网完善、王家庄河沿河污水管网完善、天圳河沿河污水管网完善、上屋河沿河污水管网完善,改造并利用现状石岩水库截排隧洞,改造现有的料坑人工湿地、石岩河人工湿地、麻布水前置库及运牛坑水前置库,将以上水质改善设施功能调整为处理低浓度混流水,提高入库水质。

11.3　污染负荷预测研究

污染负荷预测主要参考《茅洲河流域水环境综合整治效果评估研究报告》(广东省环境科学研究院,2015 年 9 月)。

11.3.1　估算方法

11.3.1.1　工业污染源

由于茅洲河流域工业企业数量远大于现已纳入环统污普数据库的企业数量,直接根据环统污普数据统计会大大低估流域实际的工业源污染物排放量。因此,根据茅洲河流域内各市的环统污普数据库,估算出各区/镇工业污染物的平均排放浓度,结合各区/镇的工业用水量数据(取排水系数为 0.85),由此估算出各区/镇的工业源污染物负荷。由于环统污普数据库缺少总磷的统计数据,总磷排放浓度参考《深圳市龙岗河、坪山河流域水环境综合整治达标方案》,取 1 mg/L。

根据流域工业废水的排放情况,工业污染源入河系数取为 1。

11.3.1.2　生活污染源

生活污染源是指人类生活、消费活动所产生的污染,其负荷量与区域的人口数量成正比。因此,生活污染源的估算通常采用人均产污系数法。

根据《生活源产排污系数及使用说明(修订版 2011)》和《珠江三角洲水污染负荷估算报告》等资料,茅洲河流域人均综合生活排水量和产污系数(包括居民生活和第三产业)取值如表 11.3-1 所示。

表 11.3-1　茅洲河流域各市人均产污系数

城市	人均综合生活排水量 [L/(人·d)]	人均产污系数[g/(人·d)]		
		COD	氨氮	总磷
深圳	205	80	8	1.33
东莞	201	80	8	1.33

由于茅洲河流域污水管网特别是支管网建设较为滞后,目前污水管网收集率仍不高,部分生活污水经市政管道收集后进污水处理厂处理,但仍有大量居民生活污水都采用直排方式。采用人均产污系数法计算得到生活污染物产生量后,扣除污水处理厂削减部分即得到生活污染物排放量,根据流域生活污水的排放情况,生活污染源的入河系数取 1。

11.3.1.3　畜禽养殖业污染源

畜禽养殖业污染物产生量采用产污系数法进行估算。根据《生猪养殖业主要污染源产排污量核算体系研究》,生猪的产污系数如表 11.3-2 所示。其他畜禽养殖种类数量根据《畜禽养殖业污染物排放标准》折算为猪当量,折算关系见表 11.3-3。

表 11.3-2　生猪产污系数　（单位:kg/头）

指标	COD	氨氮	总磷
产污系数	37.13	1.82	0.56

表 11.3-3　不同畜禽养殖种类的猪当量折算系数

种类	肉鸡	蛋鸡	鸽子	奶牛	牛肉	羊
猪当量折算系数	1/60	1/30	1/60	10	5	3

畜禽养殖业产生的污染物部分会做农业回收利用、水产养殖利用、能源回收和生化处理等,不完全进入水体。根据实地调研了解的情况,茅洲河流域的畜禽养殖基本未经污染处理设施处理,部分粪便会收集用作肥料,废水就近排入池塘、河流等环境水体。根据《广州、佛山跨市水污染综合整治方案》等的研究成果,经过各种途径滞留后进入环境水体的畜禽养殖业污染物在 40% ~ 45% 之间,本书取流失率为 42.5%,由此计算畜禽养殖排放进入环境的污染物量。

11.3.1.4　径流面源污染源

农田径流面源估算采用《全国水环境容量核定技术指南》推荐的标准农田法。标准农田指的是平原、种植作物为小麦、土壤类型为壤土、化肥施用量为 25 ~ 35 kg/(亩·a),降水量在 400 ~ 800 mm 范围内的农田。参考《珠江三角洲河网与河口水质模型连接计算研究报告》,标准农田源强系数取 COD 10 kg/(亩·a),氨氮 2 kg/(亩·a),总磷 0.33 kg/(亩·a)。对于其他农田,对应的源强系数按表 11.3-4 进行修正。茅洲河流域各区/镇农田径流面源估算的修正系数取值见表 11.3-5。

表 11.3-4　非标准农田源强修正系数

主要因素	修正类别	修正系数
坡度	<25°	1.0
	≥25°	1.2 ~ 1.5
农作物类型	旱地	1.0
	水田	1.5
	其他	0.7
土壤类型	砂土	0.8 ~ 1.0
	壤土	1.0
	黏土	0.6 ~ 0.8
化肥施用量	<25 kg	0.8 ~ 1.0
	25 ~ 35 kg	1.0 ~ 1.2
	>35 kg	1.2 ~ 1.5
多年平均降水量	<400 mm	0.6 ~ 1.0
	400 ~ 800 mm	1.0 ~ 1.2
	>800 mm	1.2 ~ 1.5

表 11.3-5 茅洲河流域农田径流面源估算源强修正系数

主要因素		光明新区	宝安区	长安镇
非标准农田源强修正系数	坡度	1.00	1.00	1.00
	农作物类型	0.73	0.70	0.73
	土壤类型	1.00	1.00	1.00
	化肥施用量	1.00	1.00	1.00
	多年平均降水量	1.30	1.30	1.30
	综合修正系数	0.95	0.91	0.95

影响城镇地表污染物质量的因素主要是土地利用情况、人口密度、街道地面类型、清扫效率和交通流量等。地表污染物经降水冲刷后流入水体,进入水体的主要污染物通量是大量的有机物、重金属、农药、细菌和灰尘。对于城市用地,单位面积年地表径流污染物负荷计算的经验公式如下:

$$L_i = a_i F_i r_i P$$

式中 L_i——污染物流失量,$kg/(km^2 \cdot a)$;

a_i——污染物浓度,$kg/(cm \cdot km^2)$;

F_i——人口密度参数,计算式为:

$$F_i = 0.142 + 0.111 D^{0.54} \quad (D \text{ 为人口密度})$$

r_i——扫街频率参数,计算式为:

$$r_i = \begin{cases} N_s/20 & (N_s \leqslant 20 \text{ h}) \\ 1 & (N_s \geqslant 20 \text{ h}) \end{cases} \quad (N_s \text{ 为扫街时间间隔}, i \text{ 为第 } i \text{ 种功能区})$$

P——年降雨量,cm。

茅洲河流域城市径流面源估算的各项参数取值如表 11.3-6 所示。

表 11.3-6 茅洲河流域城市径流面源估算参数取值

$a_i[kg/(cm \cdot km^2)]$	COD	氨氮	总磷
	51	5.8	1.5
$D(cap/hm^2)$	光明新区	宝安区	长安镇
	0.86	1.22	1.28
r_i	1		
$P(cm)$	172.71		

在降雨条件下产生的污染物在随着坡面流向收纳水体输移的过程中,会出现土壤和植物的截留、向地下水的渗透等各种物理和生化反应。因此,污染物入河量的计算需在产生量的基础上再乘上入河系数。由于面源污染具有广泛性、随机性和难以定点监测的特点,目前我国缺乏连续的面源水质水量同步监测资料,其研究还处在起步阶段。程红光等以黑河流域为研究区,研究得出当土地利用类型一定,年降水量小于 400 mm 时,地表径流很少,污染物很难入河;年降水量大于 140 mm 后,面源污染物的入河量基本稳定。茅洲河流域多年平均年降水量在 1 600 mm 左右,参考郝芳华等对珠江流域面源污染估算的研究成果,取年均入河系数为 0.65,用于计算茅洲河流域的径流面源污染入河量。

11.3.2 估算结果

茅洲河流域各区/镇的工业源、生活源、畜禽养殖源和面源的污染物入河量估算结果分别见表 11.3-7 ~ 表 11.3-10。

表 11.3-7　茅洲河流域 2013 年各区/镇工业源污染物入河量估算结果

地市	区/镇	工业废水排放量 （万 t/a）	COD （t/a）	氨氮 （t/a）	总磷 （t/a）
深圳	光明新区（公明 + 光明）	4 658.45	2 059.75	160.00	13.91
	宝安区（沙井 + 松岗 + 石岩）	8 993.09	7 402.29	346.64	33.26
	合计	13 651.54	9 462.04	506.64	47.17

表 11.3-8　茅洲河流域 2013 年各区/镇生活源污染物入河量估算结果

地市	区/镇	工业废水排放量 （万 t/a）	COD （t/a）	氨氮 （t/a）	总磷 （t/a）
深圳	光明新区（公明 + 光明）	6 691.85	18 953.10	1 177.84	129.61
	宝安区（沙井 + 松岗 + 石岩）	7 293.36	23 685.42	1 495.50	175.00
	合计	13 985.21	42 638.52	2 673.34	304.61

表 11.3-9　茅洲河流域 2013 年各区/镇畜禽养殖源污染物入河量估算结果　　（单位：t/a）

地市	区/镇	COD	氨氮	总磷
深圳	光明新区（公明 + 光明）	1 621.15	79.46	24.45
	宝安区（沙井 + 松岗 + 石岩）	155.09	7.60	2.34
	合计	1 776.24	87.06	26.79

表 11.3-10　茅洲河流域 2013 年各区/镇面源污染物入河量估算结果　　（单位：t/a）

地市	区/镇	COD	氨氮	总磷
深圳	光明新区（公明 + 光明）	1 589.99	257.68	50.26
	宝安区（沙井 + 松岗 + 石岩）	1 877.77	282.77	58.37
	合计	3 467.76	540.45	108.63

11.3.3　结果分析

汇总上述各类污染源的入河量,茅洲河流域各区/镇的污染物入河量估算结果如表 11.3-11 和图 11.3-1 所示,各类型污染源的污染物入河量估算结果如表 11.3-12 和图 11.3-2 所示。

根据 2013 年茅洲河流域的污染负荷估算结果,由表 11.3-11 和图 11.3-1 可知,茅洲河流域深圳市内宝安区的污染贡献大于光明新区;由表 11.3-12 和图 11.3-2 可知,各污染来源中,贡献率从大到小排序依次为生活源 > 工业源 > 径流面源 > 畜禽养殖源。

表 11.3-11　茅洲河流域 2013 年各区/镇污染物入河量估算结果

地市	区/镇	污染入河量					
		COD （t/a）	所占比例 （%）	氨氮 （t/a）	所占比例 （%）	总磷 （t/a）	所占比例 （%）
深圳	光明新区	24 223.99	42	1 674.98	44	218.23	45
	宝安区	33 120.57	58	2 132.51	56	268.97	55
合计		57 344.56	100	3 807.49	100	487.20	100

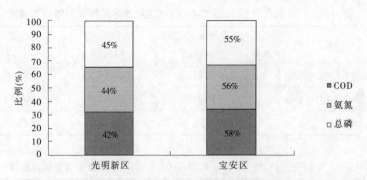

图 11.3-1　茅洲河流域 2013 年各区/镇污染物入河量所占比例

表 11.3-12　茅洲河流域 2013 年各类型污染源污染物入河量估算结果

污染源类型	COD		氨氮		总磷	
	入河量 (t/a)	所占比例 (%)	入河量 (t/a)	所占比例 (%)	入河量 (t/a)	所占比例 (%)
工业	9 462.04	17	506.64	13	47.17	10
生活	42 638.52	74	2 673.34	70	304.61	63
畜禽	1 776.24	3	87.06	2	26.79	5
面源	3 467.76	6	540.45	15	108.63	22
合计	57 344.56	100	3 807.49	100	487.20	100

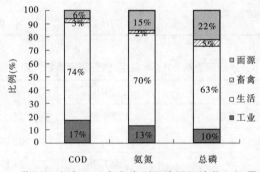

图 11.3-2　茅洲河流域 2013 年各类型污染源污染物入河量所占比例

11.4　水环境功能区划及水质目标的确定

11.4.1　水功能区划

根据《深圳市地表水环境功能区划》,涉及茅洲河流域内相关河湖的功能区划主要为茅洲河干流、石岩水库、罗田水库、长流陂水库和鹅颈水库,各水体功能区划具体如下:

(1)茅洲河景观农业用水区:自石岩水库以下至入海口,共长 30.8 km,主要功能为一般景观用水和农业用水,燕川断面以上水质目标为Ⅳ类,燕川断面以下水质目标为Ⅴ类。

(2)饮用水源保护区:石岩水库、罗田水库、长流陂水库和鹅颈水库均被划分为生活饮用水源保护区,水质目标为Ⅱ类。

11.4.2　水质目标

根据《深圳市地表水环境功能区划》《深圳市治水提质工作计划(2015～2020)》《宝安区河流自然功能现状分析及调整研究》以及本次方案对河涌的功能定位,确定茅洲河流域内各河湖水体水质目标,详见表 11.4-1。

表 11.4-1　茅洲河流域内各河湖水体水质目标表（旱季 TN 标准除外）

序号	水体名称	水体类型	功能定位	水质现状	水质目标			说明
					2017 年	2020 年	2025 年	
一	2017 年深圳市建成区黑臭水体治理清单内河流							
1	茅洲河（光明段）	河流	景观农业用水区	黑臭	V 类	IV～V 类	IV 类	需满足水功能区划规定
	茅洲河（宝安段）	河流	景观农业用水区	黑臭	基本消除黑臭	V 类	V 类	需满足水功能区划规定
2	罗田水	河流	防洪、排涝	下游黑臭	V 类	IV～V 类	IV 类	雨水调蓄湖补水
3	沙井河	河流	防洪、排涝景观景观	黑臭	基本消除黑臭	V 类	V 类	共和村省控断面上游
4	排涝河	河流	防洪、排涝景观	黑臭	基本消除黑臭	V 类	V 类	共和村省控断面下游
5	鹅颈水	河流	防洪、排涝景观、生态	轻度黑臭	消除黑臭	V 类	IV～V 类	
6	木墩河	河流	防洪、排涝景观、生态	黑臭	基本消除黑臭	V 类	IV～V 类	
7	石岩河	河流	防洪、排涝景观、生态	黑臭	基本消除黑臭	V 类	IV～V 类	
8	楼村水	河流	防洪、排涝景观、生态	黑臭	基本消除黑臭	V 类	IV～V 类	
9	新陂头水	河流	防洪、排涝景观、生态	黑臭	基本消除黑臭	V 类	IV～V 类	
二	石岩片区							
1	石岩河	河流	防洪、排涝景观、生态	部分河段黑臭	基本消除黑臭	V 类	IV～V 类	
2	龙眼水	河流	防洪、排涝景观、生态	无黑臭问题	IV～V 类	IV 类	IV 类	
3	樵窝坑	河流	防洪、排涝景观、生态	无黑臭问题	IV～V 类	IV 类	IV 类	
4	沙芋沥	河流	防洪、排涝景观、生态	轻度黑臭	消除黑臭	IV 类	IV 类	
5	田心水	河流	市政排水渠道	黑臭	基本消除黑臭	V 类	IV～V 类	功能定位参见《宝安区防洪排涝及河道治理专项规划》

续表 11. 4-1

序号	水体名称	水体类型	功能定位	水质现状	水质目标 2017 年	水质目标 2020 年	水质目标 2025 年	说明
6	上排水	河流	市政排水渠道	黑臭	基本消除黑臭	V类	IV～V类	功能定位参见《宝安区防洪排涝及河道治理专项规划》
7	上屋河	河流	暗涵段：市政排水	黑臭	基本消除黑臭	V类	IV～V类	功能定位参见《宝安区防洪排涝及河道治理专项规划》
8	永田支流	河流	防洪、排涝、景观、生态	黑臭	基本消除黑臭	IV～V类	IV类	
9	天圳河	河流	防洪、排涝、景观、生态	黑臭	基本消除黑臭	V类	IV～V类	进行沿河截污
10	王家庄河	河流	防洪、排涝、景观、生态	黑臭	基本消除黑臭	V类	IV～V类	进行沿河截污
11	石岩水库	湖泊	饮用水源地	III类	III类	III类	III类	
12	牛咕斗水库	湖泊	防洪、调蓄	III～IV类	III～IV类	III～IV类	III～IV类	
三	光明新区							
1	玉田河	河流	防洪、排涝、景观、生态	黑臭	基本消除黑臭	V类	IV～V类	
2	鹅颈水	河流	防洪、排涝、景观、生态	轻度黑臭	消除黑臭	V类	IV～V类	
3	鹅颈水北支、南支	河流	防洪、排涝、景观、生态	轻度黑臭	消除黑臭	V类	IV～V类	
4	大凼水	河流	防洪、排涝、景观、生态	轻度黑臭	基本消除黑臭	V类	IV～V类	
5	东坑水	河流	防洪、排涝、景观、生态	轻度黑臭	消除黑臭	V类	IV～V类	
6	木墩河	河流	防洪、排涝、景观、生态	黑臭	基本消除黑臭	V类	IV～V类	
7	楼村水	河流	防洪、排涝、景观、生态	黑臭	基本消除黑臭	V类	IV～V类	
8	楼村水北支	河流	防洪、排涝、生态	黑臭	基本消除黑臭	V类	IV～V类	

续表 11.4-1

序号	水体名称	水体类型	功能定位	水质现状	水质目标				说明
					2017 年	2020 年	2025 年		
9	新坡头河	河流	防洪、排涝、景观、生态	黑臭	基本消除黑臭	V类	IV～V类		
10	新陂头水北支	河流	防洪、排涝、景观、生态	黑臭	基本消除黑臭	V类	IV～V类		
11	西田水	河流	防洪、排涝、景观、生态	浑浊不黑臭	V类	IV～V类	IV～V类		
12	西田水左支	河流	防洪、排涝、景观、生态	水质较好	V类	V类	IV～V类		
13	上下村排洪渠	河流	市政排水渠道	黑臭	基本消除黑臭	V类	IV～V类		
14	合水口排洪渠	河流	市政排水渠道	黑臭	基本消除黑臭	V类	IV～V类		
15	公明排洪渠	河流	防洪、排涝、景观、生态	黑臭	基本消除黑臭	V类	IV～V类		
16	红坳水库	湖泊	饮用水源地	III类	III类	II～III类	II～III类		
17	石狗公水库	湖泊	饮用水源地	III类	III类	II～III类	II～III类		
18	横江水库	湖泊	调蓄水库	IV～V类	IV～V类	IV～V类	IV类	包含在公明水库内
19	罗仔坑水库	湖泊	调蓄水库	IV～V类	IV～V类	IV～V类	IV类	
20	桂坑水库	湖泊	调蓄水库	IV～V类	IV～V类	V类	IV类	
四	宝安片区								
1	龟岭东水	河流	防洪、排涝、景观、生态	下游黑臭	V类	IV～V类	IV～V类		
2	老虎坑水	河流	防洪、排涝、景观、生态	下游黑臭	V类	IV～V类	IV～V类		
3	塘下涌	河流	防洪、排涝、景观、生态	下游黑臭	V类	V类	IV～V类	东莞侧需同期完成治理
4	沙浦西排洪渠	河流	市政排水渠道	下游黑臭	基本消除黑臭	V类	IV～V类	功能定位参见《宝安区防洪排涝及河道治理专项规划》
5	沙浦北排洪渠	河流	市政排水渠道	—	—	—	—	功能定位参见《宝安区防洪排涝及河道治理专项规划》

续表 11.4-1

序号	水体名称	水体类型	功能定位	水质现状	水质目标			说明
					2017 年	2020 年	2025 年	
6	洪桥头水	河流	市政排水渠道	—	—	—	—	—
7	松岗河(含楼岗河)	河流	防洪、排涝、景观、生态	黑臭	基本消除黑臭	V类	IV~V类	功能定位参见《宝安区防洪排涝及河道治理专项规划》
8	东方七支渠	河流	市政排水渠道	黑臭	基本消除黑臭	V类	IV~V类	功能定位参见《宝安区防洪排涝及河道治理专项规划》
9	潭头渠	河流	市政排水渠道	黑臭	基本消除黑臭	V类	IV~V类	功能定位参见《宝安区防洪排涝及河道治理专项规划》
10	潭头河	河流	防洪、排涝、景观、生态	下游黑臭	基本消除黑臭	V类	IV~V类	
11	道生围涌	河流	市政排水渠道	黑臭	基本消除黑臭	V类	IV~V类	功能定位参见《宝安区防洪排涝及河道治理专项规划》
12	共和涌	河流	市政排水渠道	黑臭	基本消除黑臭	V类	IV~V类	功能定位参见《宝安区防洪排涝及河道治理专项规划》
13	衙边涌	河流	市政排水渠道	黑臭	基本消除黑臭	V类	IV~V类	功能定位参见《宝安区防洪排涝及河道治理专项规划》
14	新桥河	河流	防洪、排涝、景观、生态	下游黑臭	基本消除黑臭	V类	IV~V类	公明污水厂现状排水通道
15	上寮河	河流	防洪、排涝、景观、生态	下游黑臭	基本消除黑臭	V类	IV~V类	
16	万丰河	河流	防洪、排涝、景观、生态	黑臭	基本消除黑臭	V类	IV~V类	
17	堂岗排洪渠	河流	市政排水渠道					
18	石岩渠	河流	市政排水渠道	黑臭	基本消除黑臭	V类	IV~V类	功能定位参见《宝安区防洪排涝及河道治理专项规划》
19	罗田水库	湖泊	饮用水源地	III类	III类	III~V类	II~III类	
20	老虎坑水库	湖泊	调蓄水库	IV~V类	IV~V类	IV~V类	IV类	龟岭东水、老虎坑水和塘下涌补水水源
21	五指耙水库	湖泊	饮用水源地	III类	III类	II~III类	II~III类	
22	长流陂水库	湖泊	饮用水源地	III类	III类	II~III类	II~III类	
23	万丰水库	湖泊	防洪、调蓄	IV~V类	IV~V类	IV~V类	IV类	万丰河、石岩渠补水水库

注：关于水质目标的量化，茅洲河以3处省控断面为考核断面；其他支流均以上一级河涌处为考核断面。

11.5 流域水污染防治工程方案研究

11.5.1 工程总体布局

11.5.1.1 污水管网布局

污水干管规划 269 km,总投资 20.6 亿元,现状污水干管已全部建设完成。

污水支管网缺口大。支管规划 2 273 km,总投资 115.8 亿元。截至目前,支管已建成 161 km,在建 140 km。近期计划新开工建设 96 km,待建 1 875 km(总投资 92.3 亿元)。根据《深圳市污水管网建设规划(2015—2020)》支管网建设共分 5 个批次。

11.5.1.2 污水处理厂布局

截至 2016 年 8 月,流域内污水集中处理规模达 55 万 t/d。2020 年规划扩建污水厂 4 座,总规模达 120 万 t/d。

11.5.1.3 污水分散处理工程

分散处理的目的主要在于降低混流水对污水厂的冲击、减少污水厂补水提升规模并实现就地给下游明渠补水。因此,处理设施分散,主要布置在 2020 年无法实现雨污分流流域的总口截流措施处,且需要具备建设用地条件。根据以上考虑因素,规划建设污水分散处理工程 20 处。

11.5.1.4 污水深度处理工程

结合规划区内水环境需求,需对现状污水处理厂出水标准进行提升,规划分两个阶段分步进行。

第一阶段:对现状沙井污水处理厂一期进行提标改造,将流域内污水厂出水标准统一提高至一级 A。

第二阶段:按照目前国内外污水处理厂出水最高标准,将流域内 4 座污水处理厂出水主要指标提高至地表水Ⅳ类标准(TN 标准除外)。

11.5.2 污水收集管网工程

经调研分析,提高污水收集率、提高进厂污水浓度、发挥污水处理效益、根治河流污染问题最根本的解决方法是实现片区排水管网的雨污分流。因此,必须全面启动流域内污水管网系统的完善工作,通过污水管网完善建设逐步实现片区雨污分流,从根本上改善区域水环境。

鉴于污水管网量大面广,实施难度大,短期内难以彻底完善,为尽快缓解片区水污染问题,一方面应优先开展接驳完善工程,充分发挥现有存量污水管网效益,最大限度地收集污水,并按照"建设一片、成效一片、分批实施、限期达标"的原则,分批分流域加快推进污水管网建设;另一方面,在近期合流制情况下,污水管网建设应将河道截污工程纳入规划体系,并结合河道综合整治工作的开展,进行沿河截污管的完善,以期在较短的时间内截留入河漏排污水,改善河道水体水质,远期分流制实现后,可将该沿河截污管作为各流域初(小)雨水面源污染截流传输通道。

在以上工程措施基础上,还应加强污水管网建设监督,确保管网建设质量,同时提高日常维护管理水平,保证建成即能发挥效益。

本次规划污水收集工程按照对接和继承《深圳市污水管网建设规划(2015—2020)》的原则进行设计,以河流水系为单元,分流域、分批次推进污水支管网建设。对于感潮区域的污水管网,建议选用防止海水腐蚀的轻质塑料管材并做好污水管道在软基地区的基础施工,避免管道沉降造成的管网失效,同时应避免与外江潮水连通,保障污水管网的封闭性。对于感潮河流,应结合河道整治工程,为现有截污干管创造低水位截流条件,防止潮水倒灌。

本规划区内,对污水收集管网工程影响较大的为深圳华星光电 G11 项目。根据现场分析,项目用地东侧鹅颈水截污管以及光侨路、东长路污水管网已铺设,同时周边也规划完善的污水管网,在光明污水处理厂二期工程建设的同时,项目区域的污水管网系统也将会同步完成建设。届时,华星光明项目生产废水可通过北侧光侨路 DN500 干管接入市政污水管网系统,再经东长路 DN1 000 的主干管排入光明污水处理厂。

11.5.3　污水集中处理工程

本次规划集中式污水厂扩建按照《深圳市污水系统布局规划修编(2011—2020)》实施,同时污水厂扩建时需重点考虑以下问题:

(1)进水冲击问题。根据前述分析,现状混流制收集管网下,污水厂进水存在水量波动大、水质浓度低的问题,直接影响后续生化系统的功效。因此,在片区未完全实现雨污分流、沿河截流系统继续发挥作用的情况下,为避免后续扩建污水厂出现类似问题,需在扩建污水厂工艺流程中增设相应的雨污混流水调蓄池,对进厂混流水进行调量均质。

(2)臭气防护问题。污水厂的预处理设施、生化池、储泥池及污泥处理车间在运行过程中会产生相应的恶臭污染物,主要为氨气及硫化氢。对于扩散条件较好或远离居住区的污水厂,该恶臭污染物对周边居住区影响很小;但对于紧靠居民区或周边楼群较高、大气扩散条件较差的污水厂,其恶臭对周边特别是下风向的居民影响较大,易引起居民的环境投诉。因此,污水厂扩建设计时需充分考虑厂内的臭气外溢问题,尽可能采取下沉形式,并在上部加盖,既充分利用地下空间、节约土地资源,又可解决臭气防护问题,还可结合公园建设在顶部建设社区生态公园。

(3)污泥源头减量问题。根据前述分析,现状片区各污水厂均面临着污泥处置能力不足的问题,最终产泥无法外运消纳,究其原因不仅在于本地污泥处置设施建设推进受阻,还在于出厂污泥含水率过高,导致泥量居高不下。因此,污水厂扩建设计时应充分考虑出厂污泥的源头减量处理设施,减小后续处置设施的处理压力。

(4)出水提标问题。根据前述分析,流域内 4 座污水处理厂中,仅沙井污水处理厂出水部分指标尚未达到一级 A 标准,无法满足近期片区河流补水水质需求;另外,按照远期流域内河流补水水质需求,现状 4 座污水厂出水水质均无法满足。因此,近期应优先考虑沙井污水厂的改扩建,使其出水水质提升至一级 A 标准;远期,应对 4 座污水厂进行工艺改造,使其出水水质满足河流补水 V 类水标准。

(5)华星光电 G11 项目的影响。总投资 538 亿元的华星光电 G11 项目已于 2016 年 11 月 30 日开工建设,2019 年 3 月实现量产,根据《深圳市华星光电半导体显示技术有限公司第 11 代 TFT－LCD 及 AMOLED 新型显示器件生产线项目环境影响报告书(报批稿)》,该项目日新鲜用水量约 4.2 万 m^3,其中生活用水约 1 000 m^3/d,工艺用水约 2.2 万 m^3/d。生活污水排放量约 906 m^3/d,生产废水排放量约 3.8 万 m^3/d,污废水排放量合计 3.89 万 m^3/d。

光明污水处理厂一期工程建设规模为 15 万 m^3/d,2012 年 1 月投入运营;二期工程设计污水处理能力为 15 万 m^3/d,2018 年 6 月建成投运。

该工程属于光明污水处理厂的服务范围,但光明污水处理厂一期没有多余容量接纳本项目的生产废水,而二期工程正处于筹建阶段,按照光明污水处理厂和本项目一期投产时序,G11 项目一期投产时,光明污水处理厂二期工程应已建成投运。届时,若光明污水处理厂二期正式投运,拟建项目的生产废水经厂区自建的废水处理站处理达广东省《水污染物排放限值》(DB 44/26—2001)第二时段三级标准和《污水排放城镇下水道水质标准》(GB/T 31962—2015)A 级标准中的严者后通过市政污水管网排入光明污水处理厂。若本项目建成投产时,光明污水处理厂二期未能投运,则拟建项目的生产废水须经厂区自建的废水处理站处理达广东省《水污染物排放限值》(DB 44/26—2001)第二时段一级标准和《地表水环境质量标准》(GB 3838—2002)IV 类标准的严者后排入鹅颈水,待光明污水处理厂二期工程建成投产后,生产废水再接入光明污水处理厂进一步处理。

11.5.4　污水分散处理工程

分散处理的目的主要在于降低混流水对污水厂的冲击、减少污水厂补水提升规模并实现就地给下游明渠补水。因此,分散处理设施主要布置在 2020 年无法实现雨污分流流域的总口截流措施处,且需要具备建设用地条件。

11.5.5　污水深度处理工程

11.5.5.1　规划出水水质

根据相关资料,流域内现状 4 座污水处理厂中,除沙井污水处理厂已建一期出水执行一级 B 标准外,其余 3 座污水处理厂出水均执行《城镇污水处理厂污染物排放标准》(GB 18918—2002)中的一级 A 标准。所有拟建的二期扩建工程出水也均执行《城镇污水处理厂污染物排放标准》(GB 18918—2002)中的一级 A 标准。通过对比分析,一级 A 出水标准与国际先进国家、城市污水处理厂出水相比,已属于较高标准,化学需氧量、氮、磷指标出水标准均严于国际要求。但鉴于深圳本地水资源有限,河流旱季无基流,基本靠污水厂引水,为满足河道水功能区划目标,深圳的污水厂出水标准需要进一步提高,可综合考虑国内外现行再生水利用、深度处理排水等标准,分别提出化学需氧量、氨氮和总磷的排放要求。

通过对比分析,结合规划区内水环境需求,需对现状污水处理厂出水标准进行提升,规划分两个阶段分步进行。

第一阶段:对现状沙井污水处理厂一期进行提标改造,将流域内污水厂出水标准统一提高至一级 A。

第二阶段:按照目前国内外污水处理厂出水最高标准,将流域内 4 座污水处理厂出水主要指标提高至地表水Ⅳ类标准(TN 标准除外)。

对于入水库的污水处理厂尾水,其尾水可以不在厂区内提标至准Ⅳ类标准,但应在尾水与库区原水混合之前,在库区内通过适当深度处理工艺,将尾水提标至地表水准Ⅳ类标准,TP 以 0.1 mg/L 计,主要指标体系应包括 DO、COD_{Cr}、BOD_5、氨氮和 TP。

11.5.5.2　规划深度处理工艺

城市污水回用深度处理基本单元技术有混凝沉淀(气浮)、化学除磷、过滤、消毒等。对回用水质要求更高时,可以采用的深度处理单元技术有活性炭吸附、臭氧 - 活性炭、生物炭、脱氮、离子交换、微滤、超滤、反渗透、臭氧氧化等,根据工艺性质的不同,分类如表 11.5-1 所示。

表 11.5-1　再生水处理的单元技术

方法分类	单元处理技术
物理方法	筛滤截留、沉淀、气浮、离心分离等
化学方法	化学沉淀、中和、氧化还原、电解等
物理化学方法	离子交换、萃取、气提与吹脱、活性炭吸附处理等
膜分离方法	电渗析、微滤、超滤、反渗透等
生物法	活性污泥法、生物膜法、生物氧化塘、土地处理、生物滤床等

采用单一的单元技术往往很难保证出水达到再生水的水质要求,常需要多种水处理单元技术进行合理组合,形成合理的工艺流程。

再生水水厂应根据再生水需达到的水质标准,对不同的工艺流程进行经济技术比较后确定最佳的工艺流程。在选择再生水处理工艺单元和流程时应考虑以下几方面的因素:回用对象对再生水水质的要求,单元工艺的可行性与整体流程的适应性,工艺的安全可靠性,工程投资与运行成本,运行管理方便程度等。

按污水再生处理设施的核心处理单元的不同,可将再生水水厂处理工艺流程分为以下四类:

(1)以过滤—消毒为核心处理单元的工艺流程。

(2)以混凝—沉淀—过滤(—吸附)—消毒为核心处理单元的工艺流程。

（3）以臭氧—生物处理—絮凝—过滤—消毒为核心处理单元的工艺流程。

（4）以过滤——级或二级膜技术(微滤 MF、超滤 UF、反渗透 RO)－消毒为核心处理单元的工艺流程。各工艺流程经济技术比较见表 11.5-2。

表 11.5-2　各深度处理工艺技术经济比较

项目	传统工艺		生物技术	膜技术	
	过滤—消毒	混凝—沉淀—过滤	臭氧＋生物处理	超滤、微滤	微滤＋反渗透
出水水质	《城市污水再生利用景观环境用水水质》（GB/T 18921—2002）观赏性景观环境用水河道类	除总氮、氨氮等指标外,基本能满足《城市污水再生利用城市杂用水水质》（GB/T 18920—2002）、《城市污水再生利用景观环境用水水质》（GB/T 18921—2002）	《城镇污水处理厂污染物排放标准》（GB 18918—2002）一级 A 标准	水质优于传统物化法,满足《城市污水再生利用工业用水水质》（GB/T 19923—2005）、《城市污水再生利用城市杂用水水质》（GB/T 18920—2002）、《城市污水再生利用景观环境用水水质》（GB/T 18921—2002）	水质优于超滤、微滤、反渗透,接近饮用水水质,基本达到《地表水环境质量标准》（GB 3838—2002)的 II 类水体
一般回用对象	观赏性河道景观用水	河道、城市杂用水、电厂冷却水	河道、城市杂用水、电厂冷却水	城市杂用水、工业用水	城市杂用水、工业用水,可混合新鲜水做城市水源
单位投资（元/m³）	150～300	300～1 200	约1 000	1 300～2 600	
运行成本（元/m³）	0.1～0.2	0.4～0.7	0.5	1～1.5	1.5～2.0
总成本（元/m³）	0.15～0.3	0.5～0.8	—	1.5～2.0	2.5～3.0
占地［m²/(m³·d)］	可与二次污水处理设施合建:高效滤池0.1～0.15	>0.5		0.1～0.3	
优点	费用最为经济,常与污水处理设施合建	设备简单、易于操作和维护、便于间歇性生产运行	—	能有效去除病毒、有机物、无机物,水质较优,适用范围广;膜工艺的多种组合流程甚至可将水处理至接近饮用水水平;占地小	
劣势	出水水质较低	构筑物多,占地多,工作量大	—	固定投资高、运行费用高	

结合表11.5-3进行综合比选,为使远期出水主要指标均达到Ⅳ类水水质,各再生水水厂推荐核心工艺及技术经济指标见表11.5-3。

表11.5-3 各再生水厂核心工艺推荐表

再生水厂	再生水回用对象	推荐核心工艺	用地指标 $[m^2/(m^3 \cdot d)]$	固定投资 (元/m^3)	单元成本 (元/m^3)
沙井、燕川	工业、杂用、河道补水为主	超滤 (需结合相应的生化单元改造,远景可视需要增建反渗透)	0.1~0.3	1 300~2 600	1.5~2.0
光明、公明	河道补水为主	超滤 (需结合相应的生化单元改造,远景可视需要增建反渗透)	0.1~0.3	1 300~2 600	1.5~2.0

11.5.5.3 规划深度处理规模

深度处理规模主要依据《深圳市再生水规划》及《深圳市污水系统布局规划修编(2011~2020)》成果,规划各再生水厂规模见表11.5-4。

表11.5-4 茅洲河流域规划各再生水厂规划一览表

序号	再生水厂名称	总规模(万 m^3/d)		规划用地面积 (hm^2)	回用主要对象
		规划规模	控制用地规模		
1	沙井再生水厂	50	50	10	工业、杂用和河道补水
2	燕川再生水厂	30	30	—	工业、杂用和河道补水
3	光明再生水厂	25	25	—	河道补水
4	公明再生水厂	20	20	—	河道补水

11.5.6 河道底泥处置工程

11.5.6.1 河道底泥处置原则

1.彻底整治的原则

茅洲河流域内河涌,特别是宝安区内河涌,由于多年来长期污染(同时受感潮的影响),河床底部沉积了大量的垃圾、底泥等污染物,这些污染物将长期影响河道水质,所以对河道进行彻底清淤是后期水体修复能否达到预期目标的关键。只有彻底地实施底泥清理,才可能使茅洲河流域59条干支流(1干58支)成为生态河、清水河。

2.环保清淤的原则

清淤过程中,不给周围环境造成影响是清淤过程的一项重要工作,所以必须做好清淤过程中的保洁工作和底泥运输过程中的防渗防漏工作,做到文明清淤,不影响沿岸居民的生活。

3.底泥"四化"原则

清淤原则为减量化、无害化、稳定化、资源化。

11.5.6.2 河道清淤的厚度

本次清淤范围为茅洲河流域1条干流及其58条支流,包括明渠和暗渠,清淤厚度按以下原则控制:

(1)河段行洪断面底标高达到设计河底标高。

(2)满足河道水环境要求。

(3)暗渠清淤至硬度标高。

根据《茅洲河流域(宝安片区)综合整治工程—清淤及底泥处置工程可行性研究报告》地勘钻孔结果,可知宝安区河道淤积污染底泥平均深度1 m,因此本次清淤厚度取1 m。光明新区内河道淤积情况较轻,具体清淤厚度参见各河涌专项设计报告。

经核算,茅洲河流域内河道清淤总量约517.8万 m³,其中石岩片区约4.8万 m³、光明片区约120万 m³、宝安片区约393万 m³(底泥处置439万 m³)。

11.5.6.3 清淤方案

1. 清淤技术

1)绞吸式挖泥船清淤

绞吸式挖泥船(见图11.5-1)是利用绞刀绞松河底土壤,与水混合成泥浆,经过吸泥管吸入泵体并经过排泥管送至排泥区。绞吸式挖泥船施工时,挖泥、输泥和卸泥都是一体化,自身完成,生产效率较高。其适用于风浪小、流速低的内河湖区和沿海港口的疏浚,以开挖砂、砂壤土、底泥等土质比较适宜,采用有齿的绞刀后可挖黏土,但是工效较低。目前,国内河道与湖泊清淤多选用装有绞刀的绞吸式挖泥船。

图 11.5-1　绞吸式挖泥船

2)耙吸式挖泥船清淤

耙吸式挖泥船(见图11.5-2)是一种装备有耙头挖掘机具和水力吸泥装置的大型自航、装仓式挖泥船。挖泥时,将耙吸管放下河底,利用泥泵的真空作用,通过耙头和吸泥管自河底吸收泥浆进入挖泥船的泥仓中,泥仓满后,起耙航行至抛泥区开启泥门卸泥,或直接将挖起的泥土排除船外。有的挖泥船还可以将卸载于泥仓的泥土自行吸出进行吹填。它具有良好的航行性能,可以自航、自载、自卸,并且在工作中处于航行状态,不需要定位装置。它适用于无掩护、狭长的沿海进港航道的开挖和维护,以开挖底泥时效率最高。

3)抓斗式挖泥船清淤

抓斗式挖泥船(见图11.5-3)有自航和非自航两种。自航式一般带泥舱,泥舱装满后自航至排泥区卸泥;非自航式则利用泥驳装泥和卸泥:挖泥时运用钢缆上的抓斗,依靠其重力作用,放入水中一定的深度,通过插入泥层和闭合抓斗来挖掘和抓取泥沙,然后通过操纵船上的起重机械提升抓斗出水面,回旋到预定位置将泥沙卸入泥舱或泥驳中,如此反复进行。抓斗式挖泥船一般用于航道、港池及水下基础工程的挖泥工作。其适合于挖掘底泥、砾石、卵石和黏性土等,但是不适合挖掘细沙和粉沙土。

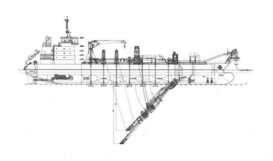

图 11.5-2 耙吸式挖泥船

图 11.5-3 抓斗式挖泥船

4）水上挖掘机

水上挖掘机（见图 11.5-4）是由传统挖掘机改造而来的,凭借底盘浮箱的强大浮力,可悬浮在浮泥或水上并自由行走,被广泛使用于水利工程、城镇建设中的河道清淤和水域治理,湿地沼泽及江、河、湖、海、滩涂的资源开发,盐碱矿的治理开发,鱼塘、虾池改造,洪灾抢险,环境整治等复杂的工程中。

图 11.5-4 水上挖掘机

新一代水上挖掘机能在水深 5 m 的区域内进行清淤作业,并可以在较为狭窄的区域作业。但其缺点也较为明显,不能输送底泥,清淤效率较低。

5）水陆两用搅吸泵

水陆两用搅吸泵（见图 11.5-5）是在水上挖掘机的基础上改造而来,与水上挖掘机原理基本一致,但又在水上挖掘机的基础上有所改进,将挖斗改装为搅吸泵,集搅、吸、送于一体,效率大大提高。大功率 85/160 型搅吸泵的设计流量为 750 m³/h,效率较水上挖掘机大大提高。

图 11.5-5　水陆两用搅吸泵

6）移动式吸泥泵

移动式吸泥泵（见图 11.5-6）可悬浮于底泥上，配合高压水枪施工，可在狭窄的空间内施工作业，操作方便，但施工效率相对较低。它可用于城镇污水处理厂、企业污水处理厂、硬底河道、养鱼池、人工景观湖、喷泉池底、游泳池底等清理底泥。

图 11.5-6　移动式吸泥泵

各种底泥疏浚优缺点对比见表 11.5-5。

2．输送技术

1）泥驳运输

自航式泥驳（见图 11.5-7）具有设备简单、吃水浅、载货量大的特点，可航行于狭窄水道和浅水航道，并且可与多种疏浚方式配合，是底泥水上输送的主要方式。

2）输泥管运输

输泥管运输是底泥输送的主要方式之一，施工对周边环境影响小、施工效率高，距离较远的区域可以采用加压泵接力的方式，根据工程大小、料源供应情况，选用不同管径的输泥管，也可以采用多条输泥管同时作业。

表 11.5-5　各种底泥疏浚优缺点对比

船型	优点	缺点
耙吸式挖泥船	船体不在固定位置上工作,没有抛锚线缆,可以自由移动,不影响其他船舶航行	不能在狭窄的水域施工,疏浚底泥含水率较高
绞吸式挖泥船	能获得精确的挖掘轮廓	锚缆系统为其他船舶航行带来困难,疏浚底泥含水率较高
抓斗式挖泥船	开挖深度较大,自航抓斗挖泥船,无须辅助船舶协助移位施工,机动灵活性能高。抓斗式挖泥船采用泥驳运土,受运距影响较小,与通航矛盾也小,适用范围较广。抓斗式挖泥船最大的优点是能基本保持底泥含水率不变	抓斗式挖泥船对开挖深度不易控制,开挖工作面不平,并且对液态底泥难清除,对通航水深有要求
水上挖掘机	便捷,可在底泥上行驶,适合较窄的河道	施工效率低
水陆两用搅吸泵	便捷,可在底泥上行驶,适合较窄的河道,施工效率较水上挖掘机大大提高	疏浚底泥含水率较高,输送距离有限
移动式吸泥泵	适合作业面极其狭窄的区域	施工效率极低

图 11.5-7　自航式泥驳

3）皮带机运输

皮带机运输只能短距离运输,可移动。

4）自卸汽车运输

自卸汽车只能在陆上运输,且只能运送固化后的底泥,为避免对周边环境造成影响,推荐采用封闭式运输,采用自卸汽车理论上没有运距限制,但长距离运输费用较高。

各种底泥输送优缺点对比见表 11.5-6。

表 11.5-6　各种底泥输送优缺点对比

运输方式	优点	缺点
泥驳	便宜、运距不受限	只能在水上运输,对通航水深有要求
输泥管	能在水上、陆上输送	吹距不能过远
皮带机	可移动	运距短
自卸汽车	可在陆上运输,运距理论上不受限	必须固化脱水后才能运输,费用高

3.清淤方案

1）茅洲河流域清淤面临的主要难点

（1）清淤面积大、输送距离长。

（2）建筑密度大、作业空间狭窄（见图11.5-8）。

图 11.5-8　河道疏浚工作面情况

（3）部分河涌暗渠化严重，人工操作危险系数高。

2）推荐的清淤方案

结合以上特点，本方案推荐的清淤方案如下：

（1）对于水深较浅的中小型河流，推荐采用绞吸式挖泥船进行清淤（可选用进口型海狸1200、海狸600型）（茅洲河干流、沙井河以外的支流）。

（2）对于水深较大的水域，推荐采用气力泵清淤船（茅洲河干流、沙井河）。

（3）对于杂物较多的河段，推荐采用抓斗式挖泥船，为控制挖深，选用2 m³小型环保淤泥抓斗，并选用200 t小型驳船配合抓斗船施工。

（4）对于建筑密度大的城市地区，推荐采用水陆两栖清淤船。

（5）对于河涌暗涵段，推荐采用清淤机器人进行作业，进行远程智能吸泥，以确保施工安全。

4.底泥输送方式

本方案主要推荐两种底涨输送方式：

（1）抓斗式挖泥船＋泥驳输送见图11.5-9。

图 11.5-9　抓斗式挖泥船＋泥驳输送

本方案采用抓斗式挖泥船进行疏浚，抓斗抓上的底泥放置在泥驳中，泥驳转运至底泥固化点附近的临时码头，再输送至底泥固化点。采用抓斗式挖泥船的优点是可最大程度保持底泥现状含水率不变，对底泥处理较为有利，可降低处理费用、提高处理效果；缺点是无法采用底泥泵输送（底泥含水率低，泥泵输送效率低、距离短),必须配备泥驳运泥,导致茅洲河上通航压力大,且受涨落潮影响较大。

由于茅洲河界河及沙井河为城市河道,两侧居民区较多,施工用地紧张,初步拟定采用方案一,即抓斗式挖泥船+泥驳输送方案。

(2)绞吸式挖泥船+管道接力输送见图 11.5-10。

图 11.5-10　绞吸式挖泥船+管道接力输送

本方案采用绞吸式挖泥船进行疏浚,疏浚的底泥直接通过输泥管输送至底泥固化点。采用本方案的优点是底泥输送简单,对茅洲河通航、周边环境影响较小;其缺点是上岸的底泥含水率高,需要沉砂池、浓缩池,固化剂掺入比例大,固化后的底泥含水率也较高,养护场地大、养护时间长。

支流明渠河段中,除排涝河外,其余支流疏浚量少,河道宽度较窄,水深小,不宜采用船舶疏浚,本次设计推荐采用水陆两用搅吸泵进行疏浚,疏浚底泥泵送至就近底泥固化点。

11.5.6.4　底泥处置方案

底泥处置主要包括原位处理与异位处理两大类,由于原位处理受场地条件影响较大,且存在二次环境污染的风险,因此本方案推荐采用异位底泥处置方案。结合国内外底泥处置最新技术和实际案例考察,本方案推荐基于淤泥浆体调理调质及脱水固结的同位处置成套技术的"河湖泊涌污染底泥工业化处理与再生系统"。

该系统集成了疏浚泥浆消能与垃圾分选设备、泥沙分离清洗筛分设备、泥浆浓缩设备、泥浆调理设备、水质净化设备以及脱水固化设备等,可逐步将垃圾去除、分选,沙分离、清洗、分级,剩余泥浆浓缩、调理、脱水,余水净化,实现了污染底泥混合物的分类与针对性处理,减少了需要调理脱水物质的总量,降低了后续处置的难度和费用,并最大程度上实现了资源再生利用。

其中,淤泥脱水调理剂、淤泥调质固化剂、一种正负压联合板框过滤机、淤泥浆体调理调质及脱水固结的同位处置成套技术工作原理如下:

淤泥脱水调理剂能对含有大量水分的淤泥泥浆的结构性能、水理特性、物理力学性能进行内在调理,营造有助于淤泥泥浆脱水的一种内生性的环境条件,实现在使用机械设备的条件下让淤泥泥浆快速脱水。

淤泥调质固化剂能凝聚和团聚淤泥浆体的中分散颗粒,减小颗粒表面吸附水层厚度,激活极细颗粒阴离子活性,营造颗粒与颗粒之间的结合环境,强化淤泥极细颗粒固化因素,使得淤泥泥浆的极细颗粒从疏松结构变为致密结构,并在淤泥固化剂的作用下更加易于固结,从而能在使用挤压机械设备的条件下对淤泥泥浆进行快速有效的固化处理。

一种正负压联合板框过滤机,由机架、压紧装置、正负压联合滤板、抽真空装置、控制系统、压紧装置等主要部件组成。正负压联合板框过滤机进料以及二次压榨时,既可以通过泵的扬程或水、气等介质提供正压力,又可以通过抽真空装置在过滤物料的出水面形成负压,降低物料出水侧的气体压力,提高过滤物料内外的压力差,既可大幅度提高物料的过滤效率,降低物料脱水后的含水率,还可降低进料、二次压榨时机架、滤板、压紧装置所承受的压力,保护设备。

淤泥浆体调理调质及脱水固结的同位处置成套技术可依据淤泥浆体的特点,进行针对性设计,通过底泥疏浚、泥浆输送、垃圾分选、泥沙分离、泥水分离、泥浆调理脱水固化、余土利用等处理流程,完成对垃圾的去除和分选、对砂的分离及清洗、对剩余泥浆的脱水减量并固化、对水的处理,做到了对污染底泥的逐级减量和无害处置、资源再生,实现污染底泥的在线监测、工业化处理,降低后续的处理费用和处置难度,并实现了资源再生利用。

淤泥浆体调理调质及脱水固结的同位处置成套技术利用底泥疏浚设备对江塘湖库进行采挖,再通过管道输送设备将所述底泥疏浚设备采挖的所述污染底泥传输至所述垃圾分选设备对污染底泥进行垃圾分类,实现污染底泥的第一次减量处理;分选后的泥沙混合物根据流体动力学原理,再实现砂的分级分离,得到可资源再生利用的砂,实现污染底泥的第二次减量处理;去除垃圾和砂的泥浆通过添加材料并静置沉淀后,表层清水进行处理后循环利用或还河,实现对污染底泥的第三次减量处理;底层浓度较大的泥浆通过材料调理调质后泵送至脱水固化设备进行压滤脱水,实现泥浆的深度脱水减量,得到固态的泥饼和压滤水,压滤水回流至沉淀池帮助泥浆浓缩,泥饼养护后可实现对污染物的改性固化,并可后续资源化利用,实现对污染底泥的第四次减量处理。

该技术能对污染底泥进行了环保疏浚、超距运输、垃圾分选、泥沙分离、泥水分离、余水净化和泥浆脱水固化等处理,实现了江塘湖库污染底泥的"无害化、规模化、集成化、自动化"高效处理,能对污染底泥实现逐级减量、工业化处理、规模化生产和资源化再生。

淤泥浆体调理调质及脱水固结的同位处置成套技术主要由底泥疏浚设备、管道输送设备、垃圾分选设备、泥沙分离设备、泥浆浓缩设备、脱水固化设备、尾水处理设备组成。其工艺流程见图 11.5-11。

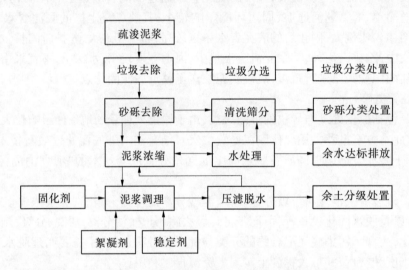

图 11.5-11　淤泥浆体调理调质及脱水固结的同位处置成套技术工艺流程

11.5.6.5　底泥资源化利用

茅洲河流域河涌底泥资源化利用工艺流程图如图 11.5-12 所示。

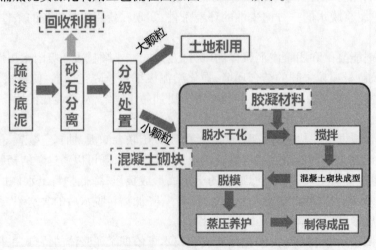

图 11.5-12　茅洲河流域河涌底泥资源化利用工艺流程图

11.6　茅洲河干支流河道水环境治理方案研究

11.6.1　工程总体布局

11.6.1.1　沿河截污布局

现状已完成沿河截污系统主要集中在茅洲河干流洋涌水闸及其上游处,左右岸合计总长 45 km。为确保 3 年内基本消除黑臭水体这一目标的实现,在流域内雨污分流工作推进阻力巨大的现实条件下,建设沿河截污系统,可有效地缓解旱季河涌水质。根据相关规划设计成果及本次方案设计,推荐在流域内支流全面推进沿河截污系统的建设,2020 年左右岸规划建设沿河截污管网总长 232 km。

11.6.1.2　清淤布局

现状仅排涝河清淤工作正在进行中。为有效地削除水体内源污染,规划对流域内部分河涌进行环保清淤,流域内清淤总计 517.8 万 m³。

茅洲河干流及沙井河为城市河道,两侧居民区较多,施工用地紧张,推荐两种疏浚方式:采用抓斗式挖泥船 + 泥驳输送、绞吸式挖泥船 + 管道接力输送。支流明渠河段中,除排涝河外,其余支流疏浚量少,河道宽度较窄,水深小,不宜采用船舶疏浚,本次设计推荐采用水陆两用搅吸泵进行疏浚,疏浚底泥泵送至就近底泥固化点。

11.6.1.3　面源污染防治布局

现状主要强化了环卫管控,无直接工程措施。为有效削减面源污染负荷,减轻汛期水环境压力,规划在流域内雨水入河排放口处设置旋流沉砂和雨水过滤系统,共计 789 处。

在茅洲河水环境保障技术体系中,为缓解雨季面源污染大量入河的现状,采用了黄河勘测规划设计有限公司自有专利技术"悬浮过滤"工艺系统,该系统相关技术已成功获得国家发明专利授权 1 项、国家实用新型专利授权 2 项。河湖水环境的保障,面源污染防治是重中之重,由于茅洲河流域多为雨源型河流,面源污染防治的重要性更加突出,在分析了当前应用较多的旋流沉砂和雨水过滤系统后,结合自有悬浮过滤发明专利技术,通过适当调整,进行了较好的应用,取得了较为突出的技术进步。一种悬浮过滤系统国家发明专利技术(专利号:2014 1 0218184.9,授权公告日:2016 年 4 月),完全颠覆了传统的正向过滤技术体系(传统进水方式为"上进下出"),利用特种滤料密度比水轻的特点,通过专用滤板的研发,改进了系统进水方向,实现了过滤系统水流的"下进上出",通过水流对滤料的挤压作用,水中污物得以去除,滤料堵塞后,可充分利用滤板上方滤后水进行反冲洗,整个反洗过程不需要外加动力,系统的正常运行仅需要数米重力水头,具有运行效率高、能耗少等突出优点。两项已获得国家授权的实用新型专利技术主要解决了悬浮过滤系统中滤板构造的关键技术(悬浮过滤系统专利号:2014 2 0264246.5;悬浮滤料滤池及其滤板装置专利号:2014 2 0264123.1),实现了对悬浮过滤系统核心组成的有效研发、控制。

11.6.1.4　原位修复措施布局

现状流域所有河涌内均无原位修复措施。河道综合治理后,结合本设计方案推荐的运行方式,规划新增原位修复措施共计 25 处。规划采用强化耦合生物膜反应器污水处理技术(EHBR)、人工湿地、循环曝气和清水型生态系统构建等工程技术。

(1)强化耦合生物膜反应器污水处理技术(EHBR)是一种有机地融合了气体分离膜技术和生物膜水处理技术的新型水处理技术。EHBR 工艺利用中空纤维曝气膜作为微生物膜附着载体并为生物膜微泡曝气,污水在附着生物膜的曝气膜周围流动时,水体中的污染物在浓差驱动和微生物吸附等作用下进入生物膜内,并经过生物代谢和增殖被微生物利用,使水体中的污染物同化为微生物菌体固定在生物膜上或分解成无机代谢产物,从而达到对水体的净化过程。由于氧气和污染物分别在生物膜的两侧向生物膜内传递并消耗,因此 EHBR 的生物膜内具有特殊的分层结构。

(2)人工湿地是模拟天然湿地的结构在水体中搭建的生境平台,不仅能够种植、移栽各类水、陆生植物,形成丰富的水面景观,同时可以为各类水生动物、禽类提供栖息环境。不仅实现了对天然湿地的仿生模拟,同时具备有人工潜流湿地的功效,能够大量吸附净水微生物,具有高效的净水能力。

(3)循环曝气。传统的复氧方式主要有表面曝气和深层曝气两种,表面曝气依靠曝气器在水体表面旋转时产生水跃,使水与空气充分接触,使氧很快溶入水体;水下曝气是在水体底层或中部充入空气,使水体充分均匀混合,完成氧从气相到液相的转移。传统的电力驱动曝气设备需要在沿线铺设输电线路,工程投资大、且运行费用较高。因此,本工程推荐采用太阳能表面曝气设备——太阳能循环增氧机,其作用范围为圆形,表面和底部层流范围可达 10 000 m^2。

(4)清水型生态系统构建技术。水生态修复的主要措施是以微生物为基础,构建"稳定、多样、平衡"的水生态系统。其中,水生植物为生产者,将非生物的物质和能量转化为可供生物利用的物质形态;水生动物为消费者,通过摄食水生植物获取能量;微生物为分解者,将生产和消费者分解为非生物的物质和能力,供水生植物获取利用。由此,物质与能量在以生产者、消费者和生产者组成的食物链网中往复循环。

11.6.1.5 脉冲式河道原位水质净化系统

现状深圳茅洲河流域均已得到高强度的开发,各项用地十分紧张,部分重点黑臭河涌由于受伶仃洋潮水影响,下泄水动力条件极差。为有效改善河涌水环境质量,规划在道生围涌、共和涌、排涝河、衙边渠布置"脉冲式河道原位水质净化"工艺系统,该技术是一种缓蓄快释、脉冲式原位水质净化系统,其通过水闸系统、纯氧曝气系统和固化微生物投放系统的设置,在新设水闸以上河段不实施截污的条件下,确保周期性下泄的水体水质达标,周期蓄水、周期处理、周期泄放。

该技术系统主要由纯氧曝气、耦合生物膜和强化工程菌组成,是将现状黑臭河涌作为深度净化污水处理厂尾水的场地,不仅可以使污水处理厂尾水水质得以提升,还可以周期性地为河涌提供较为优质的水源,在潮位较低时,将河涌内净化好的尾水进行泄放,在改善河涌水环境质量的同时,增强了水体的下泄动力条件。

该技术包括水闸和分布在水闸蓄水段内的纯氧曝气系统以及固化微生物投放系统,是一种适用于河道两侧用地紧张、基流量较小的脉冲式原位水质净化技术,广泛适用于黑臭水体治理的水处理技术领域,目前正在申请专利"一种脉冲式原位水质净化系统"。

11.6.1.6 生态补水系统

1. 再生水回用体系

茅洲河流域内现有公明、光明、燕川、沙井 4 个污水处理厂,污水处理厂一级 A 排放标准的中水,不满足景观用水水质要求。根据水质水量要求,规划将 4 个污水处理厂处理排放的一级 A 标准中水提水至水库净化达标后向河道补水。

2. 基流剥离补水体系

结合强化截流措施,对生态区面积较大的河流实施基流剥离,将剥离后清洁基流补充至河道,主要以石岩河及三条支流(樵窝坑、龙眼水及沙芋沥)为代表。

3. 雨洪利用补水体系

规划水平年,茅洲河流域范围内共有 22 座水库,其中已划定饮用水水源保护区的 5 座,虽未划定饮用水水源保护区,但在 2025 年前保留供水功能的水库 4 座。其余 13 座水库可作为河道内生态用水补水水源,开展雨洪资源利用,实现"还基流于河道"的目标。

11.6.2 茅洲河干流

沿茅洲河干流从上游到中游洋涌河闸附近修建了截污箱涵工程,长度约 12 km(双侧 24 km),主要采用钢筋混凝土箱涵与少量大口径管道形式,修建于主干河道堤防外侧,用于将河道两侧排水口截流,进行总口截污,已建设河道应急处理设施 12 处。

安宝片区内干流清淤与底泥处置工程已入中国电建 EPC 项目包,目前正在施工中,光明新区和石岩片区河道底泥主要结合河涌综合治理工程进行,目前正在开展前期勘察设计工作。

茅洲河干流生态补水系统包括三部分:规划将 4 个污水处理厂处理排放的一级 A 标准中水,提水至水库净化达标后向河道补水;结合强化截流措施对生态区面积较大的河流实施基流剥离,将剥离后清洁基流补充至河道,主要以石岩河及三条支流(樵窝坑、龙眼水及沙芋沥)为代表;茅洲河流域范围内共有13座水库可作为河道内生态用水补水水源,开展雨洪资源利用,实现"还基流于河道"的目标。

茅洲河干流河道规划配备多功能水质净化船1艘(见图11.6-1),可收集面宽达5 m河面漂浮的垃圾,可以给水"打气"充氧,还能给河水杀菌,把水质净化船作为科普教育的教室,把科技馆的展教活动从展厅延伸到水处理现场。不但净化水质,还兼具旅游、科普功能。

图11.6-1 多功能水质净化船

11.6.3 石岩片区支流

11.6.3.1 石岩河

截污工程:《石岩河综合整治工程(一期)初步设计报告》已规划,本方案设计不再新增。

清淤工程:《石岩河综合整治工程(一期)初步设计报告》已规划,本方案设计不再新增。

生态补水工程:《石岩河综合整治工程(一期)初步设计报告》已规划,本方案设计不再新增。

地表径流污染控制工程:推荐在石岩河两侧合适位置处设置旋流沉砂和雨水过滤系统。

原位水质提升工程:推荐在入库截污闸向上游1 km的河道内,实施 EHBR 工程,实施规模约5万 m²。

应急处置工程:本方案不考虑设置。

11.6.3.2 龙眼水

截污工程:《石岩河综合整治工程(一期)初步设计报告》已规划,本方案设计不再新增。

清淤工程:根据现场勘察,龙眼水河道整体淤积情况较轻,只在少数河段内存在泥沙淤积情况,本方案建议在存在淤积情况的高尔夫练习场河段、龙眼村以上和林记桥位置进行清淤。

生态补水工程:有基流,不考虑新增。

地表径流污染控制工程:推荐在河道两侧合适位置处设置旋流沉砂和雨水过滤系统。

原位水质提升工程:本方案设计不考虑新增。

应急处置工程:本方案设计不考虑新增。

11.6.3.3 樵窝坑

截污工程:《石岩河综合整治工程(一期)初步设计报告》已规划,本方案设计不再新增。

清淤工程:局部小规模清淤。

生态补水工程:有基流,不考虑新增。

地表径流污染控制工程:推荐在河道两侧合适位置处设置旋流沉砂和雨水过滤系统。

原位水质提升工程:本方案设计不考虑新增。

应急处置工程:本方案设计不考虑新增。

11.6.3.4 沙芋沥

截污工程:《石岩河综合整治工程(一期)初步设计报告》已规划,本方案设计不再新增。

清淤工程:局部小规模清淤。

生态补水工程:有基流,不考虑新增。

地表径流污染控制工程:推荐在河道两侧合适位置处设置旋流沉砂和雨水过滤系统。

原位水质提升工程:本方案设计不考虑新增。

应急处置工程:本方案设计不考虑新增。

11.6.3.5　田心水

截污工程:《石岩河综合整治工程(一期)初步设计报告》已规划,近期本方案设计不再新增。

清淤工程:明渠段小规模清淤。

生态补水工程:近期暂不考虑新增,主要是总口截污。

地表径流污染控制工程:多为暗涵,暗涵段不考虑设置。

原位水质提升工程:本方案设计不考虑新增。

应急处置工程:本方案设计不考虑新增。

11.6.3.6　上排水

截污工程:《石岩河综合整治工程(一期)初步设计报告》已规划,近期本方案设计不再新增。

清淤工程:明渠段小规模清淤。

生态补水工程:近期暂不考虑新增。

地表径流污染控制工程:多为暗涵,不考虑设置。

原位水质提升工程:本方案设计不考虑新增。

应急处置工程:本方案设计不考虑新增。

11.6.3.7　上屋河

截污工程:《宝安区防洪排涝及河道治理专项规划》已规划,近期本方案设计不再新增。

清淤工程:明渠段小规模清淤。

生态补水工程:近期暂不考虑新增。

地表径流污染控制工程:多为暗涵,无法设置。

原位水质提升工程:本方案设计不考虑新增。

应急处置工程:本方案设计不考虑。

11.6.3.8　水田支流

截污工程:《石岩河综合整治工程(一期)初步设计报告》已规划,近期本方案设计不再新增。

清淤工程:明渠段小规模清淤。

生态补水工程:由牛牯斗水库进行生态补水,补水规模 1 万 m^3/d。

地表径流污染控制工程:旋流沉砂和雨水过滤系统。

原位水质提升工程:近期暂不考虑。

应急处置工程:本方案设计不考虑新增。

11.6.3.9　天圳河

截污工程:《宝安区防洪排涝及河道治理专项规划》已规划,近期本方案设计不再新增。

清淤工程:明渠段小规模清淤。

生态补水工程:近期暂不考虑。

地表径流污染控制工程:旋流沉砂和雨水过滤系统。

原位水质提升工程:本方案设计不考虑新增。

应急处置工程:本方案设计不考虑新增。

11.6.3.10　王家庄河

截污工程:《宝安区防洪排涝及河道治理专项规划》已规划,近期本方案设计不再新增。

清淤工程:局部小规模清淤。

生态补水工程:近期暂不考虑。

地表径流污染控制工程:旋流沉砂和雨水过滤系统。

原位水质提升工程:本方案设计不考虑新增。

应急处置工程:本方案设计不考虑新增。

11.6.4　光明片区支流

11.6.4.1　玉田河

截污工程:《茅洲河中上游段支流(玉田河)水环境综合整治工程可行性研究报告》已规划,可实现旱季污水的100%截流,本方案设计不再新增。

清淤工程:清淤量 0.33 万 m^3。

生态补水工程:利用公明污水处理厂进行补给。

地表径流污染控制工程:旋流沉砂和雨水过滤系统。

原位水质提升工程:本方案设计不考虑新增。

应急处置工程:本方案设计不考虑新增。

11.6.4.2　鹅颈水

截污工程:《茅洲河流域水环境综合整治工程(中上游段)——鹅颈水可行性研究报告》已规划,可实现旱季污水的100%截流,本方案设计不再新增。

清淤工程:清淤量 8.98 万 m^3。

生态补水工程:经碧眼水库水质净化与调蓄后,利用光明污水处理厂进行补给。

地表径流污染控制工程:旋流沉砂和雨水过滤系统。

原位水质提升工程:本方案设计不考虑新增。

应急处置工程:本方案设计不考虑新增。

11.6.4.3　大凼水

截污工程:《茅洲河中上游段支流(大凼水)水环境综合整治工程可行性研究报告》已规划,可实现旱季污水的100%截流,本方案设计不再新增。

清淤工程:清淤量 1.18 万 m^3。

生态补水工程:经大凼水库水质净化与调蓄后,利用公明污水处理厂进行补给。

地表径流污染控制工程:旋流沉砂和雨水过滤系统。

原位水质提升工程:原规划有大凼水河口湿地,本方案建议取消大凼水河口湿地或调整其水净化功能为景观功能。

应急处置工程:本方案设计不考虑新增。

11.6.4.4　东坑水

截污工程:《茅洲河流域水环境综合整治工程——东坑水综合整治工程初步设计报告》已规划,可实现旱季污水的100%截流,本方案设计不再新增。

清淤工程:清淤量 0.69 万 m^3。

生态补水工程:经碧眼水库水质净化与调蓄后,利用光明污水处理厂进行补给。

地表径流污染控制工程:旋流沉砂和雨水过滤系统。

原位水质提升工程:本方案设计不考虑设置。

应急处置工程:本方案设计不考虑设置。

11.6.4.5　木墩河

截污工程:《茅洲河流域中上游段支流水环境综合整治工程——木墩河可行性研究报告》已规划,可实现旱季污水的100%截流,本方案设计不再新增。

清淤工程:清淤量 1.09 万 m^3。

生态补水工程:经碧眼水库水质净化与调蓄后,利用光明污水处理厂进行补给。

地表径流污染控制工程:旋流沉砂和雨水过滤系统。

原位水质提升工程:本方案设计不考虑设置。

应急处置工程:本方案设计不考虑设置。

11.6.4.6 楼村水

截污工程:《茅洲河流域水环境综合整治工程——楼村水综合整治工程初步设计报告》已规划,可实现旱季污水的100%截流,本方案设计不再新增。

清淤工程:清淤量0.82万 m^3 。

生态补水工程:经碧眼水库水质净化与调蓄后,利用光明污水处理厂进行补给。

地表径流污染控制工程:旋流沉砂和雨水过滤系统。

原位水质提升工程:本方案设计不考虑设置。

应急处置工程:本方案设计不考虑设置。

11.6.4.7 新陂头河

截污工程:《茅洲河流域水环境综合整治工程——新陂头河综合整治工程初步设计报告》已规划,可实现旱季污水的100%截流,本方案设计不再新增。

清淤工程:清淤量13.92万 m^3 。

生态补水工程:经楼村水库水质净化与调蓄后,利用光明污水处理厂进行补给。

地表径流污染控制工程:旋流沉砂和雨水过滤系统。

原位水质提升工程:本方案设计不考虑设置。

应急处置工程:本方案设计不考虑设置。

11.6.4.8 西田水

截污工程:《茅洲河中上游段支流(西田水)水环境综合整治工程可行性研究报告》已规划,可实现旱季污水的100%截流,本方案设计不再新增。

清淤工程:清淤量0.08万 m^3 。

生态补水工程:上游坝脚漏流。

地表径流污染控制工程:旋流沉砂和雨水过滤系统。

原位水质提升工程:本方案设计不考虑设置。

应急处置工程:本方案设计不考虑设置。

11.6.4.9 上下村排洪渠

截污工程:新增漏排污水截流工程。

清淤工程:明渠段综合清淤。

生态补水工程:光明污水处理厂尾水经深度处理后,由楼村水库补给。

地表径流污染控制工程:旋流沉砂和雨水过滤系统。

原位水质提升工程:本方案设计不考虑设置。

应急处置工程:本方案设计不考虑设置。

11.6.4.10 合水口排洪渠

截污工程:新增漏排污水截流工程。

清淤工程:明渠段综合清淤。

生态补水工程:推荐实施原位深度提升工程。

地表径流污染控制工程:旋流沉砂和雨水过滤系统。

原位水质提升工程:本方案设计不考虑设置。

应急处置工程:本方案设计不考虑设置。

11.6.4.11 公明排洪渠

截污工程:已安排,本次不新增。

清淤工程:明渠段综合清淤。

生态补水工程:由后底坑水库和横坑水库协调补给。

地表径流污染控制工程:旋流沉砂和雨水过滤系统。

原位水质提升工程:本方案设计不考虑设置。

应急处置工程:本方案设计不考虑设置。

11.6.5　宝安片区支流

11.6.5.1　罗田水

截污工程:已安排,本次不新增。

清淤工程:清淤量 2.36 万 m³,运至 1# 底泥处置场进行处理。

生态补水工程:近期利用雨水调蓄湖进行生态补水,远期利用燕川污水处理厂尾水进行补给;同时,向上游延长现有规划中水回用管线,新增 DN600 补水管道,长约 1.9 km。

地表径流污染控制工程:中下游旋流沉砂和雨水过滤系统;由于松山和罗田雨洪利用调蓄湖在承担罗田水生态补水功能的同时,还具有净化上游来水区初(小)雨的功能,为切实保障补水水质,维持调蓄湖自身水体健康,推荐在调蓄湖内设置水生态系统构建和太阳能循环增氧工程。其中,水生态系统构建工程实施规模为 6.0 万 m²;配置太阳能循环增氧机 3 台,动水半径 75 m。

原位水质提升工程:本方案建议调整原有原位修复工程内容,取消曝气、填料和浮床等工程措施(填料或浮床损坏时会影响行洪安全),推荐采用水生态系统构建,工程实施规模 3 万 m²,有效保障旱季时河涌水环境质量,进一步提升罗田水入茅洲河干流水质。

应急处置工程:本方案设计不考虑设置。

11.6.5.2　龟岭东水

截污工程:已安排,本次不新增。

清淤工程:清淤量 1.75 万 m³,运至 1# 底泥处置场进行处理。

生态补水工程:本次方案设计建议龟岭东水、老虎坑水和塘下涌统一协调补给;自老虎坑水库至龟岭东水上游补水,需新增一条 DN600 补水管道,长约 2.5 km;由于燕川污水处理厂尾水提标至Ⅳ类2017 年实现困难,因此建议近期不对龟岭东水进行生态补水。

原位水质提升工程:本方案推荐在龟岭东水入茅洲河水闸处上游 1 km 范围内,实施水生态系统构建工程和太阳能循环增氧工程,工程实施规模 1.0 万 m²,配置太阳能循环增氧设备 1 套,有效保障旱季时河涌的水环境质量,进一步提升龟岭东水入茅洲河干流水质。

地表径流污染控制工程:旋流沉砂和雨水过滤系统。

应急处置工程:本方案设计不考虑设置。

11.6.5.3　老虎坑水

截污工程:已安排,本次不新增。

清淤工程:清淤量 1.7 万 m³,运至 1# 底泥处置场进行处理。

生态补水工程:本次方案设计建议龟岭东水、老虎坑水和塘下涌统一协调补给;为实现燕川污水处理厂尾水入老虎坑水库,建议在中国电建现有老虎坑方向设计回用管线的基础上,扩大供水管管径,并进一步向上游延伸至老虎坑水库,扩大后供水管管径推荐采用 DN1 000,总长约 5.7 km。由于燕川污水处理厂尾水提标至Ⅳ类 2017 年实现困难,因此建议近期不对老虎坑水进行生态补水。

原位水质提升工程:本方案不再新增。

地表径流污染控制工程:旋流沉砂和雨水过滤系统。

应急处置工程:本方案设计不考虑设置。

11.6.5.4　塘下涌

截污工程:已安排,本次不新增。

清淤工程:清淤量 0.96 万 m³,运至 1# 底泥处置场进行处理。

生态补水工程:本次方案设计建议龟岭东水、老虎坑水和塘下涌统一协调补给;自老虎坑水库至塘下涌上游补水,需新增一条 DN800 补水管道,长约 3.0 km。由于燕川污水处理厂尾水提标至Ⅳ类 2017

年实现困难,因此建议近期不对塘下涌进行生态补水。

原位水质提升工程:在截污与清淤工程完成后,塘下涌仍会受到干流感潮的影响,同时由于塘下涌比降较大,本方案建议调整原有原位修复工程内容,取消曝气、填料和浮床等工程措施,推荐采用低强度 EHBR(强化耦合生物膜反应器污水处理技术),工程实施范围为河口至上游 1 km 河段内,工程实施规模约 1 万 m²。

地表径流污染控制工程:旋流沉砂和雨水过滤系统。

应急处置工程:本方案设计不考虑设置。同时,推荐在河口处建设蓄水闸 1 座。

11.6.5.5 沙浦西排洪渠

截污工程:已安排,本次不新增。

清淤工程:清淤量 1.24 万 m³,运至 1# 底泥处置场进行处理。

生态补水工程:燕川污水处理厂在维持现状一级 A 出水标准的前提下,建议近期不对沙浦西排洪渠进行大规模生态补水。

原位水质提升工程:本方案建议调整原有原位修复工程内容,取消曝气、填料和浮床等工程措施,推荐在全河段内实施原位水质提升系统,其中纯氧曝气系统 9 套;EHBR 系统 2.1 万 m²,EPSB 工程菌 2.1 万 m²。

地表径流污染控制工程:旋流沉砂和雨水过滤系统。

应急处置工程:本方案设计不考虑设置。

11.6.5.6 沙井河

截污工程:已安排,本次不新增。

清淤工程:清淤量 35.36 万 m³,运至 2# 底泥处置场进行处理。

生态补水工程:两个补水水源,一是由排涝河周期性泄放进行补水;二是茅洲河中上游景观蓄水,经由西水渠补入松岗河后汇入沙井河。

原位水质提升工程:推荐在河口至松岗河交汇河段内实施 PGPR 或固化微生物,工程实施河段长度约为 3.2 km。

地表径流污染控制工程:旋流沉砂和雨水过滤系统。

应急处置工程:实施载体固化微生物技术或原位选择性激活 PGPR 微生物技术。

11.6.5.7 潭头河

截污工程:已安排,本次不新增。

清淤工程:清淤量 2.69 万 m³,运至 2# 底泥处置场进行处理。

生态补水工程:维持原补水方案。

原位水质提升工程:本次不新增。

地表径流污染控制工程:旋流沉砂和雨水过滤系统。

应急处置工程:本次不新增。

11.6.5.8 潭头渠

截污工程:已安排,本次不新增。

清淤工程:清淤量 0.46 万 m³,运至 2# 底泥处置场进行处理。

生态补水工程:维持原供水方案。

原位水质提升工程:推荐自河口至上游 1 km 里的范围内实施 EHBR 工程,工程实施总面积约 1.0 万 m²。

地表径流污染控制工程:旋流沉砂和雨水过滤系统。

应急处置工程:本次不新增。

11.6.5.9 东方七支渠

截污工程:已安排,本次不新增。

清淤工程:清淤量 0.64 万 m³,运至 2# 底泥处置场进行处理。

生态补水工程:维持原补水方案。

原位水质提升工程:在东方七支渠入沙井河处现状建有排涝泵站与截污闸,在沿河截污与清淤工程完成后,为进一步提升水质,推荐自河口至上游 1.0 km 的明渠范围内实施 EHBR 和清水型生态系统构建工程,实施规模约为 1.6 万 m²。

地表径流污染控制工程:旋流沉砂和雨水过滤系统。

应急处置工程:本次不新增。

11.6.5.10　松岗河

截污工程:已安排,本次不新增。

清淤工程:清淤量 5.99 万 m³,运至 2# 底泥处置场进行处理。

生态补水工程:维持原补水方案。

原位水质提升工程:不再新增。

地表径流污染控制工程:旋流沉砂和雨水过滤系统。

应急处置工程:本次不新增。

11.6.5.11　道生围涌

截污工程:已安排,本次不新增。

清淤工程:清淤量 0.42 万 m³,运至 3# 底泥处置场进行处理。

生态补水工程:结合原位水质提升工程,周期补充、周期泄放。

原位水质提升工程:规划实施原位水质提升工程,主要由纯氧曝气、EHBR 和 EPSB 组成。

地表径流污染控制工程:旋流沉砂和雨水过滤系统。

应急处置工程:本次不新增。

11.6.5.12　共和涌

截污工程:已安排,本次不新增。

清淤工程:清淤量 0.96 万 m³,运至 3# 底泥处置场进行处理。

生态补水工程:结合原位水质提升工程,周期补充、周期泄放。

原位水质提升工程:规划实施原位水质提升工程,主要由纯氧曝气、EHBR 和 EPSB 组成。

地表径流污染控制工程:旋流沉砂和雨水过滤系统。

应急处置工程:本次不新增。

11.6.5.13　排涝河

截污工程:已安排,本次不新增。

清淤工程:已安排,本次不新增。

生态补水工程:结合原位水质提升工程,周期补充、周期泄放。

原位水质提升工程:规划实施原位水质提升工程,主要由纯氧曝气、EHBR 和 EPSB 组成。

地表径流污染控制工程:旋流沉砂和雨水过滤系统。

应急处置工程:本次不新增。

11.6.5.14　新桥河

截污工程:已安排,本次不新增。

清淤工程:清淤量 9.23 万 m³,运至 2# 底泥处置场进行处理。

生态补水工程:现状条件下新桥河是公明污水处理厂的排水通道,建议调整新桥河的生态补水水源,新桥河生态补水可由公明污水处理厂供给(现状为重力自流,如果采用沙井污水处理厂尾水进行补给,需要水泵提升,扬程约为 26 m)。

原位水质提升工程:本次不新增。

地表径流污染控制工程:旋流沉砂和雨水过滤系统。

应急处置工程:本次不新增。

11.6.5.15　上寮河

截污工程:已安排,本次不新增。

清淤工程:已开工,本次不新增。

生态补水工程:在《茅洲河流域水环境综合整治工程——上寮河上游段水环境综合治理工程可行性研究报告(第二版)》中,上寮河生态补水水源为屋山水库。由于现状沙井污水处理厂执行一级 B 出水标准,若屋山水库具备补水条件,本方案建议上寮河采用屋山水库进行补水。

原位水质提升工程:本次不新增。

地表径流污染控制工程:旋流沉砂和雨水过滤系统。

应急处置工程:本次不新增。

11.6.5.16　万丰河

截污工程:已安排,本次不新增。

清淤工程:清淤量 1.28 万 m^3,运至 2# 底泥处置场进行处理。

生态补水工程:在《茅洲河流域(宝安片区)水环境综合整治工程项目建议书》中,万丰河生态补水水源为沙井污水处理厂尾水,由于现状沙井污水处理厂执行一级 B 出水标准,且向万丰河供水线路较长,本方案建议调整其补水水源与线路,改由公明污水处理厂补给,公明污水处理厂出水首先入万丰河上游的万丰水库,经水库调蓄、净化处理后,再补水至万丰河。

原位水质提升工程:本次不新增。

地表径流污染控制工程:旋流沉砂和雨水过滤系统。

应急处置工程:本次不新增。

11.6.5.17　石岩渠

截污工程:已安排,本次不新增。

清淤工程:清淤量 0.67 万 m^3,运至 2# 底泥处置场进行处理。

生态补水工程:推荐采用万丰水库对石岩渠进行生态补水,补水量由公明污水处理厂分配。

原位水质提升工程:本次不新增。

地表径流污染控制工程:旋流沉砂和雨水过滤系统。

应急处置工程:本次不新增。

11.6.5.18　衙边涌

截污工程:已安排,本次不新增。

清淤工程:清淤量 1.75 万 m^3,运至 3# 底泥处置场进行处理。

生态补水工程:结合原位水质提升工程,周期补充、周期泄放。

原位水质提升工程:规划实施原位水质提升工程,主要由纯氧曝气、EHBR 和 EPSB 组成。

地表径流污染控制工程:旋流沉砂和雨水过滤系统。

应急处置工程:本次不新增。

11.6.5.19　罗田雨水调蓄湖

根据本方案设计,罗田雨水调蓄湖不仅承担有净化所收集初(小)雨的功能,还要承接部分燕川污水处理厂尾水,以补充罗田水和白沙坑的生态用水。

由于燕川污水处理厂现状执行一级 A 排放标准,尾水直接入调蓄湖可能会造成湖区水质污染,因此为保障湖区水环境质量、提高生态补水水质,推荐在罗田雨水调蓄湖内实施沉水式生物滤床系统、太阳能循环增氧和清水型生态系统构建工程。

沉水式生物滤床近期总处理规模为 4 万 m^3/d,占地面积 0.8 万 m^2;太阳能循环增氧设备 3 台;清水型生态系统构建工程,实施面积 6 万 m^2。

11.6.5.20　老虎坑水库

根据本方案设计,老虎坑水库承担有承接燕川污水处理厂尾水,并向龟岭东水、老虎坑水和塘下涌进行生态补水的任务。

由于燕川污水处理厂现状执行一级 A 排放标准,尾水直接入水库可能会造成库区水质污染,因此为保障湖区水环境质量、提高生态补水水质,推荐在老虎坑水库库区内实施沉水式生物滤床系统、太阳能循环增氧和清水型生态系统构建工程。

燕川污水处理厂尾水首先进入生物滤床,经生物滤床净化处理后再进入湖区;太阳能循环增氧设备主要对库区水体进行循环增氧,提升水体的溶解氧含量,以确保库区水体水质良好。

沉水式生物滤床近期总处理规模为 5 万 m^3/d,占地面积 1 万 m^2;太阳能循环增氧设备 6 台;清水型生态系统构建工程,实施面积 5 万 m^2。

11.6.5.21　万丰水库

根据本方案设计,万丰水库承担有承接公明污水处理厂尾水,并向万丰河和石岩渠进行生态补水的任务。

由于公明污水处理厂现状执行一级 A 排放标准,尾水直接入水库可能会造成库区水质污染,因此为保障湖区水环境质量、提高生态补水水质,推荐在万丰水库库区内实施沉水式生物滤床系统、太阳能循环增氧和清水型生态系统构建工程。

公明污水处理厂尾水首先进入生物滤床,经生物滤床净化处理后再进入湖区;太阳能循环增氧设备主要对库区水体进行循环增氧,提升水体的溶解氧含量,以确保库区水体水质良好。

沉水式生物滤床总处理规模为 2 万 m^3/d,占地面积 0.4 万 m^2;太阳能循环增氧设备 3 台;清水型生态系统构建工程,实施面积约 4 万 m^2。

11.6.5.22　岗头调节池

岗头调节池是连接排涝河、万丰河、上寮河、新桥河以及沙井河的重要枢纽,在《茅洲河流域(宝安片区)水环境综合整治工程项目建议书》中,针对岗头调节池安排有曝气、填料和浮床原位治理工程。上述工程措施对改善水质具有一定作用,但岗头调节池作为重要的调节枢纽,水力停留时间较短,设置填料及浮床对水质改善作用微弱。

因此,根据各河涌与岗头调节池的连通情况,推荐在岗头调节池内实施太阳能循环增氧工程(太阳能循环增氧设备共计 1 台)。

11.7　目标可达性分析

11.7.1　水质目标可达性分析

根据《深圳市水务发展"十三五"规划》《宝安区水务发展"十三五"规划》《光明新区水务发展"十三五"规划》,至 2020 年底,宝安区(含石岩片区)与光明新区各河涌综合治理完成情况如表 11.7-1 ~ 表 11.7-3 所示。

表 11.7-1　茅洲河流域各河涌综合治理完成计划(石岩片区)

序号	河流名称	治理范围及规划措施	规划实施年度			
			2017	2018	2019	2020
1	石岩河	治理长度 21.63 km,措施包括: (1)河道清淤疏浚; (2)新建 DN1 000 ~ DN1 500、A1.5 m×1.5 m ~ 4.5 m×2 m 截污管涵 11.94 km		√		

表 11.7-2　茅洲河流域各河涌综合治理完成计划(宝安片区)

序号	河流名称	治理范围及规划措施	规划实施年度			
			2017	2018	2019	2020
1	龟岭东水	治理长度 1.965 km,主要治理措施为沿河截污		√		
2	老虎坑水	治理长度 3.462 km,主要治理措施为沿河截污		√		
3	塘下涌	治理长度 5.75 km		√		
4	沙浦西	治理长度 5.48 km,主要治理措施为沿河截污	√			
5	松岗河	治理长度 9.9 km,措施包括: (1)河道清淤疏浚; (2)新建 DN500~DN1 200 截污管 4.74 km; (3)生态补水,新建 DN800 补水管 5.7 km,补水规模 3.54 万 m³/d	√			
6	东方七支渠	治理长度 2.02 km	√			
7	潭头渠	治理长度 2.56 km	√			
8	潭头河	治理长度 5.81 km,措施包括: (1)河道清淤疏浚; (2)新建 DN500~DN1 400 截污管 2.145 km; (3)生态补水,新建 DN1 200 补水管 0.1 km,补水规模 12 万 m³/d	√			
9	道生围涌	治理长度 2.12 km	√			
10	共和涌	治理长度 1.2 km,措施包括: (1)河道全段清淤疏浚; (2)新建 DN400 截污管 1.934 km	√			
11	衙边涌	治理长度 2.83 km,措施包括: (1)河道清淤疏浚; (2)沿河截污	√			
12	新桥河	治理长度 5.81 km,措施包括: (1)河道清淤疏浚; (2)新建截污管涵 6.81 km; (3)生态补水,新建 DN800 补水管 5.7 km,补水规模 3.54 万 m³/d	√			
13	上寮河	治理长度 7 km,措施包括: (1)河道清淤疏浚; (2)新建 DN600~DN1 400 截污管 9.18 km; (3)生态补水	√			
14	万丰河	治理长度 4.52 km	√			
15	石岩渠	治理长度 3.02 km	√			

表 11.7-3　茅洲河流域各河涌综合治理完成计划（光明片区）

序号	河流名称	治理范围及规划措施	规划实施年度			
			2017	2018	2019	2020
1	鹅颈水	治理长度 5.6 km,措施包括： (1)河道清淤疏浚； (2)沿河截污		√		
2	鹅颈水支流 长凤路排水渠	治理长度 0.75 km,措施包括： (1)新(重或扩)建排水渠； (2)改善渠道水环境		√		
3	鹅颈水支流 塘家面前垄	治理长度 0.77 km,措施包括： (1)河道清淤疏浚； (2)沿河截污			√	
4	木墩河	治理长度 4.77 km,措施包括： (1)河道清淤疏浚； (2)沿河截污				√
5	新陂头河	治理长度 13.55 km,措施包括： (1)河道清淤疏浚； (2)沿河截污				√
6	新陂头河 北支	治理长度 4.48 km,措施包括： (1)河道清淤疏浚； (2)沿河截污				√
7	楼村水	治理长度 1.68 km,措施包括： (1)河道清淤疏浚； (2)沿河截污				√
8	楼村水北支	治理长度 2.13 km,措施包括： (1)河道清淤疏浚； (2)沿河截污				√
9	东坑水	治理长度 5.24 km,措施包括： (1)河道清淤疏浚； (2)沿河截污				√
10	玉田河	治理长度 2.74 km,措施包括： (1)河道清淤疏浚； (2)沿河截污				√
11	大凼水	治理长度 2 km,措施包括： (1)河道清淤疏浚； (2)沿河截污				√
12	西田水	治理长度 3.4 km,措施包括： (1)河道清淤疏浚； (2)沿河截污				√
13	西田水左支	治理长度 0.74 km,措施包括： (1)河道清淤疏浚； (2)沿河截污				√

　　根据相关专项工程设计方案,茅洲河流域各干支流截污工程规划建设如表 11.7-4 所示。

表 11.7-4　茅洲河流域各干支流截污工程规划建设

序号	河流名称	岸别	起始点	终点	累计长度(m)
1	罗田水	左岸	河口	松山调蓄湖	4 770
		右岸	河口	松山调蓄湖	4 770
2	龟岭东水	左岸	河口	红湖路	2 974
		右岸	河口	红湖路	3 110
3	老虎坑水	左岸	河口	广田路以北	2 021
		右岸	河口	广田路以北	2 045
4	塘下涌	左岸	河口	塘下涌同富裕工业园	3 668
		右岸	无		0
5	沙浦西排洪渠	左岸	沙浦西排涝泵站南侧	朗碧路	570
			宝安大道西侧	朗碧路	600
			洪桥头排洪渠左岸松福大道上	松福大道	350
		右岸	沙浦西排涝泵站南侧	朗碧路	505
			宝安大道西侧	沙浦北排洪渠西侧	911
			沙浦北排洪渠东侧	洪桥头排洪渠右岸	125
6	沙浦北排洪渠	左岸	沙浦北排洪渠左岸	松福大道	280
		右岸	沙浦西排洪渠北岸	丰盛科技	195
			沙浦北排洪渠右岸	沙浦西排洪渠南岸	466
			沙浦西排洪渠北岸	茅洲河南岸	334
7	松岗河	左岸	河口	宝安大道	590
			广深公路	西水渠	1 228
		右岸	河口	宝安大道	1 322
			广深公路	西水渠	832
8	东方七支渠	左岸	沙井河河口	107 国道	3 100
		右岸	沙井河河口	107 国道	2 750
9	潭头渠	左岸	河口	创业路	2 452
		右岸	河口	上星路	979
			广深公路	107 国道	563
10	潭头河	左岸	河口	广深公路	2 022
		右岸	无		0
11	新桥河	左岸	河口	长流坡水库下游	5 910
		右岸	河口	宝安大道	158
			中心路	长流坡水库下游	5 160
12	上寮河	左岸	河口	广深公路	4 290
		右岸	河口	广深公路	4 890
13	石岩渠	左岸	河口	万丰水库下游	3 800
		右岸	无		0

续表 11.7-4

序号	河流名称	岸别	起始点	终点	累计长度(m)
14	道生围涌	左岸	河口	沙井路	1 000
		右岸	无		0
15	衙边涌	左岸	河口	帝堂一路东侧	1 960
		右岸	河口	帝堂一路东侧	1 960
16	共和涌	左岸	河口	松福路	1 934
		右岸	河口	松福路	1 934
17	排涝河	左岸	河口	上寮河右岸	3 813
		右岸	松福路桥	潭头水闸	3 764
18	沙井河	左岸	沙井河排涝泵站	岗头水闸	5 600
		右岸	沙井河排涝泵站	岗头水闸	5 800
19	万丰河	左岸	新沙段	上星南路	1 496
			南环路	万丰水库	794
		右岸	新沙段	上星南路	1 696
			南环路	万丰水库	585
20	玉田河	左岸	无		0
		右岸	河口	大外环快速路南侧	2 380
21	鹅颈水	左岸	河口	鹅颈水库下游	4 165
		右岸	河口	光大路东侧	3 240
22	东坑水	左岸	龙大高速	光桥路	2 767
		右岸	河口	龙大高速	1 362
23	木墩河	左岸	无		0
		右岸	双明大道	光明大道	1 001
24	楼村水	左岸	河口	楼村水上游起点	5 700
		右岸	河口	光桥路	4 200
25	新坡头水	左岸	河口	光桥路	4 500
		右岸	河口	罗村水库	7 000
26	新坡头北支	左岸	无		0
		右岸	新坡头水河口	公常路	2 736
27	西田水	左岸	无		0
		右岸	河口	铁坑水库	2 465
28	大凼水	左岸	河口	精华学校	1 944
		右岸	无		0
29	白沙坑水	左岸	河口	白沙坑水上游起点	1 490
		右岸	河口	白沙坑水上游起点	1 490
30	长凤路排水渠	左岸	鹅颈水河口	长圳社区	675
		右岸	鹅颈水河口	长圳社区	675

续表 11.7-4

序号	河流名称	岸别	起始点	终点	累计长度(m)
31	塘家面前垄	左岸	鹅颈水河口	张屋村	770
		右岸	鹅颈水河口	张屋村	770
32	楼村社区排洪渠	左岸	河口	楼村社区居委会	2 130
		右岸	河口	楼村社区居委会	2 130
33	圳美社区排洪渠	左岸	新坡头北支河口	圳美社区北山	1 680
		右岸	新坡头北支河口	圳美社区北山	1 680
34	红湖排洪渠	左岸	新坡头北支河口	白鸽陂水库溢洪道出口	2 800
		右岸	新坡头北支河口	白鸽陂水库溢洪道出口	2 800
35	马田排洪渠	左岸	河口	马头山	1 950
		右岸	河口	马头山	1 950
36	西水渠	左岸	福兴路	大凼水库	2 900
		右岸	福兴路	大凼水库	2 900
37	石岩河	左岸	拟建过河管	石岩隆兴抛光厂	5 107
		右岸	河口	龙大高速	6 438
38	龙眼水	左岸	河口	阳台山庄	191
		右岸	河口	阳台山庄	183
39	樵窝坑	左岸	河口	溪之谷收费站	401
		右岸	河口	溪之谷收费站	398
40	沙芋沥	左岸	金属制品厂	LR0 +578	310
		右岸	河口	LR0 +669	1 669
41	茅洲河	左岸	河口	塘下涌	12 300
			洋涌河水闸	松白公路	16 841
		右岸	洋涌河水闸	松白公路	16251
总计		左岸			124 038
		右岸			108 377
		合计			232 415

　　至 2017 年底,部分河涌(重点是污染最为严重的宝安片区内河涌)将先期完成沿河截污以及清淤疏浚工程,现状偷排、漏排污水将被截流至污水处理厂,旱季污水将实现 100% 截流,再辅以生态补水,将确保 2017 年底干支流治理初见成效。

　　至 2020 年底,茅洲河流域上中下游河涌均将完成沿河截污、生态补水等综合整治工程,旱季污水实现 100% 截流,污水处理厂配套管网及规模完善,同时,流域内再生水厂出水将达到《地表水环境质量标准》Ⅳ类标准(TN 指标除外)。

　　根据光明新区和宝安区近年环统数据分析,并结合深圳市环境科学研究院相关研究成果,预测至2020 年,茅洲河流域污染物总负荷约为 310 t/d(旱季负荷,以 COD_{Cr} 计)。由于沿河截污系统的建设,该部分污染负荷将全部截流至污水处理厂进行处理,2020 年茅洲河流域污水总处理规模将达到 120 万t/d,基于截污管网和雨污分流的推进与完善,污水处理厂进水浓度预计将达到 295 mg/L(以 COD_{Cr} 计),流域内污染负荷计算统计如表 11.7-5 所示。

表 11.7-5　茅洲河流域污染负荷计算统计（以 COD_{Cr} 计）

编号	项目		数量(t/d)
1	茅洲河流域污染总负荷		310.0
2	处理设施削减污染负荷	污水厂（准IV类标准）	318.0
		源头分散	13.8
		应急设施 （含干流沿河截污系统应急处置措施）	46.2
		原位生态措施（兼具雨后复康功能）	24.8
平衡分析	318.0 + 13.8 + 46.2 + 24.8 - 310.0 =		92.8

经综合分析,通过截污、清淤、生态补水和原位生态修复等综合措施,2020 年底,各干支流黑臭基本消除,重点断面水质达标是可行的。

11.7.2　工程措施可达性分析

11.7.2.1　到 2017 年底达标效果分析

到 2017 年底,茅洲河流域内部分河涌将实施完成沿河截污工程、清淤清障工程、原位修复工程、初期雨水处理工程和生态补水工程。

1. 截污工程

截污工程是水质达标的首要措施,为了尽快有效地解决河涌外源污染问题,针对茅洲河流域内排水体制现状,为了达到 2017 年底水质目标,本方案推荐在河道内设置沿河截污系统。

沿河截污系统具有征迁量极小、实施进度快、见效快等突出优点,且部分沿河截污系统已开展工作或开展了相关前期论证,在地方政府的强力推动下,至 2017 年底完成既定的沿河截污工程是可行的。

2. 清淤清障工程

针对各目标水体内源（底泥）污染严重的现状,本方案对各目标水体实施清淤清障工程（其中茅洲河干流及宝安区内部分支流底泥清淤及处置工程已在实施中）,清淤量共约 517.8 万 m^3,其中宝安区共计清淤 393 万 m^3（且底泥处置 439 万 m^3）、光明新区清淤 120 万 m^3、石岩片区清淤 4.8 万 m^3。

若河涌截污不彻底或者不截污,河涌清淤后仍会复淤,因此建议优先实施沿河截污工程,再实施清淤清障工程。

由于清淤工程不涉及征地拆迁,各河涌清淤工程尽量同时开展,到 2017 年底完成既定实施计划完全是可行的。

3. 原位修复工程

本方案所推荐原位修复工程具有模块化使用、安装便捷、实施迅速等突出优点,工厂制作完成后,现场组装即可投入使用。因此,规划实施的原位修复工程到 2017 年底完成既定实施计划完全是可行的。

4. 初期雨水处理工程

初（小）雨是重要的面源污染,针对初（小）雨,茅洲河流域在规划实施沿河截污系统时,均考虑截流一定倍比的初期雨水,并输送至污水处理厂处置。

若沿河截污系统能按计划实施,则初期雨水处理工程必将同期完成。因此,2017 年底完成既定实施计划是可行的。

5. 生态补水工程

生态补水工程主要结合河道综合整治工程实施,大都位于河道堤脚外侧,根据本次方案设计,部分河涌生态补水工程 2017 年底实现困难,2017 年底预计可以实现生态补水的河涌主要有沙浦西、松岗河、东方七支渠、潭头渠、潭头河、道生围涌、共和涌、衙边涌、新桥河、上寮河、万丰河及石岩渠等。

11.7.2.2　到 2020 年底达标效果分析

到 2020 年底,主要实施完成除 2017 年底完成的截污工程、清淤清障工程、原位修复工程、初期雨水处理工程和生态补水工程,以上工程均在 2018—2020 年实施完成。

1. 截污工程

茅洲河流域河道综合整治工程 EPC 项目模式的采用,对各河涌按进度计划完成治理具有较强的推动作用,2018—2020 年计划完成的截污工程涉及的河涌主要有石岩河、龟岭东水、老虎坑水、塘下涌、鹅颈水及其相关支流、木墩河、新陂头及其相关支流、楼村水及其相关支流、东坑水、玉田河、大凼水、西田水及其支流。

在地方政府的强力推动下,至 2020 年底完成既定的沿河截污工程是可行的。

2. 清淤清障工程

由于清淤工程不涉及征地拆迁,各河涌清淤工程尽量同时开展,到 2020 年底完成既定实施计划完全是可行的。

3. 原位修复工程

本方案所推荐原位修复工程具有模块化使用、安装便捷、实施迅速等突出优点,工厂制作完成后,现场组装即可投入使用。因此,规划实施的原位修复工程到 2020 年底完成既定实施计划完全是可行的。

4. 初期雨水处理工程

初(小)雨是重要的面源污染,针对初(小)雨,茅洲河流域在规划实施沿河截污系统时,均考虑截流一定倍比的初期雨水,并输送至污水处理厂处置。

若沿河截污系统能按计划实施,则初期雨水处理工程必将同期完成。因此,2020 年底完成既定实施计划是可行的。

5. 生态补水工程

至 2020 年底,流域内规划补水的河涌均需完成生态补水工程的实施,需各级政府大力推进征迁工作,才能确保生态补水工程按期完成,但工程实施难度较大,存在较大的不确定性。

2018—2020 年底需要实现生态补水的河涌主要有石岩河、龟岭东水、老虎坑水、塘下涌、鹅颈水及其相关支流、木墩河、新陂头及其相关支流、楼村水及其相关支流、东坑水、玉田河、大凼水、西田水及其支流。

各污水处理厂若能按计划将尾水提标至地表水质Ⅳ类标准,也可根据各河道治理专项设计成果,直接对尾水进行回用,而不进入非供水水库调节。

11.8　投资匡算

茅洲河流域(石岩片区、光明片区和宝安片区)水环境治理相关投资总计 220.04 亿元,其中原规划 182.78 亿元,本次新增 37.26 亿元,具体见表 11.8-1 ~ 表 11.8-4。

表 11.8-1　茅洲河流域水环境投资匡算总表

序号	项目	总投资/估算(亿元)	说明
1	污水管网改建、完善	92.39	原规划
2	污水处理厂提标、扩建	42.84	原规划
3	截污	24.94	原规划
4	清淤	15.24	原规划
5	面源	14.21	本次新增
6	应急措施	7.37	原规划
7	原位修复	23.05	本次新增
合计		220.04	

表 11.8-2　茅洲河流域(石岩片区)水环境新增项目汇总表

序号	河涌名称	工程措施	单位	数量	匡算单价(元)	投资(万元)
1	石岩河	EHBR 系统	m²	50 000	120	600
		旋流沉砂	套	46	1 500 000	6 900
		雨水过滤	套	23	600 000	1 380
2	龙眼水	旋流沉砂	套	9	1 500 000	1 350
		雨水过滤	套	5	600 000	300
3	樵窝坑	旋流沉砂	套	6	1 500 000	900
		雨水过滤	套	3	600 000	180
4	沙芼沥	旋流沉砂	套	4	1 500 000	600
		雨水过滤	套	2	600 000	120
5	田心水	旋流沉砂	套	4	1 500 000	600
		雨水过滤	套	2	600 000	120
6	上排水	旋流沉砂	套	4	1 500 000	600
		雨水过滤	套	2	600 000	120
7	上屋河	旋流沉砂	套	4	1 500 000	600
		雨水过滤	套	2	600 000	120
8	牛牯斗水库	清水型生态系统	m²	40 000	90	360
		补水泵站/管线	项	1	10 000 000	1 000
9	水田支流	旋流沉砂	套	2	1 500 000	300
		雨水过滤	套	1	600 000	60
10	天圳河	旋流沉砂	套	4	1 500 000	600
		雨水过滤	套	2	600 000	120
11	王家庄河	旋流沉砂	套	4	1 500 000	600
		雨水过滤	套	2	600 000	120
合计						17 650

表 11.8-3　茅洲河流域(光明片区)水环境新增项目汇总表

序号	河涌名称	工程措施	单位	数量	匡算单价(元)	投资(万元)
1	玉田河	旋流沉砂	套	32	1 500 000	4 800
		雨水过滤	套	16	600 000	960
2	碧眼水库	SMI 微生物滤床	m³/d	120 000	7 000	84 000
		清水型生态系统	m²	72 000	90	648
		太阳能增氧工程	项	1	20 00 000	200
3	鹅颈水	旋流沉砂	套	30	1 500 000	4 500
		雨水过滤	套	15	600 000	900
4	大凼水库	SMI 微生物滤床	m³/d	45 000	7 000	31 500
		清水型生态系统	m²	100 000	90	900
		太阳能增氧工程	项	1	2 000 000	200

续表 11.8-3

序号	河涌名称	工程措施	单位	数量	匡算单价(元)	投资(万元)
5	大凼水	旋流沉砂	套	12	1 500 000	1 800
		雨水过滤	套	6	600 000	360
6	公明排洪渠	旋流沉砂	套	50	1 500 000	7 500
		雨水过滤	套	25	600 000	1 500
7	东坑水	旋流沉砂	套	26	1 500 000	3 900
		雨水过滤	套	13	600 000	780
8	木墩河	旋流沉砂	套	26	1 500 000	3 900
		雨水过滤	套	13	600 000	780
9	楼村水	旋流沉砂	套	28	1 500 000	4 200
		雨水过滤	套	14	600 000	840
10	楼村水库	SMI 微生物滤床	m^3/d	30 000	7 000	21 000
		清水型生态系统	m^2	10 000	90	90
		太阳能增氧工程	项	1	2 000 000	200
11	新陂头调蓄湖（一）	清水型生态系统	m^2	20 000	90	180
		太阳能增氧工程	项	1	2 000 000	200
12	新陂头调蓄湖（二）	清水型生态系统	m^2	20 000	90	180
		太阳能增氧工程	项	1	2 000 000	200
13	新陂头含支流	旋流沉砂	套	44	1 500 000	6 600
		雨水过滤	套	22	600 000	1 320
14	西田水	旋流沉砂	套	16	1 500 000	2 400
		雨水过滤	套	8	600 000	480
15	上下村排洪渠	旋流沉砂	套	30	1 500 000	4 500
		雨水过滤	套	15	600 000	900
16	合水口排洪渠	纯氧曝气机	台	9	350 000	315
		EHBR 工程	m^2	20 000	100	200
		EPSB 工程菌	m^2	20 000	15	30
		旋流沉砂	套	18	1 500 000	2 250
		雨水过滤	套	9	600 000	540
17	公明排洪渠	旋流沉砂	套	40	1 500 000	6 000
		雨水过滤	套	20	600 000	1 200
18	公明排洪渠南支	旋流沉砂	套	8	1 500 000	900
		雨水过滤	套	4	600 000	240
19	后底坑水库	清水型生态系统	m^2	80 000	90	720
		太阳能增氧工程	项	1	2 000 000	200
20	公明横坑水库	清水型生态系统	m^2	30 000	90	270
		太阳能增氧工程	项	1	2 000 000	200
合计						205 483

表 11.8-4　茅洲河流域(宝安片区)水环境新增项目汇总表

序号	河涌名称	工程措施	单位	数量	匡算单价 (元)	投资 (万元)
1	罗田水	SMI 微生物滤床	m³/d	40 000	7 000	28 000
		清水型生态系统	m²	90 000	90	810
		太阳能增氧工程	项	1	2 000 000	200
		旋流沉砂	套	26	1 500 000	3 900
		雨水过滤	套	13	600 000	780
2	老虎坑 水库	SMI 微生物滤床	m³/d	50 000	7 000	35 000
		清水型生态系统	m²	50 000	90	450
		太阳能增氧工程	项	1	2 000 000	200
3	龟岭东水	清水型生态系统	m²	10 000	90	90
		太阳能增氧工程	项	1	2 000 000	200
		旋流沉砂	套	5	1 500 000	750
		雨水过滤	套	3	600 000	180
4	老虎坑水	旋流沉砂	套	8	1 500 000	1 200
		雨水过滤	套	4	600 000	240
5	塘下涌	低强度 EHBR 工程	m²	10 000	80	80
		旋流沉砂	套	8	1 500 000	1 200
		雨水过滤	套	4	600 000	240
6	沙浦西 沙浦北 洪桥头水 排洪渠	纯氧曝气机	台	9	350 000	315
		EHBR 工程	m²	21 000	100	210
		EPSB 工程菌	m²	21 000	15	31.5
		旋流沉砂	套	4	1 500 000	600
		雨水过滤	套	2	600 000	120
7	沙井河	PGPR/固化微生物	套	60	350 000	2 100
		EPSB 工程菌	m²	250 000	15	375
		旋流沉砂	套	28	1 500 000	4 200
		雨水过滤	套	14	600 000	840
8	潭头河	旋流沉砂	套	13	1 500 000	1 950
		雨水过滤	套	7	600 000	420
9	潭头渠	EHBR 工程	m²	10 000	80	80
		旋流沉砂	套	25	1 500 000	3 750
		雨水过滤	套	13	600 000	780
10	东方 七支渠	清水型生态系统	m²	16 000	90	144
		EPSB 工程菌	m²	16 000	15	24
		旋流沉砂	套	7	1 500 000	1 050
		雨水过滤	套	4	600 000	240

续表 11.8-4

序号	河涌名称	工程措施	单位	数量	匡算单价(元)	投资(万元)
11	松岗河含楼岗河	旋流沉砂	套	60	1 500 000	9 000
		雨水过滤	套	30	600 000	1 800
12	道生围涌	纯氧曝气机	台	5	350 000	175
		EHBR 工程	m²	15 000	100	150
		EPSB 工程菌	m²	15 000	15	22.5
		旋流沉砂	套	4	1 500 000	600
		雨水过滤	套	2	600 000	120
13	共和涌	纯氧曝气机	台	8	350 000	280
		EHBR 工程	m²	10 000	100	100
		EPSB 工程菌	m²	10 000	15	15
14	排涝河	纯氧曝气机	台	18	350 000	630
		EHBR 工程	m²	150 000	100	1 500
		EPSB 工程菌	m²	150 000	15	225
		旋流沉砂	套	14	1 500 000	2 100
		雨水过滤	套	7	600 000	420
15	新桥河	旋流沉砂	套	46	1 500 000	6 900
		雨水过滤	套	23	600 000	1 380
16	上寮河	清水型生态系统	m²	50 000	90	450
		旋流沉砂	套	40	1 500 000	6 000
		雨水过滤	套	20	600 000	1 200
17	万丰水库	SMI 微生物滤床	m³/d	20 000	7 000	14 000
		清水型生态系统	m²	40 000	90	360
		太阳能增氧工程	项	1	2 000 000	200
18	万丰河	旋流沉砂	套	20	1 500 000	3 000
		雨水过滤	套	10	600 000	600
19	坐岗排洪渠	总口截污应急处置	项	1	7 000 000	700
20	石岩渠	旋流沉砂	套	12	1 500 000	1 800
		雨水过滤	套	6	600 000	360
21	衙边涌	纯氧曝气机	台	5	350 000	175
		EHBR 工程	m²	15 000	100	150
		EPSB 工程菌	m²	15 000	15	22.5
		旋流沉砂	套	22	1 500 000	3 300
		雨水过滤	套	11	600 000	660
22	岗头调节池	太阳能循环增氧机(75 m 半径)	套	1	300 000	30
23	茅洲河干流	多功能水质净化船	艘	1	3 500 000	350
	合计					149 524

第 12 章　水生态修复技术研究

12.1　研究思路

水生态治理工程是在污染物特征分析、水质调查与评价、水生生物调查评价的基础上,通过截污和基底改良工程的实施,以稳态转换理论为依据,通过构建清水型水生态系统构架,运用生物操控手段,构建茅洲河干支流河道清水态、生物多样、稳定的水生态系统,保证目标水体达标水质长效运行,其具体研究思路如图 12.1-1 所示。

12.2　茅洲河流域水生态现状调查

水体环境的优劣直接影响水生态环境,水生生物对许多物质,特别是外来的污染物质的敏感性及积累、转移作用,使其在研究物质对生态系统的生态毒理影响和生态系统的演替、稳定性等方面具有重要地位。根据对水体各种指示生物、指数、群落结构等的调查分析,可以评价和监测水质。为了解茅洲河流域水生态环境现状,为后续河道生态治理和规划提供指导,黄河勘测规划设计有限公司开展了茅洲河流域水生态系统调查与河流健康评估工作。

12.2.1　调查采样

12.2.1.1　采样时间

调查团队于 2016 年 5 月 26 日至 31 日在深圳市茅洲河流域进行了为期 6 d 的河流水生态系统调查。

12.2.1.2　调查方法与内容

1. 大型水生植物

大型水生植物调查主要采用观察法,观测和记录河槽和岸带植物的种类和分布状况,并拍照记录现场水生植物的生长情况,对水生植物的范围进行估测。

2. 藻类

本次调查主要调查了茅洲河流域的浮游藻类的情况。

浮游藻类标本采集:浮游藻类的采样分定性采样和定量采样。其中,定性采样采用 25 号浮游生物网在河道水体中采用划"8"字的方式,往复捞取 10~20 次,富集后的样品收集在 50 mL 塑料样品瓶中,并加入 1% 的鲁戈氏液固定;定量采样直接用采水器采集 1 L 水装于样品瓶中,加入 1% 的鲁戈氏液固定,水样经两次沉淀 24 h,用虹吸法浓缩,定容至 30 mL。

浮游藻类计数:采用浮游生物计数框进行计数。计数方法采用视野法,每一样品取样两次,每次观察 50 个视野,共 100 个视野。每次结果与两次计数平均数之差应不超过 ±15%。

3. 浮游动物

浮游动物定性标本的采集:分别用 13 号和 25 号筛绢制成的浮游生物网捞取。13 号网主要用来采集枝角类、桡足类和大型轮虫,25 号网主要用来采集轮虫和原生动物。收集的标本留一部分用于活体观察,其余标本加入福尔马林固定,终浓度为 5%,带回实验室进行种类鉴定。

浮游动物定量标本的采集:原生动物和轮虫的定量标本采取,取 1.2 L 水样加入鲁戈氏液固定,终浓度为 1.5%,然后倒入有刻度的沉淀器定容,静置 24 h 后,用虹吸管吸取上层清液,并把沉淀物倒入已标定容积(50 mL)的小塑料瓶中。枝角类和桡足类的定量标本采取,取 20 L 水样经 25 号筛绢制成的浮

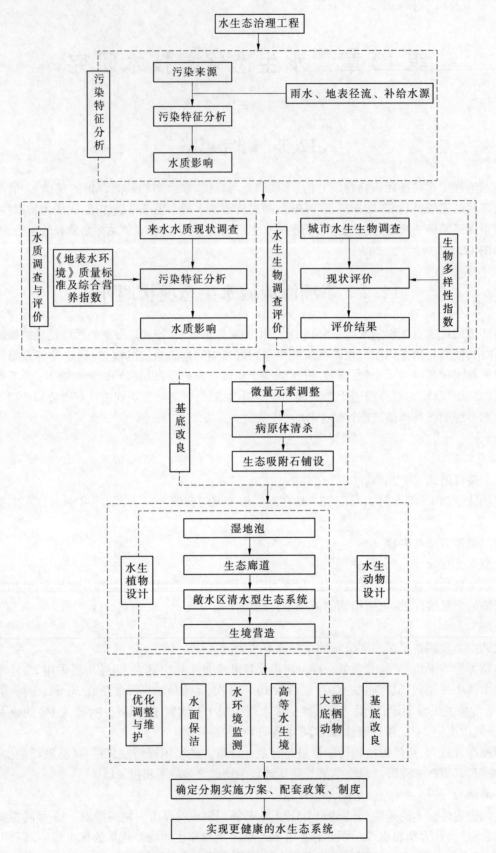

图 12.1-1　茅洲河水生态治理工程技术研究思路

游生物网滤缩后注入标本瓶中,加福尔马林固定,终浓度为 5%,带回实验室进行种类定量统计。

所有标本尽量鉴定到种;不能完全确定的种类,鉴定到属。鉴定依据的主要文献如下:原生动物主要依据《原生动物学》,轮虫主要依据《中国淡水轮虫志》,枝角类主要依据《中国动物志 淡水枝角类》,桡足类主要依据《中国动物志 淡水桡足类》。

计数按《淡水浮游生物调查研究方法》中规定的方法进行,即轮虫取上述沉淀水样 1 mL 全片计数;原生动物取上述沉淀水样 0.1 mL 全片计数,一般计数两片并取平均值;甲壳动物是将经网滤缩后样品全部计数。然后将所得数值换算成每升水中的个数。把个体数换算成生物量(湿重)时,按每个原生动物为 0.000 05 mg,轮虫为 0.001 2 mg,枝角类和桡足类生物量换算参考 Dumont(1978)方法。

4. 底栖动物

在每个采样点采集底栖动物样品,用索伯网或抓斗式采泥器采集河道表层沉积物,过 40 μm 孔径筛网后将残渣装于封口袋中,回驻地后立即在灯光下用吸管和镊子挑取底栖动物样品,并转移到 100 mL 聚乙烯瓶中,用酒精固定。固定好的样品带回实验室在体视镜下观察、鉴定和计数。

5. 鱼类

(1)渔具渔法调查。

依据茅洲河流域的水系特征,干流中鱼类的调查主要分为 5 个调查采样区域进行。从上游至下游依次为楼村以上、楼村至白沙坑河口、白沙坑河口至宝安大桥、宝安大桥至共和村水域、共和村至河口水域。此外,在塘下涌、白沙坑、沙井河、万丰河、新陂头北支、楼村水、鹅颈水、龙眼水、樵窝坑等 9 条支流,各选择 1 处合适的区域进行采集。

沿河流从下游至上游直接观察渔具种类、数量和规格、作业区域、作业时间以及产量等。采样的生境包括河边浅滩、支流汇入区等水域,尤其注意包括石缝、草丛、急流、浅滩和河湾等生境。

鱼类群落研究中经常使用的采样方法包括水下观察、蹦网、罩网、刺网、电捕、拖网、围网、定置张网等。这些采样方法各具特色,可根据不同研究因地制宜采用。依据茅洲河河道特点,渔获物采集主要使用三层流刺网(网目 2.5 cm)在河道中采用拦截式拖拽捕捞。采集时,2 人分别位于河道两岸,拖拽网具的两端,让网具沉入水中,沿水流的垂直方向展开,使网具在水层中顺水漂流。如果水流不够,则人工拖拽漂流。网具扫描河流长度,可以依据渔获量的大致判断而设置,一般长度为 1~2 km。如果使用拖网,则采用从下游往上游的采集方式。在河流上游段,因为水浅且窄,类似小河沟,流刺网无法作业,故采集人员下水,直接使用手抄网抄取,并特别注意回水湾、草丛和石砾堆等特殊生境。

(2)种类组成:鱼类种群及环境高危种群。

对全部渔获物按照《中国动物志 淡水鱼类志》等进行生物分类鉴定,并对每尾鱼类进行生物学测量,包括体长和体重,长度测量精确到 1 mm,重量采用电子天平称量,精确到 0.1 g。统计每网渔获物的渔产量,拍摄鱼类及其栖息生境照片。

(3)生物量:茅洲河流域鱼类常规种群及环境高危种群的生物量。

根据生物学测量数据,统计出整个采集期间不同种类鱼类的数量、数量百分比和重量、重量百分比,作为比较各种类重要性的指标。此外,所有鱼类产量按照渔网扫水范围进行鱼类种群密度估算,即用单位面积内鱼类各种类的数量计算各自的平均密度,作为鱼类数量的绝对指标。网具的可捕系数取值为 1,因此计算公式为:

$$d_i = n_i/(2 \times w \times m) \tag{12.2-1}$$

其中,d_i 为第 i 种鱼的平均密度,fish/km^2;n_i 为第 i 种鱼的总数量;w 为河段宽度,以网片扫水宽度计,取 50 m;m 为采集里程在采集过程中实际测定,计量单位为 km。

由于采集的河段内滩潭相间,假定滩潭各占 1/2,因此公式中的密度一点除以 2。

(4)环境评价:通过鱼类生物量状况,评价流域内不同河段(典型河段)环境状态。

多样性分析:物种丰富度即物种的数目,是一种简单有效的物种多样性测度方法,能够在一定程度上通过环境中生物种类多寡反映环境状态的变化趋势。通过物种丰富度指数和香农威纳指数等生物多样性指数测度茅洲河流域中各区段的鱼类群落多样性,从而评价流域内不同河段环境状态。

物种丰富度指数 d 的计算公式为:

$$d = S/\ln A \tag{12.2-2}$$

式中,S 为物种数目;A 为样方面积。

Shannon – Wiener 多样性指数 H' 的计算公式为:

$$H' = - P_i \lg P_i \qquad\qquad (12.2\text{-}3)$$

式中,P_i 为第 i 物种占总数的比例。

Shannon – Wiener 多样性指数值一般在 1.5 ~ 3.5 之间,很少超过 4.5。

鱼类群落结构完整性分析:通过渔获物中鱼类的食性、生活习性、繁殖习性等方面对鱼类群落结构进行分析。

鱼类形态畸形率分析:通过检查渔获物中鱼类的形态变异和畸形情况,以及分析鱼类的体长组成、体长与体重的关系等,分析河流水环境污染对鱼类繁殖和生长的影响。

12.2.1.3 采样点位及数量

水生态采样点位共 44 个,其位置见图 12.2-2。采样点位名称及 GPS 信息见表 12.2-1。

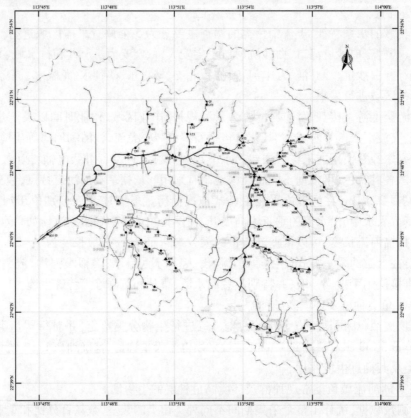

图 12.2-2 采样点位分布示意图

表 12.2-1 采样点位及数量

样点编号	河段	河流性质	经度	纬度
B01	樵窝坑	支流上游	113°56′51.19″E	22°40′43.37″N
B02	石岩河下游	支流	113°56′36.89″E	22°40′55.93″N
B03	鹅颈水凤凰综合市场	支流上游	113°56′43.47″E	22°43′25.16″N
B04	鹅颈水十七号路桥	支流中游	113°55′24.29″E	22°44′7.11″N
B05	鹅颈水东长路口	支流下游	113°54′43.25″E	22°44′27.28″N
B06	茅洲河上游	干流上游	113°54′18.20″E	22°43′57.54″N
B07	茅洲河上游	干流上游	113°54′31.32″E	22°46′3.27″N
B08	木墩水中游	支流中游	113°55′8.79″E	22°46′19.38″N

续表 12. 2-1

样点编号	河段	河流性质	经度	纬度
B09	茅洲河木墩水河口	干流中上游支流河口	113°54′33.97″E	22°46′30.22″N
B10	木墩水河口	支流河口	113°54′33.35″E	22°46′29.09″N
B11	楼村水中游	支流中游	113°56′36.96″E	22°46′2.03″N
B12	新陂头中游	支流中游	113°56′36.48″E	22°47′17.12″N
B13	新陂头北支深莞交界	支流上游	113°56′44.00″E	22°48′30.29″N
B14	新陂头北支市场大厦	支流中游	113°56′16.64″E	22°48′13.05″N
B15	新陂头北支振兴路北段	支流下游	113°55′44.62″E	22°47′53.74″N
B16	楼村水楼村社区	支流中游	113°55′44.83″E	22°46′47.06″N
B17	新陂头河下游	支流下游	113°55′0.66″E	22°47′14.24″N
B18	茅洲河楼村水河口右岸	干流中游	113°54′41.95″E	22°47′0.87″N
B19	楼村水河口	支流河口	113°54′44.74″E	22°46′56.29″N
B20	茅洲河楼村水河口左岸	干流中游	113°54′39.37″E	22°47′1.13″N
B21	茅洲河李松蓢桥右岸	干流中游	113°53′6.62″E	22°48′5.29″N
B22	茅洲河李松蓢桥左岸	干流中游	113°53′7.24″E	22°48′3.45″N
B23	茅洲河燕川大桥左岸	干流中游	113°50′59.47″E	22°47′42.92″N
B24	茅洲河燕川大桥右岸	干流中游	113°51′2.63″E	22°47′46.23″N
B25	白沙坑水河口	支流河口	113°52′37.89″E	22°48′4.46″N
B26	沙井河河口	支流下游	113°47′37.03″E	22°46′21.16″N
B27	沙井河中游	支流中游汇入区	113°48′50.28″E	22°45′57.16″N
B28	沙井河上游	支流上游	113°49′11.65″E	22°45′0.88″N
B29	新桥河中游	支流中游	113°50′18.98″E	22°44′4.43″N
B30	新桥河上游	支流上游	113°51′21.55″E	22°43′19.85″N
B31 ~ B35	茅洲河河口断面 5 个点	干流河口	113°45′21.85″E	22°44′20.18″N
B36 ~ B38	茅洲河共和村断面 3 个点	干流下游	113°47′19.81″E	22°45′44.04″N
B39 ~ B41	茅洲河中下游断面 3 个点	干流中下游	113°47′43.11″E	22°47′5.90″N
B42 ~ B44	茅洲河宝安大桥断面 3 个点	干流中下游	113°49′39.83″E	22°47′41.22″N

12. 2. 2　调查结果

12. 2. 2. 1　大型水生植物

1. 大型水生植物分布概况

茅洲河流域大型水生植物分布状况较为恶劣。调查的 44 个样点中,均未发现有沉水植物分布。河槽中的挺水或湿生植物在鹅颈水上游样点发现有分布,其他干支流样点河槽内均没有任何大型水生植物分布。调查的河道中,樵窝坑、石岩河、木墩水下游、新陂头上游、新陂头北支下游、楼村水下游、白沙坑水河口、沙井河下游、新桥河和茅洲河上游等硬质岸带河道、河岸也几乎没有大型水生植物的分布(见图 12.2-3)。

调查中,鹅颈水、新陂头中下游、新陂头北支中上游、楼村水中上游、木墩水中游、沙井河下游、茅洲河中下游等河道岸带有一定的湿生植物分布,主要有芦苇、野芋、菰、水花生、水蓼、油草等种类(见

图 12. 2-3　茅洲河流域典型无水生植物分布河道示例图

图 12. 2-4）。

图 12. 2-4　茅洲河流域岸带湿生植物概况

2. 大型水生植物优势种类分析

在调查的各条河道中,具体的大型水生植物优势类群见表 12.2-2。

表 12.2-2　茅洲河各河道优势水生植物类群

河道	优势种类
茅洲河干流上游	无
茅洲河干流中下游	芦苇、水花生、水蓼
石岩河	无
樵窝坑	无
鹅颈水	芦苇、野芋、菰
木墩水	芦苇、水花生、水蓼
楼村水	芦苇
新陂头	芦苇
新陂头北支	芦苇
白沙坑水	无
沙井河	芦苇、油草
新桥河	无

从表 12.2-2 中可以看出,茅洲河流域中部分河道有大型水生植物分布,但在调查中也发现,这些水生植物并不是分布在河道全程,在河道的硬质岸带区域往往没有水生植物分布。上述河道最主要的水生植物优势类群是芦苇,从分布区域和分布的量来看,芦苇在茅洲河流域占到绝对的优势,特别是在支流的岸带。而在干流和支流的一些岸带上,水花生、水蓼、油草等较为低矮的湿生植物类群也会占到优势。野芋在茅洲河流域偶有分布,但在大部分区域都不是优势类群。

3. 茅洲河流域大型水生植物生境评价

茅洲河流域河流大部分河段流速较高,底质主要为砂石底,同时水体黑臭污染严重,从生境角度来说,不适合沉水植物的生长。而茅洲河流域的主要城区河段都是硬化的坡岸和竖直岸,也不适宜岸带植物的生长。在茅洲河流域部分支流区域,大规模的建设开发工作导致河岸破坏严重,也影响了水生植物的生存。总的来说,茅洲河流域水生植物的生境较差,这也导致了茅洲河水生植物种类单一,多样性较低。

4. 茅洲河流域大型水生植物资源分析

从调查的结果看,在重污染的条件下,茅洲河流域不存在具有明显经济价值的大型水生植物。

12.2.2.2　藻类

1. 浮游藻类种类组成

在 44 个采样点共采集到浮游藻类 187 种。首先绿藻门物种最为丰富,有 74 种;其次是硅藻门 46 种,蓝藻门 31 种,裸藻门 24 种;隐藻门、甲藻门和金藻门最少,分别为 5 种、4 种和 3 种。不同采样点分布的物种数也有差异,在 12~73 之间。总的以茅洲河支流采样点物种数较少,干流中下游和河口物种数最多。各采样点以绿藻门、硅藻门和蓝藻门物种最多,其次裸藻门物种也很丰富。

2. 浮游藻类密度

茅洲河流域不同采样点浮游藻类的细胞密度在 $7.68 \times 10^5 \sim 3.07 \times 10^7$ cell/L,平均为 $(8.49 \times 10^6 \pm 5.86 \times 10^6)$ cell/L。茅洲河支流及干流河口的密度较低,而干流及支流中游的密度较高。从不同藻类门类来看,蓝藻门的密度最高,在各采样点所占比例在 24% ~87% ,平均达 58% ±17% ;其次是绿藻门,占比例在 0~61% ,平均为 26% ±15% ,再次为硅藻门,所占比例在 2% ~28% ,平均为 12% ±7% 。裸藻门、甲藻门、隐藻门和金藻门均较少。

3. 浮游藻类生物量

茅洲河流域不同采样点浮游藻类的生物量为 0. 29 ~10. 34 mg/L,平均为(4. 58 ±2. 55) mg/L。茅洲河支流上游的生物量较低,而干流及支流中游、河口的生物量较高。从不同藻类门类来看,裸藻门的生物量最高,在各采样点所占比例在 0~77% ,平均达 37% ±23% ;其次是绿藻门,所占比例为 0~68% ,平均为 27% ±16% ;再次为硅藻门,所占比例在 3% ~84% ,平均为 25% ±20% ;蓝藻门、甲藻门、隐藻门和金藻门均较少。

4. 浮游藻类的优势种

茅洲河流域出现的浮游藻类物种丰富,但从个体平均密度看,极小假鱼腥藻 *Pseudanabaena minima*、中华平裂藻 *Merismopedia sinica*、链状假鱼腥藻 *Pseudanabaena catenata*、假鱼腥藻 *Pesudanabaena* sp. 、土生假鱼腥藻 *Pseudanabaena mucicola*、莱德基泽丝藻 *Limnothrix redekei*、细鞘丝藻 *Leptolyngbya* sp. 、蒙氏浮丝藻 *Planktothrix mougeoti*、被甲栅藻博格变种双尾变形 *Scenedesmus arcuatus* var. *boglariensis* f. *bicaudatus* 和微型舟形藻 *Navicula minima* 等蓝藻门、绿藻门和硅藻门的种类为优势种。

但由于不同浮游藻类的细胞体积悬殊,从对生物量的贡献来看,裸藻门和绿藻门及隐藻门和硅藻门的以下物种,由于其个体较大,密度也不低,在生物量上占明显优势。如长尾扁裸藻 *Phacus longicauda*、尖尾裸藻 *Euglena oxyuris*、带形裸藻 *Euglena ehrenbergii*、纤细裸藻 *Euglena gracilis*、华丽囊裸藻 *Trachelomonas superba*、剑尾陀螺藻 *Strombomonas ensifera*、盘藻 *Gonium pectorale*、单生卵囊藻 *Oocystis solitaria*、隐藻 *Cryptomomas* sp. 和颗粒直链藻 *Melosira granulata* 等。

5. Palmer 藻类污染指数分析

利用 Palmer 藻类污染指数记分方法,评价了茅洲河流域不同采样点的水质污染状况,结果表明,茅洲河流域 44 个采样点的 Palmer 值为 8~32。根据 Palmer 指数的评价标准,1#、2#和 3#采样点的 Palmer 值<15,指示这 3 个采样点水质处于轻污染状况;4#、5#、9#、25#和 28#采样点的 Palmer 值为 15~19,指示这 5 个采样点水质处于中污染状况;其余 36 个采样点的 Palmer 值>19,指示这些采样点水质状况很差,属重污染。总的来说,处于轻污染和中污染状况的采样点均位于茅洲河流域的支流上游,干流采样点的污染状况均较严重,属重污染。

12.2.2.3　浮游动物

1. 浮游动物种类组成

在 44 个样点采样调查,共采集到浮游动物 88 种。其中原生动物 17 种,轮虫 54 种,枝角类 8 种,桡足类 9 种,轮虫种类数最多。原生动物如表壳虫 *Arcella* sp. 、砂壳虫 *Difflugia* sp. 、钟虫 *Vorticella* sp. ,轮虫如角突臂尾轮虫 *Brachionus angularis*、镰状臂尾轮虫 *Brachionus falcatus*、萼花臂尾轮虫 *Brachionus calyciflorus*、裂痕龟纹轮虫 *Anuraeopsis fissa* 等,枝角类如秀体溞 *Diaphanosoma* sp. 、长额象鼻溞 *Bosmina longirostris* 和圆形盘肠溞 *Chydorus sphaericus* 等,桡足类如一种许水蚤 *Schmackeria* sp. 、一种真剑水蚤 *Eucyclops* sp. 以及桡足幼体和无节幼体等为浮游动物各类群的优势种。各采样点浮游动物各类群物种丰富度在 6~41 种之间,平均 22. 5 种。

2. 浮游动物密度

茅洲河流浮游动物的密度以原生动物个体数最多,轮虫次之,枝角类、桡足类数量最少。原生动物密度在 0~1 356 667 ind. /L 之间,平均密度为(140 833. 30 ±293 894)ind. /L。15#、27#采样点未检测到原生动物。轮虫密度在 0~100 000 ind. /L 之间,平均密度为(22 424. 24 ±25 531. 70)ind. /L,1#、3#、26#采样点未检测到轮虫。枝角类密度在 0~14. 9 ind. /L 之间。其中 1#、2#、3#、9#和 42#采样点定量检测为 0,平均密度为(1. 44 ±2. 51)ind. /L。桡足类密度在 0. 067 ~15. 20 ind. /L 之间,平均密度为(4. 30 ±4. 04) ind. /L。

3. 浮游动物生物量

茅洲河流域不同采样点的浮游动物生物量在 0. 17 ~150. 53 mg/L,平均为(34. 00 ±34. 71) mg/L。

茅洲河支流上游的生物量较低,干流中下游、支流中下游、河口大部分的采样点生物量较高。

在浮游动物四个类群中,以轮虫的生物量最高,占比 0 ~ 99.91%,平均为 71.22% ± 29.51%;其次为原生动物,生物量占比 0 ~ 99.88%,平均为 28.45% ± 29.31%;枝角类生物量占比 0 ~ 2.32%,平均为 0.15% ± 0.36%;桡足类生物量最低,占比 1.76×10^{-3}% ~ 1.29%,平均为 0.18% ± 0.27%。

4. 浮游动物种群结构

运用 Shannon – Wiener 指数(H')测算茅洲河流域各采样点浮游动物的群落多样性。个别结果表明,H' 值大部分在 1 ~ 3 之间,处于中度污染水平;部分采样点 $H' < 1$,处于严重污染;仅少数点 $H' > 3$,处于轻污染状态。茅洲河支流上游和中游的采样点群落多样性指数相对较高,其次是支流下游和干流上游,干流中游、下游及河口的群落多样性最低。部分支流及干流上游采样点 H' 也较低,可能与采样点水流较大有关。

5. E/O 污染指数分析

利用 E/O 指数评价中 – 富营养型种(E)和贫 – 中营养型种(O)种数比值(E/O)来评定茅洲河流域不同采样点水体类型。评价标准为:E/O 值 < 0.5,贫营养型;E/O 值 0.5 ~ 1.5,中营养型;E/O 值 1.5 ~ 5.0,富营养型;E/O 值 > 5.0,超富营养型。结果表明,茅洲河流域中营养型采样点有 3 个,分别为 8#、10# 和 12#;富营养型水体有 20 个采样点,分别为 1#、5#、7#、9#、11#、13#、15# ~ 19#、21#、23#、24#、27#、30#、33#、36#、42# 和 44# 点;其余 21 个采样点均为超富营养型水体。总体来说,茅洲河流域采样点多处于富营养型或超富营养型水平,污染严重。

12.2.2.4　底栖动物

1. 底栖动物物种组成

茅洲河流域 44 个采样点中共采集到底栖动物 3 门 6 纲 7 目 17 科 27 属 28 种,其中环节动物门有 4 种,包括多毛纲、寡毛纲和蛭纲,分别为 1 种、2 种和 1 种;软体动物有 12 种,包括腹足类 10 种和瓣鳃类 2 种;节肢动物门有 12 种,包括双翅目水生昆虫 10 种和蜻蜓目 2 种。

2. 底栖动物密度

1#、13#、17#、36#、37# 和 38# 采样点仅发现软体动物,主要为腹足类,密度分别为 16 ~ 352 ind. /m²。3#、2#、12#、9# 和 10# 采样点以水生昆虫的密度占优势,密度为 32 ~ 1 344 ind. /m²,主要以羽摇蚊 Chironomus sp. 占优势。其他采样点以环节动物数量较大,尤其是霍普水丝蚓(Limnodrilus hoffmeisteri),如 19# ~ 24# 采样点寡毛类密度为 27 584 ~ 58 176 ind. /m²,占底栖动物总密度的 90% 以上。

3. 底栖动物生物量

茅洲河流域 44 个采样点底栖动物的生物量为 0.3 ~ 2 326.5 g/m²,平均为(394.5 ± 594.9)g/m²。1# 采样点位于樵窝坑支流上游,由于栖息有个体较大的软体动物,如中华圆田螺 Cipangopaludina cathayensis、大脐圆扁螺 Hippeutis umbilicalis 和拟钉螺 Tricula greoriana,因而生物量最高。而 19# ~ 24# 采样点位于楼村水河口及其下游茅洲河干流,栖息了大量的霍甫水丝蚓(Limnodrilus hoffmeisteri),生物量也很高。5#、29# ~ 35# 以及 42# ~ 44# 采样点具有较高的生物量,其他采样点生物量较低。

4. 底栖动物群落多样性

运用 Shannon – Wiener 指数(H')测算茅洲河流域各采样点底栖动物的群落多样性,结果表明,H' 值均不高,在 0 ~ 1.52 之间。茅洲河支流上游和中游的采样点群落多样性指数相对较高,其次是支流下游和干流上游,干流中游、下游及河口的群落多样性最低。

5. 底栖动物 BMWP 记分

运用 BMWP 记分系统方法,以茅洲河流域底栖动物为指示生物,对监测位点水体质量状况进行评价。结果表明,44 个采样点的 BMWP 得分在 1 ~ 24 之间,分值总体都比较小。根据 BMWP 得分的评价标准,有 10 个采样点的得分处于"差"级,说明这些采样点水体处于污染状况;其他 34 个采样点的得分处于"劣"级,说明这些采样点的水体处于重度污染状况。总的来说,茅洲河流域支流上游的水质状况相对稍好,而茅洲河干流各监测位点,尤其是中下游及河口短的污染十分严重。

12.2.2.5 鱼类

1. 种类组成

调查表明,茅洲河流域鱼类资源十分贫乏,仅采集到福寿鱼(是莫桑比克罗非鱼 *Oreochromis mossambicus*(Peters)和尼罗罗非鱼 *Oreochromis niloticus*(Linnaeus)的杂交种,以下称罗非鱼)、栉鰕虎鱼 *Ctenogobius giurinus*(原名子陵栉鰕虎鱼)、胡子鲶 *Clarias fuscus*(当地名称塘鲺鱼)、食蚊鱼 *Gambusia affinis* 等 4 种鱼类,隶属于 3 目 4 科 4 属。其中福寿鱼和栉鰕虎鱼分属于鲈形目的丽鱼科和鰕虎鱼科,胡子鲶属于鲇形目胡子鲇科,食蚊鱼属于鳉形目胎鳉科。从鱼类的食性来看,福寿鱼为杂食性,多以有机碎屑及植物性为主。栉鰕虎鱼和食蚊鱼也是杂食性鱼类,但偏浮游动物食性。胡子鲶为肉食性鱼类,捕食对象多为小型鱼类,如餐条、鲫鱼、鰕虎鱼、麦穗鱼、鲤鱼、泥鳅等,也吃虾类和水生昆虫。上述种类均为耐污种类,适应性广。尤其是福寿鱼和胡子鲶,能够在深水活污泥中生活。本次的调查中发现,在公明的污水处理厂污水池中有大量福寿鱼种群,有时甚至堵塞排水管网。

从分布地区看,鱼类主要集中在茅洲河干流上游的新围河段以上,该区域主要是罗非鱼(见图 12.2-5),尤其是以公明的污水处理厂的污水处理池以及排水渠最多。在上游支流的樵窝坑的上游,也有一些小型鱼类生活,如栉鰕虎鱼(见图 12.2-6)、胡子鲶(见图 12.2-7)、食蚊鱼(见图 12.2-8)等,以及一些虾类,如多齿新米虾 *Neocaridina denticulate*、锯齿新米虾 *Neocaridina denticulata denticulata*(见图 12.2-9)、异足新米虾 *Neocaridina heteropoda* 等。而在茅洲河楼村以下的中下游河段及其附属支流,由于水体污染严重,黑臭异常,没有鱼类生活。在茅洲河入珠江的河口,经过 2 个虾笼 12 h 定置捕捞,没有发现鱼类。此外,通过访问渔民得知,茅洲河楼村以下的中下游河段及其附属支流区域已经多年无鱼可捕。

图 12.2-5 福寿鱼(罗非鱼)

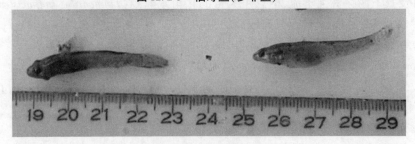

图 12.2-6 栉鰕虎鱼

2. 群落健康分析

鱼类的生长虽然具有明显的物种生物学特征,但也往往受到环境中饵料丰歉、水质污染等因素的影响。鱼类的生长可以通过鱼类的体长或体重的生长曲线表示,也可以通过鱼类的体长与体重的关系来表示。一般来说,鱼类的体长 L 与体重 W 呈现幂函数关系,可以用 $W = aL^b$ 表示。参数 a 表示鱼的体重

图12.2-7 胡子鲶

图12.2-8 食蚊鱼

图12.2-9 多齿新米虾(右)和锯齿新米虾(左)

增加系数与体长增长系数之比;参数 b 可以理解为环境指数,间接地反映鱼类生长对环境的响应。若参数 b 约等于3,表示鱼类生长匀速,体形均匀;若大于3,表明鱼类生长较快,也反映鱼类生长环境好,鱼类食物充足;反之,参数 b 小于3,则表明鱼类生长环境较差,食物不充足,鱼类生长缓慢。

茅洲河的渔获物中罗非鱼是优势种类,以1龄和2龄为主,其体长为85~265 mm,平均为(148±39) mm,体重为21.6~640 g,平均为(137±123)g。罗非鱼的体长和体重幂函数关系为 $W = 2 \times 10^{-5} L^{3.1172}$,$R^2 = 0.9882$。指数 b 为3.1172,大于3,表明茅洲河的罗非鱼生长较快。罗非鱼生长快速与其食性和适应性有很大关系。罗非鱼食性广泛,为杂食性鱼类,多以有机碎屑及植物性为主,贪食,摄食量大,因此生长迅速,尤以幼鱼期生长更快。

鱼类群落是特定水域内鱼类种群相互结合的一种结构单元,鱼类与周围环境及其他物种相互依赖、相互作用,组合成具有内在联系与结构特点的整体单元,因此鱼类群落结构的变化在一定程度上反映了水域生态系统在结构组成与功能稳定性方面的变化。食物链结构复杂性通常用来评价生物群落和生态系统复杂性及健康状态的指标。食物链结构的差异对不同功能群物种的种群稳定性存在着不同的作用,并且物种生活史特征与食物链结构会共同影响种群稳定性(Lawler 和 Morin, 1993)。群落水平的多样性常常和生态位的多样性联系在一起。Tilman 等认为在同一群落中物种间存在着生态位的差异,因而认为物种数多的群落其生物占据的功能空间范围更广,能更有效地利用各种资源,对系统功能的作用更强。因此,一个稳定且健康的鱼类群落应该具有一定的多样性,既有以有机碎屑为食的种类,也有以藻类或植物为食的种类,以及浮游动物食性的种类,还应该包括肉食性顶级种类。各功能组和食物网的组成越复杂和多元化,生态系统内部食物链接联系就越高,也就意味着系统内各种营养物能够被重复利用的可能性越大,生态系统内部的能量循环和营养物质利用越充分,生态系统也越稳定。显然,茅洲河的鱼类群落结构是不健全的,其种类十分贫乏。在大部分区域,水体黑臭,鱼虾绝踪。仅在上游的楼村以上有耐污的杂食性种类罗非鱼存在,以及上游部分支流有部分小型鱼类存在。虽然这些支流中的鱼类群落仍然包含以有机碎屑为食的种类(栉鰕虎鱼和食蚊鱼)以及肉食性种类(胡子鲶),但由于支流水浅,流量偏小,极易受气候和外界因素影响,鱼类群落偏向小型化,生态系统食物链短,食物网单一。总体而言,茅洲河的鱼类群落结构单一、小型化,食物网简单,种群生物量低,鱼类群落处于极不健康状态。

3. 环境评价

群落组成对种群动态及生态系统功能有重要影响,群落组成被认为是生态系统稳定性、营养动态、对入侵敏感性等功能的重要决定因子(Tilman,1999)。鱼类与其生存的环境密不可分,无时无刻不受其影响,而且作为生态系统高营养层次的鱼类,环境变动必然会产生"上行效应"而影响鱼类,因此鱼类生存环境变动后,会引起鱼类群落多样性在时间与空间上的变化。

在茅洲河大部分区域,水体黑臭,鱼虾绝踪。仅在上游的楼村以上有耐污的罗非鱼存在,以及上游部分支流有部分小型鱼类存在。茅洲河的鱼类群落结构单一、小型化,食物网简单,种群生物量低。鱼类群落多样性和生境的多样性具有密切正相关关系,茅洲河鱼类群落极不健康状态与其单一黑臭水体环境有密切相关性。

鱼类多样性也和生境的恢复程度呈正相关(Wolter,2001)。茅洲河流域的综合整治工程已经被立项并启动,因此期待,随着综合整治工程的深入实施,茅洲河流域的黑臭水体现象得到彻底改变,清水生境得到恢复,浮游生物和底栖生物能够大量繁殖,鱼类重新返回茅洲河,最终整个生态系统得以重建,并走向健康和稳定。

12.2.3　结果分析评价

茅洲河流域浮游藻类物种丰富,但以颤藻属、席藻属、假鱼腥藻属、直链藻属、舟形藻属、裸藻属、扁裸藻属、栅藻属和纤维藻属等污染指数值较高、喜好高有机质水体的物种数十分丰富。细胞密度以个体较为微小的假鱼腥藻、鞘丝藻、浮丝藻等蓝藻门种类占优势。生物量以细胞个体较大、嗜好高有机质的裸藻占优势。Palmer藻类污染指数记分方法也显示仅茅洲河流域支流上游的水体污染状况较轻,处于轻污染和中污染状况,干流的污染状况均较严重,属重污染。

茅洲河流域采集到的浮游动物种类数多,但部分种类密度高,生物量大,群落多样性较低。尤其以轮虫、原生动物种类数多,密度高,且以如臂尾轮虫等污水种类居多,而枝角类和轮虫种类数相对较少。综合E/O值和香农威纳指数均显示,采样点多为污染水体,处于中污染或重污染状态。

茅洲河流域的底栖动物物种不多,所有物种的耐污值在4.5~10,未出现喜清洁水体的敏感物种。运用BMWP记分系统评价各采样点的水质状况,总体来说茅洲河流域的水质状况很差,绝大多数采样点均处于重污染状况,但位于支流和干流上游的1#、4#、5#、7#、16#和30#采样点的水质状况相对稍好。

茅洲河的鱼类群落结构单一、小型化,食物网简单,种群生物量低,鱼类群落处于极不健康状态,这与其单一黑臭水体环境有密切相关性。

12.3　茅洲河流域河流健康评估研究

12.3.1　指标选择的原则

(1)科学认知原则。基于现有的科学认知,可以基本判断其变化驱动成因的评估指标。

(2)数据获得原则。评估数据可以在现有监测统计成果基础上,进行收集整理,或采用合理(时间和经费)的补充监测手段可以获取的指标。

(3)评估标准原则。基于现有成熟或易于接受的方法,可以制定相对严谨的评估标准的评估指标。

（4）相对独立原则。选择评估指标内涵不存在明显的重复。

12.3.2　指标体系构建

茅洲河流域河流健康评估指标体系采用目标层、准则层和指标层 3 级体系。目标层指的是河流健康准则层包括 5 个方面,分别是生物指标(B1)、社会服务功能指标(B2)、物理结构指标(B3)、水文水资源指标(B4)和水质指标(B5)。在准则层下分为 16 个指标层,详见表 12.3-1。

表 12.3-1　河流健康评估指标体系

目标层	代码	准则层	代码	河流指标层	代码
河流健康	A	生物指标	B1	E/O 指数	C1
				Palmer 藻类污染指数	C2
				底栖动物完整性指数	C3
		社会服务功能指标	B2	水功能区达标指标	C4
				水资源开发利用指标	C5
				防洪指标	C6
		物理结构指标	B3	岸坡稳定性	C7
				河岸植被覆盖率	C8
				河岸人工干扰程度	C9
				河流连通阻隔状况	C10
		水文水资源	B4	流量过程变异程度	C11
				生态流量保障程度	C12
		水质指标	B5	DO 水质状况	C13
				耗氧有机物污染状况	C14
				总磷污染状况	C15
				重金属污染状况	C16

12.3.3　河流健康评估基准

评估基准的确定是用于比较并检测生态损伤的基础,是进行河流健康评估的必要前提。基准状况分为 4 类,详见表 12.3-2。

12.3.4　河流健康评估指标数据调查及监测位置

河流健康评估指标包括 3 种尺度,即断面尺度指标、河段尺度指标和河流尺度指标。断面尺度指标的数据来自监测断面的取样监测。河段尺度指标的数据来自评估河段内的代表站位或评估河段整体情况。河流尺度指标的数据来自评估河流及其流域的调查和统计数据。具体见表 12.3-3。

12.3.5　河流健康评估指标的计算方法

首先对流域内每条河流(或河段)进行断面尺度或河段尺度的指标计算赋分,然后根据权重计算准则层的赋分,再根据不同准则层的权重计算每条河流(或河段)的目标层赋分。利用每条河流(或河段)的长度占流域内河流总长度(或河流总长度)的比例作为权重,计算得到整个流域(或整个河流)的河流健康赋分。河流健康评估流程见图 12.3-1。

表 12.3-2　河湖健康评估基准情景

参照状况	说明	特征
最小干扰状态(MDC)	无显著人类活动干扰条件下	考虑自然变动、随时间变化小
历史状态(HC)	某一历史状态	多种可能,可以根据需要选择某个时间节点
最低干扰状态(LDC)	区域范围内现有最佳状态,即区域内最佳的样板河段	具有区域差异,随着河道退化或生态恢复可能随时间变化
可达到最佳状态(BAC)	通过合理有效的管理调控可达到的最佳状况,即期望状态	主要取决于人类活动对区域的干扰水平,BAC 不应超越 MDC,但也不应劣于 LDC

表 12.3-3　河流健康评估指标取样调查位置或范围说明

目标层	代码	准则层	代码	河流指标层	代码	指标尺度	评估数据取样调查监测位置或范围
河流健康	A	生物指标	B1	E/O 指数	C1	断面尺度	监测河段所有监测断面取样区
				Palmer 藻类污染指数	C2		
				底栖动物完整性指数	C3		
		社会服务功能指标	B2	水功能区达标指标	C4	河段尺度	评估河段
				水资源开发利用指标	C5		
				防洪指标	C6		
		物理结构指标	B3	岸坡稳定性	C7	断面尺度	监测河段监测断面所在左右岸样区
				河岸植被覆盖率	C8		
				河岸人工干扰程度	C9		
				河流连通阻隔状况	C10	河段尺度	评估河段
		水文水资源指标	B4	流量过程变异程度	C11	河段尺度	位于评估河段内的水文站
				生态流量保障程度	C12		
		水质指标	B5	DO 水质状况	C13	断面尺度	评估河段监测点位所在的监测断面
				耗氧有机物污染状况	C14		
				总磷污染状况	C15		
				重金属污染状况	C16		

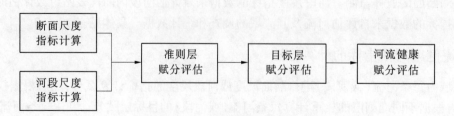

图 12.3-1　河流健康评估流程

12.3.5.1　指标层赋分评估

1. 断面尺度指标计算方法

将监测断面取样监测数据转换为监测河段代表值,转换方法包括:

(1)物理结构准则层:河岸带状况指标中的河岸稳定性分指标及河岸植被覆盖度分指标的评估数据采用监测断面调查监测数据的算术平均值;

(2)生物准则层:将监测断面的样品综合成一个分析样,其分析数据作为监测河段的评估数据。

设置多个监测河段的评估河段,在上述工作基础上,对监测河段的分析数据进行算术平均,得到评估河段代表值。

2. 河段尺度指标计算方法

(1)部分河流可以从评估河段内的典型站点获得,如水文水资源准则层的评估指标,可以选用评估河段内现有的水文站监测数据,或根据水文监测调查技术规程确定的补充监测站;

(2)部分指标要从整个评估河段的统计数据获得,如社会服务功能指标准则层指标,其评估数据是与整个评估河段相关的调查统计数据;

(3)部分指标要包括评估河段及其下游河段,如物理结构中的河流连通阻隔状况指标,需要调查评估河段及其至下游河口的河段内的闸坝阻隔情况。

12.3.5.2　准则层赋分评估

参照各评估指标的赋分标准,计算每条河流(或河段)的准则层赋分值。

12.3.5.3　目标层赋分评估

按照水生物指标(B1)、社会服务功能指标(B2)、物理结构指标(B3)、水文水资源指标(B4)和水质指标(B5)在体系内的权重进行综合评估,得到流域内每条河流(或河段)的目标层赋分值。

$$REI = \sum_{i=1}^{n} (Bi_r \times Bi_w) \quad n = 1,2,\cdots,5 \tag{12.3-1}$$

式中　REI——每条河流的目标层赋分;

　　　Bi_r——准则层赋分;

　　　Bi_w——准则层权重。

12.3.5.4　茅洲河流域河流健康目标层赋分

茅洲河流域河流健康目标层赋分按照以下公式计算:

$$TREI = \sum_{i=1}^{N} \left(\frac{REI_n \times SL_n}{RIVL} \right) \tag{12.3-2}$$

式中　$TREI$——茅洲河流域河流健康目标层赋分;

　　　REI_n——流域内每条河流(或河段)的目标层赋分;

　　　SL_n——评估河流(或河段)长度,km;

　　　$RIVL$——评估流域河流总长度,km;

　　　N——流域内评估河流总数。

12.3.6　指标权重分析

根据权重分析的结果,准则层和指标层的权重见表 12.3-4。

12.3.7　生物指标准则层 B1

12.3.7.1　E/O 指数 C1

应用浮游动物中-富营养型种(E)和贫-中营养型种(O)种数比值(E/O)来判定水体类型。具体的浮游动物中-富营养型种(E)和贫-中营养型种(O)种类如表 12.3-5 所示。

表 12.3-4　茅洲河流域健康评估体系权重

目标层	代码	权重	准则层	代码	权重	指标层	代码	总排序
河流健康	A	0.152	生物指标	B1	0.320	E/O 指数	C1	8
					0.252	Palmer 藻类污染指数	C2	13
					0.429	底栖动物完整性指数	C3	5
		0.097	社会服务功能指标	B2	0.442	水功能区达标指标	C4	9
					0.263	水资源开发利用指标	C5	16
					0.295	防洪指标	C6	15
		0.234	物理结构指标	B3	0.461	岸坡稳定性	C7	3
					0.216	河岸植被覆盖率	C8	7
					0.149	河岸人工干扰程度	C9	14
					0.174	河流连通阻隔状况	C10	11
		0.282	水文水资源指标	B4	0.544	流量过程变异程度	C11	1
					0.456	生态流量保障程度	C12	2
		0.235	水质指标	B5	0.380	DO 水质状况	C13	4
					0.269	耗氧有机物污染状况	C14	6
					0.181	总磷污染状况	C15	10
					0.170	重金属污染状况	C16	12

表 12.3-5　E/O 浮游动物种类

中文名	拉丁名	中文名	拉丁名
贫 - 中营养型种(O)			
隔齿刺镖水蚤	*Acanethodiaptomus douticornis*	水生枝胃轮虫	*Euteroplea lacustris*
钳形猪吻轮虫	*Dioranophorut forcipatus*	瘤突腹尾轮虫	*Gastropus stylifer*
吕氏猪吻轮虫	*Dioranophorut lvlkeni*	卵形彩胃轮虫	*Chromogaster ovalis*
钩形猪吻轮虫	*Dioranophorut unvinalus*	弧形彩胃轮虫	*C. lesludo*
连锁柔轮虫	*Lindia torulosa*	舞跃无柄轮虫	*Ascomorpha saltans*
卵形鞍甲轮虫	*Lepadella ovalis*	没尾无柄轮虫	*A. ecaudis*
尖尾鞍甲轮虫	*Lepadella acuminala*	纵长异尾轮虫	*Trichocerca sallans*
截头鬼轮虫	*Truchotria truncata*	圆筒异尾轮虫	*Trichocerca cylindrica*
真跨轮虫	*Eudactylata eudactylata*	暗小异尾轮虫	*Trichocerca pusilla*
板胸细脊轮虫	*Lophocharis oxysternon*	鼠异尾轮虫	*T. rattus*
裂痕龟纹轮虫	*Anuraeopsis fissa*	郝氏皱甲轮虫	*Ploesoma hudsoni*
唇形叶轮虫	*Notholoa kabis*	截头皱甲轮虫	*P. truncatum*
长刺盖氏轮虫	*Kellicottla longispina*	双齿镜轮虫	*Testudinella bidentata*
罗氏腔轮虫	*Lecane ludwigii*	海神沼轮虫	*Limnias melicerta*
许立克晶囊轮虫	*Asplanchna*	团状聚花轮虫	*Conochilus hippocrepis*

续表 12. 3-5

中文名	拉丁名	中文名	拉丁名
多突囊足轮虫	Asplanohnopus multiceps	独角聚花轮虫	C. unicornis
巨长肢轮虫	Monommata grandis	叉角拟囊花轮虫	Conochiloides dossuariu
细长肢轮虫	Monommata longiseta	敞水胶鞘轮虫	Collotheca pelagica
龙大椎轮虫	Notommata copeus	无常胶鞘轮虫	C. mutabalis
番犬椎轮虫	Notommata oerberus	单肢溞	Holopedium gibberum
拟番犬椎轮虫	Notommata pseudoocerberus	尖额湖仙达溞	Limnosida frontosa
三足椎轮虫	Notommata tripus	短尾秀体溞	Diaphanosoma brachyurum
粗壮侧盘轮虫	Pleurotrocha robusta	长刺溞	Daphnia longinspina
纵长晓柱轮虫	Nothinia elongata	小栉溞	D. cristata
黑斑索轮虫	Restioula melandocus	长刺型简弧象鼻溞	Bosmina coregoni forma longispina
小巨头轮虫	Cophalodella eaigna	钝额型简弧象鼻溞	B. coregoni forma oblusirostris
高跨轮虫	Scaridium longicaudum	长刺尾突溞	Bythotrephes longimonus
三角间足轮虫	Mrtadiaschiza trigona	尾肢湖镖水蚤	Limnocalanus macrurus
中 – 富营养型种(E)			
长足轮虫	Rotaria neptunia	截头巨头轮虫	C. incila
转轮虫	R. rotatoria	对棘同尾轮虫	Diurella stylata
懒轮虫	R. ardigrada	沟痕泡轮虫	Pomphplyx sulcata
玫瑰旋轮虫	Philadina roseola	奇异巨腕轮虫	Pedalia mira
红眼旋轮虫	Philodina erythrophthalma	长三肢轮虫	Filinia longiseta
尾猪吻轮虫	Dicronophorus caudatus	迈氏三肢轮虫	Filinia maior
臂尾轮虫	Brachionus sp.	群栖巨冠轮虫	Sinantherina socialia
偏斜型钩状狭甲轮虫	Colurella uscinata forma deflera	瓣状胶鞘轮虫	Collotheca ornala
裂足轮虫	Schizocerca dirersicornis	囊形单趾轮虫	Monostyla bulla
四角平甲轮虫	Platyias quadricornis	大型溞	Daphnia magna
十指平甲轮虫	Platyias militaris	隆线溞	D. carinata
剑头棘簪轮虫	Mytilina mucronata	蚤状溞	D. pulex
小须足轮虫	Euchlanis parva	僧帽溞	D. cucullata
椎尾水轮虫	Epiphaes senta	裸腹溞	Moina sp.
臂尾水轮虫	E. braohiones	长额象鼻溞	Bosmina longirostria
无甲腔轮虫	Lecane inermis	简弧象鼻溞	Bosmina corregoni
卜氏晶囊轮虫	Asplauchna brighlulli	粗角型简弧象鼻溞	Bosmina corregoni forma crassicornis
迈氏盲囊轮虫	Itura myersi	圆形盘肠溞	Chydorus sphaericus
耳叉椎轮虫	Notommata aurita	科莲剑水蚤	Cyclops kolexsis
弯趾椎轮虫	Notommata cyrtopus	肥厚中剑水蚤	Mesocyclops crassus
粘岩侧盘轮虫	Pleurotrocha pstromyzon	长圆疣毛轮虫	Synchaela oblonga
剪形巨头轮虫	Cephalodella foficula	盘镜轮虫	Testedine patina
凸背巨头轮虫	C. gibba		

E/O 值对应的赋分标准见表 12. 3-6。

表 12.3-6　E/O 值赋分

E/O	营养类型	赋分
<0.5	贫营养型	100
0.5~1.5	中营养型	75
1.5~5.0	富营养型	25
>5.0	超富营养型	0

12.3.7.2　Palmer 藻类污染指数 C2

利用耐受污染藻类,不同属的污染指数值对监测点水体受污染程度进行评价的一种生物指数。根据藻类对有机污染耐受程度的不同,对能耐受污染的 20 属藻类,分别给予不同的污染指数值。按照指数分值分布范围,对监测点水体质量状况进行评价。Palmer 分值越小表明水体质量越好。根据水样中出现的藻类,按表 12.3-7 中给出的污染指数值计算总污染指数。

表 12.3-7　藻类的污染指数值

属名	污染指数值	属名	污染指数值
集胞藻属	1	微芒藻属	1
纤维藻属	2	舟形藻属	3
衣藻属	4	菱形藻属	3
小球藻属	3	颤藻属	5
新月藻属	1	实球藻属	1
小环藻属	1	席藻属	1
裸藻属	5	扁裸藻属	2
异极藻属	1	栅藻属	4
鳞孔藻属	1	毛枝藻属	2
直链藻属	1	针杆藻属	2

Palmer 藻类污染指数评价赋分参照表 12.3-8。

表 12.3-8　Palmer 藻类污染指数评价赋分

指数	>20	15~19	5~14	<5
污染状况	重污染	中污染	轻污染	无污染
赋分	0	25	75	100

12.3.7.3　底栖动物 BMWP 记分 C3

利用不同大型底栖动物对有机污染有不同的敏感性/耐受性,按照各个类群的耐受程度给予分值,来评价水环境质量的一种生物指数。

BMWP 记分系统以大型底栖动物为指示生物。BMWP 评价原理是基于不同的大型底栖动物对有机污染(如富营养化)有不同的敏感性/耐受性,按照各个类群的耐受程度给予分值。按照分值分布范围,对监测点水体质量状况进行评价。BMWP 分值越大表明水体质量越好。

BMWP 记分系统以科为单位,每个样品各科记分值(见表 12.3-9)之和,即为 BMWP 分值,样品中只有 1~2 个个体的科不参加记分。按照表 12.3-9 评价标准对监测点的污染状况进行评价。

表 12.3-9　大型底栖动物类群记分值

类群	科	记分值
蜉蝣目	短丝蜉科、扁蜉科、细裳蜉科、小蜉科、河花蜉科、蜉蝣科	10
襀翅目	带襀科、卷襀科、黑襀科、网襀科、襀科、绿襀科	
半翅目	盖蝽科	
毛翅目	石蛾科、枝石蛾科、贝石蛾科、齿角石蛾科、长角石蛾科、瘤石蛾科、鳞石蛾科、短石蛾科、毛石蛾科	
十足目	正螯虾科	8
蜻蜓目	丝螅科、色螅科、箭蜓科、大蜓科、蜓科、伪蜻科、蜻科	
蜉蝣目	细蜉科	7
襀翅目	叉襀科	
毛翅目	原石蛾科、多距石蛾科、沼石蛾科	
螺类	蜓螺科、田螺科、盘蜷科	6
毛翅目	小石蛾科	
蚌类	蚌科	
端足目	蜾蠃蜚科、钩虾科	
蜻蜓目	扇螅科、细螅科	
半翅目	水蝽科、尺蝽科、黾蝽科、蝽科、潜蝽科、仰蝽科、固头蝽科、划蝽科	5
鞘翅目	沼梭科、水甲科、龙虱科、豉甲科、牙甲科、拳甲科、沼甲科、泥甲科、长角泥甲科、叶甲科、象鼻虫科	
毛翅目	纹石蛾科、经石蚕科	5
双翅目	大蚊科、蚋科	
涡虫	真涡虫科、枝肠涡虫科	
蜉蝣目	四节蜉科	4
广翅目	泥蛉科	
蛭纲	鱼蛭科	
螺类	盘螺科、螺科、椎实螺科、滴螺科、扁卷螺科	3
蛤类	球蚬科	
蛭纲	舌蛭科、医蛭科、石蛭科	
虱类	栉水虱科	
双翅目	摇蚊科	2
寡毛类	寡毛纲	1

12.3.7.4　生物指标层得分

生物指标层得分见表 12.3-10。

表 12.3-10　生物指标层得分

指标	代码	得分
E/O 指数	C1	36
Palmer 藻类污染指数	C2	42
底栖动物 BMWP 记分	C3	10

12.3.8　社会服务功能指标准则层 B2

12.3.8.1　水功能区达标指标 C4

以水功能区水质达标率表示。水功能区水质达标率是指对评估河流包括的水功能区按照《地表水资源质量评价技术规程》(SL 395—2007)规定的技术方法确定的水质达标个数比例。该指标重点评估河流水质状况与水体规定功能,包括生态与环境保护和资源利用(饮用水、工业用水、农业用水、渔业用水、景观娱乐用水)等的适宜性。水功能区水质满足水体规定水质目标,则该水功能区的规划功能的水质保障得到满足。

评估年内水功能区达标次数占评估次数的比例大于或等于80%的水功能区确定为水质达标水功能区;评估河流达标水功能区个数占其区划总个数的比例为评估河流水功能区水质达标率。

$$C4r = WFZP \times 100\% \tag{12.3-3}$$

式中　C4r——评估河流水功能区水质达标率指标赋分;

　　　WFZP——评估河流水功能区水质达标率。

12.3.8.2　水资源开发利用指标 C5

以水资源开发利用率表示。水资源开发利用率是指评估河流流域内供水量占流域水资源量的百分比。水资源开发利用率表达流域经济社会活动对水量的影响,反映流域的开发程度,反映了社会经济发展与生态环境保护之间的协调性。

水资源开发利用率计算公式如下:

$$WRU = WU/WR \tag{12.3-4}$$

式中　WRU——评估河流流域水资源开发利用率;

　　　WR——评估河流流域水资源总量;

　　　WU——评估河流流域水资源开发利用量。

水资源的开发利用合理限度确定的依据应该按照人水和谐的理念,既可以支持经济社会合理的用水需求,又不对水资源的可持续利用及河流生态造成重大影响。因此,过高和过低的水资源开发利用率均不符合河流健康要求。

水资源开发利用率指标赋分模型呈抛物线,在30% ~40%为最高赋分区,过高(超过60%)和过低(0)开发利用率均赋分为0。概念模型公式为:

$$C5r = 1\ 111.11 \times (WRU)^2 + 666.67 \times (WRU) \tag{12.3-5}$$

式中　C5r——评估河流流域水资源开发利用率指标赋分;

　　　WRU——评估河流流域水资源开发利用率。

12.3.8.3　防洪指标 C6

河流防洪指标 C6 评估河道的安全泄洪能力。影响河流安全泄洪能力的因素较多,其中防洪工程措施和非工程措施的完善率是重要方面。防洪指标重点评估工程措施的完善状况。

$$C6r = \frac{\sum_{n=1}^{N} (RIVL_n \times RIVB_n)}{RIVL} \tag{12.3-6}$$

式中　C6r——评估河流防洪指标;

　　　$RIVL_n$——有防洪任务河段的长度;

　　　n——评估河流根据防洪规划划分的河段数量;

　　　$RIVB_n$——根据河段防洪工程是否满足规划要求进行赋值:达标,$RIVB_n = 1$,不达标,$RIVB_n = 0$;

　　　RIVL——评估流域河流总长度,km。

防洪指标赋分标准见表12.3-11。

表 12.3-11　防洪指标赋分标准

防洪指标	95%	90%	85%	70%	50%
赋分	100	75	50	25	0

12.3.8.4　社会服务功能准则层得分

社会服务功能准则层得分见表 12.3-12。

表 12.3-12　社会服务功能准则层得分

指标	代码	得分
水功能区达标指标	C4	100
水资源开发利用指标	C5	85
防洪指标	C6	66

12.3.9　物理结构准则层 B3

12.3.9.1　河岸岸坡稳定性 C7

按照构成河岸的地貌类型划分,河流河岸分为以下三类:

(1)河谷河岸,多位于山区河流,河岸由河谷谷坡构成,河道断面呈 V 形结构。

(2)滩地河岸,由枯水季节河漫滩边坡构成,常见于冲积河流的下游河段。

(3)堤防河岸,由洪水季节河道堤防的边坡构成。

其中河岸基质可以划分为:

(1)基岩河岸,河岸由基岩组成。

(2)岩土河岸,河岸下部由近代基岩,上部由近代沉积物组成。

(3)土质河岸,河岸由更新世沉积物或近代沉积物组成。

上述土质河岸可以进一步分为:

(1)非黏土河岸,河岸土体组成在垂向上的分层结构不明显,主要由沙和沙砾组成,中值粒径大于 0.1 mm;

(2)黏土河岸,河岸土体组成在垂向上的分层结构不明显,主要由细沙、粉粒、黏粒和胶粒组成,中值粒径小于 0.1 mm;

(3)混合土河岸,河岸土体组成在垂向上的分层结构明显,一般上部为非黏土层,下部为黏土层。

其中河岸失稳的动力因素包括两类:一是河岸冲刷,指近岸水流对河岸坡脚的泥沙颗粒或团粒冲蚀;二是河岸坍塌,水面以上岸坡的土块在内外各种因素的作用下失稳乃至发生坍塌。

河岸稳定性指标根据河岸侵蚀现状(包括已经发生的或潜在发生的河岸侵蚀)评估。河岸易于侵蚀可表现为河岸缺乏植被覆盖、树根暴露、土壤暴露、河岸水力冲刷、坍塌裂隙发育等。

河岸岸坡稳定性评估要素包括岸坡倾角(SAr)、河岸高度(SHr)、基质特征(SMr)、岸坡植被覆盖度(SCr)和坡脚冲刷强度(STr)。按照下式计算岸坡稳定性赋分:

$$C7r = \frac{SAr + SCr + SHr + SMr + STr}{5} \tag{12.3-7}$$

河岸稳定性评估指标赋分标准见表 12.3-13。

12.3.9.2　河岸植被覆盖度 C8

复杂多层次的河岸植被是河岸带结构和功能处于良好状态的重要表征。植被相对良好的河岸带对河流邻近陆地给予河流的胁迫压力具有较好的缓冲作用。河岸带水边线以上范围内乔木(6 m 以上)、灌木(6 m 以下)和草本植物的覆盖度是评估重点。

表 12.3-13   河岸稳定性评估指标赋分标准

岸坡特征	稳定	基本稳定	次不稳定	不稳定
分值	90	75	25	0
岸坡倾角(°)(<)	15	30	45	60
岸坡植被覆盖度(%)(>)	75	50	25	0
河岸高度(m)(<)	1	2	3	5
基质特征	基岩	岩土河岸	黏土河岸	非黏土河岸
坡脚冲刷强度	无冲刷迹象	轻度冲刷	中度冲刷	重度冲刷
总体特征描述	近期内河岸不会发生变形破坏,无水土流失现象	河岸结构有松动发育迹象,有水土流失迹象,但近期不会发生变形和破坏	河岸松动裂痕发育趋势明显,一定条件下可以导致河岸变形和破坏,中度水土流失	河岸水土流失严重,随时可能发生大的变形和破坏,或已经发生破坏

对比植被覆盖度评估标准(见表 12.3-14),分别对乔木(TC)、灌木(SC)及草本植物(HC)覆盖度进行赋分,并根据下式计算河岸植被覆盖度指标赋分值:

$$C8r = \frac{TCr + SCr + HCr}{3} \tag{12.3-8}$$

表 12.3-14   河岸植被覆盖度指标直接评估赋分标准

植被覆盖度(%)	说明	赋分
0	无该类植被	0
0 ~ 10	植被稀疏	25
10 ~ 40	中度覆盖	50
40 ~ 75	重度覆盖	75
>75	极重度覆盖	100

12.3.9.3   河岸带人工干扰程度 C9

对河岸带及其邻近陆域典型人类活动进行调查评估,并根据其与河岸带的远近关系区分其影响程度。重点调查评估在河岸带及其邻近陆域进行的 9 类人类活动,包括河岸硬性砌护、采砂、沿岸建筑物(房屋)、公路(或铁路)、垃圾填埋场或垃圾堆放、河滨公园、管道、农业耕种、畜牧养殖等。

对评估河段采用每出现一项人类活动减少其对应分值的方法进行河岸带人类影响评估。如表 12.3-15 所列 9 类活动的河段赋分为 100 分,根据所出现人类活动的类型及其位置减除相应的分值,直至 0 分。

12.3.9.4   河流连通阻隔状况 C10

河流连通阻隔状况主要调查评估河流对鱼类等生物物种迁徙及水流与营养物质传递阻断状况。重点调查监测断面以下至河口(干流、湖泊、海洋等)河段的闸坝阻隔特征,闸坝阻隔分为以下四类情况:

(1)完全阻隔(断流);

(2)严重阻隔(无鱼道、下泄流量不满足生态基流要求);

(3)阻隔(无鱼道、下泄流量满足生态基流要求);

(4)轻度阻隔(有鱼道、下泄流量满足生态基流要求)。

对评估断面下游河段每个闸坝按照阻隔分类分别赋分,然后取所有闸坝的最小赋分,按照下式计算评估断面以下河流纵向连续性赋分:

$$C10r = 100 + Min[(DAMr)_i, (GATEr)_j] \qquad (12.3-9)$$

式中　C10r——河流连通阻隔状况赋分;

　　　$(DAMr)_i$——评估断面下游河段大坝阻隔赋分$(i=1, NDam)$, NDam 为下游大坝座数;

　　　$(GATEr)_j$——评估断面下游河段水闸阻隔赋分$(j=1, NGate)$, NGate 为下游水闸座数。

表 12.3-15　河岸带人类活动赋分标准

序号	人类活动类型	所在位置		
		河道内（水边线以内）	河岸带	河岸带邻近陆域（小河 10 m 以内,大河 30 m 以内）
1	河岸硬性砌护		−5	
2	采砂	−30	−40	
3	沿岸建筑物(房屋)	−15	−10	−5
4	公路(或铁路)	−5	−10	−5
5	垃圾填埋场或垃圾堆放		−60	−40
6	河滨公园		−5	−2
7	管道	−5	−5	−2
8	农业耕种		−15	−5
9	畜牧养殖		−10	−5

闸坝阻隔赋分见表 12.3-16。

表 12.3-16　闸坝阻隔赋分表

鱼类迁移阻隔特征	水量及物质流通阻隔特征	赋分
无阻隔	对径流没有调节作用	0
有鱼道,且正常运行	对径流有调节作用,下泄流量满足生态基流	−25
无鱼道,对部分鱼类迁移有阻隔作用	对径流有调节作用,下泄流量不满足生态基流	−75
迁移通道完全阻隔	部分时间导致断流	−100

12.3.9.5　物理结构层得分

物理结构层得分见表 12.3-17。

表 12.3-17　物理结构层得分

指标	代码	得分
岸坡稳定性	C7	25
河岸植被覆盖率	C8	40
河岸人工干扰程度	C9	36
河流连通阻隔状况	C10	48

12.3.10　水文水资源准则层 B4

12.3.10.1　流量过程变异程度 C11

流量过程变异程度指现状开发状态下,评估河段年内实测月径流过程与天然月径流过程的差异,反映评估河段监测断面以上流域水资源开发利用对评估河段河流水文情势的影响程度。

流量过程变异程度由评估年逐月实测径流量与天然月径流量的平均偏离程度表达。计算公式如下:

$$C11 = \left[\sum_{m=1}^{12} \left(\frac{q_m - Q_m}{\overline{Q_m}} \right)^2 \right]^{1/2} \tag{12.3-10}$$

式中 q_m——评估年实测月径流量；

Q_m——评估年天然月径流量；

$\overline{Q_m}$——评估年天然月径流量年均值，天然径流量按照水资源调查评估相关技术规划得到的还原量。

流量过程变异程度指标 C11 的赋分标准根据全国重点水文站 1956—2000 年实测径流与天然径流计算获得，见表 12.3-18。

表 12.3-18　流量过程变异程度指标赋分

C11	赋分
0.05	100
0.1	75
0.3	50
1.5	25
3.5	10
5	0

12.3.10.2　生态流量满足程度 C12

河流生态流量是指为维持河流生态系统的不同程度生态系统结构、功能而必须维持的流量过程，采用最小生态流量进行表征，其计算公式如下：

$$C12_1 = \min\left(\frac{q_d}{\overline{Q}} \right)^9_{m=4}, \quad C12_2 = \min\left(\frac{q_d}{\overline{Q}} \right)^3_{m=10} \tag{12.3-11}$$

式中 q_d——评估年实测日径流量；

$\overline{Q}$——多年平均径流量。

$C12_1$ 为 4—9 月日径流量占多年平均流量的最低百分比；$C12_2$ 为 10 月至翌年 3 月日径流量占多年平均流量的最低百分比。多年平均径流量采用不低于 30 年系列的水文监测数据推算。

生态流量满足程度评估标准采用水文方法确定的基流标准。分期基流标准与赋分见表 12.3-19，取其中赋分最小值为本指标的最终赋分。

表 12.3-19　分期基流标准与赋分

分级	栖息地定性描述	推荐基流标准（年平均流量百分数）		赋分
		$C12_1$：一般水期（10 月至翌年 3 月）	$C12_2$：鱼类产卵育幼期（4—9 月）	
1	最大	200%	200%	100
2	最佳	60%~100%	60%~100%	100
3	极好	40%	60%	100
4	非常好	30%	50%	100
5	好	20%	40%	80
6	一般	10%	30%	40
7	差	10%	10%	20
8	极差	<10%	<10%	0

12.3.10.3　指标层计算结果

水文水资源准则层得分见表 12.3-20。

表 12.3-20　水文水资源准则层得分

指标	代码	得分
流量过程变异程度	C11	25
生态流量满足程度	C12	40

12.3.11　水质指标准则层 B5

12.3.11.1　DO 水质状况 C13

DO 为水体中溶解氧浓度,单位为 mg/L。溶解氧对水生动植物十分重要,过高和过低的 DO 对水生生物均造成危害,适宜值为 4~12 mg/L。

采用全年 12 个月月均浓度,按照汛期和非汛期进行平均,分别评估汛期与非汛期赋分,取其最低赋分为指标的赋分。按照《地表水环境质量标准》(GB 3838—2002),等于及优于Ⅲ类的水质状况满足鱼类生物的基本水质要求,因此采用 DO 的Ⅲ类限值 5 mg/L 为基点。DO 水质状况指标赋分标准见表 12.3-21。

表 12.3-21　DO 水质状况指标赋分标准

DO(mg/L) >	饱和率90%(或7.5)	6	5	3	2	0
DO 指标赋分	100	80	60	30	10	0

12.3.11.2　耗氧有机物污染状况 C14

耗氧有机物是指导致水体中溶解氧大幅度下降的有机污染物,取高锰酸盐指数、化学需氧量、五日生化需氧量、氨氮等 4 项对河流耗氧污染状况进行评估。

高锰酸盐指数、化学需氧量、五日生化需氧量、氨氮分别赋分。选用评估年 12 个月月均浓度,按照汛期和非汛期进行平均,分别评估汛期与非汛期赋分,取其最低赋分为水质项目的赋分,取 4 个水质项目赋分的平均值作为耗氧有机污染状况赋分。

$$C14r = \frac{(COD_{Mn}r + CODr + BODr + NH_3 - Nr)}{4} \tag{12.3-12}$$

根据《地表水环境质量标准》(GB 3838—2002)标准确定高锰酸盐指数($COD_{Mn}r$)、化学需氧量($CODr$)、五日生化需氧量($BODr$)、氨氮($NH_3 - Nr$)赋分见表 12.3-22。

表 12.3-22　耗氧有机物污染状况指数赋分标准

$COD_{Mn}r(mg/L)$	2	4	6	10	15
$CODr(mg/L)$	15	17.5	20	30	40
$BODr(mg/L)$	3	3.5	4	6	10
$NH_3 - Nr(mg/L)$	0.15	0.5	1	1.5	2
赋分	100	80	60	30	0

12.3.11.3　总磷污染状况 C15

根据《地表水环境质量标准》(GB 3838—2002)标准确定总磷的赋分。

12.3.11.4　重金属污染状况 C16

重金属污染是指含有汞、镉、铬、铅及砷等生物毒性显著的重金属元素及其化合物对水的污染。选取砷、汞、镉、铬(六价)、铅等 5 项评估水体重金属污染状况。

汞、镉、铬(六价)、铅及砷分别赋分,选用评估年 12 个月月均浓度,按照汛期和非汛期进行平均,分别评估汛期与非汛期赋分,取其最低赋分为水质项目的赋分,取 5 个水质项目最低赋分作为重金属污染状况指标赋分。

$$C16r = min(ARr, HGr, CDr, PBr) \tag{12.3-13}$$

根据《地表水环境质量标准》(GB 3838—2002)标准确定汞、镉、铬、铅及砷赋分见表 12.3-23。

表 12.3-23　重金属污染状况指标赋分标准

汞	0.000 05	0.000 1	0.001
镉	0.001	0.005	0.01
铬(六价)	0.01	0.05	0.1
铅	0.01	0.05	0.1
砷	0.05		0.1
赋分	100	60	0

12.3.11.5　调查点位与水质数据

本次水质调查共设 10 个调查点位,涵盖了茅洲河干流及 5 条一级支流。干流从河源至河口共设置 5 个点位,分别位于楼村、李松蓢、燕川、洋涌大桥、共和村,对应编号为 Q6、Q7、Q8、Q9 和 Q10。其他 5 个调查点位分布在茅洲河 5 条一级支流上,从上游至下游,分别位于石岩河、鹅颈水、新陂头水、西田水和罗田水,对应编号为 Q1、Q2、Q3、Q4 和 Q5,详见表 12.3-24。

表 12.3-24　水质调查点位与水质数据明细表

序号	河流名称	点位名称	点位位置	点位编号	水质数据系列
1	石岩河	入库口	SY0 + 000	Q1	2013 年 1 月,2014 年至 2015 年 1 月、4 月、7 月、10 月
2	鹅颈水	东长路	EJ1 + 100	Q2	2013 年至 2015 年 1 月、4 月、7 月、10 月
3	新陂头水	圳美	XP3 + 300	Q3	2011 年至 2012 年 1—12 月,2013 年至 2014 年 1 月、4 月、7 月、10 月,2015 年 4 月、10 月
4	西田水	西田	XT0 + 900	Q4	2012 年 10 月,2013 年至 2015 年 1 月、4 月、7 月、10 月
5	罗田水	广深铁路桥	LT5 + 100	Q5	2012 年 12 月,2013 年 1 月、3 月、4 月、6 月、7 月、9 月、10 月,2014 年至 2015 年 1—12 月
6	茅洲河	楼村	MZH22 + 500	Q6	2011 年至 2014 年 1 月、3 月、5 月、7 月、9 月、11 月,2015 年 7—12 月
7	茅洲河	李松蓢	MZH19 + 000	Q7	2012 年 9 月、11 月,2013 年 1～12 月,2014 年 1 月、3 月、5 月、7 月、9 月、11 月,2015 年 7—12 月
8	茅洲河	燕川	MZH15 + 000	Q8	2011 年至 2014 年 1—12 月,2015 年 8—12 月
9	茅洲河	洋涌大桥	MZH12 + 000	Q9	2014 年 5 月、7 月、9 月、11 月,2015 年 8—12 月
10	茅洲河	共和村	MZH4 + 350	Q10	2011 年至 2015 年 1—12 月

12.3.11.6　水质指标评估及准则层得分

根据各条河流的水质指标层的赋分和权重,计算各河流水质准则层的赋分,结果见表 12.3-25。以河流长度占评估河流总长的比例作为权重,计算评估河流的水质准则层总赋分 B5 =40。

表 12.3-25　水质指标准则层得分

河流名称	河流长度（km）	DO 水质状况 C13 赋分	耗氧有机物污染状况 C14 赋分	总磷污染状况 C15 赋分	重金属污染状况 C16 赋分	水质准则层赋分
石岩河	10.32	47	52	0	100	49
鹅颈水	8.92	39	7	0	90	32
新陂头水	11.5	40	0	0	100	32
西田水	5.14	30	9	0	100	31
罗田水	15.03	52	64	60	100	65
茅洲河	31.29	25	23	0	100	33

12.3.12　河流健康评估

河流健康评估标准分为 5 级：理想状况、健康、亚健康、不健康、病态，评估分级见表 12.3-26。

表 12.3-26　河流健康评估标准分级

等级	类型	赋分范围	意义
1	理想状况	80~100	接近参考状况或预期目标
2	健康	60~80	与参考状况或预期目标有较小差异
3	亚健康	40~60	与参考状况或预期目标有中度差异
4	不健康	20~40	与参考状况或预期目标有较大差异
5	病态	0~20	与参考状况或预期目标有显著差异

茅洲河流域河流健康评价得分 38 分（见表 12.3-27），河流处于不健康状态。

表 12.3-27　茅洲河流域河流健康评估得分

目标层	得分	权重	得分	准则层	权重	得分	指标层
河流健康	38	0.152	26	生物指标 B1	0.320	12	E/O 指数 C1
					0.252	11	Palmer 藻类污染指数 C2
					0.429	4	底栖动物完整性指数 C3
		0.097	73	社会服务功能指标 B2	0.442	44	水功能区达标指标 C4
					0.263	22	水资源开发利用指标 C5
					0.295	7	防洪指标 C6
		0.234	34	物理结构指标 B3	0.461	12	岸坡稳定性 C7
					0.216	9	河岸植被覆盖度 C8
					0.149	5	河岸人工干扰程度 C9
					0.174	8	河流连通阻隔状况 C10
		0.282	32	水文水资源指标 B4	0.544	14	流量过程变异程度 C11
					0.456	18	生态流量满足程度 C12
		0.235	40	水质指标 B5	0.380	14	DO 水质状况 C13
					0.269	8	耗氧有机物污染状况 C14
					0.181	2	总磷污染状况 C15
					0.170	17	重金属污染状况 C16

12.4　茅洲河流域水生态修复技术体系研究

　　水生态的综合治理策略是以自然为师,遵从自然规律,从大自然中领悟原理和实施方法,效法自然法则,同时研发创新先进的工艺技术,使水生态工程真正做到可持续、健康长效自我运行,最终将水生态恢复到未被干扰破坏前的自然原貌,无人为干预痕迹遗留。茅洲河流域黑臭河涌众多,河涌硬质化、碎片化严重,多数此类河涌现状水生态系统完全崩溃,仅存部分耐污能力极强的物种,为恢复河涌水生态系统,治理策略是在水环境保护工程实施的基础上,通过适度的人为干预,为河涌水生态系统的恢复与重建创造条件。经由人为干预形成的水生态系统,对外界自然环境条件的改变较为敏感,需要经历一个自然选择的过程,在自然演进的过程中,将根据自然选择的结果,不断调整水生植物的物种,优化鱼类和底栖物种的配置,以适应系统的自然演进,最终形成适应当地自然实际的健康、稳定水生态系统。

　　在茅洲河流域水生态状况评价的基础上,对水生态功能类型和保护需求进行分析,建立水生态修复与保护措施体系,主要包括生态需水保障、河流生境维护、水生生物保护、生态监控和管理四大类。

12.4.1　生态需水保障

　　生态需水保障是茅洲河流域水生态保护与修复的核心内容之一,指在特定生态保护与修复目标之下,保障茅洲河流域范围内由地表径流或地下径流支撑的生态系统需水,包含对水质、水量及过程的需求。首先应通过工程调度与监控管理等措施保障生态基流,然后针对各类生态敏感区的敏感生态需水过程及生态水位要求,提出具体生态调度与生态补水措施。

　　深圳市茅洲河流域水资源量紧缺,河道内天然来水年内分配不均,枯水期生态水量少甚至断流,无法适应城市水系休闲景观需水、维持水生生物生存的基本要求。规划茅洲河河道内生态补水主要工程措施为:对流域内污水处理厂实施扩容和深度处理建设,新建提水泵站和输水管道(充分利用已有输水工程),结合低影响开发和水环境整治工程建设的人工湿地、蓄水池等,向河道内生态补水。

　　结合河流水系特点、污水布局及区位条件,分类提出如下河道补水体系:

　　(1)再生水回用体系。茅洲河流域内现有公明、光明、燕川、沙井4个污水处理厂,污水处理厂一级A排放标准的中水,不能满足景观用水水质要求。根据水质水量要求,规划将4个污水处理厂排放的一级A标准中水,提水至水库净化达标后向河道补水。

　　(2)基流剥离补水体系。结合强化截流措施对生态区面积较大的河流实施基流剥离,将剥离后清洁基流补充至河道,主要以石岩河及三条支流(樵窝坑、龙眼水及沙芋沥)为代表。

　　(3)雨洪利用补水体系。规划水平年,茅洲河流域范围内共有22座水库,其中已划定饮用水水源保护区的5座,虽未划定饮用水水源保护区但在2025年前保留供水功能的水库4座,其余13座水库可作为河道内生态用水补水水源,开展雨洪资源利用,实现"还基流于河道"的目标。

　　(4)水系连通动力增强体系。通过"上引、中调、下控"的手段增加水系的水环境容量并增强其水动力循环。上游利用长流陂库内截流管近期转输公明污水厂10万 m^3/d 尾水回补新桥河,利用西水渠将燕川厂尾水或茅洲河景观水体,近期回补松岗河及沙井河,远期回补七支渠、潭头河、潭头渠等支流;中游利用沙井厂尾水对排涝河和新桥河实施补水;下游通过排涝河和沙井河河口闸控制,利用自然潮差特点形成单向流循环。

　　(5)感潮河段充分利用河口闸,结合自然涨潮特点,通过合理调度、水力控导增强水体交换能力。

12.4.2　河流生境维护

　　茅洲河流域的大部分河流都存在人工硬化、砌护的河段,河流生境维护主要从纵向、横向和垂向以及河道(主槽)蜿蜒形态等方面考虑如何恢复河流的近自然形态。主要包括纵向、横向和垂向平面形态多样化,硬质护岸的生态化改造,滨水带生境修复等措施。

12.4.3　水生生物保护

水生生物保护包括对水生生物种群及生态系统的平衡及演进的保护等。水生生物保护与修复要以保护水生生物多样性和水域生态的完整性为目标,对水生生物资源和水域生境进行整体性保护。

12.4.4　生态监控和管理

生态监控和管理与智慧水务相结合,主要包括相关的监测、生态补偿与各类综合管理措施,是实施水生态事前保护、落实规划实施、检验各类措施效果的重要手段。生态管理主要发挥非工程措施在水生态保护与修复工作的作用,在法律法规、管理制度、技术标准、政策措施、资金投入、科技创新、宣传教育及公众参与等方面加强建设和管理,建立长效机制。茅洲河流域水生态修复与保护技术体系如图 12.4-1 所示。

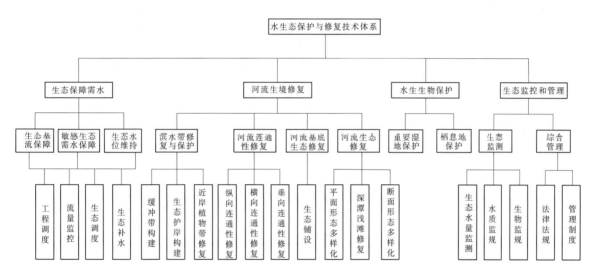

图 12.4-1　茅洲河流域水生态修复与保护技术体系

12.5　生态需水研究

12.5.1　生态供水规划目标

规划 2017 年,茅洲河河道内生态环境水量没有保障的状况得以改善,维持河流生态环境的基本功能不丧失;河道内生态流量对应的平均水深在 0.15 ~ 0.20 m。

规划 2020 年及以后,茅洲河河道内生态环境水量得以巩固,维持河流生态环境的功能正常发挥;河道内生态流量对应的平均水深在 0.20 ~ 0.30 m。

12.5.2　规划供水工程体系

深圳市茅洲河流域水资源量紧缺,河道内天然来水年内分配不均,枯水期生态水量少甚至断流,无法适应城市水系休闲景观需水、维持水生生物生存基本条件要求。规划茅洲河河道内生态补水工程措施主要有:对流域内污水处理厂实施扩容和深度处理建设,新建提水泵站和输水管道(充分利用茅洲河引水渠道、鹅颈水库碧眼水库连通管道等已有输水工程),结合低影响开发和水环境整治工程建设的人工湿地、蓄水池等,向河道内生态补水。

12.5.3　河道内生态需水量预测

河道内生态需水量是指维护河流特定生态系统的结构和功能,维持水生生物生存基本生境条件的生态水量。目前,国内外还没有针对城市水系生态需水量的明确定义,本次从分析城市水系的生态目标入手开展相关工作。城市水系与一般大江大河的主要区别是河流较小,本身已成为城市空间的一部分,与城市居民的日常生活紧密相关,城市水系的经济用水功能(生活、生产供水)下降,休闲、景观功能上升。城市水系的生态目标,应该包括以下四个方面:

(1)四季长流水。该目标要求城市河流一年四季不断流,河流中常年有水,从而维持河道的基本生态环境功能。

(2)生态多样性。河道生态功能的一个重要特点是生物多样性,即河道中应有多种鱼类,甚至哺乳动物存在,沿河应有多种植物。要达到这一目标,就应维持河道一定的水深、水面宽度、流速等,为多种动植物提供适宜的栖息地条件。

(3)河流景观长存。河流是一项重要的城市自然景观,已成为人们休闲、娱乐的好去处。要达到这一目标,就应使河流景点处具有一定的水面和水深。

(4)水体洁净安全。河道中流动的水应该是达到一定水质标准的清洁水,从而达到人水亲和,适于动植物的生长。

基于以上对城市水系生态目标的分析,本次提出城市河道内生态需水量的定义为:维持城市水系生态多样性及景观长存的具有一定水质的河流最小流量。这一定义概念明确,便于计算,重点突出河流的栖息地条件。

现行河道内生态需水量计算方法主要包括水文学法、水力学法、栖息地评价法、整体分析法等,各种方法的计算原理及适用条件如表 12.5-1 所示。由于河道内生态需水涉及问题的复杂性,尚未有公认的、普遍适用的计算方法,计算时应根据河道现状、所掌握资料情况以及项目所处阶段选用相应的计算方法。

表 12.5-1　河道内生态需水量的计算方法及适用条件

方法	计算原理及方法介绍	适用条件分析
水文学法	依赖历史河流流量等水文资料估算生态需水量,包括蒙大拿法、流量历时曲线法、90%保证率最枯月平均流量法、典型年最小月流量法等方法	属于统计方法,简单易行,对数据的要求不高,径流数据可以和决定河道流量需求的生态数据相联系,可以很容易地和规划模型结合,具有宏观指导意义,但未考虑生物需求与生物间相互作用,生态学意义不明确,不适用于季节性河流,且计算结果精度不高
水力学法	假定河道是稳定的、所选择的横断面能够确切地表征整个河道,研究生物对湿周、流速、水深等水力参数的需求,需要收集流量资料、河流横断面数据以及目标物种的水力特性喜好度等生态资料,包括湿周法、R2－Cross 法、简化水尺分析法、WSP 水力模拟法等	该方法包含了更多和更为具体的河流信息,如湿周、水面宽度、流速、深度、横断面面积等,需要收集河流流量与河流横断面参数方面的数据
栖息地评价法	通过评价水生生物对水力学条件的要求确定生态需水量,包括自然栖息地模拟系统(PHABSIM)、河道内流量增加法(IFIM)、有效宽度(UW)法、加权有效宽度(WUW)法等	针对河道内生态保护目标为确定的物种及其栖息地的情况,具体实施比较复杂,需要大量的人力物力,不适合快速使用
整体分析法	建立在尽量维持河流水生态系统天然功能的原则上,以流域为单元,从河流生态系统整体出发,综合研究流量、泥沙运输、河床形状与河岸带群落之间的关系,全面分析河流生态需水量	需要组成包括生态学家、地理学家、水力学家、水文学家等在内的专家队伍,具体实施需要大量的人力物力,资源消耗大,时间过程长,结果较复杂,宜用于流域整体的生态需水评估,不适合快速使用

规划流域中河流水系主要有茅洲河干流、石岩河等,流经石岩街道、光明新区和宝安区,是典型的城市河道。R2－Cross 法认为河流的主要功能是维持河流生物栖息地,并用平均水深、平均流速以及湿周率等指标来描述河流栖息地,其优点是物理概念明确且计算有较强的理论依据,是计算城市水系生态需

水量的理想方法。本次采用 R2 - Cross 法预测茅洲河干流(燕川大桥、洋涌河和共和村)和大凼水、东坑水、木墩河、龟岭东水、罗田水、老虎坑水、塘下涌等主要一级支流河道内生态需水量。

应用 R2 - Cross 法的关键是确定适宜的栖息地条件,一般应该从调查河流的生物种群数量及习性来反推适宜的栖息地条件,前人对栖息地条件进行了研究,并给出了推荐的栖息地条件,见表 12.5-2。

表 12.5-2　R2 - Cross 法栖息地条件参考标准

河流顶宽(m)	平均水深(m)	湿周率(%)	平均流速(m/s)
0.30 ~ 6.10	0.06	50	0.3
6.40 ~ 12.19	0.06 ~ 0.12	50	0.3
12.50 ~ 18.29	0.12 ~ 0.18	50 ~ 60	0.3
18.59 ~ 30.48	0.18 ~ 0.30	≥70	0.3

对于经过人工整治的城市水系河流,其断面形状一般为梯形,因此城市水系河流的断面形式可归纳为如图 12.5-1 所示的形状。

对于如图 12.5-1 所示的梯形,水深为 h 时河道断面的水面宽 B、断面面积 A、湿周 χ 及水力半径 R 可按下式计算:

$$R = b + 2mh$$

$$A = (b + mh)h$$

$$\chi = b + 2h\sqrt{1^2 + m^2}$$

$$R = A/\chi = \frac{(b + mh)h}{b + 2h\sqrt{1^2 + m^2}}$$

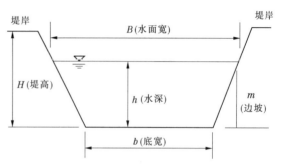

图 12.5-1　梯形断面结构及尺寸示意图

在计算中,用湿周率 x 代替湿周 χ,湿周率即为相应水深 h 时的湿周与最大湿周比率,计算公式为

$$x = \frac{x}{x_0} = \frac{b + 2h\sqrt{1^2 + m^2}}{b + 2H\sqrt{1^2 + m^2}}$$

假设河渠水流为均匀流,则根据谢才公式和曼宁公式,河道断面的流速 v、流量 Q 可按下式计算:

$$v = C\sqrt{Ri}$$

$$Q = K\sqrt{i}$$

其中,i 为河流底坡,C 为谢才系数,K 为流量模数,分别由下式计算:

$$C = \frac{1}{n}R^{1/3}$$

$$K = \frac{1}{n}AR^{2/3}$$

其中,n 为曼宁系数,即糙率。

平均水深 h 是栖息地条件的主要物理参数,因为只有具有一定的水深,水生生物才能在河道中自由活动。城市河流水系中的水生动物以鱼虾类为主,一般身高不会超过 0.10 m。为了让水生动物能够自由活动,适宜的水深应该是鱼类平均身高加上安全超高,若以 0.05 m 作为安全超高,则栖息地的水深应该在 0.15 m 左右。对于较大的支流及茅洲河干流,可能有较大的水生生物存在,即需要更大的水深,表 12.5-3 建议水深不超过 0.30 m。因此,本次规划水深的参考标准取 0.15 ~ 0.30 m,对于干流取大值 0.20 ~ 0.30 m,对于支流取小值 0.15 ~ 0.20 m。

通过上述公式的计算,可确定 h 与流量 Q、流速 v、水面宽度 B 及湿周率 x 的关系。根据适宜的栖息地条件对水深、流速及湿周率的要求,确定茅洲河干流代表断面和茅洲河主要一级支流大凼水、东坑水、木墩河、罗田水、龟岭东水、老虎坑水、塘下涌等河道内生态需水量。

本次从维持河道内基本生态需水量和河道内目标生态需水量两方面,分别分析茅洲河流域河道内生态需水量(河道内基本生态需水量是指维持河流给定的生态环境保护目标所对应的生态环境功能不丧失,需要保留在河道内的最小水量;结合茅洲河干支流实际情况,其对应的平均水深在0.15~0.20 m。河道内目标生态需水量是指维持河流给定的生态环境保护目标所对应的生态环境功能正常发挥,需要保留在河道内的水量;结合茅洲河干支流实际情况,其对应的平均水深在0.20~0.30 m),详见表12.5-3。

表 12.5-3　茅洲河干支流代表断面河道内生态需水量成果

河流名称	代表断面	河道内基本生态需水		河道内目标生态环境需水	
		平均水深 (m)	生态需水流量 (m³/s)	平均水深 (m)	生态需水流量 (m³/s)
茅洲河干流	燕川 (洋涌河大桥)	0.20	1.39	0.30	2.76
	共和村	0.20	2.45	0.30	4.93
玉田河	入干流河口	0.18	0.23	0.23	0.37
鹅颈水	入干流河口	0.16	0.59	0.22	0.99
大凼水	入干流河口	0.18	0.16	0.24	0.27
东坑水	入干流河口	0.18	0.38	0.23	0.57
木墩河	入干流河口	0.18	0.29	0.22	0.42
楼村水	入干流河口	0.19	0.30	0.23	0.44
新陂头水	入干流河口	0.18	0.55	0.23	0.78
白沙坑水	入干流河口	0.18	0.10	0.23	0.15
上下村排洪渠	入干流河口	0.17	0.12	0.24	0.20
合水口排洪渠	入干流河口	0.09	0.22	0.13	
公明排洪渠	入干流河口	0.18	0.21	0.23	0.27
罗田水	入干流河口	0.18	0.27	0.23	0.41
龟岭东水	入干流河口	0.16	0.13	0.23	0.24
老虎坑水	入干流河口	0.18	0.18	0.22	0.28
塘下涌	入干流河口	0.18	0.10	0.23	0.15
沙浦西排洪渠	入干流河口	0.12	0.22	0.16	
沙井河	入干流河口	0.17	0.58	0.22	0.92
道生围涌	入干流河口	0.18	0.25	0.25	0.40
共和涌	入干流河口	0.18	0.09	0.23	0.15
排涝河	入干流河口	0.17	0.60	0.23	0.90
衙边涌	入干流河口	0.18	0.18	0.24	0.26

12.5.4　规划水源方案

12.5.4.1　规划供水格局

1. 中水

茅洲河流域水资源短缺,必须开辟新的水源以缓解水资源供需矛盾。茅洲河流域每天都有一定量的废污水产生,由于城市污水处理后水质相对稳定可靠,不受气候等自然条件的影响,不与邻近地区争水,可就地取用,且保证率高,因此城市污水的再生回用可以提供一个经济有效的新水源,并且可以节省优质的饮用水源。污水处理后形成再生水,可用于对水质要求不高的生态环境和市政用水,如河湖补水、城市绿化、道路浇洒等。茅洲河流域内现有公明、光明、燕川、沙井 4 个污水处理厂,设计处理能力分别为 10 万 t/d、15 万 t/d、15 万 t/d、15 万 t/d,合计 55 万 t/d,主要收集处理流域范围内居民生活、工业生产废污水,此外还有进入管网的部分雨水。根据《深圳市水务发展"十三五"规划》和《深圳市茅洲河流域治水提质专题方案》,2020 年完成茅洲河流域污水处理厂处理能力扩建工程:公明污水处理厂扩建至 20 万 t/d,光明污水处理厂扩建至 25 万 t/d,燕川污水处理厂扩建至 30 万 t/d,沙井污水处理厂规模扩建至 50 万 t/d,合计处理规模达到 125 万 t/d,污水排放标准达到一级 A。污水处理厂一级 A 排放标准的中水,不能满足景观用水水质要求。根据水质水量要求,规划将污水处理厂排放的一级 A 标准中水,提水至水库净化达标后向河道补水(净化方案见水质原位修复措施)。

　　2. 本地水库供水

　　深圳市经济发展迅速,淡水资源匮乏。80% 左右的城市用水从境外引水,茅洲河流域内有一定集水面积或库容的水库,基本用来作为供水水源。山区河道有建库条件的流域都已开发,基本无新建蓄水工程的条件,因此难以通过新建蓄水工程调蓄本地径流量用于河道内生态补水。规划水平年,茅洲河流域范围内共有 22 座水库,其中已划定饮用水水源保护区的 5 座,虽未划定饮用水水源保护区但在 2025 年前保留供水功能的水库 4 座,这 9 座水库作为城市供水水源,无法向河道内生态补水,水库基本情况见表 12.5-4;其余 13 座水库(详见表 12.5-5)退出城市供水功能,可作为河道内生态用水补水水源,分析计算其可供水量。

表 12.5-4　规划水平年茅洲河流域城市供水水库基本情况

序号	水库名称	所在地点	总库容 (万 m³)	兴利库容 (万 m³)	是否划定 水源保护区	供水功能 情况	说明
1	公明水库	光明	14 789	14 020	是	供水水库	
2	石岩水库	石岩	3 200	1 631	是	供水水库	
3	罗田水库	松岗	2 845	2 000	是	供水水库	
4	鹅颈水库	光明	1 467	1 275	是	供水水库	
5	长流陂水库	沙井	728	499	是	供水水库	
6	莲塘水库	公明	219	141	否	供水至 2025 年	上村水厂重要 水源,该水厂 规划 2025 年取消
7	铁坑水库	公明	385	296	否	供水至 2025 年	
8	桂坑水库	公明	142	85	否	供水至 2025 年	
9	五指耙水库	松岗	172	125	否	供水至 2025 年	
	合计		23 947	20 072			

12.5.4.2　规划水源方案

　　水源方案规划坚持以下原则:

　　(1)在现有地表水源与中水基础上,充分利用初期雨水径流等非常规水资源,多种措施并举,从根本上解决茅洲河流域河道内生态用水状况。

　　(2)科学规划供水水源,近远期结合,统筹兼顾,标本兼治,集中与分散处理相结合,建设完善合理的水源体系,保障供水安全。

表 12.5-5 规划水平年茅洲河流域其他水库基本情况

序号	水库名称	所在地点	总库容 （万 m³）	兴利库容 （万 m³）	是否划定 水源保护区	供水功能 情况	说明
1	石狗公水库	光明	259	194	否	2017 年,取消 供水功能	
2	碧眼水库	光明	80	65	否		
3	老虎坑水库	松岗	119	87	否	非供水水库	
4	牛牯斗水库	石岩	94	73	否	非供水水库	
5	大凼水库	公明	156	96	否	非供水水库	
6	白鸽陂水库	光明	104	76	否	非供水水库	
7	红坳水库	公明	79	16	否	非供水水库	
8	后底坑水库	公明	73	39	否	非供水水库	
9	阿婆髻水库	公明	62	48	否	非供水水库	
10	水车头水库	公明	43	33	否	非供水水库	
11	尖岗坑水库	公明	33	28	否	非供水水库	
12	望天湖水库	光明	14	9	否	非供水水库	
13	横坑水库	公明	14	9	否	非供水水库	
	合计		1 130	773			

（3）区别对待城市供水与河湖生态环境用水对水质、保证率的不同要求,优水优用,分质供水,分别使用不同的水源。

（4）拟订水源方案时应结合茅洲河流域地形地势特点、城市布局与发展方向、用水情况等,并充分利用现状水源工程设施,减少工程投资与运行成本。

（5）结合水系分布特点,尽量实现一源多供,减少水源工程的数量,减少重复建设。

根据前述水源方案规划原则,结合茅洲河河道内生态用水需求,供水水源相对位置和供水工程供水能力及中水规划利用情况,为便于集中供水,减少水源工程的数量,分别进行供水水源方案分析,详见表 12.5-6。

12.5.5 水资源供需平衡分析

12.5.5.1 2017 年水资源供需平衡分析

结合上述分析及现状水源工程情况,规划按照用水区域分布,充分利用当地地表水、优水优用的原则提出了推荐水源方案,见表 12.5-7。需要说明的是,茅洲河流经城市建成区,污染负荷大,旱季在 100% 截污情况下,再向河道内生态补水;此外,河道内生态补水是满足河道常年有水,维持河道的生态环境功能,雨季为减轻河道行洪压力,不从污水处理厂提水向河道内生态补水。

表 12.5-6 河道内生态用水规划水源方案

河流断面		基本生态 需水流量 （m³/s）	目标生态 需水流量 （m³/s）	水源方案
茅洲河干流	燕川 （洋涌河大桥）	1.39	2.76	生态需水由各支流水量汇入干流
	共和村	2.45	4.93	
石岩河		0.33	0.47	石岩河本地地表水可利用量约 0.26 m³/s,其余由新建补水泵站提水供给

续表 12.5-6

河流断面		基本生态需水流量（m³/s）	目标生态需水流量（m³/s）	水源方案
茅洲河支流	玉田河	0.23	0.37	玉田河本地地表水可利用量约 0.11 m³/s，其余由公明污水厂中水通过新建泵站和管道提水至玉田河供给
	大凼水	0.16	0.27	大凼水本地可利用量约 0.06 m³/s，其余由公明污水厂中水通过已有茅洲河引水渠道入大凼水库净化调蓄，达标后供给
	鹅颈水	0.59	0.99	鹅颈水本地可利用量约 0.30 m³/s，其余由光明污水厂中水通过新建泵站和管道提水至碧眼水库净化调蓄，再利用退出供水功能的鹅颈水库至碧眼水库管道提水至鹅颈水供给
	东坑水	0.38	0.57	东坑水本地可利用量约 0.18 m³/s，木墩河可利用量约 0.12 m³/s，楼村水可利用量约 0.14 m³/s，其余由光明污水厂中水通过新建泵站和管道提水至碧眼水库净化调蓄，达标后供给
	木墩河	0.29	0.42	
	楼村水	0.30	0.44	
	新陂头水	0.55	0.78	新陂头水本地可利用量约 0.28 m³/s，其余由光明污水厂中水通过新建泵站和管道提水，经楼村水库、新陂头调蓄湖、石狗公水库等净化调蓄，达标后供给
	公明排洪渠	0.21	0.27	公明排洪渠本地可利用量约 0.13 m³/s，合水口排洪渠可利用量 0.02 m³/s，其余由公明污水厂中水通过已有茅洲河引水渠道进入大凼水库净化调蓄，再由新建大凼水库至后底坑水库管道供给
	上下村排洪渠	0.12	0.20	上下村排洪渠本地可利用量约 0.07 m³/s，其余由光明污水厂中水通过新建泵站和管道提水至楼村水库净化调蓄供给
	龟岭东水	0.13	0.24	龟岭东水可利用量约 0.06 m³/s，老虎坑水可利用量 0.08 m³/s，塘下涌可利用量 0.06 m³/s，其余由燕川污水厂中水通过新建泵站和管道提水至松岗老虎坑水库净化调蓄，新建管道向老虎坑水、龟岭东水、罗田水和塘下涌补水
	老虎坑水	0.18	0.28	
	塘下涌	0.10	0.15	
	罗田水	0.27	0.41	罗田水本地可利用量约 0.13 m³/s，其余由燕川污水厂中水提水至罗田水，新建松山及罗田雨洪利用调蓄湖，为中下游河道进行补水，调蓄湖占地总规模 8.18 万 m²，调蓄库容 33.87 万 m³
	白沙坑水	0.10	0.15	白沙坑水本地可利用量约 0.05 m³/s，其余由燕川污水厂中水提水至罗田水调蓄湖净化、调蓄后补给
	沙浦西排洪渠	0.12	0.16	燕川污水厂中水就近补给
	沙井河	0.58	0.92	沙井河可利用量约 0.38 m³/s，其余由燕川污水厂中水通过茅洲河引水渠道就近向松岗河、东方七支渠、潭头渠和潭头河补水，沙井污水厂中水通过岗头水闸向沙井河补水
	道生围涌	0.25	0.40	沙井污水厂中水就近补给
	共和村排洪渠	0.09	0.15	
	排涝河	0.60	0.90	沙井污水厂向排涝河补水，排涝河支流上寮河、万丰河、石岩渠由公明污水厂中水就近补水
	衙边涌	0.37	0.52	沙井污水厂中水就近补给

表 12.5-7　规划 2017 年水资源供需平衡分析　　　　　　（单位：万 m³/d）

河流断面		基本生态需水	供水量						缺水量
			当地水	中水				合计	
				公明	光明	燕川	沙井		
茅洲河干流	燕川大桥（洋涌河）	12.01	16.6	6.0	15.0	7.0		44.6	—
	共和村	21.17	21.3	6.0	15.0	15.0	5.0	62.3	—
石岩河		2.87	4.2					4.2	—
茅洲河支流	玉田河	1.99	1.0	1.5				2.5	—
	大凼水	1.38	0.5	1.5				2.0	—
	鹅颈水	5.10	2.6		4.5			7.1	—
	东坑水	3.28	1.6		2.5			4.1	—
	木墩河	2.51	1.0		2.0			3.0	—
	楼村水	2.59	1.2		2.0			3.2	—
	新陂头水	4.75	2.4		3.0			5.4	—
	公明排洪渠	1.81	1.1	3.0				4.1	—
	上下村排洪渠	1.03	0.3		1.0			1.3	—
	龟岭东水	1.12	0.5			1.5		2.0	—
	老虎坑水	1.56	0.7			1.5		2.2	—
	塘下涌	0.86	0.5			1.0		1.5	—
	罗田水	2.33	1.1			3.0		4.1	—
	白沙坑水	0.86	0.4			1.0		1.4	—
	沙浦西排洪渠	1.04	0.3			1.5		1.8	—
	沙井河	5.01	3.3			5.5		8.8	—
	松岗河	2.70				3.0		3.0	—
	东方七支渠	0.50				0.5		0.5	—
	潭头河	0.80				1.0		1.0	—
	潭头渠	0.80				1.0		1.0	—
	道生围涌	2.16	0.3				2.5	2.8	—
	共和村排洪渠	0.78	0.2				2.5	2.7	—
	排涝河						7.5	7.5	—
	新桥河	2.07	1.4	1.0				2.4	—
	上寮河	0.80		1.0				2.0	—
	万丰河	0.80		1.0				2.0	—
	石岩渠	0.80		1.0				2.0	—
	衙边涌	1.58	0.5				2.5	3.0	—
合计			23.2	10.0	15.0	15.0	15.0	78.2	—

1. 石岩河

规划 2017 年,石岩河河道内基本生态环境需水量 2.87 万 m^3/d(0.33 m^3/s)。

由于石岩河截污口以上无水库等调蓄工程,当河道内天然来水量大于生态环境需水量时,河道内生态环境需水量得到满足,多余水量作为弃水通过石岩水库截污工程进入茅洲河干流;当河道内天然来水量小于生态环境需水量时,河道内生态环境需水量只能部分满足,其余拟建的泵站提水至沙芋沥入石岩河口处补水。

经分析计算,石岩河可利用当地地表水资源量约 2.2 万 m^3/d,新建泵站提水规模 2.0 万 m^3/d,石岩河河道内生态环境用水量合计 4.2 万 m^3/d,大于生态环境需水量 2.87 万 m^3/d,即生态环境需水量得到满足。

2. 玉田河

规划 2017 年,玉田河河道内基本生态环境需水量 1.99 万 m^3/d(0.23 m^3/s)。

由于玉田河无水库等调蓄工程,当河道内天然来水量大于生态环境需水量时,河道内生态环境需水量得到满足,多余水量作为弃水进入茅洲河干流;当河道内天然来水量小于生态环境需水量时,河道内生态环境需水量只能部分满足,其余由公明污水厂中水通过新建的泵站和管道提水至玉田河供给。

经分析计算,玉田河可利用当地地表水资源量 1.0 万 m^3/d,公明污水处理厂中水供给量 1.5 万 m^3/d,玉田河河道内生态环境用水量合计 2.5 万 m^3/d,大于生态环境需水量 1.99 万 m^3/d,即生态环境需水量得到满足。

3. 大凼水

规划 2017 年,大凼水河道内基本生态环境需水量 1.38 万 m^3/d(0.16 m^3/s)。

大凼水库位于大凼水上游,调节库容 96 万 m^3,多年平均入库径流量约 196 万 m^3/a。大凼水库至入茅洲河河口区间径流量约 188 万 m^3/a,当区间天然来水量大于生态环境需水量时,河道内生态环境需水量得到满足,多余水量作为弃水进入茅洲河干流;当区间天然来水量小于生态环境需水量时,先通过大凼水库向下游泄水补给满足河道内生态需水,在大凼水库泄水仍不能满足河道内生态需水情况下,不足部分由公明污水厂中水通过已有茅洲河引水渠道自流进入大凼水库调蓄供给。此外,公明污水厂出水水质为一级 A 标准,中水进入大凼水库后经过净化处理,向河道内补水,水量得以保证,水质得以提升。

经分析计算,大凼水可利用当地地表水资源量 0.5 万 m^3/d,公明污水处理厂中水供给量 1.5 万 m^3/d,大凼水河道内生态环境用水量合计 2.0 万 m^3/d,大于生态环境需水量 1.38 万 m^3/d,即生态环境需水量得到满足。

4. 鹅颈水

规划 2017 年,鹅颈水河道内基本生态环境需水量 5.10 万 m^3/d(0.59 m^3/s)。

鹅颈水上游建设有鹅颈水库,鹅颈水库作为城市供水水库,已划定为深圳市饮用水水源保护区,本次规划不作为河道内生态补水供水水源。鹅颈水支流红坳水建设有红坳水库,调节库容 16 万 m^3,多年平均入库径流量约 89 万 m^3/a。鹅颈水河道内生态补水计算原则同大凼水:当鹅颈水库至茅洲河干流区间天然来水大于生态环境需水量时,河道内生态环境需水量得到满足,多余水量作为弃水进入茅洲河干流;当区间天然来水量小于生态环境需水量时,先通过红坳水库向下游泄水补给满足河道内生态需水,在红坳水库泄水仍不能满足河道内生态需水情况下,不足部分由光明污水厂中水通过新建泵站和管道提水补给。

经分析计算,鹅颈水可利用当地地表水资源量 2.6 万 m^3/d,光明污水处理厂中水供给量 4.5 万 m^3/d,鹅颈水河道内生态环境用水量合计 7.1 万 m^3/d,大于生态环境需水量 5.1 万 m^3/d,即生态环境需水量得到满足。

5. 东坑水、木墩河和楼村水

规划 2017 年,东坑水河道内基本生态环境需水量 3.28 万 m^3/d(0.38 m^3/s),木墩河河道内基本生态环境需水量 2.51 万 m^3/d(0.29 m^3/s),楼村水河道内基本生态环境需水量 2.59 万 m^3/d(0.30 m^3/s)。

东坑水和木墩河上游建设有碧眼水库,调节库容 65 万 m³。规划将光明污水厂中水通过新建泵站和管道提水至碧眼水库净化、调蓄,供给东坑水、木墩河和楼村水河道内生态环境需水。东坑水、木墩河河道内生态补水计算原则同大凼水,楼村水补水通过碧眼水库新建管道补水。

经分析计算,东坑水可利用当地地表水资源量 1.6 万 m³/d,光明污水处理中水供给量 2.5 万 m³/d;木墩河可利用当地地表水资源量 1.0 万 m³/d,光明污水处理厂中水供给量 2.0 万 m³/d;楼村水可利用当地地表水资源量 1.2 万 m³/d,光明污水处理厂中水供给量 2.0 万 m³/d,即东坑水、木墩河和楼村水河道内生态环境需水量得到满足。

6. 新陂头水

规划 2017 年,新陂头水河道内基本生态环境需水量 4.75 万 m³/d(0.55 m³/s)。

新陂头水上游在建公明水库,作为城市供水水库,已划定饮用水水源保护区,本次规划不作为河道内生态补水供水水源。新陂头水已建有石狗公水库(调节库容 194 万 m³)、罗仔坑水库、楼村水库和新陂头南调蓄湖、新陂头北调蓄湖,可作为河道内生态水量供水水源。新陂头水及其支流石狗公水、新陂头水北支等河道内生态补水计算原则同大凼水,不足部分由光明污水处理厂中水通过新建泵站和管道供给。

经分析计算,新陂头水可利用当地地表水资源量 2.4 万 m³/d,光明污水处理厂中水供给量 3.0 万 m³/d,新陂头水河道内生态环境用水量合计 5.4 万 m³/d,大于生态环境需水量 4.75 万 m³/d,即生态环境需水量得到满足。

7. 公明排洪渠、合水口排洪渠和上下村排洪渠

规划 2017 年,公明排洪渠河道内基本生态环境需水量 1.81 万 m³/d(0.21 m³/s),合水口排洪渠河道内基本生态环境需水量 0.8 万 m³/d(0.09 m³/s),上下村排洪渠河道内基本生态环境需水量 1.2 万 m³/d(0.13 m³/s)。

公明排洪渠上游建有后底坑水库,调节库容 39 万 m³。公明排洪渠和合水口排洪渠河道内生态补水计算原则同大凼水,不足部分由公明污水处理厂中水通过已有茅洲河引水渠道自流进入后底坑水库净化、调蓄供给。

上下村排洪渠距离合水口排洪渠、公明排洪渠较远,距离光明污水处理厂较近,规划由光明污水厂中水通过新建泵站和管道提水至楼村水库净化、调蓄供给。

经分析计算,公明排洪渠可利用当地地表水资源量 1.1 万 m³/d,上下村排洪渠可利用当地地表水资源量约 0.3 万 m³/d,公明污水处理厂中水供给量 3.0 万 m³/d,光明污水处理厂中水供给量 1.0 万 m³/d,即生态环境需水量得到满足。

8. 罗田水和白沙坑水

规划 2017 年,罗田水河道内基本生态环境需水量 2.33 万 m³/d(0.27 m³/s),白沙坑水河道内基本生态环境需水量 0.86 万 m³/d(0.10 m³/s)。

罗田水上游已建有罗田水库,作为城市供水水库,已划定饮用水水源保护区,本次规划不作为河道内生态补水供水水源。规划在罗田水库下游,新建松山及罗田雨洪利用调蓄湖,储存雨水,旱季为中下游河道进行补水,调蓄湖占地总规模 8.18 万 m²,调蓄库容 33.87 万 m³。罗田水、白沙坑水河道内生态补水计算原则同大凼水,不足部分由燕川污水处理厂中水通过新建泵站和管道提水至松山、罗田调蓄湖供给。

经分析计算,罗田水可利用当地地表水资源量 1.1 万 m³/d,燕川污水处理厂中水供给量 3.0 万 m³/d,罗田水河道内生态环境用水量合计 4.1 万 m³/d,大于生态环境需水量 2.33 万 m³/d;白沙坑水可利用当地地表水资源量 0.4 万 m³/d,燕川污水处理厂中水供给量 1.0 万 m³/d,白沙坑水河道内生态环境用水量合计 1.4 万 m³/d,大于生态环境需水量 0.86 万 m³/d。即罗田水和白沙坑水生态环境需水量得到满足。

9. 龟岭东水、老虎坑水和塘下涌

规划 2017 年,龟岭东水河道内基本生态环境需水量 1.12 万 m³/d(0.13 m³/s),老虎坑水河道内基本生态环境需水量 1.56 万 m³/d(0.18 m³/s),塘下涌河道内基本生态环境需水量 0.86 万 m³/d(0.1 m³/s)。

老虎坑水上游已建松岗老虎坑水库,调节库容 87 万 m³,可作为河道内生态水量供水水源。老虎坑

水河道内生态补水计算原则同大凼水,龟岭东水和塘下涌河道内生态补水计算原则同玉田河,不足部分由燕川污水处理厂中水通过新建泵站和管道提水至松岗老虎坑水库净化、调蓄后供给。

经分析计算,龟岭东水可利用当地地表水资源量 0.5 万 m³/d,燕川污水处理中水供给量 1.5 万 m³/d;老虎坑水可利用当地地表水资源量 0.7 万 m³/d,燕川污水处理厂中水供给量 1.5 万 m³/d;塘下涌可利用当地地表水资源量 0.5 万 m³/d,燕川污水处理厂中水供给量 1.0 万 m³/d。即龟岭东水、老虎坑水和塘下涌河道内生态环境需水量得到满足。

10. 沙浦西排洪渠

规划 2017 年,沙浦西排洪渠河道内基本生态环境需水量 1.04 万 m³/d(0.12 m³/s)。

由于河道内无调蓄工程,沙浦西排洪渠河道内生态补水计算原则同玉田河,不足部分由燕川污水处理厂中水通过新建泵站和管道提水供给。

经分析计算,沙浦西排洪渠可利用当地地表水资源量 0.3 万 m³/d,燕川污水处理厂中水供给量 1.5 万 m³/d,沙浦西排洪渠河道内生态环境用水量合计 1.8 万 m³/d,大于生态环境需水量 1.04 万 m³/d,即生态环境需水量得到满足。

11. 沙井河及其支流松岗河、东方七支渠、潭头渠、潭头河

规划 2017 年,沙井河河道内基本生态环境需水量 5.01 万 m³/d(0.58 m³/s),松岗河河道内基本生态环境需水量 2.7 万 m³/d(0.31 m³/s),东方七支渠河道内基本生态环境需水量 0.5 万 m³/d,潭头渠、潭头河河道内基本生态环境需水量均为 0.8 万 m³/d。

由于河道内无调蓄工程,沙井河及其支流河道内生态补水计算原则同玉田河,沙井河干流不足部分由沙井污水处理厂中水供给,支流松岗河、东方七支渠、潭头渠、潭头河不足部分由燕川污水处理厂中水通过已有茅洲河引水渠道和已有泵站(三棵竹、白马、五指耙)提水补给。

经分析计算,沙井河可利用当地地表水资源量 3.3 万 m³/d,沙井污水厂中水供给量 5.01 万 m³/d;燕川污水厂补给松岗河中水量 3.0 万 m³/d,燕川污水厂补给东方七支渠中水量 0.5 万 m³/d,燕川污水厂补给潭头渠、潭头河中水量均为 1.0 万 m³/d。即沙井河干流及其支流河道内生态环境需水量得到满足。

12. 道生围涌、共和村、排涝河、衙边涌

道生围涌、共和村、排涝河(河口至岗头水闸处)、衙边涌为感潮河段,河流水动力不足,水环境容量较差,结合水环境提升需求,规划新建提水泵站和输水管道,旱季在关闭各河口水闸前提下(雨季开启各河口水闸行洪,不从污水处理厂提水补水),将沙井污水厂 15 万 m³/d 中水输水至河口,槽蓄在河槽内,进行原位水质提升,落潮时段开启水闸冲刷河道。经分析计算,沙井污水厂中水配水量如下:道生围涌 2.5 万 m³/d,共和村排洪渠 2.5 万 m³/d,衙边涌 2.5 万 m³/d,排涝河 7.5 万 m³/d。

13. 排涝河支流新桥河、上寮河、石岩渠、万丰渠

规划 2017 年,新桥河河道内基本生态环境需水量 2.07 万 m³/d(0.24 m³/s),上寮河、石岩渠、万丰渠河道内基本生态环境需水量均为 1.0 万 m³/d。

排涝河河口至岗头水闸同时新建管道输水至周边的支流新桥河现状公明污水处理厂补给水量 1.0 万 m³/d 不变,上寮河、石岩渠和万丰渠均由公明污水处理厂补给水量均为 1.0 万 m³/d。

经分析计算,公明污水厂补给新桥河 1.0 万 m³/d;此外,公明污水厂分别补给上寮河、石岩渠和万丰渠生态水量 1.0 万 m³/d。即新桥河、上寮河、石岩渠和万丰渠河道内生态环境需水量得到满足。

14. 茅洲河干流燕川、洋涌大桥和共和村断面

规划 2017 年,茅洲河干流燕川、洋涌大桥断面河道内基本生态环境需水量 12.01 万 m³/d(1.39 m³/s),共和村断面河道内基本生态环境需水量 21.17 万 m³/d(2.45 m³/s),其生态需水量由各支流水量汇入干流形成。经分析计算,燕川、洋涌大桥断面河道内生态环境需水量 44.6 万 m³/d,其中当地水资源量 16.6 万 m³/d,公明污水处理厂中水 6.0 万 m³/d,光明污水处理厂中水 15.0 万 m³/d,燕川污水处理厂中水 7.0 万 m³/d;共和村断面河道内生态环境需水量 62.3 万 m³/d,其中当地水资源量 21.3 万 m³/d,公明污水处理厂中水 6.0 万 m³/d,光明污水处理厂中水 15.0 万 m³/d,燕川污水处理厂中水 15.0 万 m³/d,沙井污水处理厂中水 5.0 万 m³/d。即燕川、洋涌大桥和共和村断面河道内生态环境需水量得到满足。

12.5.5.2　规划 2020 年水资源供需平衡分析

规划 2020 年水资源供需平衡分析结果见表 12.5-8。

表 12.5-8　规划 2020 年水资源供需平衡分析 （单位：万 m³/d）

河流断面		目标生态需水	供水量						缺水量
			当地水	中水				合计	
				公明	光明	燕川	沙井		
茅洲河干流	燕川大桥	23.84	16.6	12.0	25.0	12.0		65.6	—
	共和村	42.63	21.3	12.0	25.0	30.0	10.0	98.3	—
茅洲河支流	石岩河	4.05	4.2						—
	玉田河	3.17	1.0	3.0				4.0	—
	大凼水	2.32	0.5	3.0				3.5	—
	鹅颈水	8.54	2.6		6.5			9.1	—
	东坑水	4.89	1.6		3.5			5.1	—
	木墩河	3.62	1.0		4.0			5.0	—
	楼村水	3.80	1.2		4.0			5.2	—
	新陂头水	6.73	2.4		5.0			7.4	—
	公明排洪渠	2.35	1.1	6.0				7.1	—
	上下村排洪渠	1.74	0.3	2.0				2.3	—
	龟岭东水	2.08	0.5			3.0		3.5	—
	老虎坑水	2.38	0.7			4.0		4.7	—
	塘下涌	1.31	0.5			2.0		2.5	—
	罗田水	3.55	1.1			5.0		6.1	—
	白沙坑	1.32	0.4			2.0		2.4	—
	沙浦西排洪渠	1.04	0.3			3.0		3.3	—
	沙井河	7.98	3.3			13.0		16.3	—
	松岗河	4.48				6.0		6.0	—
	东方七支渠	0.50				1.0		1.0	—
	潭头河	1.00				2.0		2.0	—
	潭头渠	1.00				4.0		4.0	—
	道生围涌	3.50	0.3				5.0	5.3	—
	共和村排洪渠	1.34	0.2				5.0	5.2	—
	排涝河						15.0	15.0	—
	新桥河	3.20	1.4	2.0				3.4	—
	上寮河	1.00		2.0				2.0	—
	万丰河	1.00		2.0				2.0	—
	石岩渠	1.00		2.0				2.0	—
	衙边涌	2.25	0.5				5.0	5.5	—
合计			23.2	20.0	25.0	30.0	30.0	128.2	—

茅洲河流经城市建成区,污染负荷大,旱季在 100% 截污情况下,再向河道内生态补水;此外,河道内生态补水是满足河道常年有水,维持河道的生态环境功能,雨季为减轻河道行洪压力,不从污水处理厂提水向河道内生态补水。

1. 石岩河

规划 2020 年,石岩河河道内基本生态环境需水量 4.05 万 m³/d(0.47 m³/s)。

由于石岩河截污口以上无水库等调蓄工程,当河道内天然来水量大于生态环境需水量时,河道内生态环境需水量得到满足,多余水量作为弃水通过石岩水库截污工程进入茅洲河干流;当河道内天然来水量小于生态环境需水量时,河道内生态环境需水量只能部分满足,其余拟建的泵站提水至沙芋沥入石岩河口处补水。

经分析计算,石岩河可利用当地地表水资源量 2.2 万 m³/d,新建泵站提水规模 2.0 万 m³/d,石岩河河道内生态环境用水量合计 4.2 万 m³/d,大于生态环境需水量 4.05 万 m³/d,即生态环境需水量得到满足。

2. 玉田河

规划 2020 年,玉田河河道内目标生态环境需水量 3.17 万 m³/d。

由于玉田河无水库等调蓄工程,当河道内天然来水量大于生态环境需水量时,河道内生态环境需水量得到满足,多余水量作为弃水进入茅洲河干流;当河道内天然来水量小于生态环境需水量时,河道内生态环境需水量只能部分满足,其余由公明污水厂中水通过新建的泵站和管道提水至玉田河供给。

经分析计算,玉田河可利用当地地表水资源量 1.0 万 m³/d,公明污水处理厂中水供给量 3.0 万 m³/d,玉田河河道内生态环境用水量合计 4.0 万 m³/d,大于生态环境需水量 3.17 万 m³/d,即生态环境需水量得到满足。

3. 大凼水

规划 2020 年,大凼水河道内目标生态环境需水量 2.32 万 m³/d。

大凼水库位于大凼水上游,调节库容 96 万 m³,多年平均入库径流量约 196 万 m³/a。大凼水库至入茅洲河河口区间径流量约 188 万 m³/a,当区间天然来水量大于生态环境需水量时,河道内生态环境需水量得到满足,多余水量作为弃水进入茅洲河干流;当区间天然来水量小于生态环境需水量时,首先通过大凼水库向下游泄水补给满足河道内生态需水,在大凼水库泄水仍不能满足河道内生态需水情况下,不足部分由公明污水厂中水通过已有茅洲河引水渠道自流进入大凼水库调蓄供给。此外,公明污水厂出水水质为一级 A 标准,中水进入大凼水库后经过净化处理,向河道内补水,水量得以保证,水质得以提升。

经分析计算,大凼水可利用当地地表水资源量 0.5 万 m³/d,公明污水处理厂中水供给量 3.0 万 m³/d,大凼水河道内生态环境用水量合计 3.5 万 m³/d,大于生态环境需水量 2.32 万 m³/d,即生态环境需水量得到满足。

4. 鹅颈水

规划 2020 年,鹅颈水河道内目标生态环境需水量 8.54 万 m³/d。

鹅颈水上游建设有鹅颈水库,鹅颈水库作为城市供水水库,已划定为深圳市饮用水水源保护区,本次规划不作为河道内生态补水供水水源。鹅颈水支流红坳水建设有红坳水库,调节库容 16 万 m³,多年平均入库径流量约 89 万 m³/a。鹅颈水河道内生态补水计算原则同大凼水:当鹅颈水库至茅洲河干流区间天然来水大于生态环境需水量时,河道内生态环境需水量得到满足,多余水量作为弃水进入茅洲河干流;当区间天然来水量小于生态环境需水量时,首先通过红坳水库向下游泄水补给满足河道内生态需水,在红坳水库泄水仍不能满足河道内生态需水情况下,不足部分由光明污水厂中水通过新建泵站和管道提水补给。

经分析计算,鹅颈水可利用当地地表水资源量 2.6 万 m³/d,光明污水处理厂中水供给量 7.0 万 m³/d,鹅颈水河道内生态环境用水量合计 9.6 万 m³/d,大于生态环境需水量 8.54 万 m³/d,即生态环境需水量得到满足。

5. 东坑水、木墩河和楼村水

规划 2020 年,东坑水河道内目标生态环境需水量 4.89 万 m³/d,木墩河河道内目标生态环境需水量 3.62 万 m³/d,楼村水河道内目标生态环境需水量 3.8 万 m³/d。

东坑水和木墩河上游建设有碧眼水库,调节库容 65 万 m³。规划将光明污水厂中水通过新建泵站和管道提水至碧眼水库净化、调蓄,供给东坑水、木墩河和楼村水河道内生态环境需水。东坑水、木墩河河道内生态补水计算原则同大凼水,楼村水补水通过碧眼水库新建管道补水。

经分析计算,东坑水可利用当地地表水资源量 1.6 万 m³/d,光明污水处理中水供给量 3.5 万 m³/d;木墩河可利用当地地表水资源量 1.0 万 m³/d,光明污水处理厂中水供给量 4.0 万 m³/d;楼村水可利用当地地表水资源量 1.2 万 m³/d,光明污水处理厂中水供给量 4.0 万 m³/d。即东坑水、木墩河和楼村水河道内生态环境需水量得到满足。

6. 新陂头水

规划 2020 年,新陂头水河道内目标生态环境需水量 6.73 万 m³/d。

新陂头水上游在建公明水库,作为城市供水水库,已划定饮用水水源保护区,本次规划不作为河道内生态补水供水水源。新陂头水已建有石狗公水库(调节库容 194 万 m³)、罗仔坑水库、楼村水库和新陂头南调蓄湖、新陂头北调蓄湖,可作为河道内生态水量供水水源。新陂头水及其支流石狗公水、新陂头水北支等河道内生态补水计算原则同大凼水,不足部分由光明污水处理厂中水通过新建泵站和管道供给。

经分析计算,新陂头水可利用当地地表水资源量 2.4 万 m³/d,光明污水处理厂中水供给量 5.0 万 m³/d,新陂头水河道内生态环境用水量合计 7.4 万 m³/d,大于生态环境需水量 6.73 万 m³/d,即生态环境需水量得到满足。

7. 公明排洪渠和上下村排洪渠

规划 2020 年,公明排洪渠河道内基本生态环境需水量 2.35 万 m³/d,上下村排洪渠河道内基本生态环境需水量 1.74 万 m³/d。

公明排洪渠上游建有后底坑水库,调节库容 39 万 m³。公明排洪渠河道内生态补水计算原则同大凼水,不足部分由公明污水处理厂中水通过已有茅洲河引水渠道自流进入后底坑水库净化、调蓄供给。

上下村排洪渠距离公明排洪渠较远,距离光明污水处理厂较近,规划由光明污水厂中水通过新建泵站和管道提水至楼村水库净化、调蓄供给。

经分析计算,公明排洪渠可利用当地地表水资源量 1.1 万 m³/d,上下村排洪渠可利用当地地表水资源量 0.3 万 m³/d,公明污水处理厂中水供给量 6.0 万 m³/d,光明污水处理厂中水供给量 2.0 万 m³/d,即生态环境需水量得到满足。

8. 罗田水和白沙坑水

规划 2020 年,罗田水河道内目标生态环境需水量 3.55 万 m³/d,白沙坑水河道内目标生态环境需水量 1.32 万 m³/d。

罗田水上游已建有罗田水库,作为城市供水水库,已划定饮用水水源保护区,本次规划不作为河道内生态补水供水水源。规划在罗田水库下游,新建松山及罗田雨洪利用调蓄湖,储蓄雨水,旱季为中下游河道进行补水,调蓄湖占地总规模 8.18 万 m²,调蓄库容 33.87 万 m³。罗田水、白沙坑水河道内生态补水计算原则同大凼水,不足部分由燕川污水处理厂中水通过新建泵站和管道提水至松山、罗田调蓄湖供给。

经分析计算,罗田水可利用当地地表水资源量 1.1 万 m³/d,燕川污水处理厂中水供给量 5.0 万 m³/d,罗田水河道内生态环境用水量合计 5.1 万 m³/d,大于生态环境需水量 3.55 万 m³/d;白沙坑水可利用当地地表水资源量 0.4 万 m³/d,燕川污水处理厂中水供给量 2.0 万 m³/d,白沙坑水河道内生态环境用水量合计 2.4 万 m³/d,大于生态环境需水量 1.32 万 m³/d。即罗田水、白沙坑水河道内生态环境需水量得到满足。

9. 龟岭东水、老虎坑水和塘下涌

规划 2020 年,龟岭东水河道内目标生态环境需水量 2.08 万 m³/d,老虎坑水河道内目标生态环境需水量 2.38 万 m^3/d,塘下涌河道内目标生态环境需水量 1.31 万 m^3/d。

老虎坑水上游已建松岗老虎坑水库,调节库容 87 万 m^3,可作为河道内生态水量供水水源。老虎坑水河道内生态补水计算原则同大凼水,龟岭东水和塘下涌河道内生态补水计算原则同玉田河,不足部分由燕川污水处理厂中水通过新建泵站和管道提水至松岗老虎坑水库净化、调蓄后供给。

经分析计算,龟岭东水可利用当地地表水资源量 0.5 万 m^3/d,燕川污水处理中水供给量 3.0 万 m^3/d;老虎坑水可利用当地地表水资源量 0.7 万 m^3/d,燕川污水处理厂中水供给量 4.0 万 m^3/d;塘下涌可利用当地地表水资源量 0.5 万 m^3/d,燕川污水处理厂中水供给量 2.0 万 m^3/d。即龟岭东水、老虎坑水和塘下涌河道内生态环境需水量得到满足。

10. 沙浦西排洪渠

规划 2020 年,沙浦西排洪渠河道内目标生态环境需水量 1.04 万 m^3/d。

由于河道内无调蓄工程,沙浦西排洪渠河道内生态补水计算原则同玉田河,不足部分由燕川污水处理厂中水通过新建泵站和管道提水供给。

经分析计算,沙浦西排洪渠可利用当地地表水资源量 0.3 万 m^3/d,燕川污水处理厂中水供给量 3.0 万 m^3/d,沙浦西排洪渠河道内生态环境用水量合计 3.3 万 m^3/d,大于生态环境需水量 1.04 万 m^3/d,即生态环境需水量得到满足。

11. 沙井河及其支流松岗河、东方七支渠、潭头渠、潭头河

规划 2020 年,沙井河河道内目标生态环境需水量 7.98 万 m^3/d,松岗河河道内目标生态环境需水量 4.48 万 m^3/d,东方七支渠河道内目标生态环境需水量 0.5 万 m^3/d,潭头渠、潭头河河道内目标生态环境需水量均为 1.0 万 m^3/d。

由于河道内无调蓄工程,沙井河及其支流河道内生态补水计算原则同玉田河,沙井河干流不足部分由沙井污水处理厂中水通过新建泵站和管道提水至岗头调节池供给,支流松岗河、东方七支渠、潭头渠、潭头河不足部分由燕川污水处理厂中水通过已有茅洲河引水渠道和已有泵站(三棵竹、白马、五指耙)提水补给。

经分析计算,沙井河可利用当地地表水资源量 3.3 万 m^3/d,沙井污水厂中水供给量 10.0 万 m^3/d;燕川污水厂补给松岗河中水量 6.0 万 m^3/d,燕川污水厂补给东方七支渠中水量 1.0 万 m^3/d,燕川污水厂补给潭头渠、潭头河中水量分别为 4.0 万 m^3/d 和 2.0 万 m^3/d。即沙井河干流及其支流河道内生态环境需水量得到满足。

12. 道生围涌、共和村、排涝河、衙边涌

道生围涌、共和村、排涝河(河口至岗头水闸处)、衙边涌为感潮河段,河流水动力不足,水环境容量较差,结合水环境提升需求,利用新建的提水泵站和输水管道,旱季在关闭各河口水闸前提下(雨季开启各河口水闸行洪,不从污水处理厂提水补水),将沙井污水厂中水输水至河口,槽蓄在河槽内,进行原位水质提升,落潮时段开始水闸冲刷河道。经分析计算,沙井污水厂中水配水量如下:道生围涌 5 万 m^3/d,共和村排洪渠 5 万 m^3/d,衙边涌 5 万 m^3/d,排涝河 15 万 m^3/d。

13. 排涝河支流新桥河、上寮河、石岩渠、万丰渠

规划 2020 年,新桥河河道内目标生态环境需水量 4.0 万 m^3/d,上寮河、石岩渠、万丰渠河道内目标生态环境需水量均为 1.0 万 m^3/d。

经分析计算,公明污水厂补给新桥河 2.0 万 m^3/d;此外,公明污水厂分别补给上寮河、石岩渠和万丰渠生态水量 2.0 万 m^3/d。即新桥河、上寮河、石岩渠和万丰渠河道内生态环境需水量得到满足。

14. 茅洲河干流燕川、洋涌大桥和共和村断面

规划 2020 年,茅洲河干流燕川、洋涌大桥断面河道内目标生态环境需水量 23.84 万 m^3/d,共和村断面河道内目标生态环境需水量 42.63 万 m^3/d,其生态需水量由各支流水量汇入干流形成。经分析计算,燕川、洋涌大桥断面河道内生态水量 65.6 万 m^3/d,其中当地水资源 16.6 万 m^3/d,公明污水处理厂中水 12.0 万 m^3/d,光明污水处理厂中水 25.0 万 m^3/d,燕川污水处理厂中水 12.0 万 m^3/d;共和村断面河道内生态水量 98.3 万 m^3/d,其中当地水资源量 21.3 万 m^3/d,公明污水处理厂中水 12.0 万 m^3/d,光明污水处理厂中水 25.0 万 m^3/d,燕川污水处理厂中水 30.0 万 m^3/d,沙井污水处理厂中水 10.0

万 m³/d。即燕川、洋涌大桥和共和村断面河道内生态环境需水量得到满足。

12.5.6 生态补水工程规模

12.5.6.1 生态补水管线

1. 生态输水管线布置原则

（1）管线布置要符合城市总体规划和供水规划，近期开发和远期规划相结合，尽量沿现有河道（或道路）一侧布置管线，便于城市的发展，管线及附属设施布置须满足工程施工、管理和运行维护要求。

（2）管线布置避免穿越较大的居民点、重点埋地管线、人防军事设施等，应少毁植被，减少水土流失。

（3）输水管线布置时，尽量平直，减少急转弯，以减少水力损失，控制工程规模，降低工程造价。

2. 生态补水管线工程的规模

生态补水工程特性指标见表 12.5-9。

表 12.5-9　生态补水工程特性指标

河道	管道长度（km）	流量（万 m³/d）	管径	泵站
石岩河	5.5	2	DN600	1
玉田河	1.6	3	DN600	
大凼水	0.5	3	DN600	
鹅颈水	2	7	DN800	
木墩河	5	4	DN600	1
楼村水	1	4	DN600	1
新陂头水	12	5	DN800	
公明排洪渠	1	6	DN800	
龟岭东水	1	3	DN600	
老虎坑水	5.7	10	DN1000	1
塘下涌	1	2	DN600	
罗田水	8	5	DN800	1
白沙坑水	2	2	DN600	
沙浦西排洪渠	2.5	3	DN600	
东方七支渠	1	1	DN600	
潭头河	1	6	DN800	
潭头渠				
道生围涌	1	5	DN800	
共和村	1.5	5	DN800	
排涝河	1		DN800	1
新桥河	4	5	DN800	
上寮河	5	2	DN600	1
万丰河			DN600	
石岩渠	2	2	DN600	
衙边涌	0.5	5	DN800	
合计	65.8			

12.5.6.2 水质原位修复措施

规划水平年，茅洲河流域污水处理厂出水水质为一级 A 标准，尚无法满足《地表水环境质量标准》（GB 3838—2002）景观娱乐用水水质要求。

规划拟采用 SMI 微生物滤床系统、清水型生态系统和太阳能增氧工程,对污水处理厂出水进行水质原位修复:首先,污水处理厂出水进入 SMI 微生物滤床系统,与微生物填料及微生物菌群充分接触发生生化反应,水质从一级 A 标准提升至准Ⅳ类;其次,净化的水进入清水型生态系统,经过沉水植物、浮叶植物、挺水植物等再次净化,水质基本达到Ⅳ类标准;最后,为避免储存在湖区和水库的水量富营养化,实施太阳能增氧工程。规划安排的水质原位修复措施规模详见表 12.5-10。

表 12.5-10　水质原位修复措施规模表

序号	水库名称	工程措施	单位	数量
1	牛牯斗水库	清水型生态系统	m²	40 000
		补水泵站/管线	项	1
2	碧眼水库	SMI 微生物滤床	m³/d	120 000
		清水型生态系统	m²	72 000
		太阳能增氧工程	项	1
3	大凼水库	SMI 微生物滤床	m³/d	45 000
		清水型生态系统	m²	100 000
		太阳能增氧工程	项	1
4	楼村水库	SMI 微生物滤床	m³/d	30 000
		清水型生态系统	m²	10 000
		太阳能增氧工程	项	1
5	新陂头调蓄湖 1	清水型生态系统	m²	20 000
		太阳能增氧工程	项	1
6	新陂头调蓄湖 2	清水型生态系统	m²	20 000
		太阳能增氧工程	项	1
7	后底坑水库	清水型生态系统	m²	80 000
		太阳能增氧工程	项	1
8	公明横坑水库	清水型生态系统	m²	30 000
		太阳能增氧工程	项	1
9	罗田水调蓄湖	SMI 微生物滤床	m³/d	40 000
		清水型生态系统	m²	90 000
		太阳能增氧工程	项	1
10	老虎坑水库	SMI 微生物滤床	m³/d	50 000
		清水型生态系统	m²	50 000
		太阳能增氧工程	项	1
11	万丰水库	SMI 微生物滤床	m³/d	20 000
		清水型生态系统	m²	40 000
		太阳能增氧工程	项	1

12.5.7　应急供水方案

根据前述供水水源方案和水资源供需平衡分析,规划水平年茅洲河流域河道内生态需水主要依靠污水处理厂中水和当地地表水补给,水量能够得到保障。

《深圳市治水提质工作计划(2015—2020年)》提出的水环境目标为:

一年见成效:茅洲河流域中上游段部分水质指标基本达V类。

三年除黑涝:茅洲河重点河段主要水质指标基本达V类。

五年基本达标:茅洲河流域达到地表水V类。

根据2015年至2016年上半年检测统计资料,茅洲河流域内现状4个污水处理厂出水水质指标详见表12.5-11,主要污染物水质指标对应标准详见表12.5-12。

表 12.5-11　现状茅洲河流域污水处理厂出水水质指标

污水处理厂	pH	COD	BOD$_5$	TN	NH$_3$–N	TP	粪大肠菌群
公明	7.1	18.3	2.0	7.3	0.5	0.2	ND
光明	7.1	17.3	2.0	10.6	0.4	0.3	未检测
燕川	6.8	21.2	2.9	6.8	0.5	0.2	未检测

表 12.5-12　主要污染物水质指标对应标准

序号	基本控制项目	污水处理厂污染物排放标准		地表水环境质量标准		
		一级A标准	一级B标准	Ⅲ类	Ⅳ类	Ⅴ类
1	化学需氧量(COD)	50	60	20	30	40
2	生化需氧量(BOD$_5$)	10	20	4	6	10
3	悬浮物(SS)	10	20	—	—	—
4	动植物油	1	3	—	—	—
5	石油类	1	3	0.05	0.5	1
6	阴离子表面活性剂	0.5	1	0.2	0.3	0.3
7	总氮(TN)	15	20	1	1.5	2
8	氨氮(NH$_3$–N)	5	8	1	1.5	2
9	总磷(TP)	0.5	1	0.2	0.3	0.4
10	色度	30	30	—	—	—
11	pH	6~9	6~9	6~9	6~9	6~9
12	粪大肠菌群数	1 000	10 000	10 000	20 000	40 000

由表12.5-11和表12.5-12可知,污水处理厂出水水质较好,除TN超标外,其余如COD、BOD$_5$、NH$_3$–N、TP等水质指标已优于《地表水环境质量标准》(GB 3838—2002)V类。规划水平年,通过实施河道内生态补水工程,在当地地表水稀释和流域内水库净化调蓄作用下,茅洲河流域内河道内水质基本能够达到《深圳市治水提质工作计划(2015—2020年)》提出的水环境目标要求。对于TN达标,技术难度较大,处理成本很高,而对民众感官效果并未有太大影响;另外TN指标是针对湖泊和水库的要求,并不适合天然河道;而且国家最新的《城市黑臭水体整治工作指南》中,并未对TN提出控制指标。

此外,深圳市作为国际化大都市,经常会承办大型会议和比赛等,面临应急供水任务。为展示深圳市碧水蓝天的美好形象,在特殊情况下,可考虑流域内的石岩水库、公明水库等供水水库短时间内与污水处理厂中水共同承担河道内生态应急补水任务,将城市生活水源(《地表水环境质量标准》Ⅱ类)与中水混合补给河道,初步分析,城市生活水源与中水1∶1混合供水情况下,COD、BOD$_5$、TN、NH$_3$–N、TP等主要指标能够达到地表水环境质量标准景观娱乐用水水质要求。

12.5.8　远景展望

深圳市淡水资源匮乏,现状城市生活生产用水需要从东江引水供给才能保障需求,茅洲河流域范围内的蓄水工程开发利用已接近极限,几乎无继续扩展的空间。规划 2025 年及以后远景水平年,在对污水处理厂中水进行回用的同时,需要考虑补给一定的新鲜水源,建议对珠江口取水规划方案进行深入研究。

　　根据初步设想,珠江口取水方案由取水工程、预处理厂和补水管道工程组成。取水工程包括取水头部、取水管及取水泵站,取水量约为 60 万 m³/d;补水处理厂规模 54 万 m³/d;补水管道管径 DN1 400 ~ DN2 200,总长 20.8 km。预处理厂厂址暂定于宝安区规划沙福路北侧、福永海河西侧、滨海大道东侧,预处理厂采用常规的水处理工艺:絮凝→沉淀→过滤工艺,通过新建泵站和管道输送至洋涌水闸下游,增加感潮段水环境容量。

12.6　河流形态保护与修复技术

　　茅洲河流域的河流大部分已经渠道化或人工河网化,具体表现在以下几个方面:

　　(1)平面上河流形态的均一化。主要是指在河流整治工程中将自然河流渠道化或人工河网化,见图 12.6-1。

图 12.6-1　河流渠道化(上下村排洪渠)

　　(2)河道横断面几何规则化。把自然河流的复杂形状变成梯形、矩形及弧形等规则几何断面,见图 12.6-2。

图 12.6-2　断面规则化(沙浦西)

　　(3)河床材料的硬质化。渠道的边坡及河床采用混凝土、砌石等硬质材料,见图 12.6-3。

图 12.6-3　断面硬质化(石岩河)

河流的渠道化和裁弯取直工程彻底改变了河流蜿蜒型的基本形态,急流、缓流相间的格局消失,而横断面上的几何规则化,也改变了深潭、浅滩交错的形态,生境的异质性降低,水域生态系统的结构与功能随之发生变化,特别是生物群落多样性随之降低,可能引起水生态系统退化。具体表现为河滨植被、河流植物的面积减少,微生境的生物多样性降低,鱼类的产卵条件发生变化,鸟类、两栖动物和昆虫的栖息地改变或避难所消失,这造成物种的数量减少和某些物种的消亡。河床材料的硬质化,切断或减少了地表水与地下水的有机联系通道,本来在沙土、砾石或黏土中栖息着数目巨大的微生物再也找不到生存环境,水生植物和湿生植物无法生长,使植食两栖动物、鸟类及昆虫失去生存条件。本来复杂的食物链(网)在某些关键种和重要环节上断裂。

12.6.1　平面设计

蜿蜒性河流地貌复杂性是生物多样性的自然基础,通过与河流的物理、化学和水文过程的交互作用直接或间接影响着河流生态系统动态。本次规划在现有河道蓝线和堤防的基础上,结合清淤工程,对枯水期和平水期的河流主槽进行蜿蜒修复。蜿蜒修复的河流明细见表12.6-1。

表 12.6-1　蜿蜒修复的河流明细

河流名称	支流级别	河道总长(km)	蓝线宽度(m)
牛牯斗水	二级支流	2.34	0.5
石龙仔河	二级支流	1.89	1
水田支流	二级支流	1.79	1
沙芋沥	二级支流	3.40	1
樵窝坑(塘坑河)	二级支流	3.80	
龙眼水	二级支流	3.69	5
田心水	二级支流	2.28	5
上排水	二级支流	2.98	
上屋河	二级支流	2.76	3
天圳河	二级支流	3.05	3
王家庄河	二级支流	0.77	3
玉田河	一级支流	3.26	
鹅颈水	一级支流	8.92	3
红坳水	二级支流	2.53	
鹅颈水北支	二级支流	4.83	10
鹅颈水南支	二级支流	3.07	
大凼水	一级支流	4.47	3
东坑水	一级支流	6.08	10
木墩河	一级支流	5.81	5~10
楼村水北支	二级支流	3.10	
新陂头水	一级支流	11.5	5
横江水	二级支流	4.39	
石狗公水	二级支流	4.56	
新陂头水北支	二级支流	5.34	5~8
罗仔坑水	三级支流	2.49	
新陂头水北二支	三级支流	2.87	

续表 12.6-1

河流名称	支流级别	河道总长(km)	蓝线宽度(m)
新陂头水北三支	三级支流	3.72	
西田水	一级支流	5.14	3
西田水左支	二级支流	5.27	
桂坑水	二级支流	2.35	
白沙坑水	一级支流	3.85	
上下村排洪渠	一级支流	6.34	5
合水口排洪渠	一级支流	2.69	5
公明排洪渠	一级支流	8.03	5
公明排洪渠南支	二级支流	2.63	
罗田水	一级支流	15.03	
龟岭东水	一级支流	4.00	
老虎坑水	一级支流	5.19	2
塘下涌	一级支流	4.30	5
沙埔西排洪渠	一级支流	2.37	5
沙埔北排洪渠	一级支流	0.97	
洪桥头水	一级支流	1.40	
沙井河	一级支流	5.93	5
潭头河	二级支流	4.60	5
潭头渠	二级支流	5.25	3
东方七支渠	二级支流	2.02	2.5
松岗河	二级支流	9.86	
共和涌	一级支流	1.33	
新桥河	二级支流	5.81	8
上寮河	二级支流	7.20	8
万丰河	三级支流	3.46	3
岗排洪渠	三级支流	2.77	
石岩渠	二级支流	3.02	8
衙边涌	一级支流	2.83	
合计		284.54	

12.6.2　横断面设计

本次规划结合景观规划、防洪规划,对横断面的多样化进行规划。改变原有河流的统一断面形式,针对不同驳岸功能,采取不同的断面形式。同时,考虑岸坡的防护功能,采用新型的生态基质防护材料。

自然河流的横断面形式见图 12.6-4,由河漫滩滨水带、浅滩、主槽组成。茅洲河流域大多数河流经过人工改造后失去了多样化的横断面结构,简化为矩形或梯形断面。本次规划结合蜿蜒性的平面设计和生态疏浚,在不改变现有河道开口线的前提下,在枯水期和平水期恢复河流的蜿蜒性和横断面的多样性。

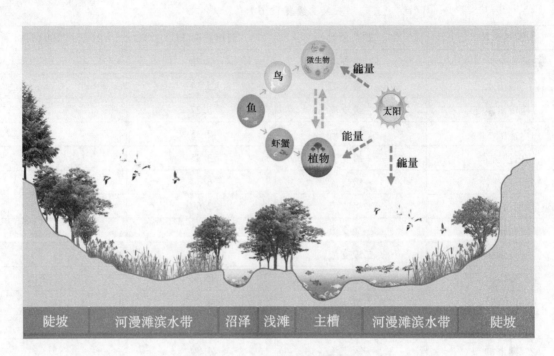

| 陡坡 | 河漫滩滨水带 | 沼泽 | 浅滩 | 主槽 | 河漫滩滨水带 | 陡坡 |

图 12.6-4　自然河流的横断面结构

12.6.3　纵断面设计

在蜿蜒河道内的主要地貌单元是深潭浅滩序列。深潭位于蜿蜒性河流弯曲的顶点,并在河道深泓线弯曲凸部的外侧(或称凹岸侧)。浅滩是两个河湾间的浅河道,位于河流深泓线相邻两个波峰之间,它的起点位于蜿蜒河流的弯段末端,其长度取决于纵坡降,纵坡降越大,浅滩段越短。深潭的横剖面为窄深式,一般为几何非对称型;而浅滩的横剖面属宽浅式,大体呈对称形态。

深潭的栖息地功能主要体现在为水生物种提供栖息地。深潭的深度越深,面积越大,水生物种的种类就越多,这是因为较深的水位能够满足不同鱼类对栖息水层的要求,而较大的水面积能够提供更多的食物来源。深潭底部被泥、沙、卵石、碎石等覆盖,多样的底质环境能够为许多不同底栖生物提供活动场所。从河流纵向上看,河水在经过深潭区域时流速减小,流出深潭区域时流速增加,变化的流速能够满足不同鱼类的生活习性。当河流在枯水期干涸时,较为浅的深潭已经干涸,水生物种都已消失,而面积较大、水位较深的深潭生物变化并不大;因此,可以认为,深潭能够在枯水期为水生生物提供维持生命的水源,具有较好的水源功能。深潭增加物种多样性的功能与其栖息地和水源功能是密切相关的,多样的栖息地环境提供了多样的生态环境,能够为不同物种提供生存的基本条件,而深潭的水源功能能够为多种动植物提供生命所需的水分,从而促进生物物种的多样性。深潭浅滩序列河流明细见表 12.6-2。

表 12.6-2　深潭浅滩序列河流明细

序号	河流名称	支流级别	河道总长(km)	深潭浅滩数量
1	牛牯斗水	二级支流	2.34	2
2	石龙仔河	二级支流	1.89	1
3	水田支流	二级支流	1.79	1
4	沙芋沥	二级支流	3.40	2
5	樵窝坑(塘坑河)	二级支流	3.80	3
6	龙眼水	二级支流	3.69	2

续表 12.6-2

序号	河流名称	支流级别	河道总长(km)	深潭浅滩数量
7	田心水	二级支流	2.28	2
8	上排水	二级支流	2.98	2
9	上屋河	二级支流	2.76	2
10	天圳河	二级支流	3.05	2
11	王家庄河	二级支流	0.77	1
12	玉田河	一级支流	3.26	2
13	鹅颈水	一级支流	8.92	6
14	红坳水	二级支流	2.53	2
15	鹅颈水北支	二级支流	4.83	3
16	鹅颈水南支	二级支流	3.07	2
17	大凼水	一级支流	4.47	3
18	东坑水	一级支流	6.08	4
19	木墩河	一级支流	5.81	4
20	楼村水北支	二级支流	3.10	2
21	新陂头水	一级支流	11.50	8
22	横江水	二级支流	4.39	3
23	石狗公水	二级支流	4.56	3
24	新陂头水北支	二级支流	5.34	4
25	罗仔坑水	三级支流	2.49	2
26	新陂头水北二支	三级支流	2.87	2
27	新陂头水北三支	三级支流	3.72	2
28	西田水	一级支流	5.14	3
29	西田水左支	二级支流	5.27	4
30	桂坑水	二级支流	2.35	2
31	白沙坑水	一级支流	3.85	3
32	上下村排洪渠	一级支流	6.34	4
33	合水口排洪渠	一级支流	2.69	2
34	公明排洪渠	一级支流	8.03	5
35	公明排洪渠南支	二级支流	2.63	2
36	罗田水	一级支流	15.03	10

续表 12.6-2

序号	河流名称	支流级别	河道总长(km)	深潭浅滩数量
37	龟岭东水	一级支流	4.00	3
38	老虎坑水	一级支流	5.19	3
39	塘下涌	一级支流	4.30	3
40	沙埔西排洪渠	一级支流	2.37	2
41	沙埔北排洪渠	一级支流	0.97	1
42	洪桥头水	一级支流	1.40	1
43	沙井河	一级支流	5.93	4
44	潭头河	二级支流	4.60	3
45	潭头渠	二级支流	5.25	4
46	东方七支渠	二级支流	2.02	1
47	松岗河	二级支流	9.86	7
48	道生围涌	一级支流	2.23	1
49	共和涌	一级支流	1.33	1
50	新桥河	二级支流	5.81	4
51	上寮河	二级支流	7.20	5
52	万丰河	三级支流	3.46	2
53	坐岗排洪渠	三级支流	2.77	2
54	石岩渠	二级支流	3.02	2
55	衙边涌	一级支流	2.83	2
合计			284.54	162

12.7　滨水带修复与保护技术

本次规划结合生态材料在防洪工程上的应用,恢复滨水带的植物群落,并注重植物种类的搭配,发挥生态、景观和水质净化的功能。水生植物一般分为湿生植物、挺水植物、浮叶植物和沉水植物。湿生植物具有抗淹性,是偶然或不经常的水生植物;挺水植物茎叶气生,是具有陆生植物特性的水生植物;浮叶植物是一面叶气生的水生植物;沉水植物是完全的水生植物。水生植物的分布规律是从滨水带至水深中心方向依次为湿生植物、挺水植物、浮叶植物和沉水植物。

12.7.1　缓冲带构建

河岸带属于水陆生态交错区,是水陆物种源(基因库)和野生动物的重要栖息地,是河溪中粗木质碎屑和养分能量的来源,它直接影响着河溪的微气候,更保护着河溪的水质,为人类的户外活动提供休闲场所,为农、林、牧、渔业的发展提供基地;河岸带也是养分管理、沉积物和水土流失控制及保护淡水资源环境系统的重要组成部分,其功能的有效发挥与否关系到流域生态系统的健康,是维护陆地和水域生态系统稳定的重要屏障。河岸植被缓冲带作为河岸带的重要组成部分以及水陆间重要的生态交错带,对水陆生态系统间的物流、能流、信息流和生物流发挥着重要的廊道、过滤器和屏障作用,具有重要的水文、生态、美学和社会经济功能。河岸植被缓冲带可描述为狭长的、线状的、滨水的水陆两栖植被带。这一地带生态环境的突出特点是水分多、土壤肥力较高,空气湿度也较高,但有的季节洪水泛滥,河岸植被缓冲带常被淹没。

　　茅洲河流域的多数河流由于城市发展对河流空间的挤占已经失去了缓冲带,有些河流局部有缓冲带,但是上下游不连续。本次规划结合景观规划,针对坡度≤60°的护岸或堤防提出采用生物基质混凝土(BSC,Biological Substrate Concrete)构建缓冲带的方案。

　　如图 12.7-1 所示,图中①为原有护岸或堤防,②为生物基质混凝土层,③为框隔梁,④为碎石反滤层,⑤为土工布,⑥为陆生植物生长区,⑦为湿生植物生长区,⑧为挺水植物、浮叶植物、沉水植物生长区,⑨为生物基质混凝土护脚。

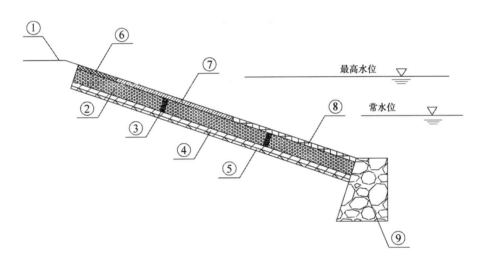

图 12.7-1　缓冲带构建示意图

　　陆生植物生长区⑥在最高水位线以上,不受洪水的淹没;湿生植物生长区⑦在最高水位线以下,是水位变幅区域,随着水位的周期性变化,植物周期性地受到淹没;挺水植物、浮叶植物、沉水植物生长区⑧在常水位以下,为挺水植物、浮叶植物和沉水植物提供了生长的基质;多孔性混凝土护脚⑨保证了结构的稳定,同时由于其多孔的性能,有利于沉水植物和藻类的附着。陆生植物生长区⑥、湿生植物生长区⑦和挺水植物、浮叶植物、沉水植物生长区⑧构成了完整的滨水缓冲带,既能够稳定河岸,又能够完善滨水带的生态系统,恢复滨水带的植物群落,提高滨水带的植物种类多样性,进而进一步推进水生态系统正向演进。

12.7.2　生态护岸构建

　　本次规划对于坡度＞60°的护岸进行生态化改造。生态护岸按断面形式和结构分类,主要包括斜坡式护岸、复合式护岸、垂直式护岸、生物护岸等。生态护岸设计首先要满足防洪要求及护岸结构稳定,优先采用成熟稳定的生态护岸材料。

　　针对茅洲河流域河流有众多的近垂直护岸的现状,本次规划采用层叠式生物基质多孔性混凝土结构和生态多孔性混凝土砌块结构对垂直护岸进行生态化改造,见图 12.7-2、图 12.7-3。

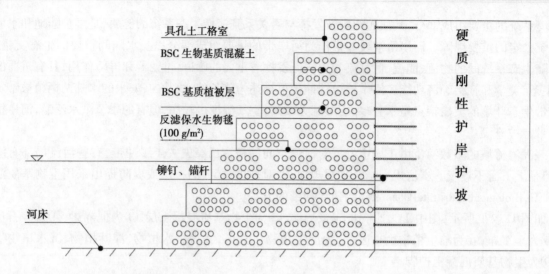

图 12.7-2　层叠式生物基质多孔性混凝土对硬质护岸的改造

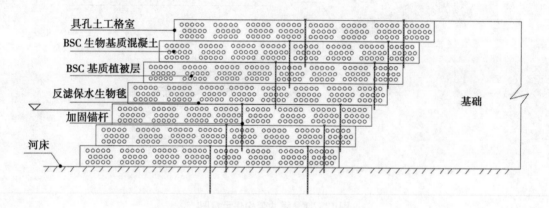

图 12.7-3　层叠式生物基质混凝土直接护岸工法

　　针对茅洲河干流及其支流两侧用地紧张的现状,在现有的硬质化直立式护岸结构的基础上提出了一种适用于河流及湖泊滨水带生态修复与水质净化的护岸结构。该结构在多孔性混凝土基层上设置了多种适于水生植物生长的栽培层,既考虑了利用具有抗冲刷能力的多孔性混凝土对滨水带进行加固稳定,又利用陆生植物、水生植物及藻类形成的生态群落对滨水带生态系统进行修复和水质净化。该结构既能够保护河流和湖泊的堤岸不受侵蚀和淘刷,又能够促进滨水带生态群落的恢复和水生态食物链的构建。

　　该生态护岸结构已于 2017 年 2 月 8 日获得实用新型专利授权,专利号为 ZL2016 2 090423.6。

12.7.3　工程布置

　　生态护岸改造工程布置见表 12.7-1、表 12.7-2。本次规划生态修复工程的缓冲带构建和生态护岸构建工程投资见防洪专题报告。已经实施的工程建议按照本次规划提出缓冲带构建和生态护岸构建方法进行优化。

表 12.7-1　茅洲河一级支流河道断面及形态改造布局　（单位：m）

序号	河名	河道长度	堤岸加高	堤岸加固	护岸加高	新建护岸	护岸拆除改建
1	石岩河	6 437				2 366	
2	罗田水	5 913	732		916	5 771	2 305
3	龟岭东水	4 133				3 395	1 823
4	塘下涌	4 172			438	874	3 142
5	排涝河	4 300		4 300		1 550	
6	楼村水	5 743	1 200			9 457	
7	鹅颈水	5 600				11 200	
8	东坑水	4 000					2 450
9	新陂头河	6 200				7 050	
10	西田水	2 320				680	1 140
11	木墩河	5 770					2 228
12	玉田河	2 690				3 700	840
	合计	57 278	1 932	4 300	1 354	46 043	13 928

表 12.7-2　茅洲河流域二级支流断面及形态改造布局　（单位：m）

序号	河名	河道长度	堤岸加高	堤岸加固	护岸加高	新建护岸	护岸拆除改建
1	潭头河	4 180		141		1 295	141
2	潭头渠	4 489					1 304
3	东方七支渠	3 343					633
4	松岗河	4 972		739	436		1 220
5	新桥河	5 910			5 910		
6	上寮河	6 207	1 359	2 116	379		
7	甲子塘排洪渠	1 500			450		620
8	莲塘排洪渠	710				1 420	
9	新陂头水北支	4 593			4 593		
10	沙芋沥	2 104			2 104		
11	樵窝坑	961	731	96		134	
12	龙眼水	1 309			456	109	
13	上排水	2 980			2 880		
14	天圳河	2 600			3 140		
	合计	45 858	2 090	3 092	20 348	2 958	3 918

12.8　蓄滞洪区生态保护与修复

本次规划结合茅洲河流域 7 个调蓄湖工程,构建河流形态的多样化。7 个调蓄湖工程占地总面积共 66.9 万 m²,总库容 135 万 m³。规划的各调蓄湖位置、面积见表 12.8-1。

表 12.8-1　调蓄湖位置及面积

序号	河流名称	位置	面积(万 m²)
1	鹅颈水	河口	5.7
2	东坑水	河口	16.4
3	楼村水	中游	5
4	新陂头水		17
5			5.3
6	罗田水	上游	4.5
7		中游	2.6

调蓄湖工程能够有效地蓄滞消纳区域内暴雨涝水,并对干流洪水起到一定的削减作用,降低干流水位,有效地缓解流域防洪排涝压力,而且在满足滞涝纳洪的功能需求外,还兼具水质净化的功能,削减片区内水质的污染负荷,为 2020 年茅洲河水质考核断面达标提供进一步的保障。同时,结合景观营造,打造可供市民休闲游览、科普教育的生态公园,结合不同的地域文化,在调蓄湖内打造各具文化特色的主题性景观。设计中运用低冲处理手段,将调蓄湖打造成集人工湿地、自然湿地、调蓄湖湖体大水面、河道等多水体形态于一体的湖区湿地雨水花园,在满足滞洪调蓄、水质净化功能的同时,构建多样性的生态系统,为周围人们提供公园游憩、湿地观光及运动休闲空间。

12.9　水库生态保护与修复

对茅洲河流域内具有供水功能的 9 座水库(详见表 12.5-4)进行水源地保护,构建湖滨缓冲带,对入湖支流进行总口截污或者建设前置库、人工湿地,并对上游河道进行生态修复和保护。

根据深圳市法定图则的要求,一级水源保护区内,与水工程和保护水源无关的现状建设用地和建筑应逐步取消和拆除;禁止进行各种养殖活动,现有鱼塘禁止继续养鱼,并改造为自然生态湿地;现有果园、菜地等农业用地,应全部退果还林,通过育林改造,采取自然生长(不松土、不施肥),种植对水源保护有较高价值的乔木、灌木、草地等建设水源涵养林。二级水源保护区内的工业废水、生活污水必须排入污水管道,禁止随意排放、倾倒污水;近期截流污水及初期雨水排入现状截污干管,远期雨污彻底分流;水源保护区内必须按法定图则要求设置密封式环卫设施,禁止随意倾倒和堆放垃圾及其他废物;未划定为建设用地的推平未建用地必须尽快恢复植被,防止水土流失;禁止毁林开荒、毁林种果;片区内位于 25°坡度以上的果园要退果还林;现有果园、菜地等要实施施肥管理控制,禁止使用剧毒、高残留农药,使用农药、化肥必须遵守有关规定,防止污染饮用水源。

12.10　生态监测与综合管理

12.10.1　水质监测

对修复工程后的河流生态系统所开展的长期水体监测,监测站沿用现有监测站。

12.10.2 水文监测

水文监测是对河流的流速、水位、含沙量和水文等化学物理参数的直接测量。水文监测站点的布设见防洪专题报告。

12.10.3 水生态监测

水生态监测的内容包括物种组成、密度、生物群落多样性、生长速率、生物生产量等。对生物群落的监测,包括浮游植物、着生生物、浮游动物、底栖动物、水生维束管类植物和鱼类种类和数量。监测站点分布与水质监测站分布一致。水生态监测频次见表 12.10-1。

表 12.10-1 水生态监测频次

监测参数	监测频率
大型无脊椎动物	每年 2 次(3—5 月,9—11 月)
大型植物	每年 1 次(6—9 月)
藻类	每年 2 次(3—5 月,9—11 月)

12.11 投资匡算

生态补水工程投资按照工程规模和单价匡算,包括生态补水管线、泵站和水质原位修复措施投资。根据生态补水工程规模,估算新建输水管线总长度约 65.8 km,为便于匡算投资本阶段初步选择管材为 PE 管,按照不同管径和长度分别计算,约需投资 2.35 亿元;新建泵站 7 座,按照平均单价 500 万元/座计算,需投资 0.35 亿元;水质原位修复措施投资按照 SMI 微生物滤床系统、清水型生态系统和太阳能增氧工程单价和工程规模分别匡算,约需 22.15 亿元。经计算生态补水工程投资约 24.85 亿元,详见表 12.11-1。

表 12.11-1 深圳市茅洲河流域生态补水工程投资匡算

分项	生态补水管线		泵站		水质原位修复						合计 (万元)
					SMI 微生物滤床		清水型生态系统		太阳能增氧工程		
	规模 (km)	投资 (万元)	规模 (座)	投资 (万元)	规模 (m³/d)	投资 (万元)	规模 (m²)	投资 (万元)	规模 (项)	投资 (万元)	
石岩片区	5.5	1 650	1	500			40 000	360	1	1 000	3 510
公明中水回用系统	14.1	4 730	1	500	65 000	45 500	250 000	2 250	4	800	53 780
光明中水回用系统	20	7 400	2	1 000	150 000	105 000	122 000	1 098	4	800	115 298
燕川中水回用系统	22.2	8 130	2	1 000	90 000	63 000	140 000	1 260	2	400	73 790
沙井中水回用系统	4	1 600	1	500							2 100
合计		23 510		3 500		213 500		4 968		3 000	248 478

生态修复工程的缓冲带构建和生态护岸构建工程投资列入防洪工程投资。已经实施的工程建议按照本次规划提出缓冲带构建和生态护岸构建方法进行优化。生态修复工程总投资 48 094 万元,其中河流纵向修复工程投资 1 620 万元,蓄滞洪区生态保护与修复工程投资 16 950 万元,水源地保护工程

18 000 万元,滨水带修复 11 038 万元,周丛群落恢复 486 万元,见表 12.11-2。

表 12.11-2　生态修复工程投资估算

序号	项目	数量	单位	单价(万元)	总价(万元)
一	河流纵向修复				1 620
(1)	生物基质渗滤坝	162	个	10	1 620
二	蓄滞洪区生态保护与修复				16 950
(1)	鹅颈水	5.7	万 m²	0.03	1 710
(2)	东坑水	16.4	万 m²	0.03	4 920
(3)	楼村水	5	万 m²	0.03	1 500
(4)	新陂头水	22.3	万 m²	0.03	6 690
(5)	罗田水	7.1	万 m²	0.03	2 130
三	水源地保护				18 000
(1)	水库	9	座	2 000	18 000
四	滨水带修复				11 038
(1)	一级支流	59.971	km	0.15	7 796
(2)	二级支流	30.316	km	0.2	3 242
五	周丛群落恢复				486
(1)	微生物群落恢复	3 240	m²	0.05	162
(2)	着生藻类恢复	3 240	m²	0.1	324
合计					48 094

第 13 章 水景观工程规划研究

13.1 水景观现状

13.1.1 水景观现状分析

13.1.1.1 石岩河及茅洲河干流

沿河现状没有整体的景观规划,也没有具体的景观设计。上游河道周边多为自然山体及厂区,厂区围墙及建筑挤占沿河空间;下游河道穿越城区,两岸多为密集居住区及工业区,整治河段时进行了驳岸硬质化改造。茅洲河干流两侧绿地相对系统,局部结合了街头绿地和现状山体的绿化,但现状疏于管理,杂草丛生。沿河交通不够通畅,缺乏亲水及休憩空间(见表 13.1-1)。

表 13.1-1 茅洲河流域干流景观现状汇总

序号	河流名称	河道总长(km)	蓝线宽度(m)	周边用地	景观现状	现状照片
1	光明片区段(塘尾桥到楼村桥)	10.30	50	商业,服务业,市场,配套设施	可达性较好,有荒地,植被较好,无特色构筑物	
2	光明片区段(楼村桥到罗天水水闸)	4.20	40	大型居住	可达性好,植被较好,构筑物杂乱无章,临近水库	
3	宝安片区段(罗田水水闸到广深高速桥)	2.92	50	工业为主	可达性好,植被好,有滩涂、岛等,构筑物杂乱	
4	宝安片区段(广深高速桥到珠江口)	3.81	100	村,绿地,小型商业,山体,荒地	可达性一般,滩涂和荒地较多,无构筑物,植被好	

注:光明片区和宝安片区以罗田水水闸为界限。

13.1.1.2 茅洲河支流

沿河基本无活动空间,大部分河段建筑临河而建,河道沿河空间普遍被建筑挤占。河道形态较为通直,缺乏变化,水流形态单一,淤积严重,水质黑臭。部分河道设有壅水设施。大部分河段未进行系统绿化,植被分布呈极大的空间差异,以杂生植物为主,局部河段已全部硬化,已整治河岸表面植物稀少;部分河道内存在滩地,生态本底较好,植被种类单一;部分郊区河段两岸存在绿荫带,长势良好,但缺乏层次感。交通体系不健全,功能混乱,沿河道路缺失。沿河土地利用率不高,生态景观建设滞后(见

图 13.1-2）。

表 13.1-2　茅洲河流域支流景观现状汇总

序号	河流名称	支流级别	流域面积（km²）	河道总长（km）	蓝线宽度（m）	周边用地	景观现状	现状照片
1	石岩河	一级	44.71	10.32	20	局部有滨河公园	有绿化带,滨河公园部分景观好,但流域其他地方有垃圾堆放	
2	牛牯斗水	二级	2	2.34	0.5	有办公楼居住区和电子科技园等	环境差,没有绿化带,两侧沿河道路泥泞	
3	石龙仔河	二级	1.49	1.89	1	左岸有小区、商铺及工厂围墙,右岸石龙大道	环境很差	
4	水田支流	二级	3.37	1.79	1	左岸紧靠居民楼,右岸上部龙大高速、紧邻变电站	水质差,两侧紧挨围墙无绿化	
5	沙芋沥	二级	3.21	3.40	1	流经工业园、住宅区、二手车市场	环境很差,垃圾遍布,沿路仅有3米绿化带,局部有沿河路,不连贯;植被茂密区有生活垃圾	
6	樵窝坑（塘坑河）	二级	3.33	3.80		生态控制用地		
7	龙眼水	二级	3.64	3.69	5	流经学校、社区等地	单侧有道路,沿路有较窄绿化带	
8	田心水	二级	1.67	2.28	5	有住区和小商业街	硬质段两侧有道路,环境一般;自然段两侧为土坡	
9	上排水	二级	1.43	2.98				

续表 13.1-2

序号	河流名称	支流级别	流域面积（km²）	河道总长（km）	蓝线宽度（m）	周边用地	景观现状	现状照片
10	上屋河	二级	2.11	2.76	3	北环路上游有工业园绿地	左岸有沿河道路,右岸有工厂,靠近工厂部分有刺鼻工业味道	
11	天圳河	二级	3.97	3.05	3	挨着石岩河有人工湿地保护区	环境一般,周边没有绿化带,但建筑条件比较好	
12	王家庄河	二级	2.10	0.77	3	单侧有沿河路,周边有小型商业	环境很差,垃圾成堆	
13	玉田河	一级	6.45	3.26				
14	鹅颈水	一级	21.44	8.92	3	两侧荒地比较多,有金环宇科技园	环境一般	
15	红坳水	二级	1.81	2.53				
16	鹅颈水北支	二级	4.15	4.83	10	绿地为主,有高层住宅区	环境一般,两侧有坡地,有较宽绿化带	
17	鹅颈水南支	二级	3.44	3.07				
18	大凼水	一级	4.81	4.47	3	流经工业区、居住区	单侧道路,沿路有绿化带,环境一般	
19	东坑水	一级	9.80	6.08	10	两侧可能是山体,绿化比较好	环境好,有沿河路	
20	木墩河	一级	5.80	5.81	5～10	局部有绿地公园	两侧绿化,无沿河路,左岸局部有绿化带外有道路,	

续表 13.1-2

序号	河流名称	支流级别	流域面积（km²）	河道总长（km）	蓝线宽度（m）	周边用地	景观现状	现状照片
21	楼村水	一级	11.33	7.80	10~50	沿路有住区、绿地、工业区和临时建筑	环境一般，没沿河路，河坡有绿化，局部垃圾成堆	
22	楼村水北支	二级	2.53	3.10				
23	新陂头水	一级	46.28	11.50	5	荒地	两侧有荒地，有垃圾	
24	横江水	二级	7.84	4.39				
25	石狗公水	二级	4.55	4.56				
26	新陂头水北支	二级	21.50	5.34	5~8	两侧有荒地，局部有山坡	环境一般	
27	罗仔坑水	三级	1.57	2.49				
28	新陂头水北二支	三级	4.27	2.87				
29	新陂头水北三支	三级	3.27	3.72				
30	西田水	一级	13.31	5.14	3	两侧有荒地	环境很差，垃圾多，很多跨河管线	
31	西田水左支	二级	5.03	5.27				
32	桂坑水	二级	1.70	2.35				
33	白沙坑水	一级	3.16	3.85				
34	上下村排洪渠	一级	5.49	6.34	5	上游左岸为居民区，右岸为御景新城小区和建筑工地；下游进入暗涵	环境差，有垃圾和异味，单侧有沿河路	

续表 13.1-2

序号	河流名称	支流级别	流域面积（km²）	河道总长（km）	蓝线宽度（m）	周边用地	景观现状	现状照片
35	合水口排洪渠	一级	1.13	2.69	5	流经居住区	单侧有巡河路，环境一般，水体黑臭	
36	公明排洪渠	一级	15.32	8.03	5	流经荒地、工业区和居住区	环境一般，单侧有巡河土路	
37	公明排洪渠南支	二级	1.82	2.63				
38	罗田水	一级	28.36	15.03				
39	龟岭东水	一级	3.31	4.00				
40	老虎坑水	一级	4.31	5.19	2	主要流经荒地和工业区	单侧或两侧有沿河道路，沿路有绿化带	
41	塘下涌	一级	5.57	4.30	5	周围以工业区荒地和临时建筑为主，也有工业区	河坡有绿化，有排污，单侧局部有沿河路，环境差	
42	沙埔西排洪渠	一级	1.84	2.37	5	两岸有厂房工业区和部分住宅	环境一般，单侧局部有沿河路	
43	沙埔北排洪渠	一级	1.00	0.97				
44	洪桥头水	一级	1.07	1.40				
45	沙井河	一级	29.72	5.93	5	宝安大道桥向下游河道左侧为工厂，靠近桥处有一泵站，右岸为工厂；上游左右两岸有工厂和居民区	沿岸有植被护坡，有垃圾，左右岸有沿河道路	

续表 13.1-2

序号	河流名称	支流级别	流域面积（km²）	河道总长（km）	蓝线宽度（m）	周边用地	景观现状	现状照片
46	潭头河	二级	4.93	4.60	5	两岸以工业区为主	绿化尚可，无沿河路	
47	潭头渠	二级	2.75	5.25	3	有政府储备用地	环境一般，单侧有路	
48	东方七支渠	二级	1.52	2.02	2.5	沿岸为工业区	单侧或两侧有沿河道路，沿路有绿化带并已植树	
49	松岗河	二级	14.66	9.86				
50	道生围涌	一级	1.56	2.23	推测为暗渠	地上部分是绿化带和居住区，未发现河道		
51	共和涌	一级	1.04	1.33				
52	排涝河	一级	32.96	3.57	20	有荒地和临时建筑	环境一般，单侧或两侧有沿河路	
53	新桥河	二级	17.52	5.81	8	两岸多为小区和小商铺，部分有工厂	环境一般，两侧有沿河路，沿路绿化带窄，但已植树	
54	上寮河	二级	13.24	7.20	8	两岸有工业区和小区	环境一般，局部环境较差，有巡河路	
55	万丰河	三级	2.32	3.46	3	商业区和住宅	暗渠为主，明渠部分环境差	
56	坐岗排洪渠	三级	1.79	2.77				

续表 13.1-2

序号	河流名称	支流级别	流域面积（km²）	河道总长（km）	蓝线宽度（m）	周边用地	景观现状	现状照片
57	石岩渠	二级	1.87	3.02	8	周边以厂房和工业区为主	单侧有道路，没有绿化带	
58	衙边涌	一级	2.48	2.83				
合计				284.54				

水库景观现状汇总见表 13.1-3。

表 13.1-3　水库景观现状汇总

序号	水库名称	水库级别	街道	面积（m²）	岸线长度（m）	周边用地	景观现状	现状照片
1	石岩	中型	石岩	3 100 000	16 758			
2	长流陂	小（1）	沙井	970 000	4 574			
3	老虎坑	小（1）	松岗	110 000	1 813		环境好，周围有山体和绿化，有少量建筑	
4	牛牯斗	小（2）	石岩	110 000	2 536			
5	铁坑	小（1）	公明	160 000	5 725			
6	大凼	小（1）	公明	300 000	2 593		有绿化、有建筑、有高压线	
7	碧眼	小（2）	光明	180 000	2 412	下游有农业用地	环境好，水质好，周围有大量树木	
8	红坳	小（2）	公明	130 000	1 448			
9	后底坑	小（2）	公明	150 000	1 897	有工厂和居住建筑	两侧有杂草和荒地	

13.1.2　现有治理项目评估

部分河道治理的项目在规划中含有水景观的内容,但多数项目还停留在局部的景观效果提升阶段,例如完善滨水交通系统、构建城市开放空间、河道沿岸绿化种植、护岸表面装饰等,没有从整个茅洲河流域出发,考虑整个流域的生态景观格局、节点交通系统、滨水游线系统等,没有考虑如何打造滨水文化廊道,从而体现茅洲河的地域特色。茅洲河流域现有河道治理项目水景观工程评估见表13.1-4。

表13.1-4　茅洲河流域现有河道治理项目水景观工程评估

序号	所在街道	位置	名称	目前阶段	是否纳入现有EPC项目	项目建设内容	总投资(亿元)	计划竣工日期
1	石岩	石岩河	石岩河景观工程	施工中	×	主体工程施工: (1)挡墙饰面工程施工; (2)护坡工程施工; (3)砌石工程施工; (4)绿化种植施工; (5)园林小品施工	2.47	2017年12月至2018年2月
2	石岩	牛牯斗水						
3	石岩	石龙仔河						
4	石岩	水田支流						
5	石岩	沙芋沥						
6	石岩	樵窝坑(塘坑河)						
7	石岩	龙眼水						
8	石岩	田心水						
9	石岩	上排水						
10	石岩	上屋河						
11	石岩	天圳河						
12	石岩	王家庄河						
13	光明	玉田河	茅洲河流域光明片区河流综合治理工程	×	×	通过增加片段景观的连续度、保护动物栖息地、建立接近自然的连续的游憩网络、鼓励步行和自行车出行、保护自然生态等,使之成为保护城市生态结构、功能,构建城市生态网络和城市开放空间规划的核心,提升河道景观体系的价值,维持河流健康生命,促进人水和谐	×	×
14	光明	鹅颈水						
15	光明	红坳水						
16	光明	鹅颈水北支						
17	光明	鹅颈水南支						
18	光明	大凼水						
19	光明	东坑水						
20	光明	木墩河						
21	光明	楼村水						
22	光明	楼村水北支						
23	公明	新陂头水	新陂头河综合整治工程	×	×	以简洁、大方、便民、美化环境、体现滨河亲水设计风格为原则,使绿化和建筑相互融合,相辅相成,使环境成为城市文化的延续。尽量不去改变现有自然状态的同时增强河道的可亲水性,提高河面—堤岸—沿河路的视线联系	×	×

续表 13.1-4

序号	所在街道	位置	名称	目前阶段	是否纳入现有 EPC 项目	项目建设内容	总投资（亿元）	计划竣工日期
24	公明	横江水	×	×	×	×	×	×
25	公明	石狗公水	×	×	×	×	×	×
26	公明	新陂头水北支	×	×	×	×	×	×
27	公明	罗仔坑水	×	×	×	×	×	×
28	公明	新陂头水北二支	×	×	×	×	×	×
29	公明	新陂头水北三支	×	×	×	×	×	×
30	公明	西田水	×	×	×	×	×	×
31	公明	西田水左支	×	×	×	×	×	×
32	公明	桂坑水	×	×	×	×	×	×
33	公明	白沙坑水	×	×	×	×	×	×
34	公明	上下村排洪渠	×	×	×	×	×	×
35	公明	合水口排洪渠	×	×	×	×	×	×
36	公明	公明排洪渠	×	×	×	×	×	×
37	公明	公明排洪渠南支	×	×	×	×	×	×
38	沙井	罗田水	×	×	×	×	×	×
39	沙井	龟岭东水	×	×	×	×	×	×
40	沙井	老虎坑水	×	×	×	×	×	×
41	沙井	塘下涌	塘下涌综合治理工程	×	×	系统整治河岸，设置观赏平台、景观道路及绿化带、栏杆等	×	×
42	沙井	沙埔西排洪渠	×	×	×	×	×	×
43	沙井	沙埔北排洪渠	×	×	×	×	×	×
44	沙井	洪桥头水	×	×	×	×	×	×
45	沙井	沙井河	×	×	×	×	×	×
46	沙井	潭头河	×	×	×	×	×	×
47	沙井	潭头渠	×	×	×	×	×	×
48	沙井	东方七支渠	×	×	×	×	×	×
49	沙井	道生围涌	×	×	×	×	×	×
50	沙井	松岗河	×	×	×	×	×	×
51	沙井	共和涌	×	×	×	×	×	×
52	沙井	排涝河	×	×	×	×	×	×

序号	所在街道	位置	名称	目前阶段	是否纳入现有 EPC 项目	项目建设内容	总投资（亿元）	计划竣工日期
53	沙井	新桥河	新桥河综合治理工程	×	×	对现状河道进行景观化、生态化改造设计，顶部不加盖，对河两岸进行生态化景观处理，以创造较佳的生活空间和良好城市环境	×	×
54	沙井	上寮河	×	×	×	×	×	×
55	沙井	万丰河	×	×	×	×	×	×
56	沙井	坐岗排洪渠	×	×	×	×	×	×
57	沙井	石岩渠	×	×	×	×	×	×
58	沙井	衙边涌	×	×	×	×	×	×

13.1.3　现状评价

20 世纪 80 年代至今，随着城市的高速发展，茅洲河水系的河流逐渐变为城市河道。城市已建成区域的河道多数已治理，茅洲河干流部分河段存在沿河绿带及滨水活动空间；部分郊区河道现状自然本底较好，自然岸坡存在乔木绿化带，局部河段沿河空间较宽敞。

但大部分河道沿河空间普遍被建筑物侵占，河道硬质渠化，河道形态被裁弯取直，缺乏变化，水流形态单一，水质黑臭；沿河交通不通畅，缺乏系统绿化，生态景观建设滞后，未能体现深圳地域文化。

13.2　流域景观建设的目的

13.2.1　有效减少面源污染，保障水环境

茅洲河是深圳最大的河流流域，具有极其重要的生态地位。但是，由于流域的面源污染不能得到有效控制，加之茅洲河属于雨源型河流，旱季环境容量低，自然生态环境敏感而脆弱，因此茅洲河流域生态功能衰退，水体易受到污染，水环境和生态系统面临较大压力，区域生态安全体系亟须完善。

所以，有必要采取有效措施，加强河道两岸生态绿地保护和建设，减少面源污染，防治水体富营养化，有效维持滨水生态系统良性循环，确保区域用水安全，充分发挥茅洲河河流的生态功能。

13.2.2　建设海绵城市景观

海绵城市是指城市能够像海绵一样，在适应环境变化和应对自然灾害等方面具有良好的"弹性"，下雨时能渗水、滞水、蓄水，还要能净水、用水、排水。建设一定的湿地、生态草沟等净水，需要时将蓄存的水"释放"并加以利用，在暴雨较大的时候能够有效的排水。海绵城市建设应遵循生态优先等原则，将自然途径与人工措施相结合，在确保城市排水防涝安全的前提下，最大限度地实现雨水在城市区域的积存、渗透和净化，促进雨水资源的利用和生态环境保护。在海绵城市建设过程中，应统筹自然降水、地表水和地下水的系统性，协调给水、排水等水循环利用各环节，并考虑其复杂性和长期性。

为了建设"海绵城市"，深圳将积极推行低影响开发建设模式，充分利用公园、绿地等地上、地下空间，建设雨水收集利用设施和大型排水设施，打造"渗、滞、蓄、净、用、排"有机结合的水系统，缓解城市内涝；通过水系连通，保留和扩大景观水面，保护和改善水生态环境。

本项目契合深圳市的海绵城市建设，根据《深圳市海绵城市建设实施战略规划》中各项设计指标，

综合采用"渗、滞、蓄、净"等源头削减技术减少径流量及径流污染。工程的实施对深圳市海绵城市的建设具有一定的贡献。

13.2.3　打造本土文化长廊

深圳作为国际都市,城市中的建筑、色彩及符号等体现了国际化的风格与风貌,现代主义、后现代主义的元素充斥着城市文明,引领着城市文化,本土文化日益凋零,地域风光、特色风貌的缺失严重。

深圳市急需在国际化浪潮中寻求本土的个性与特色,本项目在规划中将多元文化有机地结合起来,增强地域文化的归属、认同感。寻找本土文化符号及元素,运用演变、隐喻、抽象的表现手法,在河道两侧、公园绿地中通过大地景观、元素符号的提取运用、标志性雕塑系统等现代景观编制手法予以体现,打造富有深圳特色的历史人文特色系统。

13.3　案例研究

根据对茅洲河流域现状水景观的分析评价,结合该流域的实际情况,研究国内外可借鉴的类似优秀案例,总结归纳其中的有益经验,运用到本次项目中。

13.3.1　米基西河公园:兼顾防洪、生态和美观

在佛罗里达,米基西河的改造是美国迄今为止规模最大的河流恢复工程。河流从米基西湖流出,长约 160 km,考虑到军用运输和增强排洪能力的需要,20 世纪 60 年代拉直河道,砌筑工程驳岸,把河道挖深变窄改为运河。改造以后人们发现,大量湿地和河漫滩消失,水质变差,生态环境退化。经过反思和研究,20 世纪 90 年代开始逐步进行自然化改造,去掉了拦河坝,恢复了原有蜿蜒的自然河道和生态的驳岸。现在,米基西河恢复了她自然优美的面貌,又重新开始吸引鸟类和鱼类。截弯取直的渠化工程花费不少,但是后来改造渠化、重新回归自然的过程,不仅更加漫长,而且耗费更是数倍于原来的工程造价。

启示:这个案例向全世界展示了尊重自然、保护生态的重要性和必要性。

13.3.2　新加坡碧山公园:从排水渠到都市公园

新加坡碧山公园是新加坡政府推行活跃、美丽和干净的水计划(ABC 计划)的典型代表。它通过将公园旁边的加冷河混凝土排水渠道改造为蜿蜒的天然河流,并第一个在热带地区利用土壤生物工程技术(植被、天然材料和土木工程技术的组合)来巩固河岸和防止土壤被侵蚀,使公园同时兼具生态的基础设施和雨洪管理的功能(见图 13.3-1)。与此同时,它采用的水敏城市编制方法,升级改造了国家的

图 13.3-1　新加坡碧山公园景观示意图

水体排放功能,在遇到特大暴雨时,紧挨公园的陆地将水排到下游。全新的公园和河流的动态整合理念,将碧山公园打造成为一个全新的、独特的城市标识,公园内丰富的生物多样性,崭新、美丽的软景河岸景观培养了人们对河流和自然的归属感,人们开始享受和保护河流,共同感受大自然的乐趣。

　　启示:新加坡碧山公园展示了如何使城市公园作为生态基础设施,与水资源保护和利用巧妙融合在一起,起到洪水管理、增加生物多样性和提供娱乐空间等多重功用。人们和水的亲密接触,提高了公民对于环境的责任心。

13.3.3　首尔清溪川:河流的死亡到再生

- ●拆除高架,复原河道,引进活水,景观美化;
- ●成为融合韩国现代与传统的新地标;
- ●首尔中心区的重要的绿色廊道,一条河流激活一座城市。

　　韩国在1950~1960年,由于经济增长及都市发展,清溪川曾被覆盖成为暗渠,清溪川的水质亦因废水的排放而变得恶劣;在20世纪70年代,更在清溪川上面兴建高架道路。2003年7月起,在首尔市长李明博推动下进行重新修复工程,不仅将清溪高架道路拆除,并重新挖掘河道,并为河流重新美化、灌水,及种植各种植物,又征集兴建多条各种特色桥梁横跨河道。复原广通桥,将旧广通桥的桥墩混合到现代桥梁中重建。修筑河床以使清溪川水不易流失;在旱季时引汉江水灌清溪川,以使清溪川长年不断流;分清水及污水两条管道分流,以使水质保持清洁。工程总耗资9 000亿韩元,在2005年9月完成。清溪川现已成为首尔市中心一个休憩地点,见图13.3-2、图13.3-3。

图13.3-2　首尔清溪川景观示意图(一)

　　清溪川复原工程是首尔建设"生态城市"的重要步骤,其景观编制在直观上给人以生态和谐的感受。河道编制为复式断面,一般设2~3个台阶,人行道贴近水面,以达到亲水的目的。高程是河道编制最高水位,中间台阶一般为河岸,最上面一个台阶即为永久车道路面。隧道喷泉从断面直接跃入水中,行走在堤底,如同置身水帘洞中,头上霓虹幻彩,脚下水声淙淙,清澈见底的溪水触手可及。

　　清溪川上的景观沿着河道形成了空间序列。河道虽长,但处处有景,让人在欣赏的过程中忘记了途中的寂寞。上、下游高程差约15 m,由多道跌水衔接起来。在较缓的下游河段,每两座桥之间设一道或二道跌水,在靠近上游较陡的河段处,两座桥之间采用多道跌水,形成既有涓涓流水、又有小小激流的自然河道景观。跌水全部都用大块石修筑,间隔布置。作跌水的大石块表面平整,用垂直木桩将大石块加

图 13.3-3　首尔清溪川景观示意图(二)

固在河道内。踏着横在河中的大石块,可跃过溪水、跳到对岸。

清溪川上 14 座形态各异的桥,是物质外衣下的文脉符号。广通桥是其中唯一的古桥,也是西部商务区与中部商业区的分界点;坐落在上游的现代化楼群中,她不但不显得突兀,反而作为一个历史的接力点和激励点,时刻提醒着韩国人民回顾过去、面对现在、构想未来。下流的存置桥则是首尔工业化的记念碑,编制师以残缺的景观与强烈的对比激起人们对清溪川复兴工程意义的思索。

启示:首尔清溪川展现了一条河流的复兴之路,通过引进活水、亲水台阶、景观美化等措施,让市民行在水边、乐在水中、与水共舞。

13.3.4　路易斯维利滨河公园:变化的景观

季节与水位变化带来丰富景观活动,滨河公园基地位于俄亥俄河的南岸,西起克拉克纪念大桥,东至沙洲附近,总面积约 48.56 hm²,为半遗弃状态的工业用地,见图 13.3-4。公园 80% 的区域都集中在

路易斯维利滨河公园 变化的景观

龙舟／游泳／露营／风筝节／滑冰

季节与水位变化带来丰富的景观活动

图 13.3-4　路易斯维利滨河公园示意图

防洪堤以内。编制师灵活地运用这些区域,在保证行洪安全的情况下又能形成易于市民使用的公共开放空间。编制形成了许多缓坡草坪入水,扩大了洪泛区域,为季节性的活动提供了多样的场地。丰水季可以作为周末水上公园,枯水期露出的大草坪可以作为露营、风筝节、音乐节的场地,冬季又可以作为户外滑冰场,为市民提供了绝佳的公共活动空间。

启示:路易斯维利滨河公园是季节性河流景观如何营造的优秀案例,对于季节性河流,不进行生态补水,而是根据丰水期和枯水期的特征对景观进行巧妙的编制,形成多样的、动态的、四季可观的滨水景观。

13.3.5　广州绿道:连续的绿道

在 2010 年亚运会之前,广东省用绿道联通了各个城市与区县的市区和郊野型公共开放空间。连续的绿道将各种节点联系起来,成为自行车爱好者的乐园,极大地提高了可达性,形成了良好的游览体验,见图 13.3-5。

珠江滨河公园_绿道串联各个景观节点

图 13.3-5　广州绿道范围图

启示:蓝色廊道和绿色廊道是城市重要的生态敏感区,廊道的完整性和连通性良好,不仅能形成良好的城市景观安全格局,为动植物迁移与活动提供条件,而且能为市民提供连续的生态体验。

13.3.6　北京奥林匹克公园龙形水系:由再生水到景观水的故事

北京奥林匹克公园龙形水系大规模地采用中水及循环水作为景观水,是国内第一个全面采用中水作为水系补水水源的大型城市公园,见图 13.3-6。全园规划雨洪利用率高达 95%,具有全面的雨水收集回用系统,按北京地区年降雨量 20 mm 计算,全园年雨水回收量约 134 万 m^3。园区通过先进的污水净化系统,实现了全园污水零排放。

该工程主要水源为清河污水处理厂的中水,通过位于水系北部的奥林匹克森林公园水系,构建完善的再生水净化系统,实现了景观与功能的完美结合。

- 在形态上,连接现状水系,保证龙形水系整体形态,山环水抱、山水相映;
- 在水岸上,营造生态自然的水环境,尽量采用生态驳岸;
- 在功能上,整合清河导流渠和仰山大沟,全园组织,统一调蓄,利用雨洪,收集雨水,利用地形高差形成动态水系;
- 在水质上,高效、科技、生态的水处理系统埋入地下,地上覆土,结合景观编制,构建稳定的湿生生态系统,形成自然湿地景观,有效地处理中水和循环水,确保湖泊水质达到 Ⅲ ~ Ⅳ 类水。

启示:北京奥林匹克公园龙形水系本着全面、高效、综合的节约水资源的原则,采用中水作为景观用

图 13.3-6　奥林匹克公园示意图

水,并在公园内部进行微循环,实现了水资源的高效利用;此外,园区合理构建雨水收集系统和雨污水净化系统,使公园成为城市生态基础设施,实现了雨水减排、径流净化、水土涵养、雨水利用等多种功能,有效地缓解区域水资源、防洪、径流污染等问题,为我国北方缺水城市的水景观营造提供重要借鉴。

13.3.7　案例总结

优秀的城市开放滨水空间应具备以下特征:
- 安全可达的滨水水岸;
- 生态持续的自然景观;
- 多样活力的滨水空间;
- 变化动态的滨水景观;
- 特色鲜明的城市地标;
- 相互连通的蓝绿廊道。

13.4　总体构思

13.4.1　规划愿景

水波再兴,茅洲新景。

将茅洲河及其支流打造成为城市开放公园,河流沿岸景观成为文化传承的载体,结合周边规划居住用地创造宜居的生活典范,见图 13.4-1。

13.4.2　规划目标

- 重新建立人与自然的联结:创造可亲近的绿化水岸空间,建立人与自然的联结。
- 重新建立城市与水岸的联结:加强水岸与周边城市用地的联结,针对不同类型用地采用不同的联结手法,增强城市与水岸的联系。
- 重新建立过去、现在与未来的联结:重新诠释河流周边的工业遗存与文化记忆,结合商业、居住等用地带来的现代市民活动,以景观叙事的手法建立过去、现在与未来的联结。
- 重新建立文化的联结:借由水岸空间的创造,重新建立不同文化间的联结,为深圳提供一个兼具生活、工作、娱乐等功能的场所典范。

水波再兴　茅洲新景

城市公园　　　　　　　　　　　文化传承　　　　　　　　　　　典范生活
CITY PARK　　　　　　CULTURAL CONTINUITY　　　　LIFE STYLE

图 13.4-1　规划远景

13.4.3　规划任务

13.4.3.1　减少面源污染,保障水环境

加强河道两岸生态绿地保护和建设,减少面源污染,防治水体富营养化,有效维持滨水生态系统良性循环,确保区域用水安全,充分发挥茅洲河河流的生态功能。

13.4.3.2　营造"海绵城市"滨水景观

依托深圳市建设"海绵城市"的契机,积极推行低影响开发建设模式,充分利用公园、绿地等地上、地下空间,建设雨水收集利用设施和大型排水设施,打造"渗、滞、蓄、净、用、排"有机结合的水系统,缓解城市内涝;通过水系连通,保留和扩大景观水面,保护和改善水生态环境。

13.4.3.3　打造本土文化长廊

将多元文化有机结合起来,增强地域文化的归属、认同感。寻找本土文化符号及元素,运用演变、隐喻、抽象的表现手法,在河道两侧、公园绿地中通过大地景观、元素符号的提取运用、标志性雕塑系统等现代景观编制手法予以体现,打造富有深圳特色的历史人文特色系统。

13.4.4　规划策略

构建生态可持续可实施的水系统;营造优美的人居自然环境;创造个性鲜明的城市意象。

13.4.5　规划原则

规划原则包括以下几个方面:
(1)防洪安全第一的原则。
(2)节约水资源与水体循环原则。
(3)河湖堤岸生态化原则。
(4)水利工程与生态景观相协调的原则。
(5)人水和谐的原则。

13.5　水景观体系研究

13.5.1　生态格局规划

茅洲河流域具备山、城、湖、海、港的城市特征,但各自孤立,缺乏有机的生态联系。通过穿梭于城市的河流将它们串联成网,以低影响生态设施建设、亲水驳岸改造及人文绿道的打造,构建互相联系的城市生态慢行网,构建国际化生态滨海走廊。

13.5.2　水系总体布局

13.5.2.1　水系分类规划

综合考虑水系周边城市用地性质、河道蓝线宽度、水系补水方式等将水系分为景观蓄水型、公园溪流型、生态旱溪型三类。

(1)景观蓄水型:对河道进行生态补水,全断面蓄水形成景观大水面,滨水景观是城市形象展示的主要载体,地域性、公共参与性强,见图 13.5-1。

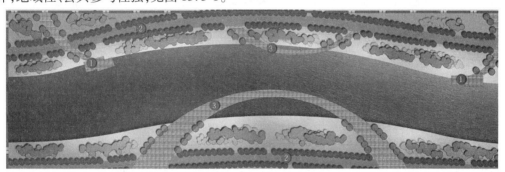

图 13.5-1　景观蓄水型河道示意图

(2)公园溪流型:对河道进行少量补水,使河道形成生态基流,依据周边用地及河道走势局部形成水面,滨水景观是城市市民的后花园,亲水性、可达性良好,尺度宜人,见图 13.5-2。

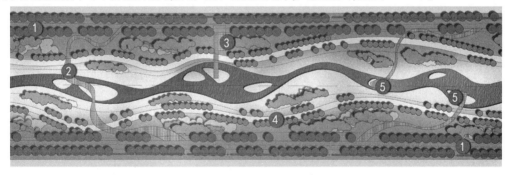

图 13.5-2　公园溪流型河道示意图

(3)生态旱溪型:不对河道进行生态补水,形成生态旱溪型河道,滨水景观犹如城市的郊野公园,以疏林草地、阳光草坪、雨水花园等植物空间为主,形成自然生态景观,见图 13.5-3。

13.5.2.2　景观水面布置

综合考虑水系周边城市用地性质、水资源量、河道水文状况等因素,选取适当的位置建造景观蓄水闸,形成景观水面。

13.5.3　节点系统规划

整合城市河流、水库及景观资源,结合水体拓展生态效益,丰富城市公众休闲活动,建设更富活力的

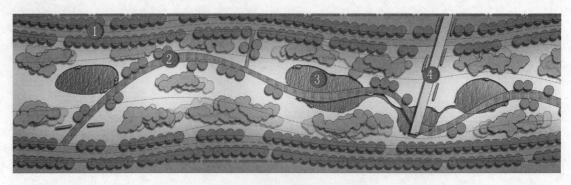

图 13.5-3　生态旱溪型河道示意图

滨水开放空间。

考虑主要开放空间节点分布,布置湿地花园、森林公园、娱乐活动场所、文化展示空间等多样化休闲活动空间,打造可识别度高的游憩景观带。

13.5.4　交通系统规划

结合现状滨水慢行交通的建设(绿道、栈道、滨水停驻点等),辅以片区绿道网,完善片区慢行旅游线路,打造片区滨水生态慢行游憩链,并根据各片区河道定位、河道特色及岸线条件分为不同的滨水慢行游憩线路。

(1)山海体验线路:水系两端联系着山体(森林公园)与海岸线,通过水系间贯通的慢行步道让人们体验茅洲河依山滨海的自然魅力。

(2)山水生态线路:水系两端联系着湖体(水库)与山体,通过形式多样的慢行通道(绿道、石路、栈道、汀步等),让人们感受的自然生态的山水风情。

(3)城市生活线路:茅洲河干流穿过城市中心,河道尺度较大,两岸绿化系统较好,通过贯通的滨水步道、丰富的休憩活动场所、靓丽的滨水景观及完善的服务设施,为城市居民提供高品质的线性滨水生活空间。

(4)观景漫步线路:通过完善沿河绿化及慢行交通,营造一定的活动空间,为城市居民提供便捷、宜人的滨水游憩空间。

13.5.5　水岸系统规划

规划区内水系驳岸设置按照生态手法处理,在满足城市防洪安全的前提下,综合考虑城市水环境、水文化、水景观等多种需求,根据各分区水系的定位、水系各区段的滨水功能及岸线条件分为自然型驳岸、街区型驳岸、生态型驳岸、滨海型驳岸、湿地型驳岸等类型。

(1)自然型驳岸:位于山林环境,生态本底好。采取弱改造措施,梳理现状缓坡及植被,局部改造成浅洼地,种植湿生及水生植物,打造健康的水生境,还原河流自然属性。周边设置乔木绿带及栈道,兼顾自然游憩与山林水系保护,见图 13.5-4。

(2)街区型驳岸:主要位于城市建成区,沿河周边空间有限,具有较高的通行需求。采取保留直立或梯形挡墙、挑台或台阶式空间的处理措施,节约用地,为河岸通行及休闲活动提供空间。驳岸墙体采用生态砌块材料或垂直绿化,多设置于临水侧为大型商业设施、公共设施等有大量人流集散的地区,以滨水大道体现城市街区感,以挑台、台阶式驳岸体现亲水性,见图 13.5-5。

(3)生态型驳岸:主要位于城市非核心区,周边空间较为宽阔或人流量少的地区。采用多样的生态化措施,如自然缓坡式、梯地式、组合式等驳岸形态,并种植较为丰富的植物,体现河道生态性,见图 13.5-6。

(4)滨海型驳岸:位于临海的海堤及河口段,采用双层平台的形式,堤顶设置贯通的道路,种植抗风性乔灌木,二级平台设置人行步道,二级平台与海洋交接的驳岸采取自然抛石 + 红树林形式,见图 13.5-7。

图 13.5-4　自然型驳岸意向图

图 13.5-5　街区型驳岸意向图

图 13.5-6　生态型驳岸意向图

（5）湿地型驳岸：位于近海的感潮河段及海岸公园。针对近海咸淡水环境，编制多级生态平台，将多种类型的硬质铺装及软质植被相结合，使景观趋向多样化。湿地型驳岸通过陆地景观、湿地景观与水面景观的穿插，强调景观设置的复合性及市民活动的多样性，见图 13.5-8。

13.5.6　植物系统规划

植物景观以常绿植物为主背景，搭配落叶、观花及观叶植物等树种，多运用当地的乡土树种，突出市花市树，乔灌草搭配，形成"三季有花，四季常绿"的景观效果。景观植物配置在植物总体的基础上，各

图 13.5-7 滨海型驳岸意向图

图 13.5-8 湿地型驳岸意向图

个群落类型又各有特色,形成统一中又有变化的植物群落景象。

13.5.6.1 乔木

1. 花乔木类

凤凰木、木棉、火焰木、红花羊蹄甲、刺桐 、大叶紫薇、美丽异木棉、鸡冠刺桐、台湾相思、黄花风铃木、鱼木、腊肠树、黄槐、复羽叶栾树、紫玉兰、蓝花楹、白玉兰、泡桐、白花洋紫荆、白兰、广玉兰、水石榕、宫粉紫荆、无忧树等。

2. 观果类

木菠萝、面包树、芒果、大叶榄仁等。

3. 常规乔木类

小叶榄仁、盆架子、南洋楹、大叶榕、高山榕、香樟、阴香、海南红豆、秋枫、人面子、桃花心木、猫尾木、麻楝、尖叶杜英、小叶榕、印度紫檀、假苹婆、洋蒲桃等。

4. 耐水湿类

水杉、水松、落羽杉、垂柳、水翁、海南蒲桃、水蒲桃、黄槿、红千层、白千层等。

5. 棕榈类

海南椰子、大王椰子、蒲葵、端穗鱼尾葵、鱼尾葵、散尾葵等。

6. 竹类

青皮竹、粉丹竹、黄金间碧玉竹、琴丝竹等。

13.5.6.2 灌木

小叶紫薇、海桐、红背桂、海南洒金、肖黄栌、翅荚决明、四季桂花、软枝黄婵、勒杜鹃、金凤花、垂叶榕、非洲茉莉等。

13.5.6.3　草本

金叶假连翘、毛杜鹃、鸭脚木、龙船花、洋金凤、双色茉莉、栀子花、红背桂、海南洒金、铺地榕、美女樱、山菅兰、鸢尾、蜘蛛兰、白蝴蝶、小蚌兰、肾蕨、葱兰、花叶冷水花、翠芦莉、大叶油草、假俭草、马尼拉草等。

13.5.6.4　藤本

藤本:爬墙虎、辟荔、炮仗花、使君子等。

13.5.6.5　水生类

湿生、挺水类:千屈菜、美人蕉、芦苇、花叶芦竹、香蒲、茭草、孤尾草、狗尾草、旱伞竹、大叶再力花、水葱、水莎草、纸沙草等。

沉水类:金鱼藻、狐尾藻、黑藻等。

浮水类:水芹菜、大藻、浮萍、水雍菜,豆瓣菜等。

13.5.7　标识系统规划

滨水标识系统规划主要于道路交叉口、节点、公共建筑及危险区域设置指向及解释型标识;在裸露山体、自行车道陡坡、急转弯及水深超过 0.40 m 的区域设置安全警示型标识。

标识系统意向图见图 13.5-9。

图 13.5-9　标识系统意向图

13.5.7.1　标识类型

(1)指向型:标明节点、服务设施等的方向和线路的信息,指示滨水绿道的出入口,道路的分叉处,包括主园路指向、周边景区景点指向等。

(2)解释型:①信息:地图、坐落位置,尽量采用图形方式,标明游客在区域中的位置。②教育:向普通公众,特别是青少年普及湿地生态系统、湿地的生态学原理及其保护的重要性。③规章:标明河道、水源保护法律、法规方面的信息以及政府的具体举措。

(3)安全警示型:①警示:标明可能存在的危险及其程度,且至少要在危险路段前 80～100 m 处设置(自行车道陡坡或急转弯、山体滑坡、深水河流)。色彩应醒目明显,说明简单,一目了然。②安全:提供明确的标注游客所处的位置和应急救助点的位置,以便为应急救助提供指导。

13.5.7.2　编制指引

(1)功能:指向型、解释型(信息、教育、规章)、安全警示型。

(2)材质:以当地石材为主,结合木材等自然生态的材料。

(3)色彩:石材原色,文字为绿色、红色、白色。

13.6 水系景观规划方案研究

13.6.1 茅洲河干流分区规划

13.6.1.1 规划构思

（1）绿色基调。以绿色为水岸基调，以绿化为开放空间设计的主要策略。在此原则下，创造不同特性的水岸空间，建立人与自然的联结。

（2）城市联结。延伸城市道路，与基地建立联结与对话。不同的道路具有不同的个性，对基地有不同的渗透作用。

（3）城市记忆。保留场地内特色建筑、构筑物等，保留城市发展的历史与城市的记忆。

（4）特色分区。分析邻近地块用地，绿地将可区分为五种不同的个性。

（5）亲近水岸。城市街道与绿地间的通达性高，可增加人们亲近水岸的频率。规划中可在滨江道路的街道交口设置为人行入口，增加水岸空间的可达性。

（6）隔岸呼应。河流两岸有许多景观视觉廊道，可塑造景观轴线，使河流两岸产生对话关系。

（7）叠加——规划结构。将要素叠加，可归纳出基地各区的特性，并确认出重要的节点与都市间的关系。

13.6.1.2 规划结构

石岩河与茅洲河干流水系的规划布局以"三轴、五区、九景"为结构，以水轴、生态轴和文化轴贯穿整个流域，并按照河道周边的用地条件、城市规划等将整个流域分为五个大区，在每个区域设计 1~2 个节点，分别以"境""城""田""海""域""岛""园""桥""地"为九大设计元素，改善水环境，提升景观效果。规划结构图见图 13.6-1。

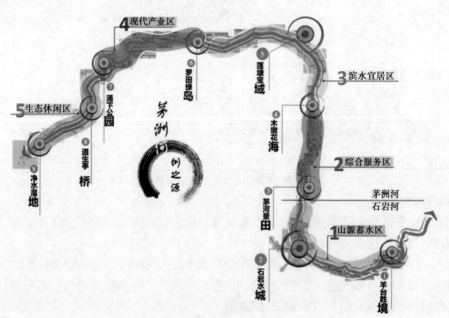

图 13.6-1 规划结构图

（1）三轴分别为水轴、生态轴、文化轴。

水轴、生态轴和文化轴三条轴线相交融，成为茅洲河水景观设计的骨架。水轴即石岩河和茅洲河水系，生态轴是与水系相伴而生的水系和绿地系统共同构成的生态环境，文化轴则是将当地的传统文化和地方民俗融入景观设计中而构成的。三条轴线交相呼应，缺一不可。

（2）五区分别为山源蓄水区、综合服务区、滨水宜居区、现代产业区、生态休闲区。

　　五个区是按照河道两旁的用地条件、城市总体规划及水质情况分成的。"山源蓄水区",范围是从石岩河上游至长圳桥,水从羊台山流下,水质比较好。"综合服务区",范围是从长圳桥至楼村桥,周边用地包括住宅、商业以及工业等多种功能,因此定位成综合服务区。"滨水宜居区",范围是楼村桥至燕川大桥,该区域靠近莲塘水库,拥有比较好的水文条件,因此定位滨水宜居区。"现代产业区",范围是从燕川大桥至广深高速桥,这段流域周边用地多为工厂,可以满足现代产业发展需求。最后一个区域为"生态休闲区",范围是从广深高速桥至入珠江口,茅洲河从这里流入珠江口,在生态休闲区进行最后一次水质的净化。

　　(3)九景分别为羊台胜境、石岩水城、茅河景田、木墩花海、莲塘宝域、罗田绿岛、涌下公园、道生亭桥、净水湿地。

　　选取 9 个具有代表性的节点进行景观设计,分别以"境""城""田""海""域""岛""园""桥""地"为定位,依次融入民间文学传说、农耕文明、山歌文化、民族英杰、传统戏曲、传统医药、舞狮民俗、鱼灯文化和海洋文化共九大文化元素,通过对河道周边较大空间的绿地与街区段的景观梳理,将其打造成茅洲河的文化节点与文化走廊,不仅为人们提供休憩场所,也可以更好地宣传当地特色文化理念。通过水文化的演绎串联各个景观节点,构成了完整的文化轴和生态轴。

13.6.1.3　重要节点规划

1. 羊台胜境

　　羊台胜境地处羊台山,河道两侧绿化范围比较窄,作为茅洲河的水源起点,这里水质比较好,适合设计滨水步道。景观上主要是对河道护坡的生态改造,以及跌水景观的设计。在绿化带较宽的位置设有"茅境传说"景观点,里面放置雕塑和介绍文字,展示深圳的民间文学传说,如羊台山脚下的应人石的传说、惩治茅洲河神的陈仙姑的传说等,将传说和故事融入景观,增加景观是神秘性和趣味性。

2. 石岩水城

　　石岩水城段的景观主要改造的依然是对混凝土预制块驳岸的生态改造。整个节点都是生态自然的主题,在广场上融入了当地的农耕文化。"茅城鞭春"景观点介绍的就是传统的农历立春要进行的"土牛鞭春"的仪式,另外衍生出了对传统农耕文化和习俗的介绍,如"趁墟赶集"等。农业文化是中国最传统的文明,千百年来传承下来的农耕文化和习俗也是深圳地区的宝贵财富。"山水石岩"不仅是山美水美的无限风光,而且是劳动人民努力耕种建设家园的美好精神。

3. 茅河景田

　　茅河景田节点,河道总长 440 m,设计总面积 35 173 m²,其中河道水域面积 9 498 m²。

　　山歌是民族音乐的基本载体,人们在各种个体劳动如行路、砍柴、放牧、割草或民间歌会上为了自慰自娱而唱的节奏自由、旋律悠长的民歌,就是通常所说的山歌。深圳的山歌也有观澜客家山歌、石岩客家山歌、大鹏山歌、龙岗山歌、盐田山歌等,唱出了劳动人民对美好生活的追求和向往,也是重要的民俗文化。在"茅河景田"节点,除对生态景观的设计和农田风光的缩小展示外,参差错落的亲水平台已经融入了旋律的动感,将山歌文化融入茅河景田节点,是对深圳地区传统音乐的尊重和传承。

4. 木墩花海

　　木墩花海节点,河道总长 1 408 m,设计总面积 176 185 m²,其中河道水域面积 76 668 m²。

　　木墩河流域附近设计节点木墩花海,营造鲜花主题景观,在花海中设计了"茅海访英景"观点,主要纪念民族英雄文天祥和当地各个时代的杰出人物。以花海献给英杰人物,也让英雄的精神得以传承。

5. 莲塘宝域

　　莲塘宝域节点,河道总长 1 100 m,设计总面积 158 937 m²,其中河道水域面积 39 467 m²。

　　莲塘宝域地区水资源丰富,是茅洲河地区的一块宝地,"茅域舞台"展示的是深圳地区的文化瑰宝"万丰粤剧""潮俗皮影戏",在湿地河边感受传统戏剧的魅力,带来不一样的惬意感受。

6. 罗田绿岛

　　罗田绿岛节点,河道总长 1 381 m,设计总面积 416 836 m²,其中河道水域面积 210 849 m²。

　　罗田绿岛节点是以生态绿岛为基础,打造生态亲水的景观效果。栈道串联起来的绿岛让人想起海上仙岛,在部分岛屿上布置关于传统医药的内容,打造"茅岛寻药"景观点,游人亲水休闲的同时还能在岛上有新的发现,神秘感十足。

7.涌下公园

涌下公园节点,河道总长 1 858 m,设计总面积 187 327 m²,其中河道水域面积 122 898 m²。

涌下公园设计了多个城市滨水广场,最主要的是"茅园舞狮"景观点,主要展示舞龙舞狮的文化,也给市民创造了文化活动的空间。2011 年松岗七星狮子被定为国家非物质文化遗产,2014 年平湖纸龙也被定为深圳市非物质文化遗产,希望舞龙舞狮等民俗文化能够传承下去。"生蚝步道"是涌下公园的另一个特色节点,沙井的生蚝壳被用来砌墙,这里用来铺设园路,也展示了沙井地区养殖生蚝的文化特色。

8.道生亭桥

道生亭桥节点,河道总长 529 m,设计总面积 13 788 m²,其中河道水域面积 13 348 m²。

道生亭桥节点位于茅洲河与沙井河的三岔河口处,整个节点设计成一条鱼的形状,"茅桥鱼灯"景观点主要展示深圳的鱼灯文化,"沙头角鱼灯舞"也被评为了国家非物质文化遗产。本区域设计的广场面积比较大,因此将民俗技艺也在这里做一个集中的展示。"民俗创意街"里展示的都是地方特色的传统技艺,客家的凉帽、竹质的编织品、传统的金木雕,甚至地方特色的小吃都可以在这里得到展示。

9.净水湿地

净水湿地节点,河道总长度为 1 724 m,设计总面积 1 053 788 m²,其中河道水域面积 324 987 m²。

净水湿地是最后一个景观节点,也是靠近入珠江口的景观节点,茅洲河的水在这里进行最后一次湿地净化,"茅地探海"景观点的主题就是探索本地的海洋文化。沿海地区的渔民大多有自己的文化特色,深圳是从小渔村发展起来的,其中的海洋文化自然有其地方特色,出海前的天后宫"辞沙"活动、明清时期被不公正对待的"疍民"、每年正月初二舞草龙的习俗、渔民的"娶亲舞""鱼灯舞"等都是海洋文化的代表,点点滴滴都在历史的长河里熠熠生辉。将海洋文化融入生态的净水湿地,达到了文化和生态景观的融合,赋予景观设计新的灵魂。

13.6.2　茅洲河支流分类规划

13.6.2.1　水系分类

(1)景观蓄水型:对河道进行生态补水,全断面蓄水形成景观大水面,滨水景观是城市形象展示的主要载体,地域性、公共参与性强,见图 13.6-2。

图 13.6-2　蓄水型河道景观意向图

有景观水面的景观蓄水型河道,结合周边购物、文娱、服务等配套设施,营造适合游憩休闲的水景观。

景观特征:欢乐、活力、舒适。

特色项目:商业水街观光、水上舞台、文化盛世、商业庆典等。

(2)公园溪流型:对河道进行少量补水,使河道形成生态基流,依据周边用地及河道走势局部形成水面,滨水景观是城市市民的后花园,亲水性、可达性良好,尺度宜人,见图13.6-3。

图13.6-3 公园溪流型河道景观意向图

以休闲廊道、景观小品、体育设施为主,营造适合居民生活休憩的水景观。

景观特征:趣味、创意、品味。

特色项目:童趣乐园、读书亭、游憩花谷、滑板及轮滑、浅滩嬉水等。

(3)生态旱溪型:不对河道进行生态补水,形成生态旱溪型河道,滨水景观犹如城市的郊野公园,以疏林草地、阳光草坪、雨水花园等植物空间为主,形成自然生态景观,见图13.6-4。

图13.6-4 生态旱溪型河道景观意向图

以水系沿岸绿化为主,结合周边工业、企业生态环境的生态旱溪型水景观。

景观特征:生态、绿意、静谧。

特色项目:踏青、郊游、写生、摄影等。

13.6.2.2 水系分类成果

水系分类景观规划成果见表13.6-1。

表 13.6-1　水系分类景观规划成果

序号	河流名称	支流级别	流域面积（km²）	河道总长（km）	蓝线宽度（m）	周边用地	河流分类	是否蓄水
1	石岩河	一级	44.71	10.32	20	局部有滨河公园	景观蓄水型	是
2	牛牯斗水	二级	2	2.34	0.5	有办公楼居住区和电子科技园等	生态旱溪型	否
3	石龙仔河	二级	1.49	1.89	1	左岸有小区、商铺及工厂围墙，右岸石龙大道	生态旱溪型	否
4	水田支流	二级	3.37	1.79	1	左岸紧靠居民楼，右岸上部龙大高速、紧邻变电站	生态旱溪型	否
5	沙芋沥	二级	3.21	3.40	1	流经工业园、住宅区、二手车市场	生态旱溪型	否
6	樵窝坑（塘坑河）	二级	3.33	3.80		生态控制用地	生态旱溪型	否
7	龙眼水	二级	3.64	3.69	5	流经学校、社区等地	生态旱溪型	
8	田心水	二级	1.67	2.28	5	有住区和小商业街	公园溪流型	是
9	上排水	二级	1.43	2.98			缺资料	
10	上屋河	二级	2.11	2.76	3	北环路上游有工业园绿地	生态旱溪型	否
11	天圳河	二级	3.97	3.05	3	挨着石岩河有人工湿地保护区	公园溪流型	是
12	王家庄河	二级	2.10	0.77	3	单侧有沿河路，周边有小型商业	生态旱溪型	否
13	玉田河	一级	6.45	3.26		工业区、居住区、商业用地	公园溪流型	是
14	鹅颈水	一级	21.44	8.92	3	两侧荒地比较多，有金环宇科技园	公园溪流型	否
15	红坳水	二级	1.81	2.53		生态控制用地	公园溪流型	否
16	鹅颈水北支	二级	4.15	4.83	10	绿地为主，有高层住宅区	公园溪流型	是
17	鹅颈水南支	二级	3.44	3.07		生态控制用地、工业、居住区	生态旱溪型	否
18	大凼水	一级	4.81	4.47	3	流经工业区、居住区	公园溪流型	否
19	东坑水	一级	9.80	6.08	10	两侧可能是山体，绿化比较好	公园溪流型	是
20	木墩河	一级	5.80	5.81	5~10	局部有绿地公园	公园溪流型	是
21	楼村水	一级	11.33	7.80	10~50	沿路有住区、绿地、工业区和临时建筑	景观蓄水型	是
22	楼村水北支	二级	2.53	3.10		以生态控制用地为主	生态旱溪型	否
23	新陂头水	一级	46.28	11.50	5	生态控制用地、工业用地	公园溪流型	否
24	横江水	二级	7.84	4.39		生态控制用地	生态旱溪型	否

续表 13.6-1

序号	河流名称	支流级别	流域面积（km²）	河道总长（km）	蓝线宽度（m）	周边用地	河流分类	是否蓄水
25	石狗公水	二级	4.55	4.56		生态控制用地、军事用地等	生态旱溪型	否
26	新陂头水北支	二级	21.50	5.34	5~8	两侧有荒地,局部有山坡	生态旱溪型	否
27	罗仔坑水	三级	1.57	2.49		生态控制用地、工业用地	生态旱溪型	否
28	新陂头水北二支	三级	4.27	2.87		生态控制用地、工业用地	生态旱溪型	否
29	新陂头水北三支	三级	3.27	3.72		生态控制用地、工业用地	生态旱溪型	否
30	西田水	一级	13.31	5.14	3	居住、工业用地	公园溪流型	否
31	西田水左支	二级	5.03	5.27		生态控制用地、荒地	生态旱溪型	否
32	桂坑水	二级	1.70	2.35		生态控制用地	生态旱溪型	否
33	白沙坑水	一级	3.16	3.85		工业、生态用地	生态旱溪型	否
34	上下村排洪渠	一级	5.49	6.34	5	上游左岸为居民区并养有家畜,右岸为御景新城小区和建筑工地,部分流域两侧有工厂;下游进入暗涵	公园溪流型,建议暗涵改造	否
35	合水口排洪渠	一级	1.13	2.69	5	流经居住区	公园溪流型	是
36	公明排洪渠	一级	15.32	8.03	5	流经荒地、工业区和居住区	公园溪流型	是
37	公明排洪渠南支	二级	1.82	2.63		工业、居住用地	公园溪流型	否
38	罗田水	一级	28.36	15.03		工业、居住用地	公园溪流型	否
39	龟岭东水	一级	3.31	4.00		工业、居住用地	生态旱溪型	否
40	老虎坑水	一级	4.31	5.19	2	主要流经荒地和工业区	生态旱溪型	否
41	塘下涌	一级	5.57	4.30	5	周围以工业区荒地和临时建筑为主,也有工业区(界河)	生态旱溪型	否
42	沙埔西排洪渠	一级	1.84	2.37	5	两岸有厂房工业区和部分住宅	生态旱溪型	否
43	沙埔北排洪渠	一级	1.00	0.97			生态旱溪型	否
44	洪桥头水	一级	1.07	1.40			生态旱溪型	否
45	沙井河	一级	29.72	5.93	5	宝安大道桥向下游河道左侧为工厂,靠近桥处有一泵站,右岸为工厂;上游左右两岸有工厂和居民区	公园溪流型	是
46	潭头河	二级	4.93	4.60	5	两岸以工业区为主	公园溪流型	否
47	潭头渠	二级	2.75	5.25	3	有政府储备用地	生态旱溪型	否
48	东方七支渠	二级	1.52	2.02	2.5	沿岸为工业区	生态旱溪型	否
49	松岗河	二级	14.66	9.86		工业、居住等用地	公园溪流型	否

续表 13.6-1

序号	河流名称	支流级别	流域面积（km²）	河道总长（km）	蓝线宽度（m）	周边用地	河流分类	是否蓄水
50	道生围涌	一级	1.56	2.23	推测为暗渠	地上部分是绿化带和居住区，未发现河道	生态旱溪型	否
51	共和涌	一级	1.04	1.33		工业用地	生态旱溪型	否
52	排涝河	一级	32.96	3.57	20	工业、居住、绿化用地	景观蓄水型	是
53	新桥河	二级	17.52	5.81	8	两岸多为小区和小商铺，部分有工厂	公园溪流型	是
54	上寮河	二级	13.24	7.20	8	两岸有工业区和小区	公园溪流型	否
55	万丰河	三级	2.32	3.46	3	商业区和住宅	公园溪流型	否
56	坐岗排洪渠	三级	1.79	2.77		居住、绿化用地	公园溪流型	否
57	石岩渠	二级	1.87	3.02	8	周边有厂房和工业区、居住区	公园溪流型	否
58	衙边涌	一级	2.48	2.83		居住、工业用地	公园溪流型	否
合计				284.54				

13.7　水系景观投资估算

水系景观投资估算为40.03亿元，见表13.7-1。近期实施茅洲河干流及石岩河景观工程，远期实施支流景观工程。

表 13.7-1　水景观工程投资匡算表

序号	项目名称	建设规模（km）	总投资（万元）
一	石岩河	10.30	20 307.07
二	茅洲河干流	15.03	93 870.00
1	光明片区段（塘尾桥到楼村桥）	4.10	25 657.80
2	光明片区段（楼村桥到罗天水水闸）	4.20	26 283.60
3	宝安片区段（罗田水水闸到广深高速桥）	2.92	18 273.36
4	宝安片区段（广深高速桥到珠江口）	3.81	23 655.24
三	茅洲河支流	274.24	286 200.00
1	景观水面工程	37.38	40 000.00
2	河道景观工程	236.86	246 200.00
四	总投资		400 377.07

第14章　非工程措施规划研究

14.1　创新治理建管模式研究

茅洲河是珠江口东岸地区污染最严重的河流之一,流域治理任务紧迫。广东省委副书记、深圳市委书记马兴瑞多次表示要将茅州河作为治理水污染的一个突破口,当成要抓好的头等大事,要"正视问题、敢于面对、下定决心、马上就办",尽早完善全流域综合整治方案,抓紧成立强有力的综合整治工作领导小组,并把茅洲河治理列入深圳"十三五"规划重大项目,确保整治工程取得明显成效。

为了落实好有关工作,结合《国务院关于印发水污染防治行动计划的通知》(简称《国家"水十条"》)、省人大《关于加强广佛跨界河流、深莞茅洲河、汕揭练江、湛茂小东江污染整治的决议》(简称"省人大考核")及《深圳市治水提质量总体方案》《深圳市治水提质工作计划》的总体要求,深圳市水务局会同宝安区、光明新区,联合东莞市水务局,积极学习借鉴京杭运河(杭州段)治理等成功经验,把茅洲河整治与周边流域产业升级、土地综合利用、城市景观、环境改善相结合,制订了《关于创新治理模式加快推进茅洲河全流域水环境综合整治的工作方案》。

14.1.1　管理现状分析

14.1.1.1　管理机构

深圳市水务工作实行三级管理(市、区、街道办),分级负责。作为深圳市的主要河流,茅洲河流域水务工作也实行三级管理,市、区、街道办三级水务管理机构各行其责,对茅洲河流域涉水事务进行管理。其中,市级管理机构市深圳市水务局,区级管理机构是宝安区环境保护与水务局和光明新区环境保护与水务局,街道级管理机构是石岩、沙井、松岗、光明、公明、新湖、凤凰、玉塘和马田街道。茅洲河流域水务管理组织机构如图14.1-1所示。

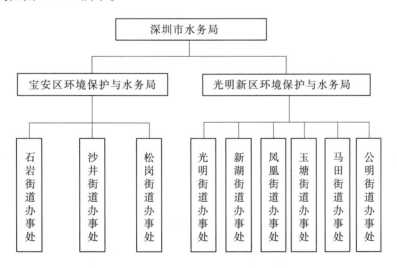

图14.1-1　茅洲河流域水务管理机构组织结构

1.市级水务管理机构

市级水务管理机构为深圳市水务局。深圳市水务局作为市政府主管全市水行政工作的组成部门,主要职能是负责全市水资源的开发利用和保护、防洪排涝、供水、节水、排水、水土保持、水污染防治、污水回用、中水利用、海水利用等,指导区街水务工作,负责全市水务企业的行业管理。局机关设8个处室,管理 3 个行政管理类事业单位,1 个行政执法机构,13 个局属事业单位。深圳市水务局组织机构如图 14.1-2 所示。

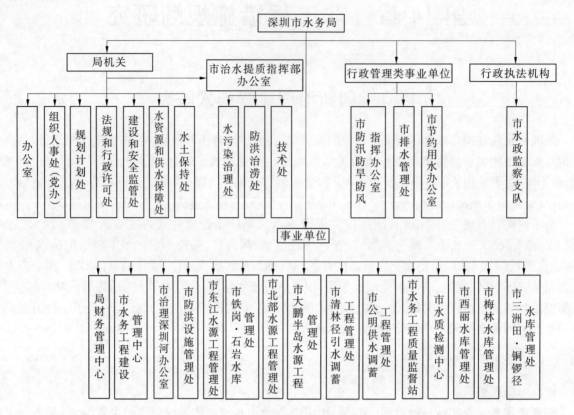

图 14.1-2 深圳市水务局组织机构

2.区级水务管理机构

区级水务管理机构包括宝安区和光明新区两家,其中,宝安区水务管理机构为宝安区环境保护与水务局,光明新区水务管理机构为光明新区环境保护与水务局。两家区级水务管理机构组织机构及职能如下所述。

(1)宝安区环境保护与水务局。

宝安区的涉水事务管理机构包括宝安区环境保护与水务局水务管理科(区河长制办公室)、区水资源和供水管理办公室、区环保和水政监察大队、区"三防"指挥部办公室、区环保水务设施管理中心、区环保水务工程建设管理中心、罗田水库管理站和长流陂水库管理站等。其中,水务管理科主要负责全区防洪排涝、河流水质和水污染综合防治的指导、协调、监督等工作,协调市、区、街道建设水污染治理项目,负责市、区水务发展资金的管理及水务信息统计工作,负责全区河道、滞洪区、海堤、河口滩涂等水域的综合治理及相关防洪治污设施的建设和管养;区水资源和供水管理办公室负责全区水资源及供水统一调度工作,负责全区水库、供水企业和二次供水单位的行业管理,组织实施全区水土保持规划及水土流失综合防治工作;区环保和水政监察大队依照有关法律法规组织征收排污费和超标排污费,负责排污口规范化管理工作,负责对违反水土保持、水资源管理、河道管理等行为的监察;区"三防"指挥部办公室负责全区防汛、防旱、防风等工作;区环保水务设施管理中心负责区管水务设施(污水处理厂、污水泵站、人工湿地、茅洲河干流、沙井河片区防洪排涝工程、原水管等)的巡查、养护及管理;区环保水务工程建设管理中心负责工程设施的建设管理工作;罗田水库管理站和长流陂水库管理站分别对罗田水库和长流陂水库开展包括水文预报、库水调度运用和防汛工作以及水库工程的检查观测、养护修理等工作。

(2)光明新区环境保护与水务局。

光明新区的涉水事务管理机构为新成立的光明新区环境保护与水务局,但目前尚无该单位资料,此前光明新区的涉水事务管理机构为光明新区城市建设局,负责部门为水务科(水土保持办公室)、水务管理中心和三防指挥部办公室(光明新区地面坍塌防治工作领导小组办公室)等。其中,水务科按照分级管理原则,负责新区水库、河道等水务设施的监督管理,负责水工程管理范围内建设项目审批,负责供水行业管理和城市供水水质监督管理工作,组织协调新区水土保持工作;水务管理中心负责新区水库、排水设施、水务工程项目等的管理,负责水质检测工作,负责河道堤防维护费的征收工作,并受新区水务行政机关委托开展水政执法工作;三防指挥部办公室负责联络、协调各有关部门的抢险救灾工作,及时收集、报告险情、灾情及抢险救灾情况,发布三防灾情,对所辖重点水利工程实施抗旱调度和应急水量调度,负责统筹新区地面坍塌事故防治实施工作。

3. 街道级水务管理机构

街道级水务管理机构包括石岩、沙井、松岗、光明、公明 5 个街道(办事处)。各街道办事处的涉水事务由水务科和水务管理中心负责。

14.1.1.2 相关管理制度

1.《深圳经济特区河道管理条例》(2011 年修订)

根据《深圳经济特区河道管理条例》,河道管理遵循统一管理与分级负责、流域管理与行政区域管理相结合的原则。市水务行政主管部门负责全市河道的统一监督管理。区水务行政主管部门按照市、区河道分工管理办理负责相关河道的管理工作。特区内河流由市水务主管部门负责管理,特区外河流由所在区政府水务主管部门在市水务主管部门指导下负责管理,跨区河道在市水务主管部门协调下分工管理,跨市河道由市人民政府报请上级人民政府确定。

按照上述规定,茅洲河属于特区外河流,茅洲河干流应在市水务主管部门协调下,由宝安区和光明新区分工管理,界河段应由深圳市人民政府报请广东省人民政府确定管理范围后由宝安区负责管理,其未跨区和跨市的支流由所在区政府水务主管部门或所在街道办水务管理部门在市水务主管部门指导下负责管理。

2. 河流河长制

宝安区环保和水务局以"五年清河、五年河清"为目标,学习借鉴外地治河经验,实行"分级负责、分片包干、一河一长、一河一策"的"河长制"工作机制。"河长制"实行"一河长一助理"制度",河长是河流的第一责任人,对管理范围内河道的防洪达标、污染防控、水质改善、养护保洁、监督执法、违建控制、征地拆迁、景观提升等负"一岗双责"领导责任;河长助理是河流的直接责任人,协助河长履行职责。

根据宝安区河流河长制工作方案安排,包括石岩河在内的 8 条重点河流实行区级河长制管理,其余河流实行街道级河长制管理。考虑到茅洲河为深莞两市界河,茅洲河河长由深圳市政府分管领导担任,深圳市水务局分管领导及宝安区分管副区长担任河长助理。

为了更好地监督"河长制"的贯彻,宝安区监察局印发了《宝安区河长制 2013 年工作考核实施细则》《2013 年宝安区河流河长制工作监督检查方案》等文件,还根据《宝安区实行河流河长制工作方案》的要求,专门成立了宝安区"河长制"工作领导小组督导组。

14.1.1.3 评价

茅洲河流域水务管理存在以下问题。

1. 职能不统一,"多龙管水"现象依然存在

虽然经过水务一体化改革和机构调整,茅洲河流域相关水务管理机构已经进行了整合,但目前茅洲河流域仍然存在着"多龙管水"的局面,职能分割交叉,河道、市政雨水管网、污水管网、污水处理厂、中水以及原水、自来水厂、自来水管网等分属不同部门。"多龙管水"必然导致规划多、规划不协调、各项建设无法平衡实施,责任分不清,既浪费人力、物力,又达不到理想效果。

2. 现有管理体制与全流域统一管理不相适应

目前,茅洲河流域遵循的是统一管理与分级负责、流域管理与行政区域管理相结合的原则,在实际工作开展过程中,由于深圳市水务局对特区外河流的管理指导相对薄弱,导致茅洲河流域水务管理主要依靠区、街道以行政区域划定管理范围进行管理。茅洲河流域作为跨区、跨市的市际河流,其自身的特殊性决定单纯的行政区域管理无法取得良好的治理效果,流域水务统一管理势在必行。

3. 水资源统一管理有待加强

目前水资源管理单位分散,不利于实现水资源有效配置。茅洲河流域两座中型水库分别由深圳市水务局和宝安区水务局直属管理,其余 26 座小型水库产权分属区、街道,原水管理单位较为分散,且分别由市、区、街道乃至企业等不同的主体管理,从不同的利益角度出发,造成不同水源工程之间、水源工程与不同供水企业之间、甚至同一水源工程不同功能之间存在水资源配置和调度的矛盾,不利于流域水资源统一管理和调度。

4. 水务投融资渠道相对单一

目前,深圳市水务建设领域已开始对社会投资主体开放。但总的来说,该领域仍然是以各级政府(包括国有企业)为主要投资主体,民营企业和外商投资企业还较少参与水务事业的投资建设与运行管理,民间投资主体的积极性没有充分调动起来。

14.1.2　工作思路

按照"流域规划、深莞联动、市区分工、目标明确、标本兼治、重点突出、协同实施、绩效考核"的工作思路,将目前茅洲河流域治河、治污、治涝工作协同开展,创新和优化治理模式,引进高水平专业团队对流域进行整体系统规划、设计、建造和运维,实现"全流域规划、全打包实施、全过程控制、全方位合作、全目标考核",全面推进茅洲河流域综合整治目标的实现。

按照"一个平台、一个目标、一个系统、一个项目三个工程包"和"流域规划与区域治理相结合、统一目标与分步推进相结合、系统规划与分期实施相结合"的创新治理模式,将茅洲河流域建设成为水环境治理、水生态修复的标杆区、人水和谐共生的生态型现代滨水城区,为全省乃至全国的界河流域水环境综合整治提供可复制、可推广的经验。

(1)一个平台:茅洲河流域涉及深莞两市宝安、光明、长安三地,搭建两市三地高规格的联动工作平台,协调解决茅洲河流域两市三地需衔接和决策的事项,高效推动流域综合整治顺利完成。

(2)一个目标:以国家"水十条"、省人大考核要求的 2017 年和 2020 年茅洲河水质目标为导向,进一步通过水环境综合治理,促进城市更新和产业升级,将茅洲河流域建设成为国际现代化都市水生态环境治理的典范。

(3)一个系统:深莞两市以全流域为系统联合编制规划方案,以保护水资源、保障水安全、提升水环境、修复水生态、彰显水文化为原则,着力解决水问题。

(4)一个项目三个工程包:以茅洲河流域综合整治作为一个项目,将茅洲河流域涉及的深圳宝安、光明及东莞长安三地各自作为一个工程包,明确相应的政府责任主体和合同管控体系。

14.1.3　技术路线

以问题和目标为导向,结合现状和传统的治理方案,提出"一个方案、两治融合、三地联动、四项突破、五位一体、六类工程"的综合整治技术路线。

(1)一个方案:将茅洲河治理作为一项系统工程,加强顶层规划,坚持系统思维,统一谋划,形成全流域整治规划方案。

(2)两治融合:治水与治城相结合,把茅洲河整治与环境改善、景观提升、城市更新、产业升级、土地增效相结合,发展水经济实现综合效益最大化。

(3)三地联动:根据三地各自特点和问题,重点处理好宝安、光明、长安三地之间的衔接和边界关系,提出有针对性的综合整治规划方案,对茅洲河全流域综合整治进行规划、设计、建造、运维。

(4)四项突破:淤泥处置突破转运填埋,实现资源利用化;污水处理突破传统方式,实现集散互补化;驳岸设计突破单一硬质,实现亲水生态化;流域配水突破量少质差,实现稳定多源化。

(5)五位一体:以水资源、水安全、水环境、水生态、水文化"五位一体"的理念统领治水工作。通过多水源引配水实现水资源优化配置;通过洪、潮、涝共同治理及海绵城市建设实现水安全保障;通过分散与集中处理结合实现水环境优良;通过底泥处置、湿地构建、水体原位治理、挡潮闸建设等多元化手段实现水生态修复;通过挖掘南粤民俗风貌和茅洲河滨河历史碎片整理提升水文化。

（6）六类工程:实施河道整治工程、内涝治理工程、治污设施工程、雨污管网工程、生态修复工程、滨水景观文化工程。

14.1.4　实施方案

14.1.4.1　一个项目三个工程包

根据《茅洲河全流域综合整治实施方案》（简称"实施方案"）,为实现 2017 年水质考核目标,深圳市在建、拟建、待立项项目估算总投资约 344 亿元(不含征拆费),东莞市项目估算总投资约 69 亿元。

宝安区:估算总投资约 206 亿元(不含征拆费),其中在建项目 14.79 亿元、拟建项目 78.76 亿元、待立项项目 112.45 亿元。

光明新区:估算总投资约 138 亿元(不含征拆费),其中在建项目 30 亿元、拟建项目 28 亿元、待立项项目 80 亿元。

长安镇:估算总投资约 69 亿元(不含征拆费),其中在建项目 1.84 亿元、拟建项目 12.02 亿元、待立项项目 55.14 亿元。

14.1.4.2　统筹管控、分类实施

在流域总体方案指导下,以"三地"为实施单元,将工程包按照项目性质、实施时序分类操作。

（1）河道整治等非经营性项目,采用融资设计施工总承包(FEPC)建设模式;已开工项目,采用集中项目管理(PM)模式,加快项目建设进程,提升政府管控能力。

（2）污水处理厂等经营性项目,采用建设运营移交(BOT)特许经营方式、设计施工总承包(EPC) + 委托运营(OM)等方式实施。

（3）污水处理厂辐射范围内的新建雨污排水管网项目,采用设计施工总承包(EPC)、设计施工总承包(EPC) + 委托运营(OM)、项目管理(PM)模式,按照"分片建设,建设一片,见效一片"的思路,将建设质量、目标管理与管养成效相结合。

（4）污水处理一级强化、河流水体原位处置等临时、应急性项目,采用建设运营(BO)、公私合作(PPP)等模式,并明确运营年限。

14.1.4.3　1 + 3 构架,分工明晰

采用公开招标方式,采用 1 个流域规划标 + 3 个项目实施标。深圳市水务局会同东莞市水务局负责全流域水环境综合整治整体规划公开招标、合同签订及规划编制、组织实施、检查督导、绩效评价工作,深圳市宝安区、光明新区及东莞市长安镇两市三地负责各自项目的公开招标、合同签订和组织实施工作,并以一个整体合同和多个分类合同的方式,实现总体管控和分类管理。

14.1.4.4　集团作战,有效衔接

尊重水的自然规律,打破现有分块、分级组织方式,以流域为单元系统规划,引入实力强、信誉好的"国家队"集团作战,通过内强实力、外引智力,统筹"五位一体"各项任务。高效协调市、区发改、规划、人居、财政、住建、交通等相关职能部门,有效衔接海绵城市、地下综合管廊等城市基础设施建设规划。

14.1.4.5　建管延续,以管促建

将工程建设与运维捆绑,从体制机制上保证总承包方严控工程质量管理。通过计提部分建设资金作为运维考核基金等措施,将建、管工作系统化、关联化。

14.1.5　预期效果

以"五位一体"的理念统筹治水工作,通过上述综合整治工程措施的实施,达到防洪排涝安全、水质洁净优良、生态系统健康、环境整洁优美、景观文化和谐的考核目标要求。

（1）优配水资源。在供水体制不断完善的基础上,通过水资源优化配置和深度挖潜,保障流域用水户和生态需求。

（2）保障水安全。全流域防洪排涝全面达到国家标准和上层次规划要求。2020 年,干流防洪标准

达到 100 年一遇,防潮标准达到 200 年一遇;支流防洪标准达到 20～50 年一遇;流域内涝治理标准不低于 20 年一遇。

（3）提升水环境。2017 年建成区基本消除黑臭水体、污水基本实现全收集、全处理、河道沿岸无违法排污口,污水污泥处理设施基本完成改造,茅洲河干流基本达到 V 类水等主要目标。

（4）修复水生态。通过实施清淤、生态补水、引流活水、修复河岸生态驳岸等工程,满足流域水生态保护与修复和水生态系统健康。

（5）彰显水文化。通过亲水岸线、生态护岸、慢行系统等,营造水生态景观;通过绿化、亮化和文化,塑造多样化的河道人文景观,传承河道历史文脉。

14.1.6 保障措施

14.1.6.1 构建顶层设计

为加强茅洲河流域水环境综合整治工作领导,深圳市与东莞市联合成立高规格的工作领导小组（以下简称"领导小组"）,马兴瑞书记担任领导小组组长,深、莞两市主要领导担任副组长。领导小组定期召开专题会议,对项目推进过程中的重大事项统一领导、协调与决策。

14.1.6.2 强化"五控制、一把关"

采用"五控制、一把关"原则严控工程治理目标和工程造价。采取总价封顶控制、概算审核控制、工程过程控制、结算审计控制和考核目标控制。

（1）总价封顶控制。项目估算总投资由政府委托的造价咨询单位审核后,由相关部门把关后按程序报批,批复确认的价格作为政府控制项目投资最高限价。

（2）概算审核控制。各子项目的概算或预算授权区政府审核,并作为合同计价基础。

（3）工程过程控制。通过委托第三方工程监理,对施工过程严格把关,保证工程质量。开展全过程造价咨询和全过程跟踪审计,进一步严控工程造价。

（4）结算审计控制。项目竣工结算按照市政府投资管理办法,由市政府投资审计专业局或授权其他单位审计,并作为最终结算审计依据。

（5）考核目标控制。以 2017 年水质考核目标为导向,通过设定合理考核指标,从项目进度、质量、投资、效果等方面控制。

（6）强化"一把关"工作。即在项目规划、投资、设计、建造、运维等环节,通过聘请高规格的技术方案审查团队,对工程整体技术方案进行严格审查把关,提高政府投资决策的科学性、高效性。

14.1.6.3 以治水促产业升级,以产业升级保碧水蓝天

严把环保准入关;加快关停或淘汰不符合产业政策的污染企业;严控工业污染,加大工业污染偷排执法力度;严防非法养殖业回潮;加强对固废垃圾收集处理、厨余垃圾处理等管理工作;利用互联网技术实施更为完善的水质在线环境监测系统。

14.1.6.4 跟踪问效、目标考核

通过统筹实施各类综合整治项目,以国家"水十条"、省人大考核要求的 2017 年茅洲河水质目标为导向,在干流水质达标、黑臭水体消除、污水收集与处理、内涝消除与防洪达标等方面进一步细化考核指标,建立"权责匹配、目标明确、考核严格、按质付费"的合同支付模式,实现责任有追究、投资有价值。

14.1.6.5 强化协调联动

成立流域协调机构,负责对流域内规划、建设和运营监管过程中存在的问题进行统筹协调,并提出解决方案,落实责任单位。市、区有关政府部门做好各项任务的衔接对接,实现信息共享、资源互用、协同作战、形成合力,就项目立项、审批、行政许可等工作积极对接支持,共同推进工作落实到位。

14.1.6.6 强化资金保障

深、莞两市财政专门设立茅洲河流域综合整治专项资金,分年度下拨两市三地,并由发改、财政和水务部门联合制定专项资金管理办法。根据市、区事权划分,除河流两岸的市政环境改造、灯光景观工程、文化设施建设等由区级政府投资外,其他由市政府投资,市、区财政应将项目所需资金纳入年度、中长期

财政预算,全力保障项目资金需求。

14.1.6.7　强化舆情和全民治水

做好治水宣传工作,策划系列报道、专题报道和治水知识科普,拓展市民参与治水的广度和深度,提升市民对治水工作的支持力度。

14.1.7　工作建议

为加快推进茅洲河流域水环境综合整治各项工作,提出如下措施建议:

(1)统筹规划,科学论证。由深、莞两市政府分别授权深圳市水务局、东莞市水务局负责茅洲河全流域水环境综合整治规划的编制工作,并在深圳市政府采购交易平台公开招标规划编制单位;并就2020年水质目标科学论证,统筹与省人大、省政府相关部门的沟通衔接。

(2)先行先试,积累经验。同意宝安区政府"一个工程包"的建议,先行先试,同步开展辖区内项目整体公开招标、项目立项、技术审查工作,为光明新区、东莞市提供可借鉴或复制的经验。

(3)简化程序,积极授权。为加快推进项目前期及今后实施进程,建议根据市政府办公会议有关精神,同意宝安区、光明新区自行立项并报上级发展改革部门备案。由市治水提质指挥部对项目总体进行技术把关,按照项目类别、轻重缓急由市发改、规划、人居、住建、财政、审计等部门分批、分类进行技术审查;市政府相应主管部门做好切块资金保障和项目实施的监督指导等工作。

(4)创造条件,加快征迁。各地整治项目涉及的拆迁面积多、人群广、时间紧。按现行征地拆迁赔偿标准执行,征地拆迁难度较大,并将一定程度影响工程进度和实施效果。建议市政府进一步加强征拆工作领导,在政策制定上向茅洲河流域倾斜;宝安区、光明新区应及早谋划,积极发挥主动性和能动性,将项目建设与土地置换、城市更新相结合,为项目落地创造条件。

14.2　智慧水务规划

14.2.1　信息化建设现状

近年来,深圳市水务局组织实施了一系列水利信息化建设项目。经过数年的努力,建成了全业务覆盖的水务信息自动化采集体系;基本构建了市水务局连接上至市政府、省水利厅,下至各区水务局、治河办、防洪设施管理处、水库管理部门等各单位的网络互联,实现了部分数据、图像的网络传输与共享;编制了深圳水务信息技术标准体系中一些技术标准,建设了多个水务基础数据库,为水务信息资源的综合开发利用打下了良好的基础;部分业务应用系统得到整合和完善。先后建成了三防指挥决策系统、水源大厦智能化系统、东部供水调度自动化监控系统、市区防洪泵站水闸自动化控制系统、水务办公自动化系统、水土保持信息管理系统、深圳水务网站等信息化建设项目,全市水务信息基础设施已初具规模,水务业务应用取得突破,水务信息化保障环境得到明显改善,为水务改革发展提供了有力的信息化支撑作用。

茅洲河流域水务信息化建设起步较晚,经过近年来市、区、街道三级水务管理机构的共同推进,目前已基本建成覆盖主要水务工程的水文、水质监测,视频监控,大坝安全监测信息采集网络,形成了水务基础数据库,构建了覆盖水务主要业务的应用系统,为水务信息化的进一步发展奠定了良好的基础。

目前与茅洲河流域水务信息化建设相关的项目主要包括:深圳市三防水情遥测系统(已建)、深圳市水文站网一期工程(已建)、深圳市供水水质在线监测系统(已建)、第26届全国大学生运动会供水安全水质监测保障系统(已建)、"数字水务一期工程——三防预警应急指挥系统"(在建)、"茅洲河流域水环境综合整治工程——中上游段干流综合整治工程"(设计完成待建设)等。

14.2.1.1　信息感知体系

(1)水库监测:通过"数字水务一期工程——三防预警应急指挥系统"的建设,实现了对全部中型水库和小(1)型水库的水雨情自动采集,实现了对小(2)型水库的水情自动采集。石岩水库已建有大坝安全监测系统,石岩水库和罗田水库已建有视频监视点并接入深圳市水务局。

(2)水质监测:深圳市水务局设置水质自动监测站1处(燕川大桥站),"茅洲河流域水环境综合整治工程——中上游段干流综合整治工程"中设计在茅洲河干流新建3处水质自动监测站(上下村调蓄处理池、楼村水调蓄池、东坑水调蓄池)。

(3)河道水文监测:宝安区环境保护与水务局三防办设置水位雨量监测站点1处(沙浦西河站)。

(4)闸(泵)站远程监控:"茅洲河流域水环境综合整治工程——中上游段干流综合整治工程"项目中,设计新建闸(泵)站远程监控点8处(洋涌河水闸、补水泵站、楼村水库滞洪区退水闸、新陂头南退水闸、鹅颈水退水闸、上下村调蓄处理池、楼村水调蓄池、东坑调蓄池)。

(5)视频监视:深圳市水务局设置视频监控点4处(沙井泵站、洋涌河水闸、燕川大桥、二标项目部),"茅洲河流域水环境综合整治工程——中上游段干流综合整治工程"项目中,设计在茅洲河干流各主要闸门、水质监测站新建视频监控点21处。此外,宝安区环境保护和水务局和光明新区环境保护和水务局均建有视频监控系统,可将交警公安的视频监控信号接入。

14.2.1.2　信息传输网络

深圳市水务局整合利用深圳市党政机关专网和社会网络资源,初步形成上至水利部、省水利厅、省防汛抗旱指挥部、深圳市委、市政府,下至各区水务局、各区三防办以及市属各单位、重要中型水库管理单位,横向与市属各部门、各区政府广泛互联的计算机广域网络系统;利用社会运营商的网络资源进行GPRS数据的接收,利用50M带宽的网络进行视频监控信息的传输;通过东江引水工程、北部引水工程的配套光纤及各引水工程光纤的连接部分,形成水源大厦为网络中心,铁岗、北线、大鹏为三个分中心,构建主干网络万兆、分中心到节点千兆的水务专用网络。目前,茅洲河流域各级水务管理机构已具备彼此广泛互联的信息传输网络,各监测站点通过社会运营商的网络资源搭建了2M带宽进行GPRS数据传输,各视频监视点和远程监控站点通过50M带宽的网络进行信息传输。在"茅洲河流域水环境综合整治工程——中上游段干流综合整治工程"项目中,设计通过沿河干流光纤敷设将各站点信号接入,目前该工程正在进行中。

14.2.1.3　信息存储与管理

随着一些业务应用系统的建设,为满足业务应用系统信息存储和利用的需求,深圳市水务局陆续开展了一些数据库的建设。已经建成的数据库有水雨情数据库、水务空间数据库、供水信息数据库、计划用水数据库、污水水质信息数据库、水土保持数据库、三防业务数据库等,形成相对完整的数据字典;建成与市政府网上办事大厅电子公文交换平台、市政务信息资源共享平台、市电子监察数据交换平台间的接口,实现公文、审批数据实时交换与共享。

14.2.1.4　应用服务体系

投入运行的信息化系统包括办公自动化系统、水质信息管理系统、计划用水加价水费收费系统、深圳市水土保持管理信息系统、三防信息管理系统、供水水质在线监测系统、城市防洪排涝数字信息系统、石岩水库污染监控系统等。

14.2.1.5　运行环境建设

三级水务管理机构在"数字水务"工程建设过程中,都开展了相应的运行环境建设,目前均有满足信息化工作正常运行的环境,主要包括:

(1)深圳市水务局:建有中心机房并于近期完成物理环境改造,建成中心机房异地备份中心,建有满足视频会议召开的中心大厅。

(2)宝安区环境保护和水务局:建有满足视频会议召开的中心环境,安排进行区级数据中心建设。

(3)光明新区环境保护和水务局:为新成立单位,目前未建有满足视频会议召开的中心环境,需在本次规划建设。

(4)街道办:宝安区所辖街道办事处在三防预警应急指挥系统中建有满足视频会议召开的中心环境,光明新区进行行政区划调整,新成立各街道办事处需要进行环境补充建设。

14.2.1.6　保障环境建设

保障环境主要包括为水务信息化建设提供保障的标准体系、管理体制和运行机制等。

1. 标准体系建设

深圳市水务局在水利部《水利信息化标准指南（一）》的指导下,结合深圳水务工作实际,组织编写了《深圳水务信息化技术标准体系》,并已成为确保水务信息化工作的指导性文件,其中《水务工程代码》已经市质量与技术监督局批准为深圳市地方标准化技术指导性文件。

2. 管理体制和运行机制

组建了深圳市水务局法规和科技处,统筹信息工程规划与建设,强化信息化建设的行业管理,为信息工程的统一建设、统一管理提供了机制保障和组织保障。

深圳市水务局制定了《深圳市水务信息工程建设管理办法》,进一步规范了水务信息工程建设,强化了水务信息化建设的"统一规划、统一标准、统一建设、统一管理"。

建立健全信息安全管理制度,落实管理机构及责任人,定期开展信息安全等级保护定级及风险测评工作,严格执行内外网物理隔离,配备了按等保二级系统及安全绩效考核工作要求的网络安全设施,规范开展信息安全日常管理工作,初步建成机制完善、技术措施到位、管理规范的信息安全管理体系。

为加快新技术、新方法在深圳水务信息化工作中的应用推广,同时避免新技术盲目应用带来的风险,深圳市确立了以研究项目的形式对新的技术在小范围内进行应用、取得成效后再进行全面推广的机制。以研究项目形式推广应用的技术有水务移动应用平台建设、水利普查成果应用研究等。

14.2.2　存在问题

茅洲河流域虽然已开展了一些水利信息化工作,但距离智慧水务的要求还相差较远,主要存在以下问题:

（1）监测站点建设相对落后,数量不足,信息获取无法实现全面感知。

茅洲河流域虽然已经建设了各类监测站点处,基本覆盖了小（2）型以上水库和主要易涝点,但距离流域信息的全面感知还有较大差距。主要体现在:

①站点建设分散,部分站点技术落后。深圳市水务局在茅洲河流域的各类监测站点建设是跟随不同项目分别开展的,建设时间相差较大,早期建成的利用卫星和超短波信道覆盖部分水雨情站点的遥测系统,存在站点数不够、信息不完整、不能支持汛期全面监视全市范围的水雨情,以及技术落后、可靠性不够、维护困难等问题。

②部分业务信息采集起步较晚,站点数量不足。水务管理工作急需的工情、供水、水质、水土保持等实时信息采集系统还未启动建设,人工采集手段难以保证数据的及时性、正确性;水源地的水质、水量大部分没有实现自动监测;动态信息采集环节薄弱,难以满足供水安全应急指挥和日常业务应用的需要。

③信息采集自动化程度不高。相对于全市水利信息的总量,相当一部分的基本数据尚未采集整编,据粗略统计,目前已采集数据也仅有 60% 左右录入数据库,远不能满足水利信息资源利用和协同办公的要求。

（2）已建应用系统彼此独立,数据缺乏融合,信息孤岛现象较为严重。

茅洲河流域各级水务管理机构建设了一批服务于业务的信息系统,但由于建设时间不一,未能形成统一的内部信息共享交换机制及平台,各业务系统之间数据交换的接口繁杂,部分业务系统还需要人工进行数据交换,存在信息孤岛现象。缺乏信息资源统一管理机制,资源共享利用不足,存在不同系统的基础数据库各自建立,新建一套系统就需要新增基础资源的现象。同时,已经建立的专业数据库,由于建立较早,存在信息应用范围小、数据标准化程度不高等问题。其中早期开发的防洪工程数据库、水雨情数据库在结构上与水利部升级后的现行标准还存在较大的差别,与各级防汛部门的交换困难,服务于多层次业务需求的各专业数据库尚未全面启动建设。

（3）专业应用信息化系统较为薄弱,决策支持能力不足。

目前已建的各应用系统对业务管理的支撑能力不足,水政执法、水资源及水环境等业务缺乏相应的系统建设。信息资源开发利用程度不高,已建业务系统大部分还在简单的信息查询和管理阶段,具有模型支撑的预警预报和决策支持功能尚不具备,尚未在决策支持、业务规范、流程再造、综合管理与对外服务等方面得到深化应用。尚未建立系统间业务协同,主动服务的信息化支撑能力不足。

(4)专业信息化人才培养机制与水务信息化建设运行机制不畅。

各级水务管理机构信息化建设程度不均,深圳市水务局成立了专门的信息化管理部门,并有相关技术人员进行系统的技术支持,直属单位中,除铁岗石岩水库管理处、防洪设施管理处外,其余由于种种问题,一直没有专门的人员、机构对信息化进行管理,导致近年在信息化工作方面没有大的进展。宝安和光明两区都没有信息化管理部门,导致信息化推进的速度不够,从而产生了"木桶效应",影响了信息化整体效益的发挥。

在水务信息化建设运行管理过程中,由于"重建轻管"的思想持续作用,同时基层水务管理单位没有专职的信息化运行维护人员,造成信息化建设成果未能发挥出其应有的效果。

14.2.3　总体架构设计

建设茅洲河流域智慧水务平台,内容涵盖相关数据采集、传输、存储、应用决策等各个环节,同时满足不同级别管理机构管理决策调度要求。由于茅洲河流域水务管理业务涉及范围广,具有安全要求高、空间跨度大、野外作业多等特点,需要广泛使用各种自动化或半自动化的信息采集监测设备,通过无线网络、有线网络进行传输汇集,从而应用于水务管理的多项业务管理中。因此,信息系统采用物联网技术,各类采集信息通过感知层采集,传输层传输,并在应用层服务于水资源管理业务。系统主要由感知层、传输层、应用层、基础网络及硬件建设运维体系、标准规范体系、安全保障体系、IT治理体系和信息集成应用体系等八大部分组成。系统总体框架如图14.2-1所示。

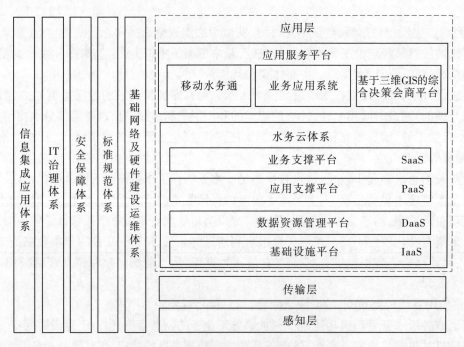

图 14.2-1　茅洲河流域智慧水务平台总体框架

感知层包括数据采集。数据采集利用先进的信息自动采集和远程自动化控制技术实现水库水文、河道水文、用水、排水、降水、水质等信息的自动化采集、对关键闸(泵)站的远程自动化控制以及对重要视频点的远程监视,为各级水务管理提供各种必要的基础信息和控制手段。

传输层包括数据传输。数据传输利用成熟的有线或无线传输技术实现水资源管理所需各种信息的安全传递。

应用层包括数据资源管理平台、应用支撑平台和应用服务平台。数据资源管理平台实现对各类基础数据、专业数据的科学、有效的存储管理;应用支撑平台是系统的中间逻辑层,为整个系统提供各种方法;应用服务平台是整个系统的应用系统部分,直接面向用户,根据用户管理级别,结合所需信息和管理职能,有针对性地进行设计,为各级水务管理机构的业务开展和调度管理提供技术支持。

本次按照水务云体系进行应用层设计,即在数据存储和运算上通过购置相关云存储、云计算软硬件设施搭建基础设施平台(IaaS)。在云端搭建数据库,构建数据资源管理平台,实现数据资源的统一管理和数据库结构的统一(DaaS)。将各类公共基础服务以模块化形式提出并置于云端,形成应用支撑平台,方便各应用服务进行调用(PaaS)。将各类业务所需的通用业务模块以模块化形式提出并置于云端,形成业务支撑平台,方便各应用服务进行调用(SaaS)。以上基于水务云体系的各层,共同为面向用户的应用服务平台提供各类软硬件服务。

运行实体环境主要指为满足水资源管理业务开展需要,为保证信息化建设各项设备正常运行而设置的各级管理中心,根据水资源管理业务需要,设计建设市、区、街道三级管理中心环境,为系统提供良好的运行环境。

标准规范体系建设是水资源管理信息化建设的重要支撑,必须与水利信息化的基础设施、水利信息业务应用相结合、相协调,以保证信息化建设的顺利进行,并使之持续稳定运行和有效发挥作用。标准规范体系建设包括业务标准体系、信息标准体系和信息技术标准体系建设。

IT 治理体系规划包括智慧水务管理结构、执行机构和运维机构、运作模式,各类管理制度、管理办法、管理规范、培训计划等。保证茅洲河流域智慧水务建设的管理到位、人力资源到位、制度到位、设备到位。

安全保障体系主要包括信息安全监控制度和网络安全保障措施两部分,通过安全设备配置和安全制度订立,为茅洲河流域智慧水务平台建设提供安全保障。

数据采集包括干、支流水量监测点、水库水量监测点、排污口水量监测点、雨量监测点、闸(泵)站远程监控点、视频监视点、水质监测点等;数据存储与管理主要包括可供水量数据库、现状用水数据库、退排水数据库、基本信息数据库、视频监视数据库、业务管理数据库等;应用服务平台主要包括数据共享服务中间件、空间信息服务中间件以及业务处理服务中间件等。茅洲河流域智慧水务应用服务平台包括业务应用系统、移动水务通、基于三维 GIS 的决策会商平台三部分。其中,业务应用系统主要包括信息采集子系统、数据处理子系统、综合监视子系统、闸(泵)站远程监控子系统、许可管理子系统、费用征收子系统、综合调度子系统、工程运行维护子系统、工程建设管理子系统、防洪治涝子系统、水政监察管理子系统、地面坍塌隐患排查与治理子系统、水资源管理子系统、水环境管理子系统、水土保持管理子系统、水生态管理子系统等。系统划分如图 14.2-2 所示。

14.2.4　建设方案

14.2.4.1　感知层设计

感知层包括数据采集。采集的信息包括来源于水务行业的内部信息和来源于其他行业的外部信息。内部信息主要包括历史文献、技术档案、实时或定期监测信息、水务政务信息和各种层次的再生信息等。内部信息根据其不同的分类属性和应用需求,分别采用遥测、遥感、长期自记和人机交互技术手段实施数字化。外部信息主要包括社会经济统计信息、地理空间基础信息、国土资源信息以及其他与水利业务有关的非水利部门采集的信息。外部信息通过国家、省、市信息化综合体系获取,根据水利信息化发展水平的实际需要,在不同的行政管理层次,通过协议方式与相关业务部门建立信息交换关系。

数据采集利用先进的信息自动采集和远程自动化控制技术实现来水、排水、降水、水质等信息的自动化采集及对关键水工建筑物的远程自动化控制,为茅洲河流域各级水务管理提供各种必要的基础信息和控制手段。

工作重点为"污水溯源,雨洪掌握,河道管理,工程可控"。

主要建设内容包括:

(1)在污水管网关键节点进行水质监测,实现污水可溯源监测管理,共建设水质监测站点 59 处。

(2)对降水过程和地面径流产汇流情况进行水量监测,对关键涝点进行水位监测,实现对雨洪过程掌握,共建设易涝点水位监测站点 75 处。

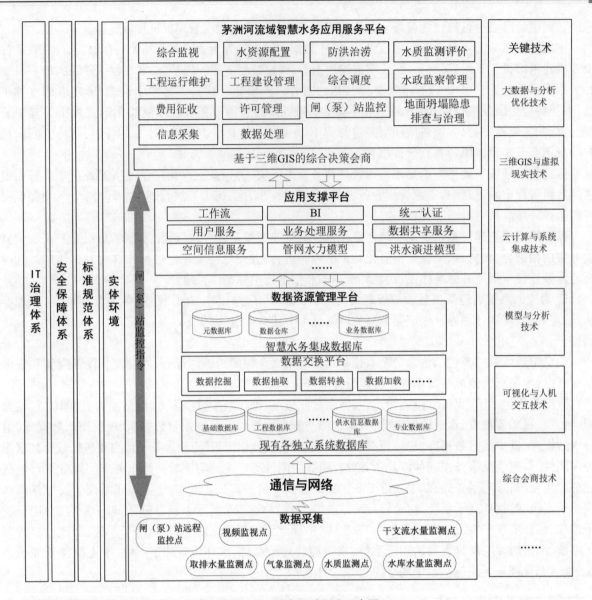

图14.2-2 信息系统划分示意图

（3）在茅洲河干流及主要支流设置监测断面，实现对河道水量水质变化情况的掌握，共建设河道水文监测断面49处，河道水质监测断面49处。

（4）在现有工程自动化的基础上，对各水库、闸门、排水泵站等水利工程进行补充建设，实现工程的全面远程监控，共新建远程监控站点93处。

（5）整合现有各视频监测点，实现对关键节点的视频监视，共新建视频监视站点89处。

（6）整合现有重要闸门、泵站工情信息，对没有实现工情信息自动采集闸门、泵站进行自动化改造，使管理部门能及时掌握重要闸门泵站的运行信息。

（7）加强与气象部门的信息共享，实现全流域雷达雨量预报监测信息的实时交换。

（8）全面完成小（1）型以上水库的大坝安全监测，渗流、位移等重要指标实现自动化监测。

14.2.4.2 传输层设计

依托将要建设的公明引水调蓄工程，对水务光纤环网进行扩充，使水务光纤专网覆盖到全部重要供水水库，对不具备光纤布设条件的罗田水库等重要的供水水库建设无线宽带网络，使其能通过无线宽带就近接入水务光纤环网。

依托"茅洲河流域水环境综合整治工程——中上游段干流综合整治工程"敷设的干流光纤，将需要进行视频监视点和闸（泵）站远程监控点就近接入水务光纤环网。

各监测站点通过租用公网实现监测信息到街道管理所的传输。

在独立的茅洲河流域管理机构成立后,要实现其与各级水务管理机构之间的网络互联。

14.2.4.3　水务云设计

本次水务云设计采用私有云的总体技术架构。在技术架构上保持了与公有云相同的架构和模式(IaaS、PaaS 和 SaaS),其核心是将计算资源、存储资源、网络资源以虚拟化和自动化的方式通过网络来进行提交,从而使资源具备可扩展性、部署便利、实施方便等优势。

在私有云的技术架构下,由于深圳市水务局拥有服务器、存储设备、网络设备等基础设施,因此可以控制在此基础设施上部署应用系统的方式,同时,私有云可以部署在水务局数据中心的防火墙内,从而实现对茅洲河流域智慧水务平台安全性、稳定性、可扩展性的最有效控制。

水务云是茅洲河流域智慧水务的核心部分,是整个系统的支撑,包括由机房环境、应用服务器、数据服务器等组成的硬件资源以及由系统软件、虚拟化软件、云管理软件、集群资源管理调度软件等组成的软件资源两部分组成。

水务云自下而上分为基础设施云服务(IaaS)、数据资源管理平台云服务(DaaS)、应用支撑云服务(PaaS)和应用服务平台云服务(SaaS)四层,见图 14.2-3。

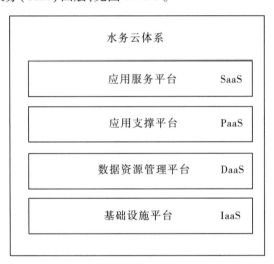

图 14.2-3　水务云体系架构示意图

(1)基础设施平台云服务(IaaS),将分散的网络、存储和计算资源整合形成局一级专网和水务私有云等集中式服务体系,实现资源的专业化集中管理和虚拟化分别使用。

(2)数据资源管理平台云服务(DaaS),是针对数据在基础设施云服务的基础上进行的存储和管理,满足数据云存储和数据库设计复用。

(3)应用支撑平台云服务(PaaS),在建设完善数据中心的同时,又能提供虚拟化的行业数据库和专题数据仓库的云服务,满足水利、供水、排水等信息系统平台服务行业标准及数据接口技术标准。

(4)应用服务平台云服务(SaaS),提供标准化数据交换接口和应用系统运行环境,应用软件开发可面向直接用户采用开放的构建模式,又具有业务流转协同、数据共享服务等功能,有效支撑大数据处理、移动互联等技术应用,更好地为专业部门、研究机构、社会公众提供个性化服务。

14.2.4.4　数据资源管理平台设计

数据管理平台按照"集中存储,分级应用,异地灾备,统筹考虑"的原则,实现对茅洲河流域智慧水务涉及数据资源的统一存储、管理、备份、恢复等,数据管理内容包括空间数据库、基础数据库、业务数据库、模型数据库、预案数据库、专家知识库等内容,见图 14.2-4。

设计在深圳市水务局设立数据中心,对相关业务数据进行存储管理,同时,在宝安区环境保护与水务局设立数据分中心作为深圳市水务局的数据备份中心,进行异地灾备。

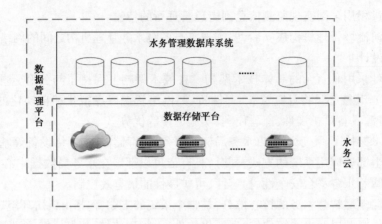

图 14.2-4　数据管理平台架构示意图

14.2.4.5　应用支撑平台设计

应用支撑平台是茅洲河流域智慧水务平台的软件技术支撑平台,为其提供统一标准的各类公共服务及运行环境,包含由流程控制、身份验证、GIS 应用、移动应用等组成的系统公用服务,满足整个系统内部、外部数据交互的数据交换服务,支撑防汛抗旱、供水节水、水资源管理等的专业模型服务,以及针对各类水务管理业务应用所开发的、统一的、避免重复建设的业务应用服务等内容。建设内容主要包括公共组件服务、业务应用服务、数学模型服务、移动应用服务和数据交换服务等。

14.2.4.6　应用服务平台设计

应用服务平台直接面向最终用户,决定了整个系统在用户端的最终体验,平台应具有直观、简洁、友好的交互界面及方便、快捷、高效的操作方式。在内容上,平台包含了业务应用系统、移动水务通、基于三维 GIS 的决策会商平台三部分内容。应用服务平台架构如图 14.2-5 所示。

图 14.2-5　应用服务平台架构示意图

1. 业务应用系统

业务应用系统包括信息采集子系统、数据处理子系统、综合监视子系统、闸(泵)站远程监控子系统、水资源配置子系统、许可管理子系统、费用征收子系统、综合调度子系统、工程运行维护子系统、工程建设管理子系统、防洪治涝子系统、水政监察管理子系统、地面坍塌隐患排查与治理子系统、水环境管理子系统、水生态管理了系统、水土保持管理子系统等。其中,信息采集子系统和数据处理子系统是对前端监测信息的采集处理,属于后台数据处理类,其余子系统是各涉水业务的管理,属于面向对象服务类,见图 14.2-6。

(1)信息采集子系统,主要完成茅洲河流域水务管理相关水情采集数据的接收和处理,它负责接收数据采集系统所获取的各类实时数据,包括可供水量数据、引用水数据、退(排)水数据、需水数据、调度数据等所有水情要素,自动完成数据的解码,并把数据存入数据库中,供监测、调度、管理使用。信息采集子系统主要包括数据接收、数据处理、报文接收转发、采集实时监视等功能模块。

(2)数据处理子系统,是信息管理与决策支持系统中实时监测、水资源配置和调度的基础。数据库中存储的各类水情数据具有不定时接收、非等时段的特点,无论是在实时监测、需水预测或是水资源配置调度中,都无法直接对数据库中的原始监测数据进行使用,必须通过整编,将原始数据处理成为所需

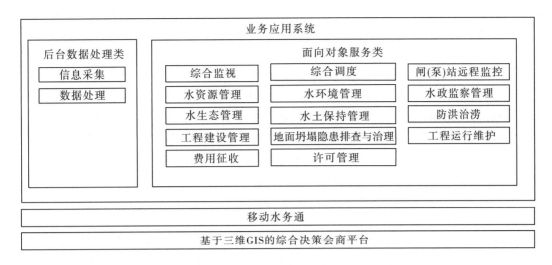

图 14.2-6　业务应用系统架构示意图

要的等时段数据格式。数据处理系统通过定时访问数据库,并进行数据等时段处理和统计计算,并将处理结果保存到数据库中,为实时监测、需水预测、水资源配置和调度提供基本资料。数据处理子系统分为历史数据整编模块和实时数据自动处理模块两个部分。

(3)综合监视子系统,是对水资源管理所需各类实时数据进行监测,包括可供水量监测、引用水量监测、退(排)水量监测、水质监测、工情等类型数据监测,叠加气象、社会经济等数据,并根据情况进行预警。综合监视子系统将各类信息进行形象化标记,并在 GIS 电子地图上进行形象化的标注,给相关人员、决策者以最直观的图形化显示。

(4)闸(泵)站远程监控子系统,是对茅洲河流域影响水资源配置和防洪排涝的关键闸(泵)站进行远程监控,其中,市级管理中心可对全流域闸(泵)站进行视频监视,区级管理分中心及街道管理所对管理范围内闸(泵)站进行视频监视和远程控制。主要功能包括监测、控制、监视和流量计算四部分。

(5)水资源管理子系统,是在充分掌握可供水量、需水情况的基础上,结合现状用水情况和来水预测情况,进行水资源的合理配置。主要包括水资源综合评价、用水计划管理、可供水量管理、配置规则管理、配置方案管理、配置模型管理、水资源配置方案评估等功能模块。

(6)防洪治涝子系统,是整合防洪治涝相关监测信息并提供相应预警和处置的子系统。它主要包括天气预报、水雨情监视、易涝点监视、工情监视、汛情预警、内涝分析、方案模拟等功能。

(7)综合调度子系统,是对工程进行综合调度的子系统,主要包括水资源调度、防洪排涝调度、生态调度以及应急调度四方面。水资源调度功能是根据水资源配置方案对水资源进行调度管理;防洪排涝调度是根据现状洪涝情况和工程情况,结合洪水预报和模型演进计算情况进行调度管理;生态调度是根据现状来水情况和生态需水情况所做的水资源配置方案进行的生态调度管理;应急调度是根据突发事件对应急水资源配置方案所进行应急调度。它主要包括调度方案编制、调度方案管理、调度方案审核、调度方案执行、调度实时监视等功能。

(8)地面坍塌隐患排查与治理子系统,是根据深圳市政府发布的《深圳市地面坍塌事故防范治理专项工作方案》的要求,以排水管网、暗渠、箱涵等资料为基础建设地面坍塌隐患排查管理系统,对地面坍塌的“体检”“诊断”“整治”等相关业务的信息进行系统化管理。该子系统主要包括涉水管网综合管理、地面坍塌数据管理、体检信息管理、诊断信息管理、治理工程信息管理、规划辅助决策等功能。

(9)水环境管理子系统,是根据水质站网、水质监测断面、水质采样、水样分析、水质监测等信息,实现了对水质和污水的管理功能,为水环境的有效管理提供支撑的子系统,主要包括监测站点管理、水质在线监测和查询、水质评价、河流水质模型、超标预警、排水口与入河排污口管理、排水监察、水污染事故管理、水质与排水 GIS 信息展示等功能。

(10)水生态管理子系统,是实现对生态信息的管理、评价与分析、调度和 GIS 展示,依据对生态数据进行查询与管理,实现对流域生态评价体系进行查询与管理,面向生态对象进行优化调度,并对不同生态信息进行 GIS 展示。该子系统主要包括生态信息管理、生态径流分析、生态评价体系管理和生态信息展示等功能。

(11)水土保持管理子系统,是针对水土保持业务各类信息采集整理的管理系统。它主要包括基础信息采集、动态监测预报、治理项目管理、预防监督、GIS 展示等功能。

(12)工程运行维护子系统,是对各类涉水工程进行运行维护管理的子系统,主要包括运行信息管理、运行维护考核管理、巡视管理、缺陷隐患管理、日常养护管理、建设管理、问题上报及处理等功能。

(13)工程建设管理子系统,是针对涉水工程进行全过程管理的子系统,主要包括在建工程信息管理、已建工程信息管理、工程前期及综合管理等模块。

(14)许可管理子系统,是针对取(排)水许可证的颁发、更换、审查等工作的管理系统,主要内容包括取水许可审批、取水许可年审和计划用水管理等功能。

(15)费用征收子系统,是针对用水户的用水类型、取用水量和水资源费及水费的单位水价,对用水户进行排污费、水资源费及水费征收和管理的子系统。它主要包括引退水量统计、水量平衡计算、水量报表生成上报、水量数据管理、水价管理、水费计算、污水处理费征收、水资源费征收、水费征收、水量报表生成上报、水费数据管理等功能。

(16)水政监察管理子系统,是建设规范水政监察执法的流程,完善执法手段、提升执法水平、提升行政执行力的子系统,主要包括案件办理、移动执法、督查管理、罚没物资管理、巡查信息管理等功能。

2. 移动水务通

移动水务通以现有水务综合信息库、天气云图系统为基础,结合 GSM 无线网络、GIS 技术、GPS 定位系统,在一部智能手机上实现水务信息的预警功能、基于地理信息系统和 GPS 空间定位系统的位置服务和气象云图、降雨分布等的查询功能,使水务工作者可随时、随地、及时、准确、系统地掌握水务信息,为决策者提供科学依据。移动水务通基于 B/S 架构,通过手机端、平板端可直接访问各类应用系统。同时可根据移动应用的需要,开发移动端专属应用。移动水务通在水务管理业务移动办公需求的基础上形成,与业务应用系统共享由数据管理平台提供的统一数据资源以及由应用支撑平台、数据交换平台提供的各类应用服务,结合无线网络、GIS、GPS 等技术,实现业务应用系统中对移动办公需求较高的各项业务功能,如水务综合办公、水务信息查询、水雨情预警等,使系统用户能够随时、随地、及时、准确、系统地掌握水务信息,为决策者提供科学依据。根据移动设备的特点,如地图定位、拍照、录音、录像、无线传输等特点,把其他系统中的部分工作融入移动端。例如,①现场数据采集功能:图像、照片、位置采集等。②通信传输功能:实现图像、语音、数据传输。③综合应用功能,包括应急电话:管理应急电话通讯录并可直接拨打电话、发送短信;电子地图:地图浏览、态势标绘、GPS 定位、地名查询、坐标定位、周边信息、距离测量等;应急资讯:应急预案、典型案例、应急知识、法律法规的查询功能;辅助决策;信息交互:预案、案例、知识、通信录、专家、应急资源、危险源、防护目标等;实时通讯系统,实现网上即时消息、短信群发、传真群发、网上语音通话等子系统。

3. 基于三维 GIS 的综合决策会商平台

基于三维 GIS 的综合决策会商平台是茅洲河流域水务管理的决策平台,是重要的信息集成与可视化平台。它通过运用当前先进的三维地理信息系统(GIS)、卫星遥感、虚拟现实等技术,在计算机中创建一个与真实世界相对应的虚拟空间地理环境,并通过集成海量的空间、水务信息,为茅洲河流域水务管理提供一个三维可视化的操作管理平台。基于三维 GIS 的平台建设为决策提供可视化的场景,工情、水情、水质等各类监测数据在平台进行综合展示,同时可通过挂接的各类业务模型在场景内实现洪水演进、调度模拟仿真及方案比选等,并可调用相关方案库和资料库信息,为茅洲河流域相关决策会商提供决策支持。

具体设计通常可分为三部分来实现:三维场景设计、三维通用功能设计和专业功能设计。

(1)三维场景设计,即在计算机中创建一个对应于真实世界的虚拟世界的过程,在本系统中,需设计构建与现实的水务环境相对应的虚拟三维水务平台。

(2)三维通用功能设计,是指三维仿真系统所应具备的一些基础功能,即基本分析与交互式三维设计,本部分内容主要从三维 GIS、计算机图形学等计算机技术的角度出发,实现包括空间量算、GIS 分析、自定义标注等在内的基本功能。

(3)专业功能设计,是以三维仿真平台为基础,实现对信息监测、数据分析、管理决策等功能的整合。

14.2.4.7 数据交换设计

数据交换平台是支撑数据资源交换应用的基础和枢纽,具备数据采集、数据处理、数据传输、数据监控管理等功能。

数据交换平台遵循 SOA 面向服务架构的设计思想,技术上采用基于 ESB 和消息中间件等技术实现水务管理系统与已建各水利信息化系统间的信息数据交换,具有松耦合性、高灵活性以及良好的兼容性和可扩展性。

数据交换平台与应用支撑平台紧密结合,两者采用共通的 ESB 企业服务总线和架构,数据交换平台中的所有数据交换服务均基于应用支撑平台的数据交换服务实现,通过对各类数据交换服务的集成,实现在统一平台下对数据交换服务资源的统一管理,按面向对象的不同,数据交换服务可细分为内部数据交换、外部数据交换和集成数据交换三部分内容。

(1)内部数据交换:基于数据交互服务,对数据的访问操作进行封装,所有对数据的获取均通过调用数据交互服务的方式实现。

(2)外部数据交换:通过前置系统、桥接系统、适配器技术等,实现业务数据库与外部数据交互的隔离,在保证外部数据交互需求的基础上,有效保障系统数据的安全性。

(3)集成数据交换:需要实现智慧水务平台与已建各水利信息化系统之间的数据共享交换,包括数据采集、数据传输、数据入库三部分内容。

14.2.4.8 运行实体环境设计

在现有各级水务管理机构信息化建设运行环境的基础上,根据本次茅洲河流域智慧水务平台功能需求,对市、区、街道三级进行运行实体环境补充建设,主要建设内容包括现有会商大厅更新、电子沙盘、应急会商系统以及机房的补充建设。远期要考虑独立的茅洲河流域管理机构成立后相应的决策会商和综合调度信息化运行环境建设。

14.2.4.9 标准规范体系设计

茅洲河流域智慧水务平台建设是深圳市"智慧水务"的组成部分,在统一规划、统一设计的前提下,需要能够有效支撑系统建设需求、保障系统建设质量的标准规范体系,这是"数字水务"工程能否顺利建设运行的关键。在已有的《深圳水务信息化技术标准体系》基础上,新增为本系统制定的待编标准。

本项目标准规范体系框架由总体标准规范、技术标准规范、数据标准规范、业务标准规范四个方面组成。

(1)总体标准规范。包括系统标准规范目录、系统名词术语、系统建设管理办法等内容。

(2)技术标准规范。在各项业务的信息化过程中,对系统的实施、开发和管理过程及所应用的信息技术进行规范。主要包括系统开发规范、接口规范、界面规范等内容。

(3)数据标准规范。包括数据编码规范、数据交换标准设计、数据库建设标准规范等内容。

(4)业务标准。建设单位各项业务中,从数据采集、数据传输、作业流程、命令发布、监督处理等各个工作环节,对它们的过程进行规范。

14.2.4.10 安全保障体系设计

安全保障体系主要包括信息安全监控制度和网络安全保障措施两部分,通过安全设备配置和安全制度订立,为茅洲河流域智慧水务平台建设提供安全保障。

1. 信息安全监控制度

根据国家信息系统安全等级保护相关要求及《水利网络与信息安全体系建设基本技术要求》,逐步完成二级信息系统安全保护建设,为业务系统提供安全的运行环境;制订《水务网络与信息安全事件应急预案》,并落实相应的应急处置和恢复措施,做好物资、技术储备,形成较完善的网络与信息安全事件应急响应体系。

2. 网络安全保障措施

构建有效的网络安全体系,是信息化系统计算机网络安全和系统正常运行的需要。根据本系统计算机网络特点,网络安全采用四层安全防护体系。

第一层,利用交换机的特性。采用网络分段和 VLAN 技术,将以太网通信变为点到点通信,防止大部分基于网络的侦听。

第二层,进行身份认证。对拨号用户的身份进行验证并记录完整的登录日志。

第三层,保证各类操作系统的安全。通过修补操作系统使用和安全上的漏洞,并安装相应的杀毒软件,从而保证主机和网络的安全。

第四层,实现用户的安全。通过培训用户,建立严格的网络管理制度,帮助用户保持良好的习惯。

14.2.4.11　IT 治理体系设计

IT 治理体系规划包括智慧水务管理结构、执行机构和运维机构、运作模式,各类管理制度、管理办法、管理规范、培训计划等。这样才能保证茅洲河流域智慧水务建设的管理到位、人力资源到位、制度到位、设备到位。

14.2.5　建设投资估算

14.2.5.1　智慧水务分期实施计划

(1)应急建设期:针对茅洲河流域最受关注的水环境和防洪排涝问题优先展开工作,争取早日建成,取得效益。

(2)全面建设期:针对茅洲河流域水务管理业务职能全面展开智慧水务平台建设,完成各类涉水信息采集,实现涉水建筑物的监视和控制,全面建成满足业务需要的各项工作,同时开展保障智慧水务平台运行的标准规范体系、安全保障体系和 IT 治理体系工作。

(3)完善提升期:结合茅洲河流域各类涉水工程建设情况,分析其带来的影响,有针对性地进行智慧水务监测感知体系补充建设;结合业务应用和系统运行情况,进一步完善水务云、数据资源管理平台、数据交换平台、应用支撑平台、应用服务平台等公共平台,结合深圳市"智慧水务"需求和建设安排,推广应用;根据《深圳市水资源规划修编》报告安排,考虑未来成立独立的流域管理机构所带来的水务管理变化,为独立的茅洲河流域管理机构预留相关信息化建设工作内容。

14.2.5.2　分期投资匡算

智慧水务分期实施投资计划见表 14.2-1。

表 14.2-1　智慧水务分期实施投资计划　　　　　　　(单位:万元)

时间	近期水平年(2017 年)		中期水平年(2020 年)		远期水平年(2025 年)	
建设内容	建设内容	投资	建设内容	投资	建设内容	投资
感知层	完成干流及一级支流水质监测站、水文站及易涝点监测站点建设,各类现有信息集成	1 572	完成涉水建筑物远程控制、视频监视、水库安全监测建设,基础信息获取	6 830	根据工程建设情况完善涉水建筑物监控、管网监测等内容	450
传输层	完成无线传输网络建设	110	完成光纤铺设,实现远程控制与视频监视接入	320	完善与茅洲河流域管理机构的网络连接	60
水务云	完成基础设施云服务与数据平台云服务建设	656	完成应用支撑云服务建设	350	在应用系统建设过程中完善应用软件云服务	350

续表 14.2-1

时间	近期水平年（2017 年）		中期水平年（2020 年）		远期水平年（2025 年）	
建设内容	建设内容	投资	建设内容	投资	建设内容	投资
数据资源管理平台	完成水质、水文及基础数据库建设，进行区级数据中心建设	325	完成全部数据资源管理平台建设	175	结合深圳市"智慧水务"建设需求，完善数据资源管理平台建设	50
应用支撑平台	完成公共组件服务、业务应用服务等内容	450	完善公共组建服务和业务应用服务，开展数学模型服务、移动应用服务和数据交换服务内容建设	680	结合深圳市"智慧水务"建设需求，完善应用支撑平台建设	150
应用服务平台	完成防洪治涝、水资源管理、水环境管理、工程建设管理等系统建设	1 350	完成业务应用系统建设，开展决策会商平台建设	2 824	完成移动水务通和决策会商平台建设	400
运行实体环境			在市、区、街道三级补充建设	2 440	为独立的流域管理机构进行运行实体环境建设	480
标准规范体系			完善已有标准规范	50	根据远期流域管理模式完成标准规范体系建设	80
安全保障体系			完成安全保障体系建设	70	根据远期流域管理模式完善安全保障体系建设	30
IT 治理体系			完成 IT 治理体系建设	70	根据远期流域管理模式完善 IT 治理体系建设	30
合计		4 463		13 809		2 080

14.3　应急预案

在防洪（潮）、排涝、水污染、工程建设与管理等方面，按突发事件级别和类型，建立职责明确、规范有序、结构完整、功能全面、运转高效的突发水事事件预警和应急机制。

14.3.1　防洪（潮）应急预案

为了降低城市洪、涝、潮灾害的风险，依据《中华人民共和国水法》《中华人民共和国防洪法》以及有关城市防洪的法规、政策，结合市、区三防工作管理体制，各级管理部门应根据行政区划、管理范围及工程建设情况，制订相应的管理应急预案，主要包括：防洪、排涝应急预案，防风应急预案，水库大坝安全管理应急预案等。不同预案主要技术要求如下所述。

（1）应急管理机制。按照市、区各相关部门的职责，编制应急预案的管理机制。

（2）技术决策体系。应用建立的水雨情、工情遥测系统及卫星云图接受系统，结合市气象局建立的气象观测系统及天气预报系统，各防洪治涝工程管理单位之间的有线和无线通讯系统，在防御台风、洪水中,能及时掌握雨情、水情、工情,沟通前方和后方联系,保证情况和指令上传下达,为正确决策和指挥提供科学依据。对于超标准洪水,通过利用雨情、水情遥测等设施及时掌握,进行预报,决定抗洪抢险等级,提前采取不同措施。对于标准较底的堤段,用沙包堆筑加高堤顶,防止洪水漫顶;对于险工险闸进行加固;充分应用蓄洪、滞洪工程,通过合理调度,在保证工程的安全情况下,进行错峰调节,削减洪峰,充分发挥防洪治涝工程的能力,降低城市洪涝潮灾害发生的风险。

（3）预警机制。包括预警级别与信号,发布的形式等。

（4）善后处理。包括救助形式、撤退路线、避险地点等。

（5）全面加强防洪设施的保护。加快推进水库确权定界、河道蓝线范围划定、涉河法定图则调整等工作,并将相关用地移交水务部门严格管理,防止水库、河道范围内用地被侵占。

（6）推进防洪排涝设施的社会化管养。测算小型水库、河流支流、小型泵站管养标准,明确经费来源,通过购买服务实现小型水库、河流支流、小型泵站的社会化管养,充分发挥现有防洪排涝设施的效益。

（7）深入开展水务执法。以整治侵占河道、偷排施工泥浆、水土流失等为重点,持续开展水政执法专项行动,严厉打击各类水事违法行为。

14.3.2　超标暴雨应急方案

（1）结合城市自然条件,综合考虑防、蓄、排等功能,以低影响开发理念指导新城区规划建设和旧城区改造,更加注重开发建设与河流水系、防洪排涝、水土保持等涉水事务的统筹衔接,杜绝新的开发建设破坏原有防洪排涝系统导致内涝现象的发生,建立城市内涝预防机制。

（2）以完善三防预案体系、加强部门联动和社会发动、提升应急救援反应处置能力为重点,结合市情,开展我市应对极端天气的策略研究。进一步加强城市水文、气象站网建设,配备先进仪器设备,改善监测手段,加大监测密度,大力提高城市暴雨预测精度,努力提高城市暴雨预报准确率,延长暴雨预见期。

（3）强化应急管理,制订、修订相关应急预案,明确预警等级、内涵及相应的处置程序和措施,健全应急处置的技防、物防、人防措施;建立和完善预警体系,通过新闻媒体、户外视频、移动用户等多种渠道及时发布预警,适时启动应急响应,提前落实防灾、减灾措施。

（4）发生超过城市内涝防治标准的降雨时,"三防办"应组织地势低洼地区人员进行财产疏散,城建、水利、交通、园林、城管等多部门应通力合作,必要时可采取停课、停工、封闭道路等避免人员伤亡和重大财产损失的有效措施。

（5）重视对排水防涝突发事件的宣传、培训与演练。加强相关技术人员日常应急培训、重要目标工作人员的应急培训和管理,从实战角度出发,切实提高应急处置能力。

（6）当发生超标暴雨时,为应对内涝灾害,一方面需加强易涝风险区的道路交通管制;另一方面需充分利用发挥防汛物资仓库的作用,调用防汛物质,保证城市正常运行。此外,为保障人民群众生命安全,开放并管理好学校、社区中心、福利设施等室内应急避难所。

（7）防洪排涝设施应通过黄线、蓝线、河道管理规定等一系列政策法规进行设施用地的落实、保护和调整。

（8）城市建设中应严格控制各分区水面率,严禁任意侵占水面,避免填埋河道,保留现有河道和水面。城市规划中应保护各区内现有的湖泊,将其建设成为景观湖泊,增加调蓄能力。

（9）应与城市开发建设、道路建设、园林绿化统筹协调,因地制宜的预留用地,以配套建设雨水滞渗、收集利用等削峰调蓄设施,增加下凹式绿地、植草沟、人工湿地、可渗透路面、砂石地面和自然地面,以及透水性停车场和广场等。

14.3.3　水环境应急预案

（1）应从强化责任主体、加强组织保障、明确部门分工、分解落实责任、加强能力建设、健全投融资机制、强化考核问责、推进流域联防联治、推动全民参与等方面,提出落实达标方案的保障措施。建立定期评估机制,滚动强化整治任务、重点工程与水质目标之间的有机联系。严格流域环境审批,加大污染企业转移淘汰力度。

茅洲河流域共有在线监管企业 1 742 家,市管污染源企业 109 家、区管污染源企业 1 633 家。未来两年主要从环境监督执法、拆除违章建筑、流域内工业污染源和排水管网情况排查、控制面源污染、优化产业机构、开展宣传教育等六个方面加强管理。

(2)从四个方面控制面源污染:加强固体垃圾处理;加强餐饮、洗车等第三产业的废水排放管理;全面清理禽畜养殖;加强污水设施的管理养护。

(3)从五个方面加强环境监督执法:严格执行八项环保监管措施;重点打击五类违法排污行为;确保重污染企业、涉河企业违法建设零增量;强化污染治理行业管理和行业自律;强化水质监测监控。

(4)加快水质预警体系建设。加大水质检测能力建设投入,将水质抽样检测范围扩大到所有监测点,进一步按照国家相关标准及实际情况增加检测指标和检测频率。构建水质预警监控网络平台,通过信息采集、水质实时监控与评估、水质预警预测、信息共享、部门联动及决策支持,实现常态和突发事故条件下对水源水质的跟踪模拟、预测预警和应急决策,确保有效防患及应对污染事件。

(5)提高应急处置能力。建立流域的污染来源预警、水质安全应急处理和水库应急处理三位一体的水质应急保障体系。编制突发污染事件应急预案,建立档案,加强应急队伍建设和应急演练。根据污染源的类型及污染物排放方式,茅洲河流域的突发性水污染事故可以分为突发性黑臭、藻华、突发性水污染事故、突发性排污口污染等四类。

①突发性水污染事故具有形式多样、不确定性大、危害严重、处理困难的特点,威胁生命健康,造成重大经济损失,严重破坏生态环境,引起社会不稳定。

②黑臭应急处理方法包括曝气复氧法、应急补水等。

③藻华应急处理方法包括物理方法(机械捞取法、扬水曝气法、机械压力除藻)、化学除藻(絮凝剂、除藻剂、采用改性黏土)、移动式高效气浮技术等。

水体污染源物质主要包括有毒有机污染物、重金属和油类污染。针对有毒有机污染物可采用原位投加活性炭、高级氧化法、高效斜管混凝沉淀技术等应急处理方法;可采用化学方法和物理回收法处理突发性油类污染;针对突发性重金属污染事故的应急处理方法主要有化学沉淀及吸附法。

④针对突发排污口事故,可采用车载移动式污水处理技术、可压缩连孔聚氨酯循环过滤技术、地埋式一体化处理技术等处理措施。

当发生各种突发性水污染事故时,需根据现场水质状况,各技术及设备灵活组合,可达到更优的水处理效果。

第 15 章　投资估算及实施计划

15.1　编制原则及依据

(1)《市政工程投资估算编制办法》(建标〔2007〕164 号);

(2)《深圳市建设工程计价费率标准》(建标〔2013〕57 号);

(3)《深圳市建设工程费用》(深建价〔2006〕20 号);

(4)《市政公用工程设计文件编制深度规定》(建质〔2013〕57 号);

(5)《建设工程工程量清单计价规范》(GB 50500—2013);

(6)《深圳市建设工程施工机械台班定额》(2014);

(7)《深圳市市政工程综合价格(试行)》(2002);

(8)《深圳市建筑工程消耗量标准》(2003);

(9)《深圳市建筑装饰工程消耗量标准》(2003);

(10)《深圳市安装工程消耗量标准》(2003);

(11)《深圳市园林建筑绿化工程综合价格》(2000);

(12)《深圳市城市轨道交通工程消耗量定额》(2011);

(13)已完成项目的可行性研究报告、初步设计报告等设计成果。

15.2　其他说明

(1)工程总投资包含工程费用、工程建设其他费用及预备费,不包含建设用地费及建设期利息;

(2)已开工项目按审定的初步设计概算或批复的施工图预算计列;

(3)已进行施工图设计的项目按批复或送审的施工图预算计列;

(4)已进行初步设计的项目按审定或已编制的初步设计概算计列;

(5)已进行可研设计的项目按审定或已编制的投资估算计列;

(6)未立项的项目按参考类似工程的投资匡算计列。

15.3　投资估算指标

项目总投资估算 362.78 亿元,其中已开工项目投资 26.94 亿元,已进行施工图设计的项目投资 22.72 亿元,已进行初步设计的项目 68.36 亿元,已进行可研设计的项目投资 53.81 亿元,未立项的项目投资 190.95 亿元,见表 15.3-1。

表 15.3-1　工程总投资估算汇总表

序号	项目名称	宝安片区		光明片区		石岩片区		合计	
		项目数量(个)	金额(亿元)	项目数量(个)	金额(亿元)	项目数量(个)	金额(亿元)	项目数量(个)	金额(亿元)
1	已开工项目	8	20.14	4	6.59	2	0.21	14	26.94
2	已进行施工图设计的项目	4	8.66	6	8.89	1	5.17	11	22.72

续表 15.3-1

序号	项目名称	宝安片区		光明片区		石岩片区		合计	
		项目数量（个）	金额（亿元）	项目数量（个）	金额（亿元）	项目数量（个）	金额（亿元）	项目数量（个）	金额（亿元）
3	已进行初步设计的项目	12	33.73	13	24.54	3	10.09	28	68.36
4	已进行可研设计的项目	12	41.76	1	1.65	2	10.4	15	53.81
5	未立项的项目	49	117.87	19	52.32	18	20.76	86	190.95
5.1	其中本次规划新增项目	7	16.15	8	30.93	6	2.41	21	49.49
	总计	85	222.16	43	93.99	26	46.63	154	362.78

15.4　实施计划表

（1）宝安区项目实施计划见表 15.4-1。

（2）光明新区工程实施计划见表 15.4-2。

（3）石岩片区项目实施计划见表 15.4-3。

表 15.4-1　宝安区项目列表

序号	所在街道	位置	名称	目前阶段	批复文号	项目建设内容	总投资/估算（亿元）	计划开工日期（年-月-日）	计划竣工日期（年-月-日）	说明
一、已开工项目（8个）							20.14			
1	沙井	排涝河	排涝河截污工程	已开工，预计2016年底完成10%工程量		治理长度4.3 km	6.35	2015-09-01	2016-10-31	
2	松岗	松岗街道	燕川污水处理厂松岗片区污水管网接驳完善工程	已完成施工招标，正在办理报建手续		接驳完善工程，总长1.24 km	0.08	2015-12-17	2016-11-16	已批概算
3	沙井	排涝河、衙边涌	沙井街道西部片区污水管网完善工程	已完成施工招标，正在办理报建手续		片区雨污分流工程，总长80 km	4.59	2015-12-17	2017-12-31	已批概算
4	松岗	松岗河	松岗街道中心片区污水支管网工程	已完成施工招标，正在办理报建手续		片区雨污分流工程，总长41.3 km	2.20	2015-12-17	2017-04-30	已批概算
5	沙井	道生围涌、共和涌、排涝河	沙井街道共和片区污水支管网工程	已完成施工招标，正在办理报建手续		片区雨污分流工程，总长46 km	1.37	2015-12-17	2017-04-30	已批概算
6	沙井	新桥河、潭头河	沙井街道新桥片区污水支管网工程	已完成施工招标，正在办理报建手续		片区雨污分流工程，总长40 km	1.75	2015-12-17	2017-04-30	已批概算
7	松岗	—	塘下涌片区排涝工程	已开工，预计2016年底完成50%工程量		排涝工程流量37.8 m³/s	2.10	2015-09-01	2017-12-01	已批概算
8	沙井、松岗	茅洲河	茅洲河流域（宝安片区）河道水质提升项目	完成施工招标，正在开展进场准备工作		茅洲河下游段7处支流污水进行一级强化（12.2万 m³/d）	1.70	2015-09-02	2015-12-31	

续表 15.4-1

序号	所在街道	位置	名称	目前阶段	批复文号	项目建设内容	总投资/估算（亿元）	计划开工日期（年-月-日）	计划竣工日期（年-月-日）	说明
二、在编施工图项目（4 个）							8.66			
9	沙井	共和涌	共和涌综合整治工程	9 月 1 日初步设计及概算已批复，正在开展施工图设计	深发改〔2015〕1149 号	河道治理长支 1.0 km，新建箱涵尺寸 DN500、A1.5×2.0～A6.5×5.2，总长 8.33 km	0.17	2016-07-01	2017-08-31	已立项目正在开展施工图设计
10	沙井	新桥河	新桥河综合整治工程	8 月 31 日初步设计及概算批复，正在开展施工图设计	深发改〔2015〕1130 号	河道整治 5.71 km（总长 6.19 km），河道截污工程，清淤 36 500 m³，景观打造	5.17	2016-04-01	2017-11-30	已立项目正在开展施工图设计
11	松岗	罗田水、龟岭东、白沙坑	松岗街道罗田水流域片区雨污分流管网工程	正在开展预算编制		片区雨污分流工程，171 km	2.08	2015-12-17	2017-12-31	已批概算
12	松岗	—	沙浦北片区排涝泵站工程	9 月底初步设计及概算已批复，正在优化施工图设计	深发改〔2015〕979 号	新建沙浦北 1# 泵站（6.8 m³/s）、新建沙浦北 2# 泵站（31.05 m³/s）	1.24	2016-07-01	2017-07-31	已立项目正在开展施工图设计
三、在编初步设计项目（12 个）							33.73			
13	沙井	上寮河	茅洲河流域水环境综合整治工程——上寮河上游段综合治理工程	已完成初步设计，正在开展项目报批工作	深发改〔2015〕1350 号	河道治理长支 6.2 km，支流综合整治长度 0.44 km	2.16	2016-04-01	2017-08-31	可研审核投资

续表 15.4-1

序号	所在街道	位置	名称	目前阶段	批复文号	项目建设内容	总投资/估算(亿元)	计划开工日期(年-月-日)	计划竣工日期(年-月-日)	说明
14	沙井、松岗	茅洲河	茅洲河界河段综合整治工程	9月16日可研已批复，正在开展初步设计	深发改[2015]1248号	茅洲河界河段深圳侧堤防整治11.848 km；深圳侧重建穿堤涵闸9座；深圳侧预埋截污管12 km；深圳侧新建防汛道路12 km	8.80	2015-12-17	2017-12-31	已立项委托尚未开展施工图设计
15	松岗	罗田水	茅洲河流域水环境综合整治工程——罗田水综合整治工程	10月初市发改委已批复可研，正在开展初步设计	深发改[2015]1401号	包括干、支流共8.296 km长河道治理	5.26	2016-04-01	2017-10-30	已批可研
16	松岗	龟岭东水	松岗龟岭东水综合整治工程	9月底可研已批复，正在开展初步设计	深发改[2015]1305号	河道整治长3.055 km，防洪排涝的需要新建沟渠1.57 km，合计总长4.6 km	2.43	2016-07-01	2017-08-30	已立项委托尚未开展施工图设计
17	松岗	东方七支渠	东方七支渠排洪整治工程	9月底可研已批复，正在开展初步设计	深发改[2015]1283号	整治河道全长3.22 km，河道清淤、景观打造、管线改迁	2.19	2016-07-01	2017-11-30	已立项委托尚未开展施工图设计
18	松岗	松岗河	松岗河综合整治工程	9月底可研已批复，正在开展初步设计	深发改[2015]1282号	总治理长度9.9 km	3.63	2016-04-01	2017-12-31	已立项委托尚未开展施工图设计
19	松岗	楼岗河	楼岗河综合整治工程	9月底可研已批复，正在开展初步设计		治理长度3.6 km	1.00	2016-04-01	2017-12-31	已立项委托尚未开展施工图设计

续表 15.4-1

序号	所在街道	位置	名称	目前阶段	批复文号	项目建设内容	总投资/估算（亿元）	计划开工日期（年-月-日）	计划竣工日期（年-月-日）	说明
20	松岗	老虎坑水	松岗老虎坑水综合整治工程	9月底可研已批复，正在开展初步设计	深发改〔2015〕1301号	河道整治 3.681 km（干流 3.224 km 和支流 0.457 km），截流管 4.066 km，沿岸设截流井 27 座，限流井 11 座、截流闸 1 座，绿化面积 6.02 万 m²	1.73	2016-04-01	2017-06-30	已立项委托尚未开展施工图设计
21	松岗	潭头渠	潭头渠综合整治工程	9月底可研已批复，正在开展初步设计	深发改〔2015〕1314号	河道整治 1.61 km，截污工程 1 421 m，市政道路 3 825 m²，景观绿化 17 900 m²，电力改迁 1 162 m	1.50	2016-07-01	2017-09-29	已立项委托尚未开展施工图设计
22	松岗	潭头河	潭头河综合整治工程	已完成可研编制，正在开展项目报批工作		明渠段清淤长 4.34 km，箱涵清淤段长 3.57 km，桥梁段清淤长 135.69 m	3.06	2016-04-01	2017-11-30	已立项委托尚未开展施工图设计
23	沙井、松岗	沙井松岗街道	沙井污水处理厂服务片区污水管网接驳完善工程	正在开展初设和概算编制		接驳完善工程，总长 2.67 km	0.37	2015-12-17	2016-12-31	已立项委托尚未开展施工图设计
24	沙井、松岗	茅洲河	深圳市（宝安区）河道水质提升项目（茅洲河）	已完成初步设计，待报市水务局技术审查		茅洲河中上游截污箱涵约 19.55 万 m³/d 污水应急处理	1.60	2016-04-01	2016-07-31	已立项委托尚未开展施工图设计
			四、在编可研项目（12 个）				41.76			
25	沙井	茅洲河	沙井污水处理厂二期扩建工程及配套污水污泥处理设施	可研编制		扩建规模 35 万 t/d	14.88	2016-04-01	2017-11-01	可研审核投资

续表 15.4-1

序号	所在街道	位置	名称	目前阶段	批复文号	项目建设内容	总投资/估算(亿元)	计划开工日期(年-月-日)	计划竣工日期(年-月-日)	说明
26	沙井	衙边涌	沙井街道衙边涌综合整治工程	正在开展可研修编		河道整治长 3.05 km,局部河道拆除重建,清淤估算量为 1.75 万 m³,河床下设置 0.8 m×0.8 m 截污箱涵	1.11	2016-07-01	2017-08-30	已立项委托尚未开展施工图设计
27	松岗	沙浦西排洪渠	松岗沙浦西排洪渠综合整治工程	已完成可研编制并报市发改委审批,待批复		整治河道总长 5.48 km,沿河分段敷设截污管道,对入河 107 个排放口进行接驳截流,沿线生态景观修复设计	2.06	2016-07-01	2017-07-30	已立项委托尚未开展施工图设计
28	沙井	道生围涌	道生围涌综合整治工程	正在开展可研修编		道生围涌支流河道下方设置 0.6 m×0.6 m 截污箱涵,新建截流箱涵长度为 1.7 km,清淤估算量为 4 200 m³	0.75	2016-04-01	2017-09-30	已立项委托尚未开展施工图设计
29	松岗	塘下涌	塘下涌综合整治工程	已完成可研编制,正在按照市水务局意见修编		河道整治长 5.81 km(干流 4.17 km,支流 1.64 km),河道清淤,截污管 4 105 m	1.13	2016-04-01	2017-08-31	已立项委托尚未开展施工图设计
30	沙井	石岩渠	石岩渠综合整治工程	已完成可研编制,正在开展报批工作		防洪整治,水质改善,生态修复及配套的电气、外接电源	1.37	2016-04-01	2017-10-31	已立项委托尚未开展施工图设计

续表 15.4-1

序号	所在街道	位置	名称	目前阶段	批复文号	项目建设内容	总投资/估算（亿元）	计划开工日期（年-月-日）	计划竣工日期（年-月-日）	说明
31	沙井	万丰河	万丰河综合整治工程	正开展可研编制工作		河道整治长 4.52 km	2.00	2016-04-01	2017-09-30	已立项委托尚未开展施工图设计
32	松岗	沙浦西、松岗河、沙井河	松岗街道沙浦片区雨污分流管网工程（77 km）	正在开展可研编制		片区雨污分流工程，长 77 km	3.85	2016-04-01	2017-12-31	已立项委托尚未开展施工图设计
33	松岗	松岗街道	松岗街道洪桥头片区雨污分流管网工程	正在开展可研编制		片区雨污分流工程，长 40 km	2.00	2016-04-01	2017-07-31	已立项委托尚未开展施工图设计
34	沙井	沙井河、排涝河	沙井街道布涌片区雨污分流管网工程	正在开展可研编制，计划 2016 年 10 月底完成初稿		片区雨污分流工程，长 38 km	1.85	2016-04-01	2017-06-30	已立项委托尚未开展施工图设计
35	沙井	—	桥头片区排涝工程	可研已批复，正在开展初步设计	深发改[2015]1399 号	新建上寮河口泵站，规模 56 m³/s；改建上星泵站，新建下西泵站，规模分别为 6.5 m³/s 及 7.2 m³/s；新建洋下泵站，泵站规模 18 m³/s；沿一深公路设置分洪箱涵，长 240 m	4.76	2016-04-01	2017-04-30	已立项委托尚未开展施工图设计
36	松岗	茅洲河	松岗水质净水厂二期扩建工程	可研编制		扩建规模 15 万 t/d	6.00	2016-04-01	2017-11-01	原设计一级 A 提标到 Ⅳ 类水

续表 15.4-1

序号	所在街道	位置	名称	目前阶段	批复文号	项目建设内容	总投资/估算（亿元）	计划开工日期（年-月-日）	计划竣工日期（年-月-日）	说明
			五、未立项项目（49个）				117.87			
37	沙井	茅洲河	沙井污水处理厂一期提标工程	未启动		原设计提标至一级A，需提高至Ⅳ类水标准，工程规模15万t/d	2.00	2016-04-01	2017-02-06	
38	沙井	沙井河	沙井河截污工程	未启动		总治理长度4.37 km	3.42	2016-07-01	2017-11-30	尚未立项
39	松岗	松岗街道	松岗街道燕川村片区雨污分流管网工程	未启动		片区雨污分流工程，长35 km	2.10	2016-04-01	2017-06-30	尚未立项
40	松岗	塘下涌、老虎坑	松岗街道塘下涌工业区片区雨污分流管网工程	未启动		片区雨污分流工程，长30 km	1.68	2016-04-01	2017-04-30	尚未立项
41	沙岗	茅洲河支流	沙岗街道污水管网接驳完善工程	未启动		充分利用已建管网，对错接乱排管进行接驳，提高片区污水收集率	3.00	2015-12-17	2016-12-31	尚未立项
42	松岗	茅洲河支流	松岗街道污水管网接驳完善工程	未启动		充分发挥已建管网，对错接乱排管进行接驳，提高片区污水收集率	0.50	2015-12-17	2016-11-16	尚未立项
43	松岗	松岗河、七支渠、沙井河	松岗街道红星、东方片区雨污分流管网工程	未启动		片区雨污分流工程，长48 km	2.60	2017-01-01	2018-06-01	尚未立项
44	沙井	新桥河、上寮河	沙井街道黄埔广深高速以西片区雨污分流工程	未启动		片区雨污分流工程，长46 km	2.45	2017-01-01	2018-06-02	尚未立项
45	沙井	新桥河、潭头河	沙井街道黄埔广深高速以东片区雨污分流管网工程	未启动		片区雨污分流工程，长56 km	3.00	2016-11-02	2018-05-31	尚未立项

续表 15.4-1

序号	所在街道	位置	名称	目前阶段	批复文号	项目建设内容	总投资/估算（亿元）	计划开工日期（年-月-日）	计划竣工日期（年-月-日）	说明
46	松岗	潭头渠、潭头河	松岗街道楼岗、潭头片区雨污分流管网工程	未启动		片区雨污分流工程，长 80 km	4.24	2016-10-02	2018-09-15	尚未立项
47	松岗	塘下涌、老虎坑	松岗街道塘下涌村片区雨污分流管网工程	未启动		片区雨污分流工程，长 20 km	1.20	2017-03-01	2018-02-28	尚未立项
48	沙井	石岩渠、茜边涌、排涝河	沙井街道老城片区雨污分流管网工程	未启动		片区雨污分流工程，长 42 km	2.40	2017-01-01	2018-06-01	尚未立项
49	沙井	万丰河、上寮河、新桥河、石岩渠	沙井街道中心片区雨污分流管网工程	未启动		片区雨污分流工程，长 101 km	5.40	2016-12-16	2018-12-31	尚未立项
50	松岗	松岗河、七支渠	松岗街道楼岗松岗大道以西片区雨污分流管网工程	未启动		片区雨污分流工程，长 48 km	2.70	2017-04-01	2018-08-30	尚未立项
51	松岗	松岗河	松岗街道楼岗松岗大道以东片区雨污分流管网工程	未启动		片区雨污分流工程，长 65 km	3.60	2017-01-01	2018-10-31	尚未立项
52	沙井	石岩渠	沙井街道老城南片区雨污分流管网工程	未启动		片区雨污分流工程，长 56 km	3.20	2017-03-01	2018-11-28	尚未立项
53	松岗	—	燕罗片区排涝工程	未启动		扩建燕罗泵站，泵站总抽排能力由 37.81 m³/s 增加至 45 m³/s	0.42	2018-07-01	2019-05-31	尚未立项

续表 15.4-1

序号	所在街道	位置	名称	目前阶段	批复文号	项目建设内容	总投资/估算（亿元）	计划开工日期（年-月-日）	计划竣工日期（年-月-日）	说明
54	松岗	—	山门社区第三工业区排涝整治工程	未启动		新建排涝泵站，规模 7.5 m³/s	0.35	2018-07-01	2019-05-28	尚未立项
55	松岗	茅洲河	松岗水质净化厂一期提标改造工程	未启动		将一级 A 出水标准提标至 Ⅳ 类水，工程规模 15 万 t/d	1.50	2016-04-01	2017-02-06	尚未立项
56	松岗、沙井	茅洲河	茅洲河湿地工程	未启动		茅洲河湿地占地面积 6.62 hm²，龟岭东湿地工程占地面积 3.34 hm²，潭头河湿地公园占地面积 16.3 hm²	3.00	2016-04-01	2017-10-24	尚未立项
57	沙井	万丰河	万丰河应急处理设施工程	未启动		1.5 万 m³/d 污水进行应急处理	0.20	2016-04-01	2016-07-31	尚未立项
58	沙井	茅洲河支流	沙井街道污水源头分散设施工程	未启动		对沙井片区内未进入污水管网的污水进行源头分散处理，处理至一级 A 标准排放现状水体	2.47	2016-04-01	2016-07-31	尚未立项
59	松岗	茅洲河支流	松岗街道污水源头分散设施工程	未启动		对松岗片区内未进入污水管网的污水进行源头分散处理，处理至一级 A 标准排放现状水体	2.47	2017-07-01	2017-10-30	尚未立项
60	松岗	沙井河	江碧工业区总排口污水接驳工程	未启动		对江碧工业区总口截排的 0.3 万 m³/d 污水进行接驳	0.20	2016-04-01	2016-07-31	尚未立项

续表 15.4-1

序号	所在街道	位置	名称	批复文号	目前阶段	项目建设内容	总投资/估算（亿元）	计划开工日期（年-月-日）	计划竣工日期（年-月-日）	说明
61	沙井、松岗	茅洲河支流	罗田水等七处支流河道生态修复工程		未启动	罗田水、老虎坑龟岭东、共和涌、衙边涌、松岗河、七支渠、岗头水调节池，共 5.5 hm²	3.00	2017-06-01	2017-12-30	尚未立项
62	沙井	茅洲河支流	沙井街道河道生物治理项目		未启动	对街道内的河流采取生物治理修复技术	1.00	2017-06-01	2017-12-30	尚未立项
63	松岗	茅洲河支流	松岗街道河道生物治理项目		未启动	对街道内的河流采取生物治理修复技术	1.00	2017-06-01	2017-12-30	尚未立项
64	沙井、松岗	全片区	清淤及底泥处理工程		未启动	共 470 万 m³ 底泥处理	12.15	2016-01-15	2017-10-31	尚未立项
65	沙井	—	衙边涌片区内涝整治工程		未启动	新建调蓄池 3 万 m³，新建 DN1 000 雨水管 1 170 m，新建 DN1 200 雨水管 430 m	0.48	2018-07-01	2019-05-28	尚未立项
66	沙井	茅洲河干支流	茅洲河流域干支流沿线综合形象提升工程		未启动	200 hm²	6.43	2016-10-01	2017-12-30	尚未立项
67	沙井		沙井污水处理厂增加污泥深度脱水设施		未启动	处理规模 400 t/d	0.50	2016-01-01	2017-12-31	"十三五"规划
68	松岗		燕川污泥深度脱水处理厂完善工程		未启动	处理规模 300 t/d	0.17	2016-01-01	2017-12-31	区防洪排涝及河道治理专项规划
69	松岗		潭头河 FBR 分散处理设施		未启动	处理规模 1.5 万 m³/d，出水标准一级 A	0.45	2018-01-01	2019-12-31	区防洪排涝及河道治理专项规划

续表 15.4-1

序号	所在街道	位置	名称	目前阶段	批复文号	项目建设内容	总投资/估算（亿元）	计划开工日期（年-月-日）	计划竣工日期（年-月-日）	说明
70	沙井		上寮河 FBR 分散处理设施	未启动		处理规模 2.0 万 m³/d，出水标准一级 A	0.60	2018-01-01	2019-12-31	区防洪排涝及河道治理专项规划
71	松岗		老虎坑污泥焚烧厂一期工程	未启动		处理规模 800 t/d	4.76	2016-01-01	2017-12-31	区防洪排涝及河道治理专项规划
72	松岗		老虎坑污泥焚烧厂二期工程	未启动		处理规模 1 200 t/d	7.14	2018-01-01	2019-12-31	区防洪排涝及河道治理专项规划
73	松岗		五指耙水库分洪工程	未启动		新建 2.5 m × 2.7 m 分洪隧洞，长 786 m	0.28	2016-01-01	2018-12-31	"十三五"规划
74	沙井、松岗		宝安区水库隔离保护工程	未启动		对立新、五指耙等 2 座水库一级保护区开展实施网围工程，长约 6.2 km	0.09	2018-01-01	2018-12-31	"十三五"规划
75	沙井、松岗		罗屋田、长流陂水库饮用水源地大林坑果场面源污染控制工程	未启动		采用生态滞洪沟技术，对灿球果场、石碑等果场的面源污染和水土流失控制，控制面积 2.47 km²	0.04	2016-01-01	2017-12-31	"十三五"规划
76	沙井、松岗		宝安区罗田、长流陂、屋山、立新、七沥 5 座水库库周生态修复工程	未启动		建设库周生态修复 1.85 km²，包括库周生态防护带建设、涨落带造林	0.06	2016-01-01	2017-12-31	"十三五"规划
77	沙井、松岗		宝安区内罗田、屋山、立新、七沥 5 座水库水源保护林建设与水土保持工程	未启动		建设水源保护林 6.56 km²，水土流失治理面积 3.51 km²	0.27	2018-01-01	2018-12-31	"十三五"规划

续表 15.4-1

序号	所在街道	位置	名称	批复文号	目前阶段	项目建设内容	总投资/估算（亿元）	计划开工日期（年-月-日）	计划竣工日期（年-月-日）	说明
78	沙井、松岗		茅洲河流域宝安片区内涝整治工程		未启动	包括广深高速易涝区治理渠等39项，新建扩建管渠45.872 km，新建扩建泵站95.9 m³/s，调蓄设施10.96万 m³	9.20	2016-01-01	2019-12-31	治水提质工作计划2015—2020
79	沙井、松岗		燕川中水回用生态补水工程		未启动	新建生态补水管线22.2 km，泵站2座，对老虎坑水库和罗田水调蓄湖进行水质原位修复	7.38	2017-01-01	2019-12-31	本次规划新增
80	沙井、松岗		沙井中水回用生态补水工程		未启动	新建生态补水管4 km，泵站1座，对万丰水库进行水质原位修复	0.21	2017-01-01	2019-12-31	本次规划新增
81	沙井、松岗	茅洲河干支流	茅洲河流域（宝安片区）地表径流污染整治工程		未启动	茅洲河下游罗田水、龟岭东水、老虎坑水、塘下涌、沙浦西（含沙浦北和洪桥头水）、沙井河、潭头河、潭头渠、东方七支渠、松岗河（含楼岗河）、道生围涌、排涝河、新桥河、上寮河、万丰河、石岩渠、衙边渠旋流沉砂及雨水过滤工程，旋流沉砂共计372处，雨水过滤共计173处	6.17	2017-01-01	2019-12-31	本次规划新增

续表 15.4-1

序号	所在街道	位置	名称	目前阶段	批复文号	项目建设内容	总投资/估算（亿元）	计划开工日期（年-月-日）	计划竣工日期（年-月-日）	说明
						龟岭东水清水型生态系统构建、太阳能低强度循环增氧；塘头涌西纯氧曝气工程；沙浦下涌纯氧曝气、EHBR 和 EPSB 工程；沙井河 PGPR 和 EPSB 工程；潭头渠 EHBR 工程；东方七支渠清水型生态系统构建、EPSB 工程；道生围涌纯氧曝气、EHBR 和 EPSB 工程；共和涌纯氧曝气、EHBR 和 EPSB 工程；排涝河纯氧曝气工程；衙边渠纯氧曝气、EHBR 和 EPSB 工程；上寮河清水型生态系统构建工程；岗头调节池循环增氧；干流水质多功能净化船；坐岗排洪渠总口截污工程等				
82	沙井、松岗	茅洲河部分支流	茅洲河流域（宝安片区）河涌原位水质提升工程	未启动			0.87	2017-01-01	2019-12-31	本次规划新增

续表 15.4-1

序号	所在街道	位置	名称	目前阶段	批复文号	项目建设内容	总投资/估算(亿元)	计划开工日期(年-月-日)	计划竣工日期(年-月-日)	说明
83	沙井、松岗		茅洲河流域(宝安片区)河流生态修复工程	未启动		(1)纵向修复:纵向1~1.5 km布置生物基质渗滤坝,共置1座,共83座,合水口排洪渠,公明排洪渠,公明排洪渠南支,老虎坑水,塘下涌,沙埔西排洪渠,沙埔北排洪渠,龟岭东水,沙井河,潭头河,潭头支渠,松岗排洪渠,东方七支渠,和村排洪渠,道生围涌,上寮河,万丰河,石岩排洪渠,堂下涌,新桥河,石岩渠和衙边涌; (2)在生物基质渗滤坝所形成回水的范围内实施周丛群落恢复,包括微生物群落恢复和着生藻类的恢复,面积16 600 m²; (3)一级、二级支流的新建、改建护岸护坡在原有设计断面基础上的生态化改造,长度33.17 km,涉及罗田水,龟岭东水,塘下涌,排涝河,潭头支渠,潭头河,沙井河,松岗河,东方七支渠,松岗河,新桥河	0.55	2017-01-01	2019-12-31	本次规划新增
84	松岗		五指耙水库水源地保护工程	未启动		五指耙水库库周消落带植被群落恢复	0.20	2017-01-01	2019-12-31	本次规划新增
85	沙井、松岗		茅洲河流域(宝安片区)智慧水务建设	未启动			0.77	2017-01-01	2019-12-31	本次规划新增
总计							222.16			

表 15.4-2 光明新区工程列表

序号	街道名称	河流名或流域名	项目名称	目前进展	主要工程内容	投资概算/估算/匡算（亿元）	建设年份	出处	编制单位/时间（年-月）
一、在建项目（4个）						6.59			
1	光明、公明	鹅颈水	茅洲河流域水环境综合整治工程（中上游段）——鹅颈水综合整治工程	已开工	按50年一遇防洪标准综合整治河道5.6 km,包括河道防洪工程、蓄滞洪区工程、景观绿化工程等	1.65	2016—2018	《茅洲河流域水环境综合整治工程（中上游段）——鹅颈水综合整治工程初步设计报告》	深圳市水务规划设计院有限公司/2013-04
2	光明	木墩河	茅洲河流域水环境综合整治工程——木墩河综合整治一期工程	已开工	治理河长4.77 km,截污完善工程、生态补水工程、生态修复工程（景观工程）、附属工程（桥梁、沿河高压线改迁等）	0.97	2016—2020	茅洲河流域水环境综合整治工程——木墩河综合整治一期工程初步设计报告	中国市政工程中南设计研究总院有限公司/2012-12
3	光明	茅洲河	光明核心片区污水支管网工程	施工招标	片区雨污分流工程,长43 km	2.04	2016—2020	光明新区治水提质工程措施项目计划	深圳市广汇源水利勘测设计有限公司/2015-10
4	公明	茅洲河	光明新区公明街道松白路以东片区污水支管网工程	施工招标	片区雨污分流工程,长44 km	1.93	2016—2020	光明新区治水提质工程措施项目计划	深圳市广汇源水利勘测设计有限公司/2015-10
二、已进行施工图设计的项目（6个）						8.89			
5	公明	楼村水	茅洲河综合整治工程——楼村水综合整治工程	施工招标	治理河长5.74 km,堤岸防洪达标改造,河道断面拓宽,沿规划建成区布设沿河截污管道,保障河道100%截污。同时建设调蓄湖湿地公园一处,面积总计5万 m²	1.51	2016—2020	茅洲河流域水环境综合整治工程——楼村水综合整治工程初步设计报告	深圳市水务规划设计院/2014-12

续表 15.4-2

序号	街道名称	河流名称或流域名	项目名称	目前进展	主要工程内容	投资概算/估算/匡算（亿元）	建设年份	出处	编制单位/时间（年-月）
6	公明	新陂头水	茅洲河流域水环境综合整治工程——新陂头河综合整治工程	施工招标	治理河长 13.59 km，堤岸防洪达标改造，河道断面拓宽，沿规划建成区布设沿河截污管道 100% 截污。同时建设滞洪区湿地公园两处，面积总计 32.7 万 m²	3.51	2016—2020	茅洲河流域水环境综合整治工程——新陂头河综合整治工程初步设计报告	深圳市水务规划设计院有限公司/2014-12
7	公明		公明街道下村排涝泵站工程	施工图设计	结合公明街道下村片区的经济现状和发展规划及受灾后经济损失的情况，采用市政 3 年一遇排涝标准，建设排涝泵站，设计抽排流量 9.1 m³/s，服务范围 0.49 km²，占地 2 500 m²，抽排汇入低区的雨水，改善下村片区内涝	0.35	2016—2019	光明新区水务发展"十三五"规划	深圳市广汇源水利勘测设计有限公司/2015-09
8	公明		公明办事处松白工业园排涝泵站工程	前期用地办理	新建泵站 1 座，采用市政 2 年一遇，抽排流量 6.8 m³/s，服务范围 0.48 km²，占地 2 500 m³，包括：引水渠、前池、进水池、泵室、出口拍门及事故闸，出水压力箱涵、主副厂房以及自流渠	0.28	2016—2019	光明新区水务发展"十三五"规划	深圳市广汇源水利勘测设计有限公司/2015-09
9	公明	茅洲河	公明街道办长圳片区雨污分流管网工程	施工图审查	片区雨污分流工程，长 55.6 km	2.88	2016—2020	光明新区治水提质工程措施项目计划	深圳市广汇源水利勘测设计有限公司/2015-10
10	公明	茅洲河	四条排洪渠沿河接驳	施工招标	接驳完善工程	0.36	2016—2020	光明新区治水提质工程措施项目计划	深圳市广汇源水利勘测设计有限公司/2015-10

续表 15.4-2

序号	街道名称	河流名或流域名	项目名称	目前进展	主要工程内容	投资概算/估算/匡算（亿元）	建设年份	出处	编制单位/时间（年-月）
			三、已进行初步设计的项目（13个）			24.54			
11	光明、公明	东坑水	茅洲河流域水环境综合整治工程——东坑水综合整治工程	可研已获市发改委批复,开展初步设计	工程建设内容有4 km的河道整治;补水管道DN400长3.7 km;截污管道DN300~800长1.27 km;1座调蓄湖;1座污水提升泵站(14万m³/d);1座中水回用泵房以及配套设施项目;绿化面积为11.35万km²	4.16	2016—2019	茅洲河流域水环境综合整治工程——东坑水综合整治工程可行性研究报告	深圳市水务规划设计院有限公司/2015-09
12	公明	大凼水	茅洲河流域中上游支流(大凼水)水环境综合整治工程	可研已获市发改委批复,开展初步设计	治理河长1.965 km,主要内容包括河道拓宽,清淤疏浚,同时沿河布设5倍截流倍比的截流管,结合河道整治增设景观节点及沿河绿化	0.83	2016—2020	茅洲河流域中上游支流(大凼水)水环境综合整治工程可行性研究报告(修订稿)	深圳市广汇源水利勘测设计有限公司/2015-08
13	公明	玉田河	茅洲河流域中上游支流(玉田河)水环境综合整治工程	可研已获市发改委批复,开展初步设计	治理河长2.7 km,主要内容包括河道拓宽,清淤疏浚,同时沿河布设5倍截流倍比的截流管,结合河道整治增设景观节点及沿河绿化	1.79	2016—2020	茅洲河流域中上游支流(玉田河)水环境综合整治工程可行性研究报告	深圳市水务规划设计院有限公司/2015-07
14	公明	西田水	茅洲河流域中上游支流(西田水)水环境综合整治工程	可研已获市发改委批复,开展初步设计	治理河长2.29 km,主要内容包括河道拓宽,清淤疏浚,同时沿河布设5倍截流倍比的截流管,结合河道整治增设景观节点及沿河绿化	1.61	2016—2020	茅洲河流域中上游支流(西田水)水环境综合整治工程可行性研究报告	深圳市水务规划设计院有限公司/2015-07
15	公明	茅洲河	公明核心区东片区雨污分流工程	施工图勘察及设计	片区雨污分流工程,长55 km	2.86	2016—2020	光明新区治水提质工程措施项目计划	深圳市广汇源水利勘测设计有限公司/2015-10

续表 15.4-2

序号	街道名称	河流名称或流域名	项目名称	目前进展	主要工程内容	投资概算/估算/匡算（亿元）	建设年份	出处	编制单位/时间（年-月）
16	公明	茅洲河	公明核心区西片区雨污分流改造工程	完成初设	片区雨污分流工程,长 43 km	2.40	2016—2020	光明新区治水提质工程措施项目计划	深圳市广汇源水利勘测设计有限公司/2015-10
17	公明	茅洲河	公明街道北片区雨污分流改造工程	完成初设	片区雨污分流工程,长 50 km	2.53	2016—2020	光明新区治水提质工程措施项目计划	深圳市广汇源水利勘测设计有限公司/2015-10
18	公明	茅洲河	公明街道公明排洪渠南片区雨污分流改造工程	完成初设	片区雨污分流工程,长 56 km	2.98	2016—2020	光明新区治水提质工程措施项目计划	深圳市广汇源水利勘测设计有限公司/2015-10
19	公明	茅洲河	公明街道将石西片区雨污分流改造工程	完成初设	片区雨污分流工程,长 52 km	2.82	2016—2020	光明新区治水提质工程措施项目计划	深圳市广汇源水利勘测设计有限公司/2015-10
20	公明	茅洲河	公明街道玉律片区雨污分流改造工程	完成初设	片区雨污分流工程,长 38 km	1.96	2016—2020	光明新区治水提质工程措施项目计划	深圳市广汇源水利勘测设计有限公司/2015-10
21	公明	茅洲河	燕川污水处理厂配套干管完善工	完成初设	管道长 11.6 km	0.27	2016—2020	光明新区"十三五"规划	深圳市广汇源水利勘测设计有限公司/2015-08
22	光明	茅洲河	光明污水处理厂配套干管完善工	完成初设	管道长 12.5 km	0.25	2016—2020	光明新区"十三五"规划	深圳市广汇源水利勘测设计有限公司/2015-08
23	公明	茅洲河	公明污水处理厂配套干管完善工	完成初设	管道长 4.7 km	0.08	2016—2020	光明新区"十三五"规划	深圳市广汇源水利勘测设计有限公司/2015-08

续表 15.4-2

序号	街道名称	河流名称或流域名	项目名称	目前进展	主要工程内容	投资概算/估算/匡算(亿元)	建设年份	出处	编制单位/时间(年-月)
四、已立项的项目(1个)						1.65			
24	公明	公明排洪渠及李松蓢片	公明街道排涝泵站新建(扩建)工程	未启动	新建李松蓢社区泵站1座，设计抽排流量60.6 m³/s，排涝收益面积3.35 km²	1.65	2016—2020	2014年市发改委8号文立项	
五、未立项的项目(19个)						52.32			
25	公明	白沙坑	茅洲河流域中上游支流(白沙坑)水环境综合整治工程	未启动	治理河长4.16 km，主要内容包括河道拓宽、清淤疏浚，同时沿河布设5倍截流倍比的截流管，结合河道整治增设景观节点及沿河绿化	1.20	2016—2020	光明新区水务发展"十三五"规划	深圳市广汇源水利勘测设计有限公司/2015-09
26	公明		马山头泵站扩建工程	未启动	扩建马山头泵站，采用市政3年一遇，增加4 m³/s抽排流量，增加服务范围0.9 km²	0.60	2016—2019	光明新区水务发展"十三五"规划	深圳市广汇源水利勘测设计有限公司/2015-09
27	光明、公明	茅洲河各支流	茅洲河支流排洪渠综合整治工程	未启动	长凤路排水渠渠长0.68 km；楼村社区前陇全长0.77 km；圳美社区排洪渠全长约2.13 km；红湖排洪渠全长1.68 km；马田排洪渠河长1.95 km；西水渠总长约2.9 km。防洪标准均为20年一遇	4.50	2016—2020	光明新区水务发展"十三五"规划	深圳市广汇源水利勘测设计有限公司/2015-09
28	光明、公明	茅洲河	污水管网未覆盖区域污水收集及处理工程	未启动	片区雨污分流完善工程	5.00	2016—2020	光明新区治水提质措施项目计划	深圳市广汇源水利勘测设计有限公司/2015-10

续表 15.4-2

序号	街道名称或流域名	项目名称	目前进展	主要工程内容	投资概算/估算/匡算（亿元）	建设年份	出处	编制单位/时间（年-月）
29	光明、公明	光明新区低冲击开发设施建设工程	前期论证	透水地面改造与建设，下凹式绿地、植草沟、人工湿地等渗工程改造与建设，道路排水设施改造与建设，绿色屋顶改造与建设	6.00	2016—2020	光明新区水务发展"十三五"规划	
30	光明、公明	茅洲河流域光明新区内涝整治工程	未启动	别墅路—公明南环大道易涝风险区，公常路—光侨大道易涝风险区，王田河易涝风险区，光润路以南易涝风险区，塘明大道塘家路易涝风险区，兴科四路易涝风险区，光侨路易涝风险区8个项目，新建扩建管渠8.614 km，新建扩建泵站15 m³/s	1.35	2016—2020	治水提质工作计划/2015—2020 光明新区水务发展"十三五"规划	
31	公明	公明水库巡防管理设施	未启动	生态巡防道路、哨所，水库隔离围网	2.00	2016—2020	治水提质工作计划/2015—2020	
32	光明、公明	光明新区水库隔离保护工程	未启动	对光明新区碧眼、铁坑等6座水库一级保护区开展实施网围工程，长约23.3 km	0.47	2016—2020	治水提质工作计划/2015—2020	
33	光明	鹅颈水库饮用水源地集雨区果场面源污染控制工程	未启动	控制鹅颈水库保护区内果场面源污染和水土流失，控制面积2.47 km²	0.03	2016—2020	治水提质工作计划/2015—2020	
34	光明、公明	光明新区鹅颈、碧眼、铁坑、桂坑4座水库库周生态修复工程	未启动	建设库周生态修复1.05 km²，包括库周生态防护带建设、涨落带营造林	0.03	2016—2020	治水提质工作计划/2015—2020	

续表 15. 4-2

序号	街道名称	河流名或流域名	项目名称	目前进展	主要工程内容	投资概算/匡算估算/匡算（亿元）	建设年份	出处	编制单位/时间（年-月）
35	光明、公明		光明新区内鹅颈、碧眼、铁坑、桂坑 4 座水库水源保护林建设与水土保持工程	未启动	建设水源保护林 7 km²，水土流失治理面积 1.84 km²	0.21	2016—2020	治水提质工作计划 2015—2020	
36	光明、公明	茅洲河各支流	茅洲河流域中上游地表径流污染控制工程	未启动	茅洲河中上游玉田河、鹅颈水、大凼水、公明排洪渠、东坑水、木墩河、楼村水、新陂头（含支流）西田水、上下村排洪渠、合水口排洪渠、公明排洪渠南支旋流沉砂及雨水过滤工程，旋流沉砂共计 360 处，雨水过滤共计 180 处	6.41	2017—2020	本次规划新增	
37	光明	合水口排洪渠	合水口排洪渠原位水质提升工程	未启动	纯氧曝气机 9 台，EHBR 工程 2 万 m²，EPSB 工程 2 万 m²	0.05	2017—2018	本次规划新增	
38	光明、公明		茅洲河流域（光明片区）河流生态修复工程	未启动	（1）纵向修复：纵向 1～1.5 km 布置 1 座生物基质渗滤坝，共 68 座，涉及玉田河、鹅颈水、红坳水、大凼水、东坑水、木墩河、楼村水南支、大凼水北支、鹅颈水南支、新陂头水支、罗江水、石狗公水、新陂头水北支、横仔坑水、新陂头左支、桂坑水北三支、西田水、西田水左支、桂坑水和白沙坑水；	0.72	2017—2020	本次规划新增	

续表 15.4-2

序号	街道名称	河流名称或流域名	项目名称	目前进展	主要工程内容	投资概算/估算/匡算（亿元）	建设年份	出处	编制单位/时间（年-月）
38	光明、公明		茅洲河流域（光明片区）河流生态修复工程	未启动	（2）周丛群落恢复：在生物基质渗滤坝所形成回水的范围内实施周丛群落恢复，包括微生物群落恢复和着生藻类的恢复。面积 13 600 m²；（3）滨水带修复：一级、二级支流的新建，改建护岸坡在原有设计断面基础上的生态化改造，长度 45.82 km，涉及楼村水河、鹅颈水、东坑水、新陂头水河、木墩河、玉田河、甲子塘排洪渠、莲塘排洪渠和新陂头水北支	0.72	2017—2020	本次规划新增	
39	光明		公明水库、莲塘水库水源地保护工程	未启动	公明水库、莲塘水库周消落带植被群落恢复	0.95	2017—2020	本次规划新增	
40	光明、公明		茅洲河干流景观提升工程	未启动	塘尾桥到楼村桥 4.1 km，楼村桥到罗田水闸 4.2 km	5.19	2017—2020	本次规划新增	
41	光明、公明		茅洲河流域（光明片区）智慧水务建设	未启动		0.70		本次规划新增	
42	公明		公明中水回用生态补水工程	未启动	新建生态补水管线 14.1 km，泵站 1 座，对大凼、后底坑、横坑、横水库进行水质原位修复	5.38	2017—2020	本次规划新增	
43	光明		光明中水回用生态补水工程	未启动	新建生态补水管线 20 km，楼村 2 座水库和新陂头 2 座调蓄湖进行水质原位修复	10.81	2017—2020	本次规划新增	
合计						93.99			

表 15.4-3　石岩片区项目列表

序号	所在街道	名称	建设内容	投资（亿元）	建设时间（年-月）	进展情况
		一、已开工（2 项）		0.21		
1	石岩	公明污水处理厂石岩片区污水管道接驳完善工程	2.79 km	0.18	2016-01—2017-12	已开工
2	石岩	石岩河下游段清淤工程		0.03	2016-01—2016-12	已开工
		二、施工图阶段（1 项）		5.17		
3	石岩	石岩街道北环路以北、以南、上屋西片区污水支管网工程	146 km	5.17	2016-08—2018-12	施工图设计
		三、初设阶段（3 项）		10.09		
4	石岩	石岩街道石岩河以南官田片区雨污分流管网工程	121.75 km	7.41	2016-12—2018-12	初设编制
5	石岩	石岩街道料坑、麻布片区雨污分流管网工程	8.74 km	0.65	2017-12—2019-12	初步设计
6	石岩	石岩河景观工程	对石岩河两岸连接羊台山至石岩湖约 3 km 进行休闲、绿廊、景点、灯廊、慢道等改造，配合石岩河综合整治项目	2.03	2016-07—2017-12	初步设计
		四、可研阶段（2 项）		10.40		
7	石岩	石岩河综合整治工程（一期）	治理长度 10.44 km。整治范围包括石岩河干流及其南侧 3 条支流，拟对原石岩河二期未整治段实施防洪整治，对全河段实施截污，生态补水和适当的景观改造	5.90	2016-12—2018-12	可研编制
8	石岩	石岩河综合整治工程（二期）	治理长度 11.19 km。整治范围为石岩河北侧 6 条支流	4.50	2016-12—2018-12	可研编制

续表 15.4-3

序号	所在街道	名称	建设内容	投资（亿元）	建设时间（年-月）	进展情况
		五、未启动（18 项）		20.76		
9	石岩	石岩街道石龙、水田片区雨污分流管网工程	62 km	3.47	2017-12—2019-12	未启动
10	石岩	石岩街道浪心片区雨污分流管网工程	54 km	3.10	2017-12—2019-12	未启动
11	石岩	石岩街道罗租片区雨污分流管网工程	53. km	3.09	2017-12—2019-12	未启动
12	石岩	石岩街道污水应急分散处理		3.00	2017-12—2019-12	未启动
13	石岩	石岩街道河道水质提升项目		3.00	2017-12—2019-12	未启动
14	石岩	石龙仔河综合整治工程	治理长度 2 km	1.00	2017-01—2020-12	未启动
15	石岩、石岩水库流域	麻布水前置库功能调整工程	处理规模 0.3 万 m³/d	0.02	2017-01—2017-12	宝安区水务发展"十三五"规划里规划，但未启动
16	石岩、石岩水库流域	石岩河人工湿地功能调整工程	改造规模 5.5 万 m³/d	0.12	2018-01—2018-12	
17	石岩、石岩水库流域	运牛坑水前置库功能调整工程	处理规模 0.3 万 m³/d	0.02	2018-01—2018-12	深圳市治水提质工作计划(2015—2020 年)中规划，但未启动
18	石岩、石岩水库流域	公明水质净化厂二期工程	扩建规模 5 万 m³/d，出水标准一级 A	1.00	2017-01—2019-12	

续表 15.4-3

序号	所在街道	名称	建设内容	投资（亿元）	建设时间（年-月）	进展情况
19	石岩	石龙仔截洪工程	截洪沟断面 2 m×1.2 m，长度 1 km	0.02	2017-01—2019-12	区防洪排涝及河道治理专项规划
20	石岩	黄角岭截洪工程	集雨面积 0.62 km²，田心水新建截洪沟长 0.322 km，田心水、上排水上游截洪沟长 0.593 km。田心水、上排水上游截洪沟采用 20 年一遇	0.51	2017-01—2019-12	"十三五"规划
21	石岩	石岩河流域地表径流污染控制工程	石岩河干流、龙眼水、沙芉陂、田心水、上排水、上屋河支流、天圳河、王家庄庄河旋流沉砂和雨水过滤系统，旋流沉砂 87 座，雨水过滤 44 座	1.57	2017—2020	本次规划新增
22	石岩	石岩河原位水质提升工程	石岩河入库前截污闸至上游 1 km 范围内实施 EHBR 工程，实施规模 5 万 m²	0.06	2017	本次规划新增
23	石岩	茅洲河流域（石岩片区）河流生态修复工程	（1）纵向修复：纵向 1~1.5 km 布置 1 座生物基质渗滤坝，共 21 座，涉及牛咕斗水、石龙仔、水田支流、沙芉陂、雚窝坑（塘坑河）、龙眼水、田心水、上排水、上屋河、天圳河；（2）在生物基质渗坝所形成回水的范围内实施周丛群落恢复，包括微生物群落恢复和着生藻类的恢复。面积 4 200 m²;	0.14		本次规划新增

续表 15.4-3

序号	所在街道	名称	建设内容	投资（亿元）	建设时间（年-月）	进展情况
23	石岩	茅洲河流域（石岩片区）河流生态修复工程	（3）一级、二级支流的新建、改建护岸护坡在原有设计断面基础上的生态化改造，长度1.29 km，涉及石岩河、沙羊沥、罐窝坑、龙眼水、上排水和元坑河	0.14		本次规划新增
24	石岩	石岩水库水源地保护工程	石岩水库库周消落带植被群落恢复	0.20		本次规划新增
25	石岩	茅洲河流域（石岩片区）智慧水务建设		0.30		本次规划新增
26	石岩	石岩生态补水工程	利用石岩河一期治理工程规划的补水管道5.5 km，泵站1座，新建牛牯斗水库水质原位修复工程	0.14		本次规划新增
合计				46.63		

第 16 章　实施效果与保障措施

16.1　实施效果

茅洲河流域综合整治规划深入考虑了地区的发展定位,充分利用了流域的自然地理、社会经济等基础条件,提出了符合城市发展的综合性治理方案。方案涵盖了防洪排涝、水资源调配、水环境整治、水生态修复、水景观打造等多方面的内容,是一项兼具社会服务功能和生态服务功能的多元化工程。本工程建成后,将带来巨大的经济效益和社会效益,主要包括防洪效益、水环境改善效益、生态环境改善效益和土地增值效益等。

16.1.1　防洪效益

据不完全统计,从 20 世纪 50 年代至今,洪涝灾害严重的年份有 14 年,平均每 4 年一次,造成直接经济损失超过 12 亿元,死亡人数 37 人。本次工程规划中,茅洲河干流中上游段的防洪标准将达到 100 年一遇,下游感潮河段的标准将达到 200 年一遇;支流防洪标准将达到 20～50 年一遇。工程建成后,将大大提高流域的防洪安全保障,降低洪涝灾害的发生频率,减少灾害带来的损失。防洪效益按工程建设后可减免的经济损失估算,本工程每年将带来的防洪效益约为 8 850 万元。

16.1.2　水环境改善效益

本规划通过对河流沿线污染物和初期雨水的截留,减少了入河污染物的排放量;通过水环境整治措施的安排,大大改善了现状水质条件,提高了水质标准;通过水生态修复措施的安排,巩固了水生态系统的健康和完整,提高了水体的自净能力,从而降低了水质恶化的可能性。水环境的改善为流域带来了更多可利用的洁净水源,提高了水资源的利用效率,减少因水质污染而建设的引水、调水等工程,节约了投资。

16.1.3　生态环境改善效益

工程的建设,直观的生态效益包括局部气候的调节、环境的净化美化和水生态的良性发展。其中调节局部小气候,主要是利用水体较大的热容量值,由增加的水体有效缓解城市的热岛效应,配合灌木、乔木可以提高空气湿度;河岸及水生植物、河底土壤的生物代谢过程和物理化学过程,将雨污或河流水体中的部分有机和无机溶解物、悬浮物截留下来,将许多有毒有害的化合物分解转化为无毒或有用的物质,澄清水体,提高水质,达到净化环境、美化环境的多重效果;在保障河流水源、水质的基础上,按照"近自然河川"的河流形态改造和护岸工程的生态化,为控制水生态恶化提供了条件,使水系逐步趋向良性发展。

生态水系治理所产生的土地利用变化必然会影响生态系统的结构和功能,从而引起生态服务功能价值的改变。Costanza 等的研究(《全球生态系统服务价值和自然资本》,1997 年发表在《自然》杂志)从科学意义上明确了生态系统价值评估的原理和方法,被认为是近年来生态学界最有影响力的科研成果。中国科学院谢高地等在参照 Costanza 等研究的基础上,修正制订了中国陆地生态系统单位面积生态服务价值系数表(见表 16.1-1)。

表 16.1-1　中国不同陆地生态系统单位面积生态服务价值　　　［单位:元/(hm² · a)］

类型	森林	草地	农田	湿地	水体	荒漠
气体调节	3 097.0	707.9	442.4	1 592.7	0.0	0.0
气候调节	2 389.1	796.4	787.5	15 130.9	407.0	0.0
水源涵养	2 831.5	707.9	530.9	13 715.2	18 033.2	26.5
土壤形成与保护	3 450.9	1 725.5	1 291.9	1 513.1	8.8	17.7
废物处理	1 159.2	1 159.2	1 451.2	16 086.6	16 086.6	8.8
生物多样性保护	2 884.6	964.5	628.2	2 212.2	2 203.3	300.8
食物生产	88.5	265.5	884.9	265.5	88.5	8.8
原材料	2 300.6	44.2	88.5	61.9	8.8	0.0
娱乐文化	1 132.6	35.4	8.8	4 910.9	3 840.2	8.8
总计	19 334.0	6 406.5	6 114.3	55 489.0	40 676.4	371.4

注:数据来自 2003 年 3 月《自然资源学报》第 18 卷第 2 期。

16.1.4　土地增值效益

茅洲河流域综合整治规划的建设实施将极大地改善城市人居环境。丰富的水面,流动的洁净河道,多彩的水系景观,各色的水文化公园、长廊,满足了城市公众欣赏自然、感受自然、依赖自然的感观、心理和精神的多重需求。清新的空气、洁净的水,有助于公众的身心健康,使居者乐居、商者乐商、游者乐游,形成一派天蓝、地绿、水清、人和的和谐景象。沿岸土地和建筑的价值也将随之大大提升,从而带来巨大的经济收益。

16.2　保障措施

16.2.1　加强组织领导

防洪排涝、水污染防治事关市民切实利益,事关城市建设、经济发展目标能否按期实现。宝安区和光明新区应在市政府领导下,统筹推进全流域防洪排涝、水污染防治工作的落实,建立规划实施的监控、考核和调控机制,使监控、考核和调控制度化。

各街道、区直有关部门要高度重视,及时制订防洪排涝及水污染防治具体方案,细化分解任务,落实责任分工,并向社会公布;要强化对水务项目前期设计及概算的审查,积极协调解决政策、资金、人员、土地等方面的重大问题。

完善管水组织体系,按照规模适当、功能衔接、运转有效的原则,研究优化水务管理组织体系,着力精简行政层级,缩短管理链条,切实增强基层水务服务功能,积极探索市民参与水务管理的模式。

16.2.2　加大资金投入

水源保护、河道治理、污水管网及正本清源项目主要由政府投资或社会投资,污水处理厂站主要采取社会融资的方式,具体在项目立项时根据市区财政体制方案安排。充分发挥政府在建设中的主导作用,切实增加财政预算投入,建立政府投资稳定增长机制。改革水务投融资体制,在逐步增加财政性投入的同时,利用经济手段,培育和引导市场,促使各种渠道的资金进入生态建设事业,特别要注意调动非公有制经济组织的投资积极性,吸引更多的民间资金。

16.2.3　强化督办考核

各区环保和水务局要认真开展日常协调督导,加强协调力度,对重点项目进行现场跟踪,对工程推进中遇到的问题,及时收集情况提出对策,及时提请区政府研究解决。区政府督查室对项目建设的突出问题、共性问题和反复出现的问题开展专项督查,对完成情况严重滞后的责任单位及时督办、限期整改。区监察局依法对各相关单位及工作人员在水污染防治工作中违反行政纪律及发生行政过错的行为追究责任,对审批过程出现的不作为、推诿扯皮等行为进行严厉查处。要将水污染防治工作效果作为生态文明建设考核的重要内容。

16.2.4　落实规划引领和刚性约束

要认真贯彻落实《国务院关于加强城市基础设施建设的意见》(国发〔2013〕36号)等要求,坚持先规划、后建设,切实加强水务规划的科学性、权威性和严肃性。研究水面率、径流总量控制指标、径流污染控制指标、用地指标数等刚性指标,推动水务重点指标纳入城市总体规划和土地利用总体规划。落实水务设施用地,争取水务工程土地指标的政策支持,及时启动法定图则调整工作,破解工程用地落实难问题,合理安排治水设施用地,确保水务基础设施与城市经济社会发展相协调或适度超前。深化区域合作制度,与周边城市协同,在跨流域调水、跨界河流污染治理、围填海工程等方面建立科学高效的合作用水、治水的管理政策法规体系,建立跨界水污染联防机制建设以及生态补偿和污染赔偿机制,形成"江库联调"的区域水资源配置和"齐防共治"的流域水环境保护格局。

16.2.5　加强公众参与和社会监督

加大对水务发展成就和发展思路的宣传力度,引导社会各界进一步了解水务,支持水务工作。在规划实施中要充分重视和考虑工程建设对经济、社会和环境的影响。在工程建设占地、生态环境保护等方面要通过多种形式听取社会公众的意见,充分反映公众意愿,体现以人为本、人与自然和谐以及经济社会协调发展的理念,保证规划任务的顺利实施。

建立水环境信息公开制度,适时向社会滚动公布重要水源地、跨界河流交接断面和公众关注河段的水质状况。推动企业公开环境信息,引导和鼓励企业自觉开展环境公益活动,不断增强企业环保意识和社会责任意识。自觉接受人大代表和政协委员的监督,建立监督机制。动员全社会关心、参与、支持和监督水污染防治工作,推动建立节水环保的生活方式和消费方式,形成全民参与的良好治水工作氛围。

16.3　建　议

16.3.1　创新治理模式的建议

根据国家、省、市要求,2017年底前,茅洲河流域要实现基本消除黑臭水体,污水基本全收集、全处理,河岸无违法排污口,茅洲河干流洋涌大桥、燕川、共和村等3处河流考核断面水质须基本达到Ⅴ类水质等目标。为如期达到上述考核目标,借鉴国内有关大城市的治水经验,必须创新治理模式,按照"一个平台、一个目标、一个系统、一个项目三个工程包"和"流域规划与区域治理相结合、统一目标与分步推进相结合、系统规划与分期实施相结合"的创新治理模式,对茅洲河流域实施综合整治。

16.3.2　科学合理制定水质目标

根据水十条和省考核要求,2017年要求消除黑臭,干流3个断面主要指标应达到《地表水环境质量标准》Ⅴ类水要求。由于该标准项目共计109项,其中地表水环境质量标准基本项目24项,因此应科学合理制定水质目标,不建议采用TN和TP指标,理由是:①这些指标都要达标,难度很大,成本很高,且对感官效果并未有太大影响,消除黑臭仍是第一目标,这才是民众更直观感受的;②国内其他一半城市也不要求这两个指标,尤其该标准中 TN 指标很明确是针对湖泊和水库的要求,并不适合天然河道,TP 指标对于本流域内山溪性河流和感潮段河流来说也不适合;③根据国家最新的《城市黑臭水体整治工作指南》,仅要求透明度、氨氮、溶解氧、氧化还原电位几个指标。综上分析,本流域治理不宜提出过高要求,近期主要指标建议采用 COD_{Cr}、BOD_5、氨氮 3 个指标,远期可以进一步增加溶解氧、透明度等指标。

16.3.3　强化对工业企业的监控,加快区域产业升级

流域内工业企业众多,造成污染源强较高,尤其是近几年简政放权,大量小企业混杂在居民区中,且没有纳入市管和区管范围,工业污水不达标、偷排、漏排等现象仍然存在,对流域水质达标造成了很大压力。下一步应结合本次流域水环境整治,详细摸排流域内工业企业的数量、分布、污水量、污染负荷、污染源种类等信息,在此基础上将企业分为污染治理、升级改造、搬迁等不同类型,并制订详细的时间进度计划表,从源头上削减污染,而非单纯依赖末端污染治理的工程措施。同时,在进行企业清退的同时,应引入新的产业或第三产业,使整治后流域内 GDP 不降反增,实现社会、经济、环境的综合效益最大化。

16.3.4　提高流域管理层级,加强设施运行管理

目前茅洲河河道治理主要由区水务局实施,应协调区属各部门成立流域治理综合机构,发挥部门合力。根据现场调研,部分闸门平时处于长期开启状态,造成雨季时潮水倒灌,污水厂进水流量加大,后续应进一步强化设施日常运行管理,建立长效运行机制,对流域内各类设施进行长效管理。

16.3.4.1　区域环境共治

针对沿河周边区域垃圾管理、垃圾收运转运、河道水域保洁等,制定完善的环境共治职责划分、考核指标和奖惩措施等。加大信息公开力度,让公众依法参与监督地方政府、重点排污单位。开展环境宣传教育,推广环境保护标语和口号宣传,树立告示牌和警示牌,号召全体居民参与河道环境共治。

16.3.4.2　建立流域水质在线监测系统

为判定和测定水体污染的类型和程度,在流域内建立水质在线监测系统。制定污染控制措施,加强"河长制"河道信息管理系统建设。

16.3.4.3　制订流域水污染应急预案

为预防和减少突发事件发生,控制、缩小和降低突发事件引起的危害,制订流域水污染应急预案。

16.3.5　加强科技支撑,配套申请国家级科研课题

下一步应结合工程措施,开展相关专题的研究:挡潮闸建设对区域泥沙淤积影响专题研究,茅洲河入河口污水团扩散演变趋势专题研究,茅洲河流域清洁水源补水专题研究,珠江口取水配水对区域土壤、水环境及市政设施影响专题研究,最不利潮洪组合对区域防洪体系及滨水土地开发利用影响专题研究等,为工程措施的论证和实施提供技术支撑。建立智慧水务管理系统,提高管理效率。

建议结合茅洲河水环境整治,配套申请国家级科研课题,提升流域治理管理的实施层级,进行长期跟踪与系统管治相结合的河道管理工作,将本流域打造成国家典型城市型黑臭河流治理的样板工程。

16.3.6　加强施工管理,创新建设模式

管网建设的难点和重点是末端管网的实施,根据调研了解到,目前流域内末端管网的施工存在诸多问题,导致分流效果等受到影响,下一步应严格施工管理。

二、三级管网施工情况复杂,实施难度大。可以创新建设模式,如采用"方案 + 标准设计 + 设计施工总承包"的模式。

16.3.7　配套实施雨水管网工程

由于流域内现有一套合流制排水系统,建议将合流管道全部改为雨水或污水管道,同时新建一套系

统,作为污水或雨水排水系统,具体采用何种方案,要根据现场实际情况,原则上新增的一套排水系统工程量应包含在本工程范围内。但也有一些相关规划,对雨水管网进行了规划,应与本次流域治理项目结合实施,避免重复建设。

16.3.8　加强区域协调

要达到本次水质考核目标要求,不仅需要深圳宝安区与光明新区采取水污染控制措施联动,还需要深、莞两市联动。本次宝安区茅洲河流域治理的水质目标达标要求光明新区、东莞汇入茅洲河干流的所有支流水质也要达到相同的水质目标考核要求。

16.3.9　快速推进示范工程建设,取得效果后及时推广

快速推进水环境治理先进技术、低影响开发径流控制技术、水生态修复技术、生态补水前沿技术、重要河段景观提升等各项示范工程建设,不断积累经验和提高技术水平,在取得预期效果后及时全面推广到全流域。

第 17 章　研究成果创新性及应用前景

为全面贯彻落实十八大精神和国务院《水污染防治行动计划》,2013 年 2 月,广东省印发了《南粤水更清行动计划(2013~2020 年)》,以巩固珠江综合整治成果,深入推进广东省水污染防治工作,进一步提升广东省水环境质量,切实保障饮用水源和生态环境安全,促进广东省经济社会科学发展,加快建设幸福广东。2015 年 6 月,深圳市印发了《深圳市贯彻国务院水污染防治行动计划实施治水提质行动方案》(深府〔2015〕45 号),明确"流域统筹,系统治理"等十条治水策略,并提出开展"织网行动""净水行动""畅通行动"等十大治水行动。

随着深、莞两地城市化进程的不断加快,茅洲河流域内治河治污设施建设日显滞后,域内水安全保障及生态平衡遭到严重破坏,与两市的经济发展水平极不相称,已成为城市建设的一道"伤疤"。流域水环境现状主要存在以下四方面问题:一是地势低洼,易受涝。茅洲河下游属感潮河段,且沿河两岸建成区大多地势低洼,区域易发生洪涝灾害。深圳侧受涝面积约 52 km^2,目前仅完成 12 km^2 的内涝区域治理。二是河道断面狭窄,防洪能力低。茅洲河干支流以前均未经过系统治理,干流上中游段近年实施河道治理后达到 100 年一遇设防标准,界河段目前正按照 100 年一遇防洪标准进行治理,支流河道也计划按照 20~50 年一遇设防标准进行治理。三是河道水体污染严重,干支流水质劣于地表水 V 类。四是河道生态平衡遭到破坏。河床河岸硬质化和水体污染导致生物栖息地丧失,河岸带和水陆交错带消失,河流缺乏缓冲带保护,加上沿河存在大量的违章建筑和倾倒垃圾等问题,河道空间受到严重挤压,河流基本丧失了自身生态修复的功能。

依据《国务院关于印发水污染防治行动计划的通知》和《深圳市贯彻国务院水污染防治行动计划实施治水提质行动方案》的要求,2017 年底前,茅洲河流域要实现基本消除黑臭水体,污水基本全收集、全处理,河岸无违法排污口等目标。2017 年底前,除达到国家"水十条"和深圳市"水十条"考核目标外,根据广东省人大决议,洋涌大桥、燕川、共和村等 3 处河流考核断面水质基本达到 V 类水质。生态文明建设的战略要求和水污染治理目标,使得茅洲河流域的综合治理已迫在眉睫。按照国家"水十条"和《深圳市贯彻国务院水污染防治行动计划实施治水提质行动方案》的要求,深圳未来几年将按照流域统筹、系统治理以及水资源、水安全、水环境、水生态、水文化"五位一体"的工作方针,全面推进治水提质攻坚战,力争"一年初见成效、三年消除黑臭、五年基本达标、八年让碧水和蓝天共同成为深圳亮丽的城市名片"。

鉴于茅洲河流域综合治理项目范围的广泛性和内容的复杂性,在编制《茅洲河流域综合治理方案》的同时,开展了一系列与之相关的关键技术研究工作,并形成了《深圳市茅洲河流域综合治理方案关键技术研究》成果报告。《茅洲河流域综合治理方案》的编制完成和实施及《深圳市茅洲河流域综合治理方案关键技术研究》成果的应用,一方面,将有效保证防洪排涝安全,优化配置水资源,构筑生态滨水空间,塑造宜人亲水景观,改善周边人居环境,实现资源循环利用,为深圳市社会经济发展提供强有力的支撑;另一方面,通过探索深圳市茅洲河流域综合治理方略和规划方案,可为珠海、广州、厦门等南方沿海城市的流域规划编制提供借鉴。

17.1　研究中的创新点

(1)提出遵循"多规合一、协调一致"的规划理念,构建"五位一体、健康和谐"的城市河流健康发展模式,按照"一个平台、一个目标、一个系统、一个项目三个工程包"和"流域规划与区域治理相结合、统一目标与分步推进相结合、系统规划与分期实施相结合"的创新治理模式,对茅洲河流域实施综合整治。

城市规划主要包括城市总体规划、城市排水除涝专项规划、城市污水系统规划、城市绿地系统规划、城市道路系统规划、蓝线规划、生态建设规划、环境保护规划。流域规划主要包括水务发展规划、防洪潮规划及河道整治规划、水环境综合整治规划、水资源规划、水生态保护与修复规划、水景观规划。上述多项规划由不同的主管部门编制,内容和侧重点各不相同,必须在流域综合治理方案编制时统筹兼顾,协调一致,做到全流域一个规划文本、一张规划蓝图,保证工程建设和运行管理的顺利实施。

构建水资源、水安全、水环境、水生态、水景观五位一体的城市河流健康发展模式,使城市河流的发展建设更好地融入海绵城市、生态城市、和谐城市、山水城市、宜居城市、活力城市、智慧城市的建设中。

根据国家、省、市要求,2017年底前,茅洲河流域要实现基本消除黑臭水体,污水基本全收集、全处理,河岸无违法排污口,茅洲河干流上的洋涌大桥、燕川、共和村等3处河流考核断面水质基本达到Ⅴ类水质的目标。为如期达到上述考核目标,借鉴国内有关大城市的治水经验,必须创新治理模式,按照"一个平台、一个目标、一个系统、一个项目三个工程包"和"流域规划与区域治理相结合、统一目标与分步推进相结合、系统规划与分期实施相结合"的创新治理模式,对茅洲河流域实施综合整治,将茅洲河流域建设成为水环境治理、水生态修复的标杆区及人水和谐共生的生态型现代滨水城区,为广东省乃至全国的界河流域水环境综合整治提供可复制可推广的经验。

①一个平台:茅洲河流域涉及深、莞两市,宝安、光明、长安三地,搭建两市三地高规格的联动工作平台,协调解决茅洲河流域两市三地需衔接和决策的事项,高效推动流域综合整治顺利完成。

②一个目标:以国家"水十条"、省人大考核要求的2017年和2020年茅洲河水质目标为导向,进一步通过水环境综合治理,促进城市更新和产业升级,将茅洲河流域建设成为国际现代化都市水生态环境治理的典范。

③一个系统:深、莞两市以全流域为系统联合编制规划方案,以保护水资源、保障水安全、提升水环境、修复水生态、彰显水文化为原则,着力解决水问题。

④一个项目三个工程包:以茅洲河流域综合整治作为一个项目,将茅洲河流域涉及的宝安、光明、东莞三地各自作为一个工程包,明确相应的政府责任主体和合同管控体系。

(2)首次将城市雨污水管网和低影响开发设施纳入城市河流规划方案中,建立基于GIS和SWMM的城市内涝淹没分析模型和入河污染物预测模型,全面模拟分析暴雨、径流、污染与河流的关系。

考虑城市雨污水管网建设规划和海绵城市建设专项规划,将城市雨污水管网和低影响开发设施纳入城市河流规划方案中。基于GIS和SWMM软件,对流域下垫面进行提取、分类、面积统计,建立城市内涝淹没分析模型和入河污染物预测模型,全面模拟分析暴雨、径流、污染与河流的关系。根据暴雨淹没模拟和内涝分析结果,提出排水管渠、雨水泵站、涝水行泄通道、雨水调蓄设施、内河水系等流域城市排涝系统优化和提升方案,并针对深圳市的实际情况提出两项建设性措施:一是建设屋面雨水收集、排放、利用系统,实现流域雨污分流及雨水时空调节,减少城市内涝点,降低入河污染负荷;二是对流域内部分道路进行改造和利用后作为雨水排放通道,就近排入干支流,减少雨水管网压力,降低城市内涝风险。入河污染物预测模型以各支流小流域为划分单元,完成各条支流污染负荷的预测工作。充分结合海绵城市和排涝工程方案设计,提出面源污染物消减控制方案。针对超标准入河雨水,提出雨水排放口污染物控制方案。

(3)首次对茅洲河流域进行全面的水生态系统现状调查,对茅洲河流域河流健康状况进行评估;针对流域河道生态化治理首次提出了一种适于河流及湖泊滨水带生态修复与水质净化的护岸结构。

首次对茅洲河流域进行了水生态现状调查。对流域内5条河流10个点位进行了水质数据调查对10条河流44个点位进行了生态数据调查。建立了5个准则层、16个指标层,对茅洲河流域河流健康状况进行了评估,基于此对后续流域河道生态化治理提出合理化建议。

针对茅洲河干流及其支流两侧用地紧张的现状,在现有的硬质化直立式护岸结构的基础上提出了一种适用于河流及湖泊滨水带生态修复与水质净化的护岸结构。该结构在多孔性混凝土基层上设置了多种适于水生植物生长的栽培层,既考虑了利用具有抗冲刷能力的多孔性混凝土对滨水带进行加固稳定,又利用陆生植物、水生植物及藻类形成的生态群落对滨水带生态系统进行修复和水质净化。该结构既能够保护河流和湖泊的堤岸不受侵蚀和淘刷,又能够促进滨水带生态群落的恢复和水生态食物链的构建。

该生态护岸结构已获得实用新型专利授权,专利名称“一种适用于河流及湖泊滨水带生态修复与水质净化的护岸结构”,专利申请日为 2016 年 8 月 19 日,授权公告日为 2017 年 2 月 8 日,专利号 ZL2016 2 090423.6。

(4)在茅洲河水环境保障技术体系中,为缓解雨季面源污染大量入河的现状,采用了黄河勘测规划设计有限公司自有专利技术“悬浮过滤”工艺系统,该系统相关技术已成功获得国家发明专利授权 1 项、国家实用新型专利授权 2 项。

河湖水环境的保障,面源污染防治是重中之重。由于茅洲河流域多为雨源型河流,面源污染防治的重要性更加突出,在分析了当前应用较多的旋流沉砂和雨水过滤系统后,结合自有悬浮过滤发明专利技术,通过适当调整,进行了较好的应用,取得了较为突出的技术进步。

一种悬浮过滤系统国家发明专利技术(专利号:2014 1 0218184.9,授权公告日:2016 年 4 月 6 日),完全颠覆了传统的正向过滤技术体系(传统进水方式为“上进下出”),利用特种滤料密度比水轻的特点,通过专用滤板的研发,改进了系统进水方向,实现了过滤系统水流的“下进上出”,通过水流对滤料的挤压作用,水中污物得以去除,滤料堵塞后,可充分利用滤板上方滤后水进行反冲洗,整个反洗过程不需要外加动力,系统的正常运行仅需要数米重力水头,具有运行效率高、能耗少等突出优点。

两项已获得国家授权的实用新型专利技术主要解决了悬浮过滤系统中滤板构造的关键技术(悬浮过滤系统专利号:2014 2 0264246.5;悬浮滤料滤池及其滤板装置专利号:2014 2 0264123.1),实现了对悬浮过滤系统核心组成的有效研发、控制。

(5)在茅洲河水环境保障技术体系中,结合现场用地紧张、部分河段受感潮影响水动力条件差的现状,开创性地提出了“脉冲式河道原位水质净化”系统。

现状深圳茅洲河流域均已得到高强度的开发,各项用地十分紧张,部分重点黑臭河涌由于受伶仃洋潮水影响,下泄水动力条件极差,为有效改善河涌水环境质量,开创性地提出了“脉冲式河道原位水质净化”工艺系统。

该系统主要由纯氧曝气、耦合生物膜和强化工程菌组成,是将现状黑臭河涌作为深度净化污水处理厂尾水的场地,不仅可以使污水处理厂尾水水质得以提升,还可以周期性的为河涌提供较为优质的水源,在潮位较低时,将河涌内净化好的尾水进行泄放,在改善河涌水环境质量的同时,增强了水体的下泄动力条件。

该技术包括水闸和分布在水闸蓄水段内的纯氧曝气系统以及固化微生物投放系统,是一种适用于河道两侧用地紧张、基流量较小的脉冲式原位水质净化技术,广泛使用于黑臭水体治理的水处理技术领域,目前正在申请专利“一种脉冲式原位水质净化系统”。

(6)首次提出利用非供水水库对中水进行深度净化后向河道补水的生态调度方式,并创新提出一种稳定可靠的中水生态净化系统。

茅洲河流域污水处理厂出水水质必须由一级 A 标准提高到Ⅳ类,才能满足规划水平年河道控制断面水质的要求。针对流域内光明、公明、燕川和沙井 4 座污水处理厂扩建和提标改造用地紧张的现实,提出利用污水厂附近河流及退出供水功能的水库对污水厂尾水进行生物生态深度净化,使水质主要指标达到Ⅳ类后,对河道进行补水,改善河流水环境。

该生态调度方式需要一种稳定可靠的生态净化系统。规划对污水处理厂的中水通过泵站和管道输送到水库,采用微生物滤床系统、清水型生态系统和太阳能增氧工程进行水质生态净化。首先,污水处理厂出水进入微生物滤床系统,与微生物填料及微生物菌群充分接触发生生化反应,水质从一级 A 标准提升至准Ⅳ类;其次,净化的水进入清水型生态系统,经过沉水植物、浮叶植物、挺水植物等再次净化,水质基本达到Ⅳ类标准;最后,为避免储存在湖区和水库的水量富营养化,实施太阳能增氧工程。

(7)创新提出基于水务业务应用的模块化服务思想,构建茅洲河智慧水务平台云服务。

基于水务业务应用的模块化服务思想,架构一个“数字化、集成化、智能化、可视化”的智慧水务平台,能够实现"全面感知、自动操控、预测趋势、优化决策"的云服务功能。建设茅洲河流域智慧水务平台,内容涵盖相关数据采集、传输、存储、应用决策等各个环节,同时满足不同级别管理机构管理决策调度要求。茅洲河流域水务管理业务涉及范围广,具有安全要求高、空间跨度大、野外作业多等特点,需要广泛使用各种自动化或半自动化的信息采集监测设备,通过无线网络、有线网络进行传输汇集,从而应用于水务管理的多项业务管理中。因此,信息系统采用物联网技术,各类信息通过感知层采集,传输层传输,并在应用层服务于水资源管理业务。系统主要由感知层、传输层、应用层、基础网络及硬件建设运维体系、标准规范体系、安全保障体系、IT治理体系和信息集成应用体系等八大部分组成。规划全面建设完成智慧水务平台,实现茅洲河流域水务管理能力的大幅提升,在应用过程中逐步完善,实现智慧水务平台从茅洲河流域到深圳市其他流域的推广应用。

17.2　研究成果应用前景

"深圳市茅洲河流域综合治理方案关键技术研究"深入考虑了地区的发展定位,充分利用了流域的自然地理、社会经济等基础条件,提出了符合城市发展的综合性治理方案。方案涵盖了防洪排涝、水资源调配、水环境整治、水生态修复、文化景观打造和智慧水务等多方面的内容,是一项兼具社会服务功能和生态服务功能的多元化工程。该工程建成后,将带来巨大的社会效益、生态效益和良好的经济效益。因此,"深圳市茅洲河流域综合治理方案关键技术研究"的社会效益、生态效益和经济效益是非常显著的。

本课题的研究成果是集水文、生态和水质技术于一体的科研成果,在河流水质净化的同时,对河流生态系统修复与完善具有重大的环境效益。

国内污染河流众多,市场需求广阔;政府的政策和资金支持力度大,有利于本课题成果推广和应用,研究成果有着广阔的经济效益。

在需求层面,目前国内河流污染严重,多数河流都无法达到水功能区划设定的目标,水质污染在水资源紧缺的条件下造成的后果显得更为严重,因此对河流水质净化有着非常重大的迫切性。在政策层面,国家开始重视河流水质问题。从浙江省的"五水共治"到河南省的"清洁河流行动计划",国家和地方政府开始在政策上对河水净化重点扶持。

综上所述,本课题研究成果有着广泛的应用空间和巨大的市场前景。

参 考 文 献

［1］ 闫大鹏,等.城市生态水系规划理论与实践[M].郑州:黄河水利出版社,2016.

［2］ 郑新奇,付梅臣,等.景观格局空间分析技术及其应用[M].北京:科学出版社,2010.

［3］ 韩玉玲,岳春雷,等.河道生态建设[M].北京:中国水利水电出版社,2009.

［4］ 王浩,唐克旺,等.水生态系统保护与修复理论和实践[M].北京:中国水利水电出版社,2010.

［5］ 盛连喜,冯江,王娓.环境生态学导论[M].北京:高等教育出版社,2009.

［6］ 韩玉玲,岳春雷,叶碎高,等.河道生态建设——植物措施应用技术[M].北京:中国水利水电出版社,2009.

［7］ 许风冉,阮本清,王成丽.流域生态补偿理论探索与案例研究[M].北京:中国水利水电出版社,2010.

［8］ 王超,王沛芳.城市水生态系统建设与管理[M].北京:科学出版社,2004.

［9］ 鞠美庭,王勇,孟伟庆,等.生态城市建设的理论与实践[M].北京:化学工业出版社,2007.

［10］ 尚玉昌.普通生态学[M].北京:北京大学出版社,2009.

［11］ 董哲仁.生态水工学探索[M].北京:中国水利水电出版社,2007.

［12］ Paul J. Wood,David M. Hannah,et al. 水文生态学与生态水文学:过去、现在和未来[M].王浩,译.北京:中国水利水电出版社,2009.

［13］ 河川治理中心.滨水自然景观设计理念与实践[M].刘云俊,译.北京:中国建筑工业出版社,2004.

［14］ 闫大鹏,等.非传统水资源利用技术及应用[M].郑州:黄河水利出版社,2013.

［15］ 闫大鹏,李德营,张琳,等.伊川县滨河新区水系景观工程研究[J].河南水利与南水北调,2012(20).

［16］ 闫大鹏,姜亚敏,马卓莘.开封市汴西新区水系规划重点技术问题研究[J].河南水利与南水北调,2012(23).

［17］ 闫大鹏,李德营,周风华.郑州市龙子湖工程防渗方案研究[J].河南水利与南水北调,2012(24).

［18］ 姜亚敏,刘猛,闫大鹏,等.污水库水环境综合治理技术初探[J].山西建筑,2012(33).

［19］ 郭鹏程,蔡明,闫大鹏.基于 EFDC 示踪模拟的人工湖调水规模分析[J].水资源与水工程学报,2013(5).

［20］ 郭鹏程,轩晓博,闫大鹏.基于 EFDC 模型的人工湖水质保障最佳运行方式研究[J].水资源保护,2014,30(1).

［21］ 郭鹏程,蔡明,闫大鹏.基于 MIKE21 模型的人工生态湖优化设计[J].人民黄河,2014,36(4).

［22］ 闫大鹏,蔡明,李华伟,等.我国北方缺水缺水城市景观湖泊规划研究[A]∥第十三届世界湖泊大会论文集[C].2009.

［23］ 闫大鹏,马卓莘,何志印,等.昭君坟蓄滞洪区生态工程研究[A]∥第五届黄河国际论坛论文集[C].2012.

［24］ 闫大鹏,姜亚敏,郭鹏程,等.开封市生态水系规划关键技术研究[A]∥第五届黄河国际论坛论文集[C].2012.

［25］ 闫大鹏,赵楠,陈凯.彰显历史文化底蕴的古城水系规划——以登封市为例[A]∥科技创新与水利改革——中国水利学会 2014 学术年会论文集(上册)[C].2014.

［26］ 闫大鹏,蔡明,郭鹏程,等.非传统水资源在城市水系规划中的应用[A]∥非常规水源管理与技术研讨会论文集[C].2014.

[27] 田为军,郭琼琳,李维华.城市防洪排涝对策研究[J].科技风,2012(17).

[28] 张高旗,田为军,李玮,等.国内外可持续发展区域指标与实例研究[J].环境科学与管理,2012
(6).

[29] 刘许超,田为军,李艳.塔里木河干流生态闸(堰)工程设计[J].科技信息(科学教研),2007(30).

[30] 李斌,田为军,刘庆军.郑东新区龙湖水系三维渗流计算分析研究[A]∥水工渗流研究与应用进
展——第五届全国水利工程渗流学术研讨会论文集[C].2006.

[31] 蔡明,李怀恩,刘晓军.非点源污染负荷估算方法研究[J].人民黄河,2007,29(7).

[32] 蔡明,史志平,李毅男,等.如意湖污染负荷估算及水质保障措施[J].人民黄河,2008(1).

[33] 夏宏生,蔡明,向欣.人工湿地优化设计研究[J].人民黄河,2008,30(7).

[34] 李德营,周风华,史淑娟.郑东新区 CBD 中心湖水环境保护设计与研究[J].人民黄河,2012(12).

[35] 史淑娟,张琳,曹静怡.格尔木河城区段生态景观规划研究[J].人民黄河,2012,34(11).

[36] 史淑娟,赵楠.乌海湖黄河右岸生态景观及护岸工程设计[J].人民黄河,2012(12).

[37] 史淑娟,李德营.浅谈水利工程与滨水景观建设[J].河南水利与南水北调,2012(23).

[38] 周风华,朱建奎,戴翠琴.北京市新凤河水环境综合治理措施研究[J].中国水运(下半月),2013
(12).

[39] 周风华,哈佳,陈牧邦.卡布其沟生态治理措施研究[J].人民黄河,2013(12).

[40] 周风华,何蕴华,陈牧邦.浅谈北京市大兴区新凤河水环境治理工程设计[J].河南水利与南水北
调,2006(8).

[41] 周风华,周雪梅,戴翠琴.膨润土防水毯在水利工程中的应用[J].河南水利与南水北调,2006(9).

[42] 尚磊,赵楠.自然景观设计中的有无关系[J].河南水利与南水北调,2011(21).

[43] 任金亮,余雪,陈峰,等.磁分离/人工湿地工艺在河道水净化中的应用[J].人民黄河,2013,35
(2).

[44] 冯赟昀,甘升伟,高怡,等.湿地生态系统服务功能价值评估问题探讨[J].湿地科学与管理,2011
(3).

[45] 甘升伟,张红举,冯赟昀.无锡水源地贡湖引水改善水质效果分析[J].人民长江,2012,43(5).

[46] 邓刚,乔吉平,周光奎.谈塔里木河河道裁弯工程设计[J].山西建筑,2012(23).

[47] 哈佳,顾霜妹,孟潇,等.水动力 – 水质模型在人工湖优化设计中的应用[J].人民黄河,2013(11).

[48] 哈佳,陈峰,丁明.生态混凝土在黄河城市河段治理工程中的应用[J].中国水运(下半月),2013
(10).

[49] 朱文娟.浙中生态廊道规划研究[J].乡村科技,2018(1).

[50] 刘飞.成长的河川——广州市天河区深涌综合整治工程中生态水系规划[J].江西农业大学学报
(社会科学版),2007,6(2).

[51] 蔡颖.上海市景观水系规划简介[J].上海城市规划,2005(2).

[52] 李珍明,蒋国强.上海市苏州河水系调水研究[J].中国水利,2009(11).

[53] 左其亭,崔国韬.河湖水系连通理论体系框架研究[J].水电能源科学,2012,30(1).

[54] 潘建非.广州城市水系空间研究[D].北京:北京林业大学,2013.

[55] 赵敏华.绿色生态的水系综合规划——以上海新江湾城为例[J].上海城市规划,2012(6).

[56] 王沛芳,王超,侯俊.城市河流生态系统建设模式研究及应用[J].河海大学学报(自然科学版),
2005,33(1).

[57] 王军,王淑燕,李海燕,等.韩国清溪川的生态化整治对中国河道治理的启示[J].中国发展,2009,
9(3).

[58] 朱伟,杨平,等.日本"多自然河川"治理及其对我国河道整治的启示[J].水资源保护,2015,31
(1).

[59] 吴阿娜,车越,张宏伟,等.国内外城市河道改造的历史、现状及趋势[J].中国给水排水,2008,24

（4）.

［60］ 夏继红,严忠民.国内外城市河道生态型护岸研究现状及发展趋势［J］.中国水土保持,2004（3）.

［61］ 由文辉,顾笑迎.国外城市典型河道的治理方式及其启示［J］.城市公用事业,2008,22（4）.

［62］ 姜仁良,李晋威,王赢.美国、德国、日本加强生态环境治理的主要做法及启示［J］.城市管理,2012（3）.

［63］ 罗跃初,周忠轩,孙轶,等.流域生态系统健康评价方法［J］.生态学报,2003,23（8）.

［64］ 苏冬艳,崔俊华,晁聪,等.污染河流治理与修复技术现状及展望［J］.河北工程大学学报（自然科学版）,2008,25（4）.

［65］ 张勇.城市黑臭河道生境改善与生态重建实验研究:技术耦合效应及机制［D］.上海:华东师范大学,2010.

［66］ 史越.跨域治理视角下的中国式流域治理模式分析［D］.济南:山东大学,2014.

［67］ 曾焱,王爱莉,黄藏青.全国水利信息化发展“十三五”规划关键问题的研究与思考［J］.水利信息化,2015（1）.

［68］ 朱强,俞孔坚,李迪华.景观规划中的生态廊道宽度［J］.生态学报,2005,25（9）.

［69］ 胡雨婷.中国流域治理的总体框架、结构演变与研究建议［J］.科学与财富,2018（6）.

［70］ 陈坤.国外流域水污染治理的三种模式［J］.绿色科技,2010（9）.

［71］ 霍丽.国外流域综合治理典型案例［J］.水工业市场,2015（10）.

［72］ 石峥.城乡生态廊道规划研究——以山海关城乡绿道规划为例［D］.保定:河北农业大学,2016.

［73］ 肖化顺.城市生态廊道及其规划设计的理论探讨［J］.中南林业调查规划,2005（2）.

［74］ 赵雾月.城市生态廊道规划方法研究——以郑州市为例［D］.南京:东南大学,2013.

［75］ 李晓琴.巴东县城区生态廊道规划［D］.武汉:武汉理工大学,2010.

［76］ 郭佳佳.当代中国流域治理现状与模式选择［J］.新西部（下旬·理论版）,2016（7）.

［77］ 汪群,侯洁.我国流域管理机构的角色定位［J］.中国水利,2007（16）.

［78］ 宣功巧.运用景观生态学基本原理规划城市绿地系统斑块和廊道［J］.浙江林学院学报,2004,24（5）.

［79］ 张蕾.河流廊道规划理论及其案例研究——以浙江省台州市永宁河、椒江河流廊道规划为例［D］.北京:北京大学,2004.

［80］ 袁新新,余小海.河流生态廊道布局规划与城市发展［J］.房地产导刊,2015（4）.

茅洲河流域区位图

N

惠州市

深圳市

惠州市

龙岗河坪山河
两河流域

东部海湾水系流域

大亚湾

大鹏湾

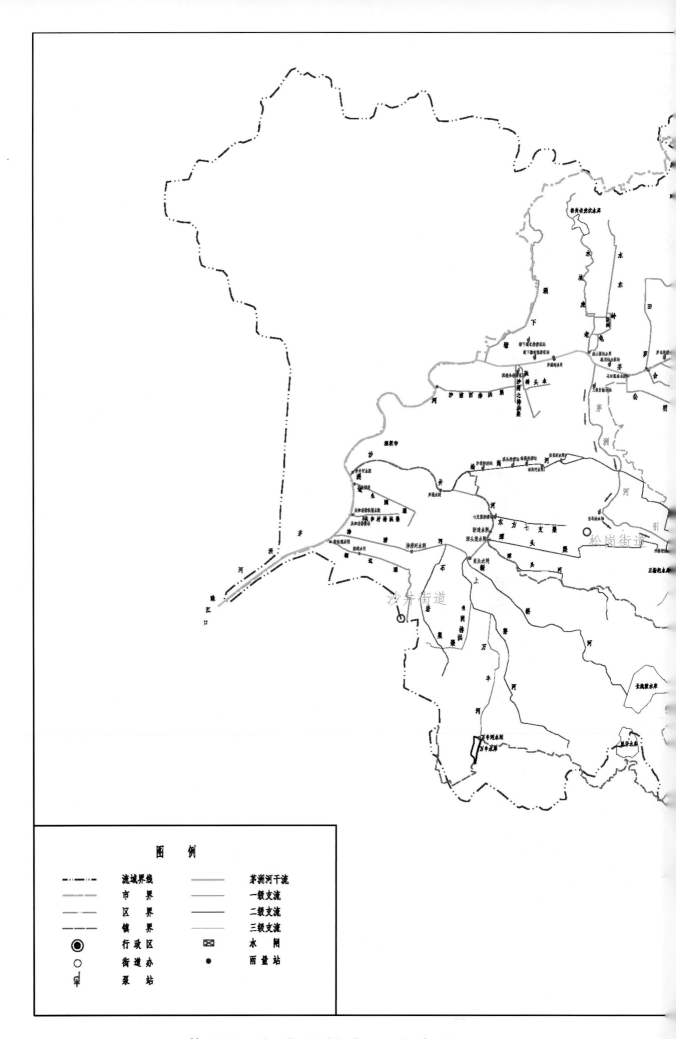

茅洲河流域现状水系分布图

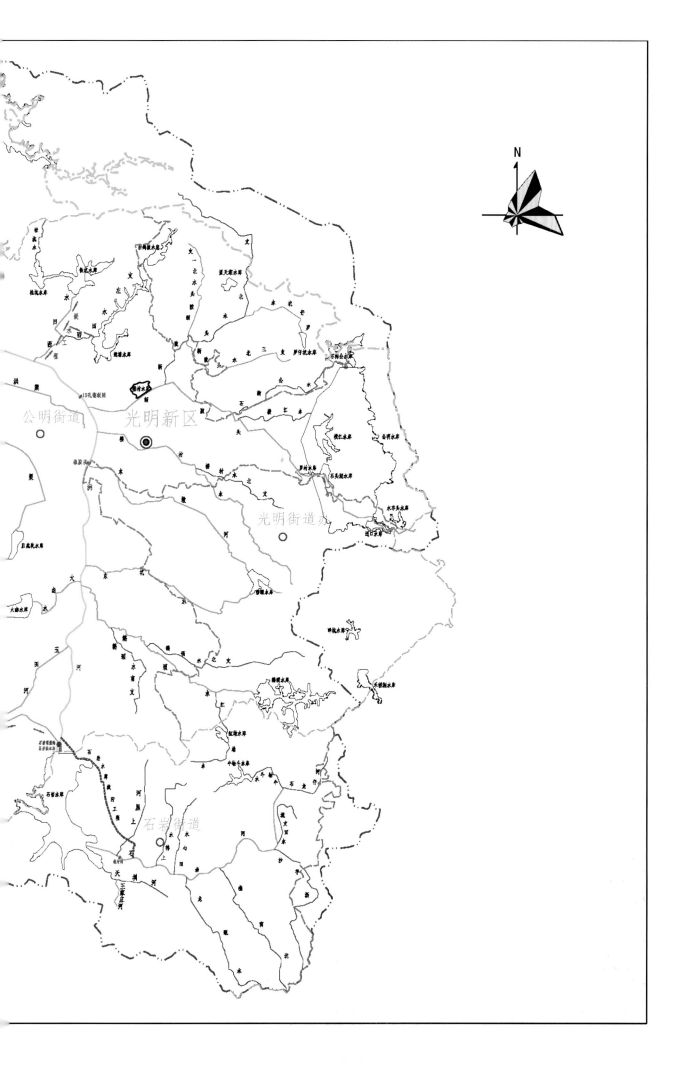

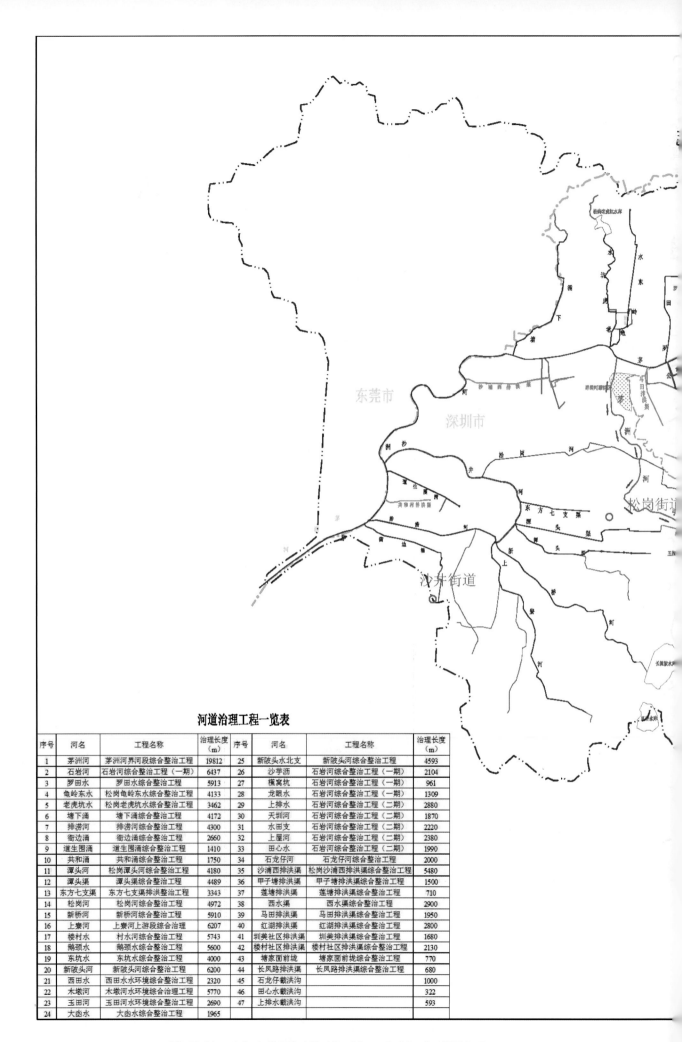

河道治理工程一览表

序号	河名	工程名称	治理长度(m)	序号	河名	工程名称	治理长度(m)
1	茅洲河	茅洲河界河段综合整治工程	19812	25	新陂头水北支	新陂头河综合整治工程	4593
2	石岩河	石岩河综合整治工程（一期）	6437	26	沙芋沥	石岩河综合整治工程（一期）	2104
3	罗田水	罗田水综合整治工程	5913	27	樛窝坑	石岩河综合整治工程（一期）	961
4	龟岭东水	松岗龟岭东水综合整治工程	4133	28	龙眼水	石岩河综合整治工程（一期）	1309
5	老虎坑水	松岗老虎坑水综合整治工程	3462	29	上排水	石岩河综合整治工程（二期）	2880
6	塘下涌	塘下涌综合整治工程	4172	30	天圳河	石岩河综合整治工程（二期）	1870
7	排涝河	排涝河综合整治工程	4300	31	水田支	石岩河综合整治工程（二期）	2220
8	衙边涌	衙边涌综合整治工程	2660	32	上屋河	石岩河综合整治工程（二期）	2380
9	道生围涌	道生围涌综合整治工程	1410	33	田心水	石岩河综合整治工程（二期）	1990
10	共和涌	共和涌综合整治工程	1750	34	石龙仔河	石龙仔河综合整治工程	2000
11	潭头河	松岗潭头河综合整治工程	4180	35	沙浦西排洪渠	松岗沙浦西排洪渠综合整治工程	5480
12	潭头渠	潭头渠排洪渠综合整治工程	4489	36	甲子塘排洪渠	甲子塘排洪渠综合整治工程	1500
13	东方七支渠	东方七支渠排洪渠整治工程	3343	37	莲塘排洪渠	莲塘排洪渠综合整治工程	710
14	松岗河	松岗河综合整治工程	4972	38	西水渠	西水渠综合整治工程	2900
15	新桥河	新桥河综合整治工程	5910	39	马田排洪渠	马田排洪渠综合整治工程	1950
16	上寮河	上寮河上游段综合整治	6207	40	红潮排洪渠	红潮排洪渠综合整治工程	2800
17	楼村水	村水河综合整治工程	5743	41	圳美社区排洪渠	圳美社区排洪渠综合整治工程	1680
18	鹅颈水	鹅颈水综合整治工程	5600	42	楼村社区排洪渠	楼村社区排洪渠综合整治工程	2130
19	东坑水	东坑水综合整治工程	4000	43	塘家面前垅	塘家面前垅综合整治工程	770
20	新陂头河	新陂头河综合整治工程	6200	44	长凤路排洪渠	长凤路排洪渠综合整治工程	680
21	西田水	西田水水环境综合整治工程	2320	45	石龙仔截洪沟		1000
22	木墩河	木墩河水环境综合治理工程	5770	46	田心水截洪沟		322
23	玉田河	玉田河水环境综合整治工程	2690	47	上排水截洪沟		593
24	大卤水	大卤水综合整治工程	1965				

茅洲河流域防洪潮体系总布置图

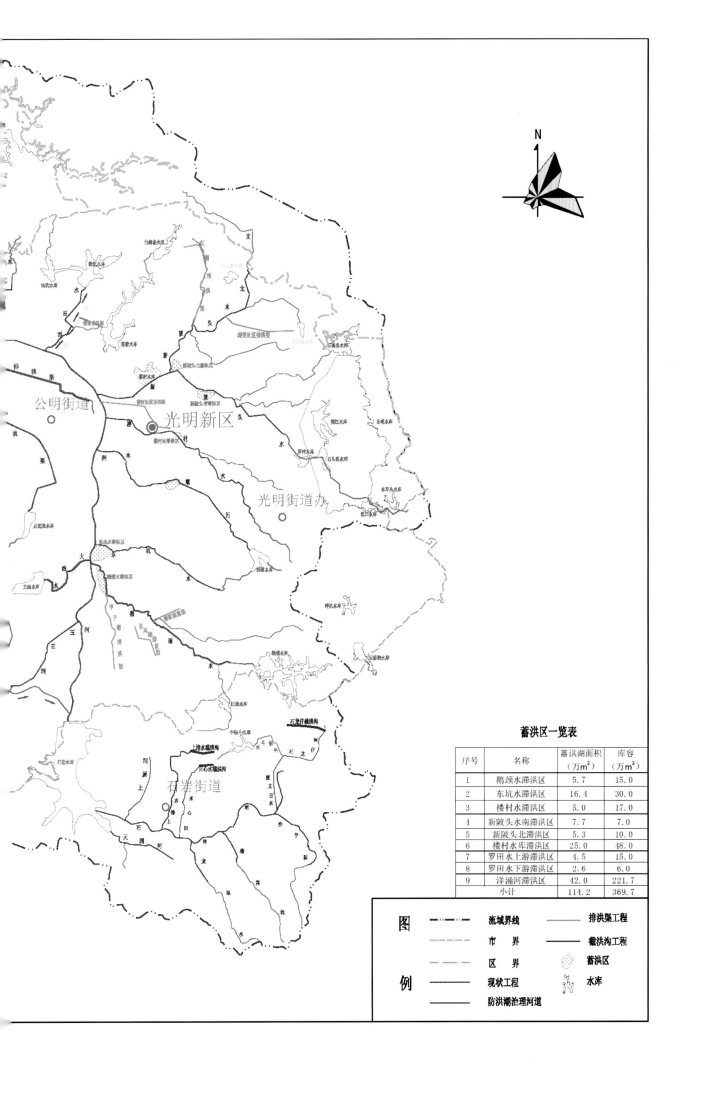

蓄洪区一览表

序号	名称	蓄洪湖面积 （万m²）	库容 （万m³）
1	鹅颈水滞洪区	5.7	15.0
2	东坑水滞洪区	16.4	30.0
3	楼村水滞洪区	5.0	17.0
4	新陂头水南滞洪区	7.7	7.0
5	新陂头北滞洪区	5.3	10.0
6	楼村水库滞洪区	25.0	48.0
7	罗田水上游滞洪区	4.5	15.0
8	罗田水下游滞洪区	2.6	6.0
9	洋涌河滞洪区	42.0	221.7
	小计	114.2	369.7

图例

流域界线 ··—··—
市界 ········
区界 ——·——
现状工程 ———
防洪潮治理河道 ———
排洪渠工程 ———
截洪沟工程 ———
蓄洪区
水库

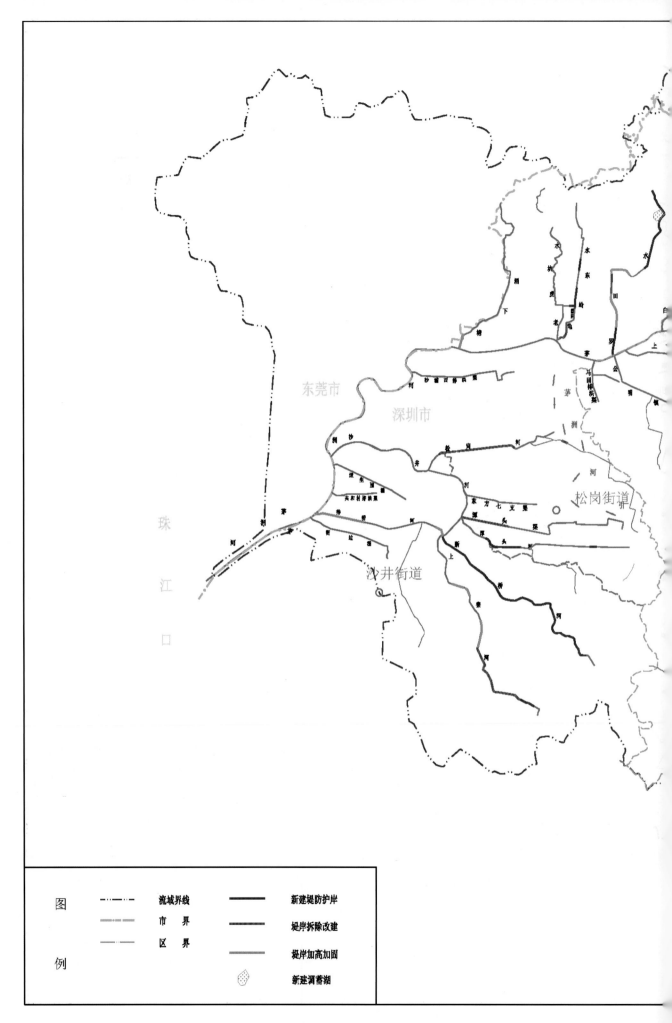

图
例

———————— 流域界线

———————— 市 界

———————— 区 界

———————— 新建堤防护岸

———————— 堤岸拆除改建

———————— 堤岸加高加固

新建调蓄湖

茅洲河流域防洪潮工程布置图（1/2）

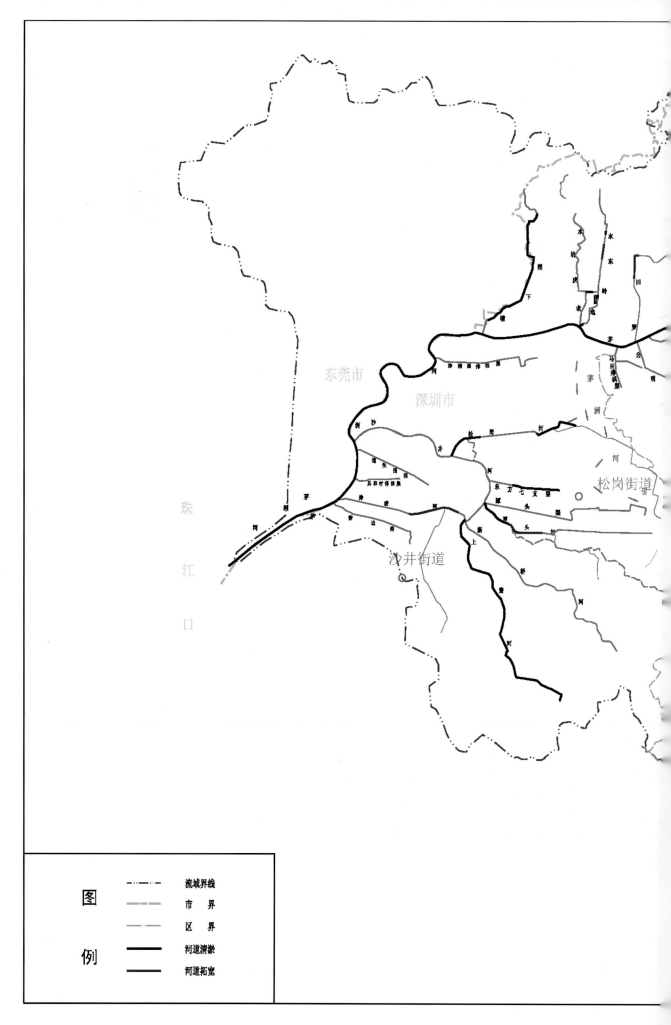

茅洲河流域防洪潮工程布置图（2/2）

图

例

—··—··—	流域界线
— — —	市　界
— — —	区　界
▬▬▬	河道清淤
▬▬▬	河道拓宽

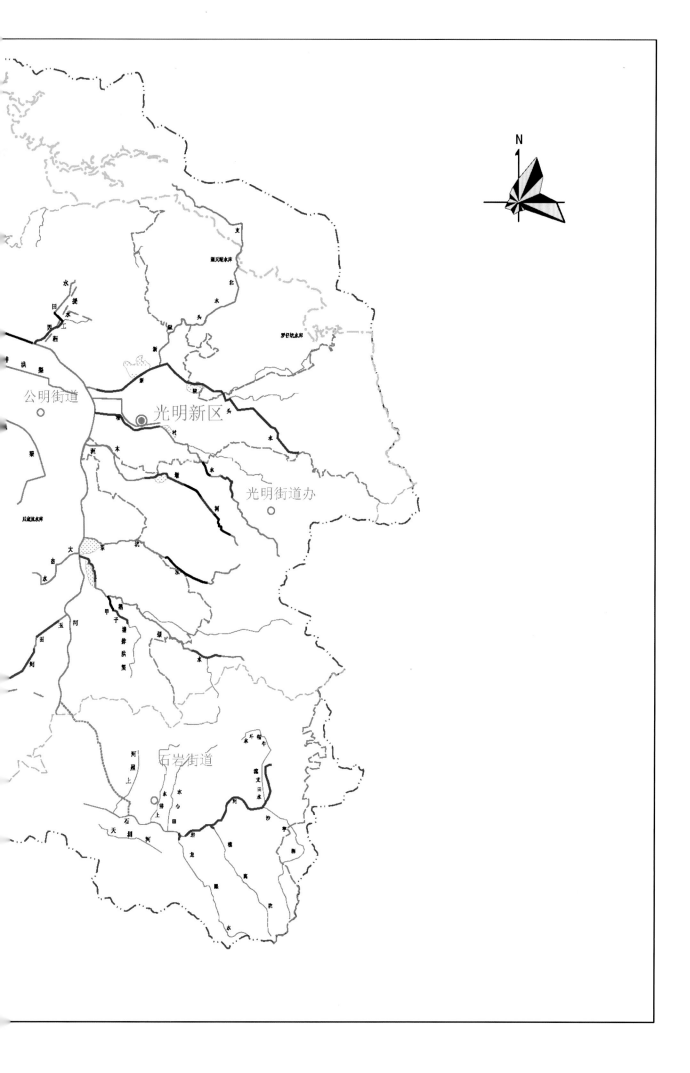

茅洲河流域城市雨水调蓄规划图

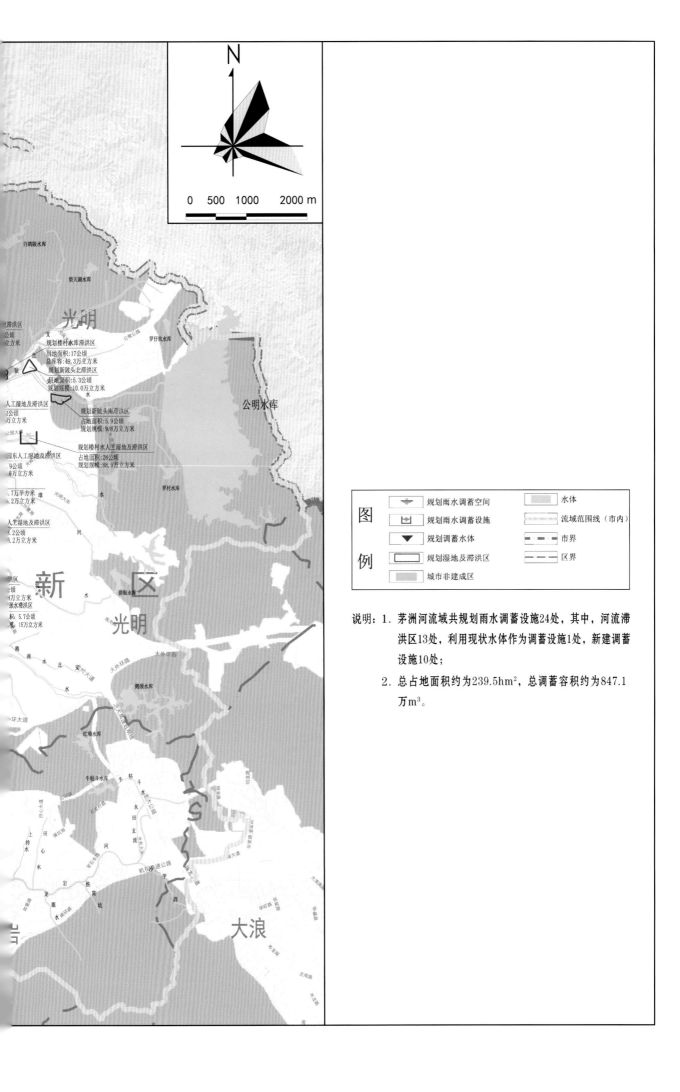

图例

	规划雨水调蓄空间		水体
	规划雨水调蓄设施		流域范围线（市内）
	规划调蓄水体		市界
	规划湿地及滞洪区		区界
	城市非建成区		

说明：1. 茅洲河流域共规划雨水调蓄设施24处，其中，河流滞洪区13处，利用现状水体作为调蓄设施1处，新建调蓄设施10处；

2. 总占地面积约为239.5hm²，总调蓄容积约为847.1万m³。

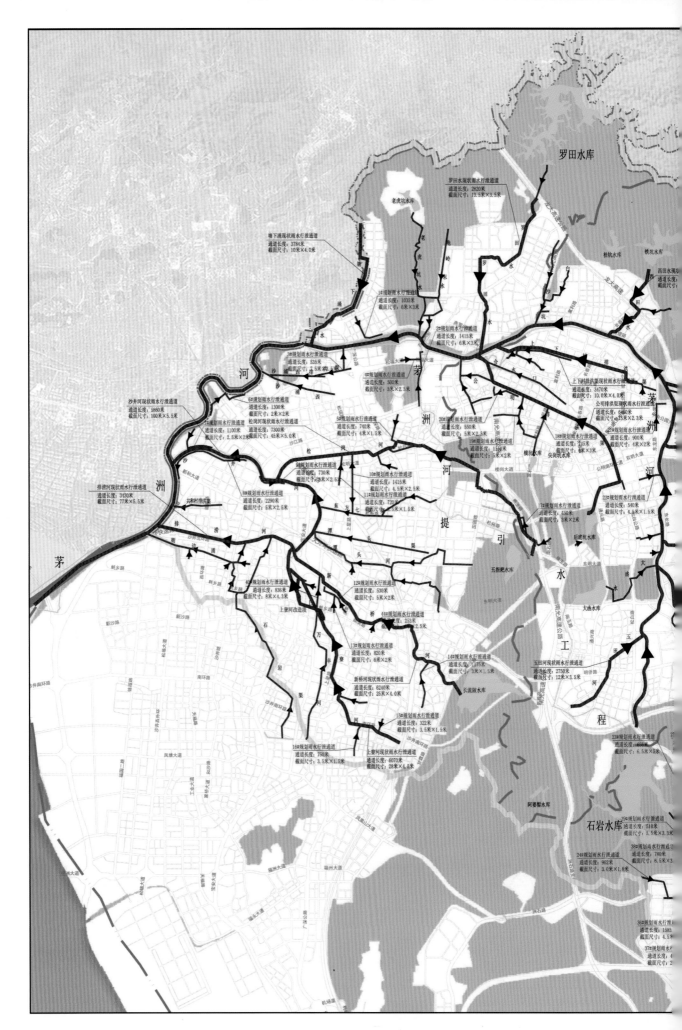

茅洲河流域雨水泄洪通道规划图

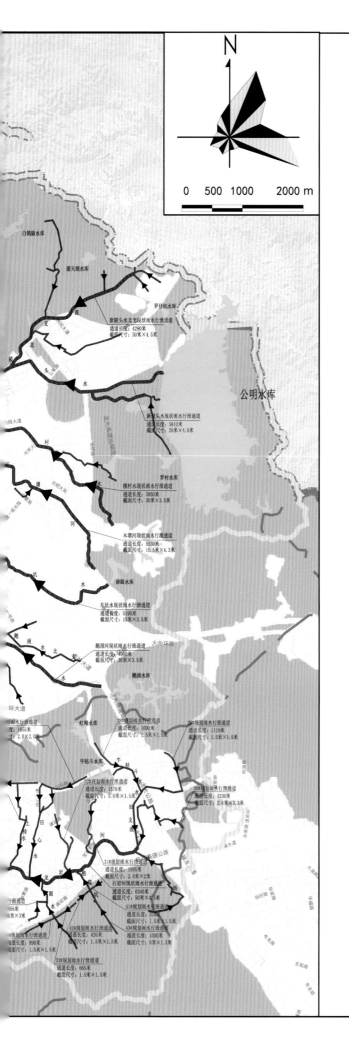

图例

- 现状大型雨水行泄通道
- 规划大型雨水行泄通道
- 现状小型雨水行泄通道
- 规划小型雨水行泄通道
- 城市非建成区
- 水体
- 流域范围线（市内）
- 市界
- 区界

说明：1. 茅洲河流域现状大型雨水行泄通道18条，主要为茅洲河及一级支流，现状小型雨水行泄通道72条，主要为二级及其他支流；

2. 茅洲河流域规划小型雨水行泄通道44条，主要为截洪沟、雨水主干渠和泵前主干渠等。

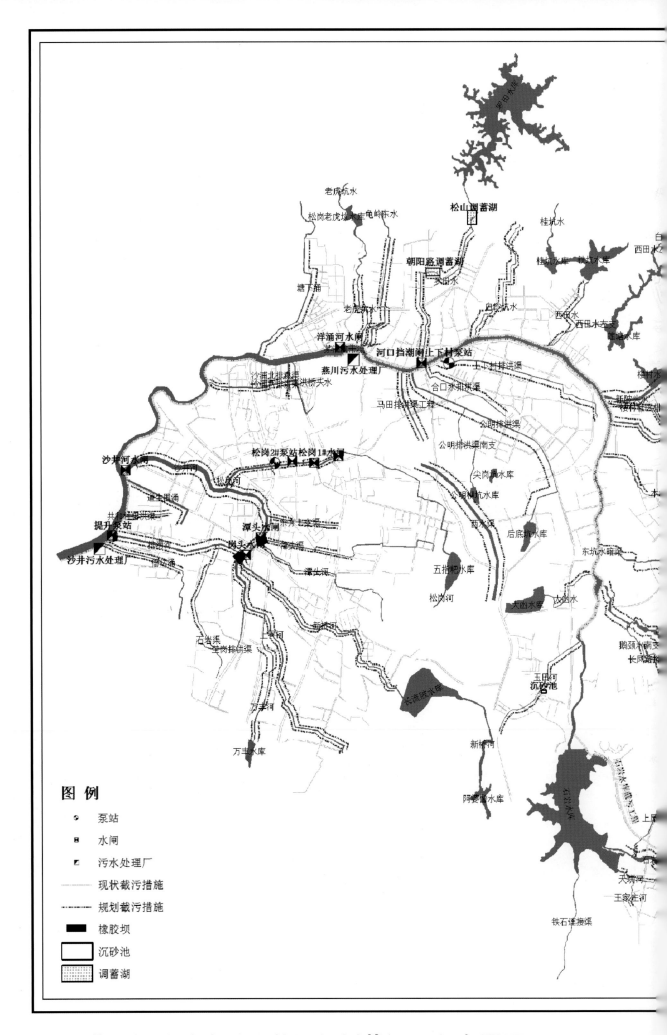

茅洲河流域水系现状及规划截污工程布置图

茅洲河水系截污措施工程量表

序号	河流名称	岸别	起始点	终点	累计长度(m)	备注
1	茅洲河	左岸		塘下涌	12300.0000	
		左岸	洋涌河水闸	松白公路	16841.0000	已建
		右岸	洋涌河水闸	松白公路	16251.0000	
支流	河流名称	岸别	起始点	终点	累计长度(m)	备注
1	罗田水	左岸	河口	松山润雷湖	4770.0000	规划
		右岸	河口	松山润雷湖	4770.0000	
2	龟岭东水	左岸	河口	红湖路	2974.0000	规划
		右岸	河口	红湖路	3110.0000	
3	老虎坑水	左岸	河口	广田路以北	2021.0000	规划
		右岸	河口	广田路以北	2045.0000	
4	塘下涌	左岸	河口	塘下涌同富裕工业园	3668.0000	规划
		右岸	无		0.0000	
5	沙浦西排洪渠	左岸	沙浦西排涝泵站南侧	朗碧路	570.0000	规划
			宝安大道西侧	朗碧路	600.0000	
			洪桥头排洪渠左岸松福大道上	松福大道	350.0000	
		右岸	沙浦西排涝泵站南侧	朗碧路	505.0000	
			宝安大道西侧	沙浦北排洪渠西侧	911.0000	
			沙浦北排洪渠东侧	洪桥头排洪渠右岸	125.0000	
6	沙浦北排洪渠	左岸	沙浦北排洪渠左岸	松福大道	280.0000	规划
			沙浦西排洪渠北岸	丰盛科技	195.0000	
		右岸	沙浦北排洪渠右岸	沙浦西排洪渠南岸	466.0000	
			沙浦西排洪渠北岸	茅洲河南岸	334.0000	
7	松岗河	左岸	河口	宝安大道	590.0000	规划
			广深公路	西水渠	1228.0000	
		右岸	河口	宝安大道	1322.0000	
			广深公路	西水渠	832.0000	
8	东方七支渠	左岸	沙井河河口	107国道	3100.0000	规划
		右岸	沙井河河口	107国道	2750.0000	
9	潭头渠	左岸	河口	创业路	2452.0000	规划
		右岸	河口	上星路	979.0000	
			广深公路	107国道	563.0000	
10	潭头河	左岸	河口	广深公路	2022.0000	规划
		右岸	无		0.0000	
11	新桥河	左岸	河口	长流坡水库下游	5910.0000	规划
		右岸	河口	宝安大道	158.0000	
			中心路	长流坡水库下游	5160.0000	
12	上寮河	左岸	河口	广深公路	4290.0000	规划
		右岸	河口	广深公路	4890.0000	
13	石岩渠	左岸	河口	万丰水库下游	3800.0000	规划
		右岸	无		0.0000	
14	潢生围涌	左岸	河口	沙井路	1000.0000	规划
		右岸	无		0.0000	
15	衙边涌	左岸	河口	帝堂一陵东侧	1960.0000	规划
		右岸	河口	帝堂一陵东侧	1960.0000	
16	共和涌	左岸	河口	松福路	1934.0000	规划
		右岸	河口	松福路	1934.0000	
17	排涝河	左岸	河口	上寮河右岸	3813.0000	规划
		右岸	松福路桥	潭头水闸	3764.0000	
18	沙井河	左岸	沙井河排涝泵站	岗头水闸	5600.0000	规划
		右岸	沙井河排涝泵站	岗头水闸	5600.0000	
19	万丰河	左岸	新沙段	上星南路	1496.0000	规划
			南环路	万丰水库	794.0000	
		右岸	新沙段	上星南路	1696.0000	
			南环路	万丰水库	585.0000	
20	玉田河	左岸	无		0.0000	规划
		右岸	河口	大外环快速路路南侧	2380.0000	
21	鹅颈水	左岸	河口	鹅颈水库下游	4165.0000	规划
		右岸	河口	光大路东侧	3240.0000	
22	东坑水	左岸	龙大高速	光桥路	2767.0000	规划
		右岸	河口	龙大高速	1362.0000	
23	木墩河	左岸	无		0.0000	规划
		右岸	双明大道	光明大道	1001.0000	
24	楼村水	左岸	河口	楼村水上游起点	5700.0000	规划
		右岸	河口	光桥路	4200.0000	
25	新坡头水	左岸	河口	光桥路	4500.0000	规划
		右岸	河口	罗村水库	7000.0000	
26	新坡头北支	左岸	无		0.0000	规划
		右岸	新坡头水河口	公常路	2736.0000	
27	西田水	左岸	无		0.0000	规划
		右岸	河口	铁坑水库	2465.0000	
28	大凼水	左岸	河口	靖华学校	1944.0000	规划
		右岸	无		0.0000	
29	白沙坑水	左岸	河口	白沙坑水上游起点	1490.0000	规划
		右岸	河口	白沙坑水上游起点	1490.0000	
30	长风路排水渠	左岸	鹅颈水河口	长圳社区	675.0000	规划
		右岸	鹅颈水河口	长圳社区	675.0000	
31	塘家面前泷	左岸	鹅颈水河口	张屋村	770.0000	规划
		右岸	鹅颈水河口	张屋村	770.0000	
32	楼村社区排洪渠	左岸	河口	楼村社区居委会	2130.0000	规划
		右岸	河口	楼村社区居委会	2130.0000	
33	圳美社区排洪渠	左岸	新坡头北河口	圳美社区北山	1680.0000	规划
		右岸	新坡头北支河口	圳美社区北山	1680.0000	
34	红湖排洪渠	左岸	新坡头北支河口	白鸽陂水库溢洪道出口	2800.0000	规划
		右岸	新坡头北支河口	白鸽陂水库溢洪道出口	2800.0000	
35	马田排洪渠	左岸	河口	马头山	1950.0000	规划
		右岸	河口	马头山	1950.0000	
36	西水渠	左岸	福兴路	大凼水库	2900.0000	规划
		右岸	福兴路	大凼水库	2900.0000	
37	石岩河	左岸	拟建过河管	石岩鹰兴挖光厂	5107.0000	规划
		右岸	河口	龙大高速	6438.0000	
38	龙眼水	左岸	河口	阳台山庄	191.0000	规划
		右岸	河口	阳台山庄	183.0000	
39	穗宾坑	左岸	河口	溪之谷收费站	401.0000	规划
		右岸	河口	溪之谷收费站	398.0000	
40	沙芋涌	左岸	金属制品厂	LR0+578	310.0000	规划
		右岸	金属制品厂	LR0+669	1669.0000	
总计	茅洲河水系	左岸	-	-	124038.0000	-
		右岸	-	-	108377.0000	-
		合计	-	-	232415.0000	-

已建截污措施占工程量比例

茅洲河水系	左岸	23.49%
	右岸	14.99%
	左右岸	19.53%

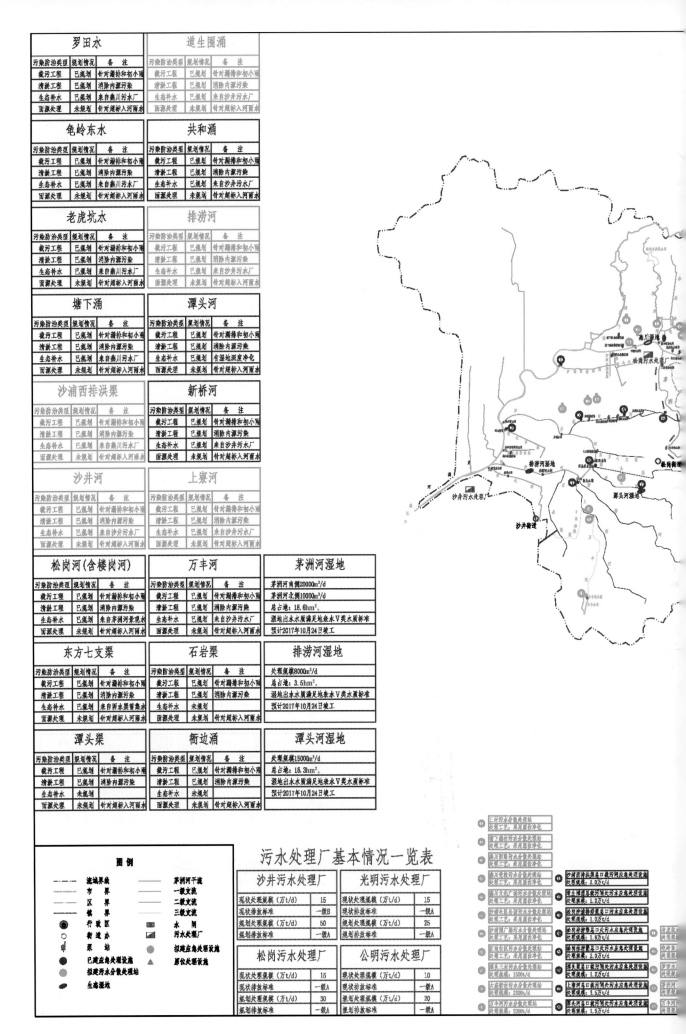

茅洲河流域水环境综合治理工程布置图

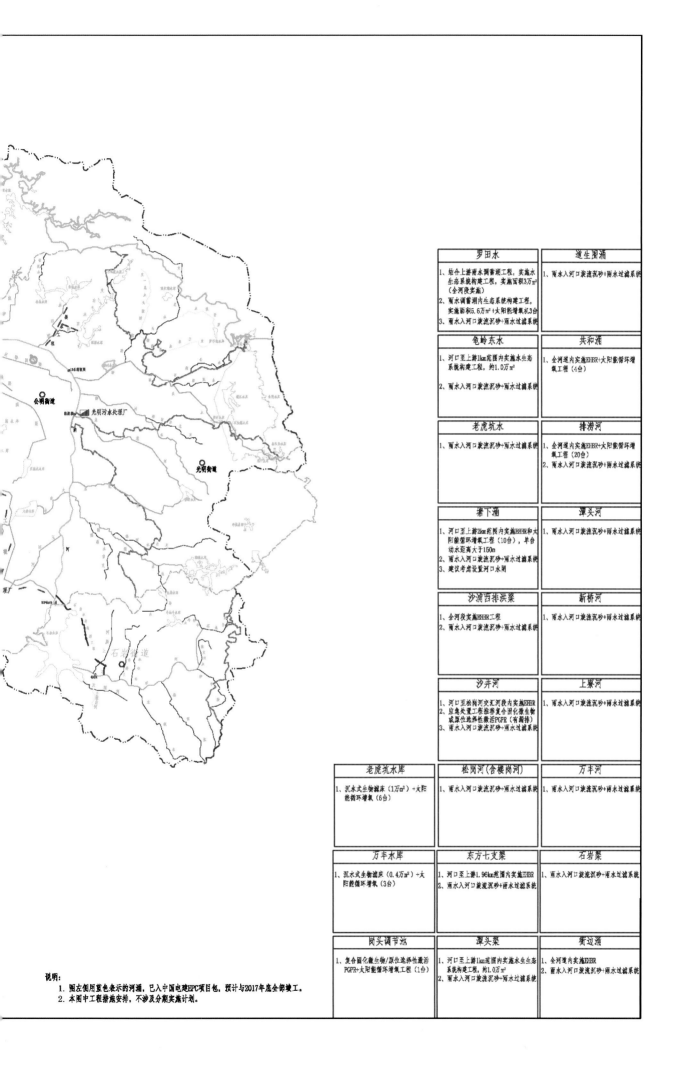

罗田水	潼生围涌
1、结合上游雨水调蓄湖工程，实施水生态系统构建工程，实施面积3万㎡（全河段实施） 2、雨水调蓄湖内生态系统构建工程，实施面积5.6万㎡＋太阳能增氧机3台 3、雨水入河口旋流沉砂＋雨水过滤系统	雨水入河口旋流沉砂＋雨水过滤系统

龟岭东水	共和涌
1、河口至上游1km范围内实施水生态系统构建工程，约1.0万㎡ 2、雨水入河口旋流沉砂＋雨水过滤系统	1、全河道内实施EHBR＋太阳能循环增氧工程（4台）

老虎坑水	排涝河
1、雨水入河口旋流沉砂＋雨水过滤系统	1、全河道内实施EHBR＋太阳能循环增氧工程（20台） 2、雨水入河口旋流沉砂＋雨水过滤系统

塘下涌	潭头河
1、河口至上游2km范围内实施EHBR和太阳能循环增氧工程（10台），单台动水距离大于150m 2、雨水入河口旋流沉砂＋雨水过滤系统 3、建议考虑设置河口水闸	雨水入河口旋流沉砂＋雨水过滤系统

沙浦西排洪渠	新桥河
1、全河段实施EHBR工程 2、雨水入河口旋流沉砂＋雨水过滤系统	雨水入河口旋流沉砂＋雨水过滤系统

沙井河	上寮河
1、河口至松岗河交汇河段内实施EHBR 2、应急处理工程推荐复合固化微生物或原位选择性激活PGPR（有菌排） 3、雨水入河口旋流沉砂＋雨水过滤系统	雨水入河口旋流沉砂＋雨水过滤系统

老虎坑水库	松岗河（含楼岗河）	万丰河
1、沉水式生物滤床（1万㎡）＋太阳能循环增氧（6台）	1、雨水入河口旋流沉砂＋雨水过滤系统	1、雨水入河口旋流沉砂＋雨水过滤系统

万丰水库	东方七支渠	石岩渠
1、沉水式生物滤床（0.4万㎡）＋太阳能循环增氧（3台）	1、河口至上游1.96km范围内实施EHBR 2、雨水入河口旋流沉砂＋雨水过滤系统	1、雨水入河口旋流沉砂＋雨水过滤系统

岗头调节池	潭头渠	衡迳涌
1、复合固化微生物/原位选择性激活PGPR＋太阳能循环增氧工程（1台）	1、河口至上游1km范围内实施水生态系统构建工程，约1.0万㎡ 2、雨水入河口旋流沉砂＋雨水过滤系统	1、全河道内实施EHBR 2、雨水入河口旋流沉砂＋雨水过滤系统

说明：
1. 图左侧用蓝色表示的河涌，已入中国电建EPC项目包，预计与2017年底全部竣工。
2. 本图中工程措施安排，不涉及分期实施计划。

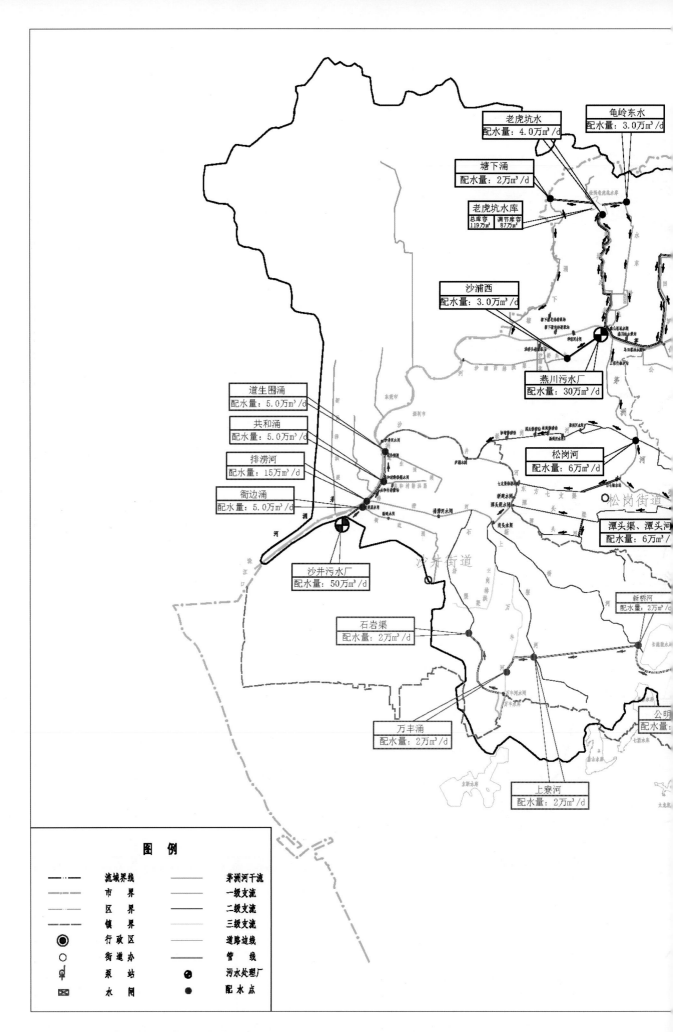

老虎坑水
配水量：4.0万m³/d

龟岭东水
配水量：3.0万m³/d

塘下涌
配水量：2万m³/d

老虎坑水库
总库容 119万m³ 调节库容 87万m³

沙浦西
配水量：3.0万m³/d

燕川污水厂
配水量：30万m³/d

道生围涌
配水量：5.0万m³/d

共和涌
配水量：5.0万m³/d

排涝河
配水量：15万m³/d

衙边涌
配水量：5.0万m³/d

松岗河
配水量：6万m³/d

潭头渠、潭头河
配水量：6万m³/

沙井污水厂
配水量：50万m³/d

石岩渠
配水量：2万m³/d

新桥河
配水量：2万m³/

万丰涌
配水量：2万m³/d

公明
配水量：

上寮河
配水量：2万m³/d

图　例

流域界线　　　　茅洲河干流
市　界　　　　　一级支流
区　界　　　　　二级支流
镇　界　　　　　三级支流
行政区　　　　　道路边线
街道办　　　　　管　线
泵　站　　　　　污水处理厂
水　闸　　　　　配水点

茅洲河流域河道内生态补水配置工程示意图

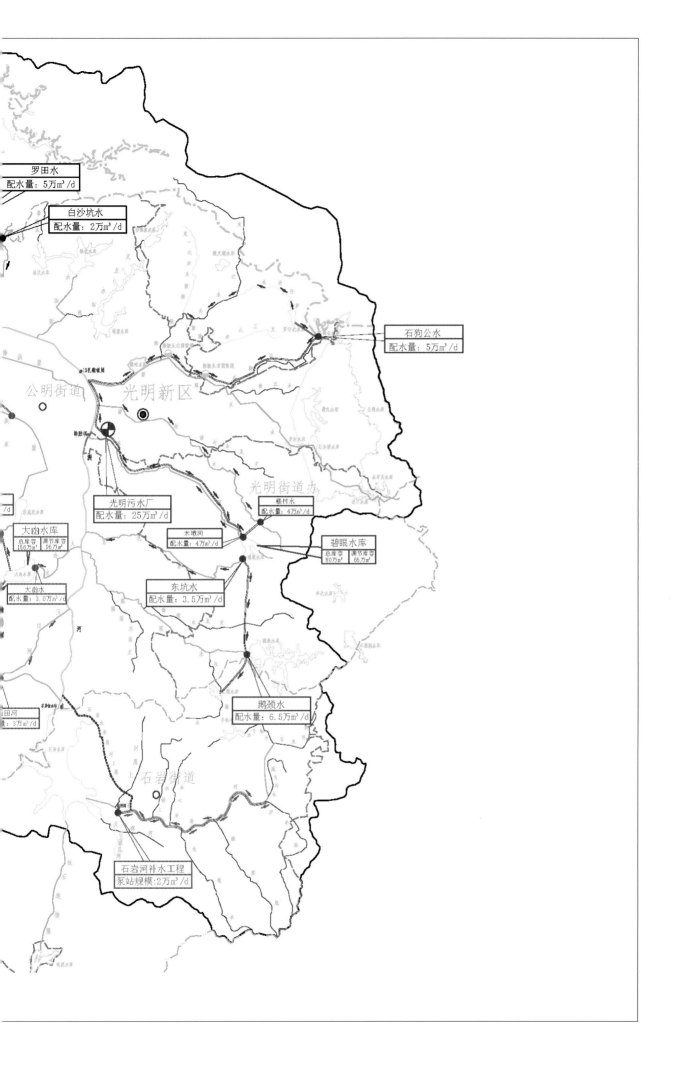

罗田水
配水量：5万m³/d

白沙坑水
配水量：2万m³/d

石狗公水
配水量：5万m³/d

公明街道　光明新区

光明街道办

光明污水厂
配水量：25万m³/d

楼村水
配水量：4万m³/d

大凼水库
总库容 | 调节库容
156万m³ | 96万m³

木墩河
配水量：4万m³/d

碧眼水库
总库容 | 调节库容
80万m³ | 65万m³

大凼水
配水量：3.0万m³/d

东坑水
配水量：3.5万m³/d

鹅颈水
配水量：6.5万m³/d

石岩街道

石岩河补水工程
泵站规模：2万m³/d

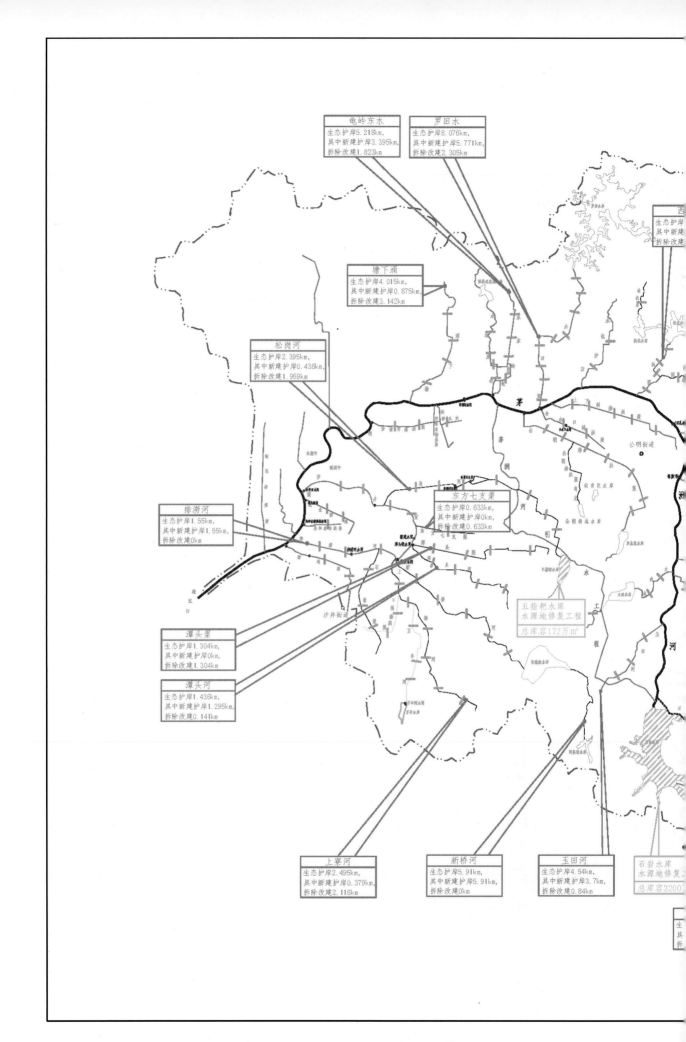

茅洲河流域水生态工程布置图

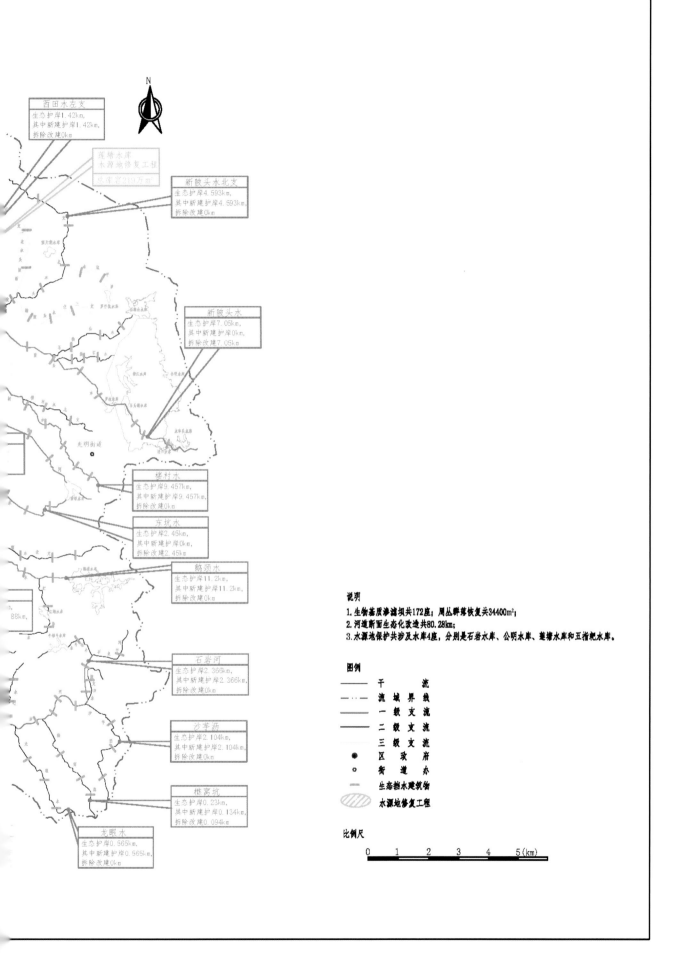

西田水左支
生态护岸1.42km,
其中新建护岸1.42km,
拆除改建0km

莲塘水库
水源地修复工程
总库容219万m³

新陂头水北支
生态护岸4.593km,
其中新建护岸4.593km,
拆除改建0km

新陂头水
生态护岸7.05km,
其中新建护岸0km,
拆除改建7.05km

楼村水
生态护岸9.457km,
其中新建护岸9.457km,
拆除改建0km

东坑水
生态护岸2.45km,
其中新建护岸0km,
拆除改建2.45km

鹅颈水
生态护岸11.2km,
其中新建护岸11.2km,
拆除改建0km

石岩河
生态护岸2.366km,
其中新建护岸2.366km,
拆除改建0km

沙车沥
生态护岸2.104km,
其中新建护岸2.104km,
拆除改建0km

樟窝坑
生态护岸0.23km,
其中新建护岸0.134km,
拆除改建0.094km

龙眼水
生态护岸0.565km,
其中新建护岸0.565km,
拆除改建0km

说明
1.生物基质渗滤坝共172座；周丛群落恢复共34400m²；
2.河道断面生态化改造共80.28km；
3.水源地保护共涉及水库4座，分别是石岩水库、公明水库、莲塘水库和五指耙水库。

图例

—————— 干　　　流
—·—·— 流　域　界　线
—————— 一　级　支　流
—————— 二　级　支　流
—————— 三　级　支　流
●　　　区　政　府
○　　　街　道　办
━━━━　生态挡水建筑物
▨　　　水源地修复工程

比例尺

0　1　2　3　4　5（km）

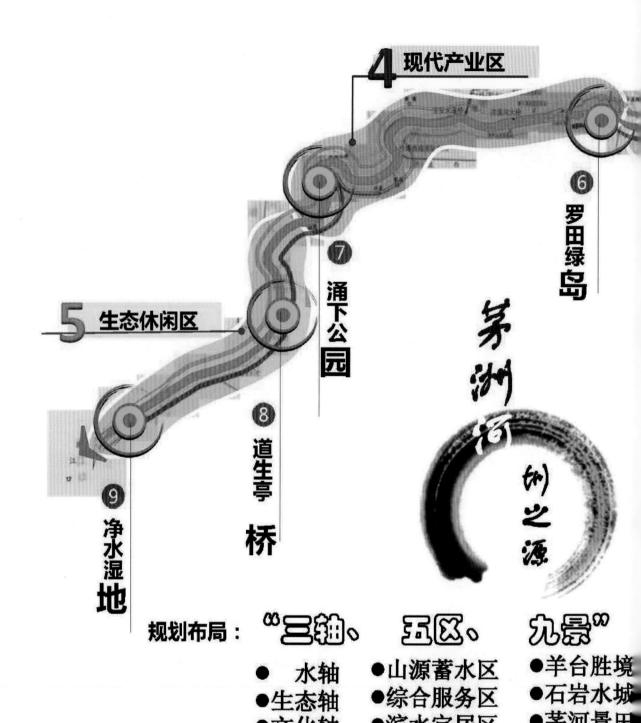

4 现代产业区

⑥
罗田绿岛

⑦
涌下公园

5 生态休闲区

⑧
道生亭
桥

⑨
净水湿地

茅洲河
初之源

规划布局："三轴、五区、九景"

● 水轴
● 生态轴
● 文化轴

● 山源蓄水区
● 综合服务区
● 滨水宜居区
● 现代产业区
● 生态休闲区

● 羊台胜境
● 石岩水城
● 茅河景田
● 木墩花海
● 莲塘宝域
● 罗田绿岛
● 涌下公园
● 道生亭桥
● 净水湿地

茅洲河干流景观工程布置图

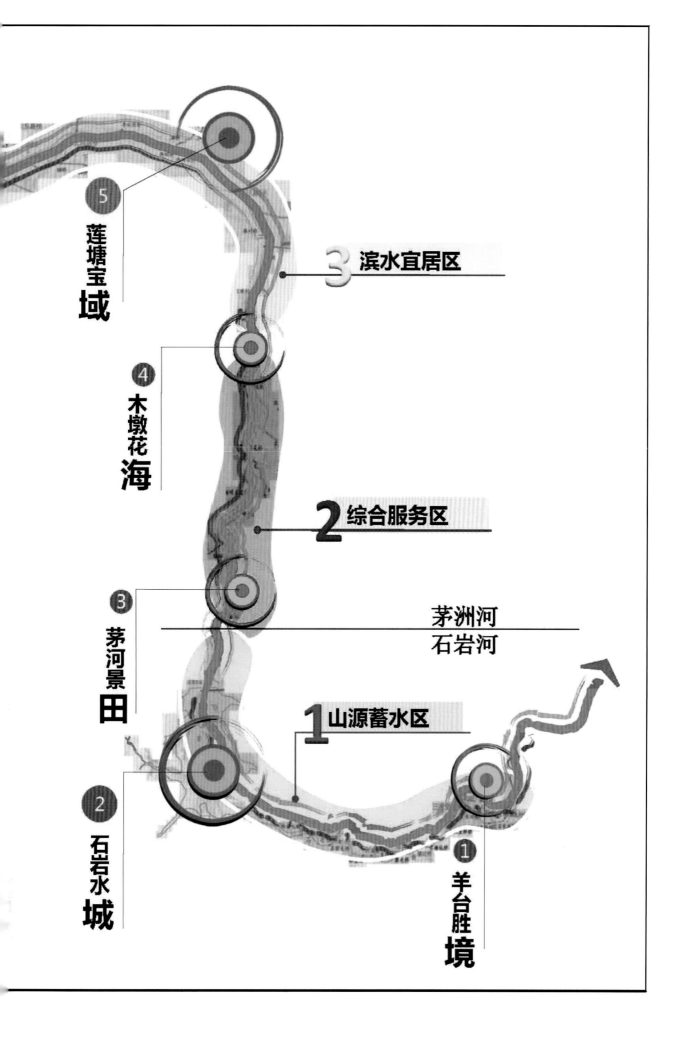

莲塘宝 **域**
⑤

3 滨水宜居区

木墩花 **海**
④

2 综合服务区

茅洲河
石岩河

❸

1 山源蓄水区

茅河景 **田**

石岩水 **城**
②

羊台胜 **境**
①